高校核心课程学习指导丛书

# 积分的方法与技巧

JIFEN DE
FANGFA YU JIQIAO

金玉明　顾新身　毛瑞庭 / 编著

中国科学技术大学出版社

## 内 容 简 介

本书专门讲述积分方法,涵盖各种函数积分的方法,从初等函数到特殊函数,从实变函数到复变函数.本书以方法为中心、以算例为导向,读者可在算例的引导下,逐步掌握积分之方法.本书从易到难,由浅入深,适用不同层次、不同群体的人阅读,他们可以是初学微积分的大学生,可以是已经学过微积分的研究生,也可以是有工作经验的科学家、工程师.

**图书在版编目(CIP)数据**

积分的方法与技巧/金玉明,顾新身,毛瑞庭编著. —合肥:中国科学技术大学出版社,2017.1(2024.9 重印)
(高校核心课程学习指导丛书)
ISBN 978-7-312-04051-1

Ⅰ. 积… Ⅱ. ①金… ②顾… ③毛… Ⅲ. 积分 Ⅳ. O172.2

中国版本图书馆 CIP 数据核字(2016)第 211316 号

| | |
|---|---|
| **出版** | 中国科学技术大学出版社 |
| | 安徽省合肥市金寨路 96 号,230026 |
| | http://press.ustc.edu.cn |
| | https://zgkxjsdxcbs.tmall.com |
| **印刷** | 安徽国文彩印有限公司 |
| **发行** | 中国科学技术大学出版社 |
| **经销** | 全国新华书店 |
| **开本** | 710 mm×1000 mm 1/16 |
| **印张** | 26 |
| **字数** | 554 千 |
| **版次** | 2017 年 1 月第 1 版 |
| **印次** | 2024 年 9 月第 5 次印刷 |
| **定价** | 48.00 元 |

# 前　　言

　　这是一本专讲积分方法的书,可供大学生、研究生阅读,也可供科学家和工程师们参考.

　　我们编纂了《实用积分表》《常用积分表》后,就萌发了编写一本如何做积分的书的想法.俗话说:"授人以鱼,不如授人以渔."自己能捕鱼了,就不愁没有鱼了.当人们查阅积分表时,也许会想,这成千上万个积分公式是如何得来的呢? 这正是本书要回答的问题.我们不能夸口说,读懂了本书,你就会做所有的积分了.我们只能说,读懂了本书,你就会做大部分的积分.

　　历经五年多时间的酝酿、资料搜集、撰写、编辑和修改,书稿最终完成.与大学教材不同的是,本书没有很多定理的严格证明,对于用到的定理,大部分情况只是引用,不做论证.我们认为读者在大学读"高等数学"或"微积分"课程时已经得到这方面的严格训练,而无需在此重复了.我们把重点放在做积分的方法与技巧上,花时间搜寻各种积分的方法,把它们汇聚在一起.我们尽量采用通俗易懂的语言,力避晦涩难懂的词句,采用规范化的符号、标准化的外文译名.

　　本书以大量的算例来阐明积分的方法与技巧,在对算例的演算中,推导十分详尽,使读者一目了然,不卖关子,不藏影子.许多方法与技巧是寓于算例的演算过程中的.

　　本书共分8章,第1章的不定积分和第2章的定积分为本书的主干,主要的积分方法都在这两章中叙述.第3章介绍定积分的应用,包括各种图形面积的计算、曲线长度的计算、立体体积的计算和表面积的计算等.第4章介绍重积分,包括二重积分、三重积分以及 $n$ 重积分.第5章介绍曲线积分和曲面积分,并给出格林公式、斯托克斯公式和高斯公式及其应用.这3个公式描写的是函数在区域边界上的积分与区域内部积分的关系.第6章介绍积分变换,包括傅里叶变换和拉普拉斯变换.第7章为复数领域中的积分,主要是通过复变函数的留数定理来解实变量函数中难解的积分.第8章介绍特殊函数的积分,在物理学领域工作与学习的读者可能对这一章更有兴趣.

　　作者在此对审阅了全部书稿并提出了很多宝贵意见的史济怀教授表示衷心的感谢,对绘制全书插图的博士研究生安宁表示诚挚的谢意.

　　由于水平所限,书中不足和错误之处难免,诚望读者批评指正.

作　　者

2016 年夏于合肥

# 目　　录

# 绪　　论

微积分的发明和创立是数学史上划时代的事件.它是继欧几里得几何之后,全部数学史中一个最伟大的创造.

微积分是 17 世纪由牛顿和莱布尼兹创立的.18 世纪经过欧拉、拉格朗日等人系统化的努力,摆脱了原来几何或力学的语言和思想方法,形成以函数为中心,以代数运算为基础的数学分析体系.19 世纪又经过柯西、黎曼和魏尔斯特拉斯的严格化,进一步形成严谨的数学分析系统,微积分得到更大的发展.现在微积分已成为科学技术中不可或缺的有力工具了.

微积分的创立不仅推动了近代数学的发展,如微分方程、变分法、微分几何的发展,而且推动了天文学、力学、物理学、化学、生物学、工程学、经济学等自然科学、社会科学的发展.

微积分的出现是初等数学向高等数学变化的重大转折,是常量数学向变量数学发展的里程碑.17 世纪上半叶笛卡儿的解析几何把变量引入数学,使数学进入一个新的发展时期.解析几何在数学发展中起了推动作用,恩格斯曾说:"数学中的转折点是笛卡儿的变数.有了变数,运动进入了数学;有了变数,辩证法进入了数学;有了变数,微分和积分也就立刻成为必要的了."

但解析几何学的诞生还不是新时代的开始,它只是对旧数学做了总结,使代数与几何融为一体,并引出变量的概念.而微积分的创立和发展却开创了数学史上的新纪元.从此,数学进入自然科学的各个领域,并推动着自然科学的发展.在今天,可以毫不夸张地说,不掌握微积分就无法掌握现代任何一门自然科学和工程技术.

微积分的主要内容是极限理论、微分学和积分学.极限理论是微积分的基础,微分和积分是互逆运算.如果知道一个函数的微分,那么进行逆向运算,积分这个微分,结果就得到该函数了.例如,我们知道对函数 $\sin x$ 求微商的结果是

$$\frac{\mathrm{d}\sin x}{\mathrm{d}x} = \cos x$$

那么,它的逆运算则是

$$\int \cos x \mathrm{d}x = \sin x$$

这样就得到原函数 $\sin x$ 了.这就是所谓求原函数的方法.本书的内容之一就是探讨用积分来求原函数的方法和技巧.

本书不讨论极限理论,也不论述微分学,对积分学也只是从积分的方法这个

角度来展开,探讨各种积分的方法,从初等函数到特殊函数,从实变函数到复变函数.

微积分经过了三百多年的发展历程,积分的方法已日臻成熟和完善,许多积分方法已成经典.如分项积分法是牛顿创立微积分之初在关于"无穷多项方程分析"的论文中首先论证并使用的[32][33],换元积分法和分部积分法也早已在欧拉和伯努利的论著中用来求解许多困难的积分了[32].如今,分项积分法、分部积分法和换元积分法这三大方法已成为积分中最常用的方法,应用广泛,而且具有普遍意义.其中,换元积分法实际上就是承接莱布尼兹的复合函数微分积分的法则而来的.我们要讲的三角替代法、欧拉替换法以及万能替换法不过是换元法的延伸.倍角法只在特殊形态的三角函数的积分上适用,组合积分法也只对某些特殊形状的被积函数的积分有用.

在定积分中,除了在不定积分中能使用的方法外,还有一些特殊的方法和特别的技巧,如利用参变数的积分,利用把被积函数展开成无穷级数的积分,利用复变函数的回路积分,特别是应用复变函数的留数定理来计算实变函数的积分.这些方法都将在本书中详细论述.

至于积分的技巧,是指在积分过程中根据实际情况而采用的一些小方法和窍门,例如待定系数法、配方法、分部积分法中的分部法、重积分中的坐标变换法、回路积分中的回路选取法的技巧性都很强,我们管这些叫积分的技巧.实际上,方法和技巧有时也很难分辨,方法也好,技巧也罢,只要在实际的积分运算中起到积极作用就行.

本书的公式推导十分详尽,主要是因为许多方法和技巧是寓于推演的过程中的.有时,遇到一个很陌生的积分式子,在对这个公式外形进行改造,或用新的符号替换后,一下子就变成你所熟悉的式子了.在这种情况下,并不一定要特别说明用了什么方法和技巧,你只需要注意每一步的变化就明白了,其中的方法和技巧你也就掌握了.

我们从微分学中已经知道许多初等函数的微分结果,那么用相应的逆运算,积分结果也就可以得到了.现将常用的初等函数的微分公式及其对应的积分公式列于表0.1.这些公式对于以后进行复杂的积分运算是很有用处的.如果你能把这些公式熟记于心,那么在你做积分计算时将会得心应手,顺风顺水了.

微分式用微商或导数表示,如$\dfrac{\mathrm{d}y}{\mathrm{d}x} = y'$.

### 表 0.1　常用的初等函数微商公式及其对应的积分公式表

$$(x^{\mu})' = \mu x^{\mu-1} \qquad\qquad \int \mu x^{\mu-1} \mathrm{d}x = x^{\mu}$$

$$(\sqrt[p]{x^m})' = \frac{m}{p} x^{\frac{m-p}{p}} \qquad\qquad \int \frac{m}{p} x^{\frac{m-p}{p}} \mathrm{d}x = x^{\frac{m}{p}} = \sqrt[p]{x^m}$$

$$(\ln|x|)' = \frac{1}{x} \qquad\qquad \int \frac{1}{x} \mathrm{d}x = \ln|x|$$

$$(\mathrm{e}^x)' = \mathrm{e}^x \qquad\qquad \int \mathrm{e}^x \mathrm{d}x = \mathrm{e}^x$$

$$(a^x)' = a^x \ln a \qquad\qquad \int a^x \mathrm{d}x = \frac{a^x}{\ln a}$$

$$(\sin x)' = \cos x \qquad\qquad \int \cos x \mathrm{d}x = \sin x$$

$$(\cos x)' = -\sin x \qquad\qquad \int \sin x \mathrm{d}x = -\cos x$$

$$(\tan x)' = \sec^2 x \qquad\qquad \int \sec^2 x \mathrm{d}x = \tan x$$

$$(\cot x)' = -\csc^2 x \qquad\qquad \int \csc^2 x \mathrm{d}x = -\cot x$$

$$(\sec x)' = \sec x \tan x \qquad\qquad \int \sec x \tan x \mathrm{d}x = \sec x$$

$$(\csc x)' = -\csc x \cot x \qquad\qquad \int \csc x \cot x \mathrm{d}x = -\csc x$$

$$(\arcsin x)' = \frac{1}{\sqrt{1-x^2}} \qquad\qquad \int \frac{1}{\sqrt{1-x^2}} \mathrm{d}x = \arcsin x$$

$$(\arccos x)' = -\frac{1}{\sqrt{1-x^2}} \qquad\qquad \int \frac{1}{\sqrt{1-x^2}} \mathrm{d}x = -\arccos x$$

$$(\arctan x)' = \frac{1}{1+x^2} \qquad\qquad \int \frac{1}{1+x^2} \mathrm{d}x = \arctan x$$

$$(\text{arccot } x)' = -\frac{1}{1+x^2} \qquad\qquad \int \frac{1}{1+x^2} \mathrm{d}x = -\text{arccot } x$$

$$(\text{arcsec } x)' = \frac{1}{x\sqrt{x^2-1}} \qquad\qquad \int \frac{1}{x\sqrt{x^2-1}} \mathrm{d}x = \text{arcsec } x$$

$$(\text{arccsc } x)' = -\frac{1}{x\sqrt{x^2-1}} \qquad\qquad \int \frac{1}{x\sqrt{x^2-1}} \mathrm{d}x = -\text{arccsc } x$$

$$(\sinh x)' = \cosh x \qquad\qquad \int \cosh x \mathrm{d}x = \sinh x$$

$$(\cosh x)' = \sinh x \qquad\qquad \int \sinh x \mathrm{d}x = \cosh x$$

$$(\tanh x)' = \text{sech}^2 x = \frac{1}{\cosh^2 x} \qquad\qquad \int \frac{1}{\cosh^2 x} \mathrm{d}x = \tanh x$$

$$(\coth x)' = \operatorname{csch}^2 x = \frac{1}{\sinh^2 x} \qquad \int \frac{1}{\sinh^2 x}\mathrm{d}x = \coth x$$

$$(\operatorname{sech} x)' = -\operatorname{sech} x \tanh x \qquad \int \operatorname{sech} x \tanh x\,\mathrm{d}x = -\operatorname{sech} x$$

$$(\operatorname{csch} x)' = -\operatorname{csch} x \coth x \qquad \int \operatorname{csch} x \coth x\,\mathrm{d}x = -\operatorname{csch} x$$

$$(\operatorname{arsinh} x)' = \frac{1}{\sqrt{x^2+1}} \qquad \int \frac{1}{\sqrt{x^2+1}}\mathrm{d}x = \operatorname{arsinh} x$$

$$(\operatorname{arcosh} x)' = \frac{1}{\sqrt{x^2-1}} \qquad \int \frac{1}{\sqrt{x^2-1}}\mathrm{d}x = \operatorname{arcosh} x$$

$$(\operatorname{artanh} x)' = \frac{1}{1-x^2} \qquad \int \frac{1}{1-x^2}\mathrm{d}x = \operatorname{artanh} x$$

$$(\operatorname{arcoth} x)' = -\frac{1}{x^2-1} \qquad \int \frac{1}{x^2-1}\mathrm{d}x = -\operatorname{arcoth} x$$

$$(\operatorname{arsech} x)' = -\frac{1}{x\sqrt{1-x^2}} \qquad \int \frac{1}{x\sqrt{1-x^2}}\mathrm{d}x = -\operatorname{arsech} x$$

$$(\operatorname{arcsch} x)' = -\frac{1}{x\sqrt{1+x^2}} \qquad \int \frac{1}{x\sqrt{1+x^2}}\mathrm{d}x = -\operatorname{arcsch} x$$

$$(\ln\left|x+\sqrt{x^2\pm b}\right|)' = \frac{1}{\sqrt{x^2\pm b}} \qquad \int \frac{1}{\sqrt{x^2\pm b}}\mathrm{d}x = \ln\left|x+\sqrt{x^2\pm b}\right|$$

表 0.1 右列的积分公式中,在等式的右边应该加上积分常数 $C$. 这里没有加常数 $C$ 是为了在形式上看起来对称,并表明微分和积分是互逆的. 但在实际运算时,千万别忘了加上积分常数 $C$!

# 第 1 章　不 定 积 分

## 1.1　不定积分中的原函数概念

大家知道在微积分中,微分学的基本问题是求给定函数的微分或微商;而积分学的基本问题则是一个反问题,是一个与求微分(或微商)的运算相反的过程,或者说是做微分的逆运算——积分.

如果在给定的区间里,$f(x)$ 是函数 $F(x)$ 的导数,或 $f(x)\mathrm{d}x$ 是 $F(x)$ 的微分,即

$$F(x)' = \frac{\mathrm{d}F(x)}{\mathrm{d}x} = f(x) \quad \text{或} \quad \mathrm{d}F(x) = f(x)\mathrm{d}x$$

那么,在给定的区间上,$F(x)$ 叫做**函数 $f(x)$ 的原函数**,或 $f(x)$ 的积分.求一个函数 $f(x)$ 的原函数,称为求积分,我们用下式表示:

$$\int f(x)\mathrm{d}x = F(x) \tag{1.1}$$

可以看到,求积分实际上是做微分的逆运算.因此,对于单项式函数,只要你知道该函数在微分前的原函数,那么求积分的工作就完成了.例如微分式

$$\left(\frac{x^3}{3}\right)' = x^2$$

那么反过来,它的积分式就是

$$\int x^2\mathrm{d}x = \frac{x^3}{3}$$

但考虑到常数 $C$ 在取微分时为零的情况,即

$$\left(\frac{x^3}{3} + C\right)' = x^2$$

所以,积分后应加上常数 $C$,即

$$\int x^2\mathrm{d}x = \frac{x^3}{3} + C$$

因此,积分式(1.1)中应该加上积分常数 $C$,即

$$\int f(x)\mathrm{d}x = F(x) + C \tag{1.2}$$

式中的这个 $C$ 是任意常数,所以原则上讲,任何一个函数的原函数都有无穷多个, 它们之间只差常数 $C$.

同理,因为 $(\sin x)' = \cos x, (\cos x)' = -\sin x$,所以就有

$$\int \cos x \mathrm{d}x = \sin x + C$$

$$\int \sin x \mathrm{d}x = -\cos x + C$$

## 1.2 　分项积分法

若干个微分式的和(或差)的不定积分,等于每个微分式各自积分的和(或差). 如

$$\int [f(x) + g(x) - h(x)]\mathrm{d}x = \int f(x)\mathrm{d}x + \int g(x)\mathrm{d}x - \int h(x)\mathrm{d}x \quad (1.3)$$

这里的微分式 $f(x)\mathrm{d}x, g(x)\mathrm{d}x, h(x)\mathrm{d}x$ 等称为被积表达式,$f(x), g(x), h(x)$ 等称为被积函数.式(1.3)就是**分项积分法**的表达式.

一个多项式的积分,等于组成该多项式的各个单项式的积分之和. 如

$$\int \left(5x^2 - 4x + 3 - \frac{2}{x} + \frac{1}{x^2}\right)\mathrm{d}x = 5\int x^2\mathrm{d}x - 4\int x\mathrm{d}x + 3\int \mathrm{d}x - 2\int \frac{1}{x}\mathrm{d}x + \int \frac{1}{x^2}\mathrm{d}x$$

$$= \frac{5}{3}x^3 - 2x^2 + 3x - 2\ln|x| - \frac{1}{x} + C$$

式中的 $C$ 为积分常数.

如果一个分式的分母为多项式,则可把它化成最简单的分式再积分. 如

$$\int \frac{\mathrm{d}x}{x^2 - a^2}$$

因为被积函数的分母是一个二次函数,可分解为

$$x^2 - a^2 = (x - a)(x + a)$$

所以可用部分分式法使被积函数分成如下两项:

$$\frac{1}{x^2 - a^2} = \frac{A}{x - a} + \frac{B}{x + a}$$

其中 $A, B$ 为待定系数.两边通分,得到等式

$$(x + a)A + (x - a)B = 1$$

在上式中,若令 $x = 0$,则 $A - B = \frac{1}{a}$;令 $x = a$,则 $A = \frac{1}{2a}$,因而得到 $B = -\frac{1}{2a}$, 于是

$$\frac{1}{x^2 - a^2} = \frac{1}{2a}\left(\frac{1}{x - a} - \frac{1}{x + a}\right)$$

因此,积分为

$$\int \frac{\mathrm{d}x}{x^2 - a^2} = \frac{1}{2a}\left(\int \frac{\mathrm{d}x}{x - a} - \int \frac{\mathrm{d}x}{x + a}\right)$$

$$= \frac{1}{2a}(\ln|x - a| - \ln|x + a|) + C$$

$$= \frac{1}{2a}\ln\left|\frac{x - a}{x + a}\right| + C$$

用同样的方法,可得

$$\int \frac{\mathrm{d}x}{a^2 - x^2} = \frac{1}{2a}\int \left(\frac{1}{a - x} + \frac{1}{a + x}\right)\mathrm{d}x$$

$$= \frac{1}{2a}(-\ln|a - x| + \ln|a + x|) + C$$

$$= \frac{1}{2a}\ln\left|\frac{a + x}{a - x}\right| + C$$

更一般的情况是分母、分子都是多项式,并且分子的幂次小于分母的幂次,即真分式的情况.例如求积分

$$\int \frac{mx + n}{x^2 + px + q}\mathrm{d}x$$

被积函数的分母为 $x$ 的二次函数,虽然不能直接分解,但可以进行配方:

$$x^2 + px + q = \left(x + \frac{p}{2}\right)^2 + q - \frac{p^2}{4}$$

再设

$$t = x + \frac{p}{2}$$

则

$$x = t - \frac{p}{2}, \quad \mathrm{d}x = \mathrm{d}t$$

并令

$$q - \frac{p^2}{4} = \pm a^2$$

等式右边取正号或负号,要看等式左边的符号.再令

$$A = m, \quad B = n - \frac{1}{2}mp$$

则

$$mx + n = At + B$$

于是我们可以把积分写成

$$\int \frac{mx + n}{x^2 + px + q}\mathrm{d}x = \int \frac{At + B}{t^2 \pm a^2}\mathrm{d}t = A\int \frac{t\,\mathrm{d}t}{t^2 \pm a^2} + B\int \frac{\mathrm{d}t}{t^2 \pm a^2}$$

其中

$$A\int \frac{t\mathrm{d}t}{t^2 \pm a^2} = \frac{A}{2}\int \frac{\mathrm{d}(t^2 \pm a^2)}{t^2 \pm a^2} = \frac{A}{2}\ln|t^2 \pm a^2| + C$$

$$B\int \frac{\mathrm{d}t}{t^2 + a^2} = \frac{B}{a}\arctan \frac{t}{a} + C$$

$$B\int \frac{\mathrm{d}t}{t^2 - a^2} = \frac{B}{2a}\ln\left|\frac{t-a}{t+a}\right| + C$$

最后,我们得到两个积分结果:

$$\int \frac{mx+n}{x^2+px+q}\mathrm{d}x = \frac{A}{2}\ln|t^2+a^2| + \frac{B}{a}\arctan \frac{t}{a} + C$$

$$= \frac{m}{2}\ln|x^2+px+q| + \frac{2n-mp}{\sqrt{4q-p^2}}\arctan \frac{2x+p}{\sqrt{4q-p^2}} + C$$

$$\left(q > \frac{p^2}{4}\right) \tag{I}$$

$$\int \frac{mx+n}{x^2+px+q}\mathrm{d}x = \frac{A}{2}\ln|t^2-a^2| + \frac{B}{2a}\ln\left|\frac{t-a}{t+a}\right| + C$$

$$= \frac{m}{2}\ln|x^2+px+q| + \frac{2n-mp}{2\sqrt{p^2-4q}}\ln\left|\frac{2x+p-\sqrt{p^2-4q}}{2x+p+\sqrt{p^2-4q}}\right| + C$$

$$\left(q < \frac{p^2}{4}\right) \tag{II}$$

**例 1** 求积分 $\int \frac{x+1}{x^2+x+1}\mathrm{d}x$.

**解** 这个积分的被积函数是真分式,可用前面的公式来计算.

在这个积分里,$p = q = 1, m = n = 1, q > \frac{p^2}{4}$,该积分可用公式(I),把 $p = q = 1, m = n = 1$ 代入公式(I)中,得到

$$\int \frac{x+1}{x^2+x+1}\mathrm{d}x = \frac{1}{2}\ln|x^2+x+1| + \frac{1}{\sqrt{3}}\arctan \frac{2x+1}{\sqrt{3}} + C$$

**例 2** 求积分 $\int \frac{5x+6}{x^2+3x+1}\mathrm{d}x$.

**解** 在这个积分里,$p = 3, q = 1; m = 5, n = 6, q < \frac{p^2}{4}$,应用公式(II),得到

$$\int \frac{5x+6}{x^2+3x+1}\mathrm{d}x = \frac{5}{2}\ln|x^2+3x+1| - \frac{3}{2\sqrt{5}}\ln\left|\frac{2x+3-\sqrt{5}}{2x+3+\sqrt{5}}\right| + C$$

公式(I)和(II)对于被积函数的分母是二次式,而分子小于二次的真分式的积分具有普遍意义,如前面遇到的积分

$$\int \frac{1}{x^2-a^2}\mathrm{d}x$$

在被积函数中,$p = 0, q = -a^2; m = 0, n = 1$,因为 $q < \frac{p^2}{4}$,所以适用公式(II),把

$p = 0, q = -a^2; m = 0, n = 1$ 代入公式（Ⅱ）中，得到

$$\int \frac{1}{x^2 - a^2} dx = \frac{2 \times 1 - 0}{2 \sqrt{0 - 4(-a^2)}} \ln \left| \frac{2x + 0 - \sqrt{0 - 4(-a^2)}}{2x + 0 + \sqrt{0 - 4(-a^2)}} \right| + C$$

$$= \frac{1}{2a} \ln \left| \frac{x - a}{x + a} \right| + C$$

同样，对于积分

$$\int \frac{1}{x^2 + a^2} dx$$

在被积函数中，$p = 0, q = a^2; m = 0, n = 1$，因为 $q > \dfrac{p^2}{4}$，所以适用式（Ⅰ），把 $p = 0$，$q = a^2; m = 0, n = 1$ 代入式（Ⅰ）中，得到

$$\int \frac{1}{x^2 + a^2} dx = \frac{2 \times 1 - 0}{2 \sqrt{4a^2 - 0}} \arctan \frac{2x + 0}{\sqrt{4a^2 - 0}} + C = \frac{1}{2a} \arctan \frac{x}{a} + C$$

对于被积函数中分母大于二次幂的情况，虽然还是真分数，也不能再用上述的式（Ⅰ）和（Ⅱ）了．但在有些情况下我们可用前面提到的待定系数法把被积函数分解成分母幂次不大于 2 的多项分式之和，然后再分项积分．如下面的例子：

**例 3**　求积分 $\displaystyle\int \frac{4x^2 + 4x - 11}{(2x - 1)(2x + 3)(2x - 5)} dx$．

**解**　令被积函数

$$\frac{4x^2 + 4x - 11}{(2x - 1)(2x + 3)(2x - 5)} = \frac{A}{2x - 1} + \frac{B}{2x + 3} + \frac{C}{2x - 5}$$

式中 $A, B, C$ 为待定系数，由恒等式［两边乘上 $(2x - 1)(2x + 3)(2x - 5)$］

$$4x^2 + 4x - 11 = A(4x^2 - 4x - 15) + B(4x^2 - 12x + 5) + C(4x^2 + 4x - 3)$$

$$= 4(A + B + C)x^2 + 4(-A - 3B + C)x + (-15A + 5B - 3C)$$

两边同次幂的系数相等，得

$$\begin{cases} A + B + C = 1 \\ A + 3B - C = -1 \\ 15A - 5B + 3C = 11 \end{cases}$$

解得

$$A = \frac{1}{2}, \quad B = -\frac{1}{4}, \quad C = \frac{3}{4}$$

因此积分为

$$\int \frac{4x^2 + 4x - 11}{(2x - 1)(2x + 3)(2x - 5)} dx = \int \left( \frac{1}{2} \frac{1}{2x - 1} - \frac{1}{4} \frac{1}{2x + 3} + \frac{3}{4} \frac{1}{2x - 5} \right) dx$$

$$= \frac{1}{2} \int \frac{dx}{2x - 1} - \frac{1}{4} \int \frac{dx}{2x + 3} + \frac{3}{4} \int \frac{dx}{2x - 5}$$

$$= \frac{1}{4} \ln |2x - 1| - \frac{1}{8} \ln |2x + 3| + \frac{3}{8} \ln |2x - 5| + C$$

**例 4**　求积分 $\displaystyle\int \frac{3x+5}{x^3-x^2-x+1}\mathrm{d}x$.

**解**　被积函数的分母可分解为

$$x^3 - x^2 - x + 1 = (x+1)(x-1)^2$$

因此,被积函数可写成

$$\frac{3x+5}{x^3-x^2-x+1} = \frac{A}{x+1} + \frac{B}{x-1} + \frac{C}{(x-1)^2}$$

因为 $x-1$ 因子出现两次,所以在分母中有 $x-1$ 和 $(x-1)^2$ 两项.两边乘 $(x+1)(x-1)^2$,得

$$3x + 5 = A(x-1)^2 + B(x+1)(x-1) + C(x+1)$$

我们当然可以按照前面的方法,把等式右边展开,再用两边 $x$ 的同次幂的系数相等的方法求得待定系数 $A,B,C$.但这样做显然比较麻烦.此处我们通过给定 $x$ 某些特定值来求 $A,B,C$,也许会快一点.如若令 $x=1$,则 $8=2C$,得 $C=4$;再令 $x=-1$,那么 $2=4A$,得 $A=\dfrac{1}{2}$.为了求 $B$,可比较两边 $x^2$ 的系数,等式左边为 0,右边是 $A+B$,即 $A+B=0$,得到 $B=-A=-\dfrac{1}{2}$,这样,就有

$$\frac{3x+5}{x^3-x^2-x+1} = \frac{1}{2}\frac{1}{x+1} - \frac{1}{2}\frac{1}{x-1} + 4\frac{1}{(x-1)^2}$$

把它代入积分式,有

$$\int \frac{3x+5}{x^3-x^2-x+1}\mathrm{d}x = \int \left[ \frac{1}{2}\frac{1}{x+1} - \frac{1}{2}\frac{1}{x-1} + 4\frac{1}{(x-1)^2} \right]\mathrm{d}x$$

$$= \frac{1}{2}\int \frac{\mathrm{d}x}{x+1} - \frac{1}{2}\int \frac{\mathrm{d}x}{x-1} + 4\int \frac{\mathrm{d}x}{(x-1)^2}$$

$$= \frac{1}{2}\ln|x+1| - \frac{1}{2}\ln|x-1| - \frac{4}{x-1} + C$$

$$= \frac{1}{2}\ln\left|\frac{x+1}{x-1}\right| - \frac{4}{x-1} + C$$

**例 5**　求积分 $\displaystyle\int \frac{x^3-x^2+2x}{x^4-1}\mathrm{d}x$.

**解**　用部分分式法,使被积函数变成

$$\frac{x^3-x^2+2x}{x^4-1} = \frac{A}{x-1} + \frac{B}{x+1} + \frac{Cx+D}{x^2+1}$$

两边同时乘上 $x^4-1$,得到

$$x^3 - x^2 + 2x = (A+B+C)x^3 + (A-B+D)x^2$$
$$+ (A+B-C)x + (A-B-D)$$

令方程两边同次幂的系数相等,得到联立方程

$$\begin{cases} A + B + C = 1 \\ A - B + D = -1 \\ A + B - C = 2 \\ A - B - D = 0 \end{cases}$$

解得

$$A = \frac{1}{2}, \quad B = 1, \quad C = D = -\frac{1}{2}$$

因此

$$\frac{x^3 - x^2 + 2x}{x^4 - 1} = \frac{1}{2}\frac{1}{x - 1} + \frac{1}{x + 1} - \frac{1}{2}\frac{x + 1}{x^2 + 1}$$

于是,用分项积分法得到

$$\int \frac{x^3 - x^2 + 2x}{x^4 - 1}\mathrm{d}x = \frac{1}{2}\int \frac{\mathrm{d}x}{x - 1} + \int \frac{\mathrm{d}x}{x + 1} - \frac{1}{2}\int \frac{x\mathrm{d}x}{x^2 + 1} - \frac{1}{2}\int \frac{\mathrm{d}x}{x^2 + 1}$$

$$= \frac{1}{2}\ln|x - 1| + \ln|x + 1| - \frac{1}{4}\ln|x^2 + 1| - \frac{1}{2}\arctan x + C$$

$$= \frac{1}{4}\ln \frac{(x - 1)^2 (x + 1)^4}{x^2 + 1} - \frac{1}{2}\arctan x + C$$

**例 6**　求积分 $\int \frac{x + 1}{x^3 (x - 2)^2}\mathrm{d}x$.

**解**　把被积函数分解为

$$\frac{x + 1}{x^3 (x - 2)^2} = \frac{A}{x} + \frac{B}{x^2} + \frac{C}{x^3} + \frac{D}{x - 2} + \frac{E}{(x - 2)^2}$$

其中 $A, B, C, D, E$ 为待定系数.等式两边乘 $x^3 (x - 2)^2$,得

$$x + 1 = Ax^2 (x - 2)^2 + Bx (x - 2)^2 + C (x - 2)^2 + Dx^3 (x - 2) + Ex^3$$

令 $x = 0$,则有 $1 = 4C$,得到 $C = \frac{1}{4}$;令 $x = 2$,则有 $3 = 8E$,得到 $E = \frac{3}{8}$;比较两边 $x$

的系数,则有 $1 = 4B - 4C$,得到 $B = \frac{1}{2}$;比较两边 $x^2$ 的系数,则有 $0 = 4A - 4B + 4C$,

得到 $A = \frac{1}{4}$;比较两边 $x^4$ 的系数,则有 $0 = A + D$,得到 $D = -\frac{1}{4}$;把代定系数 $A$,

$B, C, D, E$ 的值代入后,得到

$$\frac{x + 1}{x^3 (x - 2)^2} = \frac{1}{4}\frac{1}{x} + \frac{1}{2}\frac{1}{x^2} + \frac{1}{4}\frac{1}{x^3} - \frac{1}{4}\frac{1}{x - 2} + \frac{3}{8}\frac{1}{(x - 2)^2}$$

因此,所求的积分结果为

$$\int \frac{x + 1}{x^3 (x - 2)^2}\mathrm{d}x = \int \left[\frac{1}{4}\frac{1}{x} + \frac{1}{2}\frac{1}{x^2} + \frac{1}{4}\frac{1}{x^3} - \frac{1}{4}\frac{1}{x - 2} + \frac{3}{8}\frac{1}{(x - 2)^2}\right]\mathrm{d}x$$

$$= \frac{1}{4}\int \frac{\mathrm{d}x}{x} + \frac{1}{2}\int \frac{\mathrm{d}x}{x^2} + \frac{1}{4}\int \frac{\mathrm{d}x}{x^3} - \frac{1}{4}\int \frac{\mathrm{d}x}{x - 2} + \frac{3}{8}\int \frac{\mathrm{d}x}{(x - 2)^2}$$

$$= \frac{1}{4}\ln x - \frac{1}{2x} - \frac{1}{8x^2} - \frac{1}{4}\ln|x - 2| - \frac{3}{8(x - 2)} + C$$

$$= \frac{1}{4}\ln\left|\frac{x}{x-2}\right| - \frac{4x+1}{8x^2} - \frac{3}{8(x-2)} + C$$

如果被积函数的分式中,分子的幂次大于分母的幂次,那么,应该用分母去除分子,直到出现既约真分数,如下面的积分(例7、例8).

**例7**　求积分$\displaystyle\int \frac{x^3}{(x-a)(x-b)}\mathrm{d}x$.

**解**　这里,被积函数中的分子是3次方,而分母为2次方,因此应该用除法使其变成既约真分数:

$$x^2-(a+b)x+ab \overline{\smash{\big)}\begin{array}{l} x+(a+b) \\ \hline x^3 \\ x^3-(a+b)x^2+abx \\ \hline (a+b)x^2-abx \\ (a+b)x^2-(a+b)^2x \qquad +ab(a+b) \\ \hline [(a+b)^2-ab]x-ab(a+b) \end{array}}$$

所以被积函数可化成

$$\frac{x^3}{(x-a)(x-b)} = x+(a+b) + \frac{[(a+b)^2-ab]x-ab(a+b)}{(x-a)(x-b)}$$

我们看到,等式右边的第三项是真分式,可用以前用过的待定系数法把它分解.令

$$\frac{[(a+b)^2-ab]x-ab(a+b)}{(x-a)(x-b)} = \frac{A}{x-a} + \frac{B}{x-b}$$

两边乘上$(x-a)(x-b)$,得

$$[a^2+b^2+ab]x - ab(a+b) = A(x-b) + B(x-a)$$
$$= (A+B)x - (Ab+Ba)$$

使等式两边$x$的同幂次的系数相等,则有

$$\begin{cases} A+B = a^2+b^2+ab \\ Ab+Ba = a^2b+ab^2 \end{cases}$$

从上式可解得

$$A = \frac{a^3}{a-b}, \quad B = \frac{b^3}{b-a}$$

于是

$$\frac{x^3}{(x-a)(x-b)} = x+(a+b) + \frac{a^3}{a-b}\frac{1}{x-a} + \frac{b^3}{b-a}\frac{1}{x-b}$$

因此,我们就能应用分项积分法来做积分了:

$$\int \frac{x^3}{(x-a)(x-b)}\mathrm{d}x = \int\left[x+(a+b) + \frac{a^3}{a-b}\frac{1}{x-a} + \frac{b^3}{b-a}\frac{1}{x-b}\right]\mathrm{d}x$$

$$= \int x\mathrm{d}x + \int(a+b)\mathrm{d}x + \frac{a^3}{a-b}\int\frac{\mathrm{d}x}{x-a} - \frac{b^3}{a-b}\int\frac{\mathrm{d}x}{x-b}$$

$$= \frac{1}{2}x^2 + (a + b)x + \frac{a^3}{a - b}\ln|x - a| - \frac{b^3}{a - b}\ln|x - b| + C$$

**例 8**　求积分 $\int \frac{x^4 + x^3}{x + 2}\mathrm{d}x$.

**解**　与前例一样,被积函数是一个假分式,分子的幂次大于分母,仍用除法把它化成既约真分式:

$$
\begin{array}{r}
x^3 - x^2 + 2x - 4 \\
x + 2 \enclose{longdiv}{\phantom{x^3} x^4 + x^3 \phantom{00}} \\
\underline{x^4 + 2x^3\phantom{000}} \\
-x^3\phantom{0000} \\
\underline{-x^3 - 2x^2\phantom{00}} \\
2x^2\phantom{000} \\
\underline{2x^2 + 4x\phantom{0}} \\
-4x\phantom{0} \\
\underline{-4x - 8} \\
8
\end{array}
$$

这样被积函数就可分解为

$$\frac{x^4 + x^3}{x + 2} = x^3 - x^2 + 2x - 4 + \frac{8}{x + 2}$$

最后用分项积分法来做积分:

$$
\begin{aligned}
\int \frac{x^4 + x^3}{x + 2}\mathrm{d}x &= \int \left(x^3 - x^2 + 2x - 4 + \frac{8}{x + 2}\right)\mathrm{d}x \\
&= \int x^3\mathrm{d}x - \int x^2\mathrm{d}x + 2\int x\mathrm{d}x - 4\int \mathrm{d}x + 8\int \frac{\mathrm{d}x}{x + 2} \\
&= \frac{1}{4}x^4 - \frac{1}{3}x^3 + x^2 - 4x + 8\ln|x + 2| + C
\end{aligned}
$$

# 1.3　分部积分法

## 1.3.1　分部积分法的基本公式

根据乘积的微分法则

$$\mathrm{d}(uv) = u\mathrm{d}v + v\mathrm{d}u \tag{1.4}$$

式中 $\mathrm{d}(uv)$ 的原函数显然是 $uv$,所以得到公式

$$\int u \mathrm{d}v = uv - \int v \mathrm{d}u \qquad\qquad (1.5)$$

这个公式就是分部积分法则,也是**分部积分法的基本公式**.

如果 $u = f(x), v = g(x)$ 都是 $x$ 的函数,则式(1.5)可写成

$$\int f(x)g(x)' \mathrm{d}x = f(x)g(x) - \int g(x)f(x)' \mathrm{d}x \qquad\qquad (1.6)$$

例如,求积分 $\int x\cos x \mathrm{d}x$. 令 $u = x, \mathrm{d}v = \cos x \mathrm{d}x$,于是 $\mathrm{d}u = \mathrm{d}x, v = \sin x$. 按照式(1.5),就得到

$$\int x\cos x \mathrm{d}x = \int x \mathrm{d}\sin x = x\sin x - \int \sin x \mathrm{d}x$$
$$= x\sin x + \cos x + C$$

分部积分法把求 $x\cos x$ 的较难积分问题变为求 $\sin x$ 的较简单积分问题. 在求 $v$ 时,必须求 $\cos x \mathrm{d}x$ 的积分,故称分部积分.

分部积分法的要点在于把积分 $\int u \mathrm{d}v$ 变成比它更容易的积分 $\int v \mathrm{d}u$. 如果不是这样,那就要重新考虑了. 因此,在应用分部积分法时,在被积函数中选取哪一部分作为 $u$,哪一部分作为 $\mathrm{d}v$ 是很重要的. 像上例中,如果取 $x \mathrm{d}x$ 作为 $\mathrm{d}v$,而把 $\cos x$ 作为 $u$,显然就不合适了.

## 1.3.2　分部积分法的推广公式

重复使用分部积分法则,可以得到分部积分法的推广公式. 假定函数 $u(x)$ 和 $v(x)$ 在所考虑的区间上有直到 $n+1$ 阶的连续导数:

$$u', \quad u'', \quad u''', \quad \cdots, \quad u^{(n)}, \quad u^{(n+1)}$$
$$v', \quad v'', \quad v''', \quad \cdots, \quad v^{(n)}, \quad v^{(n+1)}$$

那么,在式(1.5)中若以 $v^{(n)}$($v^{(n)}$ 为 $v$ 的 $n$ 次导数)代替 $v$,则有

$$\int uv^{(n+1)} \mathrm{d}x = \int u \mathrm{d}v^{(n)} = uv^{(n)} - \int v^{(n)} \mathrm{d}u = uv^{(n)} - \int u'v^{(n)} \mathrm{d}x$$

同样地,也有

$$\int u'v^{(n)} \mathrm{d}x = u'v^{(n-1)} - \int u''v^{(n-1)} \mathrm{d}x$$

$$\int u''v^{(n-1)} \mathrm{d}x = u''v^{(n-2)} - \int u'''v^{(n-2)} \mathrm{d}x$$

$$\cdots$$

$$\int u^{(n)}v' \mathrm{d}x = u^{(n)}v - \int u^{(n+1)}v \mathrm{d}x$$

将最后的公式逐步往前代入,就可得到

$$\int uv^{(n+1)} \mathrm{d}x = uv^{(n)} - u'v^{(n-1)} + u''v^{(n-2)} - \cdots$$

$$+ (-1)^n u^{(n)} v + (-1)^{(n+1)} \int u^{(n+1)} v \mathrm{d}x \tag{1.7}$$

这就是**分部积分法的推广公式**.

当被积函数的因式之一是多项式时,利用这个公式是特别方便的.如果 $u$ 是 $n$ 次多项式,那么 $u^{(n+1)}$ 等于零.例如:

**例 9** 求积分 $\int (2x^3 + 3x^2 + 4x + 5) \mathrm{e}^x \mathrm{d}x$.

**解** 令

$$u = 2x^3 + 3x^2 + 4x + 5, \quad \mathrm{d}v = \mathrm{e}^x \mathrm{d}x, \quad v = \int \mathrm{e}^x \mathrm{d}x = \mathrm{e}^x$$

则

$$u' = 6x^2 + 6x + 4, \quad u'' = 12x + 6, \quad u''' = 12$$
$$v' = \mathrm{e}^x, \qquad\qquad v'' = \mathrm{e}^x, \qquad\quad v''' = \mathrm{e}^x$$

那么

$$\begin{aligned}
\int (2x^3 + 3x^2 + 4x + 5) \mathrm{e}^x \mathrm{d}x &= \int uv^{(n+1)} \mathrm{d}x = \int u \mathrm{d}v^{(n)} \\
&= uv^{(n)} - u'v^{(n-1)} + u''v^{(n-2)} - u'''v^{(n-3)} \\
&= (2x^3 + 3x^2 + 4x + 5)\mathrm{e}^x - (6x^2 + 6x + 4)\mathrm{e}^x \\
&\quad + (12x + 6)\mathrm{e}^x - 12\mathrm{e}^x + C \\
&= (2x^3 - 3x^2 + 10x - 5)\mathrm{e}^x + C
\end{aligned}$$

**例 10** 求积分 $\int \cos x (x^3 + 2x^2 + 3x + 4) \mathrm{d}x$.

**解** 令

$$u = x^3 + 2x^2 + 3x + 4, \quad \mathrm{d}v = \cos x \mathrm{d}x, \quad v = \int \cos x \mathrm{d}x$$

则

$$\begin{aligned}
& & v^{(n+1)} &= \cos x \\
u &= x^3 + 2x^2 + 3x + 4, & v^{(n)} &= \sin x \\
u' &= 3x^2 + 4x + 3, & v^{(n-1)} &= -\cos x \\
u'' &= 6x + 4, & v^{(n-2)} &= -\sin x \\
u''' &= 6, & v^{(n-3)} &= \cos x \\
u^{(4)} &= 0 & v^{(n-4)} &= \sin x
\end{aligned}$$

这样,可以得到

$$\begin{aligned}
\int (x^3 + 2x^2 + 3x + 4) \cos x \mathrm{d}x &= \int uv^{(n+1)} \mathrm{d}x = \int u \mathrm{d}v^{(n)} \\
&= uv^{(n)} - u'v^{(n-1)} + u''v^{(n-2)} - u'''v^{(n-3)} \\
&= (x^3 + 2x^2 + 3x + 4)\sin x - (3x^2 + 4x + 3)(-\cos x) \\
&\quad + (6x + 4)(-\sin x) - 6\cos x + C
\end{aligned}$$

$$= (x^3 + 2x^2 - 3x)\sin x + (3x^2 + 4x - 3)\cos x + C$$

1. 从上述两个例子看到,重复应用分部积分法,可以计算下列形式的积分:

$$\int P(x)e^{ax}dx, \quad \int P(x)\sin bxdx, \quad \int P(x)\cos bxdx$$

其中 $P(x)$ 是 $x$ 的多项式.使用分部积分法的推广公式(1.7),可以得到以下几种形式的积分普遍表达式.

（ⅰ）积分 $\int P(x)e^{ax}dx$.

若令 $v^{(n+1)} = e^{ax}$,则

$$v^{(n)} = \frac{e^{ax}}{a}, \quad v^{(n-1)} = \frac{e^{ax}}{a^2}, \quad v^{(n-2)} = \frac{e^{ax}}{a^3}, \quad \cdots$$

并假设 $P(x)$ 是 $x$ 的 $n$ 次多项式,那么积分为

$$\int P(x)e^{ax}dx = e^{ax}\left(P \cdot \frac{1}{a} - P' \cdot \frac{1}{a^2} + P'' \cdot \frac{1}{a^3} - P''' \cdot \frac{1}{a^4} + \cdots\right) + C$$

（ⅱ）积分 $\int P(x)\sin bxdx$.

同前法,令 $v^{(n+1)} = \sin bx$,则

$$v^{(n)} = -\frac{\cos bx}{b}, \quad v^{(n-1)} = -\frac{\sin bx}{b^2}, \quad v^{(n-2)} = \frac{\cos bx}{b^3}, \quad \cdots$$

仍假设 $P(x)$ 是 $x$ 的 $n$ 次多项式,因此有

$$\int P(x)\sin bxdx = \sin bx\left(P' \cdot \frac{1}{b^2} - P''' \cdot \frac{1}{b^4} + \cdots\right)$$
$$- \cos bx\left(P \cdot \frac{1}{b} - P'' \cdot \frac{1}{b^3} + \cdots\right) + C$$

（ⅲ）积分 $\int P(x)\cos bxdx$.

同前法,令 $v^{(n+1)} = \cos bx$,则

$$v^{(n)} = \frac{\sin bx}{b}, \quad v^{(n-1)} = -\frac{\cos bx}{b^2}, \quad v^{(n-2)} = \frac{\sin bx}{b^3}, \quad \cdots$$

这里,仍假设 $P(x)$ 是 $x$ 的 $n$ 次多项式,那么积分为

$$\int P(x)\cos bxdx = \sin bx\left(P \cdot \frac{1}{b} - P'' \cdot \frac{1}{b^3} + \cdots\right)$$
$$+ \cos bx\left(P' \cdot \frac{1}{b^2} - P''' \cdot \frac{1}{b^4} + \cdots\right) + C$$

2. 在求积分 $\int \ln xdx, \int \arctan xdx, \int \text{arsinh } xdx$ 中应用分部积分法时,可把 1 作为被积函数的因式之一来帮助积分.

（ⅰ）$\int \ln xdx = \int 1 \cdot \ln xdx$.

令

$$u = \ln x, \quad \mathrm{d}v = 1 \cdot \mathrm{d}x = \mathrm{d}x, \quad \mathrm{d}u = \frac{\mathrm{d}x}{x}, \quad v = x$$

则

$$\int \ln x \mathrm{d}x = x \ln x - \int x \cdot \frac{\mathrm{d}x}{x} = x \ln x - \int \mathrm{d}x$$

$$= x \ln x - x + C = x(\ln x - 1) + C$$

$$= x \ln \frac{x}{\mathrm{e}} + C$$

（ⅱ）$\int \arctan x \mathrm{d}x = \int 1 \cdot \arctan x \mathrm{d}x$.

令

$$u = \arctan x, \quad \mathrm{d}v = 1 \cdot \mathrm{d}x = \mathrm{d}x, \quad \mathrm{d}u = \frac{\mathrm{d}x}{1 + x^2}, \quad v = x$$

则

$$\int \arctan x \mathrm{d}x = x \cdot \arctan x - \int x \cdot \frac{\mathrm{d}x}{1 + x^2}$$

$$= x \arctan x - \frac{1}{2} \ln(x^2 + 1) + C$$

（ⅲ）$\int \mathrm{arsinh}\, x \mathrm{d}x = \int 1 \cdot \mathrm{arsinh}\, x \mathrm{d}x$.

令

$$u = \mathrm{arsinh}\, x, \quad \mathrm{d}v = 1 \cdot \mathrm{d}x = \mathrm{d}x, \quad \mathrm{d}u = \frac{\mathrm{d}x}{\sqrt{x^2 + 1}}, \quad v = x$$

则

$$\int \mathrm{arsinh}\, x \mathrm{d}x = x \cdot \mathrm{arsinh}\, x - \int \frac{x}{\sqrt{x^2 + 1}} \mathrm{d}x$$

$$= x \, \mathrm{arsinh}\, x - \sqrt{x^2 + 1} + C$$

3. 求积分 $\int x \mathrm{e}^{ax} \mathrm{d}x, \int x \ln x \mathrm{d}x, \int x \sin x \mathrm{d}x$.

（ⅰ）$\int x \mathrm{e}^{ax} \mathrm{d}x$.

令

$$u = x, \quad \mathrm{d}v = \mathrm{e}^{ax} \mathrm{d}x, \quad \mathrm{d}u = \mathrm{d}x, \quad v = \frac{1}{a} \mathrm{e}^{ax}$$

则

$$\int x \mathrm{e}^{ax} \mathrm{d}x = \frac{1}{a} x \mathrm{e}^{ax} - \int \frac{1}{a} \mathrm{e}^{ax} \mathrm{d}x = \frac{1}{a} x \mathrm{e}^{ax} - \frac{1}{a^2} \mathrm{e}^{ax} + C$$

（ⅱ）$\int x \ln x \mathrm{d}x$.

令

$$u = \ln x, \quad \mathrm{d}v = x\mathrm{d}x, \quad \mathrm{d}u = \frac{\mathrm{d}x}{x}, \quad v = \frac{x^2}{2}$$

则

$$\int x\ln x\mathrm{d}x = \frac{x^2}{2}\ln x - \int \frac{x^2}{2}\frac{\mathrm{d}x}{x} = \frac{x^2}{2}\ln x - \frac{x^2}{4} + C$$

（ⅲ）$\int x\sin x\mathrm{d}x$.

令

$$u = x, \quad \mathrm{d}v = \sin x\mathrm{d}x, \quad \mathrm{d}u = \mathrm{d}x, \quad v = -\cos x$$

则

$$\int x\sin x\mathrm{d}x = -x\cos x - \int -\cos x\mathrm{d}x = -x\cos x + \sin x + C$$

4. 求积分 $\int x^2\ln x\mathrm{d}x, \int x^2\sin x\mathrm{d}x, \int x^2\mathrm{e}^{ax}\mathrm{d}x$.

（ⅰ）$\int x^2\ln x\mathrm{d}x$.

令

$$u = \ln x, \quad \mathrm{d}v = x^2\mathrm{d}x, \quad \mathrm{d}u = \frac{\mathrm{d}x}{x}, \quad v = \frac{1}{3}x^3$$

则

$$\int x^2\ln x\mathrm{d}x = \frac{1}{3}x^3\ln x - \int \frac{x^3}{3}\frac{\mathrm{d}x}{x} = \frac{1}{3}x^3\ln x - \frac{1}{9}x^3 + C$$

（ⅱ）$\int x^2\sin x\mathrm{d}x$.

令

$$u = x^2, \quad \mathrm{d}v = \sin x\mathrm{d}x, \quad \mathrm{d}u = 2x\mathrm{d}x, \quad v = -\cos x$$

则

$$\int x^2\sin x\mathrm{d}x = -x^2\cos x - \int(-\cos x)2x\mathrm{d}x = -x^2\cos x + 2\int x\cos x\mathrm{d}x$$
$$= -x^2\cos x + 2(x\sin x + \cos x) + C$$

（ⅲ）$\int x^2\mathrm{e}^{ax}\mathrm{d}x$.

令

$$u = x^2, \quad \mathrm{d}v = \mathrm{e}^{ax}\mathrm{d}x, \quad \mathrm{d}u = 2x\mathrm{d}x, \quad v = \frac{1}{a}\mathrm{e}^{ax}$$

则

$$\int x^2\mathrm{e}^{ax}\mathrm{d}x = \frac{1}{a}x^2\mathrm{e}^{ax} - \int \frac{1}{a}\mathrm{e}^{ax}2x\mathrm{d}x = \frac{1}{a}x^2\mathrm{e}^{ax} - \frac{2}{a}\int x\mathrm{e}^{ax}\mathrm{d}x$$
$$= \frac{1}{a}x^2\mathrm{e}^{ax} - \frac{2}{a}\left(\frac{1}{a}x\mathrm{e}^{ax} - \frac{1}{a^2}\mathrm{e}^{ax}\right) + C$$

$$= \left( \frac{x^2}{a} - \frac{2x}{a^2} + \frac{2}{a^3} \right) e^{ax} + C$$

5. $\int x^k (\ln x)^n dx$ 的递推公式.

**例 11**　求积分 $\int x^3 (\ln x)^2 dx$.

**解**　设

$$u = (\ln x)^2, \quad dv = x^3 dx, \quad du = 2\ln x \frac{dx}{x}, \quad v = \frac{x^4}{4}$$

则有

$$\int x^3 (\ln x)^2 dx = \frac{x^4}{4} (\ln x)^2 - \int \frac{x^4}{4} 2\ln x \frac{dx}{x}$$

$$= \frac{1}{4} x^4 (\ln x)^2 - \frac{1}{2} \int x^3 \ln x dx \qquad (\text{I})$$

再应用分部积分法于该式右边的第二项,令

$$u = \ln x, \quad dv = x^3 dx, \quad du = \frac{dx}{x}, \quad v = \frac{x^4}{4}$$

得到

$$\int x^3 \ln x dx = \frac{x^4}{4} \ln x - \frac{1}{4} \int x^3 dx = \frac{1}{4} x^4 \ln x - \frac{1}{16} x^4 + C \qquad (\text{II})$$

把式(Ⅱ)代入式(Ⅰ),于是求得

$$\int x^3 (\ln x)^2 dx = \frac{1}{4} x^4 (\ln x)^2 - \frac{1}{8} x^4 \ln x + \frac{1}{32} x^4 + C$$

$$= \frac{1}{4} x^4 \left[ (\ln x)^2 - \frac{1}{2} \ln x + \frac{1}{8} \right] + C$$

从式(Ⅰ)可看出,应用一次分部积分法,就可使 $\ln x$ 的幂次降 1.由此推断:对于被积函数为 $x^k (\ln x)^n$ 的积分,只要使用 $n$ 次分部积分法,就可使 $\ln x$ 的幂次降到零.我们可据此推演出积分 $\int x^k (\ln x)^n dx$ 的递推公式,其中 $k$ 为任意实数,$n$ 是正整数.

设

$$u = (\ln x)^n, \quad dv = x^k dx, \quad du = n (\ln x)^{n-1} \frac{dx}{x}, \quad v = \frac{1}{k+1} x^{k+1}$$

那么

$$\int x^k (\ln x)^n dx = \frac{1}{k+1} x^{k+1} (\ln x)^n - \frac{n}{k+1} \int x^k (\ln x)^{n-1} dx \qquad (\text{III})$$

从公式(Ⅲ)知,每应用一次分部积分,可使 $\ln x$ 的幂次降 1,多次连续地运用分部积分法,就可得到最后的积分结果.

6. 我们用分部积分法来研究积分 $\int e^{ax} \cos bx dx, \int e^{ax} \sin bx dx$.

设

$$u = \cos bx(\text{或} \sin bx), \quad dv = e^{ax}dx$$

$$du = -b\sin bx dx(\text{或} b\cos bx dx), \quad v = \frac{1}{a}e^{ax}$$

那么

$$\int e^{ax}\cos bx dx = \frac{1}{a}e^{ax}\cos bx - \int \frac{1}{a}e^{ax}(-b\sin bx dx)$$

$$= \frac{1}{a}e^{ax}\cos bx + \frac{b}{a}\int e^{ax}\sin bx dx$$

$$\int e^{ax}\sin bx dx = \frac{1}{a}e^{ax}\sin bx - \frac{b}{a}\int e^{ax}\cos bx dx$$

由上面两式可解得

$$\begin{cases} \int e^{ax}\cos bx dx = e^{ax}\dfrac{a\cos bx + b\sin bx}{a^2 + b^2} + C \\[3mm] \int e^{ax}\sin bx dx = e^{ax}\dfrac{a\sin bx - b\cos bx}{a^2 + b^2} + C \end{cases} \tag{IV}$$

其中 $C$ 是积分常数.

7. 用分部积分法求积分 $\int x^n e^{ax}\cos bx dx, \int x^n e^{ax}\sin bx dx$.

令

$$u = x^n, \quad dv = e^{ax}\cos bx dx(\text{或} dv = e^{ax}\sin bx dx), \quad du = nx^{n-1}dx,$$

$$v = e^{ax}\frac{a\cos bx + b\sin bx}{a^2 + b^2}\left(\text{或} v = e^{ax}\frac{a\sin bx - b\cos bx}{a^2 + b^2}\right)$$

则有

$$\int x^n e^{ax}\cos bx dx = x^n e^{ax}\frac{a\cos bx + b\sin bx}{a^2 + b^2} - \int e^{ax}\frac{a\cos bx + b\sin bx}{a^2 + b^2} \cdot nx^{n-1}dx$$

$$= x^n e^{ax}\frac{a\cos bx + b\sin bx}{a^2 + b^2} - \frac{na}{a^2 + b^2}\int x^{n-1}e^{ax}\cos bx dx$$

$$- \frac{nb}{a^2 + b^2}\int x^{n-1}e^{ax}\sin bx dx$$

$$\int x^n e^{ax}\sin bx dx = x^n e^{ax}\frac{a\sin bx - b\cos bx}{a^2 + b^2} - \int e^{ax}\frac{a\sin bx - b\cos bx}{a^2 + b^2} \cdot nx^{n-1}dx$$

$$= x^n e^{ax}\frac{a\sin bx - b\cos bx}{a^2 + b^2} - \frac{na}{a^2 + b^2}\int x^{n-1}e^{ax}\sin bx dx$$

$$+ \frac{nb}{a^2 + b^2}\int x^{n-1}e^{ax}\cos bx dx$$

该结果表明,每做一次分部积分,$x$ 的幂次就降 1,当运用 $n$ 次分部积分时,$x$ 的幂次降到零,此时就可应用公式(IV),把最后的积分求出来.

8. 求积分 $\int \dfrac{dx}{(x^2 + a^2)^n}$.

令

$$u = \frac{1}{(x^2 + a^2)^n}, \quad \mathrm{d}v = \mathrm{d}x, \quad \mathrm{d}u = -2nx (x^2 + a^2)^{-(n+1)} \mathrm{d}x, \quad v = x$$

则

$$\int \frac{\mathrm{d}x}{(x^2 + a^2)^n} = \frac{x}{(x^2 + a^2)^n} - \int x \left[ -2nx (x^2 + a^2)^{-(n+1)} \mathrm{d}x \right]$$

$$= \frac{x}{(x^2 + a^2)^n} + 2n \int \frac{x^2}{(x^2 + a^2)^{n+1}} \mathrm{d}x$$

其中第二项的积分部分可表示为

$$\int \frac{x^2}{(x^2 + a^2)^{n+1}} \mathrm{d}x = \int \frac{(x^2 + a^2) - a^2}{(x^2 + a^2)^{n+1}} \mathrm{d}x = \int \frac{\mathrm{d}x}{(x^2 + a^2)^n} - a^2 \int \frac{\mathrm{d}x}{(x^2 + a^2)^{n+1}}$$

所以

$$\int \frac{\mathrm{d}x}{(x^2 + a^2)^n} = \frac{x}{(x^2 + a^2)^n} + 2n \int \frac{\mathrm{d}x}{(x^2 + a^2)^n} - 2na^2 \int \frac{\mathrm{d}x}{(x^2 + a^2)^{n+1}}$$

或

$$\int \frac{\mathrm{d}x}{(x^2 + a^2)^{n+1}} = \frac{x}{2na^2 (x^2 + a^2)^n} + \frac{2n - 1}{2na^2} \int \frac{\mathrm{d}x}{(x^2 + a^2)^n}$$

当 $n+1$ 用 $n$ 代替时,上式变成

$$\int \frac{\mathrm{d}x}{(x^2 + a^2)^n} = \frac{x}{2(n - 1)a^2 (x^2 + a^2)^{n-1}} + \frac{2n - 3}{2(n - 1)a^2} \int \frac{\mathrm{d}x}{(x^2 + a^2)^{n-1}}$$

这就是该积分的递推公式.

上式表明,每应用一次分部积分法,被积函数分母的幂次降 1,当 $n$ 降至 $n = 2$ 时,可得到积分的最后结果,该结果的最后一项应包含 $\frac{1}{a} \arctan \frac{x}{a}$.

## 1.4 换元积分法

换元积分法是函数的积分法中最有力的方法,其应用几乎遍及所有的函数.换元法的本质是用新的变量(或函数)代替原来的变量(或函数),使积分变成相对简单的我们熟悉的容易操作的积分形式,以便于进行积分计算.

例如在积分 $\int f(x) \mathrm{d}x$ 中,用新变量 $t$ 代替 $x$,设

$$x = \varphi(t), \quad \mathrm{d}x = \varphi'(t) \mathrm{d}t$$

则

$$\int f(x) \mathrm{d}x = \int f[\varphi(t)] \varphi'(t) \mathrm{d}t \tag{1.8}$$

式(1.8)称为**积分换元公式**.

**例 12** 求积分 $\int \sin^3 x \cos x \, \mathrm{d}x$.

**解** 令 $t = \sin x$，$\mathrm{d}t = \mathrm{d}\sin x = \cos x \, \mathrm{d}x$，则

$$\int \sin^3 x \cos x \, \mathrm{d}x = \int \sin^3 x \, \mathrm{d}\sin x = \int t^3 \, \mathrm{d}t = \frac{1}{4} t^4 + C$$

再把 $t$ 换回到 $\sin x$，就得到

$$\int \sin^3 x \cos x \, \mathrm{d}x = \frac{1}{4} \sin^4 x + C$$

在该积分中，因为有 $\cos x \, \mathrm{d}x = \mathrm{d}\sin x = \mathrm{d}t$，所以令 $t = \sin x$ 是合适的. 但下面的例子：

$$\int \sin^3 x \, \mathrm{d}x$$

若用替换 $t = \sin x$ 就不合适了.

如果从被积函数中分出因式 $\sin x \, \mathrm{d}x$，以 $-\sin x \, \mathrm{d}x$ 作为新变量的微分，并由此得到变换 $t = \cos x$，被积函数的剩余部分为 $-\sin^2 x = \cos^2 x - 1$，那么就有

$$\int \sin^3 x \, \mathrm{d}x = \int (-\sin^2 x)(-\sin x) \, \mathrm{d}x = \int (\cos^2 x - 1) \, \mathrm{d}\cos x$$

$$= \int (t^2 - 1) \, \mathrm{d}t = \frac{1}{3} t^3 - t + C$$

$$= \frac{1}{3} \cos^3 x - \cos x + C$$

从上面的例题中可看到，在换元法中选择合适的变换式非常重要.

**例 13** 求积分 $\int \sqrt{a^2 - x^2} \, \mathrm{d}x$.

**解** 令 $x = a\sin t$，$\mathrm{d}x = a\cos t \, \mathrm{d}t$，则有

$$\int \sqrt{a^2 - x^2} \, \mathrm{d}x = \int \sqrt{a^2 - a^2 \sin^2 t} \cdot a\cos t \, \mathrm{d}x$$

$$= a^2 \int \cos^2 t \, \mathrm{d}t = a^2 \int \frac{1 + \cos 2t}{2} \, \mathrm{d}t$$

$$= a^2 \left( \frac{1}{2} t + \frac{1}{4} \sin 2t \right) + C$$

现在要把变量从 $t$ 变回到 $x$. 因为 $\sin t = \dfrac{x}{a}$，所以 $t = \arcsin \dfrac{x}{a}$，于是积分变成

$$\int \sqrt{a^2 - x^2} \, \mathrm{d}x = a^2 \left( \frac{1}{2} t + \frac{1}{2} \sin t \cos t \right) + C$$

$$= \frac{a^2}{2} \arcsin \frac{x}{a} + \frac{1}{2} x \sqrt{a^2 - x^2} + C$$

**例 14** 求积分 $\int x \mathrm{e}^{x^2} \, \mathrm{d}x$.

**解** 令 $t = x^2$，$\mathrm{d}t = 2x \, \mathrm{d}x$，则有

$$\int x \mathrm{e}^{x^2} \mathrm{d}x = \frac{1}{2} \int \mathrm{e}^t \mathrm{d}t = \frac{1}{2} \mathrm{e}^t + C = \frac{1}{2} \mathrm{e}^{x^2} + C$$

**例 15**　求积分 $\displaystyle\int \frac{x}{1 + x^4} \mathrm{d}x$.

**解**　令 $t = x^2$, $\mathrm{d}t = 2x\mathrm{d}x$, 则有

$$\int \frac{x\mathrm{d}x}{1 + x^4} = \frac{1}{2} \int \frac{\mathrm{d}t}{1 + t^2} = \frac{1}{2} \arctan t + C = \frac{1}{2} \arctan x^2 + C$$

**例 16**　求积分 $\displaystyle\int \frac{\mathrm{d}x}{a^2 + x^2}$.

**解**　令 $t = \dfrac{x}{a}$, $\mathrm{d}t = \dfrac{\mathrm{d}x}{a}$, 则

$$\int \frac{\mathrm{d}x}{a^2 + x^2} = \int \frac{\mathrm{d}x}{a^2 \left[ 1 + \left( \dfrac{x}{a} \right)^2 \right]} = \frac{1}{a} \int \frac{\mathrm{d}t}{1 + t^2} = \frac{1}{a} \arctan t + C$$

$$= \frac{1}{a} \arctan \frac{x}{a} + C$$

**例 17**　求积分 $\displaystyle\int \frac{\mathrm{d}x}{\sqrt{a^2 - x^2}}$.

**解**　设 $t = \dfrac{x}{a}$, $\mathrm{d}t = \mathrm{d}\left( \dfrac{x}{a} \right)$, 则有

$$\int \frac{\mathrm{d}x}{\sqrt{a^2 - x^2}} = \int \frac{\mathrm{d}x}{a \sqrt{1 - \left( \dfrac{x}{a} \right)^2}} = \int \frac{\mathrm{d}t}{\sqrt{1 - t^2}} = \arcsin t + C = \arcsin \frac{x}{a} + C$$

**例 18**　求积分 $\displaystyle\int \frac{\mathrm{d}x}{\sqrt{x}(1 + \sqrt[3]{x})}$.

**解**　令

$$x = t^6, \quad \sqrt{x} = t^3, \quad \sqrt[3]{x} = t^2, \quad \mathrm{d}x = 6t^5\mathrm{d}t, \quad t = \sqrt[6]{x}$$

那么

$$\int \frac{\mathrm{d}x}{\sqrt{x}(1 + \sqrt[3]{x})} = \int \frac{6t^5\mathrm{d}t}{t^3(1 + t^2)} = 6 \int \frac{t^2}{1 + t^2} \mathrm{d}t = 6 \int \left( 1 - \frac{1}{1 + t^2} \right) \mathrm{d}t$$

$$= 6 \int \mathrm{d}t - 6 \int \frac{\mathrm{d}t}{1 + t^2} = 6t - 6\arctan t + C$$

$$= 6(\sqrt[6]{x} - \arctan \sqrt[6]{x}) + C$$

**例 19**　求积分 $\displaystyle\int \frac{x^2}{\cos^2 x^3} \mathrm{d}x$.

**解**　设 $t = x^3$, $\mathrm{d}t = 3x^2\mathrm{d}x$, 则有

$$\int \frac{x^2}{\cos^2 x^3} \mathrm{d}x = \frac{1}{3} \int \frac{\mathrm{d}t}{\cos^2 t} = \frac{1}{3} \int \sec^2 t \, \mathrm{d}t = \frac{1}{3} \tan t + C$$

$$= \frac{1}{3} \tan x^3 + C$$

**例 20**　求积分 $\displaystyle\int \frac{\mathrm{d}x}{\sqrt{(x-a)(b-x)}}(a < x < b)$.

**解**　设 $x = a\cos^2\varphi + b\sin^2\varphi$,则

$$\mathrm{d}x = -2a\cos\varphi\sin\varphi\mathrm{d}\varphi + 2b\sin\varphi\cos\varphi\mathrm{d}\varphi = 2(b-a)\sin\varphi\cos\varphi\mathrm{d}\varphi$$

$$x - a = a\cos^2\varphi + b\sin^2\varphi - a(\cos^2\varphi + \sin^2\varphi) = (b-a)\sin^2\varphi$$

$$b - x = b(\cos^2\varphi + \sin^2\varphi) - (a\cos^2\varphi + b\sin^2\varphi) = (b-a)\cos^2\varphi$$

把它们代入积分式中,得到

$$\int \frac{\mathrm{d}x}{\sqrt{(x-a)(b-x)}} = \int \frac{2(b-a)\sin\varphi\cos\varphi\mathrm{d}\varphi}{\sqrt{(b-a)^2\sin^2\varphi\cos^2\varphi}} = 2\int\mathrm{d}\varphi = 2\varphi + C$$

$$= 2\arctan\sqrt{\frac{x-a}{b-x}} + C$$

最后的公式推导,因为

$$\frac{x-a}{b-x} = \frac{(b-a)\sin^2\varphi}{(b-a)\cos^2\varphi} = \tan^2\varphi$$

所以

$$\tan\varphi = \sqrt{\frac{x-a}{b-x}}, \quad \varphi = \arctan\sqrt{\frac{x-a}{b-x}}$$

**例 21**　求积分 $\displaystyle\int \frac{\mathrm{d}x}{a^2\sin^2 x + b^2\cos^2 x}$.

**解**　令 $\tan x = t$ ,$\mathrm{d}t = \mathrm{d}\tan x = \dfrac{\mathrm{d}x}{\cos^2 x}$,则有

$$\int \frac{\mathrm{d}x}{a^2\sin^2 x + b^2\cos^2 x} = \int \frac{\mathrm{d}x}{b^2\cos^2 x\left(\dfrac{a^2}{b^2}\tan^2 x + 1\right)}$$

$$= \int \frac{\dfrac{\mathrm{d}x}{\cos^2 x}}{b^2\left(\dfrac{a^2}{b^2}\tan^2 x + 1\right)} = \int \frac{\mathrm{d}t}{b^2\left(\dfrac{a^2}{b^2}t^2 + 1\right)}$$

$$= \int \frac{\mathrm{d}\left(\dfrac{a}{b}t\right)}{b^2\dfrac{a}{b}\left[\left(\dfrac{a}{b}t\right)^2 + 1\right]} = \frac{1}{ab}\int \frac{\mathrm{d}u}{u^2 + 1} \quad \left(u = \frac{a}{b}t\right)$$

$$= \frac{1}{ab}\arctan u + C = \frac{1}{ab}\arctan\left(\frac{a}{b}t\right) + C$$

$$= \frac{1}{ab}\arctan\left(\frac{a}{b}\tan x\right) + C$$

**例 22**　求积分 $\displaystyle\int \frac{\mathrm{d}x}{\sin 2x}$.

**解**　令 $\tan x = t$ ,$\mathrm{d}t = \mathrm{d}\tan x = \dfrac{\mathrm{d}x}{\cos^2 x}$,于是

$$\int \frac{\mathrm{d}x}{\sin 2x} = \int \frac{\mathrm{d}x}{2\sin x \cos x} = \frac{1}{2}\int \frac{\dfrac{\mathrm{d}x}{\cos^2 x}}{\dfrac{\sin x}{\cos x}} = \frac{1}{2}\int \frac{\mathrm{d}t}{t}$$

$$= \frac{1}{2}\ln|t| + C = \frac{1}{2}\ln|\tan x| + C$$

**例 23**　求积分 $\displaystyle\int \frac{\mathrm{d}x}{\sin x}$.

**解**　令 $\tan \dfrac{x}{2} = t, \mathrm{d}t = \mathrm{d}\tan \dfrac{x}{2} = \dfrac{\mathrm{d}\left(\dfrac{x}{2}\right)}{\cos^2 \dfrac{x}{2}}$，则

$$\int \frac{\mathrm{d}x}{\sin x} = \int \frac{\mathrm{d}x}{2\sin \dfrac{x}{2}\cos \dfrac{x}{2}} = \int \frac{\mathrm{d}\left(\dfrac{x}{2}\right)\Big/ \cos^2 \dfrac{x}{2}}{\sin \dfrac{x}{2}\Big/ \cos \dfrac{x}{2}} = \int \frac{\mathrm{d}\tan \dfrac{x}{2}}{\tan \dfrac{x}{2}}$$

$$= \int \frac{\mathrm{d}t}{t} = \ln|t| + C = \ln\left|\tan \frac{x}{2}\right| + C$$

**例 24**　求积分 $\displaystyle\int \frac{\mathrm{d}x}{\cos x}$.

**解**　因为 $\cos x = \sin\left(x + \dfrac{\pi}{2}\right)$，所以

$$\int \frac{\mathrm{d}x}{\cos x} = \int \frac{\mathrm{d}\left(x + \dfrac{\pi}{2}\right)}{\sin\left(x + \dfrac{\pi}{2}\right)} = \ln\left|\tan\left(\frac{x}{2} + \frac{\pi}{4}\right)\right| + C$$

**例 25**　求积分 $\displaystyle\int \frac{\mathrm{d}x}{(x^2 + a^2)^2}$.

**解**　令 $\dfrac{x}{a} = \tan t, \mathrm{d}x = a\mathrm{d}\tan t = a\sec^2 t\,\mathrm{d}t$，则

$$x^2 + a^2 = a^2\left(\frac{x^2}{a^2} + 1\right) = a^2(\tan^2 t + 1) = a^2\sec^2 t$$

那么

$$\int \frac{\mathrm{d}x}{(x^2 + a^2)^2} = \int \frac{a\sec^2 t\,\mathrm{d}t}{a^4\sec^4 t} = \int \frac{\mathrm{d}t}{a^3\sec^2 t} = \frac{1}{a^3}\int \cos^2 t\,\mathrm{d}t$$

$$= \frac{1}{a^3}\int \frac{1}{2}(1 + \cos 2t)\mathrm{d}t = \frac{1}{2a^3}\left(\int \mathrm{d}t + \int \cos 2t\,\mathrm{d}t\right)$$

$$= \frac{1}{2a^3}\left(t + \frac{1}{2}\sin 2t\right) + C = \frac{1}{2a^3}(t + \sin t\cos t) + C$$

$$= \frac{1}{2a^3}\left(\arctan \frac{x}{a} + \frac{ax}{x^2 + a^2}\right) + C$$

**例 26**　求积分 $\displaystyle\int \frac{\mathrm{e}^x \mathrm{d}x}{\mathrm{e}^{2x} + 1}$.

**解**　令 $e^x = t$，$dt = de^x = e^x dx$，则

$$\int \frac{e^x dx}{e^{2x} + 1} = \int \frac{dt}{t^2 + 1} = \arctan t + C = \arctan e^x + C$$

**例 27**　求积分 $\int \frac{dx}{(ax + b)^n}$.

**解**　设 $ax + b = t$，则

$$\int \frac{dx}{(ax + b)^n} = \frac{1}{a} \int \frac{d(ax + b)}{(ax + b)^n} = \frac{1}{a} \int t^{-n} dt = \frac{1}{a(1 - n)} t^{1-n} + C$$

$$= \frac{1}{a(1 - n)(ax + b)^{n-1}} + C$$

**例 28**　求积分 $\int \frac{dx}{\sqrt{x^2 + a}}$.

**解**　设

$$\sqrt{x^2 + a} = t - x$$

两边平方得

$$x^2 + a = t^2 + x^2 - 2tx$$

得到

$$x = \frac{t^2 - a}{2t}$$

于是

$$\sqrt{x^2 + a} = t - \frac{t^2 - a}{2t} = \frac{t^2 + a}{2t}$$

$$dx = \frac{t^2 + a}{2t^2} dt$$

最后得到

$$\int \frac{dx}{\sqrt{x^2 + a}} = \int \frac{\frac{t^2 + a}{2t^2}}{\frac{t^2 + a}{2t}} dt = \int \frac{dt}{t} = \ln |t| + C = \ln \left| x + \sqrt{x^2 + a} \right| + C$$

本题所用的换元方法为**欧拉替换法**，我们将在 1.6 节中做更详细的介绍.

**例 29**　求积分 $\int \frac{dx}{(x^2 - a^2)^{\frac{3}{2}}}$.

**解**　令 $x = a \sec t$，$dx = \frac{a \sin t}{\cos^2 t} dt = a \frac{\tan t}{\cos t} dt$，则有

$$x^2 - a^2 = a^2 \sec^2 t - a^2 = a^2 \tan^2 t$$

于是

$$\int \frac{dx}{(x^2 - a^2)^{\frac{3}{2}}} = \int \frac{\frac{a \tan t}{\cos t} dt}{(a^2 \tan^2 t)^{\frac{3}{2}}} = \frac{1}{a^2} \int \frac{dt}{\cos t \cdot \tan^2 t} = \frac{1}{a^2} \int \frac{\cos t}{\sin^2 t} dt$$

$$= \frac{1}{a^2} \int \sin^{-2} t \, \mathrm{d}\sin t = - \frac{1}{a^2 \sin t} + C$$

$$= - \frac{x}{a^2 \sqrt{x^2 - a^2}} + C$$

# 1.5　三角替代法

　　三角替代法是利用直角三角形的边、角与三角函数的关系来替代被积函数代数式中的元素,以简化积分计算的方法.它是换元法中经常使用的一种方法.在上一节换元法中,我们已经多次使用过,本节将用图形更直观地叙述三角替代法.

　　1. 如函数 $\sqrt{a^2 - x^2}$ 的积分,可利用图 1.1 中的边、角关系求解.

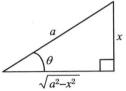

**图 1.1**

　　设 $x = a\sin\theta$,则 $\mathrm{d}x = a\cos\theta\mathrm{d}\theta$, $\sqrt{a^2 - x^2} = a\cos\theta$, 于是积分变成对 $\theta$ 的积分.

　　由 $x = a\sin\theta$,得到 $\theta = \arcsin\dfrac{x}{a}$.所以

$$\int \sqrt{a^2 - x^2} \mathrm{d}x = \int a\cos\theta \cdot a\cos\theta\mathrm{d}\theta = a^2 \int \cos^2\theta\mathrm{d}\theta = a^2 \int \frac{\cos 2\theta + 1}{2} \mathrm{d}\theta$$

$$= a^2 \left( \frac{\sin 2\theta}{4} + \frac{\theta}{2} \right) + C = a^2 \left( \frac{1}{2}\sin\theta\cos\theta + \frac{1}{2}\theta \right) + C$$

$$= \frac{1}{2} (a\sin\theta \cdot a\cos\theta + a^2\theta) + C$$

$$= \frac{1}{2} \left( x\sqrt{a^2 - x^2} + a^2\arcsin\frac{x}{a} \right) + C$$

　　2. 对于 $\sqrt{a^2 + x^2}$ 的积分,可利用图 1.2 的三角形求解.

　　设

$$x = a\tan\theta, \qquad \sqrt{a^2 + x^2} = a\sec\theta$$

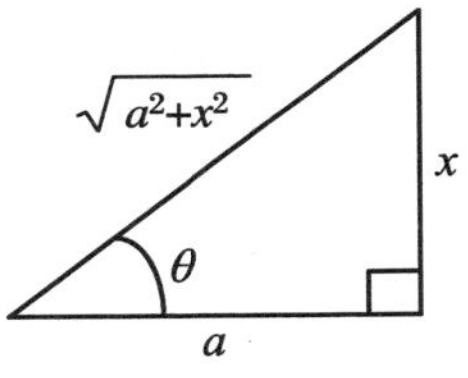

则

$$\mathrm{d}x = a\sec^2\theta\mathrm{d}\theta, \qquad \theta = \arctan\frac{x}{a}$$

那么

$$\int \sqrt{a^2 + x^2} \mathrm{d}x = \int a\sec\theta \cdot a\sec^2\theta\mathrm{d}\theta = a^2 \int \sec^3\theta\mathrm{d}\theta$$

$$= \frac{a^2}{2}\tan\theta\sec\theta + \frac{a^2}{2}\ln\left| \tan\left( \frac{\theta}{2} + \frac{\pi}{4} \right) \right| + C$$

**图 1.2**

$$= \frac{a^2}{2} \frac{x}{a} \frac{\sqrt{a^2 + x^2}}{a} + \frac{a^2}{2} \ln \left| x + \sqrt{a^2 + x^2} \right| + C$$

$$= \frac{1}{2} \left( x \sqrt{a^2 + x^2} + a^2 \ln \left| x + \sqrt{a^2 + x^2} \right| \right) + C$$

（关于积分 $\int \sec^3 \theta \mathrm{d}\theta$ 的推导见后.）

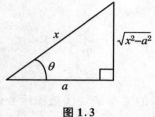

图 1.3

3. 对于包含 $\sqrt{x^2 - a^2}$ 的积分（如图 1.3 所示）.

设 $x = a \sec \theta$，则有

$$\sqrt{x^2 - a^2} = a \tan \theta$$

$$\mathrm{d}x = a \sec \theta \tan \theta \mathrm{d}\theta$$

于是

$$\int \sqrt{x^2 - a^2} \mathrm{d}x = \int a \tan \theta \cdot a \sec \theta \tan \theta \mathrm{d}\theta = a^2 \int \sec \theta \tan^2 \theta \mathrm{d}\theta$$

$$= a^2 \int \sec \theta (\sec^2 \theta - 1) \mathrm{d}\theta = a^2 \int \sec^3 \theta \mathrm{d}\theta - a^2 \int \sec \theta \mathrm{d}\theta$$

$$= \frac{a^2}{2} \sec \theta \tan \theta + \frac{a^2}{2} \ln \left| \tan \left( \frac{\theta}{2} + \frac{\pi}{4} \right) \right| - a^2 \ln \left| \tan \left( \frac{\theta}{2} + \frac{\pi}{4} \right) \right| + C$$

$$= \frac{1}{2} a \sec \theta \cdot a \tan \theta - \frac{a^2}{2} \ln \left| \tan \left( \frac{\theta}{2} + \frac{\pi}{4} \right) \right| + C$$

$$= \frac{1}{2} \left( x \sqrt{x^2 - a^2} - a^2 \ln \left| x + \sqrt{x^2 - a^2} \right| \right) + C \qquad （Ⅰ）$$

［式中 $a \tan \left( \frac{\theta}{2} + \frac{\pi}{4} \right) = x + \sqrt{x^2 - a^2}$ 的推导见后.］

**例 30** 求积分 $\int \sqrt{x^2 - 4} \mathrm{d}x$.

**解** 式（Ⅰ）中令 $a = 2$，则

$$\int \sqrt{x^2 - 4} \mathrm{d}x = \frac{1}{2} \left( x \sqrt{x^2 - 4} - 4 \ln \left| x + \sqrt{x^2 - 4} \right| \right) + C$$

$$= \frac{1}{2} x \sqrt{x^2 - 4} - \ln \left( x + \sqrt{x^2 - 4} \right)^2 + C$$

4. 考虑积分 $\int \sec \theta \mathrm{d}\theta$.

① 设 $\sec \theta = x$，$\tan \theta = \sqrt{x^2 - 1}$（如图 1.4 所示），
于是有

$$\mathrm{d}x = \sec \theta \cdot \tan \theta \mathrm{d}\theta$$

$$\sec \theta \mathrm{d}\theta = \frac{\mathrm{d}x}{\tan \theta} = \frac{\mathrm{d}x}{\sqrt{x^2 - 1}}$$

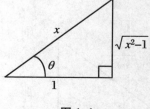

图 1.4

因此

$$\int \sec \theta \mathrm{d}\theta = \int \frac{\mathrm{d}x}{\sqrt{x^2 - 1}} = \operatorname{arcosh} x + C = \ln(x + \sqrt{x^2 - 1}) + C$$

$$= \ln(\sec \theta + \tan \theta) + C$$

② 

$$\int \sec \theta \mathrm{d}\theta = \int \frac{\mathrm{d}\theta}{\cos \theta} = \int \frac{\mathrm{d}\left(\theta + \frac{\pi}{2}\right)}{\sin\left(\theta + \frac{\pi}{2}\right)} = \int \frac{\mathrm{d}\left(\theta + \frac{\pi}{2}\right)}{2\sin\left(\frac{\theta}{2} + \frac{\pi}{4}\right)\cos\left(\frac{\theta}{2} + \frac{\pi}{4}\right)}$$

$$= \int \frac{\mathrm{d}\left(\frac{\theta}{2} + \frac{\pi}{4}\right)/\cos^2\left(\frac{\theta}{2} + \frac{\pi}{4}\right)}{\sin\left(\frac{\theta}{2} + \frac{\pi}{4}\right)/\cos\left(\frac{\theta}{2} + \frac{\pi}{4}\right)} = \int \frac{\mathrm{d}\tan\left(\frac{\theta}{2} + \frac{\pi}{4}\right)}{\tan\left(\frac{\theta}{2} + \frac{\pi}{4}\right)}$$

$$= \ln\left|\tan\left(\frac{\theta}{2} + \frac{\pi}{4}\right)\right| + C$$

③ 积分 $\int \sec^3 \theta \mathrm{d}\theta = \frac{1}{2}\left[\sec \theta \tan \theta + \ln\left|\tan\left(\frac{\theta}{2} + \frac{\pi}{4}\right)\right|\right] + C$ 的推导.

由

$$\int \sec^3 \theta \mathrm{d}\theta = \int \sec \theta \cdot \sec^2 \theta \mathrm{d}\theta = \int \sec \theta \mathrm{d}\tan \theta$$

$$= \sec \theta \tan \theta - \int \tan \theta \mathrm{d}\sec \theta$$

$$= \sec \theta \tan \theta - \int \tan \theta \sec \theta \tan \theta \mathrm{d}\theta$$

$$= \sec \theta \tan \theta - \int \sec \theta (\sec^2 \theta - 1) \mathrm{d}\theta$$

$$= \sec \theta \tan \theta - \int \sec^3 \theta \mathrm{d}\theta + \int \sec \theta \mathrm{d}\theta$$

得到

$$2\int \sec^3 \theta \mathrm{d}\theta = \sec \theta \tan \theta + \int \sec \theta \mathrm{d}\theta$$

$$= \sec \theta \tan \theta + \ln\left|\tan\left(\frac{\theta}{2} + \frac{\pi}{4}\right)\right| + C$$

因此

$$\int \sec^3 \theta \mathrm{d}\theta = \frac{1}{2}\left[\sec \theta \tan \theta + \ln\left|\tan\left(\frac{\theta}{2} + \frac{\pi}{4}\right)\right|\right] + C$$

④ 等式 $x + \sqrt{x^2 - a^2} = a\tan\left(\frac{\theta}{2} + \frac{\pi}{4}\right)$ 的证明.

令

$$x = a\sec \theta, \quad \sqrt{x^2 - a^2} = a\tan \theta$$

因此有

$$x + \sqrt{x^2 - a^2} = a\sec \theta + a\tan \theta = a\left(\frac{1}{\cos \theta} + \frac{\sin \theta}{\cos \theta}\right) = a\frac{1 + \sin \theta}{\cos \theta}$$

另一方面

$$\tan\left(\frac{\theta}{2}+\frac{\pi}{4}\right)=\frac{\tan\frac{\theta}{2}+\tan\frac{\pi}{4}}{1-\tan\frac{\theta}{2}\tan\frac{\pi}{4}}=\frac{1+\tan\frac{\theta}{2}}{1-\tan\frac{\theta}{2}}=\frac{\cos\frac{\theta}{2}+\sin\frac{\theta}{2}}{\cos\frac{\theta}{2}-\sin\frac{\theta}{2}}$$

$$=\frac{\sqrt{1+\cos\theta}+\sqrt{1-\cos\theta}}{\sqrt{1+\cos\theta}-\sqrt{1-\cos\theta}}=\frac{(\sqrt{1+\cos\theta}+\sqrt{1-\cos\theta})^2}{2\cos\theta}$$

$$=\frac{2+2\sin\theta}{2\cos\theta}=\frac{1+\sin\theta}{\cos\theta}$$

因此证明了

$$x+\sqrt{x^2-a^2}=a\tan\left(\frac{\theta}{2}+\frac{\pi}{4}\right)$$

**5. 万能替换法.**

如果被积函数是由 $\sin x$ 或 $\cos x$ 组成的,可以考虑用 $t=\tan\frac{x}{2}$ 来替代,如图 1.5 所示.

$$\sin\frac{x}{2}=\frac{t}{\sqrt{1+t^2}},\quad \cos\frac{x}{2}=\frac{1}{\sqrt{1+t^2}}$$

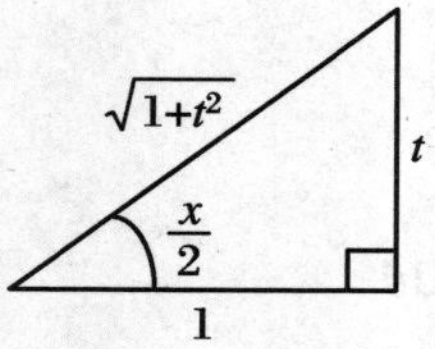

使用倍角公式

图 1.5

$$\sin x=\sin 2\left(\frac{x}{2}\right)=2\sin\frac{x}{2}\cos\frac{x}{2}=\frac{2t}{1+t^2}$$

$$\cos x=\cos 2\left(\frac{x}{2}\right)=2\cos^2\frac{x}{2}-1=\frac{2}{1+t^2}-1=\frac{1-t^2}{1+t^2}$$

因为 $t=\tan\frac{x}{2}$,所以有

$$x=2\arctan t,\quad \mathrm{d}x=\frac{2}{1+t^2}\mathrm{d}t$$

于是就有下面的代换:

$$\tan\frac{x}{2}=t,\quad \sin x=\frac{2t}{1+t^2},\quad \cos x=\frac{1-t^2}{1+t^2},\quad \mathrm{d}x=\frac{2}{1+t^2}\mathrm{d}t$$

这样,我们就能把所有的三角函数有理式转化为 $t$ 的有理函数,三角函数的积分运算转化为 $t$ 的有理函数的积分.

**例 31**　计算积分 $\displaystyle\int\frac{\mathrm{d}x}{\sin x+\cos x}$.

**解**　把 $\sin x=\dfrac{2t}{1+t^2}$,$\cos x=\dfrac{1-t^2}{1+t^2}$,$\mathrm{d}x=\dfrac{2}{1+t^2}\mathrm{d}t$ 代入积分式,得到

$$\int\frac{\mathrm{d}x}{\sin x+\cos x}=\int\frac{\dfrac{2\mathrm{d}t}{1+t^2}}{\dfrac{2t}{1+t^2}+\dfrac{1-t^2}{1+t^2}}=\int\frac{2\mathrm{d}t}{1+2t-t^2}=\sqrt{2}\int\frac{\mathrm{d}\left(\dfrac{t-1}{\sqrt{2}}\right)}{1-\left(\dfrac{t-1}{\sqrt{2}}\right)^2}$$

$$= \sqrt{2}\,\mathrm{artanh}\,\frac{t-1}{\sqrt{2}} + C$$

$$= \sqrt{2} \cdot \frac{1}{2}\ln\left|\frac{1 + \dfrac{t-1}{\sqrt{2}}}{1 - \dfrac{t-1}{\sqrt{2}}}\right| + C = \frac{\sqrt{2}}{2}\ln\left|\frac{\sqrt{2}-1+t}{\sqrt{2}+1-t}\right| + C$$

$$= \frac{\sqrt{2}}{2}\ln\left|\frac{\sqrt{2}-1+\tan\dfrac{x}{2}}{\sqrt{2}+1-\tan\dfrac{x}{2}}\right| + C$$

**例 32**　计算积分 $\displaystyle\int\frac{\cos x}{1+\sin x}\mathrm{d}x$.

**解**　与上例相同,把 $\sin x = \dfrac{2t}{1+t^2}$, $\cos x = \dfrac{1-t^2}{1+t^2}$, $\mathrm{d}x = \dfrac{2}{1+t^2}\mathrm{d}t$ 代入积分式,

则有

$$\int\frac{\cos x}{1+\sin x}\mathrm{d}x = \int\frac{\dfrac{1-t^2}{1+t^2}\cdot\dfrac{2}{1+t^2}\mathrm{d}t}{1+\dfrac{2t}{1+t^2}} = 2\int\frac{1-t}{(1+t^2)(1+t)}\mathrm{d}t$$

$$= 2\int\left(\frac{1}{1+t} - \frac{t}{1+t^2}\right)\mathrm{d}t = 2\int\frac{\mathrm{d}(1+t)}{1+t} - \int\frac{\mathrm{d}(1+t^2)}{1+t^2}$$

$$= 2\ln|1+t| - \ln|1+t^2| + C = \ln\frac{(1+t)^2}{1+t^2} + C$$

$$= \ln\frac{\left(1+\tan\dfrac{x}{2}\right)^2}{1+\tan^2\dfrac{x}{2}} + C$$

对于例 32 的积分还有更简便的方法:

$$\int\frac{\cos x\,\mathrm{d}x}{1+\sin x} = \int\frac{\mathrm{d}\sin x}{1+\sin x} = \int\frac{\mathrm{d}(1+\sin x)}{1+\sin x} = \ln(1+\sin x) + C$$

可以证明,上述两结果是相等的,只是形式不同罢了.

因为

$$\frac{\left(1+\tan\dfrac{x}{2}\right)^2}{1+\tan^2\left(\dfrac{x}{2}\right)} = \frac{\left(\cos\dfrac{x}{2}+\sin\dfrac{x}{2}\right)^2}{\sec^2\dfrac{x}{2}\cos^2\dfrac{x}{2}} = \left(\cos\frac{x}{2}+\sin\frac{x}{2}\right)^2$$

$$= \cos^2\frac{x}{2} + \sin^2\frac{x}{2} + 2\sin\frac{x}{2}\cos\frac{x}{2} = 1 + \sin x$$

**例 33**　计算积分 $\displaystyle\int\frac{\mathrm{d}x}{1+\sin x+\cos x}$.

**解**　把 $\tan\dfrac{x}{2} = t$, $\sin x = \dfrac{2t}{1+t^2}$, $\cos x = \dfrac{1-t^2}{1+t^2}$, $\mathrm{d}x = \dfrac{2}{1+t^2}\mathrm{d}t$ 代入积分式,

则有

$$\int \frac{\mathrm{d}x}{1 + \sin x + \cos x} = \int \frac{\frac{2\mathrm{d}t}{1 + t^2}}{1 + \frac{2t}{1 + t^2} + \frac{1 - t^2}{1 + t^2}} = \int \frac{2\mathrm{d}t}{2 + 2t} = \int \frac{\mathrm{d}t}{1 + t}$$

$$= \ln|1 + t| + C = \ln\left|1 + \tan\frac{x}{2}\right| + C$$

用半角的正切函数替换的方法来做三角函数的有理式的积分时,我们总能得到结果.对于 $\int R(\sin x, \cos x)\mathrm{d}x$ 这种类型的积分而言,它是一种普遍的方法,所以它有"**万能替换法**"之称.

# 1.6  欧拉替换法

在 $\int G(x, \sqrt{ax^2 + bx + c})\mathrm{d}x$ 这种类型的积分中,如果根号内的二次式没有等根,则它不能用有理表达式替代,这时可使用欧拉替换法.

1. 第一种替换($a > 0$ 的情况).

令

$$\sqrt{ax^2 + bx + c} = t - \sqrt{a} \cdot x$$

两边平方,并消去 $ax^2$ 项后,得到

$$bx + c = t^2 - 2\sqrt{a} \cdot tx$$

则

$$x = \frac{t^2 - c}{2\sqrt{a} \cdot t + b}, \quad \sqrt{ax^2 + bx + c} = \frac{\sqrt{a} \cdot t^2 + bt + c\sqrt{a}}{2\sqrt{a} \cdot t + b}$$

$$\mathrm{d}x = 2\frac{\sqrt{a} \cdot t^2 + bt + c\sqrt{a}}{(2\sqrt{a} \cdot t + b)^2}\mathrm{d}t$$

**例 34**  求积分 $\int \frac{\mathrm{d}x}{\sqrt{ax^2 + bx + c}}$.

**解**  把 $\sqrt{ax^2 + bx + c}$ 和 $\mathrm{d}x$ 的替换式代入上式,则有

$$\int \frac{\mathrm{d}x}{\sqrt{ax^2 + bx + c}} = \int \frac{2\frac{\sqrt{a} \cdot t^2 + bt + c\sqrt{a}}{(2\sqrt{a} \cdot t + b)^2}\mathrm{d}t}{\frac{\sqrt{a} \cdot t^2 + bt + c\sqrt{a}}{2\sqrt{a} \cdot t + b}} = \int \frac{2\mathrm{d}t}{2\sqrt{a} \cdot t + b}$$

$$= \frac{1}{\sqrt{a}}\int \frac{\mathrm{d}(2\sqrt{a} \cdot t + b)}{2\sqrt{a} \cdot t + b}$$

$$= \frac{1}{\sqrt{a}}\ln(2\sqrt{a}\cdot t + b) + C$$

$$= \frac{1}{\sqrt{a}}\ln\left[2\sqrt{a}(\sqrt{ax^2 + bx + c} + \sqrt{a}x) + b\right] + C$$

$$= \frac{1}{\sqrt{a}}\ln\left[2\sqrt{a(ax^2 + bx + c)} + 2ax + b\right] + C$$

2. 第二种情况($c > 0$).

令

$$\sqrt{ax^2 + bx + c} = xt + \sqrt{c}$$

(也可令$\sqrt{ax^2 + bx + c} = xt - \sqrt{c}$.)

两边平方,消去两端的 $c$,并约去 $x$,得到

$$ax + b = xt^2 + 2\sqrt{c}\cdot t$$

由此得到

$$x = \frac{2\sqrt{c}\cdot t - b}{a - t^2}$$

$$\sqrt{ax^2 + bx + c} = \frac{2\sqrt{c}\cdot t - b}{a - t^2}t + \sqrt{c} = \frac{\sqrt{c}\cdot t^2 - bt + a\sqrt{c}}{a - t^2}$$

$$dx = 2\frac{\sqrt{c}\cdot t^2 - bt + a\sqrt{c}}{(a - t^2)^2}dt$$

**例 35** 求积分 $\displaystyle\int \frac{dx}{x + \sqrt{x^2 - x + 1}}$.

**解** 令

$$\sqrt{x^2 - x + 1} = tx - 1$$

两边平方得

$$x^2 - x + 1 = t^2x^2 - 2tx + 1$$

由此得到

$$x = \frac{2t - 1}{t^2 - 1}, \quad dx = -2\frac{t^2 - t + 1}{(t^2 - 1)^2}dt$$

因此有

$$\sqrt{x^2 - x + 1} = \frac{t^2 - t + 1}{t^2 - 1}, \quad x + \sqrt{x^2 - x + 1} = \frac{2t - 1}{t^2 - 1} + \frac{t^2 - t + 1}{t^2 - 1} = \frac{t}{t - 1}$$

于是积分

$$\int \frac{dx}{x + \sqrt{x^2 - x + 1}} = \int \frac{-2\dfrac{t^2 - t + 1}{(t^2 - 1)^2}dt}{\dfrac{t}{t - 1}}$$

$$= -2\int \frac{(t^2 - t + 1)(t - 1)}{(t^2 - 1)^2 t}dt = \int \frac{-2t^2 + 2t - 2}{t(t - 1)(t + 1)^2}dt$$

$$= \int \left[ \frac{2}{t} - \frac{1}{2} \frac{1}{t-1} - \frac{3}{2} \frac{1}{t+1} - \frac{3}{(t+1)^2} \right] \mathrm{d}t$$

$$= \frac{3}{t+1} + 2\ln|t| - \frac{1}{2}\ln|t-1| - \frac{3}{2}\ln|t+1| + C$$

把 $t = \dfrac{\sqrt{x^2-x+1}+1}{x}$ 代入上式,则得

$$\int \frac{\mathrm{d}x}{x + \sqrt{x^2-x+1}}$$

$$= \frac{3x}{\sqrt{x^2-x+1} + x + 1} + 2\ln\left| \frac{\sqrt{x^2-x+1}+1}{x} \right|$$

$$- \frac{1}{2}\ln\left| \frac{\sqrt{x^2-x+1} - x + 1}{x} \right| - \frac{3}{2}\ln\left| \frac{\sqrt{x^2-x+1} + x + 1}{x} \right| + C$$

3. 第三种替换运用于这种情况:如果二次三项式 $ax^2 + bx + c$ 有相异的实根 $\lambda$ 和 $\mu$,此时三项式可分解为

$$ax^2 + bx + c = a(x - \lambda)(x - \mu)$$

令

$$\sqrt{ax^2 + bx + c} = t(x - \lambda)$$

两边平方,得

$$ax^2 + bx + c = t^2(x - \lambda)^2, \quad a(x-\lambda)(x-\mu) = t^2(x-\lambda)^2$$

约去 $(x-\lambda)$ 后,得

$$t^2 x - ax = -a\mu + \lambda t^2$$

于是

$$x = \frac{\lambda t^2 - a\mu}{t^2 - a}, \quad t^2 = \frac{a(x-\mu)}{x-\lambda}$$

因此有

$$\sqrt{ax^2 + bx + c} = \frac{a(\lambda-\mu)t}{t^2 - a}, \quad \mathrm{d}x = \frac{2a(\mu-\lambda)t}{(t^2-a)^2}\mathrm{d}t$$

**例 36** 求积分 $\displaystyle\int \frac{\mathrm{d}x}{x + \sqrt{x^2-5x+6}}$.

**解** 对被积函数的分母中根号内的二次三项式进行因式分解得

$$x^2 - 5x + 6 = (x-2)(x-3)$$

当我们应用前面的公式时,可令 $a=1, \lambda=2, \mu=3$,于是得到

$$x = \frac{\lambda t^2 - a\mu}{t^2 - a} = \frac{2t^2 - 3}{t^2 - 1}$$

$$t^2 = \frac{a(x-\mu)}{x-\lambda} = \frac{x-3}{x-2}$$

$$\mathrm{d}x = \frac{2a(\mu-\lambda)t}{(t^2-a)^2}\mathrm{d}t = \frac{2t\,\mathrm{d}t}{(t^2-1)^2}$$

$$\sqrt{x^2 - 5x + 6} = \frac{a(\lambda - \mu)t}{t^2 - a} = -\frac{t}{t^2 - 1}$$

把相应的替换式代入积分式中,则有

$$\int \frac{\mathrm{d}x}{x + \sqrt{x^2 - 5x + 6}} = \int \frac{\dfrac{2t\,\mathrm{d}t}{(t^2 - 1)^2}}{\dfrac{2t^2 - 3}{t^2 - 1} - \dfrac{t}{t^2 - 1}} = \int \frac{2t}{(t^2 - 1)(2t^2 - t - 3)}\mathrm{d}t$$

$$= \int \frac{2t}{(t - 1)(2t - 3)(t + 1)^2}\mathrm{d}t$$

$$= \int \left[\frac{1}{50(t + 1)} - \frac{1}{2(t - 1)} + \frac{24}{25(t - 3)} - \frac{2}{5(t + 1)^2}\right]\mathrm{d}t$$

$$= \frac{2}{5}\frac{1}{t + 1} + \frac{1}{50}\ln(t + 1) - \frac{1}{2}\ln(t - 1) + \frac{12}{25}\ln(2t - 3) + C$$

将 $t = \sqrt{\dfrac{x - 3}{x - 2}}$ 代入,得到

$$\int \frac{\mathrm{d}x}{x + \sqrt{x^2 - 5x + 6}} = \frac{2}{5}(x - 2 - \sqrt{x^2 - 5x + 6}) + \frac{1}{50}\ln\left(\frac{\sqrt{x^2 - 5x + 6}}{x - 2} + 1\right)$$

$$- \frac{1}{2}\ln\left(\frac{\sqrt{x^2 - 5x + 6}}{x - 2} - 1\right) + \frac{12}{25}\ln\left(\frac{2\sqrt{x^2 - 5x + 6}}{x - 2} - 3\right) + C$$

**例 37**  求积分 $\displaystyle\int \frac{\mathrm{d}x}{(x^2 + a^2)\sqrt{a^2 - x^2}}$.

**解**  令

$$\sqrt{a^2 - x^2} = t(a - x)$$

两边平方得

$$a^2 - x^2 = t^2(a - x)^2$$

约去 $(a - x)$ 得到

$$t^2 = \frac{a + x}{a - x}, \quad x = a\frac{t^2 - 1}{t^2 + 1}, \quad \mathrm{d}x = \frac{4at}{(t^2 + 1)^2}\mathrm{d}t, \quad x^2 + a^2 = \frac{2a^2(t^4 + 1)}{(t^2 + 1)^2}$$

把有关式子代入积分中,得到

$$\int \frac{\mathrm{d}x}{(x^2 + a^2)\sqrt{a^2 - x^2}} = \int \frac{\dfrac{4at}{(t^2 + 1)^2}\mathrm{d}t}{\dfrac{2a^2(t^4 + 1)}{(t^2 + 1)^2} \cdot \dfrac{2at}{t^2 + 1}}$$

$$= \frac{1}{2a^2}\int \frac{2t^2 + 2}{t^4 + 1}\mathrm{d}t$$

$$= \frac{1}{2a^2}\int \left(\frac{1}{t^2 + \sqrt{2} \cdot t + 1} + \frac{1}{t^2 - \sqrt{2} \cdot t + 1}\right)\mathrm{d}t$$

$$= \frac{1}{\sqrt{2}a^2}\int \frac{\mathrm{d}(\sqrt{2} \cdot t + 1)}{(\sqrt{2} \cdot t + 1)^2 + 1} + \frac{1}{\sqrt{2}a^2}\int \frac{\mathrm{d}(\sqrt{2} \cdot t - 1)}{(\sqrt{2} \cdot t - 1)^2 + 1}$$

$$= \frac{1}{\sqrt{2}\,a^2}\arctan\,(\sqrt{2}\cdot t + 1) + \frac{1}{\sqrt{2}\,a^2}\arctan\,(\sqrt{2}\cdot t - 1) + C$$

$$= \frac{1}{\sqrt{2}\,a^2}\left[\arctan\left(\sqrt{\frac{2(a+x)}{a-x}} + 1\right) + \arctan\left(\sqrt{\frac{2(a+x)}{a-x}} - 1\right)\right] + C$$

# 1.7　三角函数积分中的倍角法

**1. 倍角法的思路.**

诸如 $\sin^m x$, $\cos^m x$($m$ 为正整数)的一些函数的积分可应用倍角法. 它的主要思路是把高次幂的三角函数的积分化成一次幂的倍角三角函数的积分.

应用**棣莫弗公式**

$$(\cos x + \mathrm{i}\sin x)^n = \cos nx + \mathrm{i}\sin nx \qquad (1.9)$$

令

$$\cos x + \mathrm{i}\sin x = y$$

则

$$\cos x - \mathrm{i}\sin x = \frac{1}{y} \qquad (1.10)$$

于是有

$$\cos nx + \mathrm{i}\sin nx = y^n, \quad \cos nx - \mathrm{i}\sin nx = \frac{1}{y^n} \qquad (1.11)$$

$$2\cos x = y + \frac{1}{y}, \quad 2\mathrm{i}\sin x = y - \frac{1}{y} \qquad (1.12)$$

及

$$2\cos nx = y^n + \frac{1}{y^n}, \quad 2\mathrm{i}\sin nx = y^n - \frac{1}{y^n} \qquad (1.13)$$

**2. 倍角法的算例.**

**例 38**　求积分 $\displaystyle\int \sin^8 x\,\mathrm{d}x$.

利用式(1.12)和(1.13)把被积函数 $\sin^8 x$ 化成正弦或余弦的倍角三角函数. 我们先用二项式公式展开,再用式(1.13)将其变成倍角函数:

$$2^8 \mathrm{i}^8 \sin^8 x = \left(y - \frac{1}{y}\right)^8$$

$$= \left(y^8 + \frac{1}{y^8}\right) - 8\left(y^6 + \frac{1}{y^6}\right) + 28\left(y^4 + \frac{1}{y^4}\right) - 56\left(y^2 + \frac{1}{y^2}\right) + 70$$

$$= 2\cos 8x - 16\cos 6x + 56\cos 4x - 112\cos 2x + 70$$

因此

$$\sin^8 x = \frac{1}{2^7}(\cos 8x - 8\cos 6x + 28\cos 4x - 56\cos 2x + 35)$$

这样,正弦函数的 8 次幂的积分就变成下面的一次式倍角三角函数的积分:

$$\int \sin^8 x \, \mathrm{d}x = \frac{1}{2^7}\int(\cos 8x - 8\cos 6x + 28\cos 4x - 56\cos 2x + 35)\mathrm{d}x$$

$$= \frac{1}{2^7}\Big(\frac{\sin 8x}{8} - 8\frac{\sin 6x}{6} + 28\frac{\sin 4x}{4} - 56\frac{\sin 2x}{2} + 35x\Big) + C$$

由上式可推广到普遍情况 $\sin^{2n}x$ 的积分:

$$\int \sin^{2n}x \, \mathrm{d}x = \frac{1}{\mathrm{i}^{2n}} \cdot \frac{1}{2^{2n-1}}\Big[\sum_{k=1}^{n}(-1)^k \frac{(2n)!}{(n-k)!(n+k)!}\frac{\sin 2kx}{2k}$$

$$+ \frac{(2n)!}{2(n!)^2}x\Big] + C \qquad (1.14)$$

**例 39** 求积分 $\int \cos^8 x \, \mathrm{d}x$.

**解** 与前面的方法相同,被积函数用二项式展开得

$$2^8\cos^8 x = \Big(y + \frac{1}{y}\Big)^8$$

$$= \Big(y^8 + \frac{1}{y^8}\Big) + 8\Big(y^6 + \frac{1}{y^6}\Big) + 28\Big(y^4 + \frac{1}{y^4}\Big) + 56\Big(y^2 + \frac{1}{y^2}\Big) + 70$$

$$= 2\cos 8x + 16\cos 6x + 56\cos 4x + 112\cos 2x + 70$$

因此

$$\cos^8 x = \frac{1}{2^7}(\cos 8x + 8\cos 6x + 28\cos 4x + 56\cos 2x + 35)$$

这样,余弦函数的 8 次幂的积分就变成下面的一次式倍角三角函数的积分:

$$\int \cos^8 x \, \mathrm{d}x = \frac{1}{2^7}\int(\cos 8x + 8\cos 6x + 28\cos 4x + 56\cos 2x + 35)\mathrm{d}x$$

$$= \frac{1}{2^7}\Big(\frac{\sin 8x}{8} + 8\frac{\sin 6x}{6} + 28\frac{\sin 4x}{4} + 56\frac{\sin 2x}{2} + 35x\Big) + C$$

由上式可推广到普遍的情况 $\cos^{2n}x$ 的积分:

$$\int \cos^{2n}x \, \mathrm{d}x = \frac{1}{2^{2n-1}}\Big[\sum_{k=1}^{n}\frac{(2n)!}{(n-k)!(n+k)!} \cdot \frac{\sin 2kx}{2k} + \frac{(2n)!}{2(n!)^2}x\Big] + C$$

$$(1.15)$$

倍角法适用于偶数次幂的正、余弦函数的积分及奇次幂的余弦函数,但不适用于奇次幂的正弦函数,因为奇次幂正弦函数中所含的虚数 i 不能消除.

**例 40** 求积分 $\int \cos^5 x \, \mathrm{d}x$.

**解** 把被积函数用二项式展开得

$$2^5\cos^5 x = \Big(y + \frac{1}{y}\Big)^5$$

$$= \left(y^5 + \frac{1}{y^5}\right) + 5\left(y^3 + \frac{1}{y^3}\right) + 10\left(y + \frac{1}{y}\right)$$

$$= 2\cos 5x + 10\cos 3x + 20\cos x$$

因此

$$\cos^5 x = \frac{1}{2^4}(\cos 5x + 5\cos 3x + 10\cos x)$$

于是

$$\int \cos^5 x\,\mathrm{d}x = \frac{1}{2^4}\int(\cos 5x + 5\cos 3x + 10\cos x)\,\mathrm{d}x$$

$$= \frac{1}{2^4}\left(\frac{\sin 5x}{5} + 5\frac{\sin 3x}{3} + 10\sin x\right) + C$$

**例 41**　求积分 $\displaystyle\int \sin^4 x \cos^4 x\,\mathrm{d}x$.

**解**　倍角法也适用于正、余弦函数乘积的积分. 把被积函数化成倍角形式

$$2^4 \mathrm{i}^4 \sin^4 x \cdot 2^4 \cos^4 x = \left(y - \frac{1}{y}\right)^4 \left(y + \frac{1}{y}\right)^4$$

$$= \left(y^2 - \frac{1}{y^2}\right)^4$$

$$= (y^2)^4 - 4(y^2)^3 \frac{1}{y^2} + 6(y^2)^2 \frac{1}{(y^2)^2}$$

$$\quad - 4y^2 \frac{1}{(y^2)^3} + \frac{1}{(y^2)^4}$$

$$= \left(y^8 + \frac{1}{y^8}\right) - 4\left(y^4 + \frac{1}{y^4}\right) + 6$$

$$= 2\cos 8x - 8\cos 4x + 6$$

因此

$$\sin^4 x \cos^4 x = \frac{1}{2^7}(\cos 8x - 4\cos 4x + 3)$$

于是

$$\int \sin^4 x \cos^4 x\,\mathrm{d}x = \frac{1}{2^7}\int(\cos 8x - 4\cos 4x + 3)\,\mathrm{d}x$$

$$= \frac{1}{2^7}\left(\frac{\sin 8x}{8} - \sin 4x + 3x\right) + C$$

**例 42**　求积分 $\displaystyle\int \sin^6 x \cos^2 x\,\mathrm{d}x$.

**解**　因为

$$2^6 \mathrm{i}^6 \sin^6 x \cdot 2^2 \cos^2 x = \left(y - \frac{1}{y}\right)^6 \left(y + \frac{1}{y}\right)^2 = \left(y - \frac{1}{y}\right)^4 \left(y^2 - \frac{1}{y^2}\right)^2$$

$$= \left(y^8 + \frac{1}{y^8}\right) - 4\left(y^6 + \frac{1}{y^6}\right) + 4\left(y^4 + \frac{1}{y^4}\right) + 4\left(y^2 + \frac{1}{y^2}\right) - 10$$

$$= 2\cos 8x - 8\cos 6x + 8\cos 4x + 8\cos 2x - 10$$

所以

$$\sin^6 x \cos^2 x = -\frac{1}{2^8}(2\cos 8x - 8\cos 6x + 8\cos 4x + 8\cos 2x - 10)$$

$$= \frac{1}{2^7}(-\cos 8x + 4\cos 6x - 4\cos 4x - 4\cos 2x + 5)$$

把这个式子代入积分式中, 于是得到

$$\int \sin^6 x \cos^2 x\, dx = \frac{1}{2^7}\int(-\cos 8x + 4\cos 6x - 4\cos 4x - 4\cos 2x + 5)\, dx$$

$$= \frac{1}{2^7}\left(-\frac{\sin 8x}{8} + \frac{2\sin 6x}{3} - \sin 4x - 2\sin 2x + 5x\right) + C$$

3. 任何正弦函数和余弦函数的奇正次幂都可立即积分, 例如 $\int \sin^{2n+1} x\, dx$.

因为

$$\sin x\, dx = -\, d\cos x$$

所以

$$\int \sin^{2n+1} x\, dx = \int \sin^{2n} x(-\, d\cos x) = -\int(1 - \cos^2 x)^n\, d\cos x$$

把被积函数按二项式展开, 得

$$(1 - \cos^2 x)^n = \binom{n}{0}1^n\,(\cos^2 x)^0 - \binom{n}{1}1^{n-1}\,(\cos^2 x)^1 + \binom{n}{2}1^{n-2}\,(\cos^2 x)^2 - \cdots$$

$$+ (-1)^n \binom{n}{n}1^{n-n}\,(\cos^2 x)^n$$

$$= 1 - n\cos^2 x + \frac{n(n-1)}{2!}\cos^4 x - \frac{n(n-1)(n-2)}{3!}\cos^6 x + \cdots$$

$$+ (-1)^n \cos^{2n} x$$

把被积函数的展开式代入积分式中, 并用分项积分法进行积分, 得

$$\int \sin^{2n+1} x\, dx$$

$$= -\int(1 - \cos^2 x)^n\, d\cos x$$

$$= -\int\left[1 - n\cos^2 x + \frac{n(n-1)}{2!}\cos^4 x - \frac{n(n-1)(n-2)}{3!}\cos^6 x\right.$$

$$\left. + \cdots + (-1)^n \cos^{2n} x\right] d\cos x$$

$$= -\cos x + n\frac{\cos^3 x}{3} - \frac{n(n-1)}{2!}\frac{\cos^5 x}{5} + \frac{n(n-1)(n-2)}{3!}\frac{\cos^7 x}{7} - \cdots$$

$$- (-1)^n \frac{\cos^{2n+1} x}{2n+1} + C$$

我们把它写成普遍的形式

$$\int \sin^{2n+1} x \, \mathrm{d}x = -\binom{n}{0}\cos x + \binom{n}{1}\frac{\cos^3 x}{3} - \binom{n}{2}\frac{\cos^5 x}{5} + \binom{n}{3}\frac{\cos^7 x}{7}$$

$$+ \cdots - (-1)^n \frac{\cos^{2n+1} x}{2n+1} + C$$

或

$$\int \sin^{2n+1} x \, \mathrm{d}x = \sum_{k=0}^{n} (-1)^{k+1}\binom{n}{k}\frac{1}{2k+1}\cos^{2k+1} x + C \qquad (1.16)$$

相似地,因为

$$\cos x \, \mathrm{d}x = \mathrm{d}\sin x$$

则有

$$\int \cos^{2n+1} x \, \mathrm{d}x = \int (1 - \sin^2 x)^n \, \mathrm{d}\sin x$$

$$= \int \left[ 1 - n\sin^2 x + \frac{n(n-1)}{2!}\sin^4 x - \frac{n(n-1)(n-2)}{3!}\sin^6 x \right.$$

$$\left. + \cdots + (-1)^n \sin^{2n} x \right] \mathrm{d}\sin x$$

$$= \sin x - n\frac{\sin^3 x}{3} + \frac{n(n-1)}{2!}\frac{\sin^5 x}{5} - \frac{n(n-1)(n-2)}{3!}\frac{\sin^7 x}{7}$$

$$+ \cdots + (-1)^n \frac{\sin^{2n+1} x}{2n+1} + C$$

写成普遍的形式

$$\int \cos^{2n+1} x \, \mathrm{d}x = \sum_{k=0}^{n} (-1)^{k}\binom{n}{k}\frac{1}{2k+1}\sin^{2k+1} x + C \qquad (1.17)$$

4. $\sin^p x, \cos^q x$ 乘积的积分 $\int \sin^p x \cos^q x \, \mathrm{d}x$.

(1) $p$ 或 $q$ 为奇整数,设 $q$ 为奇整数,$q = 2n+1$,求积分 $\int \sin^p x \cos^{2n+1} x \, \mathrm{d}x$.

因为

$$\cos x \, \mathrm{d}x = \mathrm{d}\sin x$$

所以

$$\int \sin^p x \cos^{2n+1} x \, \mathrm{d}x = \int \sin^p x \, (1 - \sin^2 x)^n \, \mathrm{d}\sin x$$

将 $(1 - \sin^2 x)^n$ 按二项式展开,得

$$(1 - \sin^2 x)^n = 1 - n\sin^2 x + \frac{n(n-1)}{2!}\sin^4 x - \frac{n(n-1)(n-2)}{3!}\sin^6 x + \cdots$$

$$+ (-1)^n \sin^{2n} x$$

因此被积函数可表达成

$$\sin^p x \, (1 - \sin^2 x)^n = \sin^p x - n \sin^{p+2} x + \frac{n(n-1)}{2!} \sin^{p+4} x$$
$$- \frac{n(n-1)(n-2)}{3!} \sin^{p+6} x + \cdots + (-1)^n \sin^{p+2n} x$$

把被积函数代入积分式中,并用分项积分法进行积分,得

$$\int \sin^p x \cos^{2n+1} x \mathrm{d}x$$

$$= \int \sin^p x \, (1 - \sin^2 x)^n \mathrm{d}\sin x$$

$$= \int \left[ \sin^p x - n \sin^{p+2} x + \frac{n(n-1)}{2!} \sin^{p+4} x - \frac{n(n-1)(n-2)}{3!} \sin^{p+6} x \right.$$
$$\left. + \cdots + (-1)^n \sin^{p+2n} x \right] \mathrm{d}\sin x$$

$$= \frac{\sin^{p+1} x}{p+1} - n \frac{\sin^{p+3} x}{p+3} + \frac{n(n-1)}{2!} \frac{\sin^{p+5} x}{p+5} - \frac{n(n-1)(n-2)}{3!} \frac{\sin^{p+7} x}{p+7}$$
$$+ \cdots + (-1)^n \frac{\sin^{p+2n+1} x}{p+2n+1} + C$$

写成通用形式

$$\int \sin^p x \cos^{2n+1} x \mathrm{d}x = \sum_{k=0}^{n} (-1)^k \binom{n}{k} \frac{\sin^{p+2k+1} x}{p+2k+1} + C \tag{1.18}$$

(2) 当 $p + q$ 为负偶整数时,$\sin^p x \cos^q x$ 可化为含有 $\tan x$ 或 $\cot x$ 的多项式.

令 $\tan x = t$,则

$$\sec^2 x \mathrm{d}x = \mathrm{d}t$$

并令 $p + q = -2n$($n$ 为正整数),则

$$\sin^p x \cos^q x = \frac{\sin^p x}{\cos^p x} \cos^p x \cos^q x = \tan^p x \cos^{p+q} x = \tan^p x \cos^{-2n} x$$
$$= \tan^p x \sec^{2n} x = \tan^p x \, (\sec^2 x)^n$$

于是

$$\int \sin^p x \cos^q x \mathrm{d}x = \int \tan^p x \, (\sec^2 x)^n \mathrm{d}x = \int \tan^p x \, (1 + \tan^2 x)^{n-1} \sec^2 x \mathrm{d}x$$
$$= \int t^p (1 + t^2)^{n-1} \mathrm{d}t$$

把被积函数中的 $(1 + t^2)^{n-1}$ 按二项式展开,得

$$(1 + t^2)^{n-1} = 1 + \binom{n-1}{1} t^2 + \binom{n-1}{2} t^4 + \binom{n-1}{3} t^6 + \cdots + (t^2)^{n-1}$$

那么

$$t^p \, (1 + t^2)^{n-1} = t^p + \binom{n-1}{1} t^{p+2} + \binom{n-1}{2} t^{p+4} + \binom{n-1}{3} t^{p+6}$$
$$+ \cdots + t^{p+2n-2}$$

代入积分式中,得

$$\int \sin^p x \cos^q x \, \mathrm{d}x = \int t^p (1+t^2)^{n-1} \mathrm{d}t$$

$$= \int \left[ t^p + \binom{n-1}{1} t^{p+2} + \binom{n-1}{2} t^{p+4} + \binom{n-1}{3} t^{p+6} \right.$$

$$\left. + \cdots + t^{p+2n-2} \right] \mathrm{d}t$$

$$= \frac{t^{p+1}}{p+1} + \binom{n-1}{1} \frac{t^{p+3}}{p+3} + \binom{n-1}{2} \frac{t^{p+5}}{p+5} + \binom{n-1}{3} \frac{t^{p+7}}{p+7}$$

$$+ \cdots + \frac{t^{p+2n-1}}{p+2n-1} + C$$

$$= \frac{\tan^{p+1} x}{p+1} + \binom{n-1}{1} \frac{\tan^{p+3} x}{p+3} + \binom{n-1}{2} \frac{\tan^{p+5} x}{p+5}$$

$$+ \binom{n-1}{3} \frac{\tan^{p+7} x}{p+7} + \cdots + \frac{\tan^{p+2n-1} x}{p+2n-1} + C$$

或写成普遍形式

$$\int \sin^p x \cos^q x \, \mathrm{d}x = \sum_{k=0}^{n-1} \binom{n-1}{k} \frac{\tan^{p+2k+1} x}{p+2k+1} + C \quad (\text{式中 } n = -\frac{p+q}{2})$$

$$(1.19)$$

**例 43** 求积分 $\int \sin^3 x \cos^{-7} x \, \mathrm{d}x$.

**解** 因为 $p=3, q=-7, p+q=3-7=-4=-2n, n=2$,所以

$$\int \sin^3 x \cos^{-7} x \, \mathrm{d}x = \binom{2-1}{0} \frac{\tan^{3+1} x}{3+1} + \binom{2-1}{1} \frac{\tan^{3+3} x}{3+3} + C$$

$$= \frac{\tan^4 x}{4} + \frac{\tan^6 x}{6} + C$$

在积分 $\int \sin^p x \cos^q x \, \mathrm{d}x$ 中,也可以设 $\cot x = u$,那么 $-\csc^2 x \, \mathrm{d}x = \mathrm{d}u$,并令 $p+q = -2n$,于是被积函数可化成

$$\sin^p x \cos^q x = \frac{\cos^q x}{\sin^q x} \sin^p x \sin^q x = \cot^q x \sin^{p+q} x = \cot^q x \sin^{-2n} x$$

$$= \cot^q t \csc^{2n} x = \cot^q x \csc^{2n-2} \csc^2 x$$

因此

$$\int \sin^p x \cos^q x \, \mathrm{d}x = -\int \cot^q x \csc^{2n-2} x (-\csc^2 x) \, \mathrm{d}x = -\int u^q (1+u^2)^{n-1} \mathrm{d}u$$

$$= -\frac{u^{q+1}}{q+1} - \binom{n-1}{1} \frac{u^{q+3}}{q+3} - \binom{n-1}{2} \frac{u^{q+5}}{q+5} - \binom{n-1}{3} \frac{u^{q+7}}{q+7} - \cdots$$

$$- \frac{u^{q+2n-1}}{q+2n-1} + C$$

$$= -\frac{\cot^{q+1}x}{q+1} - \binom{n-1}{1}\frac{\cot^{q+3}x}{q+3} - \binom{n-1}{2}\frac{\cot^{q+5}x}{q+5} - \cdots$$

$$- \binom{n-1}{n-1}\frac{\cot^{q+2n-1}x}{q+2n-1} + C$$

把它写成普遍的形式

$$\int \sin^p x \cos^q x \mathrm{d}x = -\sum_{k=0}^{n-1}\binom{n-1}{k}\frac{\cot^{q+2k+1}x}{q+2k+1} \tag{1.20}$$

**例 44** 求积分 $\int \sin^{-9} x \cos^3 x \mathrm{d}x$.

**解** 利用式(1.20),其中 $p = -9$,$q = 3$,$p+q = -9+3 = -6 = -2n$,$n = 3$,因此

$$\int \sin^{-9} x \cos^3 x \mathrm{d}x = -\binom{2}{0}\frac{\cot^{3+1}x}{3+1} - \binom{2}{1}\frac{\cot^{3+3}x}{3+3} - \binom{2}{2}\frac{\cot^{3+5}x}{3+5} + C$$

$$= -\frac{\cot^4 x}{4} - \frac{2\cot^6 x}{6} - \frac{\cot^8 x}{8} + C$$

式(1.19)、(1.20)不适用于 $p,q$ 都是负的情况;也不适用于 $p+q = 0$ 的情况.后者就是 $\tan^p x$ 或 $\cot^q x$ 的积分,另有公式可用.

# 1.8 倍角法的应用

## 1.8.1 在函数 $\sin^p x$,$\cos^q x$,$\sin^p x \cos^q x$ 的积分中($p,q$ 为正整数,或奇整数,或偶整数)

当 $\sin^p x$,$\cos^q x$ 中的 $p$ 或 $q$ 是偶整数时,可应用上节的式(1.14)或(式 1.15);当 $\sin^p x$,$\cos^q x$ 中的 $p$ 或 $q$ 是奇整数时,可使用 $\sin x \mathrm{d}x = -\mathrm{d}\cos x$ 或 $\cos x \mathrm{d}x = \mathrm{d}\sin x$ 使 $\sin^p x$ 变成 $\sin^{p-1} x$,或使 $\cos^q x$ 变成 $\cos^{q-1} x$.而 $\sin^{p-1} x$ 或 $\cos^{q-1} x$ 是偶次幂,即 $\sin^{2m} x$,$\cos^{2n} x$($m,n$ 为正整数).再把被积函数变成和微分元同名函数,并用二项式展开,然后用分项积分法积分,如上节的式(1.16)或式(1.17).在 $\sin^p x$ $\cos^q x$ 中,当 $p$ 或 $q$ 是奇整数时,可采用同样的方法处理.

因此,$\sin^p x$,$\cos^q x$,$\sin^p x \cos^q x$ 可展开成下面的形式:

$$\sum A_n \sin nx \quad \text{或} \quad \sum B_n \cos nx$$

其中,每项都可按单项式积分,并给出

$$\sum A_n \frac{\cos nx}{n} \quad \text{或} \quad \sum B_n \frac{\sin nx}{n}$$

**例 45** 求积分 $\int \cos^2 x \, dx$, $\int \sin^2 x \, dx$.

**解**

$$\int \cos^2 x \, dx = \int \frac{1 + \cos 2x}{2} dx = \frac{x}{2} + \frac{\sin 2x}{4} + C$$

$$\int \sin^2 x \, dx = \int \frac{1 - \cos 2x}{2} dx = \frac{x}{2} - \frac{\sin 2x}{4} + C$$

**例 46** 求积分 $\int \cos^3 x \, dx$, $\int \sin^3 x \, dx$.

**解**

$$\int \cos^3 x \, dx = \int \frac{3\cos x + \cos 3x}{4} dx = \frac{3}{4} \sin x + \frac{1}{12} \sin 3x + C$$

或

$$= \int (1 - \sin^2 x) \, d\sin x = \sin x - \frac{1}{3} \sin^3 x + C$$

$$\int \sin^3 x \, dx = \int \frac{3\sin x - \sin 3x}{4} dx = -\frac{3}{4} \cos x + \frac{1}{12} \cos 3x + C$$

或

$$= -\int (1 - \cos^2 x) \, d\cos x = -\cos x + \frac{1}{3} \cos^3 x + C$$

**例 47** 求积分 $\int \cos^4 x \, dx$, $\int \sin^4 x \, dx$.

**解**

$$\int \cos^4 x \, dx = \int \left( \frac{1 + \cos 2x}{2} \right)^2 dx = \int \frac{1}{4} \left( 1 + 2\cos 2x + \frac{1 + \cos 4x}{2} \right) dx$$

$$= \int \frac{1}{8} (3 + 4\cos 2x + \cos 4x) \, dx$$

$$= \frac{3}{8} x + \frac{1}{4} \sin 2x + \frac{1}{32} \sin 4x + C$$

$$\int \sin^4 x \, dx = \int \left( \frac{1 - \cos 2x}{2} \right)^2 dx = \int \frac{1}{4} \left( 1 - 2\cos 2x + \frac{1 + \cos 4x}{2} \right) dx$$

$$= \int \frac{1}{8} (3 - 4\cos 2x + \cos 4x) \, dx$$

$$= \frac{3}{8} x - \frac{1}{4} \sin 2x + \frac{1}{32} \sin 4x + C$$

对于更高次幂的三角函数, 我们可采用 1.7 节中的方法.

**例 48** 求积分 $\int \cos^9 x \, dx$, $\int \sin^9 x \, dx$.

**解**

$$\int \cos^9 x \, dx = \int (1 - \sin^2 x)^4 \, d\sin x$$

$$= \int (1 - 4\sin^2 x + 6\sin^4 x - 4\sin^6 x + \sin^8 x) \, d\sin x$$

$$= \sin x - \frac{4\sin^3 x}{3} + \frac{6\sin^5 x}{5} - \frac{4\sin^7 x}{7} + \frac{\sin^9 x}{9} + C$$

$$\int \sin^9 x \, \mathrm{d}x = -\int (1 - \cos^2 x)^4 \mathrm{d}\cos x$$

$$= -\int (1 - 4\cos^2 x + 6\cos^4 x - 4\cos^6 x + \cos^8 x) \mathrm{d}\cos x$$

$$= -\cos x + \frac{4\cos^3 x}{3} - \frac{6\cos^5 x}{5} + \frac{4\cos^7 x}{7} - \frac{\cos^9 x}{9} + C$$

**例 49** 求积分 $\int \sin^8 x \cos^2 x \, \mathrm{d}x$.

**解** 因为

$$2^8 i^8 \sin^8 x \cdot 2^2 \cos^2 x$$

$$= \left(y - \frac{1}{y}\right)^8 \left(y + \frac{1}{y}\right)^2$$

$$= \left(y^8 - 8y^6 + 28y^4 - 56y^2 + 70 - 56\frac{1}{y^2} + 28\frac{1}{y^4} - 8\frac{1}{y^6} + \frac{1}{y^8}\right)\left(y^2 + 2 + \frac{1}{y^2}\right)$$

$$= y^{10} - 6y^8 + 13y^6 - 8y^4 - 14y^2 - 28 - 14\frac{1}{y^2} - 8\frac{1}{y^4} + 13\frac{1}{y^6} - 6\frac{1}{y^8} + \frac{1}{y^{10}}$$

$$= \left(y^{10} + \frac{1}{y^{10}}\right) - 6\left(y^8 + \frac{1}{y^8}\right) + 13\left(y^6 + \frac{1}{y^6}\right) - 8\left(y^4 + \frac{1}{y^4}\right) - 14\left(y^2 + \frac{1}{y^2}\right) - 28$$

$$= 2\cos 10x - 12\cos 8x + 26\cos 6x - 16\cos 4x - 28\cos 2x - 28$$

所以

$$\sin^8 x \cos^2 x = \frac{1}{2^9}(\cos 10x - 6\cos 8x + 13\cos 6x - 8\cos 4x - 14\cos 2x - 14)$$

因此得到

$$\int \sin^8 x \cos^2 x \, \mathrm{d}x$$

$$= \frac{1}{2^9}\int (\cos 10x - 6\cos 8x + 13\cos 6x - 8\cos 4x - 14\cos 2x - 14) \mathrm{d}x$$

$$= \frac{1}{2^9}\left(\frac{\sin 10x}{10} - \frac{6\sin 8x}{8} + \frac{13\sin 6x}{6} - \frac{8\sin 4x}{4} - \frac{14\sin 2x}{2} - 14x\right) + C$$

$$= \frac{1}{2^9}\left(\frac{\sin 10x}{10} - \frac{3\sin 8x}{4} + \frac{13\sin 6x}{6} - 2\sin 4x - 7\sin 2x - 14x\right) + C$$

**例 50** 求积分 $\int \sin^8 x \cos^3 x \, \mathrm{d}x$.

**解**

$$\int \sin^8 x \cos^3 x \, \mathrm{d}x = \int \sin^8 x (1 - \sin^2 x) \mathrm{d}\sin x$$

$$= \frac{\sin^9 x}{9} - \frac{\sin^{11} x}{11} + C$$

## 1.8.2　倍角法应用在含有三角函数与指数函数的积分

**例 51**　求积分 $\int e^{2x} \sin^6 x \cos^2 x \, dx$.

**解**　因为

$$2^6 i^6 \sin^6 x \cdot 2^2 \cos^2 x = \left(y - \frac{1}{y}\right)^6 \left(y + \frac{1}{y}\right)^2$$

$$= \left(y^6 - 6y^4 + 15y^2 - 20 + 15\frac{1}{y^2} - 6\frac{1}{y^4} + \frac{1}{y^6}\right)\left(y^2 + 2 + \frac{1}{y^2}\right)$$

$$= \left(y^8 + \frac{1}{y^8}\right) - 4\left(y^6 + \frac{1}{y^6}\right) + 4\left(y^4 + \frac{1}{y^4}\right) + 4\left(y^2 + \frac{1}{y^2}\right) - 10$$

$$= 2\cos 8x - 8\cos 6x + 8\cos 4x + 8\cos 2x - 10$$

所以

$$\sin^6 x \cos^2 x = -\frac{1}{2^8}(2\cos 8x - 8\cos 6x + 8\cos 4x + 8\cos 2x - 10)$$

$$= -\frac{1}{2^7}(\cos 8x - 4\cos 6x + 4\cos 4x + 4\cos 2x - 5)$$

因此得到

$$\int e^{2x} \sin^6 x \cos^2 x \, dx = -\frac{1}{2^7}\int e^{2x}(\cos 8x - 4\cos 6x + 4\cos 4x + 4\cos 2x - 5)\,dx$$

$$= -\frac{1}{2^7}\left(\int e^{2x}\cos 8x \, dx - 4\int e^{2x}\cos 6x \, dx + 4\int e^{2x}\cos 4x \, dx\right.$$

$$\left. + 4\int e^{2x}\cos 2x \, dx - 5\int e^{2x}\,dx\right)$$

使用分部积分法中的公式[1.3 节第 6 条中的式（Ⅳ）]

$$\int e^{ax}\cos bx \, dx = e^{ax}\frac{a\cos bx + b\sin bx}{a^2 + b^2} + C$$

$$\int e^{ax}\sin bx \, dx = e^{ax}\frac{a\sin bx - b\cos bx}{a^2 + b^2} + C$$

于是有

$$\int e^{2x}\cos 8x \, dx = e^{2x}\frac{2\cos 8x + 8\sin 8x}{2^2 + 8^2} + C = e^{2x}\frac{2\cos 8x + 8\sin 8x}{68} + C$$

$$\int e^{2x}\cos 6x \, dx = e^{2x}\frac{2\cos 6x + 6\sin 6x}{2^2 + 6^2} + C = e^{2x}\frac{2\cos 6x + 6\sin 6x}{40} + C$$

$$\int e^{2x}\cos 4x \, dx = e^{2x}\frac{2\cos 4x + 4\sin 4x}{2^2 + 4^2} + C = e^{2x}\frac{2\cos 4x + 4\sin 4x}{20} + C$$

$$\int e^{2x}\cos 2x \, dx = e^{2x}\frac{2\cos 2x + 2\sin 2x}{2^2 + 2^2} + C = e^{2x}\frac{2\cos 2x + 2\sin 2x}{8} + C$$

$$\int e^{2x}\,dx = \frac{1}{2}e^{2x} + C$$

把上面各式代入积分式中,得到

$$\int e^{2x} \sin^6 x \cos^2 x \, dx = -\frac{1}{2^7} e^{2x} \left[ \frac{\cos 8x + 4\sin 8x}{34} - \frac{\cos 6x + 3\sin 6x}{5} \right.$$

$$\left. + \frac{2}{5} (\cos 4x + 2\sin 4x) + (\cos 2x + \sin 2x) - \frac{5}{2} \right] + C$$

**例 52**　求积分 $\int e^x \sin nx \cdot \cos^3 x \cdot \sin^2 x \, dx$.

**解**　首先将被积函数中的 $\cos^3 x \cdot \sin^2 x$ 用倍角法展开并相乘,得到

$$2^3 \cos^3 x \cdot 2^2 i^2 \sin^2 x = \left( y + \frac{1}{y} \right)^3 \left( y - \frac{1}{y} \right)^2$$

$$= \left( y^3 + 3y^2 \frac{1}{y} + 3y \frac{1}{y^2} + \frac{1}{y^3} \right) \left( y^2 - 2 + \frac{1}{y^2} \right)$$

$$= \left( y^5 + \frac{1}{y^5} \right) + \left( y^3 + \frac{1}{y^3} \right) - 2\left( y + \frac{1}{y} \right)$$

$$= 2\cos 5x + 2\cos 3x - 4\cos x$$

于是有

$$\cos^3 x \sin^2 x = -\frac{1}{2^4} (\cos 5x + \cos 3x - 2\cos x)$$

再乘上被积函数中的 $\sin nx$,得

$$\sin nx \cos^3 x \sin^2 x = -\frac{1}{2^4} \sin nx (\cos 5x + \cos 3x - 2\cos x)$$

$$= -\frac{1}{2^4} (\sin nx \cos 5x + \sin nx \cos 3x - 2\sin nx \cos x)$$

$$= -\frac{1}{2^4} \left\{ \frac{1}{2} \left[ \sin(nx + 5x) + \sin(nx - 5x) \right] + \frac{1}{2} \left[ \sin(nx + 3x) \right. \right.$$

$$\left. + \sin(nx - 3x) \right] - \frac{2}{2} \left[ \sin(nx + x) + \sin(nx - x) \right] \right\}$$

$$= -\frac{1}{2^5} \left[ \sin(n + 5)x + \sin(n - 5)x + \sin(n + 3)x \right.$$

$$\left. + \sin(n - 3)x - 2\sin(n + 1)x - 2\sin(n - 1)x \right]$$

把它代入积分式中,得到

$$\int e^x \sin nx \cdot \cos^3 x \cdot \sin^2 x \, dx$$

$$= -\frac{1}{2^5} \int \left[ e^x \sin(n + 5)x + e^x \sin(n - 5)x + e^x \sin(n + 3)x \right.$$

$$\left. + e^x \sin(n - 3)x - 2e^x \sin(n + 1)x - 2e^x \sin(n - 1)x \right] dx$$

此处可运用分部积分法中 1.3 节第 6 条中的式(Ⅳ)

$$\int e^{ax} \sin bx \, dx = e^{ax} \frac{a\sin bx - b\cos bx}{a^2 + b^2} + C$$

这里,$a = 1, b$ 分别等于 $n + 5, n - 5, n + 3, n - 3, n + 1, n - 1$,于是得到

$$\int e^x \sin nx \cdot \cos^3 x \cdot \sin^2 x dx$$

$$= -\frac{1}{2^5}\Bigg[ e^x \frac{\sin(n+5)x - (n+5)\cos(n+5)x}{1+(n+5)^2} + e^x \frac{\sin(n-5)x - (n-5)\cos(n-5)x}{1+(n-5)^2}$$

$$+ e^x \frac{\sin(n+3)x - (n+3)\cos(n+3)x}{1+(n+3)^2} + e^x \frac{\sin(n-3)x - (n-3)\cos(n-3)x}{1+(n-3)^2}$$

$$- 2e^x \frac{\sin(n+1)x - (n+1)\cos(n+1)x}{1+(n+1)^2} - 2e^x \frac{\sin(n-1)x - (n-1)\cos(n-1)x}{1+(n-1)^2} \Bigg] + C$$

$$= -\frac{1}{2^5} e^x \Bigg[ \frac{\sin(n+5)x - (n+5)\cos(n+5)x}{1+(n+5)^2} + \frac{\sin(n-5)x - (n-5)\cos(n-5)x}{1+(n-5)^2}$$

$$+ \frac{\sin(n+3)x - (n+3)\cos(n+3)x}{1+(n+3)^2} + \frac{\sin(n-3)x - (n-3)\cos(n-3)x}{1+(n-3)^2}$$

$$- 2 \frac{\sin(n+1)x - (n+1)\cos(n+1)x}{1+(n+1)^2} - 2 \frac{\sin(n-1)x - (n-1)\cos(n-1)x}{1+(n-1)^2} \Bigg] + C$$

## 1.9　$\sec^n x$ 和 $\csc^n x$ 的积分

1. 当 $n$ 为偶数时, 如

$$\int \sec^2 x dx = \tan x + C$$

$$\int \sec^4 x dx = \int \sec^2 x \cdot \sec^2 x dx = \int (1 + \tan^2 x) d\tan x$$

$$= \tan x + \frac{1}{3} \tan^3 x + C$$

$$\int \sec^{2n+2} x dx = \int (1 + \tan^2 x)^n d\tan x$$

$$= \int \Bigg[ 1 + \binom{n}{1}\tan^2 x + \binom{n}{2}\tan^4 x + \binom{n}{3}\tan^6 x + \cdots + \binom{n}{n}\tan^{2n}x \Bigg] d\tan x$$

$$= \tan x + \binom{n}{1}\frac{\tan^3 x}{3} + \binom{n}{2}\frac{\tan^5 x}{5} + \binom{n}{3}\frac{\tan^7 x}{7} + \cdots + \binom{n}{n}\frac{\tan^{2n+1} x}{2n+1} + C$$

$$= \sum_{k=0}^{n} \binom{n}{k}\frac{\tan^{2k+1} x}{2k+1} + C \tag{1.21}$$

$$\int \csc^2 x dx = -\cot x + C$$

$$\int \csc^4 x dx = -\int (1 + \cot^2 x) d\cot x$$

$$= -\cot x - \frac{1}{3} \cot^3 x + C$$

$$\int \csc^{2n+2} x \mathrm{d}x = -\int \left[ 1 + \binom{n}{1}\cot^2 x + \binom{n}{2}\cot^4 x + \binom{n}{3}\cot^6 x + \cdots + \binom{n}{n}\cot^{2n} x \right] \mathrm{d}\cot x$$

$$= -\cot x - \binom{n}{1}\frac{\cot^3 x}{3} - \binom{n}{2}\frac{\cot^5 x}{5} - \binom{n}{3}\frac{\cot^7 x}{7} - \cdots - \binom{n}{n}\frac{\cot^{2n+1} x}{2n+1} + C$$

$$= -\sum_{k=0}^{n} \binom{n}{k}\frac{\cot^{2k+1} x}{2k+1} + C \tag{1.22}$$

2. 当 $n$ 为奇数时.

(1) $\sec^n x$ 的积分.

应用导数公式

$$\frac{\mathrm{d}}{\mathrm{d}x}(\tan x \sec^n x) = (n+1)\sec^{n+2} x - n \sec^n x$$

得到

$$\sec^{n+2} x = \frac{1}{n+1}\frac{\mathrm{d}}{\mathrm{d}x}(\tan x \cdot \sec^n x) + \frac{n}{n+1}\sec^n x$$

两边同时积分

$$\int \sec^{n+2} x \mathrm{d}x = \frac{1}{n+1}\tan x \sec^n x + \frac{n}{n+1}\int \sec^n x \mathrm{d}x$$

$$= \frac{1}{n+1}\int \frac{\mathrm{d}}{\mathrm{d}x}(\tan x \cdot \sec^n x) \mathrm{d}x + \frac{n}{n+1}\int \sec^n x \mathrm{d}x$$

将 $n+2$ 用 $n$ 代替,则 $n$ 变为 $n-2$,因此有

$$\int \sec^n x \mathrm{d}x = \frac{1}{n-1}\tan x \sec^{n-2} x + \frac{n-2}{n-1}\int \sec^{n-2} x \mathrm{d}x \tag{1.23}$$

这就是 $\sec^n x$ 的积分递推公式.

因为 $n$ 是奇数,那么 $n-2$ 也是奇数,所以积分 $\int \sec^{n-2} x \mathrm{d}x$ 递推的结果,含有 $\int \sec x \mathrm{d}x$ 这样的项.

在三角替代法中已经知道

$$\int \sec x \mathrm{d}x = \ln\left| \tan\left( \frac{x}{2} + \frac{\pi}{4} \right) \right| + C$$

因此,可以通过递推公式算出

$$\int \sec^3 x \mathrm{d}x = \frac{1}{2}\tan x \sec x + \frac{1}{2}\ln\left| \tan\left( \frac{x}{2} + \frac{\pi}{4} \right) \right| + C$$

$$\int \sec^5 x \mathrm{d}x = \frac{1}{4}\tan x \sec^3 x + \frac{3}{4}\cdot\frac{\tan x \sec x}{2} + \frac{3}{4}\cdot\frac{1}{2}\ln\left| \tan\left( \frac{x}{2} + \frac{\pi}{4} \right) \right| + C$$

$$= \frac{1}{4}\tan x \sec^3 x + \frac{3}{8}\tan x \sec x + \frac{3}{8}\ln\left| \tan\left( \frac{x}{2} + \frac{\pi}{4} \right) \right| + C$$

$$\int \sec^7 x \mathrm{d}x = \frac{1}{6}\tan x \sec^5 x + \frac{5}{6}\cdot\frac{1}{4}\tan x \sec^3 x + \frac{5}{6}\cdot\frac{3}{4}\cdot\frac{1}{2}\tan x \sec x$$

$$+ \frac{5}{6} \cdot \frac{3}{4} \cdot \frac{1}{2} \ln \left| \tan \left( \frac{x}{2} + \frac{\pi}{4} \right) \right|$$

$$= \tan x \left( \frac{1}{6} \sec^5 x + \frac{5}{24} \sec^3 x + \frac{5}{16} \sec x \right) + \frac{5}{16} \ln \left| \tan \left( \frac{x}{2} + \frac{\pi}{4} \right) \right| + C$$

$$\int \sec^n x \mathrm{d}x = \frac{1}{n-1} \tan x \sec^{n-2} x + \frac{n-2}{n-1} \cdot \frac{\tan x \sec^{n-4} x}{n-3}$$

$$+ \frac{(n-2)(n-4)}{(n-1)(n-3)} \cdot \frac{\tan x \sec^{n-6} x}{n-5} + \cdots$$

$$+ \frac{(n-2)(n-4)\cdots 3 \cdot 1}{(n-1)(n-3)\cdots 4 \cdot 2} \ln \left| \tan \left( \frac{x}{2} + \frac{\pi}{4} \right) \right| + C$$

若令 $n = 2m + 1$,则

$$\int \sec^{2m+1} x \mathrm{d}x = \tan x \sum_{r=0}^{m-1} \frac{(2m-1)!!}{(2m)!!} \cdot \frac{(2m-2r)!!}{(2m-2r-1)!!} \cdot \frac{1}{2m-2r} \sec^{2m-2r-1} x$$

$$+ \frac{(2m-1)!!}{(2m)!!} \ln \left| \tan \left( \frac{x}{2} + \frac{\pi}{4} \right) \right| + C \qquad (1.24)$$

(2) $\csc^n x$ 的积分.

采用与前面相同的方法,应用导数公式

$$\frac{\mathrm{d}}{\mathrm{d}x} (\cot x \cdot \csc^n x) = -(n+1) \csc^{n+2} x + n \csc^n x$$

得到

$$\csc^{n+2} x = -\frac{1}{n+1} \frac{\mathrm{d}}{\mathrm{d}x} (\cot x \cdot \csc^n x) + \frac{n}{n+1} \csc^n x$$

两边同时积分,得到

$$\int \csc^{n+2} x \mathrm{d}x = -\frac{1}{n+1} \cot x \cdot \csc^n x + \frac{n}{n+1} \int \csc^n x \mathrm{d}x$$

将 $n + 2$ 用 $n$ 代替,则 $n$ 变为 $n - 2$,因此有

$$\int \csc^n x \mathrm{d}x = -\frac{1}{n-1} \cot x \cdot \csc^{n-2} x + \frac{n-2}{n-1} \int \csc^{n-2} x \mathrm{d}x \qquad (1.25)$$

这就是 $\csc^n x$ 积分的递推公式.

应用该公式,可以得到

$$\int \csc^3 x \mathrm{d}x = -\frac{1}{2} \cot x \csc x + \frac{1}{2} \int \csc x \mathrm{d}x$$

$$= -\frac{1}{2} \cot x \csc x + \frac{1}{2} \ln \left| \tan \frac{x}{2} \right| + C$$

$$\int \csc^5 x \mathrm{d}x = -\frac{1}{4} \cot x \csc^3 x + \frac{3}{4} \int \csc^3 x \mathrm{d}x$$

$$= -\frac{1}{4} \cot x \csc^3 x + \frac{3}{4} \left( -\frac{1}{2} \cot x \csc x + \frac{1}{2} \ln \left| \tan \frac{x}{2} \right| \right) + C$$

$$= -\frac{1}{4} \cot x \csc^3 x - \frac{3}{8} \cot x \csc x + \frac{3}{8} \ln \left| \tan \frac{x}{2} \right| + C$$

$$\int \csc^7 x \, dx = -\frac{1}{6} \cot x \csc^5 x + \frac{5}{6} \int \csc^5 x \, dx$$

$$= -\frac{1}{6} \cot x \csc^5 x + \frac{5}{6} \left( -\frac{1}{4} \cot x \csc^3 x - \frac{3}{8} \cot x \csc x \right.$$

$$\left. + \frac{3}{8} \ln \left| \tan \frac{x}{2} \right| \right) + C$$

$$= -\cot x \left( \frac{1}{6} \csc^5 x + \frac{5}{24} \csc^3 x + \frac{15}{48} \csc x \right) + \frac{15}{48} \ln \left| \tan \frac{x}{2} \right| + C$$

$$\int \csc^n x \, dx = -\cot x \left[ \frac{1}{n-1} \csc^{n-2} x + \frac{n-2}{n-1} \cdot \frac{1}{n-3} \csc^{n-4} x \right.$$

$$\left. + \frac{(n-2)(n-4)}{(n-1)(n-3)} \cdot \frac{1}{n-5} \csc^{n-6} x + \cdots \right]$$

$$+ \frac{(n-2)(n-4)\cdots 3 \cdot 1}{(n-1)(n-3)\cdots 4 \cdot 2} \ln \left| \tan \frac{x}{2} \right| + C \quad (n \text{ 为奇数})$$

若令 $n = 2m + 1$,则有

$$\int \csc^{2m+1} x \, dx = -\cot x \sum_{r=0}^{m-1} \frac{(2m-1)!!}{(2m)!!} \cdot \frac{(2m-2r)!!}{(2m-2r-1)!!}$$

$$\cdot \frac{1}{2m-2r} \csc^{2m-2r-1} x + \frac{(2m-1)!!}{(2m)!!} \ln \left| \tan \frac{x}{2} \right| + C \quad (1.26)$$

# 1.10　$\tan^n x$ 和 $\cot^n x$ 的积分

1. $\tan^n x$ 的积分.

$$\int \tan^n x \, dx = \int \tan^{n-2} x (\sec^2 x - 1) \, dx = \int \tan^{n-2} x \, d\tan x - \int \tan^{n-2} x \, dx$$

$$= \frac{\tan^{n-1} x}{n-1} - \int \tan^{n-2} x \, dx \qquad (1.27)$$

这就是 $\tan^n x$ 积分的递推公式.

从微分积分表中,我们已经知道

$$\int \tan x \, dx = -\ln|\cos x| + C = \ln|\sec x| + C$$

$$\int \tan^2 x \, dx = \int (\sec^2 x - 1) \, dx = \tan x - x + C$$

从递推公式(1.27),可得到下面的积分:

$$\int \tan^3 x \, dx = \frac{\tan^2 x}{2} - \ln|\sec x| + C$$

$$\int \tan^4 x \, dx = \frac{\tan^3 x}{3} - \tan x + x + C$$

$$\int \tan^5 x \, \mathrm{d}x = \frac{\tan^4 x}{4} - \frac{\tan^2 x}{2} + \ln|\sec x| + C$$

$$\int \tan^6 x \, \mathrm{d}x = \frac{\tan^5 x}{5} - \frac{\tan^3 x}{3} + \tan x - x + C$$

从以上诸式可以看到,当 $n$ 为奇正整数时,积分结果的末项都是 $\pm \ln|\sec x|$;
而当 $n$ 为偶正整数时,积分结果的末项皆为 $\pm x$. 因此我们将分别推导出 $n$ 为奇、
偶正整数时 $\tan^n x$ 的积分.

(1) 当 $n$ 为奇正整数时:

$$\int \tan^n x \, \mathrm{d}x = \frac{\tan^{n-1} x}{n-1} - \frac{\tan^{n-3} x}{n-3} + \frac{\tan^{n-5} x}{n-5} - \cdots$$
$$+ (-1)^{\frac{n+1}{2}} \frac{\tan^2 x}{2} + (-1)^{\frac{n-1}{2}} \ln|\sec x| + C$$

若令 $n = 2m + 1$,则有

$$\int \tan^{2m+1} x \, \mathrm{d}x = \sum_{r=0}^{m-1} (-1)^{r+2} \frac{\tan^{2m-2r} x}{2m-2r} + (-1)^m \ln|\sec x| + C \quad (1.28)$$

(2) 当 $n$ 为偶正整数时:

$$\int \tan^n x \, \mathrm{d}x = \frac{\tan^{n-1} x}{n-1} - \frac{\tan^{n-3} x}{n-3} + \frac{\tan^{n-5} x}{n-5} - \cdots$$
$$+ (-1)^{\frac{n+2}{2}} \tan x + (-1)^{\frac{n}{2}} x + C$$

若令 $n = 2m$,则有

$$\int \tan^{2m} x \, \mathrm{d}x = \sum_{r=0}^{m-1} (-1)^r \frac{\tan^{2m-2r-1} x}{2m-2r-1} + (-1)^m x + C \quad (1.29)$$

2. $\cot^n x$ 的积分.

$$\int \cot^n x \, \mathrm{d}x = \int \cot^{n-2} x \, (\csc^2 x - 1) \, \mathrm{d}x = -\int \cot^{n-2} x \, \mathrm{d}\cot x - \int \cot^{n-2} x \, \mathrm{d}x$$
$$= -\frac{\cot^{n-1} x}{n-1} - \int \cot^{n-2} x \, \mathrm{d}x \quad (1.30)$$

这就是 $\cot^n x$ 积分的递推公式.

从微分积分表中,我们已经知道

$$\int \cot x \, \mathrm{d}x = \int \frac{\cos x}{\sin x} \, \mathrm{d}x = \int \frac{\mathrm{d}\sin x}{\sin x} = \ln|\sin x| + C = -\ln|\csc x| + C$$

$$\int \cot^2 x \, \mathrm{d}x = \int (\csc^2 x - 1) \, \mathrm{d}x = -\cot x - x + C$$

从递推公式(1.30)得到

$$\int \cot^3 x \, \mathrm{d}x = -\frac{\cot^2 x}{2} + \ln|\csc x| + C$$

$$\int \cot^4 x \, \mathrm{d}x = -\frac{\cot^3 x}{3} + \cot x + x + C$$

$$\int \cot^5 x \, \mathrm{d}x = -\frac{\cot^4 x}{4} + \frac{\cot^2 x}{2} - \ln|\csc x| + C$$

$$\int \cot^6 x \, \mathrm{d}x = -\frac{\cot^5 x}{5} + \frac{\cot^3 x}{3} - \cot x - x + C$$

从以上诸式可以推断,当 $n$ 为奇正整数时,积分结果的末项都是 $\pm \ln|\csc x|$,而当 $n$ 为偶正整数时,积分结果的末项皆为 $\pm x$. 因此我们可以得到以下结论.

(1) $n$ 为奇正整数时:

$$\int \cot^n x \, \mathrm{d}x = -\frac{\cot^{n-1} x}{n-1} + \frac{\cot^{n-3} x}{n-3} - \frac{\cot^{n-5} x}{n-5} + \cdots$$
$$+ (-1)^{\frac{n+1}{2}} \frac{\cot^2 x}{2} + (-1)^{\frac{n-1}{2}} \ln|\csc x| + C$$

若令 $n = 2m+1$,则有

$$\int \cot^{2m+1} x \, \mathrm{d}x = \sum_{r=0}^{m-1} (-1)^{r+1} \frac{\cot^{2m-2r} x}{2m-2r} + (-1)^m \ln|\csc x| + C \quad (1.31)$$

(2) $n$ 为偶正整数时:

$$\int \cot^n x \, \mathrm{d}x = -\frac{\cot^{n-1} x}{n-1} + \frac{\cot^{n-3} x}{n-3} - \frac{\cot^{n-5} x}{n-5} + \cdots + (-1)^{\frac{n}{2}} \cot x + (-1)^{\frac{n}{2}} x + C$$

若令 $n = 2m$,则有

$$\int \cot^{2m} x \, \mathrm{d}x = \sum_{r=0}^{m-1} (-1)^{r+1} \frac{\cot^{2m-2r-1} x}{2m-2r-1} + (-1)^m x + C \quad (1.32)$$

# 1.11 有理代数分式的积分法

我们在分项积分法中作为范例已经讲过有理分式的积分,本节将系统地叙述有理分式的积分方法,包括待定系数法、配方法等.

1. 求 $\dfrac{1}{a^2 - x^2}$, $\dfrac{1}{x^2 - a^2}$, $\dfrac{1}{a^2 + x^2}$ 的积分.

$$(1) \int \frac{\mathrm{d}x}{a^2 - x^2} = \frac{1}{2a} \int \left( \frac{1}{a+x} + \frac{1}{a-x} \right) \mathrm{d}x$$
$$= \frac{1}{2a} \left[ \ln|a+x| - \ln|a-x| \right] + C$$
$$= \frac{1}{2a} \ln \left| \frac{a+x}{a-x} \right| + C = \frac{1}{a} \operatorname{artanh} \frac{x}{a} + C$$

$$(2) \int \frac{\mathrm{d}x}{x^2 - a^2} = \frac{1}{2a} \int \left( \frac{1}{x-a} - \frac{1}{x+a} \right) \mathrm{d}x$$
$$= \frac{1}{2a} \left[ \ln|x-a| - \ln|x+a| \right] + C$$
$$= \frac{1}{2a} \ln \left| \frac{x-a}{x+a} \right| + C = -\frac{1}{a} \operatorname{arcoth} \frac{x}{a} + C$$

(3) $\displaystyle\int \frac{\mathrm{d}x}{a^2 + x^2} = \frac{1}{a}\int \frac{\mathrm{d}\left(\dfrac{x}{a}\right)}{1 + \left(\dfrac{x}{a}\right)^2}$

$\displaystyle\qquad\qquad = \frac{1}{a}\arctan \frac{x}{a} + C$

$\displaystyle\qquad\qquad = \frac{1}{a}\arccos \frac{a}{\sqrt{a^2 + x^2}} + C$

$\displaystyle\qquad\qquad = \frac{1}{a}\operatorname{arcsec} \frac{\sqrt{a^2 + x^2}}{a} + C$

同样我们可以得到

$$\int \frac{\mathrm{d}x}{a^2 + (x + b)^2} = \frac{1}{a}\arctan \frac{x + b}{a} + C$$

$$\int \frac{\mathrm{d}x}{a^2 - (x + b)^2} = \frac{1}{2a}\ln\left|\frac{a + (x + b)}{a - (x + b)}\right| + C = \frac{1}{a}\operatorname{artanh}\frac{x + b}{a} + C$$

$$\int \frac{\mathrm{d}x}{(x + b)^2 - a^2} = \frac{1}{2a}\ln\left|\frac{x + b - a}{x + b + a}\right| + C = -\frac{1}{a}\operatorname{arcoth}\frac{x + b}{a} + C$$

2. 求积分 $\displaystyle\int \frac{\mathrm{d}x}{ax^2 + bx + c}$.

我们把 $ax^2 + bx + c$ 写成

$$a\left[\left(x + \frac{b}{2a}\right)^2 + \frac{4ac - b^2}{4a^2}\right] \quad [\text{如同形式}\,(x + b)^2 + a^2]$$

或

$$a\left[\left(x + \frac{b}{2a}\right)^2 - \frac{b^2 - 4ac}{4a^2}\right] \quad [\text{如同形式}\,(x + b)^2 - a^2]$$

下面分三种情况来做积分:

(1) 当 $b^2 < 4ac$ 时:

$$\int \frac{\mathrm{d}x}{ax^2 + bx + c} = \frac{1}{a}\int \frac{\mathrm{d}x}{\left(x + \dfrac{b}{2a}\right)^2 + \dfrac{4ac - b^2}{4a^2}}$$

$$\qquad\qquad = \frac{2}{\sqrt{4ac - b^2}}\arctan \frac{2ax + b}{\sqrt{4ac - b^2}} + C$$

(2) 当 $b^2 > 4ac$ 时:

$$\int \frac{\mathrm{d}x}{ax^2 + bx + c} = \frac{1}{a}\int \frac{\mathrm{d}x}{\left(x + \dfrac{b}{2a}\right)^2 - \dfrac{b^2 - 4ac}{4a^2}}$$

$$\qquad\qquad = -\frac{2}{\sqrt{b^2 - 4ac}}\operatorname{arcoth} \frac{2ax + b}{\sqrt{b^2 - 4ac}} + C$$

(3) 当 $ax^2 + bx + c$ 可以分解因式时:

$$ax^2 + bx + c = a(x - \lambda_1)(x - \lambda_2) \quad (\lambda_1, \lambda_2\ \text{为常数})$$

那么

$$\int \frac{\mathrm{d}x}{ax^2 + bx + c} = \frac{1}{a} \int \frac{\mathrm{d}x}{(x - \lambda_1)(x - \lambda_2)} = \frac{1}{a(\lambda_1 - \lambda_2)} \left( \int \frac{\mathrm{d}x}{x - \lambda_1} - \int \frac{\mathrm{d}x}{x - \lambda_2} \right)$$

$$= \frac{1}{a(\lambda_1 - \lambda_2)} \left[ \ln(x - \lambda_1) - \ln(x - \lambda_2) \right] + C$$

$$= \frac{1}{a(\lambda_1 - \lambda_2)} \ln \left| \frac{x - \lambda_1}{x - \lambda_2} \right| + C$$

3. 求积分 $\int \frac{px + q}{ax^2 + bx + c} \mathrm{d}x$.

把被积函数的分子做些变化,使

$$px + q = px + \frac{pb}{2a} + q - \frac{pb}{2a} = \frac{p}{2a}(2ax + b) + \left( q - \frac{pb}{2a} \right)$$

那么

$$\int \frac{px + q}{ax^2 + bx + c} \mathrm{d}x = \int \frac{\frac{p}{2a}(2ax + b) + \left( q - \frac{pb}{2a} \right)}{ax^2 + bx + c} \mathrm{d}x$$

$$= \frac{p}{2a} \int \frac{2ax + b}{ax^2 + bx + c} \mathrm{d}x + \left( q - \frac{pb}{2a} \right) \int \frac{\mathrm{d}x}{ax^2 + bx + c}$$

$$= \frac{p}{2a} \int \frac{\mathrm{d}(ax^2 + bx + c)}{ax^2 + bx + c} + \left( q - \frac{pb}{2a} \right) \int \frac{\mathrm{d}x}{ax^2 + bx + c}$$

$$= \frac{p}{2a} \ln |ax^2 + bx + c| + \left( q - \frac{pb}{2a} \right) \int \frac{\mathrm{d}x}{ax^2 + bx + c} \quad (\text{I})$$

该式第二项中的积分可根据前式中的三种情况来决定采用何种方法积分.

**例 53** 求积分 $\int \frac{9 - 7x}{x^2 + 12x + 38} \mathrm{d}x$.

**解** 使用式(I),代入:$p = -7, q = 9, a = 1, b = 12, c = 38$,则有

$$\int \frac{9 - 7x}{x^2 + 12x + 38} \mathrm{d}x = -\frac{7}{2} \ln |x^2 + 12x + 38| + \left[ 9 - \frac{(-7) \times 12}{2} \right] \int \frac{\mathrm{d}x}{x^2 + 12x + 38}$$

在公式右边第二项的积分中,由于 $b^2 = 144 < 4ac = 152$,故

$$\int \frac{\mathrm{d}x}{x^2 + 12x + 38} = \frac{2}{\sqrt{152 - 144}} \arctan \frac{2x + 12}{\sqrt{152 - 144}} + C$$

$$= \frac{1}{\sqrt{2}} \arctan \frac{x + 6}{\sqrt{2}} + C$$

因此

$$\int \frac{9 - 7x}{x^2 + 12x + 38} \mathrm{d}x = -\frac{7}{2} \ln |x^2 + 12x + 38| + \left[ 9 - \frac{(-7) \times 12}{2} \right] \int \frac{\mathrm{d}x}{x^2 + 12x + 38}$$

$$= -\frac{7}{2} \ln |x^2 + 12x + 38| + \frac{51}{\sqrt{2}} \arctan \frac{x + 6}{\sqrt{2}} + C$$

**例 54** 求积分 $\int \frac{x}{(x - 1)(x - 2)(x - 3)} \mathrm{d}x$.

**解**　应用待定系数法于被积函数,令

$$\frac{x}{(x-1)(x-2)(x-3)} = \frac{A}{x-1} + \frac{B}{x-2} + \frac{C}{x-3}$$

由该式求得

$$A = \frac{1}{2}, \quad B = -2, \quad C = \frac{3}{2}$$

代入积分式中,得到

$$\int \frac{x}{(x-1)(x-2)(x-3)} \mathrm{d}x = \int \left( \frac{1}{2} \cdot \frac{1}{x-1} - 2 \cdot \frac{1}{x-2} + \frac{3}{2} \cdot \frac{1}{x-3} \right) \mathrm{d}x$$

$$= \frac{1}{2}\ln|x-1| - 2\ln|x-2| + \frac{3}{2}\ln|x-3| + C$$

4. 被积函数分式的分母中有重复因子的情形.

假如 $x-a$ 因子在被积函数的分母中重复 $n$ 次,我们可以把被积函数的分式 $\frac{f(x)}{\varphi(x)}$ 中的分母 $\varphi(x)$ 写成

$$\varphi(x) = (x-a)^n \psi(x)$$

令 $x-a=y$,则 $x=a+y$,被积函数表示为

$$\frac{f(x)}{\varphi(x)} = \frac{1}{y^n} \frac{f(a+y)}{\psi(a+y)} = \frac{1}{y^n} \frac{A_0 + A_1 y + A_2 y^2 + \cdots}{B_0 + B_1 y + B_2 y^2 + \cdots}$$

运用除法得到

$$(A_0 + A_1 y + A_2 y^2 + \cdots) \div (B_0 + B_1 y + B_2 y^2 + \cdots) = C_0 + C_1 y + C_2 y^2 + \cdots$$

其中 $A_0, A_1, A_2, \cdots; B_0, B_1, B_2, \cdots; C_0, C_1, C_2 \cdots$ 都是常数. 让除法进行到一个剩余因子 $y^n$,并令余项为 $y^n \xi(y)$. 这样我们就可把被积函数表达成

$$\frac{f(x)}{\varphi(x)} = \frac{1}{y^n} \frac{f(a+y)}{\psi(a+y)} = \frac{C_0}{y^n} + \frac{C_1}{y^{n-1}} + \frac{C_2}{y^{n-2}} + \cdots + \frac{C_{n-1}}{y} + \frac{\xi(y)}{\psi(a+y)}$$

$$= \frac{C_0}{(x-a)^n} + \frac{C_1}{(x-a)^{n-1}} + \frac{C_2}{(x-a)^{n-2}} + \cdots + \frac{C_{n-1}}{x-a} + \frac{\xi(x-a)}{\psi(x)}$$

于是,我们就可以运用分项积分法进行积分了.

**例 55**　求积分 $\displaystyle\int \frac{x^2}{(x-1)^3(x+1)} \mathrm{d}x$.

**解**　令 $x-1=y$,则有 $x=1+y$,及 $\mathrm{d}x=\mathrm{d}y$,把被积函数改写成

$$\frac{x^2}{(x-1)^3(x+1)} = \frac{(1+y)^2}{y^3(2+y)} = \frac{1+2y+y^2}{y^3(2+y)}$$

运用除法

$$\begin{array}{r} \dfrac{1}{2}+\dfrac{3y}{4}+\dfrac{y^2}{8} \\ 2+y \overline{\smash{\big)}\, 1+2y+y^2} \\ 1+\dfrac{y}{2} \\ \hline \dfrac{3y}{2}+y^2 \\ \dfrac{3y}{2}+\dfrac{3y^2}{4} \\ \hline \dfrac{y^2}{4} \\ \dfrac{y^2}{4}+\dfrac{y^3}{8} \\ \hline -\dfrac{y^3}{8} \end{array}$$

得到

$$\frac{x^2}{(x-1)^3(x+1)}=\frac{1}{y^3}\left[\frac{1}{2}+\frac{3y}{4}+\frac{y^2}{8}-\frac{y^3}{8(2+y)}\right]=\frac{1}{2y^3}+\frac{3}{4y^2}+\frac{1}{8y}-\frac{1}{8(2+y)}$$

$$=\frac{1}{2(x-1)^3}+\frac{3}{4(x-1)^2}+\frac{1}{8(x-1)}-\frac{1}{8(x+1)}$$

把它代入积分式,并进行分项积分,得到

$$\int\frac{x^2}{(x-1)^3(x+1)}\mathrm{d}x$$

$$=\int\left[\frac{1}{2(x-1)^3}+\frac{3}{4(x-1)^2}+\frac{1}{8(x-1)}-\frac{1}{8(x+1)}\right]\mathrm{d}x$$

$$=-\frac{1}{4}(x-1)^{-2}-\frac{3}{4}(x-1)^{-1}+\frac{1}{8}\ln|x-1|-\frac{1}{8}\ln|x+1|+C$$

$$=-\frac{1}{4(x-1)^2}-\frac{3}{4(x-1)}+\frac{1}{8}\ln\left|\frac{x-1}{x+1}\right|+C$$

**例 56**　求积分 $\displaystyle\int\frac{x^2+2x}{(x-1)^5(x^2+1)}\mathrm{d}x$.

**解**　令 $x-1=y$,则有 $x=1+y$ 及 $\mathrm{d}x=\mathrm{d}y$,则

$$\frac{x^2+2x}{(x-1)^5(x^2+1)}=\frac{1}{y^5}\frac{3+4y+y^2}{2+2y+y^2}$$

使用除法

$$\begin{array}{r}
\dfrac{3}{2}+\dfrac{y}{2}-\dfrac{3y^2}{4}+\dfrac{y^3}{2}-\dfrac{y^4}{8}
\end{array}$$

$$2+2y+y^2 \overline{\smash{\big)}\ 3+4y+y^2}$$

$$3+3y+\dfrac{3y^2}{2}$$

$$y-\dfrac{y^2}{2}$$

$$y+y^2+\dfrac{y^3}{2}$$

$$-\dfrac{3y^2}{2}-\dfrac{y^3}{2}$$

$$-\dfrac{3y^2}{2}-\dfrac{3y^3}{2}-\dfrac{3y^4}{4}$$

$$y^3+\dfrac{3y^4}{4}$$

$$y^3+y^4+\dfrac{y^5}{2}$$

$$-\dfrac{y^4}{4}-\dfrac{y^5}{2}$$

$$-\dfrac{y^4}{4}-\dfrac{y^5}{4}-\dfrac{y^6}{8}$$

$$-\dfrac{y^5}{4}+\dfrac{y^6}{8}$$

得到

$$\frac{x^2+2x}{(x-1)^5(x^2+1)}$$

$$=\frac{1}{y^5}\left(\frac{3}{2}+\frac{y}{2}-\frac{3y^2}{4}+\frac{y^3}{2}-\frac{y^4}{8}-\frac{\dfrac{y^5}{4}-\dfrac{y^6}{8}}{2+2y+y^2}\right)$$

$$=\frac{3}{2}\cdot\frac{1}{y^5}+\frac{1}{2}\cdot\frac{1}{y^4}-\frac{3}{4}\cdot\frac{1}{y^3}+\frac{1}{2}\cdot\frac{1}{y^2}-\frac{1}{8}\cdot\frac{1}{y}-\frac{1}{8}\cdot\frac{2-y}{2+2y+y^2}$$

$$=\frac{3}{2}\frac{1}{(x-1)^5}+\frac{1}{2}\frac{1}{(x-1)^4}-\frac{3}{4}\frac{1}{(x-1)^3}+\frac{1}{2}\frac{1}{(x-1)^2}$$

$$-\frac{1}{8}\frac{1}{x-1}+\frac{1}{8}\frac{x-3}{x^2+1}$$

代入积分式中,得到

$$\int\frac{x^2+2x}{(x-1)^5(x^2+1)}\mathrm{d}x$$

$$=\int\left[\frac{3}{2}\frac{1}{(x-1)^5}+\frac{1}{2}\frac{1}{(x-1)^4}-\frac{3}{4}\frac{1}{(x-1)^3}+\frac{1}{2}\frac{1}{(x-1)^2}\right.$$

$$\left.-\frac{1}{8}\frac{1}{x-1}+\frac{1}{8}\frac{x-3}{x^2+1}\right]\mathrm{d}x$$

$$= \frac{3}{2} \int \frac{1}{(x-1)^5} \mathrm{d}x + \frac{1}{2} \int \frac{1}{(x-1)^4} \mathrm{d}x - \frac{3}{4} \int \frac{1}{(x-1)^3} \mathrm{d}x + \frac{1}{2} \int \frac{1}{(x-1)^2} \mathrm{d}x$$

$$- \frac{1}{8} \int \frac{1}{x-1} \mathrm{d}x + \frac{1}{8} \int \frac{x}{x^2+1} \mathrm{d}x - \frac{1}{8} \int \frac{3}{x^2+1} \mathrm{d}x$$

$$= - \frac{3}{8(x-1)^4} - \frac{1}{6(x-1)^3} + \frac{3}{8(x-1)^2} - \frac{1}{2(x-1)}$$

$$- \frac{1}{8} \ln|x-1| + \frac{1}{16} \ln|x^2+1| - \frac{3}{8} \arctan x + C$$

$$= - \frac{3}{8(x-1)^4} - \frac{1}{6(x-1)^3} + \frac{3}{8(x-1)^2} - \frac{1}{2(x-1)}$$

$$+ \frac{1}{16} \ln \frac{x^2+1}{(x-1)^2} - \frac{3}{8} \arctan x + C$$

## 1.12 无理代数函数的积分法

在换元积分法中叙述欧拉替换、三角替换法时已经讲到了代数无理式的积分. 本节将系统地叙述无理代数函数的积分方法. 无理式的积分方法主要有两种,一种 是有理化(如欧拉替换),另一种是使用其他各种替换或转换,如用三角函数或双曲 函数转换,当然它们都属于换元法的范畴.

例如函数 $\sqrt{a^2-x^2}$,可设 $x = a\sin t$,则 $\sqrt{a^2-x^2} = a\cos t$;

又如 $\sqrt{x^2-a^2}$,可设 $x = a\sec t$,则 $\sqrt{x^2-a^2} = a\tan t$;

再如 $\sqrt{a^2+x^2}$,可设 $x = a\tan t$,则 $\sqrt{a^2+x^2} = a\sec t$.

这样,可以把对无理式 $\sqrt{a^2-x^2}$,$\sqrt{x^2-a^2}$,$\sqrt{a^2+x^2}$ 的积分转变成我们熟悉 的对三角函数 $\cos t$,$\tan t$,$\sec t$ 的积分. 待积分完成后,再把变量 $t$ 还原成变量 $x$ 的表达式.

对于函数 $\dfrac{1}{\sqrt{x^2-a^2}}$,$\dfrac{1}{\sqrt{x^2+a^2}}$ 的积分,用双曲函数替换或许是最方便的.

**例 57** 求积分 $\displaystyle\int \frac{\mathrm{d}x}{\sqrt{x^2-a^2}}$.

**解** 令 $x = a\cosh t$,则

$$\mathrm{d}x = a\sinh t \mathrm{d}t, \qquad \sqrt{x^2-a^2} = \sqrt{a^2\cosh^2 t - a^2} = a\sinh t$$

于是得到

$$\int \frac{\mathrm{d}x}{\sqrt{x^2-a^2}} = \int \frac{a\sinh t \mathrm{d}t}{a\sinh t} = \int \mathrm{d}t = t + C$$

$$= \operatorname{arcosh} \frac{x}{a} + C$$

**例 58**   求积分 $\displaystyle\int \frac{\mathrm{d}x}{\sqrt{x^2 + a^2}}$.

**解**   令 $x = a\sinh t$,则

$$\mathrm{d}x = a\cosh t\,\mathrm{d}t, \quad \sqrt{a^2 \sinh^2 t + a^2} = a\cosh t$$

于是得到

$$\int \frac{\mathrm{d}x}{\sqrt{x^2 + a^2}} = \int \frac{a\cosh t\,\mathrm{d}t}{a\cosh t} = \int \mathrm{d}t = t + C$$

$$= \operatorname{arsinh}\frac{x}{a} + C = \ln\left(\frac{x}{a} + \sqrt{\left(\frac{x}{a}\right)^2 + 1}\right) + C$$

$$= \ln\left(x + \sqrt{x^2 + a^2}\right) + C'$$

**例 59**   求积分 $\displaystyle\int \frac{\mathrm{d}x}{\sqrt{a^2 - x^2}}$.

**解**   令 $x = a\sin t$,则

$$\mathrm{d}x = a\cos t\,\mathrm{d}t, \quad \sqrt{a^2 - x^2} = \sqrt{a^2 - a^2 \sin^2 t} = a\cos t$$

于是得到

$$\int \frac{\mathrm{d}x}{\sqrt{a^2 - x^2}} = \int \frac{a\cos t\,\mathrm{d}t}{a\cos t} = \int \mathrm{d}t = t + C$$

$$= \arcsin\frac{x}{a} + C$$

上述诸例说明:用三角函数或双曲函数替换,使无理式变为有理式时,应当仔细选择替换函数.当替换函数选得恰当时,积分会非常方便;要是选得不好,也会麻烦不少.下面再举一些把无理式有理化的例子.

**例 60**   求积分 $\displaystyle\int \frac{\mathrm{d}x}{1 + \sqrt{x}}$.

**解**   令 $\sqrt{x} = t$,则 $x = t^2$,$\mathrm{d}x = 2t\,\mathrm{d}t$,将其代入积分式中得到

$$\int \frac{\mathrm{d}x}{1 + \sqrt{x}} = \int \frac{2t\,\mathrm{d}t}{1 + t} = 2\int \left(1 - \frac{1}{1+t}\right)\mathrm{d}t$$

$$= 2t - 2\ln(1 + t) + C$$

$$= 2\sqrt{x} - \ln\left(1 + \sqrt{x}\right)^2 + C$$

**例 61**   求积分 $\displaystyle\int \frac{\mathrm{d}x}{\sqrt{x}\,(1 + \sqrt[4]{x})^3}$.

**解**   设 $\sqrt[4]{x} = t$,则 $x = t^4$,$\mathrm{d}x = 4t^3\,\mathrm{d}t$,把它们代入积分式中得

$$\int \frac{\mathrm{d}x}{\sqrt{x}\,(1 + \sqrt[4]{x})^3} = 4\int \frac{t^3\,\mathrm{d}t}{t^2\,(1 + t)^3} = 4\int \frac{t\,\mathrm{d}t}{(1 + t)^3} = 4\int \left[\frac{1}{(1 + t)^2} - \frac{1}{(1 + t)^3}\right]\mathrm{d}t$$

$$= -\frac{4}{1 + t} + \frac{2}{(1 + t)^2} + C$$

$$= \frac{2}{(1 + \sqrt[4]{x})^2} - \frac{4}{1 + \sqrt[4]{x}} + C$$

**例 62** 求积分 $\displaystyle\int \frac{x \, \mathrm{d}x}{\sqrt{1 + \sqrt[3]{x^2}}}$.

**解** 令 $\sqrt{1 + \sqrt[3]{x^2}} = y$, 则

$$1 + \sqrt[3]{x^2} = y^2, \quad \sqrt[3]{x^2} = y^2 - 1, \quad x = (y^2 - 1)^{\frac{3}{2}}, \quad \mathrm{d}x = 3y \, (y^2 - 1)^{\frac{1}{2}} \mathrm{d}y$$

把它们代入积分式中, 得

$$\int \frac{x \, \mathrm{d}x}{\sqrt{1 + \sqrt[3]{x^2}}} = \int \frac{(y^2 - 1)^{\frac{3}{2}} \cdot 3y \, (y^2 - 1)^{\frac{1}{2}} \mathrm{d}y}{y} = 3 \int (y^2 - 1)^2 \mathrm{d}y$$

$$= 3 \int (y^4 - 2y^2 + 1) \mathrm{d}y = \frac{3}{5} y^5 - 2y^3 + 3y + C$$

$$= \frac{3}{5} (\sqrt{1 + \sqrt[3]{x^2}})^5 - 2 (\sqrt{1 + \sqrt[3]{x^2}})^3 + 3 \sqrt{1 + \sqrt[3]{x^2}} + C$$

上述各例, 本质上都是换元法, 使无理分式变化为有理分式后再积分, 然后还原为初始的变量表达式.

下面四个无理代数函数的积分方法是约翰·伯努利曾经用过的.

**例 63** 求积分 $\displaystyle\int \sqrt{a^2 x^2 + x^4} \, \mathrm{d}x$.

**解** 从根号中移出一个 $x$, 得

$$\int \sqrt{a^2 x^2 + x^4} \, \mathrm{d}x = \int \sqrt{a^2 + x^2} \cdot x \mathrm{d}x = \frac{1}{2} \int \sqrt{a^2 + x^2} \, \mathrm{d}x^2$$

$$= \frac{1}{2} \int (a^2 + x^2)^{\frac{1}{2}} \mathrm{d}(a^2 + x^2)$$

$$= \frac{1}{3} (a^2 + x^2)^{\frac{3}{2}} + C$$

$$= \frac{1}{3} (a^2 + x^2) \sqrt{a^2 + x^2} + C$$

**例 64** 求积分 $\displaystyle\int \sqrt{ax + x^2} (3ax^3 + 4x^4) \, \mathrm{d}x$.

**解** 把括弧中的一个 $x$ 移进根号中, 得

$$\int \sqrt{ax + x^2} (3ax^3 + 4x^4) \, \mathrm{d}x = \int \sqrt{ax^3 + x^4} (3ax^2 + 4x^3) \, \mathrm{d}x$$

$$= \int \sqrt{ax^3 + x^4} \, \mathrm{d}(ax^3 + x^4)$$

$$= \frac{2}{3} (ax^3 + x^4) \sqrt{ax^3 + x^4} + C$$

**例 65** 求积分 $\displaystyle\int \frac{a + x}{\sqrt{3a + 2x}} \mathrm{d}x$.

**解** 分子、分母同乘 $x$, 得

$$\int \frac{a+x}{\sqrt{3a+2x}}\mathrm{d}x = \int \frac{ax+x^2}{\sqrt{3ax^2+2x^3}}\mathrm{d}x$$

$$= \frac{1}{6}\int \frac{\mathrm{d}(3ax^2+2x^3)}{\sqrt{3ax^2+2x^3}}$$

$$= \frac{1}{3}\sqrt{3ax^2+2x^3}+C$$

$$= \frac{x}{3}\sqrt{3a+2x}+C$$

**例 66**　求积分 $\int \dfrac{ax^2}{\sqrt{a^2x^2+x^4}}\mathrm{d}x$.

**解**　分子、分母同除以 $x$,得

$$\int \frac{ax^2}{\sqrt{a^2x^2+x^4}}\mathrm{d}x = \int \frac{ax}{\sqrt{a^2+x^2}}\mathrm{d}x = \frac{1}{2}a\int \frac{\mathrm{d}(a^2+x^2)}{\sqrt{a^2+x^2}}$$

$$= a(a^2+x^2)^{\frac{1}{2}}+C = a\sqrt{a^2+x^2}+C$$

上述四例中,都是平方根号的情形,要是遇到立方根号或更高次的根号,该方法同样适用.

# 1.13　含有三角函数的有理式的积分法

## 1.13.1　一般的方法

求下列积分: $\int \dfrac{\mathrm{d}x}{\sin x}$, $\int \dfrac{\mathrm{d}x}{\cos x}$, $\int \dfrac{\mathrm{d}x}{a+b\cos x}$, $\int \dfrac{\mathrm{d}x}{a+b\sin x}$, $\int \dfrac{\mathrm{d}x}{a\sin x+b\cos x}$, $\int \dfrac{\mathrm{d}x}{a+b\cos x+c\sin x}$.

(1) $\int \dfrac{\mathrm{d}x}{\sin x}$.

$$\int \frac{\mathrm{d}x}{\sin x} = \int \frac{\sin x}{\sin^2 x}\mathrm{d}x = -\int \frac{\mathrm{d}\cos x}{1-\cos^2 x} = -\int \frac{\mathrm{d}\cos x}{(1-\cos x)(1+\cos x)}$$

$$= -\frac{1}{2}\int \left(\frac{1}{1-\cos x}+\frac{1}{1+\cos x}\right)\mathrm{d}\cos x$$

$$= \frac{1}{2}\big[\ln(1-\cos x)-\ln(1+\cos x)\big]+C$$

$$= \frac{1}{2}\ln\left|\frac{1-\cos x}{1+\cos x}\right|+C = \ln\left|\tan \frac{x}{2}\right|+C$$

(2) $\displaystyle\int \frac{\mathrm{d}x}{\cos x}$.

$$\int \frac{\mathrm{d}x}{\cos x} = \int \frac{\cos x}{\cos^2 x}\mathrm{d}x = \int \frac{\mathrm{d}\sin x}{1 - \sin^2 x} = \int \frac{\mathrm{d}\sin x}{(1 - \sin x)(1 + \sin x)}$$

$$= \frac{1}{2}\int \left( \frac{1}{1 - \sin x} + \frac{1}{1 + \sin x} \right)\mathrm{d}\sin x$$

$$= \frac{1}{2}\big[\ln(1 + \sin x) - \ln(1 - \sin x)\big] + C$$

$$= \frac{1}{2}\ln\left| \frac{1 + \sin x}{1 - \sin x} \right| + C$$

(3) $\displaystyle\int \frac{\mathrm{d}x}{a + b\cos x}$.

分两种情况：$a > b$ 和 $a < b$.

① $a > b$.

把被积函数的分母 $a + b\cos x$ 改写成

$$a + b\cos x = a\left( \cos^2 \frac{x}{2} + \sin^2 \frac{x}{2} \right) + b\left( \cos^2 \frac{x}{2} - \sin^2 \frac{x}{2} \right)$$

$$= (a + b)\cos^2 \frac{x}{2} + (a - b)\sin^2 \frac{x}{2}$$

$$= (a - b)\cos^2 \frac{x}{2}\left( \frac{a + b}{a - b} + \tan^2 \frac{x}{2} \right)$$

得到

$$\int \frac{\mathrm{d}x}{a + b\cos x} = \int \frac{\mathrm{d}x}{(a - b)\cos^2 \dfrac{x}{2}\left( \dfrac{a + b}{a - b} + \tan^2 \dfrac{x}{2} \right)}$$

$$= \frac{2}{a - b}\int \frac{\mathrm{d}\tan \dfrac{x}{2}}{\left( \sqrt{\dfrac{a + b}{a - b}} \right)^2 + \tan^2 \dfrac{x}{2}}$$

$$= \frac{2}{\sqrt{a^2 - b^2}}\arctan \left( \sqrt{\frac{a - b}{a + b}}\tan \frac{x}{2} \right) + C \quad (a^2 > b^2) \quad (\text{Ⅰ})$$

或

$$= \frac{1}{\sqrt{a^2 - b^2}}\arccos \frac{b + a\cos x}{a + b\cos x} + C \quad (a^2 > b^2)$$

② $a < b$.

$$a + b\cos x = a\left( \cos^2 \frac{x}{2} + \sin^2 \frac{x}{2} \right) + b\left( \cos^2 \frac{x}{2} - \sin^2 \frac{x}{2} \right)$$

$$= (b + a)\cos^2 \frac{x}{2} - (b - a)\sin^2 \frac{x}{2}$$

$$= (b - a)\cos^2 \frac{x}{2}\left( \frac{b + a}{b - a} - \tan^2 \frac{x}{2} \right)$$

于是积分变成

$$\int \frac{\mathrm{d}x}{a + b\cos x} = \frac{1}{b - a}\int \frac{\mathrm{d}x}{\cos^2 \frac{x}{2}\left(\frac{b + a}{b - a} - \tan^2 \frac{x}{2}\right)}$$

$$= \frac{2}{b - a}\int \frac{\mathrm{d}\tan \frac{x}{2}}{\frac{b + a}{b - a} - \tan^2 \frac{x}{2}} = \frac{2}{b - a}\int \frac{\mathrm{d}\tan \frac{x}{2}}{\left(\sqrt{\frac{b + a}{b - a}}\right)^2 - \tan^2 \frac{x}{2}}$$

$$= \frac{2}{\sqrt{b^2 - a^2}}\operatorname{artanh}\left(\sqrt{\frac{b - a}{b + a}}\tan \frac{x}{2}\right) + C \quad (a^2 < b^2) \qquad （Ⅱ）$$

或

$$= \frac{1}{\sqrt{b^2 - a^2}}\ln \frac{\sqrt{b + a} + \sqrt{b - a}\tan \frac{x}{2}}{\sqrt{b + a} - \sqrt{b - a}\tan \frac{x}{2}} + C \quad (a^2 < b^2)$$

**例 67** $\int \frac{\mathrm{d}x}{5 + 3\cos x}$.

**解** 在此积分中，$a = 5, b = 3, a > b$，用式（Ⅰ）得

$$\int \frac{\mathrm{d}x}{5 + 3\cos x} = \frac{2}{\sqrt{5^2 - 3^2}}\arctan \left(\sqrt{\frac{5 - 3}{5 + 3}}\tan \frac{x}{2}\right) + C$$

$$= \frac{1}{2}\arctan \left(\frac{1}{2}\tan \frac{x}{2}\right) + C$$

或

$$= \frac{1}{4}\arccos \frac{3 + 5\cos x}{5 + 3\cos x} + C$$

**例 68** $\int \frac{\mathrm{d}x}{3 + 5\cos x}$.

**解** 该题中，$a = 3, b = 5, a < b$，应用式（Ⅱ）得

$$\int \frac{\mathrm{d}x}{3 + 5\cos x} = \frac{2}{\sqrt{5^2 - 3^2}}\operatorname{artanh}\left(\sqrt{\frac{5 - 3}{5 + 3}}\tan \frac{x}{2}\right) + C$$

$$= \frac{1}{2}\operatorname{artanh}\left(\frac{1}{2}\tan \frac{x}{2}\right) + C$$

或

$$= \frac{1}{4}\ln \frac{2 + \tan \frac{x}{2}}{2 - \tan \frac{x}{2}} + C$$

(4) $\int \frac{\mathrm{d}x}{a + b\sin x}$.

① 方法之一.

令 $x = \frac{\pi}{2} + y$，则 $\sin x = \cos y, \mathrm{d}x = \mathrm{d}y$，那么

$$\int \frac{\mathrm{d}x}{a + b\sin x} = \int \frac{\mathrm{d}y}{a + b\cos y}$$

$$= \frac{2}{\sqrt{a^2 - b^2}} \arctan \left( \sqrt{\frac{a-b}{a+b}} \tan \frac{y}{2} \right) + C$$

$$= \frac{2}{\sqrt{a^2 - b^2}} \arctan \left[ \sqrt{\frac{a-b}{a+b}} \tan \left( \frac{x}{2} - \frac{\pi}{4} \right) \right] + C \quad (a^2 > b^2) \qquad (\text{III})$$

或 $$= \frac{1}{\sqrt{a^2 - b^2}} \arccos \frac{b + a\sin x}{a + b\sin x} + C \quad (a^2 > b^2)$$

或 $$= \frac{2}{\sqrt{b^2 - a^2}} \operatorname{artanh} \left[ \sqrt{\frac{b-a}{b+a}} \tan \left( \frac{x}{2} - \frac{\pi}{4} \right) \right] + C \quad (a^2 < b^2) \qquad (\text{IV})$$

或 $$= \frac{1}{\sqrt{b^2 - a^2}} \ln \frac{\sqrt{b+a} + \sqrt{b-a} \tan \left( \frac{x}{2} - \frac{\pi}{4} \right)}{\sqrt{b+a} - \sqrt{b-a} \tan \left( \frac{x}{2} - \frac{\pi}{4} \right)} + C \quad (a^2 < b^2)$$

② 方法之二.

因为

$$a + b\sin x = a \left( \cos^2 \frac{x}{2} + \sin^2 \frac{x}{2} \right) + 2b\sin \frac{x}{2} \cos \frac{x}{2}$$

$$= a \cos^2 \frac{x}{2} \left[ \left( \tan \frac{x}{2} + \frac{b}{a} \right)^2 + \frac{a^2 - b^2}{a^2} \right]$$

所以

$$\int \frac{\mathrm{d}x}{a + b\sin x} = \int \frac{\mathrm{d}x}{a \cos^2 \frac{x}{2} \left[ \left( \tan \frac{x}{2} + \frac{b}{a} \right)^2 + \frac{a^2 - b^2}{a^2} \right]}$$

$$= \frac{2}{a} \int \frac{\mathrm{d}\left( \tan \frac{x}{2} + \frac{b}{a} \right)}{\left( \tan \frac{x}{2} + \frac{b}{a} \right)^2 + \frac{a^2 - b^2}{a^2}}$$

$$= \frac{2}{\sqrt{a^2 - b^2}} \arctan \frac{a \tan \frac{x}{2} + b}{\sqrt{a^2 - b^2}} + C \quad (a^2 > b^2)$$

或 $$= -\frac{1}{\sqrt{b^2 - a^2}} \operatorname{arcoth} \frac{a \tan \frac{x}{2} + b}{\sqrt{b^2 - a^2}} + C \quad (a^2 < b^2)$$

**例 69** $\int \frac{\mathrm{d}x}{5 + 3\sin x}$.

**解** 该积分中,$a = 5, b = 3, a > b$,用式(III)得

$$\int \frac{\mathrm{d}x}{5 + 3\sin x} = \frac{2}{\sqrt{5^2 - 3^2}} \arctan \left[ \sqrt{\frac{5-3}{5+3}} \tan \left( \frac{x}{2} - \frac{\pi}{4} \right) \right] + C$$

$$= \frac{1}{2} \arctan \left[ \frac{1}{2} \tan \left( \frac{x}{2} - \frac{\pi}{4} \right) \right] + C$$

$$= \frac{1}{4}\arccos\frac{3 + 5\sin x}{5 + 3\sin x} + C$$

**例 70**　$\int \dfrac{\mathrm{d}x}{3 + 5\sin x}$.

**解**　该积分中，$a = 3, b = 5, a < b$，用式（Ⅳ）得

$$\int \frac{\mathrm{d}x}{3 + 5\sin x} = \frac{2}{\sqrt{5^2 - 3^2}}\mathrm{artanh}\left[\sqrt{\frac{5-3}{5+3}}\tan\left(\frac{x}{2} - \frac{\pi}{4}\right)\right] + C$$

$$= \frac{1}{2}\mathrm{artanh}\left[\frac{1}{2}\tan\left(\frac{x}{2} - \frac{\pi}{4}\right)\right] + C$$

$$= \frac{1}{4}\ln\frac{2 + \tan\left(\dfrac{x}{2} - \dfrac{\pi}{4}\right)}{2 - \tan\left(\dfrac{x}{2} - \dfrac{\pi}{4}\right)} + C$$

(5) $\int \dfrac{\mathrm{d}x}{a\sin x + b\cos x}$.

设 $\cos\alpha = \dfrac{a}{\sqrt{a^2 + b^2}}, \sin\alpha = \dfrac{b}{\sqrt{a^2 + b^2}}$，则

$$a = \sqrt{a^2 + b^2}\cos\alpha, \quad b = \sqrt{a^2 + b^2}\sin\alpha$$

于是

$$\int \frac{\mathrm{d}x}{a\sin x + b\cos x} = \int \frac{\mathrm{d}x}{\sqrt{a^2 + b^2}\sin x\cos\alpha + \sqrt{a^2 + b^2}\cos x\sin\alpha}$$

$$= \frac{1}{\sqrt{a^2 + b^2}}\int \frac{\mathrm{d}x}{\sin x\cos\alpha + \cos x\sin\alpha}$$

$$= \frac{1}{\sqrt{a^2 + b^2}}\int \frac{\mathrm{d}x}{\sin(x + \alpha)} \tag{A}$$

在右端的积分中，令 $x + \alpha = y, \mathrm{d}x = \mathrm{d}y$，则

$$\int \frac{\mathrm{d}x}{\sin(x + \alpha)} = \int \frac{\sin y}{\sin^2 y}\mathrm{d}y = \int \frac{\sin y}{1 - \cos^2 y}\mathrm{d}y = -\int \frac{\mathrm{d}\cos y}{(1 - \cos y)(1 + \cos y)}$$

$$= -\frac{1}{2}\int\left(\frac{1}{1 - \cos y} + \frac{1}{1 + \cos y}\right)\mathrm{d}\cos y = \frac{1}{2}\ln\left|\frac{1 - \cos y}{1 + \cos y}\right| + C$$

$$= \ln\sqrt{\frac{1 - \cos y}{1 + \cos y}} + C = \ln\left|\tan\frac{y}{2}\right| + C$$

$$= \ln\left|\tan\frac{x + \alpha}{2}\right| + C \tag{B}$$

把（B）代入（A）中，得到

$$\int \frac{\mathrm{d}x}{a\sin x + b\cos x} = \frac{1}{\sqrt{a^2 + b^2}}\ln\left|\tan\frac{x + \alpha}{2}\right| + C$$

其中 $\alpha = \arctan\dfrac{b}{a}$.

**例 71**　计算积分 $\displaystyle\int\frac{\mathrm{d}x}{4\sin x + 3\cos x}$.

**解**　此处 $a = 4, b = 3, \alpha = \arctan\dfrac{3}{4}$,所以

$$\int\frac{\mathrm{d}x}{4\sin x + 3\cos x} = \frac{1}{\sqrt{4^2 + 3^2}}\ln\left|\tan\frac{x + \arctan\dfrac{3}{4}}{2}\right| + C$$

$$\approx \frac{1}{5}\ln\left|\tan\frac{x + 37°}{2}\right| + C$$

(6) $\displaystyle\int\frac{\mathrm{d}x}{a + b\cos x + c\sin x}$.

如果把被积函数中的 $b\cos x + c\sin x$ 合成一项,或正弦函数,或余弦函数,那么就能使用前面的式(Ⅰ)、(Ⅱ)、(Ⅲ)、(Ⅳ)求解积分了.

设 $\cos\alpha = \dfrac{b}{\sqrt{b^2 + c^2}}, \sin\alpha = \dfrac{c}{\sqrt{b^2 + c^2}}$,则

$$b = \sqrt{b^2 + c^2}\cos\alpha, \quad c = \sqrt{b^2 + c^2}\sin\alpha, \quad \tan\alpha = \frac{c}{b}, \quad \alpha = \arctan\frac{c}{b}$$

于是

$$b\cos x + c\sin x = \sqrt{b^2 + c^2}\cos\alpha\cos x + \sqrt{b^2 + c^2}\sin\alpha\sin x$$

$$= \sqrt{b^2 + c^2}(\cos\alpha\cos x + \sin\alpha\sin x)$$

$$= \sqrt{b^2 + c^2}\cos(x - \alpha)$$

把 $b\cos x + c\sin x = \sqrt{b^2 + c^2}\cos(x - \alpha)$ 代入积分式中,得

$$\int\frac{\mathrm{d}x}{a + b\cos x + c\sin x} = \int\frac{\mathrm{d}(x - \alpha)}{a + \sqrt{b^2 + c^2}\cos(x - \alpha)}$$

该等式右端的积分与前面积分 $\displaystyle\int\frac{\mathrm{d}x}{a + b\cos x}$ 相似,因此可应用式(Ⅰ),只是这里要用 $\sqrt{b^2 + c^2}$ 代替 $b$,用 $(x - \alpha)$ 代替 $x$ 罢了.所以

$$\int\frac{\mathrm{d}x}{a + b\cos x + c\sin x}$$

$$= \int\frac{\mathrm{d}(x - \alpha)}{a + \sqrt{b^2 + c^2}\cos(x - \alpha)}$$

$$= \frac{2}{\sqrt{a^2 - (b^2 + c^2)}}\arctan\left(\sqrt{\frac{a - \sqrt{b^2 + c^2}}{a + \sqrt{b^2 + c^2}}}\tan\frac{x - \alpha}{2}\right) + C \quad (a^2 > b^2 + c^2)$$

$$\text{(Ⅴ)}$$

其中 $\alpha = \arctan\dfrac{c}{b}$.

当 $a^2 < b^2 + c^2$ 时,则有

$$\int \frac{dx}{a + b\cos x + c\sin x}$$

$$= \int \frac{d(x - \alpha)}{a + \sqrt{b^2 + c^2}\cos(x - \alpha)}$$

$$= \frac{2}{\sqrt{(b^2 + c^2) - a^2}}\text{artanh}\left(\sqrt{\frac{\sqrt{b^2 + c^2} - a}{\sqrt{b^2 + c^2} + a}}\tan\frac{x - \alpha}{2}\right) + C \quad (a^2 < b^2 + c^2)$$

$$（Ⅵ）$$

其中 $\alpha = \arctan\dfrac{c}{b}$.

**例 72** 计算积分 $\displaystyle\int \frac{dx}{13 + 3\cos x + 4\sin x}$.

**解** 这里，$a = 13, b = 3, c = 4, \tan\alpha = \dfrac{4}{3}, \alpha = \arctan\dfrac{4}{3}$，因为 $a^2 = 169 > b^2 + c^2 = 25$，由式（Ⅴ）得到

$$\int \frac{dx}{13 + 3\cos x + 4\sin x} = \frac{2}{\sqrt{13^2 - (3^2 + 4^2)}}\arctan\left(\sqrt{\frac{13 - \sqrt{3^2 + 4^2}}{13 + \sqrt{3^2 + 4^2}}}\tan\frac{x - \alpha}{2}\right) + C$$

$$= \frac{2}{12}\arctan\left(\sqrt{\frac{8}{18}}\tan\frac{x - \alpha}{2}\right) + C$$

$$= \frac{1}{6}\arctan\left(\frac{2}{3}\tan\frac{x - \alpha}{2}\right) + C$$

其中 $\alpha = \arctan\dfrac{4}{3}$.

**例 73** 计算积分 $\displaystyle\int \frac{dx}{9 + 11\cos x + 3\sin x}$.

**解** 此处，$a = 9, b = 11, c = 3, \tan\alpha = \dfrac{3}{11}, \alpha = \arctan\dfrac{3}{11}$，因为 $a^2 = 81 < b^2 + c^2 = 130$，由式（Ⅵ）得到

$$\int \frac{dx}{9 + 11\cos x + 3\sin x} = \frac{2}{\sqrt{(11^2 + 3^2) - 9^2}}\text{artanh}\left(\sqrt{\frac{\sqrt{11^2 + 3^2} - 9}{\sqrt{11^2 + 3^2} + 9}}\tan\frac{x - \alpha}{2}\right) + C$$

$$= \frac{2}{7}\text{artanh}\left(\sqrt{\frac{\sqrt{130} - 9}{\sqrt{130} + 9}}\tan\frac{x - \alpha}{2}\right) + C$$

其中 $\alpha = \arctan\dfrac{3}{11}$.

## 1.13.2 微分积分法

1. 求形如 $\displaystyle\int \frac{dx}{(a + b\cos x + c\sin x)^n}$，$\displaystyle\int \frac{dx}{(a + b\cos x)^n}$，$\displaystyle\int \frac{dx}{(a + c\sin x)^n}$，

$\int \dfrac{\mathrm{d}x}{(b\cos x + c\sin x)^n}, \int \dfrac{\mathrm{d}x}{\cos^n x}, \int \dfrac{\mathrm{d}x}{\sin^n x}$ 的积分.

(1) 求积分 $\int \dfrac{\mathrm{d}x}{(a + b\cos x + c\sin x)^n}$.

设 $P = \dfrac{-b\sin x + c\cos x}{(a + b\cos x + c\sin x)^{n-1}}$, 则

$$\frac{\mathrm{d}P}{\mathrm{d}x} = \frac{(-b\cos x - c\sin x)(a + b\cos x + c\sin x)^{n-1}}{(a + b\cos x + c\sin x)^{2(n-1)}}$$

$$- \frac{(-b\sin x + c\cos x)^2(n-1)(a + b\cos x + c\sin x)^{n-2}}{(a + b\cos x + c\sin x)^{2(n-1)}}$$

$$= \frac{(-b\cos x - c\sin x)(a + b\cos x + c\sin x) - (n-1)(-b\sin x + c\cos x)^2}{(a + b\cos x + c\sin x)^n}$$

$$= \frac{-(b\cos x + c\sin x)(a + b\cos x + c\sin x)}{(a + b\cos x + c\sin x)^n}$$

$$- \frac{(n-1)\big[(b^2 + c^2) - (b\cos x + c\sin x)^2\big]}{(a + b\cos x + c\sin x)^n}$$

$$= \frac{(n-1)(a^2 - b^2 - c^2) - (2n-3)a(a + b\cos x + c\sin x)}{(a + b\cos x + c\sin x)^n}$$

$$+ \frac{(n-2)(a + b\cos x + c\sin x)^2}{(a + b\cos x + c\sin x)^n}$$

$$= \frac{(n-1)(a^2 - b^2 - c^2)}{(a + b\cos x + c\sin x)^n} - \frac{(2n-3)a}{(a + b\cos x + c\sin x)^{n-1}}$$

$$+ \frac{n-2}{(a + b\cos x + c\sin x)^{n-2}}$$

因为

$$P = \int \frac{\mathrm{d}P}{\mathrm{d}x}\mathrm{d}x = \frac{-b\sin x + c\cos x}{(a + b\cos x + c\sin x)^{n-1}}$$

$$= \int \Bigg[ \frac{(n-1)(a^2 - b^2 - c^2)}{(a + b\cos x + c\sin x)^n} - \frac{(2n-3)a}{(a + b\cos x + c\sin x)^{n-1}}$$

$$+ \frac{n-2}{(a + b\cos x + c\sin x)^{n-2}} \Bigg] \mathrm{d}x$$

$$= (n-1)(a^2 - b^2 - c^2)\int \frac{\mathrm{d}x}{(a + b\cos x + c\sin x)^n}$$

$$- (2n-3)a\int \frac{\mathrm{d}x}{(a + b\cos x + c\sin x)^{n-1}}$$

$$+ (n-2)\int \frac{\mathrm{d}x}{(a + b\cos x + c\sin x)^{n-2}}$$

令

$$I_n = \int \frac{\mathrm{d}x}{(a + b\cos x + c\sin x)^n}$$

$$I_{n-1} = \int \frac{\mathrm{d}x}{(a + b\cos x + c\sin x)^{n-1}}$$

$$I_{n-2} = \int \frac{\mathrm{d}x}{(a + b\cos x + c\sin x)^{n-2}}$$

则

$$\frac{-b\sin x + c\cos x}{(a + b\cos x + c\sin x)^{n-1}} = (n-1)(a^2 - b^2 - c^2)I_n - (2n-3)aI_{n-1} + (n-2)I_{n-2}$$

因此

$$I_n = \frac{1}{(n-1)(a^2 - b^2 - c^2)} \frac{-b\sin x + c\cos x}{(a + b\cos x + c\sin x)^{n-1}}$$

$$+ \frac{(2n-3)a}{(n-1)(a^2 - b^2 - c^2)}I_{n-1} - \frac{n-2}{(n-1)(a^2 - b^2 - c^2)}I_{n-2} \qquad (\text{Ⅶ})$$

这是该积分的递推公式.

**式（Ⅶ）的延伸：** 由式（Ⅶ）可以得到 $\displaystyle\int \frac{\mathrm{d}x}{(a + b\cos x)^n}$，$\displaystyle\int \frac{\mathrm{d}x}{(a + c\sin x)^n}$，

$\displaystyle\int \frac{\mathrm{d}x}{(b\cos x + c\sin x)^n}$ 积分的递推公式.

(2) 求积分 $\displaystyle\int \frac{\mathrm{d}x}{(a + b\cos x)^n}$.

当 $c = 0$ 时，由式（Ⅶ）得到

$$\int \frac{\mathrm{d}x}{(a + b\cos x)^n} = \frac{1}{(n-1)(a^2 - b^2)} \cdot \frac{-b\sin x}{(a + b\cos x)^{n-1}}$$

$$+ \frac{(2n-3)a}{(n-1)(a^2 - b^2)}\int \frac{\mathrm{d}x}{(a + b\cos x)^{n-1}}$$

$$- \frac{n-2}{(n-1)(a^2 - b^2)}\int \frac{\mathrm{d}x}{(a + b\cos x)^{n-2}}$$

(3) 求积分 $\displaystyle\int \frac{\mathrm{d}x}{(a + c\sin x)^n}$.

当 $b = 0$ 时，由式（Ⅶ）得到

$$\int \frac{\mathrm{d}x}{(a + c\sin x)^n} = \frac{1}{(n-1)(a^2 - c^2)} \cdot \frac{c\cos x}{(a + c\sin x)^{n-1}}$$

$$+ \frac{(2n-3)a}{(n-1)(a^2 - c^2)}\int \frac{\mathrm{d}x}{(a + c\sin x)^{n-1}}$$

$$- \frac{n-2}{(n-1)(a^2 - c^2)}\int \frac{\mathrm{d}x}{(a + c\sin x)^{n-2}}$$

(4) 求积分 $\displaystyle\int \frac{\mathrm{d}x}{(b\cos x + c\sin x)^n}$.

当 $a = 0$ 时，由式（Ⅶ）得到

$$\int \frac{\mathrm{d}x}{(b\cos x + c\sin x)^n} = \frac{1}{(n-1)(b^2 + c^2)} \cdot \frac{b\sin x - c\cos x}{(a + c\sin x)^{n-1}}$$

$$+ \frac{(n-2)}{(n-1)(b^2+c^2)} \int \frac{\mathrm{d}x}{(b\cos x + c\sin x)^{n-2}}$$

当 $a=0,b=1,c=0$ 和 $a=0,b=0,c=1$ 时,还可得两个积分 $\int \dfrac{\mathrm{d}x}{\cos^n x}$ 和 $\int \dfrac{\mathrm{d}x}{\sin^n x}$ 的结果:

(5) $\displaystyle\int \frac{\mathrm{d}x}{\cos^n x} = \frac{1}{n-1} \cdot \frac{\sin x}{\cos^{n-1} x} + \frac{n-2}{n-1} \int \frac{\mathrm{d}x}{\cos^{n-2} x}.$

(6) $\displaystyle\int \frac{\mathrm{d}x}{\sin^n x} = -\frac{1}{n-1} \cdot \frac{\cos x}{\sin^{n-1} x} + \frac{n-2}{n-1} \int \frac{\mathrm{d}x}{\sin^{n-2} x}.$

**例 74**　求积分 $\displaystyle\int \frac{\mathrm{d}x}{(3 + 2\cos x + \sin x)^5}.$

**解**　把 $n=5, a=3, b=2, c=1$ 代入式（Ⅶ）中,则有

$$\int \frac{\mathrm{d}x}{(3 + 2\cos x + \sin x)^5} = \frac{1}{(5-1)(3^2-2^2-1^2)} \frac{-2\sin x + \cos x}{(3 + 2\cos x + \sin x)^{5-1}}$$

$$+ \frac{(2\times 5 - 3)\times 3}{(5-1)(3^2-2^2-1^2)} \int \frac{\mathrm{d}x}{(3 + 2\cos x + \sin x)^{5-1}}$$

$$- \frac{5-2}{(5-1)(3^2-2^2-1^2)} \int \frac{\mathrm{d}x}{(3 + 2\cos x + \sin x)^{5-2}}$$

$$= \frac{1}{16} \frac{\cos x - 2\sin x}{(3 + 2\cos x + \sin x)^4} + \frac{21}{16} \int \frac{\mathrm{d}x}{(3 + 2\cos x + \sin x)^4}$$

$$- \frac{3}{16} \int \frac{\mathrm{d}x}{(3 + 2\cos x + \sin x)^3} \tag{A}$$

对式（A）中的第二项继续做积分（$n=4$）,得

$$\frac{21}{16} \int \frac{\mathrm{d}x}{(3 + 2\cos x + \sin x)^4} = \frac{21}{16} \times \frac{1}{12} \frac{\cos x - 2\sin x}{(3 + 2\cos x + \sin x)^3}$$

$$+ \frac{21}{16} \times \frac{15}{12} \int \frac{\mathrm{d}x}{(3 + 2\cos x + \sin x)^3}$$

$$- \frac{21}{16} \times \frac{2}{12} \int \frac{\mathrm{d}x}{(3 + 2\cos x + \sin x)^2} \tag{B}$$

把式（A）中的第三项与式（B）中的第二项合并（同为 $n=3$）,并继续做积分,得

$$\left(\frac{21}{16} \times \frac{15}{12} - \frac{3}{16}\right) \int \frac{\mathrm{d}x}{(3 + 2\cos x + \sin x)^3} = \left(\frac{21}{16} \times \frac{15}{12} - \frac{3}{16}\right) \frac{1}{8} \frac{\cos x - 2\sin x}{(3 + 2\cos x + \sin x)^2}$$

$$+ \left(\frac{21}{16} \times \frac{15}{12} - \frac{3}{16}\right) \frac{9}{8} \int \frac{\mathrm{d}x}{(3 + 2\cos x + \sin x)^2}$$

$$- \left(\frac{21}{16} \times \frac{15}{12} - \frac{3}{16}\right) \frac{1}{8} \int \frac{\mathrm{d}x}{3 + 2\cos x + \sin x}$$

$$\tag{C}$$

把式（B）中的第三项与式（C）中的第二项合并（同为 $n=2$）,并继续做积分,得

$$\left[\left(\frac{21}{16} \times \frac{5}{4} - \frac{3}{16}\right) \frac{9}{8} - \frac{21}{16} \times \frac{1}{6}\right] \int \frac{\mathrm{d}x}{(3 + 2\cos x + \sin x)^2}$$

$$= \frac{725}{512} \frac{1}{4} \frac{\cos x - 2\sin x}{3 + 2\cos x + \sin x} + \left[ \left( \frac{21}{16} \times \frac{15}{12} - \frac{3}{16} \right) \frac{9}{8} \frac{3}{4} \right] \int \frac{\mathrm{d}x}{3 + 2\cos x + \sin x}$$

(D)

把式(C)的第三项和式(D)中的第二项合并,并做积分,得

$$\left[ \left( \frac{21}{16} \times \frac{15}{12} - \frac{3}{16} \right) \frac{9}{8} \frac{3}{4} - \left( \frac{21}{16} \times \frac{15}{12} - \frac{3}{16} \right) \frac{1}{8} \right] \int \frac{\mathrm{d}x}{3 + 2\cos x + \sin x}$$

$$= \frac{2239}{2048} \arctan \left[ \sqrt{\frac{3 - \sqrt{5}}{3 + \sqrt{5}}} \tan \frac{x - \alpha}{2} \right] + C$$

最后得到

$$\int \frac{\mathrm{d}x}{(3 + 2\cos x + \sin x)^5}$$

$$= \frac{1}{16} \cdot \frac{\cos x - 2\sin x}{(3 + 2\cos x + \sin x)^4} + \frac{7}{64} \cdot \frac{\cos x - 2\sin x}{(3 + 2\cos x + \sin x)^3}$$

$$+ \frac{93}{512} \cdot \frac{\cos x - 2\sin x}{(3 + 2\cos x + \sin x)^2} + \frac{725}{2048} \cdot \frac{\cos x - 2\sin x}{3 + 2\cos x + \sin x}$$

$$+ \frac{2239}{2048} \arctan \left[ \sqrt{\frac{3 - \sqrt{5}}{3 + \sqrt{5}}} \tan \frac{x - \alpha}{2} \right] + C$$

其中 $\alpha = \arctan \dfrac{1}{2}$.

2. 求形如 $\displaystyle\int \frac{\sin^m x}{(a + b\cos x)^n} \mathrm{d}x$,$\displaystyle\int \frac{\cos^m x}{(a + b\sin x)^n} \mathrm{d}x$ 的积分.

(1) $\displaystyle\int \frac{\sin^m x}{(a + b\cos x)^n} \mathrm{d}x$.

令 $P = \dfrac{\sin^{m+1} x}{(a + b\cos x)^{n-1}}$,则

$$\frac{\mathrm{d}P}{\mathrm{d}x} = \frac{(m + 1)\sin^m x \cos x \, (a + b\cos x)^{n-1}}{(a + b\cos x)^{2(n-1)}}$$

$$- \frac{\sin^{m+1} x (n - 1) \, (a + b\cos x)^{n-2} (- b\sin x)}{(a + b\cos x)^{2(n-1)}}$$

$$= \frac{(m + 1)\sin^m x \cos x (a + b\cos x)(a + b\cos x)^{n-2}}{(a + b\cos x)^{2(n-1)}}$$

$$+ \frac{(n - 1) b\sin^{m+2} x \, (a + b\cos x)^{n-2}}{(a + b\cos x)^{2(n-1)}}$$

$$= \frac{\sin^m x}{(a + b\cos x)^n} \left[ (m + 1)\cos x (a + b\cos x) + (n - 1) b (1 - \cos^2 x) \right]$$

$$= \frac{\sin^m x}{(a + b\cos x)^n} \left[ (n - 1) b + (m + 1) a\cos x + (m - n + 2) b \cos^2 x \right]$$

(E)

令

$$(n - 1)b + (m + 1)a\cos x + (m - n + 2)b\cos^2 x = A + B(a + b\cos x) \\ + C(a + b\cos x)^2$$

其中 $A, B, C$ 为待定系数,解该方程得到

$$A = \frac{(n - 1)(b^2 - a^2)}{b}, \quad B = \frac{(2n - m - 3)a}{b}, \quad C = \frac{m - n + 2}{b}$$

把 $A, B, C$ 代入式(E),得到

$$\frac{\mathrm{d}P}{\mathrm{d}x} = \frac{\sin^m x}{(a + b\cos x)^n} \left[ \frac{(n - 1)(b^2 - a^2)}{b} + \frac{(2n - m - 3)a}{b}(a + b\cos x) \right.$$
$$\left. + \frac{m - n + 2}{b}(a + b\cos x)^2 \right]$$

因此有

$$\frac{\sin^{m+1} x}{(a + b\cos x)^{n-1}} = P = \int \frac{\mathrm{d}P}{\mathrm{d}x}\mathrm{d}x = \frac{(n - 1)(b^2 - a^2)}{b} \int \frac{\sin^m x}{(a + b\cos x)^n}\mathrm{d}x$$
$$+ \frac{(2n - m - 3)a}{b} \int \frac{\sin^m x}{(a + b\cos x)^{n-1}}\mathrm{d}x$$
$$+ \frac{m - n + 2}{b} \int \frac{\sin^m x}{(a + b\cos x)^{n-2}}\mathrm{d}x$$

于是得到

$$\int \frac{\sin^m x}{(a + b\cos x)^n}\mathrm{d}x = \frac{b}{(n - 1)(b^2 - a^2)} \cdot \frac{\sin^{m+1} x}{(a + b\cos x)^{n-1}}$$
$$+ \frac{(m - 2n + 3)a}{(n - 1)(b^2 - a^2)} \int \frac{\sin^m x}{(a + b\cos x)^{n-1}}\mathrm{d}x$$
$$+ \frac{n - m - 2}{(n - 1)(b^2 - a^2)} \int \frac{\sin^m x}{(a + b\cos x)^{n-2}}\mathrm{d}x$$

这就是这个积分的递推公式,每递推一次,可使被积函数的分母的幂次降低 1,在 $m$ 和 $n$ 都是有限次数的情况下,最后会含有下面两个积分:

$$\int \frac{\sin^m x}{a + b\cos x}\mathrm{d}x, \quad \int \sin^m x\mathrm{d}x$$

第二个积分,可用倍角法计算[式(1.14)]:

当 $m$ 为偶数时,令 $m = 2l$,则有

$$\int \sin^{2l} x\mathrm{d}x = (-1)^l \frac{1}{2^{2l-1}} \left[ \sum_{k=1}^{l} (-1)^k \frac{1}{2k} \cdot \frac{(2l)!}{(l - k)!(l + k)!} \right.$$
$$\left. \cdot \sin 2kx + \frac{(2l)!}{2(l!)^2} x \right] + C$$

当 $m$ 为奇数时,令 $m = 2l + 1$,则有[式(1.16)]

$$\int \sin^{2l+1} x\mathrm{d}x = \sum_{k=0}^{l} (-1)^{k+1} \binom{l}{k} \frac{1}{2k + 1} \cos^{2k+1} x + C$$

第一个积分可用下面的方法计算:

当 $m$ 为奇数时,令 $m = 2k + 1$,设 $a + b\cos x = u$,则

$$\cos x = \frac{u-a}{b}, \quad \sin x = \sqrt{1 - \left(\frac{u-a}{b}\right)^2}, \quad \mathrm{d}u = -b\sin x \mathrm{d}x$$

因此

$$\int \frac{\sin^{2k+1}x}{a+b\cos x}\mathrm{d}x = -\frac{1}{b}\int \frac{\sin^{2k}x \cdot (-b\sin x)\mathrm{d}x}{a+b\cos x} = -\frac{1}{b}\int \left[1 - \left(\frac{u-a}{b}\right)^2\right]^k \frac{\mathrm{d}u}{u}$$

被积函数中的方括弧可用二项式展开公式展开成幂级数,然后用分项积分法积分之,得

$$-\frac{1}{b}\int \frac{1}{u}\left[1 - \binom{k}{1}\left(\frac{u-a}{b}\right)^2 + \binom{k}{2}\left(\frac{u-a}{b}\right)^4 - \binom{k}{3}\left(\frac{u-a}{b}\right)^6 + \cdots\right]\mathrm{d}u$$

最后不要忘了把 $u$ 换回为 $a+b\cos x$;

当 $m$ 为偶数时,令 $m=2k$,则

$$\int \frac{\sin^m x}{a+b\cos x}\mathrm{d}x = \int \frac{\sin^{2k}x}{a+b\cos x}\mathrm{d}x = \int \frac{(1-\cos^2 x)^k}{a+b\cos x}\mathrm{d}x$$

把被积函数的分子展开成 $\cos x$ 的幂级数,然后除以分母 $a+b\cos x$,可以得到下面形式的积分:

$$\int \left(h_1 \cos^{2k-1}x + h_2 \cos^{2k-2}x + h_3 \cos^{2k-3}x + \cdots + h_{2k} + \frac{h_{2k+1}}{a+b\cos x}\right)\mathrm{d}x$$

其中 $h_1, h_2, h_3, \cdots$ 是数值系数. 该积分可用分项积分法积分.

(2) $\displaystyle\int \frac{\cos^m x}{(a+b\sin x)^n}\mathrm{d}x$.

令 $Q = \dfrac{\cos^{m+1}x}{(a+b\sin x)^{n-1}}$,则

$$\frac{\mathrm{d}Q}{\mathrm{d}x} = \frac{-(m+1)\cos^m x \sin x\,(a+b\sin x)^{n-1}}{(a+b\sin x)^{2(n-1)}}$$

$$- \frac{\cos^{m+1}x(n-1)\,(a+b\sin x)^{n-2}(b\cos x)}{(a+b\sin x)^{2(n-1)}}$$

$$= \frac{-(m+1)\cos^m x \sin x\,(a+b\sin x)^{n-1}}{(a+b\sin x)^{2(n-1)}}$$

$$- \frac{(n-1)b\cos^{m+2}x\,(a+b\sin x)^{n-2}}{(a+b\sin x)^{2(n-1)}}$$

$$= \frac{-(m+1)\cos^m x \sin x\,(a+b\sin x) - (n-1)b\cos^m x(1-\sin^2 x)}{(a+b\sin x)^n}$$

$$= \frac{\cos^m x}{(a+b\sin x)^n}\left[-(m+1)\sin x(a+b\sin x) - (n-1)b(1-\sin^2 x)\right]$$

$$= \frac{\cos^m x}{(a+b\sin x)^n}\left[-(n-1)b - (m+1)a\sin x + (n-m-2)b\sin^2 x\right]$$

令

$$A + B(a+b\sin x) + C(a+b\sin x)^2 = -(n-1)b - (m+1)a\sin x$$
$$+ (n-m-2)b\sin^2 x$$

解此方程,得到

$$A = \frac{(n-1)(a^2 - b^2)}{b}, \quad B = \frac{(m-2n+3)a}{b}, \quad C = \frac{n-m-2}{b}$$

把 $A, B, C$ 的值代入微商式中,得

$$\frac{\mathrm{d}Q}{\mathrm{d}x} = \frac{\cos^m x}{(a + b\sin x)^n} \left[ \frac{(n-1)(a^2 - b^2)}{b} + \frac{(m-2n+3)a}{b}(a + b\sin x) \right.$$

$$\left. + \frac{n-m-2}{b}(a + b\sin x)^2 \right]$$

$$\frac{\cos^{m+1} x}{(a + b\sin x)^{n-1}} = Q = \int \frac{\mathrm{d}Q}{\mathrm{d}x}\mathrm{d}x = \frac{(n-1)(a^2 - b^2)}{b}\int \frac{\cos^m x}{(a + b\sin x)^n}\mathrm{d}x$$

$$+ \frac{(m-2n+3)a}{b}\int \frac{\cos^m x}{(a + b\sin x)^{n-1}}\mathrm{d}x$$

$$+ \frac{n-m-2}{b}\int \frac{\cos^m x}{(a + b\sin x)^{n-2}}\mathrm{d}x$$

因此得到

$$\int \frac{\cos^m x}{(a + b\sin x)^n}\mathrm{d}x = \frac{b}{(n-1)(a^2 - b^2)} \cdot \frac{\cos^{m+1} x}{(a + b\sin x)^{n-1}}$$

$$+ \frac{(2n-m-3)a}{(n-1)(a^2 - b^2)}\int \frac{\cos^m x}{(a + b\sin x)^{n-1}}\mathrm{d}x$$

$$+ \frac{m-n+2}{(n-1)(a^2 - b^2)}\int \frac{\cos^m x}{(a + b\sin x)^{n-2}}\mathrm{d}x$$

这就是该积分的递推公式,递推的最后必然出现下面两个积分:

$$\int \frac{\cos^m x}{a + b\sin x}\mathrm{d}x, \quad \int \cos^m x\,\mathrm{d}x$$

对于第二个积分,有

当 $m$ 为偶数时,令 $m = 2l$,则有

$$\int \cos^{2l} x\,\mathrm{d}x = \frac{1}{2^{2l-1}}\left[ \sum_{k=1}^{l} \frac{1}{2k} \cdot \frac{(2l)!}{(l-k)!(l+k)!}\sin 2kx + \frac{(2l)!}{2(l!)^2}x \right] + C$$

当 $m$ 为奇数时,令 $m = 2l + 1$,则有

$$\int \cos^{2l+1} x\,\mathrm{d}x = \sum_{k=0}^{l}(-1)^{k+1}\binom{l}{k}\frac{1}{2k+1}\sin^{2k+1} x + C$$

对于第一个积分,我们可用与前面同样的方法做积分.

### 1.13.3　万能替换法

对于被积函数为 $f(\sin x, \cos x)$ 的积分,万能替换法总是好用的,几乎是"无往不胜"的.如 1.12.1 小节的几个函数的积分,都可以使用万能替换法.

令 $t = \tan \frac{x}{2}$,则有

$$\sin x = \frac{2t}{1 + t^2}, \quad \cos x = \frac{1 - t^2}{1 + t^2}, \quad \mathrm{d}x = \frac{2\mathrm{d}t}{1 + t^2}$$

把它们代入下列诸式：$\displaystyle\int \frac{\mathrm{d}x}{\sin x}$，$\displaystyle\int \frac{\mathrm{d}x}{\cos x}$，$\displaystyle\int \frac{\mathrm{d}x}{a + b\cos x}$，$\displaystyle\int \frac{\mathrm{d}x}{a\cos x + b\sin x}$，

$\displaystyle\int \frac{\mathrm{d}x}{a + b\cos x + c\sin x}$，并做积分.

(1) $\displaystyle\int \frac{\mathrm{d}x}{\sin x} = \int \frac{1 + t^2}{2t} \cdot \frac{2\mathrm{d}t}{1 + t^2} = \int \frac{\mathrm{d}t}{t} = \ln t + C = \ln\left(\tan \frac{x}{2}\right) + C$

(2) $\displaystyle\int \frac{\mathrm{d}x}{\cos x} = \int \frac{1 + t^2}{1 - t^2} \cdot \frac{2\mathrm{d}t}{1 + t^2} = \int \frac{2\mathrm{d}t}{1 - t^2} = 2\int \frac{\mathrm{d}t}{(1 - t)(1 + t)}$

$\displaystyle\qquad = \int \left(\frac{1}{1 - t} + \frac{1}{1 + t}\right)\mathrm{d}t = \ln(1 + t) - \ln(1 - t) + C$

$\displaystyle\qquad = \ln\left|\frac{1 + t}{1 - t}\right| + C = \ln\left|\frac{1 + \tan \dfrac{x}{2}}{1 - \tan \dfrac{x}{2}}\right| + C$

$\displaystyle\qquad = \ln\left|\tan\left(\frac{x}{2} + \frac{\pi}{4}\right)\right| + C$

(3) $\displaystyle\int \frac{\mathrm{d}x}{a + b\cos x} = \int \frac{\dfrac{2\mathrm{d}t}{1 + t^2}}{a + b\dfrac{1 - t^2}{1 + t^2}} = \int \frac{2\mathrm{d}t}{(a + b) + (a - b)t^2}$

$\displaystyle\qquad = \frac{2}{a + b}\int \frac{\mathrm{d}t}{1 + \left(\sqrt{\dfrac{a - b}{a + b}} \cdot t\right)^2} = \frac{2}{\sqrt{a^2 - b^2}}\int \frac{\mathrm{d}\left(\sqrt{\dfrac{a - b}{a + b}} \cdot t\right)}{1 + \left(\sqrt{\dfrac{a - b}{a + b}} \cdot t\right)^2}$

$\displaystyle\qquad = \frac{2}{\sqrt{a^2 - b^2}}\arctan\left(\sqrt{\dfrac{a - b}{a + b}} \cdot t\right) + C$

$\displaystyle\qquad = \frac{2}{\sqrt{a^2 - b^2}}\arctan\left(\sqrt{\dfrac{a - b}{a + b}}\tan \frac{x}{2}\right) + C$

(4) $\displaystyle\int \frac{\mathrm{d}x}{a + b\sin x} = \int \frac{\dfrac{2\mathrm{d}t}{1 + t^2}}{a + b\dfrac{2t}{1 + t^2}} = 2\int \frac{\mathrm{d}t}{at^2 + 2bt + a}$

该式右端被积函数的分母用配方法使它成为

$$at^2 + 2bt + a = a\left[\left(t + \frac{b}{a}\right)^2 + \frac{a^2 - b^2}{a^2}\right]$$

因此

$$\int \frac{\mathrm{d}x}{a + b\sin x} = \frac{2}{a}\int \frac{\mathrm{d}t}{\dfrac{a^2 - b^2}{a^2} + \left(t + \dfrac{b}{a}\right)^2} = \frac{2}{\sqrt{a^2 - b^2}}\int \frac{\mathrm{d}\dfrac{at + b}{\sqrt{a^2 - b^2}}}{1 + \left(\dfrac{at + b}{\sqrt{a^2 - b^2}}\right)^2}$$

$$= \frac{2}{\sqrt{a^2 - b^2}} \arctan \frac{at + b}{\sqrt{a^2 - b^2}} + C$$

$$= \frac{2}{\sqrt{a^2 - b^2}} \arctan \frac{a\tan\frac{x}{2} + b}{\sqrt{a^2 - b^2}} + C$$

(5) $\displaystyle\int \frac{\mathrm{d}x}{a\cos x + b\sin x} = \int \frac{2\mathrm{d}t}{a(1 - t^2) + 2bt} = -2\int \frac{\mathrm{d}t}{at^2 - 2bt - a}$

根据 1.11 节有理代数分式积分法中的方法, 得到

$$\int \frac{\mathrm{d}x}{a\cos x + b\sin x} = -2\int \frac{\mathrm{d}t}{at^2 - 2bt - a} = 2\frac{2}{\sqrt{4b^2 + 4a^2}}\mathrm{arcoth}\frac{2at - 2b}{\sqrt{4b^2 + 4a^2}}$$

$$= \frac{2}{\sqrt{a^2 + b^2}}\mathrm{arcoth}\frac{a\tan\frac{x}{2} - b}{\sqrt{a^2 + b^2}} + C \quad (a > 0, b > 0)$$

(6) $\displaystyle\int \frac{\mathrm{d}x}{a + b\cos x + c\sin x} = \int \frac{\dfrac{2\mathrm{d}t}{1 + t^2}}{a + b\dfrac{1 - t^2}{1 + t^2} + c\dfrac{2t}{1 + t^2}}$

$$= 2\int \frac{\mathrm{d}t}{(a - b)t^2 + 2ct + (a + b)}$$

根据 1.11 节有理代数分式积分法中的方法, 得到

$$\int \frac{\mathrm{d}t}{(a - b)t^2 + 2ct + (a + b)}$$

$$= \frac{2}{\sqrt{4(a - b)(a + b) - 4c^2}}\arctan\frac{2(a - b)t + 2c}{\sqrt{4(a - b)(a + b) - 4c^2}} + C$$

$$= \frac{1}{\sqrt{a^2 - b^2 - c^2}}\arctan\frac{(a - b)t + c}{\sqrt{a^2 - b^2 - c^2}} + C \quad (a^2 > b^2 + c^2)$$

或 $\displaystyle = -\frac{2}{\sqrt{4c^2 - 4(a - b)(a + b)}}\mathrm{arcoth}\frac{2(a - b)t + 2c}{\sqrt{4c^2 - 4(a - b)(a + b)}} + C$

$$= -\frac{1}{\sqrt{b^2 + c^2 - a^2}}\mathrm{arcoth}\frac{(a - b)t + c}{\sqrt{b^2 + c^2 - a^2}} + C \quad (a^2 < b^2 + c^2)$$

因此

$$\int \frac{\mathrm{d}x}{a + b\cos x + c\sin x} = 2\int \frac{\mathrm{d}t}{(a - b)t^2 + 2ct + (a + b)}$$

$$= \frac{2}{\sqrt{a^2 - b^2 - c^2}}\arctan\frac{(a - b)t + c}{\sqrt{a^2 - b^2 - c^2}} + C$$

$$= \frac{2}{\sqrt{a^2 - b^2 - c^2}}\arctan\frac{(a - b)\tan\frac{x}{2} + c}{\sqrt{a^2 - b^2 - c^2}} + C \quad (a^2 > b^2 + c^2)$$

或 $\displaystyle = -\frac{2}{\sqrt{b^2 + c^2 - a^2}}\mathrm{arcoth}\frac{(a - b)t + c}{\sqrt{b^2 + c^2 - a^2}} + C$

$$= -\frac{2}{\sqrt{b^2 + c^2 - a^2}}\text{arcoth}\,\frac{(a - b)\tan\dfrac{x}{2} + c}{\sqrt{b^2 + c^2 - a^2}} + C \quad (a^2 < b^2 + c^2)$$

各种三角函数的有理函数通过万能替换法都可以变为单一自变量的有理代数函数,从而使积分简化.

# 1.14　含有双曲函数的有理式的积分法

## 1.14.1　形如 $\displaystyle\int\frac{\mathrm{d}x}{a + b\cosh x}$,$\displaystyle\int\frac{\mathrm{d}x}{a + b\sinh x}$, $\displaystyle\int\frac{\mathrm{d}x}{a + b\cosh x + c\sinh x}$ 的积分

1. 求积分 $\displaystyle\int\frac{\mathrm{d}x}{a + b\cosh x}$.

当 $b^2 > a^2$ 时,有

$$\int\frac{\mathrm{d}x}{a + b\cosh x} = \int\frac{\mathrm{d}x}{a\left(\cosh^2\dfrac{x}{2} - \sinh^2\dfrac{x}{2}\right) + b\left(\cosh^2\dfrac{x}{2} + \sinh^2\dfrac{x}{2}\right)}$$

$$= \int\frac{\mathrm{d}x}{(b + a)\cosh^2\dfrac{x}{2} + (b - a)\sinh^2\dfrac{x}{2}}$$

$$= \frac{2}{b - a}\int\frac{\mathrm{d}\tanh\dfrac{x}{2}}{\left(\sqrt{\dfrac{b + a}{b - a}}\right)^2 + \tanh^2\dfrac{x}{2}}$$

$$= \frac{2}{b - a}\sqrt{\frac{b - a}{b + a}}\arctan\left(\sqrt{\frac{b - a}{b + a}}\tanh\frac{x}{2}\right) + C$$

$$= \frac{2}{\sqrt{b^2 - a^2}}\arctan\left(\sqrt{\frac{b - a}{b + a}}\tanh\frac{x}{2}\right) + C \quad (b^2 > a^2)$$

当 $a^2 > b^2$ 时,有

$$\int\frac{\mathrm{d}x}{a + b\cosh x} = \int\frac{\mathrm{d}x}{a\left(\cosh^2\dfrac{x}{2} - \sinh^2\dfrac{x}{2}\right) + b\left(\cosh^2\dfrac{x}{2} + \sinh^2\dfrac{x}{2}\right)}$$

$$= \int\frac{\mathrm{d}x}{(a + b)\cosh^2\dfrac{x}{2} - (a - b)\sinh^2\dfrac{x}{2}}$$

$$= \frac{2}{a-b} \int \frac{\mathrm{d}\tanh \frac{x}{2}}{\left(\sqrt{\frac{a+b}{a-b}}\right)^2 - \tanh^2 \frac{x}{2}}$$

$$= \frac{2}{\sqrt{a^2-b^2}} \text{arctanh}\left(\sqrt{\frac{a-b}{a+b}}\tanh \frac{x}{2}\right) + C$$

或 $$= \frac{1}{\sqrt{a^2-b^2}} \ln \left| \frac{1 + \sqrt{\frac{a-b}{a+b}}\tanh \frac{x}{2}}{1 - \sqrt{\frac{a-b}{a+b}}\tanh \frac{x}{2}} \right| + C \quad (a^2 > b^2)$$

2. 求积分 $\int \dfrac{\mathrm{d}x}{a + b\sinh x}$.

$$\int \frac{\mathrm{d}x}{a+b\sinh x} = \int \frac{\mathrm{d}x}{a\left(\cosh^2 \frac{x}{2} - \sinh^2 \frac{x}{2}\right) + 2b\sinh \frac{x}{2}\cosh \frac{x}{2}}$$

$$= \frac{1}{a} \int \frac{\mathrm{d}x}{\cosh^2 \frac{x}{2}\left(1 - \tanh^2 \frac{x}{2} + \frac{2b}{a}\tanh \frac{x}{2}\right)}$$

$$= \frac{2}{a} \int \frac{\mathrm{d}\left(\tanh \frac{x}{2} - \frac{b}{a}\right)}{\frac{a^2+b^2}{a^2} - \left(\tanh \frac{x}{2} - \frac{b}{a}\right)^2}$$

$$= \frac{2}{\sqrt{a^2+b^2}} \text{artanh}\left[\frac{a\tanh \frac{x}{2} - b}{\sqrt{a^2-b^2}}\right] + C$$

或 $$= \frac{1}{\sqrt{a^2+b^2}} \ln \left| \frac{\sqrt{a^2+b^2} - b + a\tanh \frac{x}{2}}{\sqrt{a^2+b^2} + b - a\tanh \frac{x}{2}} \right| + C$$

3. 求积分 $\int \dfrac{\mathrm{d}x}{a + b\cosh x + c\sinh x}$.

（1）方法之一，将其化成半角函数，得

$$\int \frac{\mathrm{d}x}{a + b\cosh x + c\sinh x}$$

$$= \int \frac{\mathrm{d}x}{a\left(\cosh^2 \frac{x}{2} - \sinh^2 \frac{x}{2}\right) + b\left(\cosh^2 \frac{x}{2} + \sinh^2 \frac{x}{2}\right) + 2c\sinh \frac{x}{2}\cosh \frac{x}{2}}$$

$$= \int \frac{\mathrm{d}x}{(a+b)\cosh^2 \frac{x}{2} - (a-b)\sinh^2 \frac{x}{2} + 2c\sinh \frac{x}{2}\cosh \frac{x}{2}}$$

$$= \frac{2}{a-b} \int \frac{\mathrm{d}\tanh\frac{x}{2}}{\dfrac{a^2-b^2+c^2}{(a-b)^2}-\left(\tanh\dfrac{x}{2}-\dfrac{c}{a-b}\right)^2}$$

$$= \frac{2}{\sqrt{a^2-b^2+c^2}}\operatorname{artanh}\frac{(a-b)\left(\tanh\dfrac{x}{2}-\dfrac{c}{a-b}\right)}{\sqrt{a^2-b^2+c^2}}+C \quad (a^2+c^2>b^2)$$

或 $$= \frac{2}{\sqrt{b^2-a^2-c^2}}\arctan\frac{(b-a)\left(\tanh\dfrac{x}{2}+c\right)}{\sqrt{b^2-a^2-c^2}}+C \quad (a^2+c^2<b^2)$$

(2) 方法之二,把双曲函数化成指数函数,再积分,得

$$\int\frac{\mathrm{d}x}{a+b\cosh x+c\sinh x}=\int\frac{\mathrm{d}x}{a+b\,\dfrac{\mathrm{e}^x+\mathrm{e}^{-x}}{2}+c\,\dfrac{\mathrm{e}^x-\mathrm{e}^{-x}}{2}}$$

$$= \int\frac{2\mathrm{e}^x\,\mathrm{d}x}{\left[(b+c)\mathrm{e}^x+(b-c)\mathrm{e}^{-x}+2a\right]\mathrm{e}^x}$$

$$= \frac{2}{b+c}\int\frac{\mathrm{d}\mathrm{e}^x}{\mathrm{e}^{2x}+\dfrac{2a}{b+c}\mathrm{e}^x+\dfrac{b-c}{b+c}}$$

$$= \frac{2}{b+c}\int\frac{\mathrm{d}\left(\mathrm{e}^x+\dfrac{a}{b+c}\right)}{\left(\mathrm{e}^x+\dfrac{a}{b+c}\right)^2+\dfrac{b^2-c^2-a^2}{(b+c)^2}}$$

$$= \frac{2}{\sqrt{b^2-c^2-a^2}}\arctan\frac{(b+c)\mathrm{e}^x+a}{\sqrt{b^2-c^2-a^2}}+C \quad (b^2>c^2+a^2)$$

或 $$= -\frac{2}{\sqrt{a^2+c^2-b^2}}\operatorname{arcoth}\frac{(b+c)\mathrm{e}^x+a}{\sqrt{a^2+c^2-b^2}}+C \quad (b^2<c^2+a^2)$$

(3) 方法之三,换元法. 设 $y=\dfrac{1}{a+b\cosh x+c\sinh x}$,则

$$b\cosh x+c\sinh x=\frac{1}{y}-a \tag{Ⅰ}$$

两边对 $x$ 取微商,得

$$b\sinh x+c\cosh x=-\frac{1}{y^2}\frac{\mathrm{d}y}{\mathrm{d}x} \tag{Ⅱ}$$

(Ⅰ)、(Ⅱ)两式分别平方,得

$$b^2\cosh^2 x+c^2\sinh^2 x+2bc\cosh x\sinh x=\frac{1}{y^2}+a^2-\frac{2a}{y} \tag{Ⅲ}$$

$$b^2\sinh^2 x+c^2\cosh^2 x+2bc\cosh x\sinh x=\frac{1}{y^4}\left(\frac{\mathrm{d}y}{\mathrm{d}x}\right)^2 \tag{Ⅳ}$$

(Ⅳ)-(Ⅲ),得

$$-b^2 + c^2 = \frac{1}{y^4}\left(\frac{dy}{dx}\right)^2 - \frac{1}{y^2} - a^2 + \frac{2a}{y}$$

$$a^2 + c^2 - b^2 - \frac{2a}{y} + \frac{1}{y^2} = \frac{1}{y^4}\left(\frac{dy}{dx}\right)^2$$

两边乘 $y^2$，得

$$(a^2 + c^2 - b^2)y^2 - 2ay + 1 = \frac{1}{y^2}\left(\frac{dy}{dx}\right)^2$$

两边开方，得

$$\sqrt{(a^2 + c^2 - b^2)y^2 - 2ay + 1} = \frac{1}{y}\frac{dy}{dx}$$

于是得到

$$y\,dx = \frac{dy}{\sqrt{(a^2 + c^2 - b^2)y^2 - 2ay + 1}}$$

于是积分变为

$$\int \frac{dx}{a + b\cosh x + c\sinh x}$$

$$= \int y\,dx = \int \frac{dy}{\sqrt{(a^2 + c^2 - b^2)y^2 - 2ay + 1}}$$

$$= \int \frac{dy}{\sqrt{\left(\sqrt{a^2 + c^2 - b^2}\,y - \dfrac{a}{\sqrt{a^2 + c^2 - b^2}}\right)^2 + \left(\sqrt{\dfrac{c^2 - b^2}{a^2 + c^2 - b^2}}\right)^2}}$$

$$= \frac{1}{\sqrt{a^2 + c^2 - b^2}}\int \frac{d\left[\dfrac{(a^2 + c^2 - b^2)y - a}{\sqrt{c^2 - b^2}}\right]}{\sqrt{\left[\dfrac{(a^2 + c^2 - b^2)y - a}{\sqrt{c^2 - b^2}}\right]^2 + 1}}$$

$$= \frac{1}{\sqrt{a^2 + c^2 - b^2}}\operatorname{arsinh}\frac{(a^2 + c^2 - b^2)y - a}{\sqrt{c^2 - b^2}} + C$$

把 $y = \dfrac{1}{a + b\cosh x + c\sinh x}$ 代入，最后得到

$$\int \frac{dx}{a + b\cosh x + c\sinh x}$$

$$= \frac{1}{\sqrt{a^2 + c^2 - b^2}}\operatorname{arsinh}\frac{(c^2 - b^2) - a(b\cosh x + c\sinh x)}{\sqrt{c^2 - b^2}(a + b\cosh x + c\sinh x)} + C$$

## 1.14.2　形如 $\displaystyle\int\frac{\mathrm{d}x}{(a+b\cosh x)^n}$，$\displaystyle\int\frac{\mathrm{d}x}{(a+c\sinh x)^n}$，$\displaystyle\int\frac{\mathrm{d}x}{(a+b\cosh x+c\sinh x)^n}$ 的积分

1. 求积分 $\displaystyle\int\frac{\mathrm{d}x}{(a+b\cosh x)^n}$.

运用**微分积分法**：

设 $P=\dfrac{b\sinh x}{(a+b\cosh x)^{n-1}}$，则

$$\frac{\mathrm{d}P}{\mathrm{d}x}=\frac{b\cosh x\,(a+b\cosh x)^{n-1}-b\sinh x(n-1)(a+b\cosh x)^{n-2}\,b\sinh x}{(a+b\cosh x)^{2(n-1)}}$$

$$=\frac{b\cosh x(a+b\cosh x)-(n-1)b^2(\cosh^2 x-1)}{(a+b\cosh x)^n}$$

$$=\frac{(n-1)b^2+ab\cosh x-(n-2)b^2\cosh^2 x}{(a+b\cosh x)^n}$$

令

$$\frac{\mathrm{d}P}{\mathrm{d}x}=\frac{A+B(a+b\cosh x)+C\,(a+b\cosh x)^2}{(a+b\cosh x)^n}$$

其中 $A,B,C$ 为待定系数. 那么就有

$$\frac{A+B(a+b\cosh x)+C\,(a+b\cosh x)^2}{(a+b\cosh x)^n}$$

$$=\frac{(n-1)b^2+ab\cosh x-(n-2)b^2\cosh^2 x}{(a+b\cosh x)^n}$$

及

$$A+B(a+b\cosh x)+C\,(a+b\cosh x)^2$$
$$=(n-1)b^2+ab\cosh x-(n-2)b^2\cosh^2 x$$

或

$$A+Ba+Ca^2+(Bb+2Cab)\cosh x+Cb^2\cosh^2 x$$
$$=(n-1)b^2+ab\cosh x-(n-2)b^2\cosh^2 x$$

让等式两边同类项的系数相等，得到方程组

$$\begin{cases} A+Ba+Ca^2=(n-1)b^2 \\ Bb+2Cab=ab \\ Cb^2=-(n-2)b^2 \end{cases}$$

解得

$$A=(n-1)(b^2-a^2),\quad B=(2n-3)a,\quad C=-(n-2)$$

因此有

$$\frac{\mathrm{d}P}{\mathrm{d}x}=\frac{(n-1)(b^2-a^2)+(2n-3)a(a+b\cosh x)-(n-2)\,(a+b\cosh x)^2}{(a+b\cosh x)^n}$$

及

$$P = \int \frac{\mathrm{d}P}{\mathrm{d}x} \mathrm{d}x = \frac{b \sinh x}{(a + b \cosh x)^{n-1}}$$

$$= (n - 1)(b^2 - a^2) \int \frac{\mathrm{d}x}{(a + b \cosh x)^n} + (2n - 3)a \int \frac{\mathrm{d}x}{(a + b \cosh x)^{n-1}}$$

$$- (n - 2) \int \frac{\mathrm{d}x}{(a + b \cosh x)^{n-2}}$$

于是得到该积分的递推公式:

$$\int \frac{\mathrm{d}x}{(a + b \cosh x)^n} = \frac{1}{(n - 1)(b^2 - a^2)} \frac{b \sinh x}{(a + b \cosh x)^{n-1}}$$

$$- \frac{(2n - 3)a}{(n - 1)(b^2 - a^2)} \int \frac{\mathrm{d}x}{(a + b \cosh x)^{n-1}}$$

$$+ \frac{n - 2}{(n - 1)(b^2 - a^2)} \int \frac{\mathrm{d}x}{(a + b \cosh x)^{n-2}} \quad （\mathrm{I}）$$

根据这个递推公式推演下去,$n$ 会逐步减小,直到分母为一次方的积分式时,就能得到积分最后结果了.

2. 求积分 $\int \dfrac{\mathrm{d}x}{(a + c \sinh x)^n}$.

用前面所用的方法,推导出可以使被积函数的分母降阶的递推公式.

设 $Q = \dfrac{c \cosh x}{(a + c \sinh x)^{n-1}}$,则

$$\frac{\mathrm{d}Q}{\mathrm{d}x} = \frac{c \sinh x (a + c \sinh x)^{n-1} - c \cosh x (n - 1)(a + c \sinh x)^{n-2} c \cosh x}{(a + c \sinh x)^{2(n-1)}}$$

$$= \frac{c \sinh x (a + c \sinh x) - (n - 1)c^2 (1 + \sinh^2 x)}{(a + c \sinh x)^n}$$

$$= \frac{-(n - 1)c^2 + ac \sinh x - (n - 2)c^2 \sinh^2 x}{(a + c \sinh x)^n}$$

令

$$\frac{\mathrm{d}Q}{\mathrm{d}x} = \frac{A + B(a + c \sinh x) + C(a + c \sinh x)^2}{(a + c \sinh x)^n}$$

则有

$$A + B(a + c \sinh x) + C(a + c \sinh x)^2$$

$$= -(n - 1)c^2 + ac \sinh x - (n - 2)c^2 \sinh^2 x$$

其中 $A, B, C$ 为待定系数.

使等式两边的同类项系数相等时,得到方程组

$$\begin{cases} A + Ba + Ca^2 = -(n - 1)c^2 \\ Bc + 2Cac = ac \\ Cc^2 = -(n - 2)c^2 \end{cases}$$

解得

$$A = -(n-1)(a^2+c^2), \quad B = (2n-3)a, \quad C = -(n-2)$$

因此

$$\frac{\mathrm{d}Q}{\mathrm{d}x} = \frac{-(n-1)(a^2+c^2)+(2n-3)a(a+c\sinh x)-(n-2)(a+c\sinh x)^2}{(a+c\sinh x)^n}$$

所以

$$Q = \int \frac{\mathrm{d}Q}{\mathrm{d}x}\mathrm{d}x = \frac{c\cosh x}{(a+c\sinh x)^{n-1}}$$

$$= -(n-1)(a^2+c^2)\int \frac{\mathrm{d}x}{(a+c\sinh x)^n} + (2n-3)a\int \frac{\mathrm{d}x}{(a+c\sinh)^{n-1}}$$

$$-(n-2)\int \frac{\mathrm{d}x}{(a+c\sinh x)^{n-2}}$$

这样,可以得到

$$\int \frac{\mathrm{d}x}{(a+c\sinh x)^n} = -\frac{1}{(n-1)(a^2+c^2)}\frac{c\cosh x}{(a+c\sinh x)^{n-1}}$$

$$+ \frac{(2n-3)a}{(n-1)(a^2+c^2)}\int \frac{\mathrm{d}x}{(a+c\sinh x)^{n-1}}$$

$$-\frac{n-2}{(n-1)(a^2+c^2)}\int \frac{\mathrm{d}x}{(a+c\sinh x)^{n-2}} \qquad (\text{II})$$

这就是该积分的递推公式.

3. 求积分 $\displaystyle\int \frac{\mathrm{d}x}{(a+b\cosh x+c\sinh x)^n}$.

设 $R = \dfrac{b\sinh x+c\cosh x}{(a+b\cosh x+c\sinh x)^{n-1}}$,则有

$$\frac{\mathrm{d}R}{\mathrm{d}x} = \frac{(b\cosh x+c\sinh x)(a+b\cosh x+c\sinh x)^{(n-1)}}{(a+b\cosh x+c\sinh x)^{2(n-1)}}$$

$$-\frac{(n-1)(b\sinh x+c\cosh x)^2(a+b\cosh x+c\sinh x)^{n-2}}{(a+b\cosh x+c\sinh x)^{2(n-1)}}$$

$$= \frac{(b\cosh x+c\sinh x)(a+b\cosh x+c\sinh x)-(n-1)(b\sinh x+c\cosh x)^2}{(a+b\cosh x+c\sinh x)^n}$$

$$= \frac{(n-1)(b^2-c^2)+a(b\cosh x+c\sinh x)-(n-2)(b\cosh x+c\sinh x)^2}{(a+b\cosh x+c\sinh x)^n}$$

令

$$\frac{\mathrm{d}R}{\mathrm{d}x} = \frac{A+B(a+b\cosh x+c\sinh x)+C(a+b\cosh x+c\sinh x)^2}{(a+b\cosh x+c\sinh x)^n}$$

其中 $A,B,C$ 为待定系数,则有

$$A+B(a+b\cosh x+c\sinh x)+C(a+b\cosh x+c\sinh x)^2$$

$$= (n-1)(b^2-c^2)+a(b\cosh x+c\sinh x)-(n-2)(b\cosh x+c\sinh x)^2$$

使等式两边的同类项系数相等,得到方程组

$$\begin{cases} A + Ba + Ca^2 = (n-1)(b^2 - c^2) \\ B + 2Ca = a \\ C = -(n-2) \end{cases}$$

解方程组,得到

$$A = (n-1)(b^2 - a^2 - c^2), \quad B = (2n-3)a, \quad C = -(n-2)$$

这样,$R$ 的微商可表示为

$$\begin{aligned}
\frac{\mathrm{d}R}{\mathrm{d}x} &= \frac{(n-1)(b^2 - a^2 - c^2) + (2n-3)a(a + b\cosh x + c\sinh x)}{(a + b\cosh x + c\sinh x)^n} \\
&\quad - \frac{(n-2)(a + b\cosh x + c\sinh x)^2}{(a + b\cosh x + c\sinh x)^n} \\
&= \frac{(n-1)(b^2 - a^2 - c^2)}{(a + b\cosh x + c\sinh x)^n} + \frac{(2n-3)a}{(a + b\cosh x + c\sinh x)^{n-1}} \\
&\quad - \frac{n-2}{(a + b\cosh x + c\sinh x)^{n-2}}
\end{aligned}$$

因此

$$\begin{aligned}
R &= \int \frac{\mathrm{d}R}{\mathrm{d}x} \mathrm{d}x = \frac{b\sinh x + c\cosh x}{(a + b\cosh x + c\sinh x)^{n-1}} \\
&= (n-1)(b^2 - a^2 - c^2) \int \frac{\mathrm{d}x}{(a + b\cosh x + c\sinh x)^n} \\
&\quad + (2n-3)a \int \frac{\mathrm{d}x}{(a + b\cosh x + c\sinh x)^{n-1}} \\
&\quad - (n-2) \int \frac{\mathrm{d}x}{(a + b\cosh x + c\sinh x)^{n-2}}
\end{aligned}$$

最后,求得该积分的递推公式为

$$\begin{aligned}
&\int \frac{\mathrm{d}x}{(a + b\cosh x + c\sinh x)^n} \\
&= \frac{1}{(n-1)(b^2 - a^2 - c^2)} \frac{b\sinh x + c\cosh x}{(a + b\cosh x + c\sinh x)^{n-1}} \\
&\quad - \frac{(2n-3)a}{(n-1)(b^2 - a^2 - c^2)} \int \frac{\mathrm{d}x}{(a + b\cosh x + c\sinh x)^{n-1}} \\
&\quad + \frac{n-2}{(n-1)(b^2 - a^2 - c^2)} \int \frac{\mathrm{d}x}{(a + b\cosh x + c\sinh x)^{n-2}} \quad (\mathrm{III})
\end{aligned}$$

我们可以把积分 $\displaystyle\int \frac{\mathrm{d}x}{(a + b\cosh x)^n}$ 和 $\displaystyle\int \frac{\mathrm{d}x}{(a + c\sinh x)^n}$ 看成是积分 $\displaystyle\int \frac{\mathrm{d}x}{(a + b\cosh x + c\sinh x)^n}$ 的两个特例. 当 $c = 0$ 时,得到 $\displaystyle\int \frac{\mathrm{d}x}{(a + b\cosh x)^n}$ 的结果;当 $b = 0$ 时,得到 $\displaystyle\int \frac{\mathrm{d}x}{(a + c\sinh x)^n}$ 的结果. 我们将会看到,$\displaystyle\int \frac{\mathrm{d}x}{(b\cosh x + c\sinh x)^n}$ 也是 $\displaystyle\int \frac{\mathrm{d}x}{(a + b\cosh x + c\sinh x)^n}$ 的特例.

4. 求积分 $\displaystyle\int \frac{\mathrm{d}x}{(b\cosh x + c\sinh x)^n}$.

设 $S = \dfrac{b\sinh x + c\cosh x}{(b\cosh x + c\sinh x)^{n-1}}$，那么

$$\frac{\mathrm{d}S}{\mathrm{d}x} = \frac{(b\cosh x + c\sinh x)^n - (b\sinh x + c\cosh x)^2}{(b\cosh x + c\sinh x)^{2(n-1)}}$$

$$\cdot \frac{(n-1)(b\cosh x + c\sinh x)^{n-2}}{(b\cosh x + c\sinh x)^{2(n-1)}}$$

$$= \frac{(b\cosh x + c\sinh x)^2 - (n-1)(b\sinh x + c\cosh x)^2}{(b\cosh x + c\sinh x)^n}$$

$$= \frac{(n-1)(b^2 - c^2) - (n-2)(b\cosh x + c\sinh x)^2}{(b\cosh x + c\sinh x)^n}$$

$$= \frac{(n-1)(b^2 - c^2)}{(b\cosh x + c\sinh x)^n} - \frac{(n-2)}{(b\cosh x + c\sinh x)^{n-2}}$$

于是有

$$S = \int \frac{\mathrm{d}S}{\mathrm{d}x}\mathrm{d}x = \frac{b\sinh x + c\cosh x}{(b\cosh x + c\sinh x)^{n-1}}$$

$$= (n-1)(b^2 - c^2)\int \frac{\mathrm{d}x}{(b\cosh x + c\sinh x)^n}$$

$$- (n-2)\int \frac{\mathrm{d}x}{(b\cosh x + c\sinh x)^{n-2}}$$

最后得到

$$\int \frac{\mathrm{d}x}{(b\cosh x + c\sinh x)^n} = \frac{1}{(n-1)(b^2 - c^2)} \frac{b\sinh x + c\cosh x}{(b\cosh x + c\sinh x)^{n-1}}$$

$$+ \frac{n-2}{(n-1)(b^2 - c^2)}\int \frac{\mathrm{d}x}{(b\cosh x + c\sinh x)^{n-2}} \quad (\text{Ⅳ})$$

这是该积分的递推公式.

在式(Ⅲ)中令 $a = 0$，就得到式(Ⅳ)了. 因此，只要知道式(Ⅲ)，那么令 $c,b,a$ 分别等于零，就能得到相应的式(Ⅰ)(Ⅱ)(Ⅳ)了.

# 1.15 配对积分法(组合积分法)

这种积分方法对于三角函数、指数函数、双曲函数中某些特定形式的函数的积分有其便捷之处，如：

1. 求积分 $\displaystyle\int \frac{\sin x}{a\cos x + b\sin x}\mathrm{d}x$.

可以用万能替换法 $\left(\text{即用 } t = \tan \dfrac{x}{2} \text{替代}\right)$ 来做积分，但比较麻烦. 如果找一个

积分,如

$$\int \frac{\cos x}{a\cos x + b\sin x}\mathrm{d}x$$

和它配对,一起做积分,那就容易多了.操作如下:

令

$$I_1 = \int \frac{\sin x}{a\cos x + b\sin x}\mathrm{d}x, \quad I_2 = \int \frac{\cos x}{a\cos x + b\sin x}\mathrm{d}x$$

把它们组合起来,得

$$bI_1 + aI_2 = \int \frac{b\sin x}{a\cos x + b\sin x}\mathrm{d}x + \int \frac{a\cos x}{a\cos x + b\sin x}\mathrm{d}x$$

$$= \int \frac{b\sin x + a\cos x}{a\cos x + b\sin x}\mathrm{d}x = \int \mathrm{d}x = x + C \qquad (\text{I})$$

$$-aI_1 + bI_2 = \int \frac{-a\sin x + b\cos x}{a\cos x + b\sin x}\mathrm{d}x = \int \frac{\mathrm{d}(a\cos x + b\sin x)}{a\cos x + b\sin x}$$

$$= \ln|a\cos x + b\sin x| + C \qquad (\text{II})$$

从(Ⅰ)、(Ⅱ)两式中消去 $I_2$,$b \times (\text{I}) - a \times (\text{II})$,得

$$(a^2 + b^2)I_1 = bx - a\ln|a\cos x + b\sin x| + C$$

于是得到

$$I_1 = \int \frac{\sin x}{a\cos x + b\sin x}\mathrm{d}x = \frac{1}{a^2 + b^2}(bx - a\ln|a\cos x + b\sin x|) + C$$

也可用 $a \times (\text{I}) + b \times (\text{II})$,得到

$$I_2 = \int \frac{\cos x}{a\cos x + b\sin x}\mathrm{d}x = \frac{1}{a^2 + b^2}(ax + b\ln|a\cos x + b\sin x|) + C$$

这种积分方法首先见诸于菲赫金哥尔茨的《微积分学教程》[2]和华罗庚教授的《高等数学引论》[4],后来经朱永银教授等人的深入研究,发展了可能配对或组合的函数的积分,他们把这种方法称为组合积分法[13].这种方法适合于那些可以互导或自导的函数.

所谓互导函数是指

$$(\sin x)' = \cos x, \quad (\cos x)' = -\sin x$$
$$(\sinh x)' = \cosh x, \quad (\cosh x)' = \sinh x$$

即 $\sin x$ 和 $\cos x$ 是互导函数,它们互为对方的导数;$\sinh x$ 和 $\cosh x$ 也是互导函数.

所谓自导函数是指

$$(\mathrm{e}^x)' = \mathrm{e}^x$$

它的导数是它自己.

由这些互导函数或自导函数构成的某些形式的被积函数可以配对做积分,有其方便之处.

2. 求积分 $\int \frac{\mathrm{e}^x}{a\mathrm{e}^x + b\mathrm{e}^{-x}}\mathrm{d}x$.

根据前面的思路,大家可想到一个和它配对的积分

$$\int \frac{e^{-x}}{a e^x + b e^{-x}} dx$$

采用前面的方法,令

$$J_1 = \int \frac{e^x}{a e^x + b e^{-x}} dx, \quad J_2 = \int \frac{e^{-x}}{a e^x + b e^{-x}} dx$$

把它们组合起来,得

$$a \times J_1 + b \times J_2 = \int \frac{a e^x + b e^{-x}}{a e^x + b e^{-x}} dx = \int dx = x + C \qquad (\text{III})$$

$$a \times J_1 - b \times J_2 = \int \frac{a e^x - b e^{-x}}{a e^x + b e^{-x}} dx = \int \frac{d(a e^x + b e^{-x})}{a e^x + b e^{-x}}$$

$$= \ln|a e^x + b e^{-x}| + C \qquad (\text{IV})$$

(III)+(IV),得到

$$J_1 = \int \frac{e^x}{a e^x + b e^{-x}} dx = \frac{1}{2a}(x + \ln|a e^x + b e^{-x}|) + C$$

(III)-(IV),得到

$$J_2 = \int \frac{e^{-x}}{a e^x + b e^{-x}} dx = \frac{1}{2b}(x - \ln|a e^x + b e^{-x}|) + C$$

$J_2$ 虽然不是题意所要求的,但仍然把它写出来放在这里,以供参考. 这就是说当你要求 $J_2$ 的积分时,可以找 $J_1$ 来配对.

3. 求积分 $\int \frac{\cosh x}{a \cosh x + b \sinh x} dx$.

如前法,找到与它配对积分式

$$\int \frac{\sinh x}{a \cosh x + b \sinh x} dx$$

令

$$K_1 = \int \frac{\cosh x}{a \cosh x + b \sinh x} dx, \quad K_2 = \int \frac{\sinh x}{a \cosh x + b \sinh x} dx$$

把它们组合起来,得

$$a K_1 + b K_2 = \int \frac{a \cosh x}{a \cosh x + b \sinh x} dx + \int \frac{b \sinh x}{a \cosh x + b \sinh x} dx$$

$$= \int dx = x + C \qquad (\text{V})$$

$$b K_1 + a K_2 = \int \frac{b \cosh x}{a \cosh x + b \sinh x} dx + \int \frac{a \sinh x}{a \cosh x + b \sinh x} dx$$

$$= \int \frac{d(a \cosh x + b \sinh x)}{a \cosh x + b \sinh x} = \ln|a \cosh x + b \sinh x| + C \qquad (\text{VI})$$

$a \times$(V)$- b \times$(VI),得到

$$K_1 = \int \frac{\cosh x}{a \cosh x + b \sinh x} dx = \frac{1}{a^2 - b^2}(ax - b\ln|a \cosh x + b \sinh x|) + C$$

$b \times (Ⅴ) - a \times (Ⅵ)$,得到

$$K_2 = \int \frac{\sinh x}{a\cosh x + b\sinh x} \mathrm{d}x = \frac{1}{b^2 - a^2}(bx - a\ln|a\cosh x + b\sinh x|) + C$$

$K_2$ 虽然不是题意所要求的,但仍然把它写出来放在这里,以供参考.

4. 求积分 $\int \dfrac{\sin x}{a + b\cos x + c\sin x}\mathrm{d}x$.

同前法,找到与它配对的积分式

$$\int \frac{\cos x}{a + b\cos x + c\sin x}\mathrm{d}x$$

令

$$P_1 = \int \frac{\sin x}{a + b\cos x + c\sin x}\mathrm{d}x, \quad P_2 = \int \frac{\cos x}{a + b\cos x + c\sin x}\mathrm{d}x$$

把它们组合起来,得

$$-bP_1 + cP_2 = \int \frac{-b\sin x + c\cos x}{a + b\cos x + c\sin x}\mathrm{d}x = \int \frac{\mathrm{d}(a + b\cos x + c\sin x)}{a + b\cos x + c\sin x}$$

$$= \ln|a + b\cos x + c\sin x| + C \qquad (Ⅶ)$$

$$cP_1 + bP_2 = \int \frac{b\cos x + c\sin x}{a + b\cos x + c\sin x}\mathrm{d}x = \int \left(1 - \frac{a}{a + b\cos x + c\sin x}\right)\mathrm{d}x$$

$$= x - a\int \frac{\mathrm{d}x}{a + b\cos x + c\sin x}$$

等式右边的积分在 1.11.3 小节中给出,它是

$$\int \frac{\mathrm{d}x}{a + b\cos x + c\sin x} = \frac{2}{\sqrt{a^2 - b^2 - c^2}}\arctan \frac{(a - b)\tan \frac{x}{2} + c}{\sqrt{a^2 - b^2 - c^2}} + C \quad (a^2 > b^2 + c^2)$$

或

$$= -\frac{2}{\sqrt{b^2 + c^2 - a^2}}\operatorname{arcoth} \frac{(a - b)\tan \frac{x}{2} + c}{\sqrt{b^2 + c^2 - a^2}} + C \quad (a^2 < b^2 + c^2)$$

因此

$$cP_1 + bP_2 = x - \frac{2a}{\sqrt{a^2 - b^2 - c^2}}\arctan \frac{(a - b)\tan \frac{x}{2} + c}{\sqrt{a^2 - b^2 - c^2}} + C \qquad (Ⅷ)$$

或

$$= x - \frac{2a}{\sqrt{b^2 + c^2 - a^2}}\operatorname{arcoth} \frac{(a - b)\tan \frac{x}{2} + c}{\sqrt{b^2 + c^2 - a^2}} + C$$

$c \times (Ⅷ) - b \times (Ⅶ)$,得到

$$P_1 = \int \frac{\sin x}{a + b\cos x + c\sin x}\mathrm{d}x$$

$$= \frac{1}{b^2 + c^2}\left[cx - \frac{2ac}{\sqrt{a^2 - b^2 - c^2}}\arctan \frac{(a - b)\tan \frac{x}{2} + c}{\sqrt{a^2 - b^2 - c^2}}\right.$$

$$- b\ln|a + b\cos x + c\sin x|\Bigg] + C \quad (a^2 > b^2 + c^2)$$

或

$$= \frac{1}{b^2 + c^2}\left[cx - \frac{2ac}{\sqrt{b^2 + c^2 - a^2}}\mathrm{arcoth}\,\frac{(a - b)\tan\dfrac{x}{2} + c}{\sqrt{b^2 + c^2 - a^2}}\right.$$

$$\left.- b\ln|a + b\cos x + c\sin x|\right] + C \quad (a^2 < b^2 + c^2)$$

$b \times (Ⅷ) + c \times (Ⅶ)$,顺便得到与它配对的积分

$$P_2 = \int \frac{\cos x}{a + b\cos x + c\sin x}\mathrm{d}x$$

$$= \frac{1}{b^2 + c^2}\left[bx - \frac{2ab}{\sqrt{a^2 - b^2 - c^2}}\arctan\frac{(a - b)\tan\dfrac{x}{2} + c}{\sqrt{a^2 - b^2 - c^2}}\right.$$

$$\left.+ c\ln|a + b\cos x + c\sin x|\right] + C \quad (a^2 > b^2 + c^2)$$

或

$$P_2 = \frac{1}{b^2 + c^2}\left[bx - \frac{2ab}{\sqrt{b^2 + c^2 - a^2}}\mathrm{arcoth}\,\frac{(a - b)\tan\dfrac{x}{2} + c}{\sqrt{b^2 + c^2 - a^2}}\right.$$

$$\left.+ c\ln|a + b\cos x + c\sin x|\right] + C \quad (a^2 < b^2 + c^2)$$

5. 求积分 $\displaystyle\int \frac{\sin x}{1 + \sin x\cos x}\mathrm{d}x$.

找到与它配对的积分式

$$\int \frac{\cos x}{1 + \sin x\cos x}\mathrm{d}x$$

令

$$Q_1 = \int \frac{\sin x}{1 + \sin x\cos x}\mathrm{d}x, \quad Q_2 = \int \frac{\cos x}{1 + \sin x\cos x}\mathrm{d}x$$

组合并积分,得

$$Q_1 + Q_2 = \int \frac{\sin x + \cos x}{1 + \sin x\cos x}\mathrm{d}x = \int \frac{\sin x + \cos x}{1 + \dfrac{1 - (\sin x - \cos x)^2}{2}}\mathrm{d}x$$

$$= 2\int \frac{\mathrm{d}(\sin x - \cos x)}{3 - (\sin x - \cos x)^2} = \frac{2}{\sqrt{3}}\int \frac{\mathrm{d}\dfrac{\sin x - \cos x}{\sqrt{3}}}{1 - \left(\dfrac{\sin x - \cos x}{\sqrt{3}}\right)^2}$$

$$= \frac{2}{\sqrt{3}} \text{artanh} \frac{\sin x - \cos x}{\sqrt{3}} + C$$

$$Q_2 - Q_1 = \int \frac{\cos x - \sin x}{1 + \sin x \cos x} \mathrm{d}x = \int \frac{\cos x - \sin x}{1 + \dfrac{(\sin x + \cos x)^2 - 1}{2}} \mathrm{d}x$$

$$= 2 \int \frac{\mathrm{d}(\sin x + \cos x)}{1 + (\sin x + \cos x)^2}$$

$$= 2 \arctan (\sin x + \cos x) + C$$

将上面两式相减,得到

$$Q_1 = \int \frac{\sin x}{1 + \sin x \cos x} \mathrm{d}x$$

$$= \frac{1}{\sqrt{3}} \text{artanh} \frac{\sin x - \cos x}{\sqrt{3}} - \arctan (\sin x + \cos x) + C$$

6. 求积分 $\displaystyle\int \frac{\tan x}{a \tan x + b \cot x} \mathrm{d}x$.

找到与其配对的积分式

$$\int \frac{\cot x}{a \tan x + b \cot x} \mathrm{d}x$$

令

$$R_1 = \int \frac{\tan x}{a \tan x + b \cot x} \mathrm{d}x, \quad R_2 = \int \frac{\cot x}{a \tan x + b \cot x} \mathrm{d}x$$

把它们组合起来并积分,得

$$aR_1 + bR_2 = \int \frac{a \tan x + b \cot x}{a \tan x + b \cot x} \mathrm{d}x = \int \mathrm{d}x = x + C \qquad (\text{Ⅸ})$$

两式相加,并积分,得

$$R_1 + R_2 = \int \frac{\tan x + \cot x}{a \tan x + b \cot x} \mathrm{d}x = \int \frac{\dfrac{\sin^2 x + \cos^2 x}{\sin x \cos x}}{a \tan x + b \cot x} \mathrm{d}x$$

$$= \int \frac{\mathrm{d}x}{\sin x \cos x (a \tan x + b \cot x)} = \int \frac{\mathrm{d}x}{a \sin^2 x + b \cos^2 x}$$

$$= \frac{1}{b} \int \frac{\sec^2 x \mathrm{d}x}{1 + \dfrac{a}{b} \tan^2 x} = \frac{1}{\sqrt{ab}} \int \frac{\mathrm{d}\left(\sqrt{\dfrac{a}{b}} \tan x\right)}{1 + \left(\sqrt{\dfrac{a}{b}} \tan x\right)^2}$$

$$= \frac{1}{\sqrt{ab}} \arctan \left(\sqrt{\frac{a}{b}} \tan x\right) + C \qquad (\text{Ⅹ})$$

两式相减,得(Ⅸ)$- b \times$(Ⅹ),则有

$$(a - b)R_1 = x - \frac{b}{\sqrt{ab}} \arctan \left(\sqrt{\frac{a}{b}} \tan x\right) + C$$

最后得到

$$R_1 = \int \frac{\tan x}{a \tan x + b \cot x} dx = \frac{1}{a-b}\left[ x - \sqrt{\frac{b}{a}} \arctan\left(\sqrt{\frac{a}{b}} \tan x\right)\right] + C$$

7. 求积分 $\int e^{ax} \cos bx\, dx$.

它的配对积分式

$$\int e^{ax} \sin bx\, dx$$

令

$$S_1 = \int e^{ax} \cos bx\, dx, \quad S_2 = \int e^{ax} \sin bx\, dx$$

在配对积分法中使用微分法,对被积函数取微商,得

$$(e^{ax} \cos bx)' = a e^{ax} \cos bx - b e^{ax} \sin bx$$

$$(e^{ax} \sin bx)' = a e^{ax} \sin bx + b e^{ax} \cos bx$$

等式两边积分,得

$$e^{ax} \cos bx = a \int e^{ax} \cos bx\, dx - b \int e^{ax} \sin bx\, dx = aS_1 - bS_2$$

$$e^{ax} \sin bx = a \int e^{ax} \sin bx\, dx + b \int e^{ax} \cos bx\, dx = aS_2 + bS_1$$

解联立方程,得到

$$S_1 = \int e^{ax} \cos bx\, dx = \frac{1}{a^2 + b^2} e^{ax} (a\cos bx + b\sin bx) + C$$

顺便得到它的配对积分

$$S_2 = \int e^{ax} \sin bx\, dx = \frac{1}{a^2 + b^2} e^{ax} (a\sin bx - b\cos bx) + C$$

8. 求积分 $\int x e^{ax} \cos bx\, dx$.

它的配对积分式是

$$\int x e^{ax} \sin bx\, dx$$

令

$$T_1 = \int x e^{ax} \cos bx\, dx, \quad T_2 = \int x e^{ax} \sin bx\, dx$$

对被积函数取微商,得

$$(x e^{ax} \cos bx)' = e^{ax} \cos bx + a x e^{ax} \cos bx - b x e^{ax} \sin bx$$

$$(x e^{ax} \sin bx)' = e^{ax} \sin bx + a x e^{ax} \sin bx + b x e^{ax} \cos bx$$

两边积分,得

$$x e^{ax} \cos bx = \int e^{ax} \cos bx\, dx + a \int x e^{ax} \cos bx\, dx - b \int x e^{ax} \sin bx\, dx$$

$$= \int e^{ax} \cos bx \, dx + a T_1 - b T_2$$

$$x e^{ax} \sin bx = \int e^{ax} \sin bx \, dx + a \int x e^{ax} \sin bx \, dx + b \int x e^{ax} \cos bx \, dx$$

$$= \int e^{ax} \sin bx \, dx + a T_2 + b T_1$$

即

$$a T_1 - b T_2 = x e^{ax} \cos bx - \int e^{ax} \cos bx \, dx$$

$$b T_1 + a T_2 = x e^{ax} \sin bx - \int e^{ax} \sin bx \, dx$$

这两个方程右端的积分在前面已经求得,代入后有

$$a T_1 - b T_2 = x e^{ax} \cos bx - \frac{1}{a^2 + b^2} e^{ax} (a \cos bx + b \sin bx) + C$$

$$b T_1 + a T_2 = x e^{ax} \sin bx - \frac{1}{a^2 + b^2} e^{ax} (a \sin bx - b \cos bx) + C$$

解联立方程,得到

$$T_1 = \frac{x e^{ax}}{a^2 + b^2} (a \cos bx + b \sin bx) - \frac{e^{ax}}{(a^2 + b^2)^2} \left[ (a^2 - b^2) \cos bx + 2ab \sin bx \right] + C$$

$$T_2 = \frac{x e^{ax}}{a^2 + b^2} (a \sin bx + b \cos bx) - \frac{e^{ax}}{(a^2 + b^2)^2} \left[ (a^2 - b^2) \sin bx - 2ab \sin bx \right] + C$$

或

$$T_1 = \int x e^{ax} \cos bx \, dx = \frac{e^{ax}}{a^2 + b^2} \left[ \left( ax - \frac{a^2 - b^2}{a^2 + b^2} \right) \cos bx + \left( bx - \frac{2ab}{a^2 + b^2} \right) \sin bx \right] + C$$

$$T_2 = \int x e^{ax} \sin bx \, dx = \frac{e^{ax}}{a^2 + b^2} \left[ \left( ax - \frac{a^2 - b^2}{a^2 + b^2} \right) \sin bx - \left( bx - \frac{2ab}{a^2 + b^2} \right) \cos bx \right] + C$$

9. 求积分 $\int x^m e^{ax} \cos bx \, dx$.

它的配对积分式是

$$\int x^m e^{ax} \sin bx \, dx$$

令

$$U_1 = \int x^m e^{ax} \cos bx \, dx, \quad U_2 = \int x^m e^{ax} \sin bx \, dx$$

对积分中的被积函数取微商,得

$$(x^m e^{ax} \cos bx)' = m x^{m-1} e^{ax} \cos bx + a x^m e^{ax} \cos bx - b x^m e^{ax} \sin bx$$

$$(x^m e^{ax} \sin bx)' = m x^{m-1} e^{ax} \sin bx + a x^m e^{ax} \sin bx + b x^m e^{ax} \cos bx$$

等式两边积分,得

$$x^m e^{ax} \cos bx = m \int x^{m-1} e^{ax} \cos bx \, dx + a \int x^m e^{ax} \cos bx \, dx - b \int x^m e^{ax} \sin bx \, dx$$

$$x^m \mathrm{e}^{ax} \sin bx = m \int x^{m-1} \mathrm{e}^{ax} \sin bx \, \mathrm{d}x + a \int x^m \mathrm{e}^{ax} \sin bx \, \mathrm{d}x + b \int x^m \mathrm{e}^{ax} \cos bx \, \mathrm{d}x$$

或写成

$$aU_1 - bU_2 = x^m \mathrm{e}^{ax} \cos bx - m \int x^{m-1} \mathrm{e}^{ax} \cos bx \, \mathrm{d}x$$

$$bU_1 + aU_2 = x^m \mathrm{e}^{ax} \sin bx - m \int x^{m-1} \mathrm{e}^{ax} \sin bx \, \mathrm{d}x$$

解联立方程,得到

$$U_1 = \frac{x^m \mathrm{e}^{ax}}{a^2 + b^2}(a\cos bx + b\sin bx) - \frac{m}{a^2 + b^2} \int x^{m-1} \mathrm{e}^{ax}(a\cos bx + b\sin bx)\,\mathrm{d}x$$

$$U_2 = \frac{x^m \mathrm{e}^{ax}}{a^2 + b^2}(a\sin bx - b\cos bx) - \frac{m}{a^2 + b^2} \int x^{m-1} \mathrm{e}^{ax}(a\sin bx - b\cos bx)\,\mathrm{d}x$$

这里得到的是递推公式.

10. 求积分 $\int \cosh x \sin x \, \mathrm{d}x$.

配对积分法也可运用于双曲函数与三角函数乘积的积分. 它的配对积分式是

$$\int \sinh x \cos x \, \mathrm{d}x$$

令

$$V_1 = \int \cosh x \sin x \, \mathrm{d}x, \quad V_2 = \int \sinh x \cos x \, \mathrm{d}x$$

取微商(这里要注意用来取微商的函数不再是原来的被积函数,要考虑取微商后的函数应该分别是原积分及其配对积分中的被积函数):

$$(\cosh x \cos x)' = \sinh x \cos x - \cosh x \sin x$$

$$(\sinh x \sin x)' = \cosh x \sin x + \sinh x \cos x$$

两边积分,得

$$\cosh x \cos x = \int \sinh x \cos x \, \mathrm{d}x - \int \cosh x \sin x \, \mathrm{d}x = V_2 - V_1$$

$$\sinh x \sin x = \int \cosh x \sin x \, \mathrm{d}x + \int \sinh x \cos x \, \mathrm{d}x = V_1 + V_2$$

因此得到

$$V_1 = \int \cosh x \sin x \, \mathrm{d}x = \frac{1}{2}(\sinh x \sin x - \cosh x \cos x) + C$$

$$V_2 = \int \sinh x \cos x \, \mathrm{d}x = \frac{1}{2}(\sinh x \sin x + \cosh x \cos x) + C$$

11. 求积分 $\int \cosh ax \cos bx \, \mathrm{d}x$.

它的配对积分式是

$$\int \sinh ax \sin bx \, \mathrm{d}x$$

令

$$W_1 = \int \cosh ax \cos bx \, \mathrm{d}x \,, \quad W_2 = \int \sinh ax \sin bx \, \mathrm{d}x$$

取微商(与前一题相同,用来取微商的函数不再是原来的被积函数,要考虑取微商后的函数应该分别是原积分及其配对积分中的被积函数):

$$(\cosh ax \sin bx)' = a \sinh ax \sin bx + b \cosh ax \cos bx$$
$$(\sinh ax \cos bx)' = a \cosh ax \cos bx - b \sinh ax \sin bx$$

两边积分,得

$$\cosh ax \sin bx = a \int \sinh ax \sin bx \, \mathrm{d}x + b \int \cosh ax \cos bx \, \mathrm{d}x = aW_2 + bW_1$$

$$\sinh ax \cos bx = a \int \cosh ax \cos bx \, \mathrm{d}x - b \int \sinh ax \sin bx \, \mathrm{d}x = aW_1 - bW_2$$

解联立方程,得到

$$W_1 = \int \cosh ax \cos bx \, \mathrm{d}x = \frac{1}{a^2 + b^2} (a \sinh ax \cos bx + b \cosh ax \sin bx) + C$$

同时可得到它的配对积分

$$W_2 = \int \sinh ax \sin bx \, \mathrm{d}x = \frac{1}{a^2 + b^2} (a \cosh ax \sin bx - b \sinh ax \cos bx) + C$$

12. 求积分 $\int \mathrm{e}^{ax} \cosh bx \, \mathrm{d}x$.

它的配对积分式是

$$\int \mathrm{e}^{ax} \sinh bx \, \mathrm{d}x$$

令

$$X_1 = \int \mathrm{e}^{ax} \cosh bx \, \mathrm{d}x \,, \quad X_2 = \int \mathrm{e}^{ax} \sinh bx \, \mathrm{d}x$$

取微商,得

$$(\mathrm{e}^{ax} \cosh bx)' = a \mathrm{e}^{ax} \cosh bx + b \mathrm{e}^{ax} \sinh bx$$
$$(\mathrm{e}^{ax} \sinh bx)' = a \mathrm{e}^{ax} \sinh bx + b \mathrm{e}^{ax} \cosh bx$$

两边积分,得

$$\mathrm{e}^{ax} \cosh bx = a \int \mathrm{e}^{ax} \cosh bx \, \mathrm{d}x + b \int \mathrm{e}^{ax} \sinh bx \, \mathrm{d}x = aX_1 + bX_2$$

$$\mathrm{e}^{ax} \sinh bx = a \int \mathrm{e}^{ax} \sinh bx \, \mathrm{d}x + b \int \mathrm{e}^{ax} \cosh bx \, \mathrm{d}x = aX_2 + bX_1$$

解联立方程,得到

$$X_1 = \int \mathrm{e}^{ax} \cosh bx \, \mathrm{d}x = \frac{\mathrm{e}^{ax}}{a^2 - b^2} (a \cosh bx - b \sinh bx) + C$$

同时得到它的配对积分为

$$X_2 = \int \mathrm{e}^{ax} \sinh bx \, \mathrm{d}x = \frac{\mathrm{e}^{ax}}{a^2 - b^2} (a \sinh bx - b \cosh bx) + C$$

13. 求积分 $\int x \mathrm{e}^{ax} \cosh bx \, \mathrm{d}x$.

它的配对积分式是

$$\int x e^{ax} \sinh bx \, dx$$

令

$$Y_1 = \int x e^{ax} \cosh bx \, dx, \quad Y_2 = \int x e^{ax} \sinh bx \, dx$$

对被积函数取微商,得

$$(x e^{ax} \cosh bx)' = e^{ax} \cosh bx + a x e^{ax} \cosh bx + b x e^{ax} \sinh bx$$

$$(x e^{ax} \sinh bx)' = e^{ax} \sinh bx + a x e^{ax} \sinh bx + b x e^{ax} \cosh bx$$

两边积分,得

$$x e^{ax} \cosh bx = \int e^{ax} \cosh bx \, dx + a \int x e^{ax} \cosh bx \, dx + b \int x e^{ax} \sinh bx \, dx$$

$$= \int e^{ax} \cosh bx \, dx + a Y_1 + b Y_2$$

$$x e^{ax} \sinh bx = \int e^{ax} \sinh bx \, dx + a \int x e^{ax} \sinh bx \, dx + b \int x e^{ax} \cosh bx \, dx$$

$$= \int e^{ax} \sinh bx \, dx + a Y_2 + b Y_1$$

即

$$a Y_1 + b Y_2 = x e^{ax} \cosh bx - \int e^{ax} \cosh bx \, dx$$

$$b Y_1 + a Y_2 = x e^{ax} \sinh bx - \int e^{ax} \sinh bx \, dx$$

把 $\int e^{ax} \cosh bx \, dx$ 和 $\int e^{ax} \sinh bx \, dx$ 的积分结果代入,得到

$$a Y_1 + b Y_2 = x e^{ax} \cosh bx - \frac{e^{ax}}{a^2 - b^2} (a \cosh bx - b \sinh bx)$$

$$b Y_1 + a Y_2 = x e^{ax} \sinh bx - \frac{e^{ax}}{a^2 - b^2} (a \sinh bx - b \cosh bx)$$

解联立方程,得到

$$Y_1 = \frac{x e^{ax}}{a^2 - b^2} (a \cosh bx - b \sinh bx) - \frac{e^{ax}}{(a^2 - b^2)} [(a^2 + b^2) \cosh bx$$
$$- 2ab \sinh bx] + C$$

$$Y_2 = \frac{x e^{ax}}{a^2 - b^2} (a \sinh bx - b \cosh bx) - \frac{e^{ax}}{(a^2 - b^2)^2} [(a^2 + b^2) \sinh bx$$
$$- 2ab \cosh bx] + C$$

或

$$Y_1 = \frac{e^{ax}}{a^2 - b^2} \left[ \left( ax - \frac{a^2 + b^2}{a^2 - b^2} \right) \cosh bx - \left( bx - \frac{2ab}{a^2 - b^2} \right) \sinh bx \right] + C \quad (a \neq b)$$

$$Y_2 = \frac{e^{ax}}{a^2 - b^2} \left[ \left( ax - \frac{a^2 + b^2}{a^2 - b^2} \right) \sinh bx - \left( bx - \frac{2ab}{a^2 - b^2} \right) \cosh bx \right] + C \quad (a \neq b)$$

14. 求积分 $\int x^m \mathrm{e}^{ax} \cosh bx \, \mathrm{d}x$.

(1) 解法之一.

它的配对积分是

$$\int x^m \mathrm{e}^{ax} \sinh bx \, \mathrm{d}x$$

令

$$Z_1 = \int x^m \mathrm{e}^{ax} \cosh bx \, \mathrm{d}x , \quad Z_2 = \int x^m \mathrm{e}^{ax} \sinh bx \, \mathrm{d}x$$

对被积函数取微商,得

$$(x^m \mathrm{e}^{ax} \cosh bx)' = m x^{m-1} \mathrm{e}^{ax} \cosh bx + a x^m \mathrm{e}^{ax} \cosh bx + b x^m \mathrm{e}^{ax} \sinh bx$$

$$(x^m \mathrm{e}^{ax} \sinh bx)' = m x^{m-1} \mathrm{e}^{ax} \sinh bx + a x^m \mathrm{e}^{ax} \sinh bx + b x^m \mathrm{e}^{ax} \cosh bx$$

两边积分,得

$$x^m \mathrm{e}^{ax} \cosh bx = m \int x^{m-1} \mathrm{e}^{ax} \cosh bx \, \mathrm{d}x + a \int x^m \mathrm{e}^{ax} \cosh bx \, \mathrm{d}x + b \int x^m \mathrm{e}^{ax} \sinh bx \, \mathrm{d}x$$

$$= m \int x^{m-1} \mathrm{e}^{ax} \cosh bx \, \mathrm{d}x + a Z_1 + b Z_2$$

$$x^m \mathrm{e}^{ax} \sinh bx = m \int x^{m-1} \mathrm{e}^{ax} \sinh bx \, \mathrm{d}x + a \int x^m \mathrm{e}^{ax} \sinh bx \, \mathrm{d}x + b \int x^m \mathrm{e}^{ax} \cosh bx \, \mathrm{d}x$$

$$= m \int x^{m-1} \mathrm{e}^{ax} \sinh bx \, \mathrm{d}x + a Z_2 + b Z_1$$

即

$$a Z_1 + b Z_2 = x^m \mathrm{e}^{ax} \cosh bx - m \int x^{m-1} \mathrm{e}^{ax} \cosh bx \, \mathrm{d}x$$

$$b Z_1 + a Z_2 = x^m \mathrm{e}^{ax} \sinh bx - m \int x^{m-1} \mathrm{e}^{ax} \sinh bx \, \mathrm{d}x$$

解联立方程,得到

$$Z_1 = \frac{x^m \mathrm{e}^{ax}}{a^2 - b^2} (a \cosh bx - b \sinh bx)$$

$$- \frac{m}{a^2 - b^2} \int x^{m-1} \mathrm{e}^{ax} (a \cosh bx - b \sinh bx) \, \mathrm{d}x$$

这是该积分的递推公式,同时可得到它的配对积分的递推公式

$$Z_2 = \frac{x^m \mathrm{e}^{ax}}{a^2 - b^2} (a \sinh bx - b \cosh bx)$$

$$- \frac{m}{a^2 - b^2} \int x^{m-1} \mathrm{e}^{ax} (a \sinh bx - b \cosh bx) \, \mathrm{d}x$$

(2) 解法之二.

把 $\cosh bx$ 化成指数形式

$$\cosh bx = \frac{\mathrm{e}^{bx} + \mathrm{e}^{-bx}}{2}$$

那么

$$\int x^m \mathrm{e}^{ax} \cosh bx\, \mathrm{d}x = \frac{1}{2}\int x^m \mathrm{e}^{ax}(\mathrm{e}^{bx} + \mathrm{e}^{-bx})\,\mathrm{d}x$$

$$= \frac{1}{2}\Big[\int x^m \mathrm{e}^{(a+b)x}\,\mathrm{d}x + \int x^m \mathrm{e}^{(a-b)x}\,\mathrm{d}x\Big]$$

先来推导积分 $\int x^m \mathrm{e}^{ax}\,\mathrm{d}x$ 的计算公式,可多次使用分部积分法:

$$\int x^m \mathrm{e}^{ax}\,\mathrm{d}x$$

$$= \frac{1}{a}\int x^m \mathrm{d}\mathrm{e}^{ax} = \frac{1}{a}\Big(x^m \mathrm{e}^{ax} - m\int x^{m-1}\mathrm{e}^{ax}\,\mathrm{d}x\Big)$$

$$= \frac{1}{a}\Big\{x^m \mathrm{e}^{ax} - \frac{m}{a}\Big[x^{m-1}\mathrm{e}^{ax} - (m-1)\int x^{m-2}\mathrm{e}^{ax}\,\mathrm{d}x\Big]\Big\}$$

$$= \frac{1}{a}\Big\{x^m \mathrm{e}^{ax} - \frac{m}{a}\Big[x^{m-1}\mathrm{e}^{ax} - \frac{m-1}{a}\Big(x^{m-2}\mathrm{e}^{ax} - (m-2)\int x^{m-3}\mathrm{e}^{ax}\,\mathrm{d}x\Big)\Big]\Big\}$$

$$= \frac{1}{a}x^m \mathrm{e}^{ax} - \frac{m}{a^2}x^{m-1}\mathrm{e}^{ax} + \frac{m(m-1)}{a^3}x^{m-2}\mathrm{e}^{ax} - \frac{m(m-1)(m-2)}{a^4}x^{m-3}\mathrm{e}^{ax} + \cdots$$

$$= \mathrm{e}^{ax}\Big[\frac{x^m}{a} + \sum_{k=1}^{m}(-1)^k \frac{m(m-1)(m-2)\cdots(m-k+1)}{a^{k+1}}x^{m-k}\Big] + C$$

用此式求出 $\int x^m \mathrm{e}^{(a+b)x}\,\mathrm{d}x$ 和 $\int x^m \mathrm{e}^{(a-b)x}\,\mathrm{d}x$.

$$\int x^m \mathrm{e}^{(a+b)x}\,\mathrm{d}x = \mathrm{e}^{(a+b)x}\Big[\frac{x^m}{a+b} + \sum_{k=1}^{m}(-1)^k \frac{m(m-1)\cdots(m-k+1)}{(a+b)^{k+1}}x^{m-k}\Big] + C$$

$$\int x^m \mathrm{e}^{(a-b)x}\,\mathrm{d}x = \mathrm{e}^{(a-b)x}\Big[\frac{x^m}{a-b} + \sum_{k=1}^{m}(-1)^k \frac{m(m-1)\cdots(m-k+1)}{(a-b)^{k+1}}x^{m-k}\Big] + C$$

$(a \neq b)$

把它们加起来,就得到

$$\int x^m \mathrm{e}^{ax}\cosh bx\,\mathrm{d}x$$

$$= \frac{1}{2}\Big[\int x^m \mathrm{e}^{(a+b)x}\,\mathrm{d}x + \int x^m \mathrm{e}^{(a-b)x}\,\mathrm{d}x\Big] + C$$

$$= \frac{1}{2}\Big\{\Big[\frac{\mathrm{e}^{(a+b)x}}{a+b} + \frac{\mathrm{e}^{(a-b)x}}{a-b}\Big]x^m + \Big[\mathrm{e}^{(a+b)x}\sum_{k=1}^{m}(-1)^k \frac{m(m-1)\cdots(m-k+1)}{(a+b)^{k+1}}x^{m-k}$$

$$+ \mathrm{e}^{(a-b)x}\sum_{k=1}^{m}(-1)^k \frac{m(m-1)\cdots(m-k+1)}{(a-b)^{k+1}}x^{m-k}\Big]\Big\} + C$$

配对积分法(或组合积分法)在三角函数、指数函数和双曲函数的积分中有许多应用,关键是要找到能配对的函数,找对了,做积分非常便捷. 对组合积分法有兴趣的读者可参看朱永银教授等撰写的《组合积分法》一书[13].

# 第 2 章  定  积  分

## 2.1  定积分的定义

### 2.1.1  黎曼定义

德国数学家黎曼(G. F. B. Riemann)第一个提出关于定积分的严格定义：

设 $f(x)$ 是定义在区间 $[a,b]$ 上的有界函数,在 $[a,b]$ 中任意插入 $n-1$ 个点,把 $[a,b]$ 分成 $n$ 个子区间,即

$$a = x_0 < x_1 < x_2 < \cdots < x_{n-1} < x_n = b$$

称分点组 $P = \{x_0, x_1, x_2, \cdots, x_{n-1}, x_n\}$ 为 $[a,b]$ 的一个划分,记

$$\Delta x_i = x_i - x_{i-1} \quad (i = 1, 2, 3, \cdots, n)$$

对 $[a,b]$ 的每个划分 $P$,令

$$M_i = \sup\{f(x) \mid x_{i-1} \leqslant x \leqslant x_i\} \quad (\text{sup} = \text{supremum}, \text{上确界})$$

$$m_i = \inf\{f(x) \mid x_{i-1} \leqslant x \leqslant x_i\} \quad (\text{inf} = \text{infimum}, \text{下确界})$$

作

$$U(f, P) = \sum_{i=1}^{n} M_i \Delta x_i \tag{2.1}$$

及

$$L(f, P) = \sum_{i=1}^{n} m_i \Delta x_i \tag{2.2}$$

分别称它们为函数 $f(x)$ 关于划分 $P$ 的达布(Darboux)上和(2.1)及达布下和(2.2).对于 $[a,b]$ 的一切划分 $P$,$U(f,P)$ 的下确界称为 $f$ 在 $[a,b]$ 上的上积分,记为 $\overline{\int_a^b} f(x)\mathrm{d}x$；$L(f,P)$ 的上确界称为 $f$ 在 $[a,b]$ 上的下积分,记作 $\underline{\int_a^b} f(x)\mathrm{d}x$. 如果上积分与下积分相等,则称 $f$ 在 $[a,b]$ 上黎曼可积.上积分与下积分的共同值称为 $f$ 在 $[a,b]$ 上的黎曼积分,记为 $\int_a^b f(x)\mathrm{d}x$. 黎曼积分就是人们通常所说的

定积分.

## 2.1.2  面积求和法的定义——曲线下的面积

定积分也可用曲线下的面积来定义.我们来考虑一个曲边梯形,这个梯形是由直线 $x=a$, $x=b$, $x$ 轴及曲线 $y=f(x)$ 所围成的图形(图 2.1).

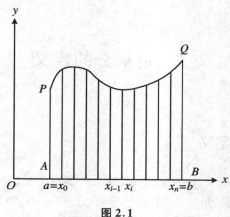

**图 2.1**

现在来求这个曲边梯形 $ABQP$ 的面积.不失一般性,假定 $f(x)>0$,表示曲线 $f(x)$ 在 $x$ 轴的上面.把 $[a,b]$ 分成 $n$ 份(可以相等,也可以不相等),使得

$$a = x_0 < x_1 < x_2 < \cdots < x_{n-1} < x_n = b$$

在任何一个子区间 $[x_{i-1}, x_i]$ 中任选一点 $\xi_i$,使 $x_{i-1} < \xi_i < x_i$,则这个子区间上曲边梯形的面积近似值为 $f(\xi_i)(x_i - x_{i-1})$,那么,这个曲边梯形 $ABQP$ 的面积为

$$\sigma \approx \sum_{i=1}^{n} f(\xi_i)(x_i - x_{i-1})$$

令 $x_i - x_{i-1} = \Delta x_i$,上式可写成

$$\sigma \approx \sum_{i=1}^{n} f(\xi_i) \Delta x_i$$

当插入 $[a,b]$ 的分点越来越多(即 $n\uparrow$),也就是说 $[a,b]$ 不断地被细分,使得最大的 $\Delta x_i = \lambda \to 0$ 时,则该曲边梯形 $ABQP$ 的面积为

$$\sigma = \lim_{\lambda \to 0} \sum_{i=1}^{n} f(\xi_i) \Delta x_i$$

这时这个曲边梯形 $ABQP$ 的面积就是函数 $f(x)$ 在区间 $[a,b]$ 上的定积分,把它记作

$$I = \int_a^b f(x)\mathrm{d}x$$

## 2.2 定积分的基本公式和常用法则

### 2.2.1 定积分的基本公式

$$\int_a^b f(x)\mathrm{d}x = F(b) - F(a) \tag{2.3}$$

式(2.3)被称为**牛顿-莱布尼茨公式**,是积分学的基本公式.它表明,定积分的值可表示成任何一个原函数 $F(x)$ 在 $x=b$ 与 $x=a$ 的两值之差.

式(2.3)证明如下:若 $F(x)$ 是 $f(x)$ 在区间 $[a,b]$ 上的任意一个原函数,而 $\varPhi(x) = \int_a^x f(x)\mathrm{d}x$ 也是 $f(x)$ 在区间 $[a,b]$ 上的一个原函数,因此 $F(x)$ 与 $\varPhi(x)$ 两者之间最多相差一个常数 $C$,故

$$F(x) = \varPhi(x) + C = \int_a^x f(x)\mathrm{d}x + C$$

令 $x=a$,得 $C=F(a)$,于是

$$F(x) = \int_a^x f(x)\mathrm{d}x + F(a)$$

再令 $x=b$,得到

$$F(b) = \int_a^b f(x)\mathrm{d}x + F(a)$$

即

$$\int_a^b f(x)\mathrm{d}x = F(b) - F(a)$$

但凡能求得原函数的积分,都可用这种方法求得定积分值.式(2.3)给出了计算连续函数 $f(x)$ 的定积分的简单而有效的方法.公式右端的差数通常写成符号 $F(x)\big|_a^b$ 的形式,所以式(2.3)又可写成

$$\int_a^b f(x)\mathrm{d}x = F(x)\big|_a^b \tag{2.4}$$

式中的 $a$ 与 $b$ 分别称为积分的下限与上限.例如:

(1) $\displaystyle\int_a^b x^n \mathrm{d}x = \frac{1}{n+1}x^{n+1}\bigg|_a^b = \frac{1}{n+1}(b^{n+1} - a^{n+1})$;

(2) $\displaystyle\int_a^b \frac{\mathrm{d}x}{x} = \ln x\big|_a^b = \ln b - \ln a\,(a>0, b>0)$;

(3) $\displaystyle\int_a^b \sin x \mathrm{d}x = -\cos x\big|_a^b = \cos a - \cos b$;

(4) $\int_a^b \cos x \mathrm{d}x = \sin x \Big|_a^b = \sin b - \sin a$；

(5) $\int_a^b \mathrm{e}^x \mathrm{d}x = \mathrm{e}^x \Big|_a^b = \mathrm{e}^b - \mathrm{e}^a$；

(6) $\int_a^b \sinh x \mathrm{d}x = \cosh x \Big|_a^b = \cosh b - \cosh a$；

(7) $\int_a^b \cosh x \mathrm{d}x = \sinh x \Big|_a^b = \sinh b - \sinh a$；

(8) $\int_a^b \dfrac{\mathrm{d}x}{1 + x^2} = \arctan x \Big|_a^b = \arctan b - \arctan a$；

(9) $\int_a^b \dfrac{\mathrm{d}x}{\sqrt{x^2 + 1}} = \operatorname{arsinh} x \Big|_a^b = \operatorname{arsinh} b - \operatorname{arsinh} a$；

(10) $\displaystyle\int_{-\pi}^{\pi} \sin^2 mx \mathrm{d}x = \int_{-\pi}^{\pi} \dfrac{1 - \cos 2mx}{2} \mathrm{d}x = \dfrac{1}{2}\int_{-\pi}^{\pi} (1 - \cos 2mx)\mathrm{d}x$

$$= \dfrac{1}{2}\left(x - \dfrac{\sin 2mx}{2m}\right)\Big|_{-\pi}^{\pi} = \pi \,(m\ \text{为正整数}).$$

不定积分求得的是一个新的函数(原函数)，而定积分求得的是一个确定的数值.上述例题中的 $a, b, \pi$ 等都属于已知数.如在(1)中，若给定 $a = 1, b = 2, n = 2$，则积分结果为 $\dfrac{7}{3}$；又如在(3)中，若给定 $a = 0, b = \dfrac{\pi}{2}$，则积分结果是 1.

牛顿-莱布尼茨公式对于能求得原函数的函数而言，是一种简便易行的方法.只要求出被积函数的原函数，把上、下积分限代入就能得到结果了.实际上它与 2.1.2 节中所述的求和法是一致的.

用求和法也可推导出牛顿-莱布尼茨公式.例如，用求和法计算 $\int_a^b \sin x \mathrm{d}x$ 时，把区间 $[a, b]$ 分割成 $n$ 个相等的部分，令 $h = \dfrac{b - a}{n}(a < b)$，于是 $\sin x$ 在区间 $[a, b]$ 上的一个积分和数为

$$\sigma_n = h \sum_{k=1}^{n} \sin(a + kh) \tag{2.5}$$

为了把等式右端变成简明的表达式，用 $\dfrac{2\sin(h/2)}{2\sin(h/2)}$ 乘右端，于是有

$$\sum_{k=1}^{n} \sin(a + kh) = \frac{1}{2\sin\dfrac{h}{2}} \sum_{k=1}^{n} 2\sin(a + kh)\sin\frac{h}{2}$$

$$= \frac{1}{2\sin\dfrac{h}{2}} \sum_{k=1}^{n} \left\{\cos\left[a + \left(k - \frac{1}{2}\right)h\right] - \cos\left[a + \left(k + \frac{1}{2}\right)h\right]\right\}$$

其中

$$\sum_{k=1}^{n} \left\{\cos\left[a + \left(k - \frac{1}{2}\right)h\right] - \cos\left[a + \left(k + \frac{1}{2}\right)h\right]\right\}$$

$$= \cos\left(a + \frac{1}{2}h\right) + \cos\left(a + \frac{3}{2}h\right) + \cos\left(a + \frac{5}{2}h\right) + \cdots$$

$$+ \cos\left[a + \left(n - \frac{1}{2}\right)h\right] - \cos\left(a + \frac{3}{2}h\right) - \cos\left(a + \frac{5}{2}h\right) - \cdots$$

$$- \cos\left[a + \left(n - \frac{1}{2}\right)h\right] - \cos\left[a + \left(n + \frac{1}{2}\right)h\right]$$

$$= \cos\left(a + \frac{1}{2}h\right) - \cos\left[a + \left(n + \frac{1}{2}\right)h\right]$$

因此

$$\sum_{k=1}^{n}\sin(a + kh) = \frac{1}{2\sin\frac{h}{2}}\left\{\cos\left(a + \frac{h}{2}\right) - \cos\left[a + \left(n + \frac{1}{2}\right)h\right]\right\}$$

$$= \frac{1}{2\sin\frac{h}{2}}\left[\cos\left(a + \frac{h}{2}\right) - \cos\left(b + \frac{h}{2}\right)\right] \tag{2.6}$$

把式(2.6)代入式(2.5),得到

$$\sigma_n = \frac{\frac{h}{2}}{\sin\frac{h}{2}}\left[\cos\left(a + \frac{h}{2}\right) - \cos\left(b + \frac{h}{2}\right)\right]$$

当 $n \to \infty$，$h \to 0$ 时,得到

$$\int_a^b \sin x \, dx = \lim_{h \to 0} \frac{\frac{h}{2}}{\sin\frac{h}{2}}\left[\cos\left(a + \frac{h}{2}\right) - \cos\left(b + \frac{h}{2}\right)\right] = \cos a - \cos b \tag{2.7}$$

式(2.7)右端就是被积函数 $\sin x$ 的原函数 $-\cos x$ 在 $x = b$ 与 $x = a$ 之间的差值 $-\cos x \big|_a^b$. 当把被积函数换成 $f(x)$ 时,就得到牛顿-莱布尼茨公式

$$\int_a^b f(x) \, dx = F(b) - F(a)$$

## 2.2.2　定积分中的几个常用法则

1. 带有常系数的函数的积分,可以把常数提到积分号外:

$$\int_a^b k f(x) \, dx = k \int_a^b f(x) \, dx$$

其中 $k$ 为常数.

2. 若 $a < c < b$ ,则有

$$\int_a^b f(x) \, dx = \int_a^c f(x) \, dx + \int_c^b f(x) \, dx$$

3. 若干个函数之和的积分等于各个函数的积分之和:

$$\int_a^b [f(x) + g(x) + h(x)]\mathrm{d}x = \int_a^b f(x)\mathrm{d}x + \int_a^b g(x)\mathrm{d}x + \int_a^b h(x)\mathrm{d}x$$

4. 一个多项式的积分等于组成该多项式的各个单项式的积分之和：

$$\int_a^b (\alpha x^2 + \beta x + \gamma)\mathrm{d}x = \alpha\int_a^b x^2\mathrm{d}x + \beta\int_a^b x\mathrm{d}x + \gamma\int_a^b \mathrm{d}x$$

3 与 4 两条法则就是定积分中的分项积分法，举例说明如下：

**例 1**　计算积分 $\int_0^{\frac{\pi}{2}} (\sin x + \cos x)\mathrm{d}x$.

**解**　根据分项积分法，得

$$\int_0^{\frac{\pi}{2}} (\sin x + \cos x)\mathrm{d}x = \int_0^{\frac{\pi}{2}} \sin x\mathrm{d}x + \int_0^{\frac{\pi}{2}} \cos x\mathrm{d}x$$

$$= (-\cos x)\big|_0^{\frac{\pi}{2}} + (\sin x)\big|_0^{\frac{\pi}{2}}$$

$$= 1 + 1 = 2$$

**例 2**　计算一个多项式的定积分 $\int_1^2 \left(5x^2 - 4x + 3 - \dfrac{2}{x} + \dfrac{1}{x^2}\right)\mathrm{d}x$（该例在不定积分中举过）.

**解**　使用分项积分法，可得

$$\int_1^2 \left(5x^2 - 4x + 3 - \frac{2}{x} + \frac{1}{x^2}\right)\mathrm{d}x$$

$$= 5\int_1^2 x^2\mathrm{d}x - 4\int_1^2 x\mathrm{d}x + 3\int_1^2 \mathrm{d}x - 2\int_1^2 \frac{1}{x}\mathrm{d}x + \int_1^2 \frac{1}{x^2}\mathrm{d}x$$

$$= \frac{5}{3}x^3\Big|_1^2 - \frac{4}{2}x^2\Big|_1^2 + 3x\big|_1^2 - 2\ln x\big|_1^2 - \frac{1}{x}\Big|_1^2$$

$$= \frac{5}{3}(8-1) - 2(4-1) + 3(2-1) - 2(\ln 2 - \ln 1) - \left(\frac{1}{2} - 1\right)$$

$$= 11.\dot{6} - 6 + 3 - 2 \times 0.693147\cdots + 0.5$$

$$= 7.780372\cdots$$

关于定积分中的分项积分的方法仅举上面两例已够. 凡是在不定积分中举过的例子，其积分方法在定积分都可使用，只要把上、下积分限代入，便可算出积分结果.

# 2.3　欧拉积分、欧拉常数及其他常用常数

有些定积分，经过演绎和推导，常常会导向欧拉积分；有些定积分的积分结果会含有某些常数，如欧拉常数、卡塔兰常数、伯努利数等. 如果熟悉欧拉积分及这些常数，做定积分计算时常常会给我们带来意想不到的方便.

## 2.3.1　B 函数 (Beta function)

B 函数为双变量函数,译称贝塔函数,它的定义为

$$B(x, y) = \int_0^1 t^{x-1} (1 - t)^{y-1} dt \quad (\text{Re } x > 0, \text{Re } y > 0) \tag{2.8}$$

式(2.8)右端的积分称为第一类欧拉积分.

B 函数具有对称的特性,即

$$B(x, y) = B(y, x) \tag{2.9}$$

**证明**　在式(2.8)中,令 $t = 1 - s$,则 $dt = -ds$,那么

$$B(x, y) = -\int_1^0 (1 - s)^{x-1} s^{y-1} ds = \int_0^1 s^{y-1} (1 - s)^{x-1} ds$$

$$= \int_0^1 t^{y-1} (1 - t)^{x-1} dt = B(y, x)$$

由于这种对称的特性,可把它写成

$$B(x, y) = \frac{1}{2} \int_0^1 [t^{x-1} (1 - t)^{y-1} + t^{y-1} (1 - t)^{x-1}] dt$$

当 $x, y$ 两个量中的任何一个量为正整数时,该积分可表示成有限项. 假定 $y$ 是正整数,对

$$B(x, y) = \int_0^1 t^{x-1} (1 - t)^{y-1} dt$$

连续使用分部积分法,可得到

$$
\begin{aligned}
B(x, y) = & \left[ \frac{t^x}{x} (1 - t)^{y-1} + \frac{t^{x+1}}{x(x+1)} (y - 1) (1 - t)^{y-2} \right. \\
& + \frac{t^{x+2}}{x(x+1)(x+2)} (y - 1)(y - 2) (1 - t)^{y-2} + \cdots \\
& \left. + \frac{t^{x+y-1}}{x(x+1)(x+2)\cdots(x+y-1)} (y - 1)(y - 2)\cdots 2 \cdot 1 \right]_0^1 \\
= & \frac{(y - 1)!}{x(x+1)(x+2)\cdots(x+y-1)}
\end{aligned}
$$

如果 $x$ 是正整数,那么

$$B(x, y) = \frac{(x - 1)!}{y(y+1)(y+2)\cdots(y+x-1)}$$

若 $x, y$ 都是正整数,令 $x = l, y = m$,则有

$$B(l, m) = \frac{(l - 1)!(m - 1)!}{(l + m - 1)!} \tag{2.10}$$

**例 3**　计算积分 $I = \int_0^{\frac{\pi}{2}} \sin^p\theta \cos^q\theta d\theta$.

**解**　令 $\sin \theta = \sqrt{x}$,则

$$\mathrm{d}\sin\theta = \cos\theta\mathrm{d}\theta = \frac{1}{2\sqrt{x}}\mathrm{d}x$$

于是

$$I = \int_0^{\frac{\pi}{2}} \sin^p\theta \cos^q\theta\mathrm{d}\theta = \int_0^1 x^{\frac{p}{2}}(1-x)^{\frac{q-1}{2}}\frac{1}{2\sqrt{x}}\mathrm{d}x$$

$$= \frac{1}{2}\int_0^1 x^{\frac{p+1}{2}-1}(1-x)^{\frac{q+1}{2}-1}\mathrm{d}x$$

$$= \frac{1}{2}\mathrm{B}\left(\frac{p+1}{2},\frac{q+1}{2}\right)$$

若设 $p=3,q=5$,则

$$I = \frac{1}{2}\mathrm{B}(2,3)$$

运用式(2.10),代入 $l=2,m=3$,得到

$$I = \int_0^{\frac{\pi}{2}} \sin^3\theta \cos^5\theta\mathrm{d}\theta = \frac{1}{2}\cdot\frac{(2-1)!(3-1)!}{(2+3-1)!} = \frac{1}{2}\cdot\frac{2}{4!} = \frac{1}{24}$$

如果在欧拉积分(2.8)中用 $t=\dfrac{s}{1+s}$ 替换,其中 $s$ 为新变量,它从 0 到 $\infty$,则有

$$\mathrm{B}(l,m) = \int_0^{\infty}\left(\frac{s}{1+s}\right)^{l-1}\left(1-\frac{s}{1+s}\right)^{m-1}\frac{\mathrm{d}s}{(1+s)^2} = \int_0^{\infty}\frac{s^{l-1}}{(1+s)^{l+m}}\mathrm{d}s$$

若令 $m=1-l$,并使 $0<l<1$,则得到

$$\mathrm{B}(l,1-l) = \int_0^{\infty}\frac{s^{l-1}}{1+s}\mathrm{d}s$$

公式右端积分中的被积函数,若用无穷级数展开,并逐项积分可得

$$\mathrm{B}(l,1-l) = \frac{\pi}{\sin l\pi} \tag{2.11}$$

当取 $l=1-l=\dfrac{1}{2}$ 时,则有

$$\mathrm{B}\left(\frac{1}{2},\frac{1}{2}\right) = \pi$$

## 2.3.2　Γ 函数(Gamma function)

1. 定义.

Γ 函数,译称伽马函数,它的定义为

$$\Gamma(z) = \int_0^{\infty} t^{z-1}\mathrm{e}^{-t}\mathrm{d}t \quad (\mathrm{Re}\,z > 0) \tag{2.12}$$

式(2.12)右端的积分称第二类欧拉积分.

用分部积分法做积分

$$\Gamma(z) = \int_0^{\infty} t^{z-1}\mathrm{e}^{-t}\mathrm{d}t = (-t^{z-1}\mathrm{e}^{-t})\,|_0^{\infty} + (z-1)\int_0^{\infty}\mathrm{e}^{-t}t^{z-2}\mathrm{d}t$$

$$= 0 + (z-1)\Gamma(z-1) = (z-1)\Gamma(z-1)$$

当 $z$ 为有限值,并且 $z > 1$ 或 $z > 2$ 或 $z > 3$ 时,对应的有下列关系式:

$$\Gamma(z) = (z-1)\Gamma(z-1)$$
$$\Gamma(z-1) = (z-2)\Gamma(z-2)$$
$$\Gamma(z-2) = (z-3)\Gamma(z-3)$$
$$\cdots$$

2. 当 $z$ 为正整数 $n$ 时,有

$$\Gamma(n) = (n-1)(n-2)\cdots 3 \cdot 2 \cdot 1\Gamma(1)$$

而

$$\Gamma(1) = \int_0^\infty \mathrm{e}^{-t}\mathrm{d}t = (-\mathrm{e}^{-t}) \mid_0^\infty = 1$$

因此有

$$\Gamma(n) = (n-1)!$$
$$\Gamma(n+1) = n\Gamma(n) \tag{2.13}$$

自变量为正整数的 $\Gamma$ 函数值如下:

$$\Gamma(1) = 1$$
$$\Gamma(2) = 1\Gamma(1) = 1 \cdot 1 = 1!$$
$$\Gamma(3) = 2\Gamma(2) = 1 \cdot 2 = 2!$$
$$\Gamma(4) = 3\Gamma(3) = 1 \cdot 2 \cdot 3 = 3!$$
$$\Gamma(5) = 4\Gamma(4) = 1 \cdot 2 \cdot 3 \cdot 4 = 4!$$
$$\Gamma(6) = 5\Gamma(5) = 1 \cdot 2 \cdot 3 \cdot 4 \cdot 5 = 5!$$
$$\cdots$$
$$\Gamma(n) = (n-1)! \tag{2.14}$$

3. 当自变量 $z$(或 $n$) $> 0$ 时,$\Gamma$ 函数是连续函数. 因此从正整数的 $\Gamma$ 函数值可以看出:由于 $\Gamma(1) = \Gamma(2)$,因此 $\Gamma$ 函数的最小值应该在 $n = 1$ 和 $n = 2$ 之间的某处.

方程 $\Gamma(n+1) = n\Gamma(n)$ 提供了一种求自变量 $n$ 大于 1 的 $\Gamma$ 函数与自变量 $n$ 小于 1 的 $\Gamma$ 函数的归约数的方法. 例如

$$\Gamma\left(\frac{13}{2}\right) = \frac{11}{2}\Gamma\left(\frac{11}{2}\right) = \frac{11}{2} \cdot \frac{9}{2}\Gamma\left(\frac{9}{2}\right) = \frac{11}{2} \cdot \frac{9}{2} \cdot \frac{7}{2}\Gamma\left(\frac{7}{2}\right)$$

$$= \frac{11}{2} \cdot \frac{9}{2} \cdot \frac{7}{2} \cdot \frac{5}{2}\Gamma\left(\frac{5}{2}\right) = \frac{11}{2} \cdot \frac{9}{2} \cdot \frac{7}{2} \cdot \frac{5}{2} \cdot \frac{3}{2}\Gamma\left(\frac{3}{2}\right)$$

$$= \frac{11}{2} \cdot \frac{9}{2} \cdot \frac{7}{2} \cdot \frac{5}{2} \cdot \frac{3}{2} \cdot \frac{1}{2}\Gamma\left(\frac{1}{2}\right) = \frac{(11)!!}{2^6}\Gamma\left(\frac{1}{2}\right)$$

这就是任何自变量大于 1 的 $\Gamma$ 函数与自变量小于 1 的 $\Gamma$ 函数的关系. 利用这个关系式,无论多么大 $z$ 值的 $\Gamma$ 函数,总可以化成 $0 < z < 1$ 的 $\Gamma$ 函数来计算.

在这个例题里,因为 $\Gamma\left(\frac{1}{2}\right) = \sqrt{\pi}$,所以 $\Gamma\left(\frac{13}{2}\right) = \frac{(11)!!}{2^6}\sqrt{\pi}$.

4. $\Gamma\left(\frac{1}{2}\right)$的计算：

$$\Gamma(n)=\int_0^{\infty}x^{n-1}\mathrm{e}^{-x}\mathrm{d}x$$

令 $x^n=y, x=y^{\frac{1}{n}}$,则

$$\mathrm{d}y=nx^{n-1}\mathrm{d}x,\quad \mathrm{d}x=\frac{1}{nx^{n-1}}\mathrm{d}y$$

因此

$$\Gamma(n)=\int_0^{\infty}x^{n-1}\mathrm{e}^{-x}\mathrm{d}x=\frac{1}{n}\int_0^{\infty}\mathrm{e}^{-y^{\frac{1}{n}}}\mathrm{d}y$$

于是

$$\int_0^{\infty}\mathrm{e}^{-y^{\frac{1}{n}}}\mathrm{d}y=n\Gamma(n)=\Gamma(n+1)$$

令 $n=\frac{1}{2}$,则有

$$\int_0^{\infty}\mathrm{e}^{-y^2}\mathrm{d}y=\int_0^{\infty}\mathrm{e}^{-x^2}\mathrm{d}x=\frac{1}{2}\Gamma\left(\frac{1}{2}\right)$$

那么

$$\left[\frac{1}{2}\Gamma\left(\frac{1}{2}\right)\right]^2=\int_0^{\infty}\mathrm{e}^{-x^2}\mathrm{d}x\times\int_0^{\infty}\mathrm{e}^{-y^2}\mathrm{d}y=\int_0^{\infty}\int_0^{\infty}\mathrm{e}^{-(x^2+y^2)}\mathrm{d}x\mathrm{d}y$$

式中的 $x,y$ 是一个点的笛卡儿坐标.做这个积分,实际上就是对所有的 $\mathrm{e}^{-(x^2+y^2)}\delta x\delta y$ 元素求和,也就是通过第一象限的无穷大正方形,对两边是坐标轴 $x,y$ 的区域来做积分.令 $x=a,y=a(a\to\infty)$,与其他两边($x,y$ 轴)构成正方形(图 2.2).圆形 $x^2+y^2=a^2$ 在正方形内,用极坐标表示的积分限,对于 $\theta$ 是 0 和$\frac{\pi}{2}$,对于 $r$ 是 0 和$\infty$.

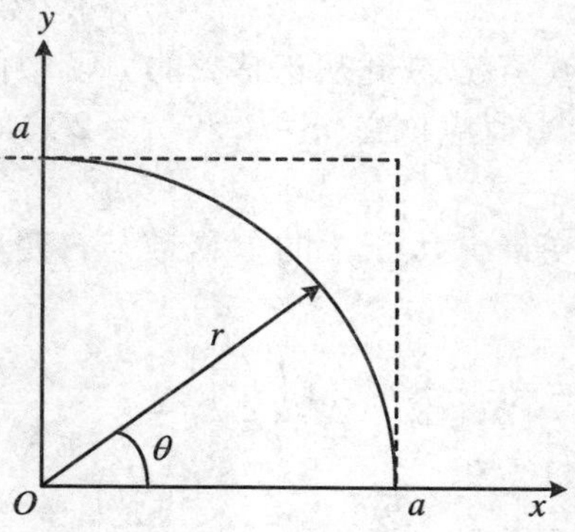


图 2.2

因此在第一象限内对 $\theta$ 和 $r$ 的积分为

$$\begin{aligned}\int_0^{\infty}\int_0^{\frac{\pi}{2}}\mathrm{e}^{-r^2}r\mathrm{d}r\mathrm{d}\theta&=\int_0^{\frac{\pi}{2}}\mathrm{d}\theta\int_0^{\infty}r\mathrm{e}^{-r^2}\mathrm{d}r\\&=\frac{\pi}{2}\int_0^{\infty}r\mathrm{e}^{-r^2}\mathrm{d}r\\&=\frac{\pi}{2}\left(-\frac{1}{2}\mathrm{e}^{-r^2}\right)\Big|_0^{\infty}=\frac{\pi}{4}\end{aligned}$$

在圆周之外的正方形部分,其微分元不会大于 $\mathrm{e}^{-r^2}r\mathrm{d}r\mathrm{d}\theta$.当 $a$ 足够大时,它将变为高阶无穷小,在二重积分中不会出现.因此圆和正方形之间的部分,对积分不会有贡献.这样,我们就有

$$\left[\frac{1}{2}\Gamma\left(\frac{1}{2}\right)\right]^2=\frac{\pi}{4}$$

于是得到

$$\Gamma\left(\frac{1}{2}\right) = \sqrt{\pi} \tag{2.15}$$

5. $\Gamma(0)$ 的值.

因为 $\Gamma(n+1) = n\Gamma(n)$,当保持 $n$ 为正数时,有

$$\lim_{n \to 0} \Gamma(n) = \lim_{n \to 0} \frac{\Gamma(n+1)}{n} = \lim_{n \to 0} \frac{1}{n} = \infty$$

即

$$\Gamma(0) = \infty$$

6. $\Gamma(x)$ 的最小值.

因为 $\Gamma(1) = \Gamma(2) = 1$,根据罗尔(Rolle)定理,$x$ 在 1 与 2 之间时,$\Gamma(x)$ 应该有最小值(图 2.3).在最小值的左边,$\Gamma(x)$ 的值随 $x$ 增大而降低;在最小值的右边,$\Gamma(x)$ 的值则随 $x$ 增加而上升.最小值的位置应在 $\dfrac{\mathrm{d}\Gamma(x)}{\mathrm{d}x} = 0$ 处,解这个方程比较复杂,此处不作讨论.

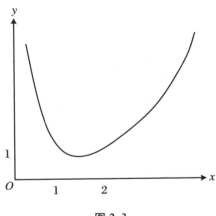

图 2.3

但赛雷特(Serret)给出了 $\Gamma(x)$ 函数最小值的位置的

$$x_0 = 1.4616321\cdots$$

相应的 $\Gamma(x)$ 的最小值是

$$\Gamma(x_0) = 0.8856032\cdots$$

7. $\Gamma$ 函数与 B 函数的关系.

在讨论 B 函数时,曾得到式(2.10):

$$\mathrm{B}(l,m) = \frac{(l-1)!(m-1)!}{(l+m-1)!}$$

此式的右端用 $\Gamma$ 函数代替,则有

$$\mathrm{B}(l, m) = \frac{\Gamma(l)\Gamma(m)}{\Gamma(l+m)} \tag{2.16}$$

式(2.16)就是 $\Gamma(x)$ 函数与 B 函数的关系. 可以证明, 只要 $l>0, m>0$, 以上关系总是成立的.

在式(2.16)中, 令 $m = 1 - l (0 < l < 1)$, 则得到关系式[参看式(2.11)]

$$\Gamma(l)\Gamma(1-l) = \frac{\pi}{\sin l\pi}$$

这个公式被称为余元公式.

当 $l = \frac{1}{2}$ 时, 有

$$\left[\Gamma\left(\frac{1}{2}\right)\right]^2 = \pi, \quad \Gamma\left(\frac{1}{2}\right) = \sqrt{\pi}$$

这与前面的计算结果相同[式(2.15)].

### 2.3.3  几个重要常数

1. 欧拉(Euler)常数 $\gamma$.

欧拉常数被定义为

$$\gamma = \lim_{n\to\infty}\left(\sum_{k=1}^{n}\frac{1}{k} - \ln n\right)$$

它的近似值为

$$\gamma = 0.5772156649\cdots$$

2. 卡特兰(Catalan)常数.

卡特兰常数被定义为

$$G = \sum_{m=0}^{\infty}\frac{(-1)^m}{(2m+1)^2}$$

它的近似值是

$$G = 0.915965594\cdots$$

3. 伯努利(Bernoulli)数 $B_n, B_{2n}$.

前 13 个伯努利数 $B_n$ 分别是

| $B_0$ | $B_1$ | $B_2$ | $B_3$ | $B_4$ | $B_5$ | $B_6$ | $B_7$ | $B_8$ | $B_9$ | $B_{10}$ | $B_{11}$ | $B_{12}$ |
|---|---|---|---|---|---|---|---|---|---|---|---|---|
| 1 | $-\frac{1}{2}$ | $\frac{1}{6}$ | 0 | $-\frac{1}{30}$ | 0 | $\frac{1}{42}$ | 0 | $-\frac{1}{30}$ | 0 | $\frac{5}{66}$ | 0 | $-\frac{691}{2730}$ |

伯努利数 $B_n$ 中, 除 $B_1$ 外, 所有 $n$ 是奇数的项均为 0. 因此公式中通常只使用偶数项的伯努利数 $B_{2n}$. 当 $n = 0, 1, 2, 3, \cdots$ 时, 伯努利数分别为 $B_0, B_2, B_4, B_6, \cdots$.

4. 欧拉数 $E_n, E_{2n}$.

前 11 个欧拉数 $E_n$ 分别是

| $E_0$ | $E_1$ | $E_2$ | $E_3$ | $E_4$ | $E_5$ | $E_6$ | $E_7$ | $E_8$ | $E_9$ | $E_{10}$ |
|-------|-------|-------|-------|-------|-------|-------|-------|-------|-------|----------|
| 1 | 0 | $-1$ | 0 | 5 | 0 | 61 | 0 | 1385 | 0 | $-50521$ |

欧拉数 $E_n$ 中的所有 $n$ 为奇次的项皆为 0，只有偶次项才有数值. 因此公式中只使用偶次项的欧拉数 $E_{2n}$. 当 $n = 0, 1, 2, 3, \cdots$ 时，欧拉数分别为 $E_0, E_2, E_4, E_6, \cdots$.

欧拉常数、卡特兰常数、伯努利数、欧拉数经常出现在定积分中.

# 2.4    定积分中的分部积分法

定积分中分部积分的基本公式是

$$\int_a^b u \, \mathrm{d}v = (uv) \Big|_a^b - \int_a^b v \, \mathrm{d}u \tag{2.17}$$

这个公式与不定积分中的分部积分的公式是相似的，只是这里多了定积分中的上、下限而已. 下面举若干个例题来说明分部积分法的应用.

1. 计算积分 $I_n = \displaystyle\int_0^{\frac{\pi}{2}} \sin^n x \, \mathrm{d}x$，$J_n = \displaystyle\int_0^{\frac{\pi}{2}} \cos^n x \, \mathrm{d}x$（$n$ 为正整数）.

(1) $I_n = \displaystyle\int_0^{\frac{\pi}{2}} \sin^n x \, \mathrm{d}x$.

用分部积分公式，得

$$
\begin{aligned}
I_n &= \int_0^{\frac{\pi}{2}} \sin^n x \, \mathrm{d}x = \int_0^{\frac{\pi}{2}} \sin^{n-1} x \, \mathrm{d}(-\cos x) \\
&= (-\sin^{n-1} x \cos x) \Big|_0^{\frac{\pi}{2}} + (n-1) \int_0^{\frac{\pi}{2}} \sin^{n-2} x \cos^2 x \, \mathrm{d}x \\
&= 0 + (n-1) \int_0^{\frac{\pi}{2}} \sin^{n-2} x (1 - \sin^2 x) \, \mathrm{d}x \\
&= (n-1) \int_0^{\frac{\pi}{2}} \sin^{n-2} x \, \mathrm{d}x - (n-1) \int_0^{\frac{\pi}{2}} \sin^n x \, \mathrm{d}x \\
&= (n-1) I_{n-2} - (n-1) I_n
\end{aligned}
$$

因此，可得到递推公式

$$I_n = \frac{n-1}{n} I_{n-2}$$

依照这个递推公式递推下去，$I_n$ 的最后一项会依次化成 $I_0$ 或 $I_1$，即

$$I_0 = \int_0^{\frac{\pi}{2}} \sin^0 x \, \mathrm{d}x = \int_0^{\frac{\pi}{2}} \mathrm{d}x = \frac{\pi}{2}$$

$$I_1 = \int_0^{\frac{\pi}{2}} \sin^1 x \, \mathrm{d}x = (-\cos x) \Big|_0^{\frac{\pi}{2}} = 1$$

当 $n$ 为偶数时，$n = 2m(n, m$ 皆为正整数$)$，则有

$$I_{2m} = \int_0^{\frac{\pi}{2}} \sin^{2m}x\,\mathrm{d}x = \frac{(2m-1)(2m-3)(2m-5)\cdots3\cdot1}{2m(2m-2)(2m-4)\cdots4\cdot2} \cdot \frac{\pi}{2}$$

$$= \frac{(2m-1)!!}{(2m)!!} \cdot \frac{\pi}{2} = \frac{2^m\Gamma\left(m+\frac{1}{2}\right)}{2^m \cdot m!\sqrt{\pi}} \cdot \frac{\pi}{2} = \frac{\Gamma\left(m+\frac{1}{2}\right)}{\Gamma(m+1)}\sqrt{\pi} \quad (2.18)$$

当 $n$ 为奇数时，$n = 2m+1(n, m$ 皆为正整数$)$，则有

$$I_{2m+1} = \int_0^{\frac{\pi}{2}} \sin^{2m+1}x\,\mathrm{d}x = \frac{2m(2m-2)(2m-4)\cdots4\cdot2}{(2m+1)(2m-1)(2m-3)\cdots3\cdot1} = \frac{(2m)!!}{(2m+1)!!}$$

$$= \frac{2^m\Gamma(m+1)}{2^m(2m+1)\Gamma\left(m+\frac{1}{2}\right)\big/\sqrt{\pi}} = \frac{\sqrt{\pi}\Gamma(m+1)}{(2m+1)\Gamma\left(m+\frac{1}{2}\right)} \quad (2.19)$$

这里顺便利用式(2.18)和(2.19)来推导著名的沃利斯(J. Wallis)公式.

假定 $0 < x < \frac{\pi}{2}$，有不等式

$$\sin^{2m+1}x < \sin^{2m}x < \sin^{2m-1}x$$

那么

$$\int_0^{\frac{\pi}{2}} \sin^{2m+1}x\,\mathrm{d}x < \int_0^{\frac{\pi}{2}} \sin^{2m}x\,\mathrm{d}x < \int_0^{\frac{\pi}{2}} \sin^{2m-1}x\,\mathrm{d}x$$

由式(2.18)和(2.19)得到

$$\frac{(2m)!!}{(2m+1)!!} < \frac{(2m-1)!!}{(2m)!!} \cdot \frac{\pi}{2} < \frac{(2m-2)!!}{(2m-1)!!}$$

即

$$\frac{1}{2m+1}\left[\frac{(2m)!!}{(2m-1)!!}\right]^2 < \frac{\pi}{2} < \frac{1}{2m}\left[\frac{(2m)!!}{(2m-1)!!}\right]^2$$

不等式两端之差

$$\frac{1}{2m(2m+1)}\left[\frac{(2m)!!}{(2m-1)!!}\right]^2 < \frac{1}{2m}\frac{\pi}{2}$$

当 $m \to \infty$ 时，$\frac{1}{2m}\frac{\pi}{2} \to 0$，自然

$$\frac{1}{2m(2m+1)}\left[\frac{(2m)!!}{(2m-1)!!}\right]^2 \to 0$$

这就是说，当 $m \to \infty$ 时，两端的共同极限为 $\frac{\pi}{2}$，因此有

$$\frac{\pi}{2} = \lim_{m\to\infty} \frac{1}{2m+1}\left[\frac{(2m)!!}{(2m-1)!!}\right]^2 \quad (2.20)$$

这就是**沃利斯公式**. 它可用于 $\pi$ 的近似计算.

(2) $J_n = \int_0^{\frac{\pi}{2}} \cos^n x\,\mathrm{d}x(n$ 为正整数$)$.

运用与上面相同的方法，有

$$J_n = \int_0^{\frac{\pi}{2}} \cos^n x \, \mathrm{d}x = \int_0^{\frac{\pi}{2}} \cos^{n-1} x \, \mathrm{d}\sin x$$

$$= (\cos^{n-1} x \sin x) \Big|_0^{\frac{\pi}{2}} + (n-1) \int_0^{\frac{\pi}{2}} \cos^{n-2} x (1 - \cos^2 x) \, \mathrm{d}x$$

$$= (n-1) \int_0^{\frac{\pi}{2}} \cos^{n-2} x \, \mathrm{d}x - (n-1) \int_0^{\frac{\pi}{2}} \cos^n x \, \mathrm{d}x$$

$$= (n-1) J_{n-2} - (n-1) J_n$$

因此得到递推公式

$$J_n = \frac{n-1}{n} J_{n-2}$$

依照这个递推公式递推下去，$J_n$ 的最后一项会依次化成 $J_0$ 或 $J_1$，即

$$J_0 = \int_0^{\frac{\pi}{2}} \cos^0 x \, \mathrm{d}x = \int_0^{\frac{\pi}{2}} \mathrm{d}x = \frac{\pi}{2}$$

$$J_1 = \int_0^{\frac{\pi}{2}} \cos^1 x \, \mathrm{d}x = \int_0^{\frac{\pi}{2}} \cos x \, \mathrm{d}x = (\sin x) \Big|_0^{\frac{\pi}{2}} = 1$$

当 $n$ 为偶数时，$n = 2m$（$n, m$ 皆为正整数），则有

$$J_{2m} = \int_0^{\frac{\pi}{2}} \cos^{2m} x \, \mathrm{d}x = \frac{(2m-1)(2m-3)\cdots 3 \cdot 1}{2m(2m-2)\cdots 4 \cdot 2} \cdot \frac{\pi}{2} = \frac{(2m-1)!!}{(2m)!!} \cdot \frac{\pi}{2}$$

当 $n$ 为奇数时，$n = 2m+1$（$n, m$ 皆为正整数），则有

$$J_{2m+1} = \int_0^{\frac{\pi}{2}} \cos^{2m+1} x \, \mathrm{d}x = \frac{2m(2m-2)\cdots 4 \cdot 2}{(2m+1)(2m-1)\cdots 3 \cdot 1} = \frac{(2m)!!}{(2m+1)!!}$$

它与 $I_n = \int_0^{\frac{\pi}{2}} \sin^n x \, \mathrm{d}x$ 的积分结果是相同的，因此可把它们写成同样的形式

$$\int_0^{\frac{\pi}{2}} \sin^n x \, \mathrm{d}x = \int_0^{\frac{\pi}{2}} \cos^n x \, \mathrm{d}x = \begin{cases} \dfrac{(n-1)!!}{n!!} \cdot \dfrac{\pi}{2} & \text{（当 } n \text{ 是偶数时）} \\[3mm] \dfrac{(n-1)!!}{n!!} & \text{（当 } n \text{ 是奇数时）} \end{cases}$$

上两式可合并写成

$$\int_0^{\frac{\pi}{2}} \sin^n x \, \mathrm{d}x = \int_0^{\frac{\pi}{2}} \cos^n x \, \mathrm{d}x = \frac{\sqrt{\pi} \, \Gamma\left(\dfrac{n+1}{2}\right)}{2\Gamma\left(\dfrac{n+2}{2}\right)} \tag{2.21}$$

2. 计算积分 $K_n = \int_0^{\frac{\pi}{2}} \cos^n x \sin nx \, \mathrm{d}x$，$L_n = \int_0^{\frac{\pi}{2}} \cos^n x \cos nx \, \mathrm{d}x$.

(1) $K_n = \int_0^{\frac{\pi}{2}} \cos^n x \sin nx \, \mathrm{d}x$.

用分部积分法，有

$$K_n = \int_0^{\frac{\pi}{2}} \cos^n x \sin nx \, \mathrm{d}x = -\frac{1}{n} \int_0^{\frac{\pi}{2}} \cos^n x \, \mathrm{d}\cos nx$$

$$= -\frac{1}{n}(\cos^n x \cos nx)\Big|_0^{\frac{\pi}{2}} + \frac{1}{n}\int_0^{\frac{\pi}{2}} \cos nx \cdot n\cos^{n-1}x(-\sin x)\mathrm{d}x$$

$$= \frac{1}{n} - \int_0^{\frac{\pi}{2}} \cos^{n-1}x\cos nx\sin x\mathrm{d}x$$

在等式两边分别加上 $K_n$,则

$$2K_n = \frac{1}{n} + \int_0^{\frac{\pi}{2}} \cos^n x\sin nx\mathrm{d}x - \int_0^{\frac{\pi}{2}} \cos^{n-1}x\cos nx\sin x\mathrm{d}x$$

$$= \frac{1}{n} + \int_0^{\frac{\pi}{2}} \cos^{n-1}x(\sin nx\cos x - \cos nx\sin x)\mathrm{d}x$$

$$= \frac{1}{n} + \int_0^{\frac{\pi}{2}} \cos^{n-1}x\sin(n-1)x\mathrm{d}x = \frac{1}{n} + K_{n-1}$$

因此有递推公式

$$K_n = \frac{1}{2}\left(\frac{1}{n} + K_{n-1}\right)$$

依照这个递推公式,会有

$$K_{n-1} = \frac{1}{2}\left(\frac{1}{n-1} + K_{n-2}\right)$$

$$K_{n-2} = \frac{1}{2}\left(\frac{1}{n-2} + K_{n-3}\right)$$

$$K_{n-3} = \frac{1}{2}\left(\frac{1}{n-3} + K_{n-4}\right)$$

$$\cdots$$

这样递推下去,就可得到

$$K_n = \frac{1}{2}\left\{\frac{1}{n} + \frac{1}{2}\left[\frac{1}{n-1} + \frac{1}{2}\left(\frac{1}{n-2} + \cdots + \frac{1}{2}\int_0^{\frac{\pi}{2}}\cos x\sin x\mathrm{d}x\right)\right]\right\}$$

$$= \frac{1}{2n} + \frac{1}{2^2(n-1)} + \frac{1}{2^3(n-2)} + \cdots + \frac{1}{2^n}$$

$$= \frac{1}{2^{n+1}}\left(\frac{2}{1} + \frac{2^2}{2} + \frac{2^3}{3} + \cdots + \frac{2^n}{n}\right) = \frac{1}{2^{n+1}}\sum_{k=1}^{n}\frac{2^k}{k}$$

(2) $L_n = \displaystyle\int_0^{\frac{\pi}{2}} \cos^n x\cos nx\mathrm{d}x$.

用同样的方法和步骤来计算:

$$L_n = \int_0^{\frac{\pi}{2}} \cos^n x\cos nx\mathrm{d}x = \frac{1}{n}\int_0^{\frac{\pi}{2}} \cos^n x\mathrm{d}\sin nx$$

$$= \frac{1}{n}(\cos^n x\sin nx)\Big|_0^{\frac{\pi}{2}} - \frac{1}{n}\int_0^{\frac{\pi}{2}} \sin nx \cdot n\cos^{n-1}x(-\sin x)\mathrm{d}x$$

$$= \int_0^{\frac{\pi}{2}} \cos^{n-1}x\sin nx\sin x\mathrm{d}x$$

两边加 $L_n$,得

$$2L_n = \int_0^{\frac{\pi}{2}} \cos^n x \cos nx \, \mathrm{d}x + \int_0^{\frac{\pi}{2}} \cos^{n-1} x \sin nx \sin x \, \mathrm{d}x$$

$$= \int_0^{\frac{\pi}{2}} \cos^{n-1} x (\cos nx \cos x + \sin nx \sin x) \mathrm{d}x$$

$$= \int_0^{\frac{\pi}{2}} \cos^{n-1} x \cos(n-1) x \, \mathrm{d}x = L_{n-1}$$

所以,从这个公式可得到它的递推公式

$$L_n = \frac{1}{2} L_{n-1}$$

以此类推,该式的最后一项是

$$\int_0^{\frac{\pi}{2}} \cos x \cos x \, \mathrm{d}x$$

因此得到该积分的结果

$$L_n = \int_0^{\frac{\pi}{2}} \cos^n x \cos nx \, \mathrm{d}x = \frac{1}{2} \cdot \frac{1}{2} \cdot \frac{1}{2} \cdots \int_0^{\frac{\pi}{2}} \cos^2 x \, \mathrm{d}x$$

$$= \frac{1}{2^{n-1}} \cdot \frac{\pi}{4} = \frac{\pi}{2^{n+1}}$$

3. 计算积分 $\int_0^{\sqrt{3}} x \arctan x \, \mathrm{d}x$.

用分部积分法,有

$$\int_0^{\sqrt{3}} x \arctan x \, \mathrm{d}x = \frac{1}{2} \int_0^{\sqrt{3}} \arctan x \, \mathrm{d}x^2$$

$$= \frac{1}{2} (x^2 \arctan x) \Big|_0^{\sqrt{3}} - \int_0^{\sqrt{3}} x^2 \frac{1}{1+x^2} \mathrm{d}x$$

$$= \frac{1}{2} \cdot 3 \cdot \frac{\pi}{3} - \frac{1}{2} \int_0^{\sqrt{3}} \left(1 - \frac{1}{1+x^2}\right) \mathrm{d}x$$

$$= \frac{\pi}{2} - \frac{1}{2} \int_0^{\sqrt{3}} \mathrm{d}x + \frac{1}{2} \int_0^{\sqrt{3}} \frac{\mathrm{d}x}{1+x^2}$$

$$= \frac{\pi}{2} - \frac{\sqrt{3}}{2} + \frac{1}{2} (\arctan x) \Big|_0^{\sqrt{3}}$$

$$= \frac{\pi}{2} - \frac{\sqrt{3}}{2} + \frac{1}{2} \cdot \frac{\pi}{3} = \frac{2\pi}{3} - \frac{\sqrt{3}}{2}$$

4. 计算积分 $\int_0^{\ln 2} x \mathrm{e}^{-x} \mathrm{d}x$.

用分部积分法,有

$$\int_0^{\ln 2} x \mathrm{e}^{-x} \mathrm{d}x = -\int_0^{\ln 2} x \mathrm{d}\mathrm{e}^{-x} = -(x\mathrm{e}^{-x}) \Big|_0^{\ln 2} + \int_0^{\ln 2} \mathrm{e}^{-x} \mathrm{d}x$$

$$= -\frac{1}{2} \ln 2 - (\mathrm{e}^{-x}) \Big|_0^{\ln 2} = -\frac{1}{2} \ln 2 - \left(\frac{1}{2} - 1\right) = \frac{1}{2} (1 - \ln 2)$$

$$= \frac{1}{2}(\ln e - \ln 2) = \frac{1}{2}\ln\frac{e}{2}$$

5. 计算积分 $\int_0^\pi x\sin x\mathrm{d}x$.

用分部积分法,有

$$\int_0^\pi x\sin x\mathrm{d}x = -\int_0^\pi x\mathrm{d}\cos x = -(x\cos x)\,\big|_0^\pi + \int_0^\pi \cos x\mathrm{d}x$$

$$= \pi + (\sin x)\,\big|_0^\pi = \pi$$

6. 计算积分 $\int_0^\infty e^{-ax}\cos bx\mathrm{d}x$ 和 $\int_0^\infty e^{-ax}\sin bx\mathrm{d}x (a > 0)$.

使用两次分部积分法,可得到

$$\int_0^\infty e^{-ax}\cos bx\mathrm{d}x = -\frac{1}{a}\int_0^\infty \cos bx \cdot \mathrm{d}e^{-ax}$$

$$= -\frac{1}{a}(e^{-ax}\cos bx)\,\big|_0^\infty - \frac{b}{a}\int_0^\infty e^{-ax}\sin bx\mathrm{d}x$$

$$= \frac{1}{a} + \frac{b}{a^2}\int_0^\infty \sin bx \cdot \mathrm{d}e^{-ax}$$

$$= \frac{1}{a} + \frac{b}{a^2}(e^{-ax}\sin bx)\,\big|_0^\infty - \frac{b^2}{a^2}\int_0^\infty e^{-ax}\cos bx\mathrm{d}x$$

$$= \frac{1}{a} - \frac{b^2}{a^2}\int_0^\infty e^{-ax}\cos bx\mathrm{d}x$$

移项得到

$$\left(1 + \frac{b^2}{a^2}\right)\int_0^\infty e^{-ax}\cos bx\mathrm{d}x = \frac{1}{a}$$

最后得

$$\int_0^\infty e^{-ax}\cos bx\mathrm{d}x = \frac{a}{a^2 + b^2} \quad (a > 0)$$

对于第二个积分,可采用同样应用分部积分法两次得到

$$\int_0^\infty e^{-ax}\sin bx\mathrm{d}x = \frac{b}{a^2 + b^2} \quad (a > 0)$$

7. 计算积分 $\int_0^1 (1 - x)^m x^n \mathrm{d}x$ ($m, n$ 皆为正整数).

用分部积分法,有

$$\int_0^1 (1 - x)^m x^n \mathrm{d}x = -\frac{1}{m + 1}\int_0^1 x^n \mathrm{d}(1 - x)^{m+1}$$

$$= -\frac{1}{m + 1}\left\{\left[x^n (1 - x)^{m+1}\right]_0^1 - n\int_0^1 (1 - x)^{m+1} x^{n-1}\mathrm{d}x\right\}$$

$$= \frac{n}{m + 1}\int_0^1 (1 - x)^m (1 - x) x^{n-1}\mathrm{d}x$$

$$= \frac{n}{m + 1}\int_0^1 (1 - x)^m x^{n-1}\mathrm{d}x - \frac{n}{m + 1}\int_0^1 (1 - x)^m x^n \mathrm{d}x$$

移项后,得到

$$\frac{m + n + 1}{m + 1}\int_0^1 (1 - x)^m x^n \mathrm{d}x = \frac{n}{m + 1}\int_0^1 (1 - x)^m x^{n-1} \mathrm{d}x$$

因此有

$$\int_0^1 (1 - x)^m x^n \mathrm{d}x = \frac{n}{m + n + 1}\int_0^1 (1 - x)^m x^{n-1} \mathrm{d}x$$

继续运用分部积分法:

$$\int_0^1 (1 - x)^m x^{n-1} \mathrm{d}x = \frac{n - 1}{m + n}\int_0^1 (1 - x)^m x^{n-2} \mathrm{d}x$$

$$\int_0^1 (1 - x)^m x^{n-2} \mathrm{d}x = \frac{n - 2}{m + n - 1}\int_0^1 (1 - x)^m x^{n-3} \mathrm{d}x$$

$$\cdots$$

得到

$$\int_0^1 (1 - x)^m x^n \mathrm{d}x = \frac{n(n - 1)(n - 2)\cdots3 \cdot 2 \cdot 1}{(m + n + 1)(m + n)(m + n - 1)\cdots(m + 2)}\int_0^1 (1 - x)^m \mathrm{d}x$$

等式右边的积分是

$$\int_0^1 (1 - x)^m \mathrm{d}x = -\left[\frac{1}{m + 1}(1 - x)^{m+1}\right]_0^1 = \frac{1}{m + 1}$$

最后得到

$$\int_0^1 (1 - x)^m x^n \mathrm{d}x$$

$$= \frac{n(n - 1)(n - 2)\cdots3 \cdot 2 \cdot 1}{(m + n + 1)(m + n)\cdots(m + 2)(m + 1)}$$

$$= \frac{n(n - 1)(n - 2)\cdots3 \cdot 2 \cdot 1 \cdot m(m - 1)\cdots3 \cdot 2 \cdot 1}{(m + n + 1)(m + n)\cdots(m + 2)(m + 1)m(m - 1)\cdots3 \cdot 2 \cdot 1}$$

$$= \frac{m!\,n!}{(m + n + 1)!} = \frac{\Gamma(m + 1)\Gamma(n + 1)}{\Gamma(m + n + 2)} = \mathrm{B}(m + 1, n + 1)$$

从积分的结果可以看出:该积分实际上是欧拉积分(第一类欧拉积分),所以也可直接写出

$$\int_0^1 (1 - x)^m x^n \mathrm{d}x = \mathrm{B}(m + 1, n + 1)$$

## 2.5 定积分中的换元法

在定积分 $\int_a^b f(x)\mathrm{d}x$ 中,$f(x)$ 是区间 $[a,b]$ 上的连续函数. 令 $x = \varphi(t)$,$\varphi(t)$ 在某区间 $[\alpha,\beta]$ 上连续,且有连续的导数,当 $t$ 在 $[\alpha,\beta]$ 上变化时,$\varphi(t)$ 的值不超

出区间 $[a,b]$ 的范围,并且 $\varphi(\alpha) = a, \varphi(\beta) = b$. 在这些条件下,有公式

$$\int_a^b f(x)\mathrm{d}x = \int_\alpha^\beta f[\varphi(t)]\varphi'(t)\mathrm{d}t \tag{2.22}$$

这就是**定积分的换元公式**.

假定被积函数都是连续的,则不仅这些函数的定积分存在,而且相应的不定积分也存在. 如果 $F(x)$ 是第一个微分的一个原函数,那么函数 $\Phi(t) = F[\varphi(t)]$ 就是第二个微分 $f[\varphi(t)]\varphi'(t)\mathrm{d}t$ 的一个原函数. 因此有

$$\int_a^b f(x)\mathrm{d}x = F(b) - F(a)$$

及

$$\int_\alpha^\beta f[\varphi(t)]\varphi'(t)\mathrm{d}t = \Phi(\beta) - \Phi(\alpha) = F[\varphi(\beta)] - F[\varphi(\alpha)]$$
$$= F(b) - F(a) \tag{2.23}$$

在不定积分中运用换元法时,得到了用新变量 $t$ 所表示的函数后,应当换回为原来的旧变量 $x$. 但在定积分中却不必这样做,因为在定积分中计算出来的乃是一个数值,自然不用变回去了. 不过要指出的是在换元的同时,上、下积分限也要同时换成与新变量相应的积分限.

下面将用若干例题来阐明定积分中的换元法则.

1. 计算积分 $\int_0^a \sqrt{a^2 - x^2}\,\mathrm{d}x\,(a > 0)$.

使用替换 $x = a\sin t$,则

$$\mathrm{d}x = a\cos t\,\mathrm{d}t$$

当 $x = 0$ 时,$t = 0$;当 $x = a$ 时,$\sin t = 1$,$t = \dfrac{\pi}{2}$,因此

$$\int_0^a \sqrt{a^2 - x^2}\,\mathrm{d}x = \int_0^{\frac{\pi}{2}} \sqrt{a^2 - a^2\sin^2 t} \cdot a\cos t\,\mathrm{d}t = a^2\int_0^{\frac{\pi}{2}} \cos^2 t\,\mathrm{d}t$$
$$= \frac{a^2}{2}\int_0^{\frac{\pi}{2}} (1 + \cos 2t)\,\mathrm{d}t = \frac{a^2}{2}\left(t + \frac{1}{2}\sin 2t\right)\Big|_0^{\frac{\pi}{2}}$$
$$= \frac{\pi a^2}{4}$$

2. 计算积分 $\int_0^{\frac{\pi}{2}} \dfrac{t}{\sin t}\,\mathrm{d}t$.

令 $t = 2\arctan x$,则

$$\mathrm{d}t = \frac{2}{1 + x^2}\mathrm{d}x, \quad x = \tan\frac{t}{2}$$

以及

$$\sin t = 2\sin\frac{t}{2}\cos\frac{t}{2} = 2\frac{\sin\dfrac{t}{2}}{\cos\dfrac{t}{2}}\cos^2\frac{t}{2} = \frac{2\tan\dfrac{t}{2}}{\sec^2\dfrac{t}{2}} = \frac{2\tan\dfrac{t}{2}}{1 + \tan^2\dfrac{t}{2}} = \frac{2x}{1 + x^2}$$

当 $t = 0$ 时，$x = 0$；当 $t = \dfrac{\pi}{2}$ 时，$x = 1$，于是

$$\int_0^{\frac{\pi}{2}} \frac{t}{\sin t} dt = \int_0^1 \frac{2\arctan x}{\frac{2x}{1 + x^2}} \cdot \frac{2}{1 + x^2} dx = 2\int_0^1 \frac{\arctan x}{x} dx$$

其中的 $\arctan x$ 用级数展开：

$$\arctan x = x - \frac{x^3}{3} + \frac{x^5}{5} - \frac{x^7}{7} + \cdots + (-1)^n \frac{x^{2n+1}}{2n+1} + \cdots$$

$$= \sum_{n=0}^{\infty} (-1)^n \frac{1}{2n+1} x^{2n+1} \quad (x^2 < 1)$$

把 $\arctan x$ 的展开式代入，并逐项积分，得到

$$\int_0^1 \frac{\arctan x}{x} dx = \int_0^1 \frac{1}{x} \sum_{n=0}^{\infty} (-1)^n \frac{1}{2n+1} x^{2n+1} dx$$

$$= \int_0^1 \sum_{n=0}^{\infty} (-1)^n \frac{1}{2n+1} x^{2n} dx$$

根据积分号与求和号可以互换的原理，得到

$$\int_0^1 \frac{\arctan x}{x} dx = \int_0^1 \sum_{n=0}^{\infty} (-1)^n \frac{1}{2n+1} x^{2n} dx = \sum_{n=0}^{\infty} (-1)^n \frac{1}{2n+1} \int_0^1 x^{2n} dx$$

$$= \sum_{n=0}^{\infty} (-1)^n \frac{1}{2n+1} \cdot \frac{1}{2n+1} (x^{2n+1}) \Big|_0^1$$

$$= \sum_{n=0}^{\infty} (-1)^n \frac{1}{(2n+1)^2} = G \tag{2.24}$$

因此得到

$$\int_0^{\frac{\pi}{2}} \frac{t}{\sin t} dt = 2G$$

此处 $G$ 为卡塔兰常数．

3. 计算积分 $I = \displaystyle\int_0^{\frac{\pi}{2}} \ln \sin \theta d\theta$.

令 $\theta = \dfrac{\pi}{2} - \varphi$，则 $d\theta = -d\varphi$，当 $\theta = 0$，$\varphi = \dfrac{\pi}{2}$；当 $\theta = \dfrac{\pi}{2}$，$\varphi = 0$；及 $\sin \theta = \cos \varphi$.

因此

$$I = \int_0^{\frac{\pi}{2}} \ln \sin \theta d\theta = -\int_{\frac{\pi}{2}}^0 \ln \cos \varphi d\varphi = \int_0^{\frac{\pi}{2}} \ln \cos \varphi d\varphi = \int_0^{\frac{\pi}{2}} \ln \cos \theta d\theta$$

于是

$$2I = \int_0^{\frac{\pi}{2}} (\ln \sin \theta + \ln \cos \theta) d\theta$$

$$= \int_0^{\frac{\pi}{2}} \ln(\sin \theta \cos \theta) d\theta = \int_0^{\frac{\pi}{2}} \ln \frac{\sin 2\theta}{2} d\theta$$

$$= \int_0^{\frac{\pi}{2}} (\ln \sin 2\theta - \ln 2) \mathrm{d}\theta = \int_0^{\frac{\pi}{2}} \ln \sin 2\theta \mathrm{d}\theta - \int_0^{\frac{\pi}{2}} \ln 2 \mathrm{d}\theta$$

在右边的第一个积分中,令 $2\theta = u$,则 $\mathrm{d}\theta = \dfrac{1}{2}\mathrm{d}u$,当 $\theta = 0, u = 0$;而 $\theta = \dfrac{\pi}{2}, u = \pi$.
因此

$$\int_0^{\frac{\pi}{2}} \ln \sin 2\theta \mathrm{d}\theta = \frac{1}{2} \int_0^{\pi} \ln \sin u \mathrm{d}u = \int_0^{\frac{\pi}{2}} \ln \sin u \mathrm{d}u = \int_0^{\frac{\pi}{2}} \ln \sin \theta \mathrm{d}\theta$$

这样,就有

$$2I = \int_0^{\frac{\pi}{2}} \ln \sin 2\theta \mathrm{d}\theta - \int_0^{\frac{\pi}{2}} \ln 2 \mathrm{d}\theta = I - \frac{\pi}{2}\ln 2$$

$$I = -\frac{\pi}{2}\ln 2$$

最后得到

$$\int_0^{\frac{\pi}{2}} \ln \sin \theta \mathrm{d}\theta = \int_0^{\frac{\pi}{2}} \ln \cos \theta \mathrm{d}\theta = -\frac{\pi}{2}\ln 2 \tag{2.25}$$

从式(2.25)可推导出下列积分:

① $\displaystyle\int_0^{\frac{\pi}{2}} \ln \tan x \mathrm{d}x = \int_0^{\frac{\pi}{2}} (\ln \sin x - \ln \cos x)\mathrm{d}x = \int_0^{\frac{\pi}{2}} \ln \sin x \mathrm{d}x - \int_0^{\frac{\pi}{2}} \ln \cos x \mathrm{d}x = 0.$

② $\displaystyle\int_0^{\frac{\pi}{2}} \ln \sec x \mathrm{d}x = \int_0^{\frac{\pi}{2}} \ln \frac{1}{\cos x} \mathrm{d}x = -\int_0^{\frac{\pi}{2}} \ln \cos x \mathrm{d}x = \frac{\pi}{2}\ln 2.$

③ $\displaystyle\int_0^{\frac{\pi}{2}} \ln \csc x \mathrm{d}x = \int_0^{\frac{\pi}{2}} \ln \frac{1}{\sin x} \mathrm{d}x = -\int_0^{\frac{\pi}{2}} \ln \sin x \mathrm{d}x = \frac{\pi}{2}\ln 2.$

④ $\displaystyle\int_0^1 \frac{\ln x}{\sqrt{1 - x^2}} \mathrm{d}x.$

若令 $x = \sin \theta$,则

$$\mathrm{d}x = \cos \theta \mathrm{d}\theta, \quad \sqrt{1 - x^2} = \cos \theta$$

当 $x = 0$ 时,$\theta = 0$;而当 $x = 1$ 时,$\theta = \dfrac{\pi}{2}$,因此得到

$$\int_0^1 \frac{\ln x}{\sqrt{1 - x^2}} \mathrm{d}x = \int_0^{\frac{\pi}{2}} \ln \sin \theta \mathrm{d}\theta = -\frac{\pi}{2}\ln 2$$

⑤ $\displaystyle\int_0^{\infty} \frac{y}{\sqrt{e^{2y} - 1}} \mathrm{d}y.$

令 $y = -\ln x = \ln \dfrac{1}{x}$,则

$$\mathrm{d}y = -\frac{\mathrm{d}x}{x}, \quad e^{2y} = \frac{1}{x^2}$$

当 $y = 0$ 时,$x = 1$;而当 $y = \infty$ 时,$x = 0$,因此得到

$$\int_0^{\infty} \frac{y}{\sqrt{e^{2y} - 1}} \mathrm{d}y = \int_1^0 \frac{-\ln x}{\sqrt{\dfrac{1}{x^2} - 1}} \left(-\frac{\mathrm{d}x}{x}\right) = \int_1^0 \frac{\ln x}{\sqrt{1 - x^2}} \mathrm{d}x = -\int_0^1 \frac{\ln x}{\sqrt{1 - x^2}} \mathrm{d}x$$

$$= - \int_0^{\frac{\pi}{2}} \ln \sin \theta \mathrm{d}\theta = \frac{\pi}{2} \ln 2$$

4. 计算积分 $\int_0^{\frac{\pi}{4}} \ln \tan x \mathrm{d}x$, $\int_0^{\frac{\pi}{4}} \ln \cot x \mathrm{d}x$.

(1) 令 $\tan x = t$, 则

$$x = \arctan t, \quad \mathrm{d}x = \frac{\mathrm{d}t}{1 + t^2}$$

当 $x = 0$ 时, $t = 0$; 当 $x = \frac{\pi}{4}$ 时, $t = 1$, 因此

$$\int_0^{\frac{\pi}{4}} \ln \tan x \mathrm{d}x = \int_0^1 \ln t \cdot \frac{\mathrm{d}t}{1 + t^2} = \int_0^1 \ln t \mathrm{d} \arctan t$$

$$= \left[ \ln t \cdot \arctan t \right]_0^1 - \int_0^1 \arctan t \cdot \frac{\mathrm{d}t}{t}$$

$$= - \int_0^1 \frac{\arctan t}{t} \mathrm{d}t = - G$$

(2) $\int_0^{\frac{\pi}{4}} \ln \cot x \mathrm{d}x = \int_0^{\frac{\pi}{4}} \ln \frac{1}{\tan x} \mathrm{d}x = - \int_0^{\frac{\pi}{4}} \ln \tan x \mathrm{d}x = G$.

此处 $G$ 是卡塔兰常数.

5. 计算积分 $\int_0^{\frac{\pi}{2}} \ln(1 + \cos x) \mathrm{d}x$, $\int_0^{\frac{\pi}{2}} \ln(1 + \sin x) \mathrm{d}x$.

(1) $\int_0^{\frac{\pi}{2}} \ln(1 + \cos x) \mathrm{d}x$.

因为

$$\tan \frac{x}{2} = \frac{\sin x}{1 + \cos x}$$

也就是

$$1 + \cos x = \frac{\sin x}{\tan \frac{x}{2}}$$

所以

$$\int_0^{\frac{\pi}{2}} \ln(1 + \cos x) \mathrm{d}x = \int_0^{\frac{\pi}{2}} \ln \frac{\sin x}{\tan \frac{x}{2}} \mathrm{d}x = \int_0^{\frac{\pi}{2}} \ln \sin x \mathrm{d}x - \int_0^{\frac{\pi}{2}} \ln \tan \frac{x}{2} \mathrm{d}x$$

$$= \int_0^{\frac{\pi}{2}} \ln \sin x \mathrm{d}x - 2 \int_0^{\frac{\pi}{4}} \ln \tan y \mathrm{d}y$$

$$= - \frac{\pi}{2} \ln 2 - 2(- G) = 2G - \frac{\pi}{2} \ln 2$$

此处 $G$ 是卡塔兰常数.

(2) $\int_0^{\frac{\pi}{2}} \ln(1 + \sin x) \mathrm{d}x$.

令 $x = \dfrac{\pi}{2} - y$,则 $\sin x = \cos y$,可得

$$\int_0^{\frac{\pi}{2}} \ln(1 + \sin x)\mathrm{d}x = \int_0^{\frac{\pi}{2}} \ln(1 + \cos y)\mathrm{d}y = 2G - \dfrac{\pi}{2}\ln 2$$

6. 计算积分 $\displaystyle\int_0^{\frac{\pi}{2}} \ln(1 - \cos x)\mathrm{d}x, \int_0^{\frac{\pi}{2}} \ln(1 - \sin x)\mathrm{d}x$.

(1) 用 $1 - \cos x = \sin x \cdot \tan\dfrac{x}{2}$ 替换,得

$$\begin{aligned}
\int_0^{\frac{\pi}{2}} \ln(1 - \cos x)\mathrm{d}x &= \int_0^{\frac{\pi}{2}} \ln\left(\sin x \cdot \tan\dfrac{x}{2}\right)\mathrm{d}x \\
&= \int_0^{\frac{\pi}{2}} \ln\sin x\,\mathrm{d}x + \int_0^{\frac{\pi}{2}} \ln\tan\dfrac{x}{2}\mathrm{d}x \\
&= -\dfrac{\pi}{2}\ln 2 - 2G
\end{aligned}$$

(2) 令 $x = \dfrac{\pi}{2} - y$,则 $\sin x = \cos y$,于是

$$\int_0^{\frac{\pi}{2}} \ln(1 - \sin x)\mathrm{d}x = \int_0^{\frac{\pi}{2}} \ln(1 - \cos y)\mathrm{d}y = -\dfrac{\pi}{2}\ln 2 - 2G$$

此处 $G$ 是卡塔兰常数.

7. 计算积分 $\displaystyle\int_0^{\frac{\pi}{2}} \dfrac{x\sin x}{1 + \cos x}\mathrm{d}x, \int_0^{\frac{\pi}{2}} \dfrac{x\cos x}{1 + \sin x}\mathrm{d}x$.

(1) $\displaystyle\int_0^{\frac{\pi}{2}} \dfrac{x\sin x}{1 + \cos x}\mathrm{d}x = -\int_0^{\frac{\pi}{2}} \dfrac{x\mathrm{d}(1 + \cos x)}{1 + \cos x} = -\int_0^{\frac{\pi}{2}} x\mathrm{d}\ln(1 + \cos x)$

$$\begin{aligned}
&= -\left[x\ln(1 + \cos x)\right]_0^{\frac{\pi}{2}} + \int_0^{\frac{\pi}{2}} \ln(1 + \cos x)\mathrm{d}x \\
&= -\dfrac{\pi}{2}\ln 2 + 2G
\end{aligned}$$

(2) $\displaystyle\int_0^{\frac{\pi}{2}} \dfrac{x\cos x}{1 + \sin x}\mathrm{d}x = \int_0^{\frac{\pi}{2}} \dfrac{x\mathrm{d}(1 + \sin x)}{1 + \sin x} = \int_0^{\frac{\pi}{2}} x\mathrm{d}\ln(1 + \sin x)$

$$\begin{aligned}
&= \left[x\ln(1 + \sin x)\right]_0^{\frac{\pi}{2}} - \int_0^{\frac{\pi}{2}} \ln(1 + \sin x)\mathrm{d}x \\
&= \dfrac{\pi}{2}\ln 2 - \left(-\dfrac{\pi}{2}\ln 2 + 2G\right) = \pi\ln 2 - 2G
\end{aligned}$$

此处 $G$ 是卡塔兰常数.

8. 计算积分 $\displaystyle\int_0^{\frac{\pi}{4}} \ln(1 + \tan x)\mathrm{d}x, \int_0^{\frac{\pi}{4}} \ln(1 + \cot x)\mathrm{d}x$.

(1) $\displaystyle\int_0^{\frac{\pi}{4}} \ln(1 + \tan x)\mathrm{d}x = \int_0^{\frac{\pi}{4}} \ln\dfrac{\cos x + \sin x}{\cos x}\mathrm{d}x = \int_0^{\frac{\pi}{4}} \ln\dfrac{\sqrt{2}\sin\left(x + \dfrac{\pi}{4}\right)}{\cos x}\mathrm{d}x$

$$= \int_0^{\frac{\pi}{4}} \ln\sqrt{2}\mathrm{d}x + \int_0^{\frac{\pi}{4}} \ln\sin\left(x + \dfrac{\pi}{4}\right)\mathrm{d}x - \int_0^{\frac{\pi}{4}} \ln\cos x\,\mathrm{d}x$$

公式右端第二个积分中,令 $x + \dfrac{\pi}{4} = y$,则 $\mathrm{d}x = \mathrm{d}y$,当 $x = 0$ 时,$y = \dfrac{\pi}{4}$;当 $x = \dfrac{\pi}{4}$

时,$y = \dfrac{\pi}{2}$,因此

$$\int_0^{\frac{\pi}{4}} \ln \sin\left(x + \frac{\pi}{4}\right)\mathrm{d}x = \int_{\frac{\pi}{4}}^{\frac{\pi}{2}} \ln \sin y\,\mathrm{d}y = \int_0^{\frac{\pi}{4}} \ln \cos y\,\mathrm{d}y$$

这样得到

$$\int_0^{\frac{\pi}{4}} \ln(1 + \tan x)\mathrm{d}x = \int_0^{\frac{\pi}{4}} \ln\sqrt{2}\,\mathrm{d}x + \int_0^{\frac{\pi}{4}} \ln \cos y\,\mathrm{d}y - \int_0^{\frac{\pi}{4}} \ln \cos x\,\mathrm{d}x$$

$$= \int_0^{\frac{\pi}{4}} \ln\sqrt{2}\,\mathrm{d}x = \frac{\pi}{4}\ln\sqrt{2} = \frac{\pi}{8}\ln 2$$

(2) 用同样方法,可得

$$\int_0^{\frac{\pi}{4}} \ln(1 + \cot x)\mathrm{d}x = \int_0^{\frac{\pi}{4}} \ln \frac{1 + \tan x}{\tan x}\mathrm{d}x$$

$$= \int_0^{\frac{\pi}{4}} \ln(1 + \tan x)\mathrm{d}x - \int_0^{\frac{\pi}{4}} \ln \tan x\,\mathrm{d}x$$

$$= \frac{\pi}{8}\ln 2 - (-G) = \frac{\pi}{8}\ln 2 + G$$

9. 计算积分 $\displaystyle\int_0^{\frac{\pi}{4}} \ln \sin x\,\mathrm{d}x$,$\displaystyle\int_0^{\frac{\pi}{4}} \ln \cos x\,\mathrm{d}x$.

(1) 令 $x = \dfrac{y}{2}$,则 $\mathrm{d}x = \dfrac{\mathrm{d}y}{2}$,当 $x = 0$ 时,$y = 0$;而当 $x = \dfrac{\pi}{4}$ 时,$y = \dfrac{\pi}{2}$,因此

$$\int_0^{\frac{\pi}{4}} \ln \sin x\,\mathrm{d}x = \frac{1}{2}\int_0^{\frac{\pi}{2}} \ln \sin \frac{y}{2}\,\mathrm{d}y = \frac{1}{2}\int_0^{\frac{\pi}{2}} \ln \left(\frac{1 - \cos y}{2}\right)^{\frac{1}{2}}\mathrm{d}y$$

$$= \frac{1}{2} \cdot \frac{1}{2}\left[\int_0^{\frac{\pi}{2}} \ln(1 - \cos y)\mathrm{d}y - \int_0^{\frac{\pi}{2}} \ln 2\,\mathrm{d}y\right]$$

$$= \frac{1}{4}\left(-\frac{\pi}{2}\ln 2 - 2G - \frac{\pi}{2}\ln 2\right) = -\frac{\pi}{4}\ln 2 - \frac{1}{2}G$$

(2) 用同样的方法,可得

$$\int_0^{\frac{\pi}{4}} \ln \cos x\,\mathrm{d}x = \frac{1}{2}\int_0^{\frac{\pi}{2}} \ln \cos \frac{y}{2}\,\mathrm{d}y = \frac{1}{2}\int_0^{\frac{\pi}{2}} \ln \left(\frac{1 + \cos y}{2}\right)^{\frac{1}{2}}\mathrm{d}y$$

$$= \frac{1}{2} \cdot \frac{1}{2}\left[\int_0^{\frac{\pi}{2}} \ln(1 + \cos y)\mathrm{d}y - \int_0^{\frac{\pi}{2}} \ln 2\,\mathrm{d}y\right]$$

$$= \frac{1}{4}\left(-\frac{\pi}{2}\ln 2 + 2G - \frac{\pi}{2}\ln 2\right) = -\frac{\pi}{4}\ln 2 + \frac{1}{2}G$$

10. 计算积分 $\displaystyle\int_0^{\frac{\pi}{2}} \ln(1 + \tan x)\mathrm{d}x$,$\displaystyle\int_0^{\frac{\pi}{2}} \ln(1 + \cot x)\mathrm{d}x$.

(1) $\displaystyle\int_0^{\frac{\pi}{2}} \ln(1 + \tan x)\mathrm{d}x = \int_0^{\frac{\pi}{2}} \ln \frac{\cos x + \sin x}{\cos x}\mathrm{d}x = \int_0^{\frac{\pi}{2}} \ln \frac{\sqrt{2}\sin\left(x + \frac{\pi}{4}\right)}{\cos x}\mathrm{d}x$

$$= \int_0^{\frac{\pi}{2}} \ln \sqrt{2}\, \mathrm{d}x + \int_0^{\frac{\pi}{2}} \ln \sin\left(x + \frac{\pi}{4}\right)\mathrm{d}x - \int_0^{\frac{\pi}{2}} \ln \cos x\, \mathrm{d}x$$

在等式右端第二个积分中，令 $x + \dfrac{\pi}{4} = y$，则 $\mathrm{d}x = \mathrm{d}y$，当 $x = 0$ 时，$y = \dfrac{\pi}{4}$；当 $x = \dfrac{\pi}{2}$ 时，$y = \dfrac{3\pi}{4}$，因此

$$\int_0^{\frac{\pi}{2}} \ln \sin\left(x + \frac{\pi}{4}\right)\mathrm{d}x = \int_{\frac{\pi}{4}}^{\frac{3\pi}{4}} \ln \sin y\, \mathrm{d}y = 2\int_{\frac{\pi}{4}}^{\frac{\pi}{2}} \ln \sin y\, \mathrm{d}y = 2\int_0^{\frac{\pi}{4}} \ln \cos y\, \mathrm{d}y$$

这样就有

$$\int_0^{\frac{\pi}{2}} \ln(1 + \tan x)\mathrm{d}x = \int_0^{\frac{\pi}{2}} \ln \sqrt{2}\, \mathrm{d}x + 2\int_0^{\frac{\pi}{4}} \ln \cos x\, \mathrm{d}x - \int_0^{\frac{\pi}{2}} \ln \cos x\, \mathrm{d}x$$

$$= \frac{\pi}{4}\ln 2 - \frac{\pi}{2}\ln 2 + G + \frac{\pi}{2}\ln 2 = \frac{\pi}{4}\ln 2 + G$$

(2) 同法可得

$$\int_0^{\frac{\pi}{2}} \ln(1 + \cot x)\mathrm{d}x = \int_0^{\frac{\pi}{2}} \ln \frac{\sin x + \cos x}{\sin x}\mathrm{d}x = \int_0^{\frac{\pi}{2}} \ln \frac{\sqrt{2}\sin\left(x + \frac{\pi}{4}\right)}{\sin x}\mathrm{d}x$$

$$= \int_0^{\frac{\pi}{2}} \ln \sqrt{2}\, \mathrm{d}x + \int_0^{\frac{\pi}{2}} \ln \sin\left(x + \frac{\pi}{4}\right)\mathrm{d}x - \int_0^{\frac{\pi}{2}} \ln \sin x\, \mathrm{d}x$$

$$= \frac{\pi}{4}\ln 2 - \frac{\pi}{2}\ln 2 + G + \frac{\pi}{2}\ln 2 = \frac{\pi}{4}\ln 2 + G$$

**11.** 计算积分 $\displaystyle\int_0^1 \frac{\ln(1 + x)}{1 + x^2}\mathrm{d}x$，$\displaystyle\int_0^\infty \frac{\ln(1 + x)}{1 + x^2}\mathrm{d}x$。

(1) 对于第一个积分，令 $x = \tan y$，则 $\mathrm{d}x = \sec^2 y\, \mathrm{d}y$，当 $x = 0$ 时，$y = 0$；当 $x = 1$ 时，$y = \dfrac{\pi}{4}$，因此

$$\int_0^1 \frac{\ln(1 + x)}{1 + x^2}\mathrm{d}x = \int_0^{\frac{\pi}{4}} \frac{\ln(1 + \tan y)}{1 + \tan^2 y}\sec^2 y\, \mathrm{d}y = \int_0^{\frac{\pi}{4}} \ln(1 + \tan y)\mathrm{d}y = \frac{\pi}{8}\ln 2$$

对于第一个积分，还有第二种解法：

令 $x = \dfrac{1 - t}{1 + t}$，则 $\mathrm{d}x = -\dfrac{2}{(1 + t)^2}\mathrm{d}t$，当 $x = 0$ 时，$t = 1$；当 $x = 1$ 时，$t = 0$，因此

$$\int_0^1 \frac{\ln(1 + x)}{1 + x^2}\mathrm{d}x = -\int_1^0 \frac{\ln\left(1 + \dfrac{1 - t}{1 + t}\right)}{1 + \left(\dfrac{1 - t}{1 + t}\right)^2} \cdot \frac{2}{(1 + t)^2}\mathrm{d}t = \int_0^1 \frac{\ln 2 - \ln(1 + t)}{1 + t^2}\mathrm{d}t$$

$$= \int_0^1 \frac{\ln 2}{1 + t^2}\mathrm{d}t - \int_0^1 \frac{\ln(1 + t)}{1 + t^2}\mathrm{d}t$$

$$= \ln 2 \cdot [\arctan t]_0^1 - \int_0^1 \frac{\ln(1 + t)}{1 + t^2}\mathrm{d}t$$

移项后得到

$$\int_0^1 \frac{\ln(1+x)}{1+x^2}\mathrm{d}x = \frac{1}{2} \cdot \ln 2 \cdot \frac{\pi}{4} = \frac{\pi}{8}\ln 2$$

(2) 对于第二个积分,仍令 $x = \tan y$,则 $\mathrm{d}x = \sec^2 y\mathrm{d}y$,当 $x = 0$ 时,$y = 0$;当 $x = \infty$ 时,$y = \frac{\pi}{2}$,因此

$$\int_0^\infty \frac{\ln(1+x)}{1+x^2}\mathrm{d}x = \int_0^{\frac{\pi}{2}} \frac{\ln(1+\tan y)}{1+\tan^2 y}\sec^2 y\mathrm{d}y = \int_0^{\frac{\pi}{2}}\ln(1+\tan y)\mathrm{d}y = \frac{\pi}{4}\ln 2 + G$$

12. 计算积分 $\int_0^1 \frac{\ln(1+x^2)}{1+x^2}\mathrm{d}x$,$\int_1^\infty \frac{\ln(1+x^2)}{1+x^2}\mathrm{d}x$.

这两个积分与前面的积分有相似之处,可仍仿前一题的替换:

(1) 令 $x = \tan y$,则 $\mathrm{d}x = \sec^2 y\mathrm{d}y$,当 $x = 0$ 时,$y = 0$;当 $x = 1$ 时,$y = \frac{\pi}{4}$,因此

$$\int_0^1 \frac{\ln(1+x^2)}{1+x^2}\mathrm{d}x = \int_0^{\frac{\pi}{4}} \frac{\ln(1+\tan^2 y)}{1+\tan^2 y}\sec^2 y\mathrm{d}y = \int_0^{\frac{\pi}{4}}\ln(1+\tan^2 y)\mathrm{d}y$$

$$= \int_0^{\frac{\pi}{4}}\ln\sec^2 y\mathrm{d}y = -2\int_0^{\frac{\pi}{4}}\ln\cos y\mathrm{d}y$$

$$= -2\left(-\frac{\pi}{4}\ln 2 + \frac{1}{2}G\right) = \frac{\pi}{2}\ln 2 - G$$

(2) 在第二个积分中,上、下限与第一个积分不同,仍令 $x = \tan y$. 当 $x = 1$ 时,$y = \frac{\pi}{4}$;而 $x = \infty$,$y = \frac{\pi}{2}$,因此

$$\int_1^\infty \frac{\ln(1+x^2)}{1+x^2}\mathrm{d}x = \int_{\frac{\pi}{4}}^{\frac{\pi}{2}} \frac{\ln(1+\tan^2 y)}{1+\tan^2 y}\sec^2 y\mathrm{d}y = \int_{\frac{\pi}{4}}^{\frac{\pi}{2}}\ln(1+\tan^2 y)\mathrm{d}y$$

$$= \int_{\frac{\pi}{4}}^{\frac{\pi}{2}}\ln\sec^2 y\mathrm{d}y = -2\int_{\frac{\pi}{4}}^{\frac{\pi}{2}}\ln\cos y\mathrm{d}y = -2\int_0^{\frac{\pi}{4}}\ln\sin z\mathrm{d}z$$

$$= -2\left(-\frac{\pi}{4}\ln 2 - \frac{1}{2}G\right) = \frac{\pi}{2}\ln 2 + G$$

若把这两个积分加起来,得到

$$\int_0^\infty \frac{\ln(1+x^2)}{1+x^2}\mathrm{d}x = \int_0^1 \frac{\ln(1+x^2)}{1+x^2}\mathrm{d}x + \int_1^\infty \frac{\ln(1+x^2)}{1+x^2}\mathrm{d}x$$

$$= \frac{\pi}{2}\ln 2 - G + \frac{\pi}{2}\ln 2 + G = \pi\ln 2$$

13. 计算积分 $\int_0^{\frac{\pi}{4}}\ln(1-\tan x)\mathrm{d}x$,$\int_0^{\frac{\pi}{4}}\ln(\cot x - 1)\mathrm{d}x$.

(1) $\displaystyle\int_0^{\frac{\pi}{4}}\ln(1-\tan x)\mathrm{d}x = \int_0^{\frac{\pi}{4}}\ln\frac{\cos x - \sin x}{\cos x}\mathrm{d}x = \int_0^{\frac{\pi}{4}}\ln\frac{\sqrt{2}\cos\left(x+\frac{\pi}{4}\right)}{\cos x}\mathrm{d}x$

$$= \int_0^{\frac{\pi}{4}}\ln\sqrt{2}\mathrm{d}x + \int_0^{\frac{\pi}{4}}\ln\cos\left(x+\frac{\pi}{4}\right)\mathrm{d}x - \int_0^{\frac{\pi}{4}}\ln\cos x\mathrm{d}x$$

$$= \frac{1}{2}\int_0^{\frac{\pi}{4}}\ln 2\mathrm{d}x + \int_0^{\frac{\pi}{4}}\ln\sin x\mathrm{d}x - \int_0^{\frac{\pi}{4}}\ln\cos x\mathrm{d}x$$

$$= \frac{\pi}{8}\ln 2 + \left(-\frac{\pi}{4}\ln 2 - \frac{1}{2}G\right) - \left(-\frac{\pi}{4}\ln 2 + \frac{1}{2}G\right)$$

$$= \frac{\pi}{8}\ln 2 - G$$

$$(2)\int_0^{\frac{\pi}{4}}\ln(\cot x - 1)\mathrm{d}x = \int_0^{\frac{\pi}{4}}\ln\frac{\cos x - \sin x}{\sin x}\mathrm{d}x = \int_0^{\frac{\pi}{4}}\ln\frac{\sqrt{2}\cos\left(x + \frac{\pi}{4}\right)}{\sin x}\mathrm{d}x$$

$$= \int_0^{\frac{\pi}{4}}\ln\sqrt{2}\mathrm{d}x + \int_0^{\frac{\pi}{4}}\ln\cos\left(x + \frac{\pi}{4}\right)\mathrm{d}x - \int_0^{\frac{\pi}{4}}\ln\sin x\mathrm{d}x$$

$$= \frac{1}{2}\int_0^{\frac{\pi}{4}}\ln 2\mathrm{d}x + \int_0^{\frac{\pi}{4}}\ln\sin x\mathrm{d}x - \int_0^{\frac{\pi}{4}}\ln\sin x\mathrm{d}x$$

$$= \frac{\pi}{8}\ln 2$$

**14.** 计算积分 $\int_0^{\frac{\pi}{4}} x\tan x\mathrm{d}x,\int_0^{\frac{\pi}{4}} x\cot x\mathrm{d}x$.

（1）对于第一个积分，令 $\tan x = y$，则

$$x = \arctan y,\quad \mathrm{d}x = \frac{\mathrm{d}y}{1 + y^2}$$

当 $x = 0$ 时，$y = 0$；当 $x = \frac{\pi}{4}$ 时，$y = 1$，于是

$$\int_0^{\frac{\pi}{4}} x\tan x\mathrm{d}x = \int_0^1 \arctan y \cdot y \cdot \frac{\mathrm{d}y}{1 + y^2} = \frac{1}{2}\int_0^1 \arctan y\mathrm{d}\ln(1 + y^2)$$

$$= \frac{1}{2}\left\{\left[\arctan y \cdot \ln(1 + y^2)\right]_0^1 - \int_0^1 \frac{\ln(1 + y^2)}{1 + y^2}\mathrm{d}y\right\}$$

$$= \frac{1}{2}\left[\frac{\pi}{4}\ln 2 - \left(\frac{\pi}{2}\ln 2 - G\right)\right] = -\frac{\pi}{8}\ln 2 + \frac{1}{2}G$$

（2）对于第二个积分，令 $\cot x = y$，则

$$x = \mathrm{arccot}\, y,\quad \mathrm{d}x = -\frac{\mathrm{d}y}{1 + y^2}$$

当 $x = 0$ 时，$y = \infty$；当 $x = \frac{\pi}{4}$ 时，$y = 1$，因此

$$\int_0^{\frac{\pi}{4}} x\cot x\mathrm{d}x = \int_\infty^1 \mathrm{arccot}\, y \cdot y \cdot \left(-\frac{\mathrm{d}y}{1 + y^2}\right) = \frac{1}{2}\int_1^\infty \mathrm{arccot}\, y\mathrm{d}\ln(1 + y^2)$$

$$= \frac{1}{2}\left\{\left[\mathrm{arccot}\, y \cdot \ln(1 + y^2)\right]_1^\infty + \int_1^\infty \frac{\ln(1 + y^2)}{1 + y^2}\mathrm{d}y\right\}$$

$$= \frac{1}{2}\left[-\frac{\pi}{4}\ln 2 + \left(\frac{\pi}{2}\ln 2 + G\right)\right] = \frac{\pi}{8}\ln 2 + \frac{1}{2}G$$

**15.** 计算积分 $\int_0^{\frac{\sqrt{2}}{2}} \frac{\ln x}{\sqrt{1 - x^2}}\mathrm{d}x$.

令 $x = \sin y, \mathrm{d}x = \cos y\mathrm{d}y$，当 $x = 0$ 时，$y = 0$；当 $x = \frac{\sqrt{2}}{2}$ 时，$y = \frac{\pi}{4}$，因此

$$\int_0^{\frac{\sqrt{2}}{2}} \frac{\ln x}{\sqrt{1-x^2}} dx = \int_0^{\frac{\pi}{4}} \frac{\ln \sin y}{\sqrt{1-\sin^2 y}} \cdot \cos y \, dy = \int_0^{\frac{\pi}{4}} \ln \sin y \, dy$$

$$= -\frac{\pi}{4}\ln 2 - \frac{1}{2}G$$

16. 计算积分 $\int_0^{\frac{\pi}{2}} x\cot x \, dx$，$\int_0^{\frac{\pi}{2}} x\tan x \, dx$.

（1）对于第一个积分，因为

$$\frac{d(\ln \sin x)}{dx} = \frac{\cos x}{\sin x} = \cot x$$

所以

$$\int_0^{\frac{\pi}{2}} x\cot x \, dx = \int_0^{\frac{\pi}{2}} x \, d(\ln \sin x) = \left[ x\ln \sin x \right]_0^{\frac{\pi}{2}} - \int_0^{\frac{\pi}{2}} \ln \sin x \, dx$$

$$= -\int_0^{\frac{\pi}{2}} \ln \sin x \, dx = \frac{\pi}{2}\ln 2$$

（2）用同样的方法于第二个积分，由于

$$\frac{d(\ln \cos x)}{dx} = -\frac{\sin x}{\cos x} = -\tan x$$

因此有

$$\int_0^{\frac{\pi}{2}} x\tan x \, dx = -\int_0^{\frac{\pi}{2}} x \, d(\ln \cos x) = -\left[ x\ln \cos x \right]_0^{\frac{\pi}{2}} + \int_0^{\frac{\pi}{2}} \ln \cos x \, dx = \infty$$

17. 计算积分 $\int_0^{\frac{\pi}{4}} \ln(\cos x + \sin x) dx$，$\int_0^{\frac{\pi}{4}} \ln(\cos x - \sin x) dx$.

（1）对于第一个积分有

$$\int_0^{\frac{\pi}{4}} \ln(\cos x + \sin x) dx$$

$$= \int_0^{\frac{\pi}{4}} \ln\left[ \sqrt{2}\sin\left( x + \frac{\pi}{4} \right) \right] dx = \int_0^{\frac{\pi}{4}} \ln\sqrt{2} \, dx + \int_0^{\frac{\pi}{4}} \ln \sin\left( x + \frac{\pi}{4} \right) dx$$

$$= \frac{\pi}{4}\ln\sqrt{2} + \int_0^{\frac{\pi}{4}} \ln \cos x \, dx = \frac{\pi}{8}\ln 2 - \frac{\pi}{4}\ln 2 + \frac{1}{2}G = -\frac{\pi}{8}\ln 2 + \frac{1}{2}G$$

（2）对于第二个积分有

$$\int_0^{\frac{\pi}{4}} \ln(\cos x - \sin x) dx$$

$$= \int_0^{\frac{\pi}{4}} \ln\left[ \sqrt{2}\cos\left( x + \frac{\pi}{4} \right) \right] dx = \int_0^{\frac{\pi}{4}} \ln\sqrt{2} \, dx + \int_0^{\frac{\pi}{4}} \ln \cos\left( x + \frac{\pi}{4} \right) dx$$

$$= \frac{\pi}{4}\ln\sqrt{2} + \int_0^{\frac{\pi}{4}} \ln \sin x \, dx = \frac{\pi}{8}\ln 2 - \frac{\pi}{4}\ln 2 - \frac{1}{2}G = -\frac{\pi}{8}\ln 2 - \frac{1}{2}G$$

兹将含有三角函数的对数的部分积分结果总结如下：

$$\int_0^{\frac{\pi}{2}} \ln \sin x \, dx = \int_0^{\frac{\pi}{2}} \ln \cos x \, dx = -\frac{\pi}{2}\ln 2$$

$$\int_0^{\frac{\pi}{2}} \ln \tan x \mathrm{d}x = \int_0^{\frac{\pi}{2}} \ln \cot x \mathrm{d}x = 0$$

$$\int_0^{\frac{\pi}{2}} \ln \sec x \mathrm{d}x = \int_0^{\frac{\pi}{2}} \ln \csc x \mathrm{d}x = \frac{\pi}{2} \ln 2$$

$$\int_0^{\frac{\pi}{2}} \ln(1 + \cos x) \mathrm{d}x = \int_0^{\frac{\pi}{2}} \ln(1 + \sin x) \mathrm{d}x = -\frac{\pi}{2} \ln 2 + 2G$$

$$\int_0^{\frac{\pi}{2}} \ln(1 - \cos x) \mathrm{d}x = \int_0^{\frac{\pi}{2}} \ln(1 - \sin x) \mathrm{d}x = -\frac{\pi}{2} \ln 2 - 2G$$

$$\int_0^{\frac{\pi}{2}} \ln(1 + \tan x) \mathrm{d}x = \int_0^{\frac{\pi}{2}} \ln(1 + \cot x) \mathrm{d}x = \frac{\pi}{4} \ln 2 + G$$

$$\int_0^{\frac{\pi}{4}} \ln \sin x \mathrm{d}x = -\frac{\pi}{4} \ln 2 - \frac{1}{2}G$$

$$\int_0^{\frac{\pi}{4}} \ln \cos x \mathrm{d}x = -\frac{\pi}{4} \ln 2 + \frac{1}{2}G$$

$$\int_0^{\frac{\pi}{4}} \ln \tan x \mathrm{d}x = -G$$

$$\int_0^{\frac{\pi}{4}} \ln \cot x \mathrm{d}x = G$$

$$\int_0^{\frac{\pi}{4}} \ln(\cos x + \sin x) \mathrm{d}x = -\frac{\pi}{8} \ln 2 + \frac{1}{2}G$$

$$\int_0^{\frac{\pi}{4}} \ln(\cos x - \sin x) \mathrm{d}x = -\frac{\pi}{8} \ln 2 - \frac{1}{2}G$$

$$\int_0^{\frac{\pi}{4}} \ln(1 + \cos x) \mathrm{d}x = \frac{\pi}{4} \ln 2 - 4L\left(\frac{\pi}{8}\right)$$

$$\int_0^{\frac{\pi}{4}} \ln(1 - \cos x) \mathrm{d}x = -\frac{3\pi}{4} \ln 2 - G + 4L\left(\frac{\pi}{8}\right)$$

$$\int_0^{\frac{\pi}{4}} \ln(1 + \sin x) \mathrm{d}x = -\frac{3\pi}{4} \ln 2 + 2G + 4L\left(\frac{\pi}{8}\right)$$

$$\int_0^{\frac{\pi}{4}} \ln(1 - \sin x) \mathrm{d}x = \frac{\pi}{4} \ln 2 - G - 4L\left(\frac{\pi}{8}\right)$$

$$\int_0^{\frac{\pi}{4}} \ln(1 + \tan x) \mathrm{d}x = \frac{\pi}{8} \ln 2$$

$$\int_0^{\frac{\pi}{4}} \ln(1 + \cot x) \mathrm{d}x = \frac{\pi}{8} \ln 2 + G$$

$$\int_0^{\frac{\pi}{4}} \ln(1 - \tan x) \mathrm{d}x = \frac{\pi}{8} \ln 2 - G$$

$$\int_0^{\frac{\pi}{4}} \ln(\cot x - 1) \mathrm{d}x = \frac{\pi}{8} \ln 2$$

其中 $L(x)$ 为罗巴切夫斯基函数

$$L(x) = -\int_0^x \ln \cos t\, \mathrm{d}t, \quad L\left(\frac{\pi}{8}\right) = -\int_0^{\frac{\pi}{8}} \ln \cos x \mathrm{d}x$$

为 $L(x)$ 在 $x = \frac{\pi}{8}$ 处的函数值.

定积分中的换元法是一种被广泛使用的强有力的方法.应用此法可把一些不熟悉的被积函数形式变化成很熟悉的形式,这样就很容易获得积分结果.如本节第 15 个例子,把被积函数中的 $x$ 换成 $\sin y$(或 $\cos y$).这样,被积函数就变成 $\ln \sin y$(或 $\ln \cos y$),而 $\ln \sin y$(或 $\ln \cos y$)的积分在前面已经得到了.

在换元法中,最关键的是如何选择新变量元素(或函数),选对了,积分就很顺利;选错了,就会步履艰难.还有,在定积分中使用换元法,一定要考虑新变量所对应的积分的上、下限.下面我们要解一道较复杂的积分题,该题要经过多次换元,当然这并不是唯一的方法,但可作为一种参考算法.

18. 计算积分 $I = \int_0^\infty \dfrac{x}{\mathrm{e}^x + \mathrm{e}^{-x} - 1}\mathrm{d}x$.

第一步:把指数函数变成双曲函数,用替换 $\mathrm{e}^x + \mathrm{e}^{-x} = 2\cosh x$,得到

$$I = \int_0^\infty \frac{x}{\mathrm{e}^x + \mathrm{e}^{-x} - 1}\mathrm{d}x = \int_0^\infty \frac{x}{2\cosh x - 1}\mathrm{d}x$$

$$= \int_0^\infty \frac{x}{2\left(\cosh^2 \dfrac{x}{2} + \sinh^2 \dfrac{x}{2}\right) - \left(\cosh^2 \dfrac{x}{2} - \sinh^2 \dfrac{x}{2}\right)}\mathrm{d}x$$

$$= \int_0^\infty \frac{x}{\cosh^2 \dfrac{x}{2} + 3\sinh^2 \dfrac{x}{2}}\mathrm{d}x = \int_0^\infty \frac{x\,\mathrm{sech}^2 \dfrac{x}{2}}{1 + \left(\sqrt{3}\tanh \dfrac{x}{2}\right)^2}\mathrm{d}x$$

第二步:令 $\tanh \dfrac{x}{2} = y$,则 $x = 2\mathrm{artanh}\, y$,$\mathrm{d}x = 2\dfrac{\mathrm{d}y}{1 - y^2}$.当 $x = 0$ 时,$y = 0$;当 $x = \infty$ 时,$y = 1$.代入后,有

$$I = \int_0^1 \frac{2\mathrm{artanh}\, y \cdot (1 - y^2)}{1 + (\sqrt{3}y)^2} 2\frac{\mathrm{d}y}{1 - y^2} = 4\int_0^1 \frac{\mathrm{artanh}\, y}{1 + (\sqrt{3}y)^2}\mathrm{d}y$$

第三步:令 $\sqrt{3}y = z$,则 $y = \dfrac{1}{\sqrt{3}}z$,$\mathrm{d}y = \dfrac{1}{\sqrt{3}}\mathrm{d}z$.当 $y = 0$ 时,$z = 0$;当 $y = 1$ 时,$z = \sqrt{3}$.因此

$$I = \frac{4}{\sqrt{3}}\int_0^{\sqrt{3}} \frac{\mathrm{artanh} \dfrac{z}{\sqrt{3}}}{1 + z^2}\mathrm{d}z = \frac{4}{\sqrt{3}}\int_0^{\sqrt{3}} \mathrm{artanh} \frac{z}{\sqrt{3}}\mathrm{d}\mathrm{arctan}\, z$$

第四步:令 $\arctan z = u$,则 $z = \tan u$,$\mathrm{d}z = \dfrac{\mathrm{d}u}{1 + u^2}$.当 $z = 0$ 时,$u = 0$;当 $z = \sqrt{3}$ 时,$u = \dfrac{\pi}{3}$.于是变成

$$I = \frac{4}{\sqrt{3}} \int_0^{\frac{\pi}{3}} \operatorname{artanh} \frac{\tan u}{\sqrt{3}} \mathrm{d}u$$

利用公式 $\operatorname{artanh} x = \frac{1}{2} \ln \frac{1+x}{1-x} (|x| < 1)$，把被积函数化为对数形式：

$$I = \frac{2}{\sqrt{3}} \int_0^{\frac{\pi}{3}} \ln \frac{\sqrt{3} + \tan u}{\sqrt{3} - \tan u} \mathrm{d}u = \frac{2}{\sqrt{3}} \int_0^{\frac{\pi}{3}} \left[ \ln(\sqrt{3} + \tan u) - \ln(\sqrt{3} - \tan u) \right] \mathrm{d}u$$

因 $\tan \frac{\pi}{3} = \sqrt{3}$，所以

$$I = \frac{2}{\sqrt{3}} \int_0^{\frac{\pi}{3}} \left[ \ln \left( \tan \frac{\pi}{3} + \tan u \right) - \ln \left( \tan \frac{\pi}{3} - \tan u \right) \right] \mathrm{d}u$$

$$= \frac{2}{\sqrt{3}} \int_0^{\frac{\pi}{3}} \left[ \ln \left( \sin \frac{\pi}{3} \cos u + \cos \frac{\pi}{3} \sin u \right) - \ln \left( \sin \frac{\pi}{3} \cos u - \cos \frac{\pi}{3} \sin u \right) \right] \mathrm{d}u$$

$$= \frac{2}{\sqrt{3}} \int_0^{\frac{\pi}{3}} \left[ \ln \sin \left( \frac{\pi}{3} + u \right) - \ln \sin \left( \frac{\pi}{3} - u \right) \right] \mathrm{d}u$$

第五步：令 $\left( \frac{\pi}{3} + u \right) = \frac{\pi}{2} - \xi$ 或 $\frac{\pi}{6} - u = \xi$，则 $\mathrm{d}u = -\mathrm{d}\xi$.

当 $u = 0$ 时，$\xi = \frac{\pi}{6}$；当 $u = \frac{\pi}{3}$ 时，$\xi = -\frac{\pi}{6}$.

又令 $\left( \frac{\pi}{3} - u \right) = \frac{\pi}{2} - \eta$，或 $\frac{\pi}{6} + u = \eta$，$\mathrm{d}u = \mathrm{d}\eta$.

当 $u = 0$ 时，$\eta = \frac{\pi}{6}$；当 $u = \frac{\pi}{3}$ 时，$\eta = \frac{\pi}{2}$.

作变量替代，得

$$I = \frac{2}{\sqrt{3}} \left[ \int_0^{\frac{\pi}{3}} \ln \sin \left( \frac{\pi}{3} + u \right) \mathrm{d}u - \int_0^{\frac{\pi}{3}} \ln \sin \left( \frac{\pi}{3} - u \right) \mathrm{d}u \right]$$

$$= \frac{2}{\sqrt{3}} \left[ -\int_{\frac{\pi}{6}}^{-\frac{\pi}{6}} \ln \sin \left( \frac{\pi}{2} - \xi \right) \mathrm{d}\xi - \int_{\frac{\pi}{6}}^{\frac{\pi}{2}} \ln \sin \left( \frac{\pi}{2} - \eta \right) \mathrm{d}\eta \right]$$

$$= \frac{2}{\sqrt{3}} \left( \int_{-\frac{\pi}{6}}^{\frac{\pi}{6}} \ln \cos \xi \, \mathrm{d}\xi - \int_{\frac{\pi}{6}}^{\frac{\pi}{2}} \ln \cos \eta \, \mathrm{d}\eta \right)$$

$$= \frac{2}{\sqrt{3}} \left[ 2 \int_0^{\frac{\pi}{6}} \ln \cos \xi \, \mathrm{d}\xi - \left( \int_0^{\frac{\pi}{2}} \ln \cos \eta \, \mathrm{d}\eta - \int_0^{\frac{\pi}{6}} \ln \cos \eta \, \mathrm{d}\eta \right) \right]$$

$$= \frac{2}{\sqrt{3}} \left( 3 \int_0^{\frac{\pi}{6}} \ln \cos \xi \, \mathrm{d}\xi - \int_0^{\frac{\pi}{2}} \ln \cos \eta \, \mathrm{d}\eta \right) = \frac{2}{\sqrt{3}} \left[ 3 \int_0^{\frac{\pi}{6}} \ln \cos \xi \, \mathrm{d}\xi - \left( -\frac{\pi}{2} \ln 2 \right) \right]$$

$$= \frac{4}{\sqrt{3}} \left( \frac{\pi}{4} \ln 2 + \frac{3}{2} \int_0^{\frac{\pi}{6}} \ln \cos \xi \, \mathrm{d}\xi \right)$$

第六步：解出公式右端的积分 $\int_0^{\frac{\pi}{6}} \ln \cos \xi \, \mathrm{d}\xi$.

可用**罗巴切夫斯基**（N. I. Lobachevsky）**函数**来解. 罗巴切夫斯基函数的

定义为

$$L(x) = -\int_0^x \ln \cos t \, dt \qquad (2.26)$$

其相关公式有

$$L(x) - L\left(\frac{\pi}{2} - x\right) = \left(x - \frac{\pi}{4}\right)\ln 2 - \frac{1}{2}L\left(\frac{\pi}{2} - 2x\right) \quad \left(0 \leqslant x < \frac{\pi}{4}\right)$$

$$(2.27)$$

根据罗巴切夫斯基函数的定义有

$$\int_0^{\frac{\pi}{6}} \ln \cos \xi \, d\xi = -L\left(\frac{\pi}{6}\right)$$

当 $x = \frac{\pi}{6}$ 时,相关公式是

$$L\left(\frac{\pi}{6}\right) - L\left(\frac{\pi}{2} - \frac{\pi}{6}\right) = \left(\frac{\pi}{6} - \frac{\pi}{4}\right)\ln 2 - \frac{1}{2}L\left(\frac{\pi}{2} - \frac{\pi}{3}\right)$$

即

$$L\left(\frac{\pi}{6}\right) - L\left(\frac{\pi}{3}\right) = -\frac{\pi}{12}\ln 2 - \frac{1}{2}L\left(\frac{\pi}{6}\right)$$

也即

$$\frac{3}{2}L\left(\frac{\pi}{6}\right) = -\frac{\pi}{12}\ln 2 + L\left(\frac{\pi}{3}\right)$$

因此

$$\frac{3}{2}\int_0^{\frac{\pi}{6}} \ln \cos \xi \, d\xi = -\frac{3}{2}L\left(\frac{\pi}{6}\right) = \frac{\pi}{12}\ln 2 - L\left(\frac{\pi}{3}\right)$$

把它代入,最后得到

$$I = \frac{4}{\sqrt{3}}\left(\frac{\pi}{4}\ln 2 + \frac{3}{2}\int_0^{\frac{\pi}{6}} \ln \cos \xi \, d\xi\right)$$

$$= \frac{4}{\sqrt{3}}\left[\frac{\pi}{4}\ln 2 + \frac{\pi}{12}\ln 2 - L\left(\frac{\pi}{3}\right)\right]$$

$$= \frac{4}{\sqrt{3}}\left[\frac{\pi}{3}\ln 2 - L\left(\frac{\pi}{3}\right)\right]$$

上式中的 $L\left(\frac{\pi}{3}\right)$ 用罗巴切夫斯基函数的级数表达式计算,其级数表达式是

$$L(x) = x\ln 2 - \frac{1}{2}\sum_{k=1}^{\infty} (-1)^{k-1}\frac{\sin 2kx}{k^2} \qquad (2.28)$$

因此

$$L\left(\frac{\pi}{3}\right) = \frac{\pi}{3}\ln 2 - \frac{1}{2}\sum_{k=1}^{\infty} (-1)^{k-1}\frac{\sin\frac{2k\pi}{3}}{k^2}$$

把它代入,又可得到 $I$ 的表达式

$$I = \frac{2}{\sqrt{3}} \sum_{k=1}^{\infty} (-1)^{k-1} \frac{\sin \frac{2k\pi}{3}}{k^2}$$

当取 $k=1$ 时, $I \approx 1$; 当取 $k=2$ 时, $I \approx 1.25$; 当取 $k=3$ 时, $I \approx 1.1875, \cdots$.

当 $k$ 取足够大时, 积分值就足够精确了, 于是

$$I = \frac{4}{\sqrt{3}} \left[ \frac{\pi}{3} \ln 2 - L\left(\frac{\pi}{3}\right) \right] = \frac{2}{\sqrt{3}} \sum_{k=1}^{\infty} (-1)^{k-1} \frac{\sin \frac{2k\pi}{3}}{k^2} = 1.1719536193 \cdots$$

即

$$\int_0^{\infty} \frac{x}{e^x + e^{-x} - 1} dx = \frac{4}{\sqrt{3}} \left[ \frac{\pi}{3} \ln 2 - L\left(\frac{\pi}{3}\right) \right] = 1.1719536193 \cdots$$

19. 计算积分 $J_1 = \int_0^{\frac{\pi}{4}} \ln(1 + \cos x) dx$, $J_2 = \int_0^{\frac{\pi}{4}} \ln(1 - \cos x) dx$.

因为

$$1 + \cos x = \frac{\sin x}{\tan \frac{x}{2}}$$

所以

$$J_1 = \int_0^{\frac{\pi}{4}} \ln(1 + \cos x) dx = \int_0^{\frac{\pi}{4}} \ln \frac{\sin x}{\tan \frac{x}{2}} dx = \int_0^{\frac{\pi}{4}} \ln \sin x dx - \int_0^{\frac{\pi}{4}} \ln \tan \frac{x}{2} dx$$

等式右边的第一个积分已经得到:

$$\int_0^{\frac{\pi}{4}} \ln \sin x = -\frac{\pi}{4} \ln 2 - \frac{1}{2} G$$

等式右边的第二个积分:

$$\int_0^{\frac{\pi}{4}} \ln \tan \frac{x}{2} dx = 2 \int_0^{\frac{\pi}{8}} \ln \tan y dy = 2 \int_0^{\frac{\pi}{8}} \ln \sin y dy - 2 \int_0^{\frac{\pi}{8}} \ln \cos y dy$$

在右边的第一个积分中, 令 $y = \frac{\pi}{2} - z$, 则 $dy = -dz$, $\sin y = \cos z$.

当 $y = 0$ 时, $z = \frac{\pi}{2}$; 当 $y = \frac{\pi}{8}$ 时, $z = \frac{3\pi}{8}$. 因此

$$\int_0^{\frac{\pi}{8}} \ln \sin y dy = -\int_{\frac{\pi}{2}}^{\frac{3\pi}{8}} \ln \cos z dz = \int_{\frac{3\pi}{8}}^{\frac{\pi}{2}} \ln \cos z dz = \int_0^{\frac{\pi}{2}} \ln \cos z dz - \int_0^{\frac{3\pi}{8}} \ln \cos z dz$$

这样, 所求积分变成

$$\int_0^{\frac{\pi}{4}} \ln \tan \frac{x}{2} dx = 2 \int_0^{\frac{\pi}{2}} \ln \cos z dz - 2 \int_0^{\frac{3\pi}{8}} \ln \cos z dz - 2 \int_0^{\frac{\pi}{8}} \ln \cos y dy$$

$$= -\pi \ln 2 - 2 \int_0^{\frac{3\pi}{8}} \ln \cos z dz - 2 \int_0^{\frac{\pi}{8}} \ln \cos y dy$$

$$= -\pi \ln 2 + 2 L\left(\frac{3\pi}{8}\right) + 2 L\left(\frac{\pi}{8}\right)$$

式中的 $L\left(\dfrac{3\pi}{8}\right)$ 与 $L\left(\dfrac{\pi}{8}\right)$ 为罗巴切夫斯基函数在 $\dfrac{3\pi}{8}$ 与 $\dfrac{\pi}{8}$ 的函数值.

根据罗巴切夫斯基函数关系式(2.27)得

$$L(x) - L\left(\frac{\pi}{2} - x\right) = \left(x - \frac{\pi}{4}\right)\ln 2 - \frac{1}{2}L\left(\frac{\pi}{2} - 2x\right) \quad \left(0 \leqslant x < \frac{\pi}{4}\right)$$

当 $x = \dfrac{\pi}{8}$ 时,有

$$L\left(\frac{\pi}{8}\right) - L\left(\frac{\pi}{2} - \frac{\pi}{8}\right) = \left(\frac{\pi}{8} - \frac{\pi}{4}\right)\ln 2 - \frac{1}{2}L\left(\frac{\pi}{2} - \frac{\pi}{4}\right)$$

即

$$L\left(\frac{\pi}{8}\right) - L\left(\frac{3\pi}{8}\right) = -\frac{\pi}{8}\ln 2 - \frac{1}{2}L\left(\frac{\pi}{4}\right)$$

或

$$L\left(\frac{3\pi}{8}\right) = \frac{\pi}{8}\ln 2 + \frac{1}{2}L\left(\frac{\pi}{4}\right) + L\left(\frac{\pi}{8}\right)$$

其中

$$L\left(\frac{\pi}{4}\right) = -\int_0^{\frac{\pi}{4}} \ln\cos x\, \mathrm{d}x = \frac{\pi}{4}\ln 2 - \frac{1}{2}G$$

因此

$$L\left(\frac{3\pi}{8}\right) = \frac{\pi}{8}\ln 2 + \frac{\pi}{8}\ln 2 - \frac{1}{4}G + L\left(\frac{\pi}{8}\right) = \frac{\pi}{4}\ln 2 - \frac{1}{4}G + L\left(\frac{\pi}{8}\right)$$

于是得到

$$\int_0^{\frac{\pi}{4}} \ln\tan\frac{x}{2}\mathrm{d}x = -\pi\ln 2 + 2L\left(\frac{3\pi}{8}\right) + 2L\left(\frac{\pi}{8}\right)$$

$$= -\pi\ln 2 + \frac{\pi}{2}\ln 2 - \frac{1}{2}G + 2L\left(\frac{\pi}{8}\right) + 2L\left(\frac{\pi}{8}\right)$$

$$= -\frac{\pi}{2}\ln 2 - \frac{1}{2}G + 4L\left(\frac{\pi}{8}\right)$$

把这个式子代入,最后得到

$$J_1 = \int_0^{\frac{\pi}{4}} \ln(1 + \cos x)\,\mathrm{d}x = \int_0^{\frac{\pi}{4}} \ln\sin x\,\mathrm{d}x - \int_0^{\frac{\pi}{4}} \ln\tan\frac{x}{2}\mathrm{d}x$$

$$= -\frac{\pi}{4}\ln 2 - \frac{1}{2}G + \frac{\pi}{2}\ln 2 + \frac{1}{2}G - 4L\left(\frac{\pi}{8}\right)$$

$$= \frac{\pi}{4}\ln 2 - 4L\left(\frac{\pi}{8}\right)$$

式中的 $L\left(\dfrac{\pi}{8}\right)$ 为罗巴切夫斯基函数 $L(x)$ 在 $x = \dfrac{\pi}{8}$ 的函数值.

再做积分 $J_2 = \displaystyle\int_0^{\frac{\pi}{4}} \ln(1 - \cos x)\,\mathrm{d}x$,与前方法相同:

$$J_2 = \int_0^{\frac{\pi}{4}} \ln(1 - \cos x) \mathrm{d}x = \int_0^{\frac{\pi}{4}} \ln\left(\sin x \cdot \tan \frac{x}{2}\right) \mathrm{d}x$$

$$= \int_0^{\frac{\pi}{4}} \ln \sin x \mathrm{d}x + \int_0^{\frac{\pi}{4}} \ln \tan \frac{x}{2} \mathrm{d}x$$

$$= -\frac{\pi}{4} \ln 2 - \frac{1}{2} G - \frac{\pi}{2} \ln 2 - \frac{1}{2} G + 4L\left(\frac{\pi}{8}\right)$$

$$= -\frac{3\pi}{4} \ln 2 - G + 4L\left(\frac{\pi}{8}\right)$$

式中的 $L\left(\frac{\pi}{8}\right)$ 为罗巴切夫斯基函数 $L(x)$ 在 $x = \frac{\pi}{8}$ 的函数值,可用式(2.28)计算.

20. 计算积分 $\int_0^{\frac{\pi}{4}} \ln(1 + \sin x) \mathrm{d}x$,$\int_0^{\frac{\pi}{4}} \ln(1 - \sin x) \mathrm{d}x$.

(1) 令 $x = \frac{\pi}{2} - y$,则 $\sin x = \cos y$,$\mathrm{d}x = -\mathrm{d}y$.

当 $x = 0$ 时,$y = \frac{\pi}{2}$;当 $x = \frac{\pi}{4}$ 时,$y = \frac{\pi}{4}$.因此

$$\int_0^{\frac{\pi}{4}} \ln(1 + \sin x) \mathrm{d}x = -\int_{\frac{\pi}{2}}^{\frac{\pi}{4}} \ln(1 + \cos y) \mathrm{d}y = \int_{\frac{\pi}{4}}^{\frac{\pi}{2}} \ln(1 + \cos y) \mathrm{d}y$$

$$= \int_0^{\frac{\pi}{2}} \ln(1 + \cos y) \mathrm{d}y - \int_0^{\frac{\pi}{4}} \ln(1 + \cos x) \mathrm{d}x$$

$$= -\frac{\pi}{2} \ln 2 + 2G - \left[\frac{\pi}{4} \ln 2 - 4L\left(\frac{\pi}{8}\right)\right]$$

最后得到

$$\int_0^{\frac{\pi}{4}} \ln(1 + \sin x) \mathrm{d}x = -\frac{3\pi}{4} \ln 2 + 2G + 4L\left(\frac{\pi}{8}\right)$$

(2) 对于第二个积分,用同样的方法,可得到

$$\int_0^{\frac{\pi}{4}} \ln(1 - \sin x) \mathrm{d}x = -\int_{\frac{\pi}{2}}^{\frac{\pi}{4}} \ln(1 - \cos y) \mathrm{d}y = \int_{\frac{\pi}{4}}^{\frac{\pi}{2}} \ln(1 - \cos y) \mathrm{d}y$$

$$= \int_0^{\frac{\pi}{2}} \ln(1 - \cos y) \mathrm{d}y - \int_0^{\frac{\pi}{4}} \ln(1 - \cos x) \mathrm{d}x$$

$$= -\frac{\pi}{2} \ln 2 - 2G - \left[-\frac{3\pi}{4} \ln 2 - G + 4L\left(\frac{\pi}{8}\right)\right]$$

最后得到

$$\int_0^{\frac{\pi}{4}} \ln(1 - \sin x) \mathrm{d}x = \frac{\pi}{4} \ln 2 - G - 4L\left(\frac{\pi}{8}\right)$$

其中 $L\left(\frac{\pi}{8}\right)$ 为罗巴切夫斯基函数 $L(x)$ 在 $x = \frac{\pi}{8}$ 的函数值,可用式(2.28)计算.

## 2.6　含参变量的积分法

若积分

$$I(y) = \int_a^\infty f(x, y)\mathrm{d}x \tag{2.29}$$

对于 $y$ 在区间 $[a, b]$ 上是一致收敛的,则表示 $I(y)$ 在该区间是一个参数 $y$ 的连续函数. 我们称 $\int_a^\infty f(x, y)\mathrm{d}x$ 为含参变量 $y$ 的积分,并且有

$$I(y_0) = \int_a^\infty f(x, y_0)\mathrm{d}x$$

若积分 $\int_a^\infty f(x)\mathrm{d}x$ 收敛,则积分 $\int_a^\infty \mathrm{e}^{-kx}f(x)\mathrm{d}x$ 对于参数 $k \geqslant 0$ 是一致收敛的. 在 $f(x)$ 是连续函数的情况下,该积分对于 $k \geqslant 0$ 是参数 $k$ 的连续函数,特别是

$$\lim_{k \to 0} \int_0^\infty \mathrm{e}^{-kx}f(x)\mathrm{d}x = \int_0^\infty f(x)\mathrm{d}x$$

在求式(2.29)的积分时,若 $c \leqslant y \leqslant d$,则有

$$\int_c^d I(y)\mathrm{d}y = \int_c^d \mathrm{d}y \int_a^\infty f(x, y)\mathrm{d}x = \int_a^\infty \mathrm{d}x \int_c^d f(x, y)\mathrm{d}y \tag{2.30}$$

这表明积分的顺序是可以交换的.

对于一些不是一致收敛的积分,可使用参数积分法.

1. 狄利克雷(Dirichlet)积分 $I = \int_0^\infty \dfrac{\sin x}{x}\mathrm{d}x$. $\tag{2.31}$

这个积分非绝对收敛,就是说积分 $\int_0^\infty \dfrac{|\sin x|}{x}\mathrm{d}x$ 是发散的. 但我们可以引入一个参变量来做积分.

考虑在积分中引入收敛因子 $\mathrm{e}^{-ax}$,则

$$I(a) = \int_0^\infty \mathrm{e}^{-ax} \frac{\sin x}{x}\mathrm{d}x \tag{2.32}$$

当 $a \geqslant 0$ 时,该积分是一致收敛的. 被积函数在 $0 \leqslant a < \infty$ 和 $0 \leqslant x < \infty$ 中连续,故 $I(a)$ 在 $0 \leqslant a < \infty$ 中连续,并有

$$\lim_{a \to 0} I(a) = I(0) = \int_0^\infty \frac{\sin x}{x}\mathrm{d}x$$

将 $I(a)$ 对 $a$ 取微商,得

$$I(a)' = \frac{\mathrm{d}I(a)}{\mathrm{d}a} = -\int_0^\infty \mathrm{e}^{-ax}\sin x\,\mathrm{d}x \quad (a > 0)$$

用分部积分法积分两次,得

$$I'(a) = -\int_0^\infty e^{-ax}\sin x\,dx = \frac{1}{a}\int_0^\infty \sin x\,de^{-ax}$$

$$= \frac{1}{a}\left\{\left[e^{-ax}\sin x\right]_0^\infty - \int_0^\infty e^{-ax}\cos x\,dx\right\}$$

$$= \frac{1}{a}\left(0 + \frac{1}{a}\int_0^\infty \cos x\,de^{-ax}\right)$$

$$= \frac{1}{a^2}\left\{\left[e^{-ax}\cos x\right]_0^\infty + \int_0^\infty e^{-ax}\sin x\,dx\right\}$$

$$= \frac{1}{a^2}\left(-1 + \int_0^\infty e^{-ax}\sin x\,dx\right)$$

$$= -\frac{1}{a^2} + \frac{1}{a^2}\int_0^\infty e^{-ax}\sin x\,dx$$

于是得到

$$\left(1 + \frac{1}{a^2}\right)\int_0^\infty e^{-ax}\sin x\,dx = \frac{1}{a^2}$$

或

$$\int_0^\infty e^{-ax}\sin x\,dx = \frac{1}{1+a^2} \tag{2.33}$$

即

$$I'(a) = -\frac{1}{1+a^2}$$

对 $a$ 求积分：根据可变限的定积分是被积函数的原函数的法则，有

$$I(a) = -\int_\infty^a \frac{du}{1+u^2} = \int_a^\infty \frac{du}{1+u^2} = \arctan u\,\Big|_a^\infty$$

$$= \arctan \infty - \arctan a$$

$$= \frac{\pi}{2} - \arctan a$$

当 $a \to 0$ 时，有

$$I(0) = \lim_{a\to 0} I(a) = \lim_{a\to 0}\left(\frac{\pi}{2} - \arctan a\right) = \frac{\pi}{2}$$

所以

$$I(0) = \int_0^\infty \frac{\sin x}{x}dx = \frac{\pi}{2} \tag{2.34}$$

2. 欧拉-泊松(Euler-Poisson)积分 $J = \int_0^\infty e^{-x^2}dx$.

这是一个见诸于概率论中的欧拉-泊松积分.

令 $x = ut, dx = u\,dt, u$ 为任意正数，作为参变数. 那么

$$J = u\int_0^\infty e^{-u^2 t^2}dt \tag{2.35}$$

用 $e^{-u^2}du$ 乘式(2.35)的两边，并从 0 到 ∞ 积分，得

$$J \cdot \int_0^\infty \mathrm{e}^{-u^2} \mathrm{d}u = J^2 = \int_0^\infty \mathrm{e}^{-u^2} u \mathrm{d}u \int_0^\infty \mathrm{e}^{-u^2 t^2} \mathrm{d}t$$

交换积分次序,则

$$
\begin{aligned}
J^2 &= \int_0^\infty \mathrm{d}t \int_0^\infty \mathrm{e}^{-(1+t^2)u^2} u \mathrm{d}u \\
&= \int_0^\infty \mathrm{d}t \cdot \frac{1}{2} \int_0^\infty \left( -\frac{1}{1+t^2} \right) \mathrm{e}^{-(1+t^2)u^2} \mathrm{d}\left[ -(1+t^2)u^2 \right] \\
&= \frac{1}{2} \int_0^\infty \mathrm{d}t \left[ -\frac{1}{1+t^2} \mathrm{e}^{-(1+t^2)u^2} \right]_{u=0}^{u=\infty} = \frac{1}{2} \int_0^\infty \frac{\mathrm{d}t}{1+t^2} \\
&= \frac{1}{2} \left( \arctan t \right) \Big|_0^\infty = \frac{1}{2} \cdot \frac{\pi}{2} = \frac{\pi}{4}
\end{aligned}
$$

因此得到

$$J = \int_0^\infty \mathrm{e}^{-x^2} \mathrm{d}x = \frac{\sqrt{\pi}}{2} \tag{2.36}$$

3. 菲涅尔(Fresnel)积分 $\displaystyle\int_0^\infty \sin x^2 \mathrm{d}x, \int_0^\infty \cos x^2 \mathrm{d}x.$

令 $x^2 = t$,则

$$2x \mathrm{d}x = \mathrm{d}t, \quad \mathrm{d}x = \frac{\mathrm{d}t}{2x} = \frac{\mathrm{d}t}{2\sqrt{t}}$$

于是

$$\int_0^\infty \sin x^2 \mathrm{d}x = \frac{1}{2} \int_0^\infty \frac{\sin t}{\sqrt{t}} \mathrm{d}t \tag{2.37}$$

$$\int_0^\infty \cos x^2 \mathrm{d}x = \frac{1}{2} \int_0^\infty \frac{\cos t}{\sqrt{t}} \mathrm{d}t \tag{2.38}$$

由式(2.36),得

$$\int_0^\infty \mathrm{e}^{-v^2} \mathrm{d}v = \frac{\sqrt{\pi}}{2}$$

若令 $v = \sqrt{t}u$,则有

$$\sqrt{t} \int_0^\infty \mathrm{e}^{-tu^2} \mathrm{d}u = \frac{\sqrt{\pi}}{2}$$

所以

$$\frac{1}{\sqrt{t}} = \frac{2}{\sqrt{\pi}} \int_0^\infty \mathrm{e}^{-tu^2} \mathrm{d}u \tag{2.39}$$

把 $\dfrac{1}{\sqrt{t}}$ 的表达式(2.39)代入式(2.37)的右边积分式中,则有

$$
\begin{aligned}
\int_0^\infty \frac{\sin t}{\sqrt{t}} \mathrm{d}t &= \frac{2}{\sqrt{\pi}} \int_0^\infty \sin t \mathrm{d}t \int_0^\infty \mathrm{e}^{-tu^2} \mathrm{d}u \\
&= \frac{2}{\sqrt{\pi}} \int_0^\infty \mathrm{d}u \int_0^\infty \mathrm{e}^{-tu^2} \sin t \mathrm{d}t
\end{aligned}
$$

按照式(2.33)，可把右边的$\int_0^\infty e^{-tu^2}\sin t\,\mathrm{d}t$ 表示成

$$\int_0^\infty e^{-tu^2}\sin t\,\mathrm{d}t = \frac{1}{1+u^4}$$

因此

$$\int_0^\infty \frac{\sin t}{\sqrt{t}}\mathrm{d}t = \frac{2}{\sqrt{\pi}}\int_0^\infty \frac{\mathrm{d}u}{1+u^4}$$

这里引用公式

$$\int_0^\infty \frac{\mathrm{d}x}{a^n+x^n} = \frac{a\pi}{na^n\sin\dfrac{\pi}{n}}$$

当 $a=1, n=4$ 时，有

$$\int_0^\infty \frac{\mathrm{d}x}{1+x^4} = \frac{\pi}{4\sin\dfrac{\pi}{4}} = \frac{\pi}{2\sqrt{2}}$$

于是

$$\int_0^\infty \frac{\sin t}{\sqrt{t}}\mathrm{d}t = \frac{2}{\sqrt{\pi}}\cdot\frac{\pi}{2\sqrt{2}} = \sqrt{\frac{\pi}{2}}$$

用同样的方法，可得到

$$\int_0^\infty \frac{\cos t}{\sqrt{t}}\mathrm{d}t = \sqrt{\frac{\pi}{2}}$$

把此两式代入式(2.37)、(2.38)，最后得到菲涅尔积分

$$\int_0^\infty \sin x^2\mathrm{d}x = \int_0^\infty \cos x^2\mathrm{d}x = \frac{1}{2}\sqrt{\frac{\pi}{2}} \tag{2.40}$$

4. 拉普拉斯(Laplace)积分：$L = \int_0^\infty \dfrac{\cos bx}{a^2+x^2}\mathrm{d}x, K = \int_0^\infty \dfrac{x\sin bx}{a^2+x^2}\mathrm{d}x$.

在第一个积分中，令

$$\frac{1}{a^2+x^2} = \int_0^\infty e^{-t(a^2+x^2)}\mathrm{d}t$$

其中 $t$ 为参变量，把它代入 $L$ 中，则

$$L = \int_0^\infty \frac{\cos bx}{a^2+x^2}\mathrm{d}x = \int_0^\infty \cos bx\,\mathrm{d}x\int_0^\infty e^{-t(a^2+x^2)}\mathrm{d}t$$

$$= \int_0^\infty e^{-a^2t}\mathrm{d}t\int_0^\infty e^{-tx^2}\cos bx\,\mathrm{d}x \tag{2.41}$$

该式右边的第二个积分号下的余弦函数可用级数展开式，并逐项积分，把 $\cos bx = \sum_{n=0}^\infty (-1)^n \dfrac{(bx)^{2n}}{(2n)!}$ 代入，得

$$\int_0^\infty e^{-tx^2}\cos bx\,\mathrm{d}x = \int_0^\infty e^{-tx^2}\sum_{n=0}^\infty (-1)^n \frac{(bx)^{2n}}{(2n)!}\mathrm{d}x$$

$$= \sum_{n=0}^{\infty} (-1)^n \frac{b^{2n}}{(2n)!} \int_0^{\infty} \mathrm{e}^{-tx^2} x^{2n} \mathrm{d}x \qquad (2.42)$$

其中

$$I_n = \int_0^{\infty} \mathrm{e}^{-tx^2} x^{2n} \mathrm{d}x = -\frac{1}{2t} \int_0^{\infty} x^{2n-1} \mathrm{d}\mathrm{e}^{-tx^2}$$

$$= -\frac{1}{2t} \left[ (x^{2n-1} \mathrm{e}^{-tx^2}) \Big|_0^{\infty} - (2n-1) \int_0^{\infty} \mathrm{e}^{-tx^2} x^{2n-2} \mathrm{d}x \right]$$

$$= \frac{2n-1}{2t} \int_0^{\infty} \mathrm{e}^{-tx^2} x^{2n-2} \mathrm{d}x = -\frac{2n-1}{(2t)^2} \int_0^{\infty} x^{2n-3} \mathrm{d}\mathrm{e}^{-tx^2}$$

$$= -\frac{2n-1}{(2t)^2} \left[ (x^{2n-3} \mathrm{e}^{-tx^2}) \Big|_0^{\infty} - (2n-3) \int_0^{\infty} \mathrm{e}^{-tx^2} x^{2n-4} \mathrm{d}x \right]$$

$$= \frac{(2n-1)(2n-3)}{(2t)^2} \int_0^{\infty} \mathrm{e}^{-tx^2} x^{2n-4} \mathrm{d}x$$

$$\cdots$$

$$= \frac{(2n-1)!!}{(2t)^n} \int_0^{\infty} \mathrm{e}^{-tx^2} \mathrm{d}x$$

在最后的一个积分中,令 $\sqrt{t} \cdot x = u$,则

$$\int_0^{\infty} \mathrm{e}^{-tx^2} \mathrm{d}x = \frac{1}{\sqrt{t}} \int_0^{\infty} \mathrm{e}^{-u^2} \mathrm{d}u = \frac{1}{\sqrt{t}} \cdot \frac{\sqrt{\pi}}{2} = \frac{1}{2} \sqrt{\frac{\pi}{t}}$$

因此

$$I_n = \frac{(2n-1)!!}{(2t)^n} \frac{1}{2} \sqrt{\frac{\pi}{t}} = \frac{1}{2} \sqrt{\frac{\pi}{t}} \cdot \frac{(2n-1)!!}{(2t)^n}$$

把 $I_n$ 代入式(2.42),得

$$\int_0^{\infty} \mathrm{e}^{-tx^2} \cos bx \mathrm{d}x$$

$$= \sum_{n=0}^{\infty} (-1)^n \frac{b^{2n}}{(2n)!} \cdot \frac{1}{2} \sqrt{\frac{\pi}{t}} \cdot \frac{(2n-1)!!}{(2t)^n}$$

$$= \frac{1}{2} \sqrt{\frac{\pi}{t}} \sum_{n=0}^{\infty} (-1)^n \frac{(2n-1)!!}{(2n)!} \cdot \frac{b^{2n}}{(2t)^n} \quad [\text{其中}(2n)! = (2n)!!(2n-1)!!]$$

$$= \frac{1}{2} \sqrt{\frac{\pi}{t}} \sum_{n=0}^{\infty} (-1)^n \frac{1}{(2n)!!} \cdot \frac{b^{2n}}{(2t)^n} \quad [\text{其中}(2n)!! = 2^n n!]$$

$$= \frac{1}{2} \sqrt{\frac{\pi}{t}} \sum_{n=0}^{\infty} (-1)^n \frac{1}{n!} \left( \frac{b^2}{4t} \right)^n$$

$$= \frac{1}{2} \sqrt{\frac{\pi}{t}} \cdot \mathrm{e}^{-\frac{b^2}{4t}} \quad [\text{使用公式 } \mathrm{e}^{-x} = \sum_{n=0}^{\infty} (-1)^n \frac{x^n}{n!}]$$

把它代入式(2.41),得

$$L = \int_0^{\infty} \mathrm{e}^{-a^2 t} \mathrm{d}t \int_0^{\infty} \mathrm{e}^{-tx^2} \cos bx \mathrm{d}x = \int_0^{\infty} \mathrm{e}^{-a^2 t} \cdot \frac{1}{2} \sqrt{\frac{\pi}{t}} \cdot \mathrm{e}^{-\frac{b^2}{4t}} \mathrm{d}t$$

$$= \frac{\sqrt{\pi}}{2} \int_0^\infty e^{-a^2 t - \frac{b^2}{4t}} \frac{\mathrm{d}t}{\sqrt{t}}$$

令 $t = u^2$，$u = \sqrt{t}$，$\mathrm{d}t = 2u\mathrm{d}u$，那么

$$L = \frac{\sqrt{\pi}}{2} \int_0^\infty e^{-a^2 t - \frac{b^2}{4t}} \frac{\mathrm{d}t}{\sqrt{t}} = \frac{\sqrt{\pi}}{2} \int_0^\infty e^{-a^2 u^2 - \frac{b^2}{4u^2}} \cdot \frac{2u\mathrm{d}u}{u}$$

$$= \sqrt{\pi} \int_0^\infty e^{-(au)^2 - \left(\frac{b}{2u}\right)^2} \mathrm{d}u$$

该式右边的积分可写成

$$\int_0^\infty e^{-(au)^2 - \left(\frac{b}{2u}\right)^2} \mathrm{d}u = e^{-ab} \int_0^\infty e^{ab} \cdot e^{-(au)^2 - \left(\frac{b}{2u}\right)^2} \mathrm{d}u = e^{-ab} \int_0^\infty e^{-\left(au - \frac{b}{2u}\right)^2} \mathrm{d}u$$

并令 $au - \dfrac{b}{2u} = y$，则有

$$\int_0^\infty e^{-\left(au - \frac{b}{2u}\right)^2} \mathrm{d}u = \frac{1}{a} \int_0^\infty e^{-y^2} \mathrm{d}y = \frac{1}{a} \cdot \frac{\sqrt{\pi}}{2} = \frac{\sqrt{\pi}}{2a} \tag{2.43}$$

于是

$$\int_0^\infty e^{-(au)^2 - \left(\frac{b}{2u}\right)^2} \mathrm{d}u = e^{-ab} \cdot \frac{\sqrt{\pi}}{2a}$$

因此

$$L = \sqrt{\pi} \int_0^\infty e^{-(au)^2 - \left(\frac{b}{2u}\right)^2} \mathrm{d}u = \sqrt{\pi} \cdot e^{-ab} \cdot \frac{\sqrt{\pi}}{2a} = \frac{\pi}{2a} e^{-ab}$$

即

$$L = \int_0^\infty \frac{\cos bx}{a^2 + x^2} \mathrm{d}x = \frac{\pi}{2a} e^{-ab} \tag{2.44}$$

其中式 $(2.43)$ 中 $\displaystyle\int_0^\infty e^{-\left(au - \frac{b}{2u}\right)^2} \mathrm{d}u = \frac{1}{a} \int_0^\infty e^{-y^2} \mathrm{d}y$ 是需要证明的，兹证明如下：

令 $y = au - \dfrac{b}{2u}$，则

$$\mathrm{d}y = \left(a + \frac{b}{2u^2}\right) \mathrm{d}u$$

当 $u = 0$，$y = -\infty$；当 $u = \infty$，$y = \infty$. 因此

$$\int_{-\infty}^\infty e^{-y^2} \mathrm{d}y = \int_0^\infty e^{-\left(au - \frac{b}{2u}\right)^2} \left(a + \frac{b}{2u^2}\right) \mathrm{d}u$$

$$= a \int_0^\infty e^{-\left(au - \frac{b}{2u}\right)^2} \mathrm{d}u + \frac{b}{2} \int_0^\infty e^{-\left(au - \frac{b}{2u}\right)^2} \frac{\mathrm{d}u}{u^2}$$

在该式右边第二个积分中：

令 $u = -\dfrac{b}{2at}$，则

$$\mathrm{d}u = \frac{b}{2a} \cdot \frac{\mathrm{d}t}{t^2}$$

当 $u = 0$ 时，$t = -\infty$ ；当 $u = \infty$ 时，$t = 0$. 于是

$$\frac{b}{2}\int_0^\infty \mathrm{e}^{-\left(au-\frac{b}{2u}\right)^2}\frac{\mathrm{d}u}{u^2} = \frac{b}{2}\int_{-\infty}^0 \mathrm{e}^{-\left(at-\frac{b}{2t}\right)^2}\cdot\frac{2a}{b}\mathrm{d}t = a\int_{-\infty}^0 \mathrm{e}^{-\left(at-\frac{b}{2t}\right)^2}\mathrm{d}t$$

所以

$$\int_{-\infty}^\infty \mathrm{e}^{-y^2}\mathrm{d}y = a\int_0^\infty \mathrm{e}^{-\left(au-\frac{b}{2u}\right)^2}\mathrm{d}u + a\int_{-\infty}^0 \mathrm{e}^{-\left(at-\frac{b}{2t}\right)^2}\mathrm{d}t = a\int_{-\infty}^\infty \mathrm{e}^{-\left(au-\frac{b}{2u}\right)^2}\mathrm{d}u$$

最后得到

$$\int_0^\infty \mathrm{e}^{-y^2}\mathrm{d}y = a\int_0^\infty \mathrm{e}^{-\left(au-\frac{b}{2u}\right)^2}\mathrm{d}u$$

即

$$\int_0^\infty \mathrm{e}^{-\left(au-\frac{b}{2u}\right)^2}\mathrm{d}u = \frac{1}{a}\int_0^\infty \mathrm{e}^{-y^2}\mathrm{d}y$$

证毕.

对于第二个拉普拉斯积分 $K = \displaystyle\int_0^\infty \frac{x\sin bx}{a^2+x^2}\mathrm{d}x$，可以使用与第一个拉普拉斯积分 $L = \displaystyle\int_0^\infty \frac{\cos bx}{a^2+x^2}\mathrm{d}x$ 相同的方法求解，但如果你注意到它是第一个拉普拉斯积分的微分时，那么计算它就更方便了. 因为

$$K = -\frac{\mathrm{d}L}{\mathrm{d}b} = -\frac{\mathrm{d}}{\mathrm{d}b}\int_0^\infty \frac{\cos bx}{a^2+x^2}\mathrm{d}x = \int_0^\infty \frac{x\sin bx}{a^2+x^2}\mathrm{d}x$$

所以

$$K = -\frac{\mathrm{d}L}{\mathrm{d}b} = -\frac{\pi}{2a}\frac{\mathrm{d}}{\mathrm{d}b}\mathrm{e}^{-ab} = -\frac{\pi}{2a}\mathrm{e}^{-ab}(-a) = \frac{\pi}{2}\mathrm{e}^{-ab}$$

这就是第二个拉普拉斯积分的结果：

$$K = \int_0^\infty \frac{x\sin bx}{a^2+x^2}\mathrm{d}x = \frac{\pi}{2}\mathrm{e}^{-ab} \tag{2.45}$$

5. 欧拉 (Euler) 积分 $\displaystyle\int_0^\infty \frac{x^{a-1}}{1+x}\mathrm{d}x\,(0<a<1)$.

因为该积分不是一致收敛的，所以需要采用不一般的方法. 我们可把这个积分分成两部分：

$$I = \int_0^\infty \frac{x^{a-1}}{1+x}\mathrm{d}x = \int_0^1 \frac{x^{a-1}}{1+x}\mathrm{d}x + \int_1^\infty \frac{x^{a-1}}{1+x}\mathrm{d}x = I_1 + I_2 \tag{2.46}$$

对于积分

$$I_1 = \int_0^1 \frac{x^{a-1}}{1+x}\mathrm{d}x$$

因为

$$\frac{1}{1+x} = \sum_{n=0}^\infty (-1)^n x^n \quad (0<x<1)$$

所以有

$$\frac{x^{a-1}}{1+x} = x^{a-1}\sum_{n=0}^{\infty} (-1)^n x^n = \sum_{n=0}^{\infty} (-1)^n x^{a+n-1}$$

于是

$$I_1 = \int_0^1 \frac{x^{a-1}}{1+x}\mathrm{d}x = \int_0^1 \sum_{n=0}^{\infty} (-1)^n x^{a+n-1}\mathrm{d}x = \sum_{n=0}^{\infty}\int_0^1 (-1)^n x^{a+n-1}\mathrm{d}x$$

$$= \sum_{n=0}^{\infty} (-1)^n \frac{1}{a+n}(x^{a+n}) \mid_0^1 = \sum_{n=0}^{\infty} (-1)^n \frac{1}{a+n}$$

对于式(2.46)中的第二个积分

$$I_2 = \int_1^{\infty} \frac{x^{a-1}}{1+x}\mathrm{d}x$$

设 $x = \dfrac{1}{z}$,则

$$\mathrm{d}x = -\frac{1}{z^2}\mathrm{d}z$$

当 $x=1$ 时,$z=1$;当 $x=\infty$ 时,$z=0$.其被积函数变成

$$\frac{x^{a-1}}{1+x} = \frac{z^{2-a}}{1+z}$$

因此有

$$I_2 = \int_1^{\infty} \frac{x^{a-1}}{1+x}\mathrm{d}x = -\int_1^0 \frac{z^{2-a}}{1+z} \cdot \frac{1}{z^2}\mathrm{d}z = -\int_1^0 \frac{z^{-a}}{1+z}\mathrm{d}z = \int_0^1 \frac{z^{-a}}{1+z}\mathrm{d}z$$

这就是说,自变量经一番替换改造后,积分是在新变量 $z$ 从 0 到 1 的范围内进行的 $(0 < z < 1)$,这样就可将被积函数展开成无穷级数:

$$\frac{z^{-a}}{1+z} = z^{-a}\sum_{k=0}^{\infty} (-1)^k z^k = \sum_{k=0}^{\infty} (-1)^k z^{k-a} \quad (0 < z < 1, k\ \text{为正整数})$$

因此

$$I_2 = \int_0^1 \frac{z^{-a}}{1+z}\mathrm{d}z = \int_0^1 \sum_{k=0}^{\infty} (-1)^k z^{k-a}\mathrm{d}z = \sum_{k=0}^{\infty}\int_0^1 (-1)^k z^{k-a}\mathrm{d}z$$

$$= \sum_{k=0}^{\infty} (-1)^k \frac{1}{k-a+1}(z^{k-a+1}) \mid_0^1 = \sum_{k=0}^{\infty} (-1)^k \frac{1}{k-a+1}$$

$$= \sum_{n=1}^{\infty} (-1)^n \frac{1}{a-n}$$

把 $I_1$ 和 $I_2$ 加起来,得到

$$I = \int_0^{\infty} \frac{x^{a-1}}{1+x}\mathrm{d}x = \int_0^1 \frac{x^{a-1}}{1+x}\mathrm{d}x + \int_1^{\infty} \frac{x^{a-1}}{1+x}\mathrm{d}x$$

$$= \sum_{n=0}^{\infty} (-1)^n \frac{1}{a+n} + \sum_{n=1}^{\infty} (-1)^n \frac{1}{a-n}$$

$$= \frac{1}{a} + \sum_{n=1}^{\infty} (-1)^n \frac{1}{a+n} + \sum_{n=1}^{\infty} (-1)^n \frac{1}{a-n}$$

$$= \frac{1}{a} + \sum_{n=1}^{\infty} (-1)^n \left( \frac{1}{a+n} + \frac{1}{a-n} \right)$$

$$= \frac{1}{a} + \sum_{n=1}^{\infty} (-1)^n \frac{2a}{a^2 - n^2} \tag{2.47}$$

到此,应该说积分已经做完了. 但是要把结果中的无穷级数计算出来也非易事,那么可否寻找出更为简单的方法? 我们注意到展开式

$$\frac{1}{\sin x} = \frac{1}{x} + \sum_{n=1}^{\infty} (-1)^n \frac{2x}{x^2 - n^2 \pi^2}$$

把 $x$ 换成 $\pi x$,得

$$\frac{1}{\sin \pi x} = \frac{1}{\pi x} + \sum_{n=1}^{\infty} (-1)^n \frac{2\pi x}{\pi^2 x^2 - n^2 \pi^2}$$

两边乘上 $\pi$,得

$$\frac{\pi}{\sin \pi x} = \frac{\pi}{\pi x} + \sum_{n=1}^{\infty} (-1)^n \frac{2\pi^2 x}{\pi^2 x^2 - n^2 \pi^2} = \frac{1}{x} + \sum_{n=1}^{\infty} (-1)^n \frac{2x}{x^2 - n^2}$$

把 $x$ 换成 $a$,得

$$\frac{\pi}{\sin \pi a} = \frac{1}{a} + \sum_{n=1}^{\infty} (-1)^n \frac{2a}{a^2 - n^2}$$

由此得到

$$\int_0^{\infty} \frac{x^{a-1}}{1+x} \mathrm{d}x = \frac{\pi}{\sin \pi a} \tag{2.48}$$

6. 求积分 $\displaystyle\int_0^{\infty} \frac{\mathrm{e}^{-ax} - \mathrm{e}^{-bx}}{x} \mathrm{d}x$(方法:在积分号下求积分).

因为

$$\int_0^{\infty} \mathrm{e}^{-yx} \mathrm{d}x = -\frac{1}{y} \int_0^{\infty} \mathrm{e}^{-yx} \mathrm{d}(-yx) = -\frac{1}{y} (\mathrm{e}^{-yx}) \Big|_{x=0}^{x=\infty} = \frac{1}{y} \quad (y > 0)$$

其中 $y$ 是参变量,当 $y \geqslant y_0 > 0$ 时,这个积分是一致收敛的. 对 $y$ 从 $a$ 到 $b$ 求积分,得

$$\int_a^b \mathrm{e}^{-yx} \mathrm{d}y = -\frac{1}{x} \int_a^b \mathrm{e}^{-xy} \mathrm{d}(-xy) = -\frac{1}{x} (\mathrm{e}^{-xy}) \Big|_{y=a}^{y=b} = \frac{\mathrm{e}^{-ax} - \mathrm{e}^{-bx}}{x}$$

所以

$$\int_0^{\infty} \frac{\mathrm{e}^{-ax} - \mathrm{e}^{-bx}}{x} \mathrm{d}x = \int_0^{\infty} \mathrm{d}x \int_a^b \mathrm{e}^{-xy} \mathrm{d}y = \int_a^b \mathrm{d}y \int_0^{\infty} \mathrm{e}^{-xy} \mathrm{d}x$$

$$= \int_a^b \mathrm{d}y \cdot \frac{1}{y} = \int_a^b \frac{\mathrm{d}y}{y} = (\ln y) \Big|_a^b = \ln \frac{b}{a}$$

## 2.7  无穷级数积分法

对有些定积分,把被积函数的全体或部分,用无穷级数展开式代入,并逐项积分,不失为一种有效的积分方法.如前面第 2.5 节中的第 2 个例子和第 2.6 节中的第 4 个例子,我们都曾用过无穷级数展开式来做积分这种方法.

无穷级数积分法最先是被牛顿使用的,当他发现了二项式定理后,就放弃了用于求积分的插值法,而采用二项式定理把函数展开成无穷级数,并逐项积分的方法[33].例如为了确定双曲线 $y = \sqrt{a^2 + x^2}$ 所围之面积,他把被积表达式展开成如下的无穷级数:

$$y = a\left(1 + \frac{x^2}{a^2}\right)^{\frac{1}{2}} = a\left(1 + \frac{x^2}{2a^2} - \frac{x^4}{8a^4} + \frac{x^6}{16a^6} - \frac{5x^8}{128a^8} + \cdots\right)$$

$$= a + \frac{x^2}{2a} - \frac{x^4}{8a^3} + \frac{x^6}{16a^5} - \frac{5x^8}{128a^7} + \cdots$$

然后逐项积分,就得到该曲线下面的面积了:

$$\int y \mathrm{d}x = \int \left(a + \frac{x^2}{2a} - \frac{x^4}{8a^3} + \frac{x^6}{16a^5} - \frac{5x^8}{128a^7} + \cdots\right)\mathrm{d}x$$

$$= ax + \frac{x^3}{6a} - \frac{x^5}{40a^3} + \frac{x^7}{112a^5} - \frac{5x^9}{1152a^7} + \cdots$$

如果把积分的上、下限加上去,那就是定积分了,譬如说要求 $x$ 从 0 到 $a$ 的曲线下面的面积:

$$\int_0^a \sqrt{a^2 + x^2}\,\mathrm{d}x = \int_0^a \left(a + \frac{x^2}{2a} - \frac{x^4}{8a^3} + \frac{x^6}{16a^5} - \frac{5x^8}{128a^7} + \cdots\right)\mathrm{d}x$$

$$= \left(ax + \frac{x^3}{6a} - \frac{x^5}{40a^3} + \frac{x^7}{112a^5} - \frac{5x^9}{1152a^7} + \cdots\right)\Bigg|_0^a$$

$$= a^2 + \frac{1}{6}a^2 - \frac{1}{40}a^2 + \frac{1}{112}a^2 - \frac{1}{1152}a^2 + \cdots$$

$$= \left(1 + \frac{1}{6} - \frac{1}{40} + \frac{1}{112} - \frac{1}{1152} + \cdots\right)a^2$$

有些无穷级数之和是我们熟知的常数,而这些常数对于做定积分是很有用的.下面列出部分常用的无穷级数之和,供读者参考.

$$\sum_{n=0}^{\infty} \frac{1}{n!} = \mathrm{e} = 2.7182818284\cdots \quad (\text{自然对数之底})$$

$$\lim_{n \to \infty}\left(\sum_{k=1}^{n} \frac{1}{k} - \ln n\right) = \gamma = 0.5772156649\cdots \quad (\text{欧拉常数})$$

$$\sum_{n=0}^{\infty} (-1)^n \frac{1}{(2n+1)^2} = G = 0.915965594\cdots \quad （卡塔兰常数）$$

$$\sum_{n=1}^{\infty} (-1)^{n+1} \frac{1}{n} = \ln 2 = 0.69314718\cdots$$

$$\sum_{n=1}^{\infty} \frac{1}{2^n n} = \ln 2$$

$$\sum_{n=1}^{\infty} \frac{1}{2n(2n+1)} = 1 - \ln 2$$

$$\sum_{n=2}^{\infty} (-1)^n \frac{n-1}{n} = \ln 2 - 1$$

$$\sum_{n=1}^{\infty} \frac{1}{n(n+1)} = 1$$

$$\sum_{n=1}^{\infty} \frac{1}{2^n} = 1$$

$$\sum_{n=1}^{\infty} \frac{1}{3^n} = \frac{1}{2}$$

$$\sum_{n=1}^{\infty} \frac{1}{4^n} = \frac{1}{3}$$

$$\sum_{n=1}^{\infty} \frac{1}{5^n} = \frac{1}{4}$$

$$\sum_{n=0}^{\infty} (-1)^n \frac{1}{2n+1} = \frac{\pi}{4}$$

$$\sum_{n=1}^{\infty} \frac{1}{n^2} = \frac{\pi^2}{6}$$

$$\sum_{n=1}^{\infty} (-1)^{n+1} \frac{1}{n^2} = \frac{\pi^2}{12}$$

$$\sum_{m=2}^{\infty} \sum_{k=2}^{\infty} \frac{1}{m^k} = 1$$

$$\sum_{m=1}^{\infty} \sum_{k=2}^{\infty} \frac{1}{(2m)^k} = \ln 2$$

$$\sum_{m=1}^{\infty} \sum_{k=1}^{\infty} \frac{1}{(4m+1)^{2k}} = \frac{1}{4} \ln 2$$

$$\sum_{m=1}^{\infty} \sum_{k=1}^{\infty} \frac{1}{(4m-2)^{2k}} = \frac{\pi}{8}$$

$$\sum_{m=1}^{\infty} \sum_{k=1}^{\infty} \frac{1}{(4m-1)^{2k+1}} = \frac{\pi}{8} - \frac{1}{2}\ln 2$$

...

只要积分结果是上述无穷级数之和的一个,那么立刻就能得到积分值了.

1. 计算积分 $\int_0^1 \frac{\arctan x}{x}\mathrm{d}x$.

这个积分在换元法中遇到过,现在来重新认识一下. 我们把被积函数中的 $\arctan x$ 用无穷级数展开,因为在积分号下级数在 $x=1$ 处收敛,故能用逐项积分:

$$\begin{aligned}
\int_0^1 \frac{\arctan x}{x}\mathrm{d}x &= \int_0^1 \frac{1}{x}\Big(x - \frac{x^3}{3} + \frac{x^5}{5} - \frac{x^7}{7} + \cdots\Big)\mathrm{d}x \\
&= \int_0^1 \Big(1 - \frac{x^2}{3} + \frac{x^4}{5} - \frac{x^6}{7} + \cdots\Big)\mathrm{d}x \\
&= \Big[x - \frac{1}{3^2}x^3 + \frac{1}{5^2}x^5 - \frac{1}{7^2}x^7 + \cdots\Big]_0^1 \\
&= 1 - \frac{1}{3^2} + \frac{1}{5^2} - \frac{1}{7^2} + \cdots \\
&= \sum_{n=0}^{\infty} (-1)^n \frac{1}{(2n+1)^2}
\end{aligned}$$

从无穷级数和的表中可看到这个无穷级数的和就是卡塔兰常数 $G$,所以

$$\int_0^1 \frac{\arctan x}{x}\mathrm{d}x = G$$

2. 计算积分 $\int_0^1 \ln(1+x)\mathrm{d}x$.

把 $\ln(1+x) = \sum_{n=1}^{\infty} (-1)^{n+1} \frac{x^n}{n}$ 代入积分式中,得到

$$\begin{aligned}
\int_0^1 \ln(1+x)\mathrm{d}x &= \int_0^1 \sum_{n=1}^{\infty} (-1)^{n+1} \frac{x^n}{n}\mathrm{d}x \\
&= \sum_{n=1}^{\infty} (-1)^{n+1} \frac{1}{n}\int_0^1 x^n\mathrm{d}x = \sum_{n=1}^{\infty} (-1)^{n+1} \frac{1}{n(n+1)}
\end{aligned}$$

得到的这无穷级数之和在常用无穷级数之和中没有,因此需要将它改变一下:

$$\begin{aligned}
\sum_{n=1}^{\infty} (-1)^{n+1} \frac{1}{n(n+1)} &= \sum_{n=1}^{\infty} (-1)^{n+1}\Big[\frac{2}{n} - \frac{2n+1}{n(n+1)}\Big] \\
&= 2\sum_{n=1}^{\infty} (-1)^{n+1} \frac{1}{n} - \sum_{n=1}^{\infty} (-1)^{n+1} \frac{2n+1}{n(n+1)} \\
&= 2\ln 2 - \Big[\sum_{n=1}^{\infty} (-1)^{n+1} \frac{1}{n} + \sum_{n=1}^{\infty} (-1)^{n+1} \frac{1}{n+1}\Big]
\end{aligned}$$

等式右边方括弧中的两个无穷级数之和等于 1,兹证明如下:

把两个级数展开,得

$$\sum_{n=1}^{\infty} (-1)^{n+1} \frac{1}{n} = 1 - \frac{1}{2} + \frac{1}{3} - \frac{1}{4} + \frac{1}{5} - \frac{1}{6} + \frac{1}{7} - \frac{1}{8} + \cdots$$

$$\sum_{n=1}^{\infty} (-1)^{n+1} \frac{1}{n+1} = \frac{1}{2} - \frac{1}{3} + \frac{1}{4} - \frac{1}{5} + \frac{1}{6} - \frac{1}{7} + \frac{1}{8} - \cdots$$

可以看出来,第一个级数从第二项起与第二个级数从第一项起的每一项都是数值相等、符号向反,加起来就相互抵消掉. 当 $n$ 趋向 $\infty$ 时,就只剩下 1 了. 因此

$$\left[ \sum_{n=1}^{\infty} (-1)^{n+1} \frac{1}{n} + \sum_{n=1}^{\infty} (-1)^{n+1} \frac{1}{n+1} \right] = 1$$

于是最后得到

$$\int_0^1 \ln(1+x) \mathrm{d}x = 2\ln 2 - 1$$

3. 计算积分 $\displaystyle\int_0^1 \ln \frac{1}{1-x} \mathrm{d}x (0 < x < 1)$.

将该积分改写一下,得

$$\int_0^1 \ln \frac{1}{1-x} \mathrm{d}x = \int_0^1 \ln 1 \mathrm{d}x - \int_0^1 \ln(1-x) \mathrm{d}x = -\int_0^1 \ln(1-x) \mathrm{d}x$$

把被积函数 $\ln(1-x)$ 用级数展开,得

$$\ln(1-x) = -\sum_{n=1}^{\infty} \frac{x^n}{n} \quad (0 < x < 1)$$

把它代入积分式中,得

$$\int_0^1 \ln \frac{1}{1-x} \mathrm{d}x = -\int_0^1 \ln(1-x) \mathrm{d}x = \int_0^1 \sum_{n=1}^{\infty} \frac{x^n}{n} \mathrm{d}x$$

$$= \sum_{n=1}^{\infty} \frac{1}{n} \int_0^1 x^n \mathrm{d}x = \sum_{n=1}^{\infty} \frac{1}{n} \cdot \frac{1}{n+1} (x^{n+1}) \Big|_0^1$$

$$= \sum_{n=1}^{\infty} \frac{1}{n(n+1)} = 1$$

4. 计算积分 $\displaystyle\int_0^1 \frac{\ln(1+x)}{x} \mathrm{d}x$.

把被积函数中的 $\ln(1+x)$ 用级数展开,代入积分式中,并逐项积分,得

$$\int_0^1 \frac{\ln(1+x)}{x} \mathrm{d}x = \int_0^1 \frac{1}{x} \left( \frac{x}{1} - \frac{x^2}{2} + \frac{x^3}{3} - \frac{x^4}{4} + \frac{x^5}{5} - \cdots + (-1)^{n+1} \frac{x^n}{n} + \cdots \right) \mathrm{d}x$$

$$= \int_0^1 \left( \frac{1}{1} - \frac{x}{2} + \frac{x^2}{3} - \frac{x^3}{4} + \frac{x^4}{5} - \cdots + (-1)^{n+1} \frac{x^{n-1}}{n} + \cdots \right) \mathrm{d}x$$

$$= \frac{1}{1} - \frac{1}{2^2} + \frac{1}{3^2} - \frac{1}{4^2} + \frac{1}{5^2} - \cdots + (-1)^{n+1} \frac{1}{n^2} + \cdots$$

$$= \sum_{n=1}^{\infty} (-1)^{n+1} \frac{1}{n^2} = \frac{\pi^2}{12}$$

5. 计算积分 $\displaystyle\int_0^{\infty} \frac{x}{\mathrm{e}^x + 1} \mathrm{d}x$.

把被积函数改变一下,并用级数展开,得

$$\frac{x}{e^x + 1} = \frac{xe^{-x}}{1 + e^{-x}} = xe^{-x}(1 - e^{-x} + e^{-2x} - e^{-3x} + e^{-4x} - \cdots)$$

$$= xe^{-x} - xe^{-2x} + xe^{-3x} - xe^{-4x} + xe^{-5x} - \cdots$$

再把级数展开式代入积分中,得

$$\int_0^\infty \frac{x}{e^x + 1} dx$$

$$= \int_0^\infty (xe^{-x} - xe^{-2x} + xe^{-3x} - xe^{-4x} + xe^{-5x} - \cdots) dx$$

$$= \int_0^\infty xe^{-x} dx - \int_0^\infty xe^{-2x} dx + \int_0^\infty xe^{-3x} dx - \int_0^\infty xe^{-4x} dx + \int_0^\infty xe^{-5x} dx - \cdots$$

用分部积分法逐项积分,得

$$\int_0^\infty xe^{-x} dx = -\int_0^\infty x de^{-x} = -(xe^{-x})\Big|_0^\infty + \int_0^\infty e^{-x} dx = 1$$

$$\int_0^\infty xe^{-2x} dx = -\frac{1}{2}\int_0^\infty x de^{-2x} = -\frac{1}{2}(xe^{-2x})\Big|_0^\infty + \frac{1}{2}\int_0^\infty e^{-2x} dx = \frac{1}{2^2}$$

$$\int_0^\infty xe^{-3x} dx = -\frac{1}{3}\int_0^\infty x de^{-3x} = -\frac{1}{3}(xe^{-3x})\Big|_0^\infty + \frac{1}{3}\int_0^\infty e^{-3x} dx = \frac{1}{3^2}$$

$$\cdots$$

把它们加起来,得

$$\int_0^\infty \frac{x}{e^x + 1} dx = 1 - \frac{1}{2^2} + \frac{1}{3^2} - \frac{1}{4^2} + \frac{1}{5^2} - \cdots = \sum_{n=1}^\infty (-1)^{n+1} \frac{1}{n^2} = \frac{\pi^2}{12}$$

6. 计算积分 $\displaystyle\int_0^\infty \frac{x}{e^{2\pi x} - 1} dx$.

把被积函数展开为无穷级数,然后逐项积分,得

$$\int_0^\infty \frac{x}{e^{2\pi x} - 1} dx = \int_0^\infty \frac{xe^{-2\pi x}}{1 - e^{-2\pi x}} dx$$

$$= \int_0^\infty xe^{-2\pi x}(1 + e^{-2\pi x} + e^{-4\pi x} + e^{-6\pi x} + \cdots) dx$$

$$= \int_0^\infty (xe^{-2\pi x} + xe^{-4\pi x} + xe^{-6\pi x} + xe^{-8\pi x} + \cdots) dx$$

用分部积分法逐项积分,得

$$\int_0^\infty xe^{-2\pi x} dx = -\frac{1}{2\pi}\int_0^\infty x de^{-2\pi x} = -\frac{1}{2\pi}(xe^{-2\pi x})\Big|_0^\infty + \frac{1}{2\pi}\int_0^\infty e^{-2\pi x} dx = \frac{1}{(2\pi)^2}$$

$$\int_0^\infty xe^{-4\pi x} dx = -\frac{1}{4\pi}\int_0^\infty x de^{-4\pi x} = -\frac{1}{4\pi}(xe^{-4\pi x})\Big|_0^\infty + \frac{1}{4\pi}\int_0^\infty e^{-4\pi x} dx = \frac{1}{(4\pi)^2}$$

$$\int_0^\infty xe^{-6\pi x} dx = -\frac{1}{6\pi}\int_0^\infty x de^{-6\pi x} = -\frac{1}{6\pi}(xe^{-6\pi x})\Big|_0^\infty + \frac{1}{6\pi}\int_0^\infty e^{-6\pi x} dx = \frac{1}{(6\pi)^2}$$

$$\cdots$$

逐项相加,得到

$$\int_0^\infty \frac{x}{e^{2\pi x} - 1} dx = \int_0^\infty \frac{x e^{-2\pi x}}{1 - e^{-2\pi x}} dx$$

$$= \frac{1}{(2\pi)^2} + \frac{1}{(4\pi)^2} + \frac{1}{(6\pi)^2} + \frac{1}{(8\pi)^2} + \cdots$$

$$= \frac{1}{(2\pi)^2} \left( \frac{1}{1^2} + \frac{1}{2^2} + \frac{1}{3^2} + \frac{1}{4^2} + \cdots \right)$$

$$= \frac{1}{(2\pi)^2} \sum_{n=1}^\infty \frac{1}{n^2} = \frac{1}{(2\pi)^2} \cdot \frac{\pi^2}{6} = \frac{1}{24}$$

7. 计算积分 $\int_0^1 \dfrac{dx}{x^x}$ 和 $\int_0^1 x^x dx$.

(1) 计算积分 $\int_0^1 \dfrac{dx}{x^x}$.

因为

$$\frac{1}{x^x} = x^{-x} = e^{-x\ln x}$$

把 $e^{-x\ln x}$ 展开为无穷级数,得

$$e^{-x\ln x} = 1 - x\ln x + \frac{1}{2!} x^2 \ln^2 x - \frac{1}{3!} x^3 \ln^3 x + \cdots + (-1)^n \frac{1}{n!} x^n \ln^n x + \cdots$$

代入积分式中,得

$$\int_0^1 \frac{dx}{x^x} = \int_0^1 e^{-x\ln x} dx$$

$$= \int_0^1 \left( 1 - x\ln x + \frac{1}{2!} x^2 \ln^2 x - \frac{1}{3!} x^3 \ln^3 x + \cdots \right.$$

$$\left. + (-1)^n \frac{1}{n!} x^n \ln^n x + \cdots \right) dx$$

$$= \int_0^1 dx - \int_0^1 x\ln x dx + \frac{1}{2!} \int_0^1 x^2 \ln^2 x dx - \frac{1}{3!} \int_0^1 x^3 \ln^3 x dx + \cdots$$

$$+ (-1)^n \frac{1}{n!} \int_0^1 x^n \ln^n x dx + \cdots$$

用分部积分法逐项积分,得

$$\int_0^1 \frac{dx}{x^x} = 1 - \left( \frac{1}{2} x^2 \ln x - \frac{x^2}{2^2} \right) \Big|_0^1 + \frac{1}{2!} \left( \frac{1}{3} x^3 \ln^2 x - \frac{2}{3^2} x^3 \ln x + \frac{2}{3^2} x^3 \right) \Big|_0^1$$

$$- \frac{1}{3!} \left( \frac{1}{4} x^4 \ln^3 x - \frac{1}{4^2} x^4 \ln^2 x + \frac{3!}{4^3} x^4 \ln x - \frac{3!}{4^4} x^4 \right) \Big|_0^1 + \cdots$$

$$= 1 + \frac{1}{2^2} + \frac{1}{3^3} + \frac{1}{4^4} + \cdots + \frac{1}{n^n} + \cdots = \sum_{n=1}^\infty \frac{1}{n^n}$$

这个无穷级数可表示为

$$\sum_{n=1}^\infty \frac{1}{n^n} = 1 + \sum_{n=2}^\infty \frac{1}{n^n} < 1 + \sum_{n=2}^\infty \frac{1}{2^n} = 1 + \frac{1}{2} = \frac{3}{2}$$

即

$$1 < \sum_{n=1}^{\infty} \frac{1}{n^n} < \frac{3}{2}$$

对这个积分结果做近似计算,如果计算到第 9 项,略去第 10 以后各项,则有

$$\sum_{n=1}^{\infty} \frac{1}{n^n} = 1 + \frac{1}{2^2} + \frac{1}{3^3} + \frac{1}{4^4} + \frac{1}{5^5} + \frac{1}{6^6} + \frac{1}{7^7} + \frac{1}{8^8} + \frac{1}{9^9} + \cdots$$

$$= 1 + 0.25 + 0.037037037 + 0.00390625 + 0.00032 + 0.000021433$$
$$+ 0.000001214 + 0.00000006 + 0.000000003 + \cdots$$

$$\approx 1.291285997\cdots \approx 1.3$$

也就是说,这个积分的近似值为

$$\int_0^1 \frac{\mathrm{d}x}{x^x} \approx 1.3$$

(2) 计算积分 $\int_0^1 x^x \mathrm{d}x$.

因为 $x^x = \mathrm{e}^{x\ln x}$,把它展开成无穷级数

$$x^x = \mathrm{e}^{x\ln x} = 1 + \frac{x\ln x}{1!} + \frac{(x\ln x)^2}{2!} + \cdots + \frac{(x\ln x)^n}{n!} + \cdots$$

$$= \sum_{n=0}^{\infty} \frac{(x\ln x)^n}{n!}$$

对它进行逐项积分,得到

$$\int_0^1 x^x \mathrm{d}x = \int_0^1 \mathrm{e}^{x\ln x} \mathrm{d}x = \int_0^1 \sum_{n=0}^{\infty} \frac{(x\ln x)^n}{n!} \mathrm{d}x = \sum_{n=0}^{\infty} \frac{1}{n!} \int_0^1 x^n (\ln x)^n \mathrm{d}x$$

其中积分

$$\int_0^1 x^n (\ln x)^n \mathrm{d}x = (-1)^n \frac{\Gamma(n+1)}{(n+1)^{n+1}}$$

(参看《常用积分表》第 155 页.)

因此

$$\int_0^1 x^x \mathrm{d}x = \sum_{n=0}^{\infty} \frac{1}{n!} (-1)^n \frac{\Gamma(n+1)}{(n+1)^{n+1}} = \sum_{n=0}^{\infty} \frac{(-1)^n}{(n+1)^{n+1}}$$

$$= 1 - \frac{1}{2^2} + \frac{1}{3^3} - \frac{1}{4^4} + \frac{1}{5^5} - \frac{1}{6^6} + \frac{1}{7^7} - \frac{1}{8^8} + \frac{1}{9^9} - \cdots$$

$$= 1 - 0.25 + 0.037037037 - 0.00390625 + 0.00032 - 0.000021433$$
$$+ 0.000001214 - 0.00000006 + 0.000000003 - \cdots$$

$$= 0.783430511\cdots$$

这个积分在 300 年前,J. 伯努利研究指数曲线时,对曲线 $y = x^x$ 从 $x = 0$ 到 $x = 1$ 那段曲线下面的面积进行计算时,得到了这个无穷级数:

$$1 - \frac{1}{2^2} + \frac{1}{3^3} - \frac{1}{4^4} + \cdots$$

伯努利就是通过写出 $x^x = \mathrm{e}^{x\ln x}$，并把它用指数的级数展开，再用分项积分法逐项积分得到的[33]，我们今天只是沿用他的方法罢了.

8. 计算积分 $\displaystyle\int_0^{\frac{\pi}{2}} x\cot x\mathrm{d}x$.

把被积函数中的余切 $\cot x$ 展开为无穷级数，得

$$\cot x = \frac{1}{x} + \sum_{n=1}^{\infty} (-1)^n \frac{2^{2n}B_{2n}}{(2n)!} x^{2n-1}$$

其中 $B_{2n}$ 是伯努利数. 把余切的无穷级数表达式代入积分式中，则有

$$
\begin{aligned}
\int_0^{\frac{\pi}{2}} x\cot x\mathrm{d}x &= \int_0^{\frac{\pi}{2}} x\left[\frac{1}{x} + \sum_{n=1}^{\infty} (-1)^n \frac{2^{2n}B_{2n}}{(2n)!} x^{2n-1}\right]\mathrm{d}x \\
&= \int_0^{\frac{\pi}{2}} \left[1 + \sum_{n=1}^{\infty} (-1)^n \frac{2^{2n}B_{2n}}{(2n)!} x^{2n}\right]\mathrm{d}x \\
&= \int_0^{\frac{\pi}{2}} \mathrm{d}x + \sum_{n=1}^{\infty} (-1)^n \frac{2^{2n}B_{2n}}{(2n)!} \int_0^{\frac{\pi}{2}} x^{2n}\mathrm{d}x \\
&= \frac{\pi}{2} + \sum_{n=1}^{\infty} (-1)^n \frac{2^{2n}B_{2n}}{(2n)!} \frac{1}{2n+1} \left(\frac{\pi}{2}\right)^{2n+1} \\
&= \frac{\pi}{2}\left[1 + \sum_{n=1}^{\infty} (-1)^n \frac{2^{2n}B_{2n}}{(2n+1)!} \left(\frac{\pi}{2}\right)^{2n}\right] \\
&= \frac{\pi}{2}\left[1 + \sum_{n=1}^{\infty} (-1)^n \frac{\pi^{2n}}{(2n+1)!} B_{2n}\right]
\end{aligned}
$$

现在对括弧内的无穷级数 $\displaystyle\sum_{n=1}^{\infty} (-1)^n \frac{\pi^{2n}}{(2n+1)!} B_{2n}$ 做近似计算，其中的 $B_{2n}$ 是偶数项伯努利数，略去 $n=7$ 以后的各项，将 $n=1$ 以后的前 6 个列于下面：

| $B_2$ | $B_4$ | $B_6$ | $B_8$ | $B_{10}$ | $B_{12}$ |
|---|---|---|---|---|---|
| $\dfrac{1}{6}$ | $-\dfrac{1}{30}$ | $\dfrac{1}{42}$ | $-\dfrac{1}{30}$ | $\dfrac{5}{66}$ | $-\dfrac{691}{2730}$ |

$$
\begin{aligned}
\sum_{n=1}^{\infty} &(-1)^n \frac{\pi^{2n}}{(2n+1)!} B_{2n} \\
&= -\frac{\pi^2}{3!}\cdot\frac{1}{6} + \frac{\pi^4}{5!}\cdot\left(-\frac{1}{30}\right) - \frac{\pi^6}{7!}\cdot\frac{1}{42} + \frac{\pi^8}{9!}\cdot\left(-\frac{1}{30}\right) - \frac{\pi^{10}}{11!}\cdot\frac{5}{66} \\
&\quad + \frac{\pi^{12}}{13!}\cdot\left(-\frac{691}{2730}\right)\cdots \\
&= -0.274155678 - 0.027058081 - 0.004541710 - 0.000871595 \\
&\quad - 0.000177733 - 0.000037569\cdots \\
&= -0.306842366\cdots
\end{aligned}
$$

因此

$$\int_0^{\frac{\pi}{2}} x \cot x \, \mathrm{d}x = \frac{\pi}{2} \left[ 1 + \sum_{n=1}^{\infty} (-1)^n \frac{\pi^{2n}}{(2n+1)!} B_{2n} \right]$$

$$\approx \frac{\pi}{2} (1 - 0.306842366\cdots)$$

$$\approx 1.088809466\cdots$$

我们曾在 2.5 节的第 16 个例子中求出过这个积分,它是

$$\int_0^{\frac{\pi}{2}} x \cot x \, \mathrm{d}x = \frac{\pi}{2} \ln 2 = 1.088793045\cdots$$

比较两者,误差

$$\Delta = 1.088809466\cdots - 1.088793045\cdots \approx 0.000016421$$

两者相对误差

$$P = \frac{0.000016421}{1.088793045} \approx 1.5 \times 10^{-5}$$

因此小数点后的前 4 位是真值.

实际上,本例计算所得的结果与 2.5 节的第 16 个例子中求出的结果是完全相同的.亦即

$$\int_0^{\frac{\pi}{2}} x \cot x \, \mathrm{d}x = \frac{\pi}{2} \left[ 1 + \sum_{n=1}^{\infty} (-1)^n \frac{\pi^{2n}}{(2n+1)!} B_{2n} \right] = \frac{\pi}{2} \ln 2$$

因此有

$$\sum_{n=1}^{\infty} (-1)^n \frac{2^{2n}}{(2n+1)!} B_{2n} = \ln 2 - 1$$

从而导出这个无穷级数之和值,它的近似值为 $-0.3068\cdots$.

9. 计算积分 $\int_0^1 x \operatorname{sech} x \, \mathrm{d}x$.

当 $x < \frac{\pi}{2}$ 时,$\operatorname{sech} x$ 可用下面的公式展开:

$$\operatorname{sech} x = \sum_{n=0}^{\infty} (-1)^n \frac{E_{2n}}{(2n)!} x^{2n} \quad \left( |x| < \frac{\pi}{2} \right)$$

其中 $E_{2n}$ 为欧拉数.把展开式代入积分式中,得

$$\int_0^1 x \operatorname{sech} x \, \mathrm{d}x = \int_0^1 \sum_{n=0}^{\infty} (-1)^n \frac{E_{2n}}{(2n)!} x^{2n+1} \, \mathrm{d}x$$

$$= \sum_{n=0}^{\infty} (-1)^n \frac{E_{2n}}{(2n)!} \int_0^1 x^{2n+1} \, \mathrm{d}x$$

$$= \sum_{n=0}^{\infty} (-1)^n \frac{E_{2n}}{(2n)!(2n+2)}$$

对无穷级数 $\sum_{n=0}^{\infty} (-1)^n \frac{E_{2n}}{(2n)!(2n+2)}$ 做近似计算,取前 9 项,略去第 10 项以后的部分,小数点后取 9 位.对应的欧拉数如下:

| $E_0$ | $E_2$ | $E_4$ | $E_6$ | $E_8$ | $E_{10}$ | $E_{12}$ | $E_{14}$ | $E_{16}$ |
|---|---|---|---|---|---|---|---|---|
| 1 | $-1$ | 5 | $-61$ | 1385 | $-50521$ | 2702765 | $-199360981$ | 19391512145 |

把欧拉数代入,则此无穷级数

$$\sum_{n=0}^{\infty} (-1)^n \frac{E_{2n}}{(2n)!(2n+2)}$$

$$= \frac{1}{2} + \frac{1}{2! \cdot 4} + \frac{5}{4! \cdot 6} + \frac{61}{6! \cdot 8} + \frac{1385}{8! \cdot 10} + \frac{50521}{10! \cdot 12} + \frac{2702765}{12! \cdot 14} + \frac{199360981}{14! \cdot 16}$$

$$+ \frac{19391512145}{16! \cdot 18} + \cdots$$

$$= 0.5 + 0.125 + 0.034722222 + 0.010590278 + 0.00343502 + 0.001160186$$

$$+ 0.000403035 + 0.000142926 + 0.000005149 + \cdots$$

$$= 0.675458816\cdots$$

这是一个收敛的无穷级数,第 9 项已经小于 $10^{-5}$ 了,因此小数点后的前 4 位是真值.

10. 计算第一类完全椭圆积分 $K(k) = \int_0^{\frac{\pi}{2}} \frac{\mathrm{d}\theta}{\sqrt{1 - k^2 \sin^2\theta}} (k^2 < 1)$.

把 $\dfrac{1}{\sqrt{1 - k^2 \sin^2\theta}}$ 展开成无穷级数,得

$$\frac{1}{\sqrt{1 - k^2 \sin^2\theta}} = 1 + \frac{1}{2} k^2 \sin^2\theta + \frac{1 \cdot 3}{2 \cdot 4} k^4 \sin^4\theta + \cdots + \frac{(2n-1)!!}{(2n)!!} k^{2n} \sin^{2n}\theta + \cdots$$

$$= 1 + \sum_{n=1}^{\infty} \frac{(2n-1)!!}{(2n)!!} k^{2n} \sin^{2n}\theta$$

把它代入积分式,并逐项积分,得

$$K(k) = \int_0^{\frac{\pi}{2}} \frac{\mathrm{d}\theta}{\sqrt{1 - k^2 \sin^2\theta}} = \int_0^{\frac{\pi}{2}} \left[ 1 + \sum_{n=1}^{\infty} \frac{(2n-1)!!}{(2n)!!} k^{2n} \sin^{2n}\theta \right] \mathrm{d}\theta$$

$$= \int_0^{\frac{\pi}{2}} \mathrm{d}\theta + \sum_{n=1}^{\infty} \frac{(2n-1)!!}{(2n)!!} k^{2n} \int_0^{\frac{\pi}{2}} \sin^{2n}\theta \mathrm{d}\theta$$

在 2.4 节的第 1 个例子中我们已知道

$$\int_0^{\frac{\pi}{2}} \sin^{2n}\theta \mathrm{d}\theta = \frac{(2n-1)!!}{(2n)!!} \cdot \frac{\pi}{2}$$

所以

$$K(k) = \frac{\pi}{2} + \sum_{n=1}^{\infty} \frac{(2n-1)!!}{(2n)!!} k^{2n} \frac{(2n-1)!!}{(2n)!!} \cdot \frac{\pi}{2}$$

$$= \frac{\pi}{2} \left\{ 1 + \sum_{n=1}^{\infty} \left[ \frac{(2n-1)!!}{(2n)!!} \right]^2 k^{2n} \right\} \tag{2.49}$$

若令 $k = \dfrac{1}{2}$,则

$$K\left(\frac{1}{2}\right) = \frac{\pi}{2}\left\{1 + \sum_{n=1}^{\infty}\left[\frac{(2n-1)!!}{(2n)!!}\right]^2 \frac{1}{2^{2n}}\right\}$$

对括弧中代数和式做近似计算,取前面 8 项,略去后续各项,有效数字取小数点后 9 位,得

$$\sum_{n=1}^{8}\left[\frac{(2n-1)!!}{(2n)!!}\right]^2 \cdot \frac{1}{2^{2n}}$$

$$= \left(\frac{1!!}{2!!}\right)^2 \cdot \frac{1}{2^2} + \left(\frac{3!!}{4!!}\right)^2 \cdot \frac{1}{2^4} + \left(\frac{5!!}{6!!}\right)^2 \cdot \frac{1}{2^6} + \left(\frac{7!!}{8!!}\right)^2 \cdot \frac{1}{2^8} + \left(\frac{9!!}{10!!}\right)^2 \cdot \frac{1}{2^{10}}$$

$$+ \left(\frac{11!!}{12!!}\right)^2 \cdot \frac{1}{2^{12}} + \left(\frac{13!!}{14!!}\right)^2 \cdot \frac{1}{2^{14}} + \left(\frac{15!!}{16!!}\right)^2 \cdot \frac{1}{2^{16}}$$

$$= 0.0625 + 0.008789063 + 0.001525879 + 0.000292063 + 0.000059143$$

$$+ 0.000012424 + 0.000002678 + 0.000000588$$

$$= 0.073181838\cdots$$

其误差小于 $10^{-6}$,因此得到

$$K\left(\frac{1}{2}\right) = \frac{\pi}{2}\left\{1 + \sum_{n-1}^{\infty}\left[\frac{(2n-1)!!}{(2n)!!}\right]^2 \frac{1}{2^{2n}}\right\}$$

$$\approx \frac{\pi}{2}(1 + 0.073181838\cdots)$$

$$\approx 1.685750089\cdots$$

11. 计算第二类完全椭圆积分 $E(k) = \int_0^{\frac{\pi}{2}} \sqrt{1 - k^2 \sin^2\theta}\,\mathrm{d}\theta\,(k^2 < 1)$.

因为

$$\sqrt{1 - k^2 \sin^2\theta} = 1 - \frac{1}{2}k^2 \sin^2\theta - \frac{1 \cdot 1}{2 \cdot 4}k^4 \sin^4\theta - \cdots - \frac{(2n-3)!!}{(2n)!!}k^{2n} \sin^{2n}\theta - \cdots$$

$$= 1 - \sum_{n=1}^{\infty} \frac{(2n-3)!!}{(2n)!!}k^{2n} \sin^{2n}\theta$$

所以

$$E(k) = \int_0^{\frac{\pi}{2}} \sqrt{1 - k^2 \sin^2\theta}\,\mathrm{d}\theta = \int_0^{\frac{\pi}{2}}\left[1 - \sum_{n=1}^{\infty} \frac{(2n-3)!!}{(2n)!!}k^{2n} \sin^{2n}\theta\right]\mathrm{d}\theta$$

$$= \int_0^{\frac{\pi}{2}}\mathrm{d}\theta - \sum_{n=1}^{\infty} \frac{(2n-3)!!}{(2n)!!}k^{2n} \int_0^{\frac{\pi}{2}} \sin^{2n}\theta\,\mathrm{d}\theta$$

$$= \frac{\pi}{2} - \sum_{n=1}^{\infty} \frac{(2n-3)!!}{(2n)!!}k^{2n} \frac{(2n-1)!!}{(2n)!!} \cdot \frac{\pi}{2}$$

$$= \frac{\pi}{2}\left[1 - \sum_{n=1}^{\infty} \frac{(2n-1)(2n-3)!!}{(2n-1)(2n)!!}k^{2n} \frac{(2n-1)!!}{(2n)!!}\right]$$

$$= \frac{\pi}{2}\left\{1 - \sum_{n=1}^{\infty}\left[\frac{(2n-1)!!}{(2n)!!}\right]^2 \frac{k^{2n}}{2n-1}\right\} \tag{2.50}$$

若设 $k = \dfrac{1}{2}$，计算 $E\left(\dfrac{1}{2}\right)$ 的近似值. 与前例一样，取 $n=8$ 以内的 8 项，略去 $n=9$ 以后的各项，取小数点后 9 位有效数字，计算方括号内的总和号下的式子.

$$\sum_{n=1}^{8} \left[\frac{(2n-1)!!}{(2n)!!}\right]^2 \frac{1}{2^{2n}} \frac{1}{2n-1}$$

$$\approx \left(\frac{1!!}{2!!}\right)^2 \cdot \frac{1}{2^2} + \left(\frac{3!!}{4!!}\right)^2 \cdot \frac{1}{2^4} \cdot \frac{1}{3} + \left(\frac{5!!}{6!!}\right)^2 \cdot \frac{1}{2^6} \cdot \frac{1}{5} + \left(\frac{7!!}{8!!}\right)^2 \cdot \frac{1}{2^8} \cdot \frac{1}{7}$$

$$+ \left(\frac{9!!}{10!!}\right)^2 \cdot \frac{1}{2^{10}} \cdot \frac{1}{9} + \left(\frac{11!!}{12!!}\right)^2 \cdot \frac{1}{2^{12}} \cdot \frac{1}{11} + \left(\frac{13!!}{14!!}\right)^2 \cdot \frac{1}{2^{14}} \cdot \frac{1}{13}$$

$$+ \left(\frac{15!!}{16!!}\right)^2 \cdot \frac{1}{2^{16}} \cdot \frac{1}{15}$$

$$= 0.065784532$$

因此

$$E\left(\frac{1}{2}\right) \approx \frac{\pi}{2}(1 - 0.065784532)$$

$$\approx 1.467462225$$

以上有关无穷级数的近似计算，都是取级数的前面若干项，用普通的计算器就可以得到结果，因为所遇到的级数都是收敛的，而且收敛速度较快. 如果遇到收敛速度较慢的无穷级数，那只能编个程序用计算机计算了. 其中完全椭圆积分值可查数学手册[31]. 如我们计算的例题中，可从[31]查得：$K\left(\dfrac{1}{2}\right) = 1.6858$；$E\left(\dfrac{1}{2}\right) = 1.4675$.

把被积函数用无穷级数展开来做积分时，所得结果仍是无穷级数. 有些无穷级数的总和可以表达成非常简单的常数，如在第 1 个例子到第 6 个例子中遇到的，但是大多数情况下是不能表示成简单的常数的，那么做近似计算不失为一种可取的方法.

# 2.8　反常积分(Improper)

## 2.8.1　反常积分的定义

在讨论定积分 $\displaystyle\int_a^b f(x)\mathrm{d}x$ 时，通常假定 $[a,b]$ 为有界区间，$f(x)$ 在 $[a,b]$ 上是有界函数. 若不能满足这两个条件，则称相应的积分为反常积分.

反常积分有两种. 其中一种是无穷限反常积分，对于任何 $A > a$，$f(x)$ 在

$[a,A]$ 中可积,定义

$$\int_a^{+\infty} f(x)\mathrm{d}x = \lim_{A\to\infty}\int_a^A f(x)\mathrm{d}x$$

如果上式右端的极限存在,并且它的值为 $I$,则称反常积分 $\int_a^{+\infty} f(x)\mathrm{d}x$ 收敛于 $I$,记作

$$I = \int_a^{+\infty} f(x)\mathrm{d}x \qquad (2.51)$$

否则就称它发散.

第二种是无界函数的反常积分.设 $f(x)$ 在 $[a,b]$ 上的某点 $c(a\leqslant c\leqslant b)$ 附近无界,即对任何适当小的 $\varepsilon>0,f(c)$ 在 $(c-\varepsilon,c+\varepsilon)$ 内无界,称 $c$ 是 $f(x)$ 的奇点.又设对任何足够小的正数 $\delta_1,\delta_2,f(x)$ 在 $[a,c-\delta_1]$ 及 $[c+\delta_2,b]$ 上可积,定义

$$\int_a^b f(x)\mathrm{d}x = \lim_{\delta_1\to 0}\int_a^{c-\delta_1} f(x)\mathrm{d}x + \lim_{\delta_2\to 0}\int_{c+\delta_2}^b f(x)\mathrm{d}x$$

如果上式右端的极限存在,并且极限值为 $J$,称反常积分 $\int_a^b f(x)\mathrm{d}x$ 收敛于 $J$,记作

$$J = \int_a^b f(x)\mathrm{d}x \qquad (2.52)$$

否则就称它发散(当 $c=a$ 时,右端只有第二项,$c=b$ 时只有第一项).

以前所讲的定积分的概念是对有限区间 $[a,b]$ 与有界函数 $f(x)$ 说的,称它为常义积分.有别于常义积分,把无限区间 $[a,\infty]$,**无界函数 $f(x)$ 的积分叫反常积分**.反常积分亦称广义积分.

**反常积分主值**:设 $f(x)$ 在 $[a,b]$ 上无界,但只有一个奇点 $c$,且 $a<c<b$,即对任意适当小的 $\varepsilon>0,f(x)$ 在 $(c-\varepsilon,c+\varepsilon)$ 内无界.若对任意正数 $\delta$,有

$$\lim_{\delta\to 0}\left[\int_a^{c-\delta} f(x)\mathrm{d}x + \int_{c+\delta}^b f(x)\mathrm{d}x\right]$$

存在,就称它是 $\int_a^b f(x)\mathrm{d}x$ 的积分主值,记为 $\mathrm{V.P.}\int_a^b f(x)\mathrm{d}x$.

同样,对于无穷限反常积分,其主值定义为

$$\mathrm{V.P.}\int_{-\infty}^{+\infty} f(x)\mathrm{d}x = \lim_{A\to\infty}\int_{-A}^A f(x)\mathrm{d}x \qquad (2.53)$$

其中 $A$ 为任意正数.

发散的反常积分,其主值也可能存在.这时称它在主值意义下收敛.例如 $\int_0^3 \dfrac{\mathrm{d}x}{x-1}$ 发散,但它的主值

$$\mathrm{V.P.}\int_0^3 \frac{\mathrm{d}x}{x-1} = \lim_{\delta\to 0}\left(\int_0^{1-\delta} \frac{\mathrm{d}x}{x-1} + \int_{1+\delta}^3 \frac{\mathrm{d}x}{x-1}\right) = \ln 2$$

在反常积分中,有些是收敛的,有些则是发散的.例如函数 $f(x)=\dfrac{1}{1+x^2}$,它在任意有限区间 $[0,A]$ $(A>0)$ 上都是可积的,而且有

$$\int_0^A \frac{\mathrm{d}x}{1+x^2} = \arctan x \Big|_0^A = \arctan A$$

当 $A \rightarrow \infty$ 时,它的极限值为 $\frac{\pi}{2}$,因此 $x$ 从 0 到 $+\infty$ 的积分收敛,并且

$$\int_0^{+\infty} \frac{\mathrm{d}x}{1+x^2} = \lim_{A \rightarrow +\infty} \int_0^A \frac{\mathrm{d}x}{1+x^2} = \frac{\pi}{2}$$

但对于反常积分 $\int_a^A \frac{\mathrm{d}x}{x^p} (a > 0)$,则

$$\int_a^A \frac{\mathrm{d}x}{x^p} = \frac{1}{1-p} x^{1-p} \Big|_a^A = \frac{1}{1-p} (A^{1-p} - a^{1-p})$$

当 $p > 1, A \rightarrow +\infty$ 时,积分收敛,积分值为 $\frac{1}{p-1} a^{1-p}$;当 $p < 1, A \rightarrow +\infty$ 时,积分发散;当 $p = 1$ 时,则 $\int_a^A \frac{\mathrm{d}x}{x} = \ln A - \ln a$;当 $A \rightarrow \infty$ 时,积分发散.

## 2.8.2 反常积分存在的判别法

1. 柯西(Cauchy)判别法.

如果反常积分 $\int_a^{+\infty} f(x)\mathrm{d}x$ 存在,那么当 $x \rightarrow +\infty$ 时,对于任何一个数 $\varepsilon > 0$,都有一个数 $A_0 > a$,只要使得 $A > A_0$,而且有 $A' > A_0$,就有不等式

$$\left| \int_a^{A'} f(x)\mathrm{d}x - \int_a^A f(x)\mathrm{d}x \right| = \left| \int_A^{A'} f(x)\mathrm{d}x \right| < \varepsilon \tag{2.54}$$

这就是说,只要这个不等式成立,那么积分 $\int_a^{+\infty} f(x)\mathrm{d}x$ 就是收敛的.这就是柯西判别法.

如果 $\int_a^{+\infty} |f(x)|\mathrm{d}x$ 收敛,则 $\int_a^{+\infty} f(x)\mathrm{d}x$ 绝对收敛;如果 $\int_a^{+\infty} f(x)\mathrm{d}x$ 收敛,$\int_a^{+\infty} |f(x)|\mathrm{d}x$ 发散,则称 $\int_a^{+\infty} f(x)\mathrm{d}x$ 为条件收敛.

由柯西判别法可引导出比较判别法.设函数 $f(x)$ 与 $g(x)$ 都在 $[a, +\infty]$ 上连续,且对充分大的 $x$,满足 $0 \leqslant f(x) \leqslant g(x)$,则:

(1) 若 $\int_a^{+\infty} g(x)\mathrm{d}x$ 收敛,则 $\int_a^{+\infty} f(x)\mathrm{d}x$ 收敛;

(2) 若 $\int_a^{+\infty} f(x)\mathrm{d}x$ 发散,则 $\int_a^{+\infty} g(x)\mathrm{d}x$ 发散.

例如积分 $\int_1^{+\infty} \frac{\sin x}{x^2}\mathrm{d}x$ 和积分 $\int_1^{+\infty} \frac{\cos x}{x^2}\mathrm{d}x$,因为 $\left| \frac{\sin x}{x^2} \right| \leqslant \frac{1}{x^2}$,及 $\left| \frac{\cos x}{x^2} \right| \leqslant \frac{1}{x^2}$,而 $\int_1^{\infty} \frac{\mathrm{d}x}{x^2}$ 是收敛的,所以 $\int_1^{+\infty} \frac{\sin x}{x^2}\mathrm{d}x$ 和 $\int_1^{+\infty} \frac{\cos x}{x^2}\mathrm{d}x$ 绝对收敛.

2. 狄利克雷(Dirichlet)判别法.

如果函数 $f(x), g(x)$ 满足：

（ⅰ）$\int_a^A f(x)\mathrm{d}x \quad (a < A < \infty)$ 有界；

（ⅱ）当 $x \to +\infty$ 时，函数 $g(x)$ 单调地趋于 0，即 $\lim\limits_{x\to\infty} g(x) = 0$，则积分 $\int_a^A f(x)g(x)\mathrm{d}x$ 收敛.

例如积分 $\int_0^\infty \dfrac{\sin x}{x}\mathrm{d}x$，该积分是收敛的，但不是绝对收敛. 由狄利克雷判别法，取 $f(x) = \sin x, g(x) = \dfrac{1}{x}$. 因为

（1）$\left| \int_0^A \sin x\,\mathrm{d}x \right| = |\cos 0 - \cos A| \leqslant 2$；

（2）$g(x) = \dfrac{1}{x}$，当 $x \to +\infty$ 时，$g(x)$ 单调趋于 0，$\lim\limits_{x\to\infty} g(x) = 0$，

所以该积分是收敛的，但非绝对收敛. 因为

$$\int_0^\infty \frac{|\sin x|}{x}\mathrm{d}x = \sum_{n=1}^\infty \int_{(n-1)\pi}^{n\pi} \frac{|\sin x|}{x}\mathrm{d}x > \sum_{n=1}^\infty \frac{1}{n\pi} \int_{(n-1)\pi}^{n\pi} |\sin x|\,\mathrm{d}x$$

$$= \sum_{n=0}^\infty \frac{1}{n\pi} \left[\cos x\right]_{(n-1)\pi}^{n\pi} = \sum_{n=1}^\infty \frac{2}{n\pi} = \frac{2}{\pi} \sum_{n=1}^\infty \frac{1}{n} = \infty$$

## 2.8.3　反常积分算例

1. 求积分 $\int_a^{+\infty} \dfrac{\mathrm{d}x}{x^2}(a > 0)$.

该积分 $x = 0$ 是奇点，当 $a > 0$ 时，则有

$$\lim_{b\to\infty} \int_a^b \frac{\mathrm{d}x}{x^2} = \lim_{b\to\infty} \left(\frac{1}{1-2} x^{1-2}\right) \bigg|_a^b = \lim_{b\to\infty} \left(-\frac{1}{x}\right) \bigg|_a^b$$

$$= \lim_{b\to\infty} \left(\frac{1}{a} - \frac{1}{b}\right) = \frac{1}{a}$$

2. 求积分 $\int_{-1}^1 \dfrac{\mathrm{d}x}{\sqrt{1-x^2}}$.

因为 $|x| = 1$ 是奇点，所以可把它拆成两部分积分，于是可得

$$\int_{-1}^1 \frac{\mathrm{d}x}{\sqrt{1-x^2}} = \lim_{\varepsilon\to 0^+} \int_{-1+\varepsilon}^0 \frac{\mathrm{d}x}{\sqrt{1-x^2}} + \lim_{\varepsilon\to 0^+} \int_0^{1-\varepsilon} \frac{\mathrm{d}x}{\sqrt{1-x^2}}$$

$$= \lim_{\varepsilon\to 0^+} \left[-\arcsin(-1+\varepsilon)\right] + \lim_{\varepsilon\to 0^+} \arcsin(1-\varepsilon)$$

$$= \frac{\pi}{2} + \frac{\pi}{2} = \pi$$

3. 计算积分 $\int_0^{+\infty} \dfrac{\mathrm{d}x}{1+x^3}$.

它属于无穷限反常积分. 对被积函数, 用待定系数法分解:

令

$$\frac{1}{1 + x^3} = \frac{A}{x + 1} + \frac{Bx + C}{x^2 - x + 1}$$

用 $x^3 + 1$ 乘方程两边, 得

$$1 = A(x^2 - x + 1) + (Bx + C)(x + 1)$$
$$= (A + B)x^2 + (B + C - A)x + (A + C)$$

对照公式两边, 使 $x$ 的同次幂的系数相等, 则有

$$x^2 : A + B = 0$$
$$x^1 : B + C - A = 0$$
$$x^0 : A + C = 1$$

解上面三个方程, 得到

$$A = \frac{1}{3}, \quad B = -\frac{1}{3}, \quad C = \frac{2}{3}$$

所以

$$\frac{1}{x^3 + 1} = \frac{1}{3(x + 1)} - \frac{2x - 1}{6(x^2 - x + 1)} + \frac{1}{2(x^2 - x + 1)}$$

把被积函数的分解式代入积分中, 得

$$\lim_{b \to \infty} \int_0^b \frac{\mathrm{d}x}{x^3 + 1}$$

$$= \lim_{b \to \infty} \left[ \frac{1}{3} \int_0^b \frac{\mathrm{d}x}{x + 1} - \frac{1}{6} \int_0^b \frac{\mathrm{d}(x^2 - x + 1)}{x^2 - x + 1} + \frac{1}{2} \int_0^b \frac{\mathrm{d}x}{x^2 - x + 1} \right]$$

$$= \lim_{b \to \infty} \left\{ \frac{1}{3} \left[ \ln(x + 1) \right]_0^b - \frac{1}{6} \left[ \ln(x^2 - x + 1) \right]_0^b + \frac{1}{\sqrt{3}} \int_0^b \frac{\mathrm{d}\left( \frac{2x - 1}{\sqrt{3}} \right)}{1 + \left( \frac{2x - 1}{\sqrt{3}} \right)^2} \right\}$$

$$= \lim_{b \to \infty} \left[ \frac{1}{6} \ln \frac{(x + 1)^2}{x^2 - x + 1} + \frac{1}{\sqrt{3}} \arctan \frac{2x - 1}{\sqrt{3}} \right]_0^b$$

$$= \left\{ \frac{1}{6} \ln 1 + \frac{1}{\sqrt{3}} \left[ \frac{\pi}{2} - \left( -\frac{\pi}{6} \right) \right] \right\}$$

$$= \frac{2\pi}{3\sqrt{3}}$$

因此得到

$$\int_0^{+\infty} \frac{\mathrm{d}x}{1 + x^3} = \frac{2\pi}{3\sqrt{3}}$$

4. 计算积分 $\displaystyle\int_0^{+\infty} \frac{\arctan x}{(1 + x^2)^{\frac{3}{2}}} \mathrm{d}x$.

这也是一个无穷限反常积分.

令

$$x = \tan t, \quad \mathrm{d}x = \sec^2 t \, \mathrm{d}t$$

当 $x = 0$ 时，$t = 0$；当 $x = \infty$ 时，$t = \dfrac{\pi}{2}$. 因此

$$\lim_{a \to 0, b \to \infty} \int_a^b \frac{\arctan x}{(1 + x^2)^{\frac{3}{2}}} \mathrm{d}x = \int_0^{\frac{\pi}{2}} \frac{t}{(1 + \tan^2 t)^{\frac{3}{2}}} \sec^2 t \, \mathrm{d}t = \int_0^{\frac{\pi}{2}} \frac{t}{\sec t} \mathrm{d}t$$

$$= \int_0^{\frac{\pi}{2}} t \cos t \, \mathrm{d}t = \int_0^{\frac{\pi}{2}} t \, \mathrm{d}\sin t = (t \sin t) \Big|_0^{\frac{\pi}{2}} - \int_0^{\frac{\pi}{2}} \sin t \, \mathrm{d}t$$

$$= \frac{\pi}{2} + (\cos t) \Big|_0^{\frac{\pi}{2}} = \frac{\pi}{2} - 1$$

5. 计算积分 $\displaystyle\int_0^\infty \mathrm{e}^{-ax} \sin bx \, \mathrm{d}x, \int_0^\infty \mathrm{e}^{-ax} \cos bx \, \mathrm{d}x$.

找原函数

$$\int \mathrm{e}^{-ax} \sin bx \, \mathrm{d}x = -\frac{1}{a} \int \sin bx \, \mathrm{d}\mathrm{e}^{-ax} = -\frac{1}{a} \left( \mathrm{e}^{-ax} \sin bx - b \int \mathrm{e}^{-ax} \cos bx \, \mathrm{d}x \right)$$

$$= -\frac{1}{a} \left[ \mathrm{e}^{-ax} \sin bx + \frac{b}{a} \left( \mathrm{e}^{-ax} \cos bx + b \int \mathrm{e}^{-ax} \sin bx \, \mathrm{d}x \right) \right]$$

$$= -\frac{1}{a} \mathrm{e}^{-ax} \sin bx - \frac{b}{a^2} \mathrm{e}^{-ax} \cos bx - \frac{b^2}{a^2} \int \mathrm{e}^{-ax} \sin bx \, \mathrm{d}x$$

由此得到

$$\left( 1 + \frac{b^2}{a^2} \right) \int \mathrm{e}^{-ax} \sin bx \, \mathrm{d}x = -\frac{1}{a^2} \mathrm{e}^{-ax} (a \sin bx + b \cos bx) + C$$

或其中一个原函数为

$$F(x) = \int \mathrm{e}^{-ax} \sin bx \, \mathrm{d}x = -\frac{1}{a^2 + b^2} \mathrm{e}^{-ax} (a \sin bx + b \cos bx)$$

当 $x = 0$ 时，$F(0) = -\dfrac{b}{a^2 + b^2}$，当 $x = \infty$ 时，$F(\infty) = 0$，因此

$$\int_0^\infty \mathrm{e}^{-ax} \sin bx \, \mathrm{d}x = F(\infty) - F(0) = \frac{b}{a^2 + b^2}$$

用同样的方法，可得

$$\int_0^\infty \mathrm{e}^{-ax} \cos bx \, \mathrm{d}x = \frac{a}{a^2 + b^2}$$

## 2.8.4　伏汝兰尼(Froullani)积分

这是一类特殊形式的反常积分，它的形式如下：

$$\int_0^\infty \frac{f(ax) - f(bx)}{x} \mathrm{d}x \quad (a > 0, b > 0)$$

首先，假定 $x \geqslant 0$ 时，$f(x)$ 有定义，并且连续；当 $x \to +\infty$ 时，$f(x)$ 具有有限的极

限,即

$$f(+\infty) = \lim_{x\to\infty} f(x)$$

当 $0<\delta<\Delta<\infty$ 时,存在积分

$$\int_\delta^\Delta \frac{f(ax) - f(bx)}{x} dx = \int_\delta^\Delta \frac{f(ax)}{x} dx - \int_\delta^\Delta \frac{f(bx)}{x} dx$$

$$= \int_{a\delta}^{a\Delta} \frac{f(z)}{z} dz - \int_{b\delta}^{b\Delta} \frac{f(z)}{z} dz$$

$$= \int_{a\delta}^{b\delta} \frac{f(z)}{z} dz - \int_{a\Delta}^{b\Delta} \frac{f(z)}{z} dz$$

因此得到

$$\int_0^\infty \frac{f(ax) - f(bx)}{x} dx = \lim_{\delta\to 0} \int_{a\delta}^{b\delta} \frac{f(z)}{z} dz - \lim_{\Delta\to\infty} \int_{a\Delta}^{b\Delta} \frac{f(z)}{z} dz$$

由中值公式

$$\int_{a\delta}^{b\delta} \frac{f(z)}{z} dz = f(\xi) \int_{a\delta}^{b\delta} \frac{dz}{z} = F(\xi) \ln \frac{b}{a} \quad (a\delta \leqslant \xi \leqslant b\delta)$$

$$\int_{a\Delta}^{b\Delta} \frac{f(z)}{z} dz = f(\eta) \int_{a\Delta}^{b\Delta} \frac{dz}{z} = F(\eta) \ln \frac{b}{a} \quad (a\Delta \leqslant \eta \leqslant b\Delta)$$

显然,当 $\delta\to 0, \xi\to 0$;当 $\Delta\to\infty$ 时,$\eta\to\infty$,所以由此推知

$$\int_0^\infty \frac{f(ax) - f(bx)}{x} dx = [f(0) - f(\infty)] \ln \frac{b}{a} \tag{2.55}$$

这个公式可以用来计算类似形状的积分,例如:

1. 计算积分 $\int_0^\infty \frac{e^{-ax} - e^{-bx}}{x} dx$.

设 $f(x) = e^{-x}$,则 $f(0) = e^0 = 1, f(\infty) = e^{-\infty} = 0$,于是

$$\int_0^\infty \frac{e^{-ax} - e^{-bx}}{x} dx = [f(0) - f(\infty)] \cdot \ln \frac{b}{a} = \ln \frac{b}{a}$$

2. 计算积分 $\int_0^\infty \frac{\arctan ax - \arctan bx}{x} dx$.

令 $f(x) = \arctan x$,则

$$f(0) = \arctan 0 = 0, \quad f(\infty) = \arctan \infty = \frac{\pi}{2}$$

那么

$$\int_0^\infty \frac{\arctan ax - \arctan bx}{x} dx = [f(0) - f(\infty)] \cdot \ln \frac{b}{a}$$

$$= -\frac{\pi}{2} \ln \frac{b}{a} = \frac{\pi}{2} \ln \frac{a}{b}$$

3. 计算积分 $\int_0^\infty \ln \frac{p + qe^{-ax}}{p + qe^{-bx}} \cdot \frac{dx}{x}$.

把该积分改写为

$$\int_0^\infty \frac{\ln(p + qe^{-ax}) - \ln(p + qe^{-bx})}{x} dx$$

因此有

$$f(x) = \ln(p + qe^{-x}), \quad f(0) = \ln(p + q), \quad f(\infty) = \ln(p)$$

于是得到

$$\int_0^\infty \ln \frac{p + qe^{-ax}}{p + qe^{-bx}} \cdot \frac{dx}{x} = \left[ f(0) - f(\infty) \right] \ln \frac{b}{a} = \left[ \ln(p + q) - \ln p \right] \ln \frac{b}{a}$$

$$= \ln \frac{p + q}{p} \cdot \ln \frac{b}{a} = \ln \left( 1 + \frac{q}{p} \right) \ln \frac{b}{a}$$

4. 计算积分 $\int_0^\infty \frac{\cos ax - \cos bx}{x} dx$.

在该题的情况下,$f(x) = \cos x, f(0) = \cos 0 = 1$,但 $f(\infty) = \cos(\infty)$ 没有有限的极限值.

当 $x \to +\infty$ 时,$f(x)$ 没有有限的极限值,但积分 $\int_A^{+\infty} \frac{f(z)}{z} dz$ 存在.此时积分的结果应该是

$$\int_0^\infty \frac{f(ax) - f(bx)}{x} dx = f(0) \cdot \ln \frac{b}{a}$$

因此该积分结果将是

$$\int_0^\infty \frac{\cos ax - \cos bx}{x} dx = f(0) \cdot \ln \frac{b}{a} = \ln \frac{b}{a}$$

同样的道理,若函数 $f(x)$ 在 $x = 0$ 处连续性被破坏,但积分 $\int_0^A \frac{f(z)}{z} dz \ (A < +\infty)$ 存在,那么

$$\int_0^\infty \frac{f(ax) - f(bx)}{x} dx = f(+\infty) \cdot \ln \frac{a}{b}$$

这种情况,也可用变换 $x = \frac{1}{t}$ 把它化成前一种情况.

5. 计算积分 $\int_0^\infty \frac{\sin ax \sin bx}{x} dx (a^2 \neq b^2)$.

因为

$$\sin ax \sin bx = -\frac{1}{2} \left[ \cos(ax + bx) - \cos(ax - bx) \right]$$

$$= -\frac{1}{2} \left[ \cos(|a + b|x) - \cos(|a - b|x) \right]$$

所以

$$\int_0^\infty \frac{\sin ax \sin bx}{x} dx = -\frac{1}{2} \int_0^\infty \frac{\cos(|a + b|)x - \cos(|a - b|)x}{x} dx$$

公式右端为伏汝兰尼积分,$f(x) = \cos x, f(0) = \cos 0 = 1, f(+\infty) = \cos(+\infty)$ 没有有限极限值,因此

$$\int_0^\infty \frac{\cos(|\,a+b\,|)x - \cos(|\,a-b\,|)x}{x}\mathrm{d}x = f(0)\ln\left|\frac{a-b}{a+b}\right| = \ln\left|\frac{a-b}{a+b}\right|$$

于是得到

$$\int_0^\infty \frac{\sin ax\sin bx}{x}\mathrm{d}x = -\frac{1}{2}\ln\left|\frac{a-b}{a+b}\right| = \frac{1}{2}\ln\left|\frac{a+b}{a-b}\right|$$

$$= \ln\sqrt{\left|\frac{a+b}{a-b}\right|}\quad (a^2 \neq b^2)$$

6. 计算积分 $\displaystyle\int_0^\infty \frac{(1-\cos ax)\cos bx}{x}\mathrm{d}x\,(b \neq 0, a^2 \neq b^2)$.

因为

$$(1-\cos ax)\cos bx = \cos bx - \cos ax\cos bx$$

$$= \cos bx - \frac{1}{2}\big[\cos(a+b)x + \cos(a-b)x\big]$$

$$= \frac{1}{2}\big[\cos bx - \cos(a+b)x\big] + \frac{1}{2}\big[\cos bx - \cos(a-b)x\big]$$

所以

$$\int_0^\infty \frac{(1-\cos ax)\cos bx}{x}\mathrm{d}x$$

$$= \frac{1}{2}\int_0^\infty \frac{\cos bx - \cos(a+b)x}{x}\mathrm{d}x + \frac{1}{2}\int_0^\infty \frac{\cos bx - \cos(a-b)x}{x}\mathrm{d}x$$

等式右边的两个积分都是伏汝兰尼积分，$f(x) = \cos x$，$f(0) = 1$，但 $f(+\infty)$ 没有有限的极限值，所以右边的两个积分分别为

$$\int_0^\infty \frac{\cos bx - \cos(a+b)x}{x}\mathrm{d}x = f(0)\cdot\ln\left|\frac{a+b}{b}\right| = \ln\left|\frac{a+b}{b}\right|$$

$$\int_0^\infty \frac{\cos bx - \cos(a-b)x}{x}\mathrm{d}x = f(0)\cdot\ln\left|\frac{a-b}{b}\right| = \ln\left|\frac{a-b}{b}\right|$$

于是得到

$$\int_0^\infty \frac{(1-\cos ax)\cos bx}{x}\mathrm{d}x$$

$$= \frac{1}{2}\ln\left|\frac{a+b}{b}\right| + \frac{1}{2}\ln\left|\frac{a-b}{b}\right| = \ln\sqrt{\left|\frac{a+b}{b}\right|} + \ln\sqrt{\left|\frac{a-b}{b}\right|}$$

$$= \ln\left(\sqrt{\left|\frac{a+b}{b}\right|}\cdot\sqrt{\left|\frac{a-b}{b}\right|}\right) = \ln\frac{\sqrt{|\,a^2-b^2\,|}}{|\,b\,|}$$

7. 计算积分 $\displaystyle\int_0^1 \frac{x^{a-1} - x^{b-1}}{\ln x}\mathrm{d}x\,(a > 0, b > 0)$.

令 $\ln x = -y$，则

$$x = \mathrm{e}^{-y},\quad \mathrm{d}x = -\mathrm{e}^{-y}\mathrm{d}y$$

当 $x = 0$ 时，$y = \infty$；$x = 1$ 时，$y = 0$. 于是

$$\int_0^1 \frac{x^{a-1} - x^{b-1}}{\ln x}\mathrm{d}x = -\int_\infty^0 \frac{\mathrm{e}^{-y(a-1)} - \mathrm{e}^{-y(b-1)}}{y}(-\mathrm{e}^{-y}\mathrm{d}y)$$

$$= \int_0^\infty \frac{\mathrm{e}^{-by} - \mathrm{e}^{-ay}}{y} \mathrm{d}y$$

最后的积分为伏汝兰尼积分，因此有

$$f(y) = \mathrm{e}^{-y}, \quad f(0) = 1, \quad f(+\infty) = 0$$

最后有

$$\int_0^1 \frac{x^{a-1} - x^{b-1}}{\ln x} \mathrm{d}x = \int_0^\infty \frac{\mathrm{e}^{-by} - \mathrm{e}^{-ay}}{y} \mathrm{d}y = \left[ f(0) - f(+\infty) \right] \ln \frac{a}{b} = \ln \frac{a}{b}$$

8. 计算积分 $\displaystyle\int_0^\infty \frac{b \sin ax - a \sin bx}{x^2} \mathrm{d}x (a > 0, b > 0)$.

用分部积分法把它变成伏汝兰尼积分的形状，于是得

$$\int_0^\infty \frac{b \sin ax - a \sin bx}{x^2} \mathrm{d}x$$

$$= \int_0^\infty (b \sin ax - a \sin bx) \mathrm{d}(-x^{-1})$$

$$= \left[ -\frac{1}{x} (b \sin ax - a \sin bx) \right]_0^\infty + \int_0^\infty \frac{1}{x} (ba \cos ax \mathrm{d}x - ab \cos bx \mathrm{d}x)$$

$$= ab \int_0^\infty \frac{\cos ax - \cos bx}{x} \mathrm{d}x$$

$$= ab \ln \frac{b}{a}$$

9. 计算积分 $\displaystyle\int_0^\infty \frac{b \ln(1 + ax) - a \ln(1 + bx)}{x^2} \mathrm{d}x (a > 0, b > 0)$.

先用分部积分法使被积函数的分母从 $x^2$ 降到 $x$，再按伏汝兰尼积分计算：

$$\int_0^\infty \frac{b \ln(1 + ax) - a \ln(1 + bx)}{x^2} \mathrm{d}x$$

$$= \int_0^\infty \left[ b \ln(1 + ax) - a \ln(1 + bx) \right] \mathrm{d}(-x^{-1})$$

$$= \left\{ -\frac{1}{x} \left[ b \ln(1 + ax) - a \ln(1 + bx) \right] \right\}_0^\infty + \int_0^\infty \frac{1}{x} \left( ba \frac{\mathrm{d}x}{1 + ax} - ab \frac{\mathrm{d}x}{1 + bx} \right)$$

$$= ab \int_0^\infty \frac{\dfrac{1}{1 + ax} - \dfrac{1}{1 + bx}}{x} \mathrm{d}x$$

最后的积分式为伏汝兰尼积分

$$f(x) = \frac{1}{1 + x}, \quad f(0) = 1, \quad f(+\infty) = 0$$

因此得到

$$\int_0^\infty \frac{b \ln(1 + ax) - a \ln(1 + bx)}{x^2} \mathrm{d}x = ab \left[ f(0) - f(+\infty) \right] \ln \frac{b}{a} = ab \ln \frac{b}{a}$$

10. 计算积分 $\displaystyle\int_0^\infty (\mathrm{e}^{-ax} - \mathrm{e}^{-bx})^2 \frac{\mathrm{d}x}{x^2} (a > 0, b > 0)$.

与前面的方法相同,先用分部积分法使被积函数的分母从 $x^2$ 变到 $x$,再用伏汝兰尼积分计算:

$$\int_0^\infty (e^{-ax} - e^{-bx})^2 \frac{\mathrm{d}x}{x^2}$$

$$= \int_0^\infty (e^{-ax} - e^{-bx})^2 \mathrm{d}\left(-\frac{1}{x}\right)$$

$$= \left[-\frac{1}{x}(e^{-ax} - e^{-bx})\right]_0^\infty + 2\int_0^\infty \frac{1}{x}(e^{-ax} - e^{-bx})(be^{-bx} - ae^{-ax})\mathrm{d}x$$

$$= 2\left[a\int_0^\infty \frac{e^{-(a+b)x} - e^{-2ax}}{x}\mathrm{d}x + b\int_0^\infty \frac{e^{-(a+b)x} - e^{-2bx}}{x}\mathrm{d}x\right]$$

最后的积分式为伏汝兰尼积分,有

$$f(x) = e^{-x}, \quad f(0) = 1, \quad f(+\infty) = 0$$

因此

$$\int_0^\infty (e^{-ax} - e^{-bx})^2 \frac{\mathrm{d}x}{x^2} = 2\left(a\ln\frac{2a}{a+b} + b\ln\frac{2b}{a+b}\right)$$

$$= 2a\ln\frac{2a}{a+b} + 2b\ln\frac{2b}{a+b}$$

11. 计算积分 $\int_0^\infty \left(\frac{x}{e^x - e^{-x}} - \frac{1}{2}\right)\frac{\mathrm{d}x}{x^2}$.

利用恒等式

$$\frac{1}{x^2}\left(\frac{x}{e^x - e^{-x}} - \frac{1}{2}\right) = -\frac{1}{2x}(e^{-x} - e^{-2x}) + \frac{1}{x}\left(\frac{1}{e^x - 1} - \frac{1}{x} + \frac{1}{2}e^{-x}\right)$$

$$- \frac{1}{x}\left(\frac{1}{e^{2x} - 1} - \frac{1}{2x} + \frac{1}{2}e^{-2x}\right)$$

把该积分分解成下列 3 个积分:

$$\int_0^\infty \left(\frac{x}{e^x - e^{-x}} - \frac{1}{2}\right)\frac{\mathrm{d}x}{x^2}$$

$$= -\frac{1}{2}\int_0^\infty \frac{e^{-x} - e^{-2x}}{x}\mathrm{d}x + \int_0^\infty \left(\frac{1}{e^x - 1} - \frac{1}{x} + \frac{1}{2}e^{-x}\right)\frac{\mathrm{d}x}{x}$$

$$- \int_0^\infty \left(\frac{1}{e^{2x} - 1} - \frac{1}{2x} + \frac{1}{2}e^{-2x}\right)\frac{\mathrm{d}x}{x}$$

在等式右边的第三个积分中,令 $2x = y$,则

$$\int_0^\infty \left(\frac{1}{e^{2x} - 1} - \frac{1}{2x} + \frac{1}{2}e^{-2x}\right)\frac{\mathrm{d}x}{x} = \int_0^\infty \left(\frac{1}{e^y - 1} - \frac{1}{y} + \frac{1}{2}e^{-y}\right)\frac{\mathrm{d}y}{y}$$

可以看出它与上式右边的第二个积分是相同的,故相互抵消.因此

$$\int_0^\infty \left(\frac{x}{e^x - e^{-x}} - \frac{1}{2}\right)\frac{\mathrm{d}x}{x^2} = -\frac{1}{2}\int_0^\infty \frac{e^{-x} - e^{-2x}}{x}\mathrm{d}x$$

此式右端为伏汝兰尼积分,有

$$f(x) = e^{-x}, \quad f(0) = 1, \quad f(+\infty) = 0$$

于是得到

$$\int_0^\infty \left( \frac{x}{e^x - e^{-x}} - \frac{1}{2} \right) \frac{dx}{x^2} = -\frac{1}{2} \left[ f(0) - f(+\infty) \right] \ln \frac{2}{1} = -\frac{1}{2} \ln 2$$

12. 计算积分 $\int_0^\infty \dfrac{e^{-ax} - e^{-bx} + (a-b)xe^{-bx}}{x^2} dx (a, b > 0)$.

对于任意数 $\eta > 0$，有

$$\int_\eta^\infty \frac{e^{-ax} - e^{-bx} + (a-b)xe^{-bx}}{x^2} dx = \int_\eta^\infty \frac{e^{-ax} - e^{-bx}}{x^2} dx + (a-b) \int_\eta^\infty \frac{e^{-bx}}{x} dx$$

右边第一个积分，用分部积分法，使被积函数的分母从 $x^2$ 变到 $x$：

$$\int_\eta^\infty \frac{e^{-ax} - e^{-bx}}{x^2} dx = \int_\eta^\infty (e^{-ax} - e^{-bx}) d\left( -\frac{1}{x} \right)$$

$$= -\left[ \frac{1}{x} (e^{-ax} - e^{-bx}) \right]_\eta^\infty + \int_\eta^\infty \frac{be^{-bx} - ae^{-ax}}{x} dx$$

$$= \frac{e^{-a\eta} - e^{-b\eta}}{\eta} + \int_\eta^\infty \frac{be^{-bx} - ae^{-ax}}{x} dx$$

因此有

$$\int_\eta^\infty \frac{e^{-ax} - e^{-bx} + (a-b)xe^{-bx}}{x^2} dx$$

$$= \frac{e^{-a\eta} - e^{-b\eta}}{\eta} + \int_\eta^\infty \frac{be^{-bx} - ae^{-ax}}{x} dx + (a-b) \int_\eta^\infty \frac{e^{-bx}}{x} dx$$

$$= \frac{e^{-a\eta} - e^{-b\eta}}{\eta} - a \int_\eta^\infty \frac{e^{-bx} - e^{-ax}}{x} dx$$

当 $\eta \to 0$ 时，右边第一项趋于 $b-a$：由洛必达（L'Hospital）法则，有

$$\lim_{\eta \to 0} \frac{(e^{-a\eta} - e^{-b\eta})'}{(\eta)'} = \lim_{\eta \to 0} \frac{-ae^{-a\eta} + be^{-b\eta}}{1} = b - a$$

而第二项是伏汝兰尼积分，有

$$f(x) = e^{-x}, \quad f(0) = 1, \quad f(+\infty) = 0$$

$$a \int_\eta^\infty \frac{e^{-bx} - e^{-ax}}{x} dx = a \ln \frac{a}{b}$$

因此最终得到

$$\int_0^\infty \frac{e^{-ax} - e^{-bx} + (a-b)xe^{-bx}}{x^2} dx = b - a + a \ln \frac{a}{b}$$

## 2.8.5 罗巴切夫斯基(Lobachevsky)积分法

罗巴切夫斯基积分法也是一种特殊类型的反常积分方法，可用公式表示为

$$\int_0^\infty f(x) \frac{\sin x}{x} dx = \int_0^{\frac{\pi}{2}} f(x) dx \tag{2.56}$$

这里假设函数 $f(x)$ 在 $0 \leqslant x < \infty$ 范围内有 $f(x+\pi) = f(x)$ 及 $f(\pi - x) = f(x)$，并

且左端的积分存在.

证明如下:现在把式(2.56)左端表示成级数形式:

$$I = \int_0^\infty f(x) \frac{\sin x}{x} \mathrm{d}x = \sum_{\nu=0}^\infty \int_{\nu \cdot \frac{\pi}{2}}^{(\nu+1)\frac{\pi}{2}} f(x) \frac{\sin x}{x} \mathrm{d}x$$

令 $\nu = 2n$,或 $\nu = 2n - 1$,相应地变量 $x$ 变为 $x = n\pi + t$,或 $x = n\pi - t$.这样,就有

$$\int_{2n \cdot \frac{\pi}{2}}^{(2n+1)\frac{\pi}{2}} f(x) \frac{\sin x}{x} \mathrm{d}x = (-1)^n \int_0^{\frac{\pi}{2}} f(n\pi + t) \frac{\sin t}{n\pi + t} \mathrm{d}t$$

及

$$\int_{(2n-1)\frac{\pi}{2}}^{2n \cdot \frac{\pi}{2}} f(x) \frac{\sin x}{x} \mathrm{d}x = (-1)^n \int_0^{\frac{\pi}{2}} f(n\pi - t) \frac{\sin t}{n\pi - t} \mathrm{d}t$$

由 $f(\pi + t) = f(\pi - t) = f(t)$,可知

$$I = \int_0^{\frac{\pi}{2}} f(x) \frac{\sin x}{x} \mathrm{d}x + \sum_{n=1}^\infty \int_0^{\frac{\pi}{2}} (-1)^n f(t) \left( \frac{1}{t + n\pi} + \frac{1}{t - n\pi} \right) \sin t \, \mathrm{d}t$$

$$= \int_0^{\frac{\pi}{2}} f(t) \sin t \left[ \frac{1}{t} + \sum_{n=1}^\infty (-1)^n \left( \frac{1}{t + n\pi} + \frac{1}{t - n\pi} \right) \right] \mathrm{d}t$$

公式右端方括弧中的表达式就是 $\dfrac{1}{\sin t}$ 的无穷级数展开式.因此

$$I = \int_0^{\frac{\pi}{2}} f(t) \mathrm{d}t$$

即

$$\int_0^\infty f(x) \frac{\sin x}{x} \mathrm{d}x = \int_0^{\frac{\pi}{2}} f(x) \mathrm{d}x$$

当 $f(x) = 1$ 时,则有

$$\int_0^\infty \frac{\sin x}{x} \mathrm{d}x = \frac{\pi}{2}$$

这是一个我们已经熟悉的积分.

应用实例:

1. 计算积分 $\displaystyle\int_0^\infty \frac{\sin^{2n+1} x}{x} \mathrm{d}x$.

$$\int_0^\infty \frac{\sin^{2n+1} x}{x} \mathrm{d}x = \int_0^\infty \sin^{2n} x \frac{\sin x}{x} \mathrm{d}x = \int_0^{\frac{\pi}{2}} \sin^{2n} x \, \mathrm{d}x = \frac{(2n-1)!!}{(2n)!!} \cdot \frac{\pi}{2}$$

2. 计算积分 $\displaystyle\int_0^\infty \arctan(a \sin x) \frac{\mathrm{d}x}{x} (a > 0)$.

将该积分改变一下,得

$$I = \int_0^\infty \arctan(a \sin x) \frac{\mathrm{d}x}{x} = \int_0^\infty \frac{\arctan(a \sin x)}{\sin x} \cdot \frac{\sin x}{x} \mathrm{d}x$$

$$= \int_0^{\frac{\pi}{2}} \frac{\arctan(a \sin x)}{\sin x} \mathrm{d}x$$

令 $\sin x = t$,则

$$x = \arcsin t, \quad \mathrm{d}x = \frac{\mathrm{d}t}{\sqrt{1-t^2}}$$

当 $x = 0$ 时，$t = 0$；当 $x = \dfrac{\pi}{2}$，$t = 1$. 因此

$$I = \int_0^1 \frac{\arctan(at)}{t\sqrt{1-t^2}}\mathrm{d}t$$

把积分表示为参数 $a$ 的函数，并对 $a$ 取微商，得

$$\frac{\mathrm{d}I(a)}{\mathrm{d}a} = \int_0^1 \frac{1}{t\sqrt{1-t^2}}\cdot\frac{\partial}{\partial a}(\arctan at)\cdot\mathrm{d}t = \int_0^1 \frac{1}{t\sqrt{1-t^2}}\cdot\frac{t}{1+a^2t^2}\cdot\mathrm{d}t$$

令 $t = \cos\theta$，则

$$\mathrm{d}t = -\sin\theta\mathrm{d}\theta$$

当 $t = 0$ 时，$\theta = \dfrac{\pi}{2}$；当 $t = 1$ 时，$\theta = 0$. 所以

$$I(a)' = \int_{\frac{\pi}{2}}^0 \frac{-\sin\theta\mathrm{d}\theta}{\sin\theta(1+a^2\cos^2\theta)} = \int_0^{\frac{\pi}{2}} \frac{\mathrm{d}\theta}{1+a^2\cos^2\theta}$$

$$= \int_0^{\frac{\pi}{2}} \frac{\sec^2\theta\mathrm{d}\theta}{\sec^2\theta+a^2} = \int_0^{\frac{\pi}{2}} \frac{\mathrm{d}\tan\theta}{1+a^2+\tan^2\theta} = \frac{1}{\sqrt{1+a^2}}\int_0^{\frac{\pi}{2}} \frac{\mathrm{d}\left(\dfrac{\tan\theta}{\sqrt{1+a^2}}\right)}{1+\left(\dfrac{\tan\theta}{\sqrt{1+a^2}}\right)^2}$$

$$= \frac{1}{\sqrt{1+a^2}}\arctan\left(\frac{\tan\theta}{\sqrt{1+a^2}}\right)\Bigg|_0^{\frac{\pi}{2}} = \frac{1}{\sqrt{1+a^2}}\cdot\frac{\pi}{2}$$

即

$$I(a)' = \frac{\pi}{2}\cdot\frac{1}{\sqrt{1+a^2}}$$

对该式求积分

$$I(a) = \frac{\pi}{2}\int \frac{\mathrm{d}a}{\sqrt{1+a^2}} = \frac{\pi}{2}\cdot\mathrm{arsinh}\,a + C = \frac{\pi}{2}\ln(a+\sqrt{1+a^2}) + C$$

因为 $I(0) = 0$，所以 $C = 0$，于是得到

$$\int_0^\infty \arctan(a\sin x)\frac{\mathrm{d}x}{x} = \frac{\pi}{2}\ln(a+\sqrt{1+a^2})$$

应用罗巴切夫斯基积分法，在与式(2.56)相同的条件下，同样可证明

$$\int_0^\infty g(x)\frac{\sin^2 x}{x^2}\mathrm{d}x = \int_0^{\frac{\pi}{2}} g(x)\mathrm{d}x \tag{2.57}$$

把式(2.57)的左端展开成级数的形式，得

$$J = \sum_{\mu=0}^\infty \int_{\mu\cdot\frac{\pi}{2}}^{(\mu+1)\frac{\pi}{2}} g(x)\frac{\sin^2 x}{x^2}\mathrm{d}x$$

令 $\mu = 2m$，或 $\mu = 2m-1$；相应地 $x = m\pi + t$，或 $x = m\pi - t$，$\mathrm{d}x = \mathrm{d}t$. 因此有

$$\int_{2m \cdot \frac{\pi}{2}}^{(2m+1)\frac{\pi}{2}} g(x) \frac{\sin^2 x}{x^2} \mathrm{d}x = (-1)^m \int_0^{\frac{\pi}{2}} g(m\pi + t) \frac{\sin^2 t}{(m\pi + t)^2} \mathrm{d}t$$

及

$$\int_{(2m-1)\frac{\pi}{2}}^{2m \cdot \frac{\pi}{2}} g(x) \frac{\sin^2 x}{x^2} \mathrm{d}x = (-1)^m \int_0^{\frac{\pi}{2}} g(m\pi - t) \frac{\sin^2 t}{(m\pi - t)^2} \mathrm{d}t$$

利用 $g(m\pi + t) = g(m\pi - t) = g(t)$，则有

$$J = \int_0^{\frac{\pi}{2}} g(x) \frac{\sin^2 x}{x^2} \mathrm{d}x + \sum_{m=1}^{\infty} \int_0^{\frac{\pi}{2}} (-1)^m g(t) \left[ \frac{1}{(t + m\pi)^2} + \frac{1}{(t - m\pi)^2} \right] \sin^2 t \, \mathrm{d}t$$

$$= \int_0^{\frac{\pi}{2}} g(t) \sin^2 t \left\{ \frac{1}{t^2} + \sum_{m=1}^{\infty} (-1)^m \left[ \frac{1}{(t + m\pi)^2} + \frac{1}{(t - m\pi)^2} \right] \right\} \mathrm{d}t$$

等式右端方括号中的表达式就是 $\dfrac{1}{\sin^2 t}$ 的无穷级数展开式.因此得到

$$\int_0^{\infty} g(x) \frac{\sin^2 x}{x^2} \mathrm{d}x = \int_0^{\frac{\pi}{2}} g(x) \mathrm{d}x$$

当 $g(x) = 1$ 时,有

$$\int_0^{\infty} \frac{\sin^2 x}{x^2} \mathrm{d}x = \frac{\pi}{2}$$

3. 计算积分 $\displaystyle\int_0^{\infty} \frac{\sin^3 x}{x(1 + \cos x)} \mathrm{d}x$.

将积分改变为罗巴切夫斯基积分的形式：

$$\int_0^{\infty} \frac{\sin^3 x}{x(1 + \cos x)} \mathrm{d}x = \int_0^{\infty} \frac{x \sin x}{1 + \cos x} \cdot \frac{\sin^2 x}{x^2} \mathrm{d}x = \int_0^{\frac{\pi}{2}} \frac{x \sin x}{1 + \cos x} \mathrm{d}x$$

右端的积分用分部积分法,得

$$\int_0^{\frac{\pi}{2}} \frac{x \sin x}{1 + \cos x} \mathrm{d}x = -\int_0^{\frac{\pi}{2}} \frac{x \mathrm{d}\cos x}{1 + \cos x} = -\int_0^{\frac{\pi}{2}} x \mathrm{d} \ln(1 + \cos x)$$

$$= -\left[ x \ln(1 + \cos x) \right]_0^{\frac{\pi}{2}} + \int_0^{\frac{\pi}{2}} \ln(1 + \cos x) \mathrm{d}x$$

$$= -\frac{\pi}{2} \ln 2 + 2G$$

## 2.8.6　一个通用的积分法则

1. 如果 $F(x)$ 是 $x$ 的任意一个函数,当 $x$ 变成 $\dfrac{1}{x}$ 时,它保持不变.就是说,函数 $F(x)$ 在 $x$ 和 $\dfrac{1}{x}$ 处的函数值相等,那么,当 $x = 0$ 到 $x = \infty$ 之间变化时,$\dfrac{F(x)}{x}$ 仍保持在有限范围内,这样就有

$$\int_0^{\infty} F(x) \frac{\mathrm{d}x}{x} = 2 \int_0^1 F(x) \frac{\mathrm{d}x}{x} \tag{2.58}$$

因为

$$\int_0^\infty F(x)\,\frac{\mathrm{d}x}{x} = \int_0^1 F(x)\,\frac{\mathrm{d}x}{x} + \int_1^\infty F(x)\,\frac{\mathrm{d}x}{x}$$

在右端的第二个积分中，令 $x = \dfrac{1}{y}$，则 $\mathrm{d}x = -\dfrac{\mathrm{d}y}{y^2}$，当 $x = 1$ 时，$y = 1$；当 $x = \infty$ 时，$y = 0$. 所以

$$\int_1^\infty F(x)\,\frac{\mathrm{d}x}{x} = \int_1^0 F\left(\frac{1}{y}\right)\left(-\frac{\mathrm{d}y}{y}\right) = \int_0^1 F(y)\,\frac{\mathrm{d}y}{y} = \int_0^1 F(x)\,\frac{\mathrm{d}x}{x}$$

因此有

$$\int_0^\infty F(x)\,\frac{\mathrm{d}x}{x} = 2\int_0^1 F(x)\,\frac{\mathrm{d}x}{x}$$

例如：

$$\int_0^\infty \frac{1}{x+\dfrac{1}{x}} \cdot \frac{\mathrm{d}x}{x} = 2\int_0^1 \frac{1}{x+\dfrac{1}{x}} \cdot \frac{\mathrm{d}x}{x} = 2\int_0^1 \frac{\mathrm{d}x}{1+x^2}$$

$$= 2(\arctan x)\,\big|_0^1 = 2 \cdot \frac{\pi}{4} = \frac{\pi}{2}$$

2. 如果 $F\left(\dfrac{1}{x}\right) = -F(x)$，并且 $I = \displaystyle\int_0^\infty F(x)\,\frac{\mathrm{d}x}{x}$ 已经找到，那么

$$J = \int_0^\infty \frac{F(x)}{1+x^n} \cdot \frac{\mathrm{d}x}{x}$$

也能立刻得到. 当用 $\dfrac{1}{y}$ 代替 $x$ 时，有

$$J = \int_0^\infty \frac{F(x)}{1+x^n} \cdot \frac{\mathrm{d}x}{x} = \int_\infty^0 \frac{y^n F\left(\dfrac{1}{y}\right)}{1+y^n}\left(-\frac{\mathrm{d}y}{y}\right)$$

$$= \int_0^\infty \frac{y^n F(y)}{1+y^n} \cdot \frac{\mathrm{d}y}{y} = \int_0^\infty \frac{x^n F(x)}{1+x^n} \cdot \frac{\mathrm{d}x}{x}$$

$$2J = \int_0^\infty \frac{F(x)}{1+x^n} \cdot \frac{\mathrm{d}x}{x} + \int_0^\infty \frac{x^n F(x)}{1+x^n} \cdot \frac{\mathrm{d}x}{x}$$

$$= \int_0^\infty \frac{1+x^n}{1+x^n} \cdot F(x) \cdot \frac{\mathrm{d}x}{x} = \int_0^\infty F(x) \cdot \frac{\mathrm{d}x}{x} = I$$

因此

$$J = \frac{1}{2}I$$

也就是

$$\int_0^\infty \frac{F(x)}{1+x^n} \cdot \frac{\mathrm{d}x}{x} = \frac{1}{2}\int_0^\infty F(x) \cdot \frac{\mathrm{d}x}{x} \tag{2.59}$$

例如：

$$\int_0^\infty \frac{\mathrm{d}x}{(1+x^2)(1+x^n)} = \int_0^\infty \frac{1}{1+x^n} \cdot \frac{1}{x+x^{-1}} \cdot \frac{\mathrm{d}x}{x}$$

$$= \frac{1}{2} \int_0^\infty \frac{\mathrm{d}x}{1 + x^2} = \frac{1}{2} \cdot 2 \int_0^1 \frac{\mathrm{d}x}{1 + x^2} = \frac{\pi}{4}$$

## 2.8.7 有关欧拉常数 $\gamma$ 的几个积分

欧拉常数 $\gamma$ 的定义:

$$\gamma = \lim_{n \to \infty} \left( \sum_{\nu=1}^{n} \frac{1}{\nu} - \ln n \right) \tag{2.60}$$

1. 求证 $\displaystyle\int_0^\infty \left( \frac{\mathrm{e}^{-x}}{1 - \mathrm{e}^{-x}} - \frac{\mathrm{e}^{-x}}{x} \right) \mathrm{d}x = \lim_{n \to \infty} \left( \sum_{\nu=1}^{n} \frac{1}{\nu} - \ln n \right) = \gamma$.

证明如下:

$$I = \int_0^{+\infty} \left( \frac{\mathrm{e}^{-x}}{1 - \mathrm{e}^{-x}} - \frac{\mathrm{e}^{-x}}{x} \right) \mathrm{d}x = \lim_{\varepsilon \to 0^+} \left( \int_\varepsilon^{+\infty} \frac{\mathrm{e}^{-x}}{1 - \mathrm{e}^{-x}} \mathrm{d}x - \int_\varepsilon^{+\infty} \frac{\mathrm{e}^{-x}}{x} \mathrm{d}x \right)$$

在等式右端第一个积分中,令

$$\mathrm{e}^{-x} = 1 - y, \quad \mathrm{d}x = \frac{\mathrm{d}y}{1 - y}$$

当 $x = \varepsilon$ 时,$y = 1 - \mathrm{e}^{-\varepsilon}$;$x = \infty$ 时,$y = 1$. 因此

$$\int_\varepsilon^{+\infty} \frac{\mathrm{e}^{-x}}{1 - \mathrm{e}^{-x}} \mathrm{d}x = \int_{1-\mathrm{e}^{-\varepsilon}}^{1} \frac{1 - y}{y} \cdot \frac{\mathrm{d}y}{1 - y} = \int_{1-\mathrm{e}^{-\varepsilon}}^{1} \frac{\mathrm{d}y}{y} = \int_{1-\mathrm{e}^{-\varepsilon}}^{1} \frac{\mathrm{d}x}{x}$$

于是

$$I = \int_0^{+\infty} \left( \frac{\mathrm{e}^{-x}}{1 - \mathrm{e}^{-x}} - \frac{\mathrm{e}^{-x}}{x} \right) \mathrm{d}x = \lim_{\varepsilon \to 0^+} \left( \int_{1-\mathrm{e}^{-\varepsilon}}^{1} \frac{\mathrm{d}x}{x} - \int_\varepsilon^{1} \frac{\mathrm{e}^{-x}}{x} \mathrm{d}x - \int_1^{+\infty} \frac{\mathrm{e}^{-x}}{x} \mathrm{d}x \right)$$

因为

$$\lim_{\varepsilon \to 0^+} \left( \int_{1-\mathrm{e}^{-\varepsilon}}^{1} \frac{\mathrm{d}x}{x} - \int_\varepsilon^{1} \frac{\mathrm{d}x}{x} \right) = \lim_{\varepsilon \to 0^+} \ln \frac{\varepsilon}{1 - \mathrm{e}^{-\varepsilon}} = \ln \frac{\varepsilon}{1 - [1 - \varepsilon + 0(\varepsilon)]} \to 0$$

所以

$$\lim_{\varepsilon \to 0^+} \left( \int_{1-\mathrm{e}^{-\varepsilon}}^{1} \frac{\mathrm{d}x}{x} - \int_\varepsilon^{1} \frac{\mathrm{e}^{-x}}{x} \mathrm{d}x \right) = \lim_{\varepsilon \to 0^+} \left( \int_\varepsilon^{1} \frac{\mathrm{d}x}{x} - \int_\varepsilon^{1} \frac{\mathrm{e}^{-x}}{x} \mathrm{d}x \right) = \int_0^1 \frac{1 - \mathrm{e}^{-x}}{x} \mathrm{d}x$$

于是有

$$I = \int_0^1 \frac{1 - \mathrm{e}^{-x}}{x} \mathrm{d}x - \int_1^{+\infty} \frac{\mathrm{e}^{-x}}{x} \mathrm{d}x$$

将公式 $\mathrm{e}^{-x} = \lim\limits_{n \to \infty} \left( 1 - \dfrac{x}{n} \right)^n$ 代入上面的积分式中,有

$$I = \lim_{n \to \infty} \left\{ \int_0^1 \left[ 1 - \left( 1 - \frac{x}{n} \right)^n \right] \frac{\mathrm{d}x}{x} - \int_1^n \left( 1 - \frac{x}{n} \right)^n \frac{\mathrm{d}x}{x} \right\}$$

$$= \lim_{n \to \infty} \left\{ \int_0^1 \left[ 1 - \left( 1 - \frac{x}{n} \right)^n \right] \frac{\mathrm{d}x}{x} + \int_1^n \frac{\mathrm{d}x}{x} - \int_1^n \left( 1 - \frac{x}{n} \right)^n \frac{\mathrm{d}x}{x} - \int_1^n \frac{\mathrm{d}x}{x} \right\}$$

$$= \lim_{n \to \infty} \left\{ \int_0^1 \left[ 1 - \left( 1 - \frac{x}{n} \right)^n \right] \frac{\mathrm{d}x}{x} + \int_1^n \left[ 1 - \left( 1 - \frac{x}{n} \right)^n \right] \frac{\mathrm{d}x}{x} - \int_1^n \frac{\mathrm{d}x}{x} \right\}$$

$$= \lim_{n \to \infty} \left\{ \int_0^n \left[ 1 - \left( 1 - \frac{x}{n} \right)^n \right] \frac{\mathrm{d}x}{x} - \int_1^n \frac{\mathrm{d}x}{x} \right\}$$

在右端第一个积分中,令

$$\frac{x}{n} = s, \quad x = ns, \quad \mathrm{d}x = n\mathrm{d}s$$

当 $x = 0$ 时,$s = 0$;当 $x = n$ 时,$s = 1$. 因此

$$I = \lim_{n \to \infty} \left\{ \int_0^1 \left[ 1 - (1 - s)^n \right] \frac{\mathrm{d}s}{s} - \int_1^n \frac{\mathrm{d}x}{x} \right\}$$

在第一个积分中,再令

$$1 - s = t, \quad s = 1 - t, \quad \mathrm{d}s = -\mathrm{d}t$$

当 $s = 0$ 时,$t = 1$;当 $s = 1$ 时,$t = 0$. 因此

$$I = \lim_{n \to \infty} \left[ \int_1^0 \frac{1 - t^n}{1 - t} (-\mathrm{d}t) - \int_1^n \frac{\mathrm{d}x}{x} \right]$$

$$= \lim_{n \to \infty} \left( \int_0^1 \frac{1 - t^n}{1 - t} \mathrm{d}t - \ln n \right)$$

在括号中的第一项,被积函数可看成是一个等比级数之和,即

$$S = 1 + t + t^2 + t^3 + \cdots + t^{n+1} = \frac{1 - t^n}{1 - t}$$

把它写成代数和的形式,则

$$S = \sum_{\nu=1}^n t^{\nu-1}$$

因此

$$I = \lim_{n \to \infty} \left( \int_0^1 \sum_{\nu=1}^n t^{\nu-1} \mathrm{d}t - \ln n \right) = \lim_{n \to \infty} \left( \sum_{\nu=1}^n \int_0^1 t^{\nu-1} \mathrm{d}t - \ln n \right)$$

$$= \lim_{n \to \infty} \left( \sum_{\nu=1}^n \frac{1}{\nu} - \ln n \right) = \gamma$$

2. 求证 $\int_0^\infty (\mathrm{e}^{-x^2} - \mathrm{e}^{-x}) \dfrac{\mathrm{d}x}{x} = \dfrac{1}{2} \gamma$.

证明如下:

$$J = \int_0^\infty (\mathrm{e}^{-x^2} - \mathrm{e}^{-x}) \frac{\mathrm{d}x}{x} = \int_0^1 (\mathrm{e}^{-x^2} - \mathrm{e}^{-x}) \frac{\mathrm{d}x}{x} + \int_1^\infty (\mathrm{e}^{-x^2} - \mathrm{e}^{-x}) \frac{\mathrm{d}x}{x} \quad (\text{I})$$

由 $\mathrm{e}^u$ 的展开式 $\mathrm{e}^u = \sum_{n=0}^\infty \dfrac{u^n}{n!}$,有

$$\int_0^1 \frac{2\mathrm{e}^{-x^2} - 1 - \mathrm{e}^{-x}}{x} \mathrm{d}x = \int_0^1 \left[ 2 \sum_{n=0}^\infty \frac{(-x^2)^n}{n!} - 1 - \sum_{n=0}^\infty \frac{(-x)^n}{n!} \right] \frac{\mathrm{d}x}{x}$$

$$= \int_0^1 \left[ 2 \sum_{n=0}^\infty (-1)^n \frac{x^{2n}}{n!} - 1 - \sum_{n=0}^\infty (-1)^n \frac{x^n}{n!} \right] \frac{\mathrm{d}x}{x}$$

$$= \int_0^1 \left[ 2 \sum_{n=1}^\infty (-1)^n \frac{x^{2n}}{n!} - \sum_{n=1}^\infty (-1)^n \frac{x^n}{n!} \right] \frac{\mathrm{d}x}{x}$$

$$= 2\sum_{n=1}^{\infty}\frac{(-1)^n}{n!}\int_0^1 x^{2n-1}\mathrm{d}x - \sum_{n=1}^{\infty}\frac{(-1)^n}{n!}\int_0^1 x^{n-1}\mathrm{d}x$$

$$= 2\sum_{n=1}^{\infty}\frac{(-1)^n}{n!}\frac{1}{2n} - \sum_{n=1}^{\infty}\frac{(-1)^n}{n!}\frac{1}{n} = 0$$

即

$$\int_0^1 \frac{2\mathrm{e}^{-x^2}-1-\mathrm{e}^{-x}}{x}\mathrm{d}x = \int_0^1 \frac{\mathrm{e}^{-x^2}-\mathrm{e}^{-x}}{x}\mathrm{d}x - \int_0^1 \frac{1-\mathrm{e}^{-x^2}}{x}\mathrm{d}x = 0$$

因此式（Ⅰ）中右端的第一项为

$$\int_0^1 \frac{\mathrm{e}^{-x^2}-\mathrm{e}^{-x}}{x}\mathrm{d}x = \int_0^1 \frac{1-\mathrm{e}^{-x^2}}{x}\mathrm{d}x$$

再令 $x^2 = t, \mathrm{d}x = \dfrac{\mathrm{d}t}{2\sqrt{t}}$，则

$$\int_0^1 \frac{1-\mathrm{e}^{-x^2}}{x}\mathrm{d}x = \int_0^1 \frac{1-\mathrm{e}^{-t}}{\sqrt{t}}\frac{\mathrm{d}t}{2\sqrt{t}} = \frac{1}{2}\int_0^1 \frac{1-\mathrm{e}^{-t}}{t}\mathrm{d}t = \frac{1}{2}\int_0^1 \frac{1-\mathrm{e}^{-x}}{x}\mathrm{d}x \quad （Ⅱ）$$

式（Ⅰ）中右端的第二项为

$$\int_1^{\infty}(\mathrm{e}^{-x^2}-\mathrm{e}^{-x})\frac{\mathrm{d}x}{x} = \int_1^{+\infty}\mathrm{e}^{-t}\frac{\mathrm{d}t}{2t} - \int_1^{+\infty}\mathrm{e}^{-x}\frac{\mathrm{d}x}{x} = -\frac{1}{2}\int_1^{+\infty}\frac{\mathrm{e}^{-x}}{x}\mathrm{d}x \quad （Ⅲ）$$

把式（Ⅱ）和式（Ⅲ）代入式（Ⅰ），则有

$$J = \int_0^{\infty}(\mathrm{e}^{-x^2}-\mathrm{e}^{-x})\frac{\mathrm{d}x}{x} = \frac{1}{2}\left[\int_0^1(1-\mathrm{e}^{-x})\frac{\mathrm{d}x}{x} - \int_1^{\infty}\mathrm{e}^{-x}\frac{\mathrm{d}x}{x}\right] = \frac{1}{2}\gamma$$

这就是要证明的.

其中方括弧中的式子

$$\int_0^1(1-\mathrm{e}^{-x})\frac{\mathrm{d}x}{x} - \int_1^{\infty}\mathrm{e}^{-x}\frac{\mathrm{d}x}{x} = \gamma$$

是第 1 个例子中已证明过的.

3. 试证 $\displaystyle\int_0^{\infty}\left(\cos x - \frac{1}{1+x}\right)\frac{\mathrm{d}x}{x} = -\gamma$.

证明如下：

利用公式

$$\int_0^{+\infty}(\cos x - \mathrm{e}^{-x})\frac{\mathrm{d}x}{x} = 0 \quad （将在 7.5 节留数定理及其在定积分上的应用中推导）$$

有

$$\int_0^{+\infty}\left(\cos x - \frac{1}{1+x}\right)\frac{\mathrm{d}x}{x} = \int_0^{+\infty}\left(\mathrm{e}^{-x} - \frac{1}{1+x}\right)\frac{\mathrm{d}x}{x}$$

$$= \lim_{\varepsilon\to 0^+}\left(\int_{\varepsilon}^{+\infty}\frac{\mathrm{e}^{-x}}{x}\mathrm{d}x - \int_{\varepsilon}^{+\infty}\frac{1}{1+x}\frac{\mathrm{d}x}{x}\right)$$

令 $1+x = \mathrm{e}^y$，则

$$x = \mathrm{e}^y - 1, \quad \mathrm{d}x = \mathrm{e}^y\mathrm{d}y$$

当 $x = \varepsilon$ 时，$y = \ln(1+\varepsilon)$，因此

$$\int_{\varepsilon}^{+\infty} \frac{1}{1+x} \cdot \frac{dx}{x} = \int_{\ln(1+\varepsilon)}^{+\infty} \frac{1}{e^y} \cdot \frac{e^y}{e^y-1} dy = \int_{\ln(1+\varepsilon)}^{+\infty} \frac{e^{-y}}{1-e^{-y}} dy$$

$$= \int_{\ln(1+\varepsilon)}^{\varepsilon} \frac{e^{-y}}{1-e^{-y}} dy + \int_{\varepsilon}^{+\infty} \frac{e^{-y}}{1-e^{-y}} dy$$

其中

$$\int_{\ln(1+\varepsilon)}^{\varepsilon} \frac{e^{-y}}{1-e^{-y}} dy = \ln(1-e^{-y}) \Big|_{\ln(1+\varepsilon)}^{\varepsilon} = \ln \frac{1-e^{-\varepsilon}}{1-\dfrac{1}{1+\varepsilon}}$$

$$= \ln \frac{(1+\varepsilon)(1-e^{-\varepsilon})}{\varepsilon} \to 0 \quad (\text{当} \ \varepsilon \to 0^+ \ \text{时})$$

所以

$$\lim_{\varepsilon \to 0^+} \left( \int_{\varepsilon}^{+\infty} \frac{e^{-x}}{x} dx - \int_{\varepsilon}^{+\infty} \frac{1}{1+x} \frac{dx}{x} \right) = \lim_{\varepsilon \to 0^+} \left( \int_{\varepsilon}^{+\infty} \frac{e^{-x}}{x} dx - \int_{\varepsilon}^{+\infty} \frac{e^{-x}}{1-e^{-x}} dx \right)$$

$$= \left( \int_{0}^{+\infty} \frac{e^{-x}}{x} dx - \int_{0}^{+\infty} \frac{e^{-x}}{1-e^{-x}} dx \right)$$

$$= -\int_{0}^{+\infty} \left( \frac{e^{-x}}{1-e^{-x}} - \frac{e^{-x}}{x} \right) dx = -\gamma$$

最后的等式在第 1 个例子中已经证明过了,因此证明了:

$$\int_{0}^{+\infty} \left( \cos x - \frac{1}{1+x} \right) \frac{dx}{x} = -\int_{0}^{+\infty} \left( \frac{e^{-x}}{1-e^{-x}} - \frac{e^{-x}}{x} \right) dx = -\gamma$$

4. 欧拉常数 $\gamma$ 与 $\Gamma$ 函数及 $\psi$ 函数的关系.

拉阿伯(Raabe)积分.

考虑积分

$$R_0 = \int_{0}^{1} \ln \Gamma(a) da \qquad (\text{I})$$

因为

$$\Gamma(a+1) = a \Gamma(a)$$

所以

$$\ln \Gamma(a) = \ln \Gamma(a+1) - \ln a$$

把式（I）中的 $a$ 换成 $1-a$,则有

$$R_0 = \int_{0}^{1} \ln \Gamma(1-a) da \qquad (\text{II})$$

把式（I）和（II）加起来,有

$$2R_0 = \int_{0}^{1} \ln \Gamma(a) da + \int_{0}^{1} \ln \Gamma(1-a) da$$

$$= \int_{0}^{1} [\ln \Gamma(a) + \ln \Gamma(1-a)] da$$

$$= \int_{0}^{1} \ln [\Gamma(a) \Gamma(1-a)] da$$

根据式(2.11),有

$$\Gamma(a)\Gamma(1-a) = \frac{\pi}{\sin a\pi}$$

所以

$$2R_0 = \int_0^1 \ln[\Gamma(a)\Gamma(1-a)]\mathrm{d}a = \int_0^1 \ln\frac{\pi}{\sin a\pi}\mathrm{d}a$$

$$= \ln\pi - \frac{1}{\pi}\int_0^\pi \ln\sin x\,\mathrm{d}x = \ln\pi - \frac{2}{\pi}\int_0^{\frac{\pi}{2}} \ln\sin x\,\mathrm{d}x$$

$$= \ln\pi - \frac{2}{\pi}\left(-\frac{\pi}{2}\ln 2\right) = \ln\pi + \ln 2 = \ln(2\pi)$$

于是得到

$$R_0 = \frac{1}{2}\ln(2\pi) = \ln\sqrt{2\pi}$$

当 $a > 0$ 时,有

$$R(a) = \int_a^{a+1} \ln\Gamma(a)\mathrm{d}a = \int_0^{a+1} \ln\Gamma(a)\mathrm{d}a - \int_0^a \ln\Gamma(a)\mathrm{d}a$$

对上式取导数,得

$$\frac{\mathrm{d}R(a)}{\mathrm{d}a} = R'(a) = \ln\Gamma(a+1) - \ln\Gamma(a) = \ln a$$

积分之,得

$$R(a) = \int \ln a\,\mathrm{d}a = a(\ln a - 1) + C$$

其中 $C$ 为积分常数.

当 $a = 0$ 时, $R(0) = C$,因为 $R_0 = \ln\sqrt{2\pi}$,故 $C = \ln\sqrt{2\pi}$,所以

$$R(a) = \int_a^{a+1} \ln\Gamma(a)\mathrm{d}a = a(\ln a - 1) + \ln\sqrt{2\pi}$$

这就是拉阿伯积分公式.

现在再来看 $\Gamma$ 函数的对数的导数,其表达式为

$$\frac{\mathrm{d}\ln\Gamma(a)}{\mathrm{d}a} = \frac{\Gamma'(a)}{\Gamma(a)}$$

用下面的方法来推导这个公式:

$$\Gamma(b) - B(a,b) = \Gamma(b) - \frac{\Gamma(a)\Gamma(b)}{\Gamma(a+b)} = \frac{b\Gamma(b)}{\Gamma(a+b)} \cdot \frac{\Gamma(a+b) - \Gamma(a)}{b}$$

$$= \frac{\Gamma(b+1)}{\Gamma(a+b)} \cdot \frac{\Gamma(a+b) - \Gamma(a)}{b}$$

当 $b \to 0$ 时,有

$$\Gamma(b) - B(a,b) = \frac{1}{\Gamma(a)} \cdot \frac{\Gamma(a+b) - \Gamma(a)}{b}$$

其中

$$\frac{\Gamma(a+b) - \Gamma(a)}{b} \longrightarrow \frac{\Gamma(a+\mathrm{d}a) - \Gamma(a)}{\mathrm{d}a}$$

所以

$$\Gamma(b) - B(a,b) \to \frac{1}{\Gamma(a)} \cdot \frac{\mathrm{d}\Gamma(a)}{\mathrm{d}a} = \frac{\Gamma'(a)}{\Gamma(a)}$$

把 $\Gamma(b) = \displaystyle\int_0^\infty x^{b-1} \mathrm{e}^{-x} \mathrm{d}x$ 和 $B(a,b) = \displaystyle\int_0^\infty \frac{x^{b-1}}{(1+x)^{a+b}} \mathrm{d}x$ 代入上式,则有

$$\frac{\Gamma'(a)}{\Gamma(a)} = \lim_{b\to 0}[\Gamma(b) - B(a,b)] = \lim_{b\to 0}\left[\int_0^\infty x^{b-1} \mathrm{e}^{-x} \mathrm{d}x - \int_0^\infty \frac{x^{b-1}}{(1+x)^{a+b}} \mathrm{d}x\right]$$

$$= \lim_{b\to 0}\int_0^\infty x^{b-1}\left[\mathrm{e}^{-x} - \frac{1}{(1+x)^{a+b}}\right]\mathrm{d}x$$

$$= \int_0^\infty \left[\mathrm{e}^{-x} - \frac{1}{(1+x)^a}\right]\frac{\mathrm{d}x}{x}$$

当 $a = 1$ 时,有

$$\frac{\Gamma'(1)}{\Gamma(1)} = \int_0^\infty \left[\mathrm{e}^{-x} - \frac{1}{(1+x)}\right]\frac{\mathrm{d}x}{x}$$

在右边第二个积分中,令 $1 + x = \mathrm{e}^y$,则 $\mathrm{d}x = \mathrm{e}^y \mathrm{d}y$,$x = \mathrm{e}^y - 1$,因此

$$\int_0^\infty \frac{1}{1+x} \cdot \frac{\mathrm{d}x}{x} = \int_0^\infty \frac{\mathrm{e}^{-y}}{1 - \mathrm{e}^{-y}} \mathrm{d}y$$

所以

$$\frac{\Gamma'(1)}{\Gamma(1)} = \int_0^\infty \left(\frac{\mathrm{e}^{-x}}{x} - \frac{\mathrm{e}^{-x}}{1 - \mathrm{e}^{-x}}\right)\mathrm{d}x$$

这就是我们在第 1 个例子中已经证明过的积分,它的值为欧拉常数,不过符号相反罢了. 故

$$\frac{\Gamma'(1)}{\Gamma(1)} = \int_0^\infty \left(\frac{\mathrm{e}^{-x}}{x} - \frac{\mathrm{e}^{-x}}{1 - \mathrm{e}^{-x}}\right)\mathrm{d}x = -\gamma$$

从 $\psi$ 函数的定义得知

$$\psi(z) = \frac{\mathrm{d}}{\mathrm{d}z}\ln\Gamma(z) = \frac{\Gamma'(z)}{\Gamma(z)}$$

因此有

$$\psi(1) = \frac{\Gamma'(1)}{\Gamma(1)} = -\gamma \tag{2.61}$$

# 2.9　定积分的近似计算

## 2.9.1　近似计算的方法

在前面讲定积分时,我们是用牛顿 - 莱布尼茨公式[式(2.3)]计算定积分的,

这是寻找原函数的方法.但这样做并非全部可行,因为有时原函数不是初等函数,或原函数求不出来,或计算十分复杂.这时定积分的近似计算就不失为一种可取的方法了.

　　近似计算中,常用的有**矩形法**、**梯形法和辛普森(Simpson)法**.所有的近似计算方法都是把定积分看成是求函数曲线下面的面积,也就是说它是定积分定义中的求和法的延伸.

　　在求和法中曾定义定积分为

$$\int_a^b f(x)\mathrm{d}x = \lim_{\lambda \to 0}\sum_{i=1}^n f(\xi_i)(x_i - x_{i-1})$$

其中 $\lambda$ 是 $\Delta x_i = x_i - x_{i-1}$ 中的最大值,则

$$\int_a^b f(x)\mathrm{d}x = \lim_{\lambda \to 0}\sum_{i=1}^n f(\xi_i)\Delta x_i \tag{2.62}$$

　　在定积分的近似计算中,沿用求和法的概念.把积分区间 $[a,b]$ 分为 $n$ 等份,每一份的长度为 $h$(图 2.4),即 $h = \Delta x_i = x_i - x_{i-1}$,于是有

$$h = \frac{b-a}{n}$$

$$x_i = a + ih \quad (i = 0,1,2,3,\cdots,n)$$

$$x_0 = a, \quad x_n = a + nh = b$$

当 $x = x_i$ 时,被积函数

$$y_i = f(x_i) = f(a + ih)$$

若 $f(x)$ 是由分析法给定的,则 $f(x)$ 可以直接计算得到;如果 $f(x)$ 是由图形给出的,那么 $f(x)$ 可以从图上量出来.

　　1. 矩形法.

　　所谓矩形法就是将曲线下面的以 $h$ 为宽、以 $y_i$ 为高的所有矩形的面积累加起来,替代曲线下面的面积的方法.当 $n$ 不断增加时,这些矩形面积之和就会逐步逼近曲线下的面积.但在近似计算中,$n$ 不可能,也没有必要取得非常大(也就是 $h$ 很小),只要所取的 $n$ 使计算得到的近似值符合误差的要求就行了.

　　令

$$\xi_i = x_{i-1} \quad \text{或} \quad x_i$$

相应地

$$f(\xi_i) = y_{i-1} \quad \text{或} \quad y_i$$

那么,可以得到两个求近似值的矩形公式:

$$\int_a^b f(x)\mathrm{d}x \approx \frac{b-a}{n}(y_0 + y_1 + y_2 + \cdots + y_{n-1}) \tag{2.63}$$

$$\int_a^b f(x)\mathrm{d}x \approx \frac{b-a}{n}(y_1 + y_2 + y_3 + \cdots + y_n) \tag{2.64}$$

当 $n$ 越大,$h$ 越小,式(2.63)和(2.64)算得的值越精确.当 $n \to \infty$,或 $h \to 0$,取极限

时,(2.63)、(2.64)两式的值趋于同一个值,那就得到该积分的精确值了.

如果给定的 $f(x)$ 是单调增加(或单调减少)的,可由 $n$ 值确定误差的大小,如图 2.4 所示,在曲线 $f(x)$ 上,包含每两个分点之间的小矩形面积的总和为

$$\frac{b-a}{n}(y_n - y_0) \quad \text{或} \quad h(y_n - y_0)$$

无论是式(2.63)还是式(2.64),它们可能的误差不会超过上式所表示的数值.

在实用上,常取横坐标 $\xi_i = \dfrac{x_i + x_{i+1}}{2}(i=0,1,2,\cdots,n-1)$,相应的纵坐标为 $f(\xi_i) = f(x_{i+\frac{1}{2}})$,或用 $y_{i+\frac{1}{2}}$ 表示(图 2.5),那么式(2.63)或式(2.64)可写成

$$\int_a^b f(x)\mathrm{d}x \approx \frac{b-a}{n}(y_{\frac{1}{2}} + y_{\frac{3}{2}} + y_{\frac{5}{2}} + \cdots + y_{n-\frac{1}{2}}) \tag{2.65}$$

式(2.65)也是矩形公式.

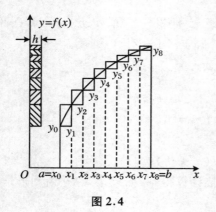

图 2.4

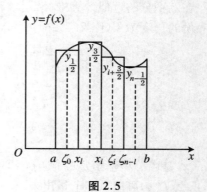

图 2.5

2. 梯形法.

(1) 用曲线的内接折线代替曲线来计算曲线下面积的近似方法称为梯形法.如图 2.6 所示,当 $x = x_i$ 时,它的纵坐标与曲线的纵坐标相同.也就是说,用这些内接的直边梯形代替原来的曲边梯形.当分点数目足够大时,误差能达到所要求的范围.梯形法的公式是

$$\int_a^b f(x)\mathrm{d}x \approx h\left(\frac{y_0 + y_1}{2} + \frac{y_1 + y_2}{2} + \cdots + \frac{y_{n-1} + y_n}{2}\right)$$

$$= \frac{b-a}{2n}(y_0 + 2y_1 + 2y_2 + \cdots + 2y_{n-1} + y_n) \tag{2.66}$$

(2) 若把曲线的分点数目增加一倍,即把每一份再分成两半,那就得到 $2n$ 份(图 2.7).这时,横坐标为

$$a = x_0, \quad x_{\frac{1}{2}} = a + \frac{h}{2}, \quad x_1 = a + h, \quad \cdots$$

$$x_i = a + ih, \quad x_{i+\frac{1}{2}} = a + \left(i + \frac{1}{2}\right)h, \quad \cdots$$

$$x_{n-\frac{1}{2}} = a + \left(n - \frac{1}{2}\right)h, \quad x_n = b$$

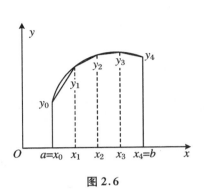

图 2.6

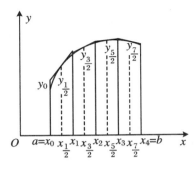

图 2.7

对应的纵坐标是:

$$y_0, \quad y_{\frac{1}{2}}, \quad y_1, \quad \cdots, \quad y_i, \quad y_{i+\frac{1}{2}}, \quad \cdots, \quad y_{n-\frac{1}{2}}, \quad y_n$$

我们把 $y_0, y_1, \cdots, y_i, \cdots, y_n$ 称为整分点纵坐标;把 $y_{\frac{1}{2}}, y_{\frac{3}{2}}, \cdots, y_{n-\frac{1}{2}}$ 称为半分点纵坐标.过每个半分点纵坐标的端点做该处的曲线的切线,并与相邻两个整分点的纵坐标相交.用这样做成的各个梯形的面积替代相应的原曲边梯形的面积.这是另一种梯形法,区别于内接梯形,我们称它为切线梯形,所得到的近似公式叫切线公式:

$$\int_a^b f(x)\mathrm{d}x \approx \frac{b-a}{n}\left(y_{\frac{1}{2}} + y_{\frac{3}{2}} + \cdots + y_{n-\frac{1}{2}}\right) \tag{2.67}$$

无论是矩形公式(2.63)、(2.64)、(2.65),还是梯形公式公式(2.66)、(2.67),当分点数目 $n$ 不断增大时,它们的误差会不断减小,当 $n$ 充分大时,这些公式都能以任意程度的精确性得到所求积分的近似值.

3. 辛普森(Simpson)近似公式.

在一连串的整分点、半分点中,每过三个分点的纵坐标:

$$y_0, \quad y_{\frac{1}{2}}, \quad y_1; \quad y_1, \quad y_{\frac{3}{2}}, \quad y_2; \quad y_2,$$

$$y_{\frac{5}{2}}, \quad y_3; \quad \cdots; \quad y_{n-1}, \quad y_{n-\frac{1}{2}}, \quad y_n$$

的端点各做二次抛物线.用一连串的抛物线代替原来给定的曲线,计算出每个抛物线下的面积,并把它们加起来,就得到辛普森近似公式了.

下面我们来推导这个辛普森公式:

令 $x_0 = 0$,相应的 $y_0$ 在 $y$ 坐标轴上,$y_0,$ $y_{\frac{1}{2}}, y_1$ 的三个端点构成一条二次抛物线(图 2.8).假设这条抛物线的方程为

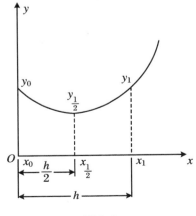

图 2.8

$$y = ax^2 + bx + c$$

那么从 $y_0$ 到 $y_1$ 的端点构成的一段抛物线下的面积为

$$S_1 = \int_0^h (ax^2 + bx + c)\,\mathrm{d}x$$

$$= \left( a \cdot \frac{x^3}{3} + b \cdot \frac{x^2}{2} + cx \right)\bigg|_0^h$$

$$= a \cdot \frac{h^3}{3} + b \cdot \frac{h^2}{2} + ch$$

$$= \frac{h}{6}(2ah^2 + 3bh + 6c)$$

按照我们的记法,有

$$y_0 = (ax^2 + bx + c)\big|_{x=0} = c$$

$$y_{\frac{1}{2}} = (ax^2 + bx + c)\big|_{x=\frac{h}{2}} = \frac{1}{4}ah^2 + \frac{1}{2}bh + c$$

$$y_1 = (ax^2 + bx + c)\big|_{x=h} = ah^2 + bh + c$$

由此可推出

$$y_0 + 4y_{\frac{1}{2}} + y_1 = 2ah^2 + 3bh + 6c$$

并且得到从 $y_0$ 到 $y_1$ 的端点构成的一段抛物线下的面积为

$$S_1 = \frac{h}{6}(y_0 + 4y_{\frac{1}{2}} + y_1)$$

同理可得到从 $y_1$ 到 $y_2$ 的端点构成的一段抛物线下的面积为

$$S_2 = \frac{h}{6}(y_1 + 4y_{\frac{3}{2}} + y_2)$$

及

$$S_3 = \frac{h}{6}(y_2 + 4y_{\frac{5}{2}} + y_3)$$

$$S_4 = \frac{h}{6}(y_3 + 4y_{\frac{7}{2}} + y_4)$$

$$\cdots$$

$$S_n = \frac{h}{6}(y_{n-1} + 4y_{n-\frac{1}{2}} + y_n)$$

最后,把上面这些小面积都加起来,就得到该曲线 $f(x)$ 在 $[a,b]$ 上积分的近似值:

$$\int_a^b f(x)\,\mathrm{d}x$$

$$\approx \frac{h}{6}\left[ y_0 + 4\left( y_{\frac{1}{2}} + y_{\frac{3}{2}} + \cdots + y_{n-\frac{1}{2}} \right) + 2(y_1 + y_2 + \cdots + y_{n-1}) + y_n \right]$$

$$= \frac{b-a}{6n}\left[ (y_0 + y_n) + 4\left( y_{\frac{1}{2}} + y_{\frac{3}{2}} + \cdots + y_{n-\frac{1}{2}} \right) + 2(y_1 + y_2 + \cdots + y_{n-1}) \right]$$

$$= \frac{b-a}{6n}\left[ (y_0 + y_n) + 4\sum_{i=1}^{n} y_{i-\frac{1}{2}} + 2\sum_{i=1}^{n-1} y_i \right] \tag{2.68}$$

这就是辛普森近似公式.

## 2.9.2　近似计算算例

下面举例说明矩形法、梯形法和辛普森法的近似计算的方法、结果及误差.

1. 首先举出大家熟知的积分：$S = \int_0^{\frac{\pi}{2}} \sin x \, \mathrm{d}x = 1$.

把积分区间 $\left[0, \frac{\pi}{2}\right]$ 分成 9 等份，即 $n = 9$. 这里 $a = 0, b = \frac{\pi}{2} = 1.5707963\cdots$，因此

$$\frac{b-a}{n} = 0.1745329, \qquad \frac{b-a}{2n} = 0.0872665, \qquad \frac{b-a}{6n} = 0.0290888$$

$$y_0 = \sin 0° = 0, \qquad\qquad y_{\frac{1}{2}} = \sin 5° = 0.08716$$

$$y_1 = \sin 10° = 0.17365, \qquad\qquad y_{\frac{3}{2}} = \sin 15° = 0.25882$$

$$y_2 = \sin 20° = 0.34202, \qquad\qquad y_{\frac{5}{2}} = \sin 25° = 0.42262$$

$$y_3 = \sin 30° = 0.50000, \qquad\qquad y_{\frac{7}{2}} = \sin 35° = 0.57358$$

$$y_4 = \sin 40° = 0.64279, \qquad\qquad y_{\frac{9}{2}} = \sin 45° = 0.70711$$

$$y_5 = \sin 50° = 0.76604, \qquad\qquad y_{\frac{11}{2}} = \sin 55° = 0.81915$$

$$y_6 = \sin 60° = 0.86603, \qquad\qquad y_{\frac{13}{2}} = \sin 65° = 0.90631$$

$$y_7 = \sin 70° = 0.93969, \qquad\qquad y_{\frac{15}{2}} = \sin 75° = 0.96593$$

$$y_8 = \sin 80° = 0.98481, \qquad\qquad y_{\frac{17}{2}} = \sin 85° = 0.99619$$

$$\sum_{i=1}^{8} y_i = 5.21503, \qquad\qquad \sum_{i=1}^{9} y_{i-\frac{1}{2}} = 5.73687$$

$$y_9 = \sin 90° = 1.00000$$

$$\sum_{i=1}^{9} y_i = 6.21503$$

把上面的数据代入相应的近似公式中：

按照矩形公式 (2.63)，有

$$S = \int_0^{\frac{\pi}{2}} \sin x \, \mathrm{d}x \approx \frac{b-a}{n} \sum_{i=0}^{n-1} y_i = \frac{1.57079\cdots - 0}{9} \times 5.21503 = 0.91019$$

按照矩形公式 (2.64)，有

$$S = \int_0^{\frac{\pi}{2}} \sin x \, \mathrm{d}x \approx \frac{b-a}{n} \sum_{i=1}^{n} y_i = \frac{1.57079\cdots - 0}{9} \times 6.21503 = 1.08473$$

按照矩形公式 (2.65)，有

$$S = \int_0^{\frac{\pi}{2}} \sin x \, \mathrm{d}x \approx \frac{b-a}{n} \sum_{i=1}^{n} y_{i-\frac{1}{2}} = \frac{1.57079\cdots - 0}{9} \times 5.73087 = 1.00127$$

使用梯形公式 (2.66)，有

$$S = \int_0^{\frac{\pi}{2}} \sin x \mathrm{d}x \approx \frac{b-a}{2n}\left(y_0 + y_n + 2\sum_{i=1}^{n-1} y_i\right)$$

$$= \frac{1.57079\cdots - 0}{18}(0 + 1 + 2 \times 5.21503) = 0.99746$$

应用切线公式(2.67),有

$$S = \int_0^{\frac{\pi}{2}} \sin x \mathrm{d}x \approx \frac{b-a}{n}\sum_{i=1}^{n} y_{i-\frac{1}{2}} = \frac{1.57079\cdots - 0}{9} \times 5.73087 = 1.00127$$

与矩形公式(2.65)同.

运用辛普森公式(2.68),有

$$S = \int_0^{\frac{\pi}{2}} \sin x \mathrm{d}x \approx \frac{b-a}{6n}\left[(y_0 + y_n) + 4\sum_{i=1}^{n} y_{i-\frac{1}{2}} + 2\sum_{i=1}^{n-1} y_i\right]$$

$$= \frac{1.57079\cdots - 0}{6 \times 9}\left[(0 + 1) + 4 \times 5.73687 + 2 \times 5.21503\right]$$

$$= 0.0290888 \times 34.37754 = 1.000001386$$

我们知道,该积分的精确值是1,因此可以看出:在采用相同的原始数据的情况下,辛普森公式得到的近似值最接近真值.所以人们在做近似计算时都喜欢使用辛普森公式.

2. 用辛普森公式计算第二类完全椭圆积分 $E(k) = \int_0^{\frac{\pi}{2}} \sqrt{1 - k^2 \sin^2 x}\,\mathrm{d}x$.

这个积分在本章2.7节无穷级数积分法中计算过,现在用辛普森公式计算,也许更方便.设 $k = \frac{1}{2}$,被积函数 $y = \sqrt{1 - \left(\frac{1}{2}\right)^2 \sin^2 x}$.

取 $n = 3$

$$x_0 = 0(0°), \qquad y_0 = 1$$

$$x_{\frac{1}{2}} = \frac{\pi}{12}(15°), \qquad y_{\frac{1}{2}} = \sqrt{1 - \left(\frac{1}{2}\right)^2 \cdot 0.25882^2}$$
$$= 0.99159$$

$$x_1 = \frac{\pi}{6}(30°), \qquad y_1 = \sqrt{1 - \left(\frac{1}{2}\right)^2 \left(\frac{1}{2}\right)^2}$$
$$= 0.96825$$

$$x_{\frac{3}{2}} = \frac{\pi}{4}(45°), \qquad y_{\frac{3}{2}} = \sqrt{1 - \left(\frac{1}{2}\right)^2 \cdot 0.70711^2}$$
$$= 0.93541$$

$$x_2 = \frac{\pi}{3}(60°), \qquad y_2 = \sqrt{1 - \left(\frac{1}{2}\right)^2 \left(\frac{\sqrt{3}}{2}\right)^2}$$
$$= 0.90139$$

$$x_{\frac{5}{2}} = \frac{5\pi}{12}(75°), \quad y_{\frac{5}{2}} = \sqrt{1 - \left(\frac{1}{2}\right)^2 \cdot 0.96593^2}$$

$$= 0.87564$$

$$x_3 = \frac{\pi}{2}(90°), \quad y_3 = \sqrt{1 - \left(\frac{1}{2}\right)^2 \cdot 1}$$

$$= 0.86603$$

把相关数据代入辛普森公式,得到

$$E\left(\frac{1}{2}\right) = \int_0^{\frac{\pi}{2}} \sqrt{1 - \left(\frac{1}{2}\right)^2 \sin^2 x} \, dx \approx \frac{b-a}{6n}\left[(y_0 + y_n) + 4\sum_{i=1}^n y_{i-\frac{1}{2}} + 2\sum_{i=1}^{n-1} y_i\right]$$

$$= \frac{1.57079 - 0}{6 \times 3}\left[(1 + 0.86603) + 4 \times (0.99159 + 0.93541 + 0.87564)\right.$$

$$\left. + 2 \times (0.96825 + 0.90139)\right]$$

$$= 0.087266 \times 16.81587 = 1.46745$$

这个计算结果与 2.8 节无穷级数积分法中计算结果做比较,前 5 位有效数字是相同的.也就是说前 5 位有效数字是精确的.但用辛普森公式计算的工作量要小得多.

注:该积分的精确值是:$E\left(\frac{1}{2}\right) = 1.467462209\cdots$(采自《Handbook of Mathematical Functions with Formulas,Graphs,and Mathematical Tables》,Edited by M. Abramowitz and I. A. Stegun,1966.)

3. 用公辛普森公式计算积分 $\int_0^1 \frac{\arctan x}{x} dx$.

被积函数是

$$y = f(x) = \frac{\arctan x}{x}$$

把积分区间从 0 到 1 分成 5 等份,即 $n = 5$,所以 $h = \frac{b-a}{n} = \frac{1-0}{5} = 0.2$.

$x, \arctan x, \dfrac{\arctan x}{x}$ 分别为:

$x_i, \quad x_{i-\frac{1}{2}}, \quad \arctan x_i, \quad \arctan x_{i-\frac{1}{2}}, \quad y_i = \dfrac{\arctan x_i}{x_i}, \quad y_{i-\frac{1}{2}} = \dfrac{\arctan x_{i-\frac{1}{2}}}{x_{i-\frac{1}{2}}}$

$x_0 = 0, \quad\quad 0, \quad\quad\quad\quad\quad\quad\quad\quad\quad y_0 = 1$

$x_{\frac{1}{2}} = 0.1, \quad 0.09966865, \quad\quad\quad\quad\quad y_{\frac{1}{2}} = 0.9966865$

$x_1 = 0.2, \quad 0.19739556, \quad\quad\quad\quad\quad y_1 = 0.9869778$

$x_{\frac{3}{2}} = 0.3, \quad 0.29145679, \quad\quad\quad\quad\quad y_{\frac{3}{2}} = 0.9715226$

$x_2 = 0.4, \quad 0.38050638, \quad\quad\quad\quad\quad y_2 = 0.9512659$

$x_{\frac{5}{2}} = 0.5, \quad 0.46364761, \quad\quad\quad\quad\quad y_{\frac{5}{2}} = 0.9272952$

$x_3 = 0.6, \quad 0.54041950, \quad\quad\quad\quad\quad y_3 = 0.9006992$

$$x_{\frac{7}{2}} = 0.7, \quad 0.61072596, \qquad\qquad y_{\frac{7}{2}} = 0.8724657$$

$$x_4 = 0.8, \quad 0.67474094, \qquad\qquad y_4 = 0.8434262$$

$$x_{\frac{9}{2}} = 0.9, \quad 0.73281510, \qquad\qquad y_{\frac{9}{2}} = 0.8142390$$

$$x_5 = 1.0, \quad 0.78539816, \qquad\qquad y_5 = 0.7853982$$

$$\sum_{i=1}^{4} y_i = 0.9869778 + 0.9512659 + 0.9006992 + 0.8434262$$

$$= 3.6823691$$

$$\sum_{i=1}^{5} y_{i-\frac{1}{2}} = 0.9966865 + 0.9715226 + 0.9272952 + 0.8724657 + 0.8142390$$

$$= 4.582209$$

把上面的数据代入辛普森公式,得到

$$\int_0^1 \frac{\arctan x}{x}\mathrm{d}x \approx \frac{1-0}{6 \times 5}\Big[(y_0 + y_5) + 4\sum_{i=1}^{5} y_{i-\frac{1}{2}} + 2\sum_{i=1}^{4} y_i\Big]$$

$$= \frac{1}{30}\big[(1 + 0.7853982) + 4 \times 4.582209 + 2 \times 3.6823691\big]$$

$$= \frac{1}{30}(1.7853982 + 18.328836 + 7.3647382)$$

$$= \frac{27.4789724}{30} = 0.9159657$$

这个积分,我们在无穷级数积分中已经求得它的结果是卡塔兰常数 $G$,并已知这个常数值是 $G = 0.915965594\cdots$. 用辛普森法计算得到的数值在小数点后 6 位都是精确的.

注:$\arctan x$ 的数值采自《Handbook of Mathematical Functions with Formulas, Graphs, and Mathematical Tables》, Edited by M. Abramowitz and Irene. A. Stegun, 1966.

4. 计算积分 $\displaystyle\int_0^1 \frac{\ln(1 + x^2)}{1 + x^2} = \frac{\pi}{2}\ln 2 - G = 0.17282745\cdots$.

令

$$n = 5, \quad \frac{b-a}{n} = \frac{1-0}{5} = 0.2, \quad \frac{b-a}{2n} = 0.1, \quad \frac{b-a}{6n} = \frac{1}{30}, \quad y = \frac{\ln(1 + x^2)}{1 + x^2}$$

| | | | |
|---|---|---|---|
| $x_0 = 0,$ | $y_0 = 0,$ | $x_{\frac{1}{2}} = 0.1,$ | $y_{\frac{1}{2}} = 0.00985181$ |
| $x_1 = 0.2,$ | $y_1 = 0.03771222,$ | $x_{\frac{3}{2}} = 0.3,$ | $y_{\frac{3}{2}} = 0.07906211$ |
| $x_2 = 0.4,$ | $y_2 = 0.12794828,$ | $x_{\frac{5}{2}} = 0.5,$ | $y_{\frac{5}{2}} = 0.17851484$ |
| $x_3 = 0.6,$ | $y_3 = 0.22609169,$ | $x_{\frac{7}{2}} = 0.7,$ | $y_{\frac{7}{2}} = 0.26763498$ |
| $x_4 = 0.8,$ | $y_4 = 0.30164405,$ | $x_{\frac{9}{2}} = 0.9,$ | $y_{\frac{9}{2}} = 0.32780489$ |

$$\sum_{i=1}^{4} y_i = 0.69339624, \qquad\qquad \sum_{i=1}^{5} y_{i-\frac{1}{2}} = 0.86286863$$

$$x_5 = 1, \qquad y_5 = 0.34657359$$

用矩形公式(2.65)得

$$\int_0^1 \frac{\ln(1+x^2)}{1+x^2} \approx \frac{1-0}{5} \sum_{i=1}^5 y_{i-\frac{1}{2}} = \frac{1}{5} \times 0.86286863 = 0.1725737$$

用梯形公式(2.66)得

$$\int_0^1 \frac{\ln(1+x^2)}{1+x^2} \approx \frac{1-0}{2 \times 5} \Big( y_0 + y_5 + 2 \sum_{i=1}^4 y_i \Big)$$

$$= \frac{1}{10} \times (0 + 0.34657359 + 2 \times 0.69339624) = 0.1733366$$

使用辛普森公式(2.68)得

$$\int_0^1 \frac{\ln(1+x^2)}{1+x^2} \approx \frac{1-0}{6 \times 5} \Big[ (y_0 + y_5) + 4 \sum_{i=1}^5 y_{i-\frac{1}{2}} + 2 \sum_{i=1}^4 y_i \Big]$$

$$= \frac{1}{30} \Big[ (0 + 0.34657359) + 4 \times 0.86286863 + 2 \times 0.69339624 \Big]$$

$$= \frac{1}{30} \times 5.18484059 = 0.17282802$$

该积分的计算结果也表明辛普森公式的近似值最好,小数点后的 5 位都是正确的.

5. 计算 $\pi = 4\int_0^1 \frac{\mathrm{d}x}{1+x^2}$ 的近似值.

令 $n = 5$,则

$$h = \frac{1-0}{5} = 0.2, \quad y = \frac{1}{1+x^2}$$

$x_0 = 0,$      $y_0 = 1;$            $x_{\frac{1}{2}} = 0.1,$        $y_{\frac{1}{2}} = 0.99009901$

$x_1 = 0.2,$    $y_1 = 0.96153846;$      $x_{\frac{3}{2}} = 0.3,$        $y_{\frac{3}{2}} = 0.91743119$

$x_2 = 0.4,$    $y_2 = 0.86206897;$      $x_{\frac{5}{2}} = 0.5,$        $y_{\frac{5}{2}} = 0.8$

$x_3 = 0.6,$    $y_3 = 0.73529412;$      $x_{\frac{7}{2}} = 0.7,$        $y_{\frac{7}{2}} = 0.67114094$

$x_4 = 0.8,$    $y_4 = 0.60975610;$      $x_{\frac{9}{2}} = 0.9,$        $y_{\frac{9}{2}} = 0.55248619$

$$\sum_{i=1}^4 y_i = 3.16865765; \qquad\qquad \sum_{i=1}^5 y_{i-\frac{1}{2}} = 3.93115733$$

$x_5 = 1,$      $y_5 = 0.5$

把上述数据代入辛普森公式,得

$$\int_0^1 \frac{\mathrm{d}x}{1+x^2} \approx \frac{b-a}{6n} \Big[ (y_0 + y_n) + 4 \sum_{i=1}^n y_{i-\frac{1}{2}} + 2 \sum_{i=1}^{n-1} y_i \Big]$$

$$= \frac{1}{6 \times 5} \Big[ (1 + 0.5) + 4 \times 3.93115733 + 2 \times 3.16865765 \Big]$$

$$= \frac{1}{30} \times 23.56194462 = 0.78539815$$

因此有

$$\pi = 4\int_0^1 \frac{\mathrm{d}x}{1+x^2} \approx 4 \times 0.78539815 = 3.14159262$$

结果显示,这个近似值的前 8 位都是精确的,说明它已经是相当好的近似了.

为什么所举的几个近似计算的算例都是已知精确值的呢？因为有精确值可资比较,就会知道所进行的近似计算的精度如何,误差到底有多少？这对做近似计算时采用哪种方法,如何进行区间的划分(决定 $n$)都是有用的.

### 2.9.3　近似计算的误差估算

无论是矩形法、梯形法,还是辛普森法,做近似计算的结果与真值之间都有一个差值,这个差值就是近似计算的误差.我们要使这个误差尽量小,并能满足要求.要想使误差减小,主要的办法是把区间划分得更细(即 $n$ 增大);还有选择较好的方法(公式)也很重要.前面算例中的第 1 个例子和第 4 个例子,都对矩形法、梯形法和辛普森法进行了比较,在相同的区间划分的情况下,辛普森法具有明显的优势.下面我们来讨论这三种方法的误差估算.

1. 矩形法的误差.

下面以矩形公式(2.65)为例来推算它的误差.把积分区间 $[a,b]$ 分成 $n$ 等份,先计算其中任一份小区间 $[x_i, x_{i+1}]$ 上的误差.

令 $\xi_i = \dfrac{x_i + x_{i+1}}{2}$,则

$$f(\xi_i) = f\left(\frac{x_i + x_{i+1}}{2}\right)$$

于是 $f(x)$ 在小区间 $[x_i, x_{i+1}]$ 的积分近似为

$$\int_{x_i}^{x_{i+1}} f(x)\mathrm{d}x \approx \frac{b-a}{n}f(\xi_i) \tag{2.69}$$

另一方面,当 $x$ 在区间 $[x_i, x_{i+1}]$ 变化时,把 $f(x)$ 按照 $x - \xi_i$ 用泰勒级数展开(到二阶导数),则有

$$f(x) = f(\xi_i) + \frac{x - \xi_i}{1!}f'(\xi_i) + \frac{(x-\xi_i)^2}{2!}f''(\xi_i) \tag{2.70}$$

对 $f(x)$ 在区间 $[x_i, x_{i+1}]$ 上积分,有

$$\int_{x_i}^{x_{i+1}} f(x)\mathrm{d}x = \int_{x_i}^{x_{i+1}} \left[f(\xi_i) + \frac{x-\xi_i}{1!}f'(\xi_i) + \frac{(x-\xi_i)^2}{2!}f''(\xi_i)\right]\mathrm{d}x$$

该式右边的第二个积分为零,所以

$$\int_{x_i}^{x_{i+1}} f(x)\mathrm{d}x = (x_{i+1} - x_i)f(\xi_i) + \frac{1}{2}f''(\xi_i)\int_{x_i}^{x_{i+1}}(x-\xi_i)^2\mathrm{d}x$$

$$= \frac{b-a}{n}f(\xi_i) + \frac{1}{2}f''(\xi_i) \cdot \frac{1}{12}(x_{i+1} - x_i)^3$$

$$= \frac{b-a}{n}f(\xi_i) + \frac{(b-a)^3}{24n^3}f''(\xi_i) \tag{2.71}$$

对于整个区间$[a,b]$的积分,要把每个子区间$[x_i,x_{i+1}]$的积分加起来,因此有

$$\int_a^b f(x)\mathrm{d}x = \frac{b-a}{n}\sum_{i=0}^{n-1}f(\xi_i) + \frac{(b-a)^3}{24n^2}\sum_{i=0}^{n-1}\frac{f''(\xi_i)}{n} \tag{2.72}$$

如果把近似公式(2.65)写成带有余项 $R_n$ 的式子,那么有

$$\int_a^b f(x)\mathrm{d}x = \frac{b-a}{n}\sum_{i=0}^{n-1}f(\xi_i) + R_n \tag{2.73}$$

比较式(2.72)、(2.73)两式,就得到矩形法的误差(即余项)为

$$R_n = \frac{(b-a)^3}{24n^2}\sum_{i=0}^{n-1}\frac{f''(\xi_i)}{n} \tag{2.74}$$

若用 $m$ 和 $M$ 分别表示连续函数$f''(x)$在区间$[a,b]$上的最小值和最大值,那么误差公式(2.74)中的表达式

$$\sum_{i=0}^{n-1}\frac{f''(\xi_i)}{n} = \frac{f''(\xi_0)+f''(\xi_1)+\cdots+f''(\xi_{n-1})}{n}$$

应在 $m$ 和 $M$ 之间,我们把它写成 $f''(\xi)$,因此式(2.74)可写成

$$R_n = \frac{(b-a)^3}{24n^2}f''(\xi) \quad (a\leqslant\xi\leqslant b) \tag{2.75}$$

这就是矩形法的误差公式,$f''(\xi)$取最大值.

2. 梯形法的误差.

如图 2.9 所示,设 $f(x)$是区间$[a,b]$的曲线$\overset{\frown}{AB}$的函数,则可把它写成

$$f(x) = \frac{b-x}{b-a}f(x) + \frac{x-a}{b-a}f(x) \tag{2.76}$$

对于描述$\overline{AB}$直线的函数$g(x)$而言,因为有

$$\frac{g(x)-g(a)}{x-a} = \frac{g(b)-g(x)}{b-x}$$

所以

$$g(x) = \frac{b-x}{b-a}g(a) + \frac{x-a}{b-a}g(b)$$

由于在 $x=a$ 处,$g(a)=f(a)$;在 $x=b$ 处,$g(b)=f(b)$,因此有

$$g(x) = \frac{b-x}{b-a}f(a) + \frac{x-a}{b-a}f(b) \tag{2.77}$$

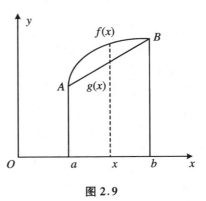

图 2.9

用式(2.76)减去式(2.77),得

$$f(x) - g(x) = \frac{b-x}{b-a}[f(x)-f(a)] + \frac{x-a}{b-a}[f(x)-f(b)] \tag{2.78}$$

把式(2.78)的方括弧中的函数用泰勒级数展开,有

$$f(x) - f(a) = (x-a)f'(x) + \frac{(x-a)^2}{2!}f''(\xi) \quad (a\leqslant\xi\leqslant x) \tag{2.79-1}$$

$$f(x) - f(b) = (x - b)f'(x) + \frac{(x - b)^2}{2!}f''(\eta) \quad (x \leqslant \eta \leqslant b) \quad (2.79\text{-}2)$$

把式(2.79-1)和式(2.79-2)代入式(2.78),得

$$f(x) - g(x) = \frac{b - x}{b - a}\Big[(x - a)f'(x) + \frac{(x - a)^2}{2!}f''(\xi)\Big]$$

$$+ \frac{x - a}{b - a}\Big[(x - b)f'(x) + \frac{(x - b)^2}{2!}f''(\eta)\Big]$$

$$= \frac{(b - x)(x - a)^2}{2(b - a)}f''(\xi) + \frac{(x - a)(b - x)^2}{2(b - a)}f''(\eta)$$

$$= \frac{(b - x)(x - a)}{2}\Big[\frac{x - a}{b - a}f''(\xi) + \frac{b - x}{b - a}f''(\eta)\Big]$$

$$= \frac{(b - x)(x - a)}{2}\Big[\frac{x - a}{b - a}f''(\zeta) + \frac{b - x}{b - a}f''(\zeta)\Big] \quad (a \leqslant \zeta \leqslant b)$$

$$= \frac{(b - x)(x - a)}{2}f''(\zeta) \tag{2.80}$$

这就是在区间$[a,b]$上任一点$x$处原来的函数$f(x)$与作为梯形近似的取直线的函数$g(x)$的数值之差.把它积分起来就是梯形法近似计算的误差了:

$$\int_a^b [f(x) - g(x)]\mathrm{d}x = \frac{f''(\zeta)}{2}\int_a^b (b - x)(x - a)\mathrm{d}x$$

$$= \frac{f''(\zeta)}{2} \cdot \frac{(b - a)^3}{6} = \frac{f''(\zeta)}{12}(b - a)^3$$

当把积分区间$[a,b]$分割成$n$等份时,则有

$$R_n = \frac{(b - a)^3}{12n^2}f''(\xi) \quad (a \leqslant \xi \leqslant b) \tag{2.81}$$

这就是梯形公式的误差.

3. 辛普森公式的误差.

在辛普森近似公式的推导中,我们是用二次抛物线近似计算得到的.若把这个二次抛物线函数写成

$$P_2(x) = a_1 x^2 + a_2 x + a_3$$

那么,对它积分后就得到辛普森近似公式

$$\int_a^b f(x)\mathrm{d}x \approx \int_a^b P_2(x)\mathrm{d}x = \frac{b - a}{6}\Big[f(a) + 4f\Big(\frac{a + b}{2}\Big) + f(b)\Big]$$

若令

$$f(x) = P_2(x) + \frac{f'''(\xi)}{3!}(x - a)\Big(x - \frac{a + b}{2}\Big)(x - b) \tag{2.82}$$

那么,式(2.82)右端的第二项的积分应该是辛普森近似公式的余项.但可惜它的积分值为零.如果函数$f(x)$存在直到四阶的导数,那么可利用带有余项的埃尔米特(Hermite)多项式,把函数$f(x)$写成

$$f(x) = P_2(x) + \frac{f'''(\xi)}{3!}(x - a)\Big(x - \frac{a + b}{2}\Big)(x - b)$$

$$+ \frac{f^{(4)}(\xi)}{4!}(x - a)\left(x - \frac{a + b}{2}\right)^2(x - b) \qquad (2.83)$$

式(2.83)右边的第三项为单结点 $a, b$ 及二重结点 $\dfrac{a + b}{2}$ 的埃尔米特多项式的余项.

当积分式(2.83)时,右端第一项为辛普森近似公式值,第二项积分为零,第三项就是辛普森近似公式的误差:

$$R_0 = \frac{f^{(4)}(\xi)}{4!}\int_a^b (x - a)\left(x - \frac{a + b}{2}\right)^2(x - b)\mathrm{d}x$$

其中的积分为

$$\int_a^b (x - a)\left(x - \frac{a + b}{2}\right)^2(x - b)\mathrm{d}x$$

$$= \int_a^b \left\{ x^4 - 2(a + b)x^3 + \left[ ab + \frac{5}{4}(a + b)^2\right]x^2 \right.$$

$$\left. - \left[ ab(a + b) + \frac{1}{4}(a + b)^3\right]x + \frac{1}{4}ab(a + b)^2 \right\}\mathrm{d}x$$

$$= -\frac{1}{120}(b^5 - 5b^4 a + 10b^3 a^2 - 10b^2 a^3 + 5ba^4 - a^5)$$

$$= -\frac{1}{120}(b - a)^5$$

因此

$$R_0 = \frac{f^{(4)}(\xi)}{4!}\int_a^b (x - a)\left(x - \frac{a + b}{2}\right)^2(x - b)\mathrm{d}x$$

$$= -\frac{f^{(4)}(\xi)}{24} \cdot \frac{(b - a)^5}{120} = -\frac{f^{(4)}(\xi)}{180 \times 2^4}(b - a)^5$$

当区间 $[a, b]$ 被分成 $n$ 等份时,则应把每一部分的连续导数 $f^{(4)}(\xi_i)$ 考虑进来,那么辛普森近似公式的误差为

$$R_n = -\frac{(b - a)^5}{180 \times 2^4 n^4} \cdot \frac{f^{(4)}(\xi_0) + f^{(4)}(\xi_1) + \cdots + f^{(4)}(\xi_{n-1})}{n}$$

$$= -\frac{(b - a)^5}{180 \times (2n)^4}f^{(4)}(\zeta) \quad (a \leqslant \zeta \leqslant b) \qquad (2.84)$$

导数 $f^{(4)}(\zeta)$ 在区间 $[a, b]$ 上随 $x$ 变化,可取其最大值.

式(2.84)表明,如果 $f(x)$ 是一个不超过三次的多项式,那么 $f^{(4)}(\zeta) = 0$,表示辛普森公式(2.68)算出的值是准确值.

# 第 3 章　定积分的应用

本章将介绍定积分在计算面积、体积、曲线长度及物体的表面积等方面的应用.

## 3.1　面积的计算

在讲定积分的定义时,已经讲到用求和法来计算曲线下面的面积的计算方法.无论是黎曼的定义,还是求和法的定义,实际上都是用计算曲线下的面积来定义定积分的.因此现在也从计算曲线下的面积开始来讲定积分的应用.

### 3.1.1　用定积分的定义来计算面积

设曲线 $y = f(x)$ 在闭区间 $[a, b]$ 上连续,且 $f(x) > 0$,则由曲线 $y = f(x)$,直线 $x = a$, $x = b$ 及 $x$ 轴围成的曲边梯形的面积(图 3.1)是

$$S = \int_a^b f(x)\mathrm{d}x \tag{3.1}$$

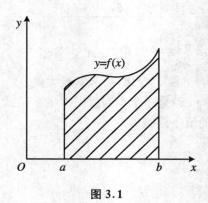

图 3.1

当 $f(x)$ 在 $[a, b]$ 上变号时(图 3.2), $f(x)$ 应取绝对值,即

$$S = \int_a^b |f(x)| \, \mathrm{d}x \tag{3.2}$$

如果是由图 3.3 形状的封闭曲线围成的图形,那么由它包围的图形的面积为

$$S = \int_a^b |f_2(x) - f_1(x)| \, \mathrm{d}x \tag{3.3}$$

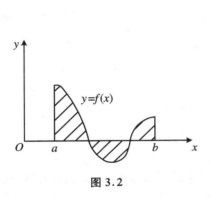

图 3.2

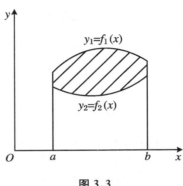

图 3.3

## 3.1.2 几种常见曲线围成的面积的计算

1. 椭圆的面积.

(1) 椭圆的方程是

$$\frac{x^2}{a^2} + \frac{y^2}{b^2} = 1 \tag{3.4}$$

把椭圆的圆心置于坐标轴的原点处,由于椭圆关于两个坐标轴 $(x, y)$ 都对称,所以它的面积 $S$ 等于第一象限上的面积的 4 倍(图 3.4),即

$$S = 4 \int_0^a y \, \mathrm{d}x \tag{3.5}$$

在第一象限上,根据方程(3.4),得到

$$y = b \sqrt{1 - \frac{x^2}{a^2}}$$

把它代入式(3.5)中,则有

$$S = 4b \int_0^a \sqrt{1 - \frac{x^2}{a^2}} \, \mathrm{d}x$$

令 $\dfrac{x}{a} = t$,则 $\mathrm{d}x = a \, \mathrm{d}t$.

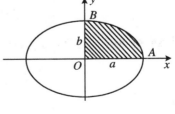

图 3.4

当 $x = 0$ 时,$t = 0$;当 $x = a$ 时,$t = 1$. 于是

$$S = 4ab \int_0^1 \sqrt{1 - t^2} \, \mathrm{d}t = 4ab \cdot \frac{1}{2} \left( t \sqrt{1 - t^2} + \arcsin t \right) \Big|_0^1$$

$$= 4ab \cdot \frac{1}{2} \cdot \frac{\pi}{2} = \pi ab$$

（2）应用椭圆的参数方程计算椭圆的面积

$$\begin{cases} x = a\cos t \\ y = b\sin t \end{cases} \tag{3.6}$$

用新变量 $t$ 替换 $x, y$，用式（3.6）中的第二个方程表达. 当 $x$ 从 0 变到 $a$ 时，$t$ 从 $\frac{\pi}{2}$ 变到 0. 因为在这种情况下，换元法的条件都满足，于是

$$S = 4\int_0^a y\,dx = 4\int_{\frac{\pi}{2}}^0 b\sin t \cdot d(a\cos t) = -4\int_{\frac{\pi}{2}}^0 ab\sin^2 t \cdot dt$$

$$= 4ab\int_0^{\frac{\pi}{2}} \sin^2 t\,dt = 4ab \cdot \frac{\pi}{4} = \pi ab$$

当 $a = b$ 时，该曲线就是一个圆，它的面积 $S = \pi a^2$.

2. 用极坐标求扇形面积.

由曲线 $\overset{\frown}{AB}$ 和极点 $O$ 构成的扇形，其矢径 $\overrightarrow{OA}$ 和 $\overrightarrow{OB}$ 与极轴 $L(x$ 轴)构成的极角分别为 $\alpha$ 与 $\beta$（图 3.5）. 曲线 $\overset{\frown}{AB}$ 在极坐标中的方程是

$$r = f(\theta) \tag{3.7}$$

矢径 $\overrightarrow{OA}$、$\overrightarrow{OB}$ 与极轴构成的极角为

$$\theta_1 = \alpha, \quad \theta_2 = \beta$$

那么，两矢径与曲线构成的扇形 $OAB$ 的面积为

$$S = \int_\alpha^\beta \frac{1}{2}r^2\,d\theta = \frac{1}{2}\int_\alpha^\beta [f(\theta)]^2\,d\theta \tag{3.8}$$

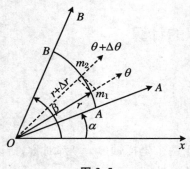

图 3.5

为求得这个公式，考虑介于 $\theta$ 与 $\theta + \Delta\theta$ 之间的小面积. 相应于 $\theta$ 的矢径为 $r$，它在曲线 $\overset{\frown}{AB}$ 上的端点是 $m_1$；相应于 $\theta + \Delta\theta$ 矢径为 $r + \Delta r$，它在曲线 $\overset{\frown}{AB}$ 上的端点是 $m_2$. 那么，这个小三角形 $Om_1m_2$ 的面积是

$$\Delta S \approx \frac{1}{2}r \cdot r\Delta\theta = \frac{1}{2}r^2\Delta\theta$$

当 $\Delta\theta$ 趋向零时，就得到该扇形 $OAB$ 的面积

$$S = \int_\alpha^\beta \frac{1}{2}[f(\theta)]^2\,d\theta = \int_\alpha^\beta \frac{1}{2}r^2\,d\theta$$

当 $r$ 为常数时

$$S = \frac{1}{2}r^2\int_\alpha^\beta d\theta = \frac{1}{2}r^2(\beta - \alpha)$$

3. 三叶玫瑰的面积.

三叶玫瑰线的曲线方程是

$$r = a\cos 3\theta \quad (a > 0) \tag{3.9}$$

因为三叶玫瑰的每瓣叶子的面积是相等的,所以三瓣叶子的总面积为图中斜线部分的面积的 6 倍(图 3.6).

图中斜线部分的面积对应于 $\theta$ 从 0 到 $\dfrac{\pi}{6}$. 由式(3.8),得

$$S = 6\int_0^{\frac{\pi}{6}} \frac{1}{2} r^2 \mathrm{d}\theta = 3\int_0^{\frac{\pi}{6}} a^2 \cos^2 3\theta \mathrm{d}\theta$$

$$= 3a^2 \int_0^{\frac{\pi}{6}} \cos^2 3\theta \mathrm{d}\theta$$

令 $3\theta = t$,则 $\mathrm{d}\theta = \dfrac{1}{3}\mathrm{d}t$. 当 $\theta = 0$ 时,$t = 0$;当 $\theta = \dfrac{\pi}{6}$ 时,$t = \dfrac{\pi}{2}$. 所以

$$S = 3a^2 \int_0^{\frac{\pi}{2}} \cos^2 t \cdot \frac{1}{3} \mathrm{d}t = a^2 \int_0^{\frac{\pi}{2}} \cos^2 t \, \mathrm{d}t$$

$$= a^2 \cdot \frac{\pi}{4} = \frac{1}{4}\pi a^2$$

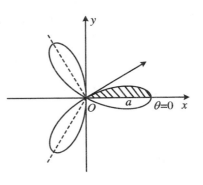

图 3.6

4. 旋轮线下的面积.

如图 3.7 所示,设有一个半径为 $a$、圆心为 $C$ 的圆,在一条不动的直线上滚动. 圆周上的一点 $M$ 所画出来的几何轨迹就叫旋轮线.

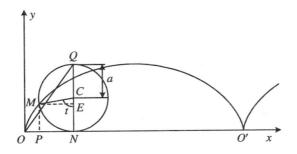

图 3.7

将圆滚动时所沿的直线取作 $Ox$ 轴. 点 $M$ 开始时的位置,就是圆与 $Ox$ 的切点,作为原点 $O$. 圆周转动的角度记作 $t$. 在某一时刻,圆周与 $Ox$ 轴的切点记作 $N$,$M$ 点在 $Ox$ 轴上的投影记作 $P$,过 $N$ 点的圆的直径记作 $NQ$,$NQ = 2a$. 点 $M$ 在 $NQ$ 上的投影记作 $E$,$\angle MCN = t$ 为圆心角.

由于没有滑动,所以线段 $\overline{ON} = \overset{\frown}{MN} = at$. 利用参变量 $t$,旋轮线上的 $M$ 点的坐标可表示为

$$\begin{cases} x = \overline{OP} = \overline{ON} - \overline{PN} = at - a\sin t = a(t - \sin t) \\ y = \overline{MP} = \overline{CN} - \overline{CE} = a - a\cos t = a(1 - \cos t) \end{cases} \tag{3.10}$$

这就是旋轮线的参变量方程.

旋轮转一圈后,点 $M$ 与 $Ox$ 轴上的 $O'$ 重合. $O'$ 是圆周上的 $M$ 点与直线 $Ox$ 轴第二次接触时的切点,所以 $\overline{OO'} = 2\pi a$. 再转一圈时,得到的图形与弧 $\overset{\frown}{OO'}$ 相同,只是又向右平移了 $2\pi a$ 的距离.

现在我们来计算旋轮线 $\overset{\frown}{OO'}$ 与 $Ox$ 轴构成的图形的面积 $S$:

$$S = \int_0^{2\pi a} y \mathrm{d}x$$

用 $y = a(1 - \cos t)$, $\mathrm{d}x = a(1 - \cos t)\mathrm{d}t$ 代入,得

$$S = \int_0^{2\pi a} y \mathrm{d}x = \int_0^{2\pi} a^2(1 - \cos t)^2 \mathrm{d}t = a^2 \int_0^{2\pi}(1 - \cos t)^2 \mathrm{d}t$$

$$= a^2 \int_0^{2\pi} 4\sin^4 \frac{t}{2} \mathrm{d}t$$

令 $\dfrac{t}{2} = \alpha$, $t = 2\alpha$, 则 $\mathrm{d}t = 2\mathrm{d}\alpha$. 当 $t = 0$ 时, $\alpha = 0$; 当 $t = 2\pi$, $\alpha = \pi$. 因此

$$S = 8a^2 \int_0^{\pi} \sin^4 \alpha \mathrm{d}\alpha = 16a^2 \int_0^{\frac{\pi}{2}} \sin^4 \alpha \mathrm{d}\alpha$$

根据式(2.18)有

$$\int_0^{\frac{\pi}{2}} \sin^4 \alpha \mathrm{d}\alpha = \frac{(4-1)!!}{4!!} \cdot \frac{\pi}{2} = \frac{3}{8} \cdot \frac{\pi}{2} = \frac{3\pi}{16}$$

因此,最后得到旋轮线的面积为

$$S = 16a^2 \cdot \frac{3\pi}{16} = 3\pi a^2$$

5. 心脏线(圆外旋轮线)包围的面积.

若一个圆不在一条直线上滚动,而在另外一个不动的圆上滚动,则由滚动圆上的一个定点 $M$ 可画出两类曲线:滚动的圆在不动圆的圆外滚动时得到圆外旋轮线;在不动圆的圆内滚动时得到圆内旋轮线.

(1) 圆外旋轮线.

取不动圆的圆心 $O$ 作为坐标原点. 坐标轴 $Ox$ 与静止圆的交点为 $K$, 设点 $K$ 就是开始时滚动圆上点 $M$ 的位置,是开始时两圆的切点(图 3.8). 设滚动圆的半径为 $a$, 静止圆的半径为 $b$. 当滚动圆转了一个角度 $\varphi$ 时,两圆的切点为 $N$, 所以 $\varphi = \angle NCM$. 这时不动圆的半径 $ON$ 与 $Ox$ 轴的交角记作 $t$. 因为两圆之间没有滑动,所以有弧长 $\overset{\frown}{KN} = \overset{\frown}{MN}$, 也就是

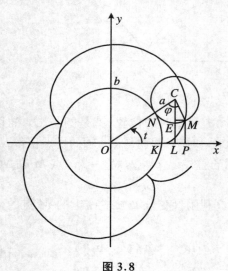

**图 3.8**

$$bt = a\varphi, \quad \varphi = \frac{bt}{a}$$

从图 3.8 可知 $M$ 点的坐标

$$x = \overline{OP} = \overline{OL} + \overline{LP} = \overline{OC}\cos \angle LOC + \overline{CM}\sin \angle ECM$$
$$= (a + b)\cos t + a\sin \angle ECM$$

因为

$$\angle NCM = \varphi = \frac{bt}{a}, \quad \angle NCE = \frac{\pi}{2} - t$$

而

$$\angle ECM = \angle NCM - \angle NCE = \frac{bt}{a} - \left(\frac{\pi}{2} - t\right) = \frac{a + b}{a}t - \frac{\pi}{2}$$

所以

$$\sin \angle ECM = \sin\left(\frac{a + b}{a}t - \frac{\pi}{2}\right) = -\sin\left(\frac{\pi}{2} - \frac{a + b}{a}t\right) = -\cos\frac{a + b}{a}t$$

于是

$$x = (a + b)\cos t - a\cos\frac{a + b}{a}t$$

还有

$$y = MP = CL - CE = OC\sin \angle COL - CM\cos \angle ECM$$
$$= (a + b)\sin t - a\cos \angle ECM$$

由于

$$\cos \angle ECM = \cos\left(\frac{a + b}{a}t - \frac{\pi}{2}\right) = \cos\left(\frac{\pi}{2} - \frac{a + b}{a}t\right) = \sin\frac{a + b}{a}t$$

因此有

$$y = (a + b)\sin t - a\sin\frac{a + b}{a}t$$

于是我们得到圆外旋轮线的参数方程

$$\begin{cases} x = (a + b)\cos t - a\cos\dfrac{a + b}{a}t \\ y = (a + b)\sin t - a\sin\dfrac{a + b}{a}t \end{cases} \tag{3.11}$$

这是圆外旋轮线的一般的参数方程.

（2）心脏线.

在式（3.11）中，当 $a = b$ 时，即滚动的圆与不动的圆的半径相等时，得到的旋轮线就是**心脏线**（图 3.9）. 它的参数方程为

$$\begin{cases} x = 2a\cos t - a\cos 2t = a(2\cos t - \cos 2t) \\ y = 2a\sin t - a\sin 2t = a(2\sin t - \sin 2t) \end{cases} \tag{3.12}$$

有了心脏线的参数方程，我们就可计算心脏线所包围的面积了. 因为心脏线相对于

$Ox$ 轴是对称的,只要求出位于 $Ox$ 轴以上的部分面积,再乘以 2 就行了.

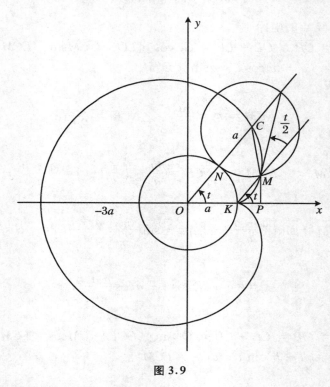

图 3.9

① 利用参数方程(3.12),求得

$$\mathrm{d}x = -2a(\sin t - \sin 2t)\mathrm{d}t$$

并且当 $x = a$ 时, $t = 0$;当 $x = -3a$ 时, $t = \pi$. 可以看出,从 $t = 0$ 到 $t = \pi$ 的区间内,开始时 $x$ 随 $t$ 的增加而增加,但到达某一点后, $x$ 随 $t$ 的增加而减小,以至于走到 $x$ 的负方向上去.

在这一点上 $x$ 达到最大值,它就是

$$\frac{\mathrm{d}x}{\mathrm{d}t} = -2a(\sin t - \sin 2t) = 0$$

也就是 $\sin t = \sin 2t$ 处.

不难算出这一点为 $t = \dfrac{\pi}{3}$. 当 $t < \dfrac{\pi}{3}$ 时, $x$ 随 $t$ 的增加而增加;当 $t > \dfrac{\pi}{3}$ 时, $x$ 随 $t$ 的增加而减小.尽管 $\mathrm{d}x$ 在 $t = \dfrac{\pi}{3}$ 前后符号有变化,但对于参变量 $t$ 来说,滚动圆滚动过程中, $t$ 一直是增加的,也就是说 $\mathrm{d}t$ 一直是正值.因此积分号下的微分式应取绝对值.于是心脏线所包围的面积是

$$S = 2\int_a^{-3a} y \mathrm{d}x$$

$$= 2\int_0^\pi a(2\sin t - \sin 2t) \cdot [2a(\sin t - \sin 2t)]\mathrm{d}t$$

$$= 4a^2 \int_0^\pi (2\sin^2 t - 3\sin t \cdot \sin 2t + \sin^2 2t)\mathrm{d}t$$

$$= 4a^2 \int_0^\pi (2\sin^2 t - 6\sin^2 t \cdot \cos t + 4\sin^2 t \cdot \cos^2 t)\mathrm{d}t$$

$$= 4a^2 \int_0^\pi [2(1-\cos^2 t) - 6(1-\cos^2 t)\cos t + 4(1-\cos^2 t)\cos^2 t]\mathrm{d}t$$

$$= 4a^2 \left( \int_0^\pi 2\mathrm{d}t - 6\int_0^\pi \cos t\,\mathrm{d}t + 2\int_0^\pi \cos^2 t\,\mathrm{d}t + 6\int_0^\pi \cos^3 t\,\mathrm{d}t - 4\int_0^\pi \cos^4 t\,\mathrm{d}t \right)$$

$$= 4a^2 \left( 2\pi - 0 + 2 \cdot \frac{\pi}{2} + 0 - 4 \cdot \frac{3!!}{4!!}\pi \right) = 6\pi a^2$$

② 用极坐标计算心脏线所包围的面积.

令 $K$ 点(心脏线的起始点)到 $M$ 点的距离为 $r$. 因为 $K$ 点的笛卡儿坐标为 $(a,0)$, 所以要先求出 $x-a$ 及 $y$ 的表达式:

$$x - a = 2a\cos t - a\cos 2t - a = 2a\cos t - a(\cos^2 t - \sin^2 t) - a$$
$$= 2a\cos t - 2a\cos^2 t = 2a\cos t(1-\cos t)$$

$$y = 2a\sin t - a\sin 2t = 2a\sin t - 2a\sin t\cos t = 2a\sin t(1-\cos t)$$

$$r = |\overline{KM}| = \sqrt{(x-a)^2 + y^2}$$
$$= \sqrt{4a^2\cos^2 t(1-\cos t)^2 + 4a^2\sin^2 t(1-\cos t)^2}$$
$$= \sqrt{4a^2(\cos^2 t + \sin^2 t)(1-\cos t)^2}$$
$$= 2a(1-\cos t) \tag{3.13}$$

从图 3.9 可看出, $OKMC$ 为等腰梯形(因为 $OK = CM = a$, $\angle COK = \angle OCM = t$), 所以 $\overline{KM}$ 平行于 $\overline{OC}$, $\angle MKP = \angle COK = t$.

引入角度 $\theta = \pi - t$, 它是线段 $KM$ 与 $Ox$ 轴的负向交角. 把它代入式(3.13), 得到

$$r = 2a(1+\cos\theta) \tag{3.14}$$

这就是心脏线的极坐标方程. 其中极轴的方向与 $Ox$ 轴的方向相反, $K$ 点为极点, $r$ 为矢径. 如果把图 3.9 的图形旋转 $180°$, 则 $\theta$ 角指向逆时针的方向为正方向.

在 3.1.2 小节第 2 个例子中已知道在极坐标下求面积的公式(3.8), 把式(3.14)代入式(3.8)中, 得到

$$S = 2\int_0^\pi \frac{1}{2}r^2\mathrm{d}\theta = \int_0^\pi 4a^2(1+\cos\theta)^2\mathrm{d}\theta$$

$$= 4a^2 \int_0^\pi \left(2\cos^2\frac{\theta}{2}\right)^2 \mathrm{d}\theta = 16a^2 \int_0^\pi \cos^4\frac{\theta}{2}\mathrm{d}\theta$$

令 $\frac{\theta}{2} = \varphi$, 则 $\mathrm{d}\theta = 2\mathrm{d}\varphi$. 当 $\theta = 0$ 时, $\varphi = 0$; 而当 $\theta = \pi$ 时, $\varphi = \frac{\pi}{2}$.

因此,最后得到心脏线所包围的面积是

$$S = 16a^2 \int_0^\pi \cos^4 \frac{\theta}{2} \mathrm{d}\theta = 32a^2 \int_0^{\frac{\pi}{2}} \cos^4 \varphi \mathrm{d}\varphi$$

$$= 32a^2 \cdot \frac{3!!}{4!!} \cdot \frac{\pi}{2} = 6\pi a^2$$

其结果与前面①计算的结果相同,但使用极坐标做积分要简便得多.

6. 星形线(圆内旋轮线)内的面积.

圆内旋轮线的方程可从圆外旋轮线方程(3.11)得到,只要把式(3.11)中的 $a$ 用 $-a$ 代替就行了:

$$\begin{cases} x = (b - a)\cos t + a\cos \dfrac{b - a}{a}t \\ y = (b - a)\sin t - a\sin \dfrac{b - a}{a}t \end{cases} \tag{3.15}$$

方程中的符号与前面的相同,$a,b$ 分别为滚动圆与不动圆的半径,$t$ 为参变量.

如果令方程(3.15)中 $b = 2a$,则得到

$$\begin{cases} x = a\cos t + a\cos t = 2a\cos t = b\cos t \\ y = a\sin t - a\sin t = 0 \end{cases}$$

该方程表明,若不动圆的半径是滚动圆的半径的 2 倍,则滚动圆上的点 $M$ 在不动圆的某一直径上运动,轨迹是一条直线.

如果令方程(3.15)中 $b = 4a$. 在这种情况下,圆内旋轮线由四支组成(图3.10).这种圆内旋轮线叫星形线.把 $b = 4a$ 代入方程(3.15),则得到

**图 3.10**

$$x = 3a\cos t + a\cos 3t$$
$$= 3a\cos t + a(4\cos^3 t - 3\cos t)$$
$$= 4a\cos^3 t = b\cos^3 t$$
$$y = 3a\sin t - a\sin 3t$$
$$= 3a\sin t - a(3\sin t - 4\sin^3 t)$$
$$= 4a\sin^3 t = b\sin^3 t$$

即

$$\begin{cases} x = b\cos^3 t \\ y = b\sin^3 t \end{cases} \tag{3.16}$$

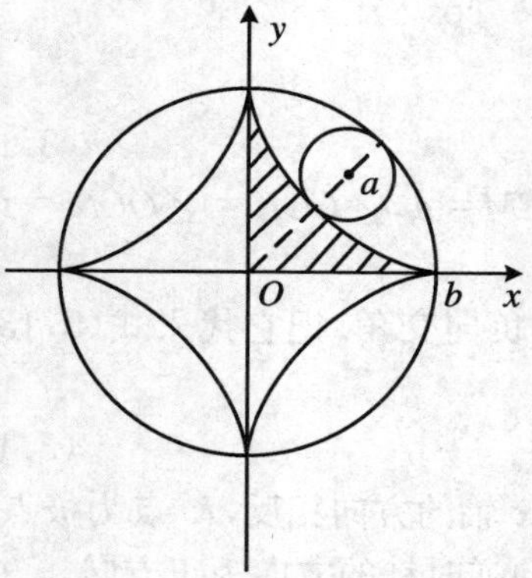

这就是星形线的参变量方程.

现在求星形线所包围的面积 $S$.它是图3.10中画斜线部分的面积的 4 倍,即

$$S = 4\int_0^b y\mathrm{d}x$$

把 $y = b\sin^3 t$,$\mathrm{d}x = -3\cos^2 t\sin t\mathrm{d}t$ 代入上式. 当 $x = 0$ 时,$t = \dfrac{\pi}{2}$,当 $x = b$ 时,$t = 0$.

因此得到星形线所包围的面积是

$$S = 4\int_{\frac{\pi}{2}}^{0} b\sin^3 t\,(-3b\cos^2 t\sin t\,\mathrm{d}t) = 12b^2\int_{0}^{\frac{\pi}{2}}\sin^4 t\cos^2 t\,\mathrm{d}t$$

$$= 12b^2 \cdot \frac{3!!}{6!!} \cdot \frac{\pi}{2} = \frac{3}{8}b^2\pi$$

这里我们用了下面的公式,当 $m,n$ 皆为偶数时,有

$$\int_{0}^{\frac{\pi}{2}}\sin^m\theta\cos^n\theta\,\mathrm{d}\theta = \frac{(m-1)!!(n-1)!!}{(m+n)!!} \cdot \frac{\pi}{2}$$

7. 双纽线围成的面积.

设动点 $M$ 到两个定点 $(F_1,F_2)$ 的距离的乘积是一个常数,即

$$\overline{F_1 M} \cdot \overline{F_2 M} = b^2 \qquad (3.17)$$

$\overline{F_1 F_2} = 2a$,$O$ 是 $\overline{F_1 F_2}$ 的中点,以 $\overline{F_1 F_2}$ 为极轴,$O$ 为极点,$r$ 和 $\theta$ 为点 $M$ 的极坐标(图 3.11).

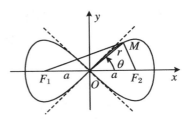

**图 3.11**

由 $\triangle OMF_1$ 和 $\triangle OMF_2$,可得到

$$\begin{cases} \overline{F_1 M}^2 = r^2 + a^2 + 2ar\cos\theta \\ \overline{F_2 M}^2 = r^2 + a^2 - 2ar\cos\theta \end{cases} \qquad (3.18)$$

把式(3.18)代入式(3.17),则有

$$\overline{F_1 M}^2 \cdot \overline{F_2 M}^2 = (r^2 + a^2 + 2ar\cos\theta)(r^2 + a^2 - 2ar\cos\theta)$$

$$= r^4 + a^4 + 2a^2 r^2(1 - 2\cos^2\theta)$$

亦有

$$b^4 = r^4 + a^4 + 2a^2 r^2(1 - 2\cos^2\theta) = r^4 + a^4 - 2a^2 r^2\cos 2\theta$$

当 $b = a$ 时,有

$$r^2 = 2a^2\cos 2\theta \qquad (3.19)$$

这就是双纽线的极坐标方程.

在 $\theta = \frac{\pi}{4}$ 处,$r = 0$,表示动点 $M$ 在极点 $O$ 处.该曲线在 $O$ 点处分为左、右两支,曲线在 $O$ 点自交.它所围成的面积为[用式(3.8)]

$$S = 4\int_{0}^{\frac{\pi}{4}}\frac{1}{2}r^2\,\mathrm{d}\theta = 4\int_{0}^{\frac{\pi}{4}}\frac{1}{2} \cdot 2a^2\cos 2\theta \cdot \mathrm{d}\theta$$

$$= 4a^2\int_{0}^{\frac{\pi}{4}}\cos 2\theta\,\mathrm{d}\theta$$

令 $2\theta = \varphi$,则 $\mathrm{d}\theta = \frac{1}{2}\mathrm{d}\varphi$.当 $\theta = 0$ 时,$\varphi = 0$;当 $\theta = \frac{\pi}{4}$ 时,$\varphi = \frac{\pi}{2}$.因此

$$S = 4a^2\int_{0}^{\frac{\pi}{2}}\cos\varphi \cdot \frac{1}{2}\mathrm{d}\varphi = 2a^2\int_{0}^{\frac{\pi}{2}}\cos\varphi\,\mathrm{d}\varphi = 2a^2(\sin\varphi)\Big|_{0}^{\frac{\pi}{2}} = 2a^2$$

# 3.2　曲线长度的计算

1. 曲线的长度.

弧长:设 $A,B$ 是给定轨迹曲线上的两个点,以这两点为端点做这曲线的内接折线(图 3.12).当这条折线的边数无限增加,每边的长度趋向零时,这条折线的周界长趋向的极限就是这曲线在 $A,B$ 两点间的弧长.

在曲线上取一小段弧 $\overset{\frown}{PQ}=\mathrm{d}l$,它的长度为

$$\mathrm{d}l = \sqrt{(\mathrm{d}x)^2 + (\mathrm{d}y)^2} \tag{3.20}$$

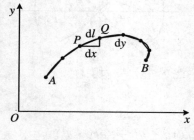

图 3.12

若曲线用直角坐标方程 $y=f(x),a\leqslant x\leqslant b$ 给出,那么曲线 $\overset{\frown}{AB}$ 的长度为

$$L = \int_A^B \mathrm{d}l = \int_A^B \sqrt{1 + \left(\frac{\mathrm{d}y}{\mathrm{d}x}\right)^2}\,\mathrm{d}x$$

$$= \int_A^B \sqrt{1 + [f'(x)]^2}\,\mathrm{d}x$$

$$= \int_A^B \sqrt{1 + (y')^2}\,\mathrm{d}x \tag{3.21}$$

若曲线用参变量方程 $x=\varphi(t),y=\psi(t)$, $t_1\leqslant t\leqslant t_2$ 给出,则曲线 $\overset{\frown}{AB}$ 的长度为

$$L = \int_{t_1}^{t_2} \sqrt{[\varphi'(t)]^2 + [\psi'(t)]^2}\,\mathrm{d}t \quad (t_1 < t_2) \tag{3.22}$$

式中的 $t_1,t_2$ 是参变量 $t$ 对应于曲线始点 $A$ 及终点 $B$ 的值.

如果用极坐标方程 $r=r(\theta),\theta_1\leqslant\theta\leqslant\theta_2$ 表述,那么曲线长度的一般公式是

$$L = \int_{\theta_1}^{\theta_2} \sqrt{r^2 + \left(\frac{\mathrm{d}r}{\mathrm{d}\theta}\right)^2}\,\mathrm{d}\theta \quad (\theta_1 < \theta_2) \tag{3.23}$$

其中 $\theta_1$ 和 $\theta_2$ 是积分变量 $\theta$ 在曲线始点 $A$ 及终点 $B$ 的值.

**例 1**　求曲线 $y=x^{\frac{3}{2}}$,从 $x=0$ 到 $x=5$ 之间的长度.

**解**　因为

$$\frac{\mathrm{d}y}{\mathrm{d}x} = \frac{3}{2}x^{\frac{1}{2}}$$

所以该曲线的长度为

$$L = \int_0^5 \sqrt{1 + \left(\frac{3}{2}x^{\frac{1}{2}}\right)^2}\,\mathrm{d}x = \int_0^5 \sqrt{1 + \frac{9}{4}x}\,\mathrm{d}x$$

$$= \frac{1}{2}\int_0^5 (4+9x)^{\frac{1}{2}}\,\mathrm{d}x = \frac{1}{2}\cdot\frac{1}{9}\int_0^5 (4+9x)^{\frac{1}{2}}\,\mathrm{d}(4+9x)$$

$$= \frac{1}{18} \cdot \frac{2}{3} \left[ (4 + 9x)^{\frac{3}{2}} \right]_0^5 = \frac{1}{27} (49^{\frac{3}{2}} - 4^{\frac{3}{2}}) = \frac{1}{27} (343 - 8)$$

$$= \frac{335}{27} \approx 12.41$$

**例 2**　计算 $y = \frac{1}{2} \sin \pi x$ 的曲线长度,$x$ 从 0 到 1(图 3.13).

**解**　由 $y = \frac{1}{2} \sin \pi x$,得到

$$\frac{\mathrm{d}y}{\mathrm{d}x} = \frac{1}{2} \pi \cos \pi x$$

所以该曲线的长度为

$$L = \int_0^1 \sqrt{1 + \left( \frac{1}{2} \pi \cos \pi x \right)^2} \mathrm{d}x$$

$$= \int_0^1 \sqrt{1 + \left( \frac{\pi}{2} \right)^2 - \left( \frac{\pi}{2} \right)^2 \sin^2 \pi x} \mathrm{d}x$$

$$= \sqrt{\frac{4 + \pi^2}{4\pi^2}} \int_0^1 \sqrt{1 - \frac{\pi^2}{4 + \pi^2} \sin^2 (\pi x)} \mathrm{d}(\pi x)$$

令 $\pi x = \theta$,则 $\mathrm{d}(\pi x) = \mathrm{d}\theta$,当 $x = 0$ 时,$\theta = 0$;而当 $x = 1$ 时,$\theta = \pi$.再令 $\frac{\pi^2}{4 + \pi^2} = k^2$.

于是

$$L = \sqrt{\frac{4 + \pi^2}{4\pi^2}} \int_0^\pi \sqrt{1 - k^2 \sin^2 \theta} \mathrm{d}\theta$$

$$= \sqrt{\frac{4 + \pi^2}{4\pi^2}} \cdot 2 \int_0^{\frac{\pi}{2}} \sqrt{1 - k^2 \sin^2 \theta} \mathrm{d}\theta$$

$$= \frac{\sqrt{4 + \pi^2}}{\pi} \int_0^{\frac{\pi}{2}} \sqrt{1 - k^2 \sin^2 \theta} \mathrm{d}\theta$$

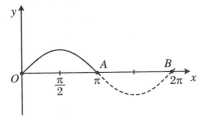

图 3.13

其中 $E\left( k, \frac{\pi}{2} \right) = \int_0^{\frac{\pi}{2}} \sqrt{1 - k^2 \sin^2 \theta} \mathrm{d}\theta$ 为第二

类完全椭圆积分,$k$ 为椭圆积分之模数.

当模数 $k = \frac{\pi}{\sqrt{4 + \pi^2}} = 0.843564$ 时,可从数学手册[31]中查得

$$\int_0^{\frac{\pi}{2}} \sqrt{1 - k^2 \sin^2 \theta} \mathrm{d}\theta = 1.2347$$

故此该积分为

$$L = \frac{\sqrt{4 + \pi^2}}{\pi} \cdot 1.2347 \approx 1.185447 \times 1.2347 \approx 1.4636 \cdots$$

这就是这条正弦曲线在区间 $[0, \pi]$ 的长度.

**例 3**　计算曲线 $x = \frac{1}{6} y^3 + \frac{1}{2y} (1 \leqslant y \leqslant 2)$,从 $A\left( \frac{2}{3}, 1 \right)$ 到 $B\left( \frac{19}{12}, 2 \right)$ 的

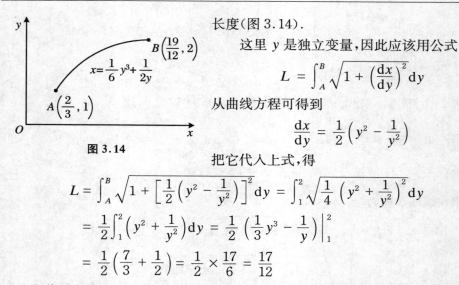

**图 3.14**

长度(图 3.14).

这里 $y$ 是独立变量,因此应该用公式

$$L = \int_A^B \sqrt{1 + \left(\frac{\mathrm{d}x}{\mathrm{d}y}\right)^2}\,\mathrm{d}y$$

从曲线方程可得到

$$\frac{\mathrm{d}x}{\mathrm{d}y} = \frac{1}{2}\left(y^2 - \frac{1}{y^2}\right)$$

把它代入上式,得

$$L = \int_A^B \sqrt{1 + \left[\frac{1}{2}\left(y^2 - \frac{1}{y^2}\right)\right]^2}\,\mathrm{d}y = \int_1^2 \sqrt{\frac{1}{4}\left(y^2 + \frac{1}{y^2}\right)^2}\,\mathrm{d}y$$

$$= \frac{1}{2}\int_1^2 \left(y^2 + \frac{1}{y^2}\right)\mathrm{d}y = \frac{1}{2}\left(\frac{1}{3}y^3 - \frac{1}{y}\right)\Big|_1^2$$

$$= \frac{1}{2}\left(\frac{7}{3} + \frac{1}{2}\right) = \frac{1}{2} \times \frac{17}{6} = \frac{17}{12}$$

这道题为什么用 $y$ 作自变量? 第一,因为方程给出的是 $x = f(y)$,用 $y$ 作自变量相对方便,并且上、下限均为整数,计算方便;第二,要把方程改成 $y = g(x)$ 比较麻烦,而且积分的上、下限是分数,计算起来自然复杂许多.

2. 极坐标下曲线长度的计算.

在极坐标下求曲线长度的公式已由式(3.23)给出,此处作详细推导. 若曲线由极坐标方程 $r = f(\theta)$ 给定,假定极坐标轴 $L$ 与 $x$ 轴重合,极坐标的极点与 $x$ 轴的原点相同,那么点 $M$ 在直角坐标 $x, y$ 与极坐标 $\theta, r$ 中的关系为(图 3.15)

$$\begin{cases} x = r\cos\theta \\ y = r\sin\theta \end{cases} \tag{3.24}$$

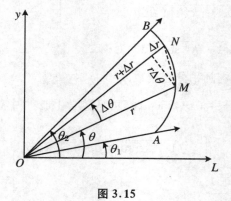

**图 3.15**

于是有

$$\begin{cases} \mathrm{d}x = \cos\theta\,\mathrm{d}r - r\sin\theta\,\mathrm{d}\theta \\ \mathrm{d}y = \sin\theta\,\mathrm{d}r + r\cos\theta\,\mathrm{d}\theta \end{cases}$$

及

$$(dx)^2 + (dy)^2 = (\cos\theta dr - r\sin\theta d\theta)^2 + (\sin\theta dr + r\cos\theta d\theta)^2$$
$$= (dr)^2 + r^2 (d\theta)^2$$

从图 3.15 可以看出,当 $\Delta\theta \to 0$ 时,弧 $\overset{\frown}{MN}$ 的长度为

$$dl = \sqrt{(dx)^2 + (dy)^2} = \sqrt{(dr)^2 + r^2 (d\theta)^2}$$

因此在极坐标下,曲线 $\overset{\frown}{AB}$ 长度是

$$L = \int_A^B dl = \int_A^B \sqrt{(dr)^2 + r^2 (d\theta)^2} = \int_{\theta_1}^{\theta_2} \sqrt{r^2 + \left(\frac{dr}{d\theta}\right)^2} d\theta \quad (3.25)$$

**例 4**　计算对数螺线的长度.

**解**　图 3.16 为对数螺线,它的极坐标方程是

$$r = be^{a\theta} \quad (a > 0, b > 0) \quad (3.26)$$

当 $\theta = 0$ 时,$r = b$;当 $\theta \to +\infty$ 时,$r \to +\infty$;而当 $\theta \to -\infty$ 时,$r \to 0$.求 $\theta = \alpha$ 到 $\theta = \beta$ 之间的弧长.

由方程(3.26),求得

$$\frac{dr}{d\theta} = abe^{a\theta}$$

用曲线长度公式(3.25),得

$$L = \int_\alpha^\beta \sqrt{r^2 + \left(\frac{dr}{d\theta}\right)^2} d\theta = \int_\alpha^\beta \sqrt{b^2 e^{2a\theta} + a^2 b^2 e^{2a\theta}} d\theta$$
$$= b\sqrt{1 + a^2} \int_\alpha^\beta e^{a\theta} d\theta = \frac{b}{a}\sqrt{1 + a^2} (e^{a\theta})\Big|_\alpha^\beta$$
$$= \frac{b}{a}\sqrt{1 + a^2} (e^{a\beta} - e^{a\alpha})$$

这就是要求的对数螺线在 $\theta = \alpha$ 到 $\theta = \beta$ 之间的弧长.这里把弧长表达成极角 $\theta$ 的函数,但也可以把它看成是矢径 $r$ 的函数,于是

$$L = \frac{\sqrt{1 + a^2}}{a} (be^{a\beta} - be^{a\alpha}) = \frac{\sqrt{1 + a^2}}{a} (r - r_0)$$

如果曲线的起点接近极点 $O$ 时,则起点的极角趋于 $-\infty$,即 $\alpha \to -\infty$,那么该曲线的弧长为

$$L = \frac{b}{a}\sqrt{1 + a^2} \cdot e^{a\beta} = \frac{\sqrt{1 + a^2}}{a} r$$

这表明该曲线的弧长与矢径 $r$ 成正比,比例系数为 $\frac{\sqrt{1 + a^2}}{a}$.

**例 5**　求椭圆的周长,假定长半轴 $a = 5$,短半轴 $b = 3$.

**解**　若曲线方程用参量形式给出,即

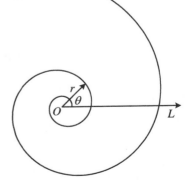

**图 3.16**

$$x = \varphi(t), \quad y = \psi(t)$$

则曲线的长度为[式(3.22)]

$$L = \int_{t_1}^{t_2} \sqrt{[\varphi'(t)]^2 + [\psi'(t)]^2}\, dt \tag{3.27}$$

一个标准椭圆的方程是

$$\frac{x^2}{a^2} + \frac{y^2}{b^2} = 1$$

取它的参数方程为

$$\begin{cases} x = \varphi(t) = a\sin t \\ y = \psi(t) = b\cos t \end{cases}$$

所以有

$$\varphi'(t) = a\cos t, \quad \psi'(t) = -b\sin t$$

按照式(3.27),该椭圆的周长为

$$L = \int_0^{2\pi} \sqrt{[\varphi'(t)]^2 + [\psi'(t)]^2}\, dt$$

$$= \int_0^{2\pi} \sqrt{a^2\cos^2 t + b^2\sin^2 t}\, dt = \int_0^{2\pi} \sqrt{a^2(1 - \sin^2 t) + b^2\sin^2 t}\, dt$$

$$= \int_0^{2\pi} \sqrt{a^2 - (a^2 - b^2)\sin^2 t}\, dt$$

$$= a\int_0^{2\pi} \sqrt{1 - \frac{a^2 - b^2}{a^2}\sin^2 t}\, dt$$

令 $\varepsilon = \sqrt{\dfrac{a^2 - b^2}{a^2}}$ 为椭圆离心率,则

$$L = a\int_0^{2\pi} \sqrt{1 - \varepsilon^2\sin^2 t}\, dt$$

因为椭圆的周长等于第一象限弧长的 4 倍,所以

$$L = 4a\int_0^{\frac{\pi}{2}} \sqrt{1 - \varepsilon^2\sin^2 t}\, dt$$

公式右端的积分为第二类完全椭圆积分,把它记作 $E(\varepsilon)$,其中 $\varepsilon$ 就是椭圆积分模数,因此

$$L = 4aE(\varepsilon) \tag{3.28}$$

若设 $a = 5, b = 3$,由于

$$\varepsilon = \sqrt{\frac{a^2 - b^2}{a^2}} = \sqrt{\frac{5^2 - 3^2}{5^2}} = \frac{4}{5} = 0.8$$

那么,当模数(通常用 $k$ 表示)为 $0.8$ 时,可从数学手册查得 $E(0.8) = 1.2776$. 把它代入式(3.28)中,得到

$$L = 4aE(\varepsilon) = 4 \times 5 \times 1.2776 = 25.552$$

这就是该椭圆的周长.

当 $a = b$ 时,椭圆就变成圆了.此时 $\varepsilon = 0$,则

$$L = a \int_0^{2\pi} dt = 2\pi a$$

**例 6**　计算曲线 $r = a \tanh \dfrac{\varphi}{2}$ 的长度.

**解**　取 $r$ 对 $\varphi$ 的导数,得

$$\frac{dr}{d\varphi} = \frac{a}{2} \operatorname{sech}^2 \frac{\varphi}{2}$$

把它代入式(3.25),得

$$L = \int_0^{2\pi} \sqrt{r^2 + \left(\frac{dr}{d\varphi}\right)} d\varphi = \int_0^{2\pi} \sqrt{a^2 \tanh^2 \frac{\varphi}{2} + \left(\frac{a}{2}\right)^2 \operatorname{sech}^4 \frac{\varphi}{2}} d\varphi$$

$$= \int_0^{2\pi} \sqrt{a^2 \left(1 - \operatorname{sech}^2 \frac{\varphi}{2}\right) + \frac{a^2}{4} \operatorname{sech}^4 \frac{\varphi}{2}} d\varphi$$

$$= \frac{a}{2} \int_0^{2\pi} \sqrt{4 - 4\operatorname{sech}^2 \frac{\varphi}{2} + \operatorname{sech}^4 \frac{\varphi}{2}} d\varphi$$

$$= \frac{a}{2} \int_0^{2\pi} \left(2 - \operatorname{sech}^2 \frac{\varphi}{2}\right) d\varphi$$

$$= 2\pi a - a \left(\tanh \frac{\varphi}{2}\right)\Big|_0^{2\pi} = a(2\pi - \tanh \pi) \quad (\tanh \pi = 0.996)$$

$$= a(2\pi - 0.996) \approx 5.2872a$$

**例 7**　计算旋轮线的长度(一个周期).

**解**　已知旋轮线的参数方程为[式(3.10)]

$$\begin{cases} x = a(t - \sin t) \\ y = a(1 - \cos t) \end{cases}$$

取导数

$$x' = \frac{dx}{dt} = a(1 - \cos t), \quad y' = \frac{dy}{dt} = a\sin t$$

那么,旋轮线(图3.7)一个周期的弧长为

$$L = \int_0^{2\pi} \sqrt{x'^2 + y'^2} dt = \int_0^{2\pi} \sqrt{a^2(1 - \cos t)^2 + a^2 \sin^2 t} dt$$

$$= \int_0^{2\pi} \sqrt{2a^2 - 2a^2 \cos t} dt = a \int_0^{2\pi} \sqrt{2(1 - \cos t)} dt$$

$$= a \int_0^{2\pi} \sqrt{4 \sin^2 \frac{t}{2}} dt = 2a \int_0^{2\pi} \sin \frac{t}{2} dt$$

令 $\dfrac{t}{2} = \alpha$,则 $dt = 2d\alpha$.当 $t = 0$ 时,$\alpha = 0$;当 $t = 2\pi$ 时,$\alpha = \pi$.因此

$$L = 4a \int_0^\pi \sin \alpha \, d\alpha = 4a(-\cos \alpha)\Big|_0^\pi = 8a$$

其中 $a$ 为旋轮的半径.

**例 8**　计算心脏线的长度.

**解**　已知心脏线的极坐标方程为[式(3.14)]

$$r = 2a(1 + \cos\theta)$$

取导数

$$r' = \frac{\mathrm{d}r}{\mathrm{d}\theta} = -2a\sin\theta$$

因为心脏线是以极轴为对称轴的(图 3.9),所以只要计算$(0,\pi)$间的长度,再乘以 2 就行了.因此心脏线的长度为

$$L = 2\int_0^\pi \sqrt{r^2 + r'^2}\,\mathrm{d}\theta = 2\int_0^\pi \sqrt{4a^2(1+\cos\theta)^2 + 4a^2\sin^2\theta}\,\mathrm{d}\theta$$

$$= 4a\int_0^\pi \sqrt{2(1+\cos\theta)}\,\mathrm{d}\theta = 4a\int_0^\pi \sqrt{4\cos^2\frac{\theta}{2}}\,\mathrm{d}\theta$$

$$= 8a\int_0^\pi \cos\frac{\theta}{2}\,\mathrm{d}\theta = 16a\int_0^{\frac{\pi}{2}} \cos\varphi\,\mathrm{d}\varphi \quad \left(\varphi = \frac{\theta}{2}\right)$$

$$= 16a\,(\sin\varphi)\,|_0^{\frac{\pi}{2}} = 16a$$

其中 $a$ 为动圆或定圆的半径.

**例 9**　计算双纽线的长度,设两定点间的距离$\overline{F_1F_2} = 2a = 10$(见图 3.11).

**解**　已知双纽线的极坐标方程[式(3.19)]

$$r^2 = 2a^2\cos 2\theta$$

取它的微商

$$\frac{\mathrm{d}r}{\mathrm{d}\theta} = -\frac{2a^2\sin 2\theta}{r}$$

应用极坐标下曲线的长度公式(3.25),得

$$L = \int_{\theta_1}^{\theta_2} \sqrt{r^2 + \left(\frac{\mathrm{d}r}{\mathrm{d}\theta}\right)^2}\,\mathrm{d}\theta = \int_{\theta_1}^{\theta_2} \sqrt{r^2 + \frac{4a^4\sin^2 2\theta}{r^2}}\,\mathrm{d}\theta$$

由于在极点 $r=0$ 处,$\theta = \frac{\pi}{4}$;而当 $r = \sqrt{2}a$ 时,$\theta = 0$.因此积分只要在 $\theta$ 从 0 到 $\frac{\pi}{4}$ 之间进行.因为曲线相对于极点对称,所以积分后要乘以 4.

$$L = 4\int_0^{\frac{\pi}{4}} \sqrt{2a^2\cos 2\theta + \frac{4a^4\sin^2 2\theta}{2a^2\cos 2\theta}}\,\mathrm{d}\theta = 4\sqrt{2}a\int_0^{\frac{\pi}{4}} \frac{\mathrm{d}\theta}{\sqrt{\cos 2\theta}}$$

$$= 4\sqrt{2}a\int_0^{\frac{\pi}{4}} \frac{\mathrm{d}\theta}{\sqrt{1 - 2\sin^2\theta}}$$

等式右端的积分是第一类椭圆积分.

在椭圆积分中,模数 $k^2 < 1$ 及 $k^2\sin^2\theta < 1$,在当前的情况下,必须做自变量的变换.令 $2\sin^2\theta = \sin^2\psi$,则 $\sin\theta = \frac{\sin\psi}{\sqrt{2}}$,两边取微分得

$$\cos\theta\mathrm{d}\theta = \frac{1}{\sqrt{2}}\cos\psi\mathrm{d}\psi$$

因此有

$$\mathrm{d}\theta = \frac{\cos\psi\mathrm{d}\psi}{\sqrt{2}\cos\theta} = \frac{\cos\psi\mathrm{d}\psi}{\sqrt{2}\sqrt{1 - \frac{1}{2}\sin^2\psi}}, \quad 及 \quad \sqrt{1 - 2\sin^2\theta} = \sqrt{1 - \sin^2\psi} = \cos\psi$$

当 $\theta = 0$ 时, $\psi = 0$; 当 $\theta = \frac{\pi}{4}$ 时, $\psi = \frac{\pi}{2}$. 于是

$$L = 4\sqrt{2}a\int_0^{\frac{\pi}{4}} \frac{\mathrm{d}\theta}{\sqrt{1 - 2\sin^2\theta}} = 4\sqrt{2}a\int_0^{\frac{\pi}{2}} \frac{\mathrm{d}\psi}{\sqrt{2}\sqrt{1 - \frac{1}{2}\sin^2\psi}} = 4a\int_0^{\frac{\pi}{2}} \frac{\mathrm{d}\psi}{\sqrt{1 - \frac{1}{2}\sin^2\psi}}$$

该式右端的积分是第一类完全椭圆积分, 其模数为 $k = \frac{1}{\sqrt{2}}$, 即

$$\int_0^{\frac{\pi}{2}} \frac{\mathrm{d}\psi}{\sqrt{1 - \left(\frac{1}{\sqrt{2}}\right)^2\sin^2\psi}} = K\left(\frac{1}{\sqrt{2}}, \frac{\pi}{2}\right)$$

从数学手册[31]可查得, 当 $k = \frac{1}{\sqrt{2}}$ 时, $K\left(\frac{1}{\sqrt{2}}, \frac{\pi}{2}\right) = 1.8541$, 连同 $a = 5$ 代入, 得到该双纽线的长度为

$$L = 4aK\left(\frac{1}{\sqrt{2}}, \frac{\pi}{2}\right) = 4 \times 5 \times 1.8541 = 37.082$$

## 3.3 体积的计算

### 3.3.1 用逐次积分法计算体积

设 $\Omega = \{(x, y, z) \mid x_1 \leqslant x \leqslant x_2, y_1(x) \leqslant y \leqslant y_2(x), z_1(x, y) \leqslant z \leqslant z_2(x, y)\}$, 则 $\Omega$ 的体积 $V$ 可用逐次积分表示为

$$V = \int_{x_1}^{x_2}\mathrm{d}x\int_{y_1(x)}^{y_2(x)}\mathrm{d}y\int_{z_1(x,y)}^{z_2(x,y)}\mathrm{d}z \tag{3.29}$$

此外, 还可以用 1 的三重积分来表示体积 (参看第 4 章)

$$V = \iiint\limits_{\Omega} 1 \cdot \mathrm{d}v$$

**例 10** 求椭球体的体积.

**解** 椭球体的方程是

$$\frac{x^2}{a^2} + \frac{y^2}{b^2} + \frac{z^2}{c^2} = 1 \tag{3.30}$$

式中的 $a,b,c$ 分别为坐标轴 $x,y,z$ 上的半轴长度.该椭球相对于 $O$ 点对称,因此只要求出第一象限的体积,然后乘以 8 就行了(图 3.17).

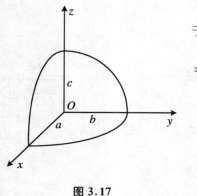

**图 3.17**

根据方程(3.30),我们知道积分的范围是:对于 $z$,从 $z=0$ 到 $z=c\sqrt{1-\dfrac{x^2}{a^2}-\dfrac{y^2}{b^2}}$;对于 $y$,从 $y=0$ 到 $y=b\sqrt{1-\dfrac{x^2}{a^2}}$;对于 $x$,从 $x=0$ 到 $x=a$.

因此该椭圆的体积是

$$V = 8\int_0^a \mathrm{d}x \int_0^{b\sqrt{1-\frac{x^2}{a^2}}} \mathrm{d}y \int_0^{c\sqrt{1-\frac{x^2}{a^2}-\frac{y^2}{b^2}}} \mathrm{d}z$$

$$= 8c\int_0^a \mathrm{d}x \int_0^{b\sqrt{1-\frac{x^2}{a^2}}} \sqrt{1-\frac{x^2}{a^2}-\frac{y^2}{b^2}}\,\mathrm{d}y$$

令 $\dfrac{\eta^2}{b^2} = 1-\dfrac{x^2}{a^2}$,则

$$V = 8c\int_0^a \mathrm{d}x \int_0^{\eta} \sqrt{\frac{\eta^2}{b^2}-\frac{y^2}{b^2}}\,\mathrm{d}y = 8\frac{c}{b}\int_0^a \mathrm{d}x \int_0^{\eta} \sqrt{\eta^2-y^2}\,\mathrm{d}y$$

$$= 8\frac{c}{b}\int_0^a \frac{1}{2}\left(y\sqrt{\eta^2-y^2}+\eta^2 \arcsin\frac{y}{\eta}\right)\Bigg|_0^{\eta}\mathrm{d}x$$

$$= 4\frac{c}{b}\int_0^a \eta^2 \cdot \frac{\pi}{2}\cdot \mathrm{d}x = 2\pi\frac{c}{b}\int_0^a \eta^2\mathrm{d}x$$

$$= 2\pi\frac{c}{b}\int_0^a b^2\left(1-\frac{x^2}{a^2}\right)\mathrm{d}x = 2\pi bc\int_0^a\left(1-\frac{x^2}{a^2}\right)\mathrm{d}x$$

$$= 2\pi bc\left(x-\frac{1}{a^2}\cdot\frac{x^3}{3}\right)\Bigg|_0^a = 2\pi bc\cdot\frac{2a}{3}$$

$$= \frac{4\pi}{3}abc \tag{3.31}$$

### 3.3.2　利用横截面计算体积

如果一个立体垂直于坐标轴 $x$ 的截面积是 $x$ 的函数 $S(x)$,那么该立体的体积可表示为

$$V = \int_a^b S(x)\mathrm{d}x \tag{3.32}$$

其中 $a,b$ 是该立体的两个端面所对应的 $x$ 坐标的数值.在式(3.32)中,只要知道 $S(x)$ 及 $a,b$,就可计算它的体积了.

**例 11**　计算一个圆柱体的楔形段的体积.

**解**　如图 3.18 所示,$ABCD$ 是一个正圆柱的楔形段.$ABC$ 为一个正圆柱体的底面的一半,$ABD$ 是过底面直径 $AB$ 的一个斜平面;$\triangle OCD$ 过底面圆心 $O$,并垂直

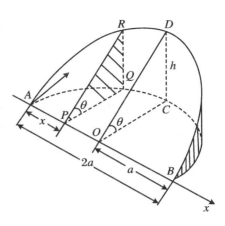

于 $AB$,因此它是一个直角三角形.取直径 $AB$ 作为 $x$ 轴,$A$ 为坐标原点,$AB = 2a$.平面 $ABD$ 与底面 $ABC$ 的交角为 $\theta$,且 $OC = a$ 为该圆柱底面半径,$CD = h$ 为圆柱体的楔形段之高.取任一垂直于 $AB$ 的断面 $PQR$,那么,$\triangle PQR$ 也是直角三角形,设 $P$ 点的坐标为 $x$,则 $\triangle PQR$ 的面积为

$$S(x) = \frac{1}{2}\,\overline{PQ} \cdot \overline{QR} = \frac{1}{2}\,\overline{PQ} \cdot \overline{PQ}\tan\theta$$

$$= \frac{1}{2}\tan\theta \cdot \overline{PQ}^{\,2}$$

因为 $Q$ 点在圆柱底面半圆的圆周上,所以 $\triangle ABQ$ 也是一个直角三角形,$PQ \perp AB$,因此 $PQ$ 是线段 $AP$ 与 $BP$ 的等比中项,即

$$PQ^2 = AP \cdot BP$$

由于 $AP = x$,所以 $PQ^2 = x(2a - x)$,因此

$$S(x) = \frac{1}{2}x(2a - x)\tan\theta$$

图 3.18

应用式(3.32),得到

$$V = \int_0^{2a} S(x)\mathrm{d}x = \frac{1}{2}\tan\theta \int_0^{2a} x(2a - x)\mathrm{d}x$$

$$= \frac{1}{2}\tan\theta \left(ax^2 - \frac{1}{3}x^3\right)\Big|_0^{2a} = \frac{1}{2}\tan\theta\left(4a^3 - \frac{8}{3}a^3\right)$$

$$= \frac{2}{3}a^3\tan\theta = \frac{2}{3}a^2 h$$

其中 $h = a\tan\theta$.

### 3.3.3 回旋体的体积

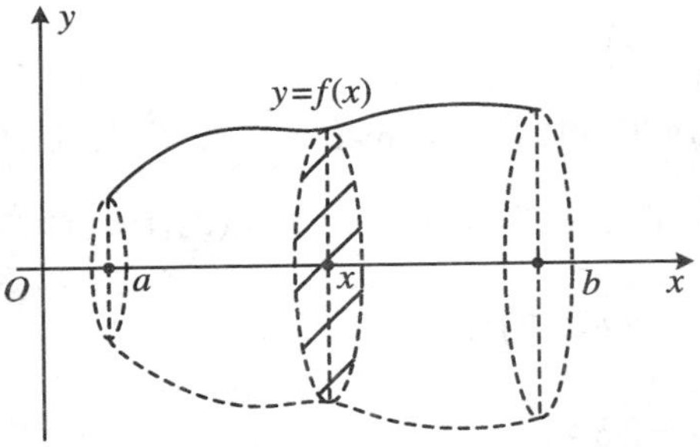

若一个立体是由一条给定的曲线 $y = f(x)$ 绕 $x$ 轴回旋而成的(图 3.19),那么它的横截面就是以 $y$ 为半径的圆.横截面的面积是

$$S(x) = \pi y^2$$

因此,在横坐标 $x = a$ 与 $x = b$ 之间的回旋体的体积是

$$V = \int_a^b \pi y^2\mathrm{d}x = \int_a^b \pi\left[f(x)\right]^2\mathrm{d}x$$

(3.33)

图 3.19

**例 12** 求椭圆 $\dfrac{x^2}{a^2} + \dfrac{y^2}{b^2} = 1 (a > b)$ 绕其长轴 $a$ 旋转一周而成的椭球体的体积.

**解**

$$V = \int_{-a}^{+a} \pi b^2 \left(1 - \frac{x^2}{a^2}\right) \mathrm{d}x = \pi b^2 \left(x - \frac{x^3}{3a^2}\right)\Bigg|_{-a}^{+a} = \frac{4}{3}\pi ab^2$$

同样也可求得这个椭圆绕其短轴 $b$ 回旋一周而成的椭球体的体积.这时只要把 $x$, $y$ 互换,同时用 $b$ 换 $a$,就得到

$$V = \int_{-b}^{+b} \pi x^2 \mathrm{d}y = \int_{-b}^{+b} \pi a^2 \left(1 - \frac{y^2}{b^2}\right) \mathrm{d}y$$

$$= \pi a^2 \left(y - \frac{y^3}{3b^2}\right)\Bigg|_{-b}^{+b} = \frac{4}{3}\pi a^2 b$$

当 $a = b$ 时,则两种椭球都变成半径为 $a$(或 $b$)的球体,其体积等于 $\dfrac{4}{3}\pi a^3$.

# 3.4    表面积的计算

## 3.4.1    投影法计算表面积

1. 柱坐标系统.

在柱坐标系中,表面微分元就是曲线平行四边形 $PQRS$(图 3.20).$PQRS$ 的四个顶点的坐标分别是

$$P: (r, \varphi, z)$$

$$Q: \left(r + \delta r, \varphi, z + \frac{\partial z}{\partial r}\delta r\right)$$

$$R: \left(r + \delta r, \varphi + \delta\varphi, z + \frac{\partial z}{\partial r}\delta r + \frac{\partial z}{\partial \varphi}\delta\varphi\right)$$

$$S: \left(r, \varphi + \delta\varphi, z + \frac{\partial z}{\partial \varphi}\delta\varphi\right)$$

这个微分元 $PQRS$ 在 $x$-$y$ 平面上的投影 $ABCD$ 的面积为 $r\delta\varphi\delta r$.在过 $P$ 点的子午面上的投影 $PQUV$ 的面积为 $\delta r \cdot \dfrac{\partial z}{\partial \varphi}\delta\varphi$.在平行 $z$ 轴、垂直于过 $P$ 点的子午面的投影 $QRU$ 的面积为 $r\delta\varphi \dfrac{\partial z}{\partial r}\delta r$.因此对微分元 $PQRS$ 的面积 $\mathrm{d}S$ 有

$$(\delta S)^2 = (\delta r)^2 (r\delta\varphi)^2 + \left(\delta r \cdot \frac{\partial z}{\partial \varphi}\delta\varphi\right)^2 + (r\delta\varphi\delta r)^2 \left(\frac{\partial z}{\partial r}\right)^2 \quad (3.34)$$

取其平方根,得

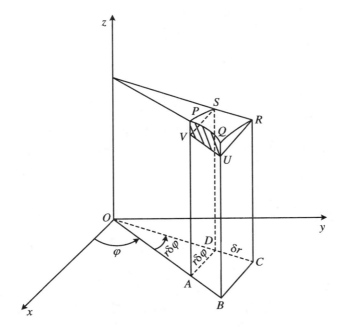

图 3.20

$$\delta S = \sqrt{(\delta r)^2 (r\delta\varphi)^2 + \left(\delta r \cdot \frac{\partial z}{\partial\varphi}\delta\varphi\right)^2 + (r\delta\varphi\delta r)^2 \left(\frac{\partial z}{\partial r}\right)^2}$$

$$= \sqrt{r^2 + \left(\frac{\partial z}{\partial\varphi}\right)^2 + r^2 \left(\frac{\partial z}{\partial r}\right)^2} \cdot \delta r \cdot \delta\varphi$$

所以总的表面积为

$$S = \iint \sqrt{r^2 + \left(\frac{\partial z}{\partial\varphi}\right)^2 + r^2 \left(\frac{\partial z}{\partial r}\right)^2} \cdot \mathrm{d}\varphi\mathrm{d}r \qquad (3.35\text{-}1)$$

如果独立变量为 $z$ 和 $\varphi$,则有

$$S = \iint \sqrt{r^2 + r^2 \left(\frac{\partial r}{\partial z}\right)^2 + \left(\frac{\partial r}{\partial\varphi}\right)^2} \cdot \mathrm{d}z\mathrm{d}\varphi \qquad (3.35\text{-}2)$$

若独立变量是 $r$ 和 $z$,那么

$$S = \iint \sqrt{1 + r^2 \left(\frac{\partial\varphi}{\partial z}\right)^2 + r^2 \left(\frac{\partial\varphi}{\partial r}\right)^2} \cdot \mathrm{d}r\mathrm{d}z \qquad (3.35\text{-}3)$$

在式(3.35.2)中,投影到相同平面上的元素为

$$r\delta\varphi\delta r, \quad r\delta\varphi \frac{\partial r}{\partial z}\delta z, \quad \delta z\left(\frac{\partial r}{\partial\varphi}\delta\varphi\right)$$

在式(3.35.3)中,投影到相同平面上的元素是

$$\delta r\delta z, \quad \left(r \frac{\partial\varphi}{\partial z}\delta z\right)\delta r, \quad \left(r \frac{\partial\varphi}{\partial r}\delta r\right)\delta z$$

**例 13** 计算半径为 $a$，高为 $h$ 的圆柱体的表面积(图 3.21).

**解** 在计算圆柱体的表面积时，可把上、下底的面积和侧面积分开计算，然后相加：

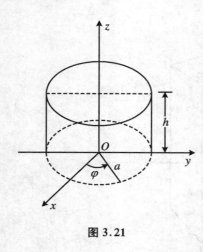

**图 3.21**

① 上、下底面积 $S_1$，使用式(3.35.1)，得

$$S_1 = 2\iint \sqrt{r^2 + \left(\frac{\partial z}{\partial \varphi}\right)^2 + r^2 \left(\frac{\partial z}{\partial r}\right)^2} \cdot \mathrm{d}\varphi \mathrm{d}r$$

因为在圆柱体的上、下底中有

$$\frac{\partial z}{\partial \varphi} = \frac{\partial z}{\partial r} = 0$$

所以

$$S_1 = 2\iint \sqrt{r^2} \cdot \mathrm{d}\varphi \mathrm{d}r = 2\iint r \cdot \mathrm{d}\varphi \mathrm{d}r$$

$$= 2\int_0^{2\pi} \mathrm{d}\varphi \int_0^a r \mathrm{d}r = 2\int_0^{2\pi} \mathrm{d}\varphi \left.\left(\frac{1}{2} r^2\right)\right|_0^a$$

$$= a^2 \int_0^{2\pi} \mathrm{d}\varphi = 2\pi a^2$$

② 圆柱的侧面积 $S_2$，用式(3.35.2)，得

$$S = \iint \sqrt{r^2 + r^2 \left(\frac{\partial r}{\partial z}\right)^2 + \left(\frac{\partial r}{\partial \varphi}\right)^2} \cdot \mathrm{d}z \mathrm{d}\varphi$$

因为圆柱的侧面

$$\frac{\partial r}{\partial z} = \frac{\partial r}{\partial \varphi} = 0, \quad r = a$$

所以

$$S_2 = \iint \sqrt{r^2} \cdot \mathrm{d}z \mathrm{d}\varphi = \iint r \mathrm{d}z \mathrm{d}\varphi = \int_0^{2\pi} \mathrm{d}\varphi \int_0^h r \mathrm{d}z$$

$$= rh \int_0^{2\pi} \mathrm{d}\varphi = 2\pi rh = 2\pi ah$$

因此圆柱体的总表面积为

$$S = S_1 + S_2 = 2\pi a^2 + 2\pi ah = 2\pi a(a + h)$$

2. 球坐标系.

在球坐标系中，$PQRS$ 是面积元(图 3.22). $P, Q, R, S$ 各点的坐标分别为

$$P:(r, \theta, \varphi)$$

$$Q:\left(r + \frac{\partial r}{\partial \theta}\delta\theta, \theta + \delta\theta, \varphi\right)$$

$$R:\left(r + \frac{\partial r}{\partial \varphi}\delta\varphi + \frac{\partial r}{\partial \theta}\delta\theta, \theta + \delta\theta, \varphi + \delta\varphi\right)$$

$$S:\left(r + \frac{\partial r}{\partial \varphi}\delta\varphi, \theta, \varphi + \delta\varphi\right)$$

(1) 这个 $PQRS$ 面积元通过 $P$ 点投影在垂直矢径的平面 $Pqrs$ 上的面积为

$$r\delta\theta \cdot r\sin\theta\delta\varphi$$

（2）$PQRS$ 面积元通过 $P$ 点投影在子午面上的面积为

$$r\delta\theta \cdot \left(\frac{\partial r}{\partial\varphi}\delta\varphi\right)$$

（3）$PQRS$ 面积元通过 $P$ 点投影在垂直上述两个平面上的面积为

$$r\sin\theta\delta\varphi \cdot \left(\frac{\partial r}{\partial\theta}\delta\theta\right)$$

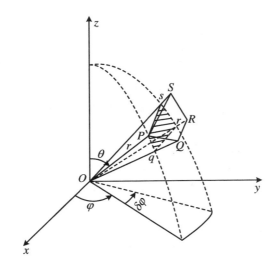

图 3.22

因此该面积元的平方为

$$(\delta S_r)^2 = (r\delta\theta \cdot r\sin\theta\delta\varphi)^2 + \left(r\delta\theta \cdot \frac{\partial r}{\partial\varphi}\delta\varphi\right)^2 + \left(r\sin\theta\delta\varphi \cdot \frac{\partial r}{\partial\theta}\delta\theta\right)^2$$

$$= \left[r^4\sin^2\theta + r^2\left(\frac{\partial r}{\partial\varphi}\right)^2 + r^2\sin^2\theta\left(\frac{\partial r}{\partial\theta}\right)^2\right](\delta\theta)^2(\delta\varphi)^2 \qquad (3.36)$$

取其平方根,并积分之,就得到该物体的表面积为

$$S = \iint \sqrt{r^4\sin^2\theta + r^2\left(\frac{\partial r}{\partial\varphi}\right)^2 + r^2\sin^2\theta\left(\frac{\partial r}{\partial\theta}\right)^2} \cdot \mathrm{d}\theta\mathrm{d}\varphi \qquad (3.37\text{-}1)$$

如果取 $r,\theta$ 作为独立变量,如同前面的情况,$PQRS$ 在三个方向的平面上的投影分别为

$$\left(r\sin\theta\frac{\partial\varphi}{\partial r}\delta r\right) \cdot r\delta\theta, \quad r\delta\theta \cdot \delta r, \quad \left(r\sin\theta\frac{\partial\varphi}{\partial\theta}\delta\theta\right) \cdot \delta r$$

那么,该面积的微分元的平方为

$$(\delta S_\varphi)^2 = \left[r^4\sin^2\theta\left(\frac{\partial\varphi}{\partial r}\right)^2 + r^2 + r^2\sin^2\theta\left(\frac{\partial\varphi}{\partial\theta}\right)^2\right](\delta\theta)^2(\delta r)^2$$

表面积是

$$S = \iint \sqrt{r^4 \sin^2\theta \left(\frac{\partial\varphi}{\partial r}\right)^2 + r^2 + r^2 \sin^2\theta \left(\frac{\partial\varphi}{\partial\theta}\right)^2} \cdot \mathrm{d}\theta\mathrm{d}r \qquad (3.37\text{-}2)$$

同理,若 $r,\varphi$ 作为独立变量,那么 $PQRS$ 在三个方向的平面的投影分别为

$$(r\sin\theta\delta\varphi) \cdot \left(r\frac{\partial\theta}{\partial r}\delta r\right), \quad \left(r\frac{\partial\theta}{\partial\varphi}\delta\varphi\right) \cdot \delta r, \quad (r\sin\theta\delta\varphi) \cdot \delta r$$

因此,该面积的微分元的平方为

$$(\delta S_\theta)^2 = \left[ r^4 \sin^2\theta \left(\frac{\partial\theta}{\partial r}\right)^2 + r^2 \left(\frac{\partial\theta}{\partial\varphi}\right)^2 + r^2 \sin^2\theta \right] (\delta\varphi)^2 (\delta r)^2$$

其表面积为

$$S = \iint \sqrt{r^4 \sin^2\theta \left(\frac{\partial\theta}{\partial r}\right)^2 + r^2 \left(\frac{\partial\theta}{\partial\varphi}\right)^2 + r^2 \sin^2\theta} \cdot \mathrm{d}\varphi\mathrm{d}r \qquad (3.37\text{-}3)$$

计算表面积的式(3.37-1)、(3.37-2)、(3.37-3)三个公式是等价的.你可以选择其中的任何一个公式来计算表面积,主要是看在给定的条件下,应用哪一个公式最方便、最快捷.

**投影公式(3.34)、(3.36)的说明:**

为了说明式(3.34)、(3.36)的正确性.我们考虑下面的例子:如图 3.23 所示,在直角坐标系中,有一个平面 $\triangle ABC$,三个顶点 $A,B,C$ 分别在坐标轴 $x,y,z$ 上,并有 $OA = OB = OC = 1$.显然这个 $\triangle ABC$ 三条边的长度是 $AB = BC = CA = \sqrt{2}$,三角形的高 $CD$ 为 $\sqrt{\dfrac{3}{2}}$,因此,$\triangle ABC$ 的面积为

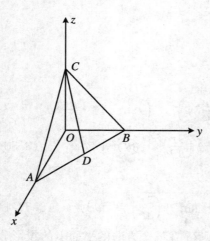

**图 3.23**

$$S = \frac{1}{2} \times \sqrt{2} \times \frac{\sqrt{3}}{\sqrt{2}} = \frac{\sqrt{3}}{2}$$

$\triangle ABC$ 在三个互相垂直的平面 $xOy,yOz$,及 $zOx$ 上的投影,分别是 $\triangle OAB$,$\triangle OBC$ 及 $\triangle OCA$,它们的面积分别为 $S_1 = S_2 = S_3 = \dfrac{1}{2}$,把 $S_1,S_2,S_3$ 各自平方并相加,得到

$$S_1{}^2 + S_2{}^2 + S_3{}^2 = \frac{3}{4}$$

另一方面,$\triangle ABC$ 的面积的平方为

$$S^2 = \frac{3}{4}$$

所以

$$S^2 = S_1{}^2 + S_2{}^2 + S_3{}^2 \qquad (3.38)$$

以上是以 $\triangle ABC$ 为平面的情形来说明式(3.38)的.对于曲面的情况,取它的微分元 $\delta S$,相应的有 $\delta S_1,\delta S_2,\delta S_3$(其中 $\delta S_1,\delta S_2,\delta S_3$ 是 $\delta S$ 在三个互相垂直的平面上的投影),令 $\delta S$ 趋向无穷小时,可把它看成一个平面,那么就有类似式(3.38)的等式:

$$(\delta S)^2 = (\delta S_1)^2 + (\delta S_2)^2 + (\delta S_3)^2 \qquad (3.39)$$

式(3.39)与式(3.34)、(3.36)是一样的,只是式(3.34)是在柱坐标下得到的,式(3.36)是在球坐标下得到的.与直角坐标的情况相同,在柱坐标、球坐标的情形中,投影的三个平面也都是互相垂直的.由此可见,无论在什么坐标系中,空间的一个曲面(当然包括平面这种特殊情形),它的微分元在任何坐标系中的互相垂直的三个平面上的投影都满足方程(3.39).这就间接说明了式(3.34)、(3.36)的正确性.

**例 14** 求一个球体的表面积,球的半径为 $a$.

**解** 设坐标原点在球心.

因为球的对称性,只要计算球体的 $\frac{1}{8}$ 面积就行了,即积分范围是

$$r = a, \quad \theta:\text{从 } 0 \text{ 到 } \frac{\pi}{2}, \quad \varphi:\text{从 } 0 \text{ 到 } \frac{\pi}{2}$$

选用式(3.37.1)得

$$S = \iint \sqrt{r^4 \sin^2 \theta + r^2 \left(\frac{\partial r}{\partial \varphi}\right)^2 + r^2 \sin^2 \theta \left(\frac{\partial r}{\partial \theta}\right)^2} \cdot \mathrm{d}\theta \mathrm{d}\varphi$$

因为积分是在 $r = a$ 的球面上进行的,所以 $\frac{\partial r}{\partial \varphi} = \frac{\partial r}{\partial \theta} = 0$,于是

$$S = \iint \sqrt{r^4 \sin^2 \theta} \cdot \mathrm{d}\theta \mathrm{d}\varphi = \iint r^2 \sin \theta \mathrm{d}\theta \mathrm{d}\varphi$$

$$= 8a^2 \int_0^{\frac{\pi}{2}} \mathrm{d}\varphi \int_0^{\frac{\pi}{2}} \sin \theta \mathrm{d}\theta = 8a^2 \int_0^{\frac{\pi}{2}} \mathrm{d}\varphi \, (-\cos \theta)\Big|_0^{\frac{\pi}{2}}$$

$$= 8a^2 \int_0^{\frac{\pi}{2}} \mathrm{d}\varphi = 8a^2 \cdot \frac{\pi}{2} = 4\pi a^2$$

**例 15** 求锥体的表面积.如图 3.24 所示,有一个直立的圆锥体,其顶点在原点,母线 $l$ 与 $z$ 轴的夹角为 $\alpha$,圆锥底的半径为 $a$,求该圆锥体的表面积.

**解** 采用式(2.37.3),得

$$S = \iint \sqrt{r^4 \sin^2 \theta \left(\frac{\partial \theta}{\partial r}\right)^2 + r^2 \left(\frac{\partial \theta}{\partial \varphi}\right)^2 + r^2 \sin^2 \theta} \cdot \mathrm{d}\varphi \mathrm{d}r$$

因为这里 $\theta = \alpha$,是一个常数,所以

$$\frac{\partial \theta}{\partial r} = \frac{\partial \theta}{\partial \varphi} = 0$$

于是

$$S = \iint \sqrt{r^2 \sin^2 \theta} \cdot \mathrm{d}\varphi \mathrm{d}r = \iint r \sin \theta \mathrm{d}\varphi \mathrm{d}r$$

由于 $\theta$ 是常数,$r$ 沿母线 $l$ 方向,积分范围是从 0 到 $l$,$\varphi$ 的积分范围为 0 到 $2\pi$.因此圆锥体的侧面积为

$$S_{\text{侧}} = \sin \alpha \int_0^{2\pi} \mathrm{d}\varphi \int_0^l r \mathrm{d}r = \sin \alpha \int_0^{2\pi} \mathrm{d}\varphi \left(\frac{1}{2} r^2\right)\Big|_0^l$$

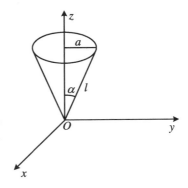

图 3.24

$$= \frac{1}{2} \sin \alpha \cdot l^2 \int_0^{2\pi} \mathrm{d}\varphi = \frac{1}{2} \sin \alpha \cdot l^2 \cdot 2\pi$$

$$= \pi \cdot l \sin \alpha \cdot l = \pi a l$$

圆锥体的底面积为

$$S_{底} = \pi a^2$$

最后,该圆锥体的总面积是

$$S = S_{侧} + S_{底} = \pi a l + \pi a^2 = \pi a (a + l)$$

## 3.4.2 回旋体的侧面积计算法

设在 $xOy$ 平面上有一段曲线 $\overset{\frown}{AB}$(如图 3.12 所示),求这段曲线绕 $Ox$ 轴旋转而成的回旋体的侧面积.作这条曲线的内接折线,当该折线的边数无限增加,各边的长度趋向零时,则该折线绕 $Ox$ 轴旋转而成的回旋体的侧面积所趋向的极限,就是这段曲线绕 $Ox$ 轴旋转而成的回旋体的侧面积.

若这段曲线在 $A$,$B$ 两点之间,则这个回旋体的侧面积为

$$P = \int_A^B 2\pi y \mathrm{d}s \tag{3.40}$$

其中 $\mathrm{d}s$ 为该曲线的弧长的微分,它是

$$\mathrm{d}s = \sqrt{(\mathrm{d}x)^2 + (\mathrm{d}y)^2} = \sqrt{1 + (y')^2} \mathrm{d}x$$

因此,这个回旋体的侧面积为

$$P = 2\pi \int_A^B y \sqrt{1 + (y')^2} \mathrm{d}x \tag{3.41}$$

若曲线由参数方程 $x = \varphi(t)$,$y = \psi(t)$ 给定,而且点 $A$ 与 $B$ 所对应的 $t$ 的值为 $\alpha$ 与 $\beta$,则

$$P = \int_\alpha^\beta 2\pi \psi(t) \sqrt{[\varphi'(t)]^2 + [\psi'(t)]^2} \mathrm{d}t \tag{3.42}$$

**例 16** 求椭圆的回旋体的表面积.

**解** 设回旋轴是 $x$ 轴,积分区间为 $[-a, +a]$,根据式(3.41),椭圆的回旋体的表面积是

$$P = 2\pi \int_{-a}^{+a} y \sqrt{1 + (y')^2} \mathrm{d}x = 2\pi \int_{-a}^{+a} \sqrt{y^2 + (yy')^2} \mathrm{d}x \tag{3.43}$$

由椭圆方程 $\dfrac{x^2}{a^2} + \dfrac{y^2}{b^2} = 1$,得到

$$y^2 = b^2 \left(1 - \frac{x^2}{a^2}\right),$$

$$yy' = -\frac{b^2 x}{a^2}, \text{及} (yy')^2 = \frac{b^4 x^2}{a^4}$$

把它们代入式(3.43),有

$$P = 2\pi \int_{-a}^{+a} \sqrt{b^2 - \frac{b^2 x^2}{a^2} + \frac{b^4 x^2}{a^4}}\, \mathrm{d}x$$

$$= 2\pi b \int_{-a}^{+a} \sqrt{1 - \frac{x^2}{a^2} + \frac{b^2 x^2}{a^4}}\, \mathrm{d}x$$

$$= 2\pi b \int_{-a}^{+a} \sqrt{1 - \frac{x^2}{a^2}\left(1 - \frac{b^2}{a^2}\right)}\, \mathrm{d}x$$

令 $1 - \dfrac{b^2}{a^2} = \dfrac{a^2 - b^2}{a^2} = \varepsilon^2$,$\varepsilon$ 为该椭圆的离心率. 于是得到

$$P = 2\pi b \int_{-a}^{+a} \sqrt{1 - \varepsilon^2 \left(\frac{x}{a}\right)^2}\, \mathrm{d}x = 4\pi b \int_{0}^{a} \sqrt{1 - \varepsilon^2 \left(\frac{x}{a}\right)^2}\, \mathrm{d}x \qquad (3.44)$$

令 $\dfrac{\varepsilon x}{a} = t$,则 $\mathrm{d}x = \dfrac{a}{\varepsilon}\mathrm{d}t$;当 $x = 0$ 时,$t = 0$;当 $x = a$ 时,$t = \varepsilon$. 式(3.44)变为

$$P = 4\pi b \int_{0}^{\varepsilon} \sqrt{1 - t^2}\, \frac{a}{\varepsilon}\mathrm{d}t = \frac{4\pi ab}{\varepsilon} \int_{0}^{\varepsilon} \sqrt{1 - t^2}\, \mathrm{d}t$$

其中右端的积分可积出来,得

$$\int_{0}^{\varepsilon} \sqrt{1 - t^2}\, \mathrm{d}t = \frac{1}{2}\left(t\sqrt{1 - t^2} + \arcsin t\right)\Big|_{0}^{\varepsilon}$$

$$= \frac{1}{2}\left(\varepsilon\sqrt{1 - \varepsilon^2} + \arcsin \varepsilon\right)$$

因此

$$P = \frac{4\pi ab}{\varepsilon} \cdot \frac{1}{2}\left(\varepsilon\sqrt{1 - \varepsilon^2} + \arcsin \varepsilon\right)$$

$$= 2\pi ab\left(\sqrt{1 - \varepsilon^2} + \frac{\arcsin \varepsilon}{\varepsilon}\right) \qquad (3.45)$$

这就是椭圆回旋体的表(侧)面积.

当 $a = b$,即 $\varepsilon = 0$ 时,椭圆就变成圆,它的回旋体就变成球. 此时式(3.45)仍适用. 不过这时括弧中的第二项是 $\dfrac{0}{0}$ 的未定式,可用洛必达法则求得

$$\lim_{\varepsilon \to 0} \frac{\arcsin \varepsilon}{\varepsilon} = \lim_{\varepsilon \to 0} \frac{(\arcsin \varepsilon)'}{\varepsilon'} = \lim_{\varepsilon \to 0} \frac{\frac{1}{\sqrt{1 - \varepsilon^2}}}{1} = 1$$

因此,圆的回旋体(球)的表面积为

$$P_{球} = 2\pi a^2 \cdot 2 = 4\pi a^2$$

**例 17**　求旋轮线(一个周期)绕 $Ox$ 轴旋转一圈形成的回旋体的侧面积.

**解**　我们在前面已经在知道旋轮线的参数方程(3.10)是

$$\begin{cases} x = \varphi(t) = a(t - \sin t) \\ y = \psi(t) = a(1 - \cos t) \end{cases}$$

它的微商为

$$\varphi'(t) = a(1 - \cos t)$$

$$\psi'(t) = a\sin t$$

应用式(3.42),积分从 0 到 $2\pi$,得

$$P = \int_0^{2\pi} 2\pi\psi(t)\sqrt{[\varphi'(t)]^2 + [\psi'(t)]^2}\,\mathrm{d}t$$

$$= 2\pi\int_0^{2\pi} a(1-\cos t)\sqrt{a^2(1-\cos t)^2 + a^2\sin^2 t}\,\mathrm{d}t$$

$$= 2\pi\int_0^{2\pi} a(1-\cos t)\sqrt{2a^2 - 2a^2\cos t}\,\mathrm{d}t$$

$$= 2\pi\sqrt{2}a^2\int_0^{2\pi}(1-\cos t)^{\frac{3}{2}}\,\mathrm{d}t = 2\sqrt{2}\pi a^2\int_0^{2\pi}\left(2\sin^2\frac{t}{2}\right)^{\frac{3}{2}}\,\mathrm{d}t$$

$$= 8\pi a^2\int_0^{2\pi}\sin^3\frac{t}{2}\,\mathrm{d}t$$

令 $\dfrac{t}{2} = w,\mathrm{d}t = 2\mathrm{d}w$,当 $t=0$ 时,$w=0$;$t=2\pi$ 时,$w=\pi$,因此有

$$P = 8\pi a^2\int_0^{\pi}\sin^3 w\cdot 2\mathrm{d}w = 16\pi a^2\int_0^{\pi}\sin^3 w\mathrm{d}w$$

等式右端的积分为

$$\int_0^{\pi}\sin^3 w\mathrm{d}w = 2\int_0^{\frac{\pi}{2}}\sin^3 w\mathrm{d}w = \frac{4}{3}$$

最后得到旋轮线的回旋体的侧面积为

$$P = 16\pi a^2\cdot\frac{4}{3} = \frac{64}{3}\pi a^2$$

# 第4章 重 积 分

## 4.1 二 重 积 分

### 4.1.1 二重积分的定义及算例

1. 二重积分的定义.

设有两个变量的函数 $z = f(x,y)$ 在 $xOy$ 平面的有界区域 $D = \{(x,y) \mid a \leqslant x \leqslant b, c \leqslant y \leqslant d\}$ 上有定义. 它表示区域 $D$ 上的一张曲面,以区域 $D$ 的边界线为准线,而母线平行于 $z$ 轴的柱面,它的顶是曲面 $z = f(x,y)$,当 $f(x,y) > 0$ 时这种立体称为曲顶柱体. 我们把 $D$ 划分成互不重叠的 $n$ 个小区域 $D_1, D_2, \cdots, D_n$,它们的面积分别为 $\Delta\sigma_1, \Delta\sigma_2, \cdots, \Delta\sigma_n$. 在任意一块小区域 $D_i$ 中任取一点 $(x_i, y_i)$,那么 $f(x_i, y_i) \cdot \Delta\sigma_i$ 就是以 $D_i$ 为底,以 $f(x_i, y_i)$ 为高的小柱体的体积. 如果把 $D$ 区域的所有小柱体的体积都加起来,那么 $\sum\limits_{i=1}^{n} f(x_i, y_i)\Delta\sigma_i$ 就是这个曲顶柱体的体积的近似值了.

当把 $D$ 分割得越来越细小,即让 $n$ 趋向无穷大,并且让所有的 $D_i$ 的直径 $d_i$ 中的最大值 $\lambda$ 趋向零时,就得到这个曲顶柱体的真正体积值了.

因此,如果极限

$$\lim_{\lambda \to 0} \sum_{i=1}^{n} f(x_i, y_i)\Delta\sigma_i$$

存在,就把这个极限称为函数 $f(x,y)$ 在区域 $D$ 上的二重积分,记作

$$\iint\limits_{D} f(x,y)\mathrm{d}\sigma = \lim_{\lambda \to 0} \sum_{i=1}^{n} f(x_i, y_i)\Delta\sigma_i \tag{4.1}$$

其中 $\Delta\sigma_i = \Delta x_i \Delta y_i$.

虽然在定义二重积分时,是用求柱体的体积引出的,但 $f(x,y)$ 也可以是其他意义的函数. 譬如说 $f(x,y)$ 是物质分布密度,那么积分结果就是质量;若 $f(x,y)$

是电荷密度分布函数,那么积分结果就是电量.在往后的叙述中,我们将抽去任何几何的诠释和物理的意义,而只讨论二元函数 $f(x,y)$ 在积分区域中是否连续、是否可积以及如何做积分等.

2. 逐次积分法.

假设 $f(x,y)$ 是矩形区域 $D:a\leqslant x\leqslant b,c\leqslant y\leqslant d$ 上有定义的函数,并且在定义域中,$f(x,y)$ 是连续函数,那么对区间 $[a,b]$ 中的任一点 $x$,积分

$$F(x) = \int_c^d f(x,y)\mathrm{d}y \quad (a\leqslant x\leqslant b)$$

存在,$F(x)$ 也是在 $[a,b]$ 上 $x$ 的连续函数,并且积分

$$\int_a^b F(x)\mathrm{d}x$$

也存在,因此逐次积分

$$\int_a^b \mathrm{d}x\int_c^d f(x,y)\mathrm{d}y$$

也会存在.这就是说函数 $f(x,y)$ 的二重积分可用逐次积分法进行积分,即

$$\iint\limits_D f(x,y)\mathrm{d}\sigma = \iint\limits_D f(x,y)\mathrm{d}x\mathrm{d}y = \int_a^b \mathrm{d}x\int_c^d f(x,y)\mathrm{d}y \tag{4.2}$$

这里是先对 $y$ 积分,再对 $x$ 积分.为了说明相反的积分次序也是成立的,在这里引入**傅比尼(G. Fubini) 定理**[6]:设 $f$ 是两个变量 $x$ 和 $y$ 的函数,如果 $f$ 在整个矩形区 $D = \{(x,y) \mid a\leqslant x\leqslant b,c\leqslant y\leqslant d\}$ 上是可积的,即对 $\forall x\in[a,b]$,积分 $\int_c^d f(x,y)\mathrm{d}y$ 存在;对 $\forall y\in[c,d]$,积分 $\int_a^b f(x,y)\mathrm{d}x$ 也存在,那么就有

$$\iint\limits_D f(x,y)\mathrm{d}A = \int_a^b\int_c^d f(x,y)\mathrm{d}x\mathrm{d}y = \int_c^d\int_a^b f(x,y)\mathrm{d}x\mathrm{d}y \tag{4.3}$$

这里 $\mathrm{d}A = \mathrm{d}x\mathrm{d}y$.这就是说积分次序是可以交换的,特别是 $f(x,y)$ 是连续函数的情况下.或者把式(4.3)写成

$$\int_a^b\left[\int_c^d f(x,y)\mathrm{d}y\right]\mathrm{d}x = \int_c^d\left[\int_a^b f(x,y)\mathrm{d}x\right]\mathrm{d}y \tag{4.4}$$

在这种表示法中,"外面的积分"与"外面的微分"相对应.

3. 几个算例.

**例 1** 计算积分 $\iint\limits_{(R)}\dfrac{\mathrm{d}x\mathrm{d}y}{(x+y)^2}$,定义域 $(R):3\leqslant x\leqslant 4,1\leqslant y\leqslant 2$.

**解** 可以把这个二重积分写成

$$\iint\limits_{(R)}\frac{\mathrm{d}x\mathrm{d}y}{(x+y)^2} = \int_1^2\mathrm{d}y\int_3^4\frac{\mathrm{d}x}{(x+y)^2} = \int_1^2\left[\int_3^4\frac{\mathrm{d}x}{(x+y)^2}\right]\mathrm{d}y$$

先计算括弧内的积分,因为是对 $x$ 的积分,可把 $y$ 看成常量 $(y=$ 常数$)$,有

$$\int_3^4\frac{\mathrm{d}x}{(x+y)^2} = \int_3^4\frac{\mathrm{d}(x+y)}{(x+y)^2} = \left[\frac{-1}{-2+1}(x+y)^{-1}\right]_{x=3}^{x=4}$$

$$= \left( - \frac{1}{x+y} \right) \Big|_{x=3}^{x=4} = \frac{1}{y+3} - \frac{1}{y+4}$$

把该结果代入上式,得

$$\iint\limits_{(R)} \frac{\mathrm{d}x\mathrm{d}y}{(x+y)^2} = \int_1^2 \left( \frac{1}{y+3} - \frac{1}{y+4} \right) \mathrm{d}y = \left[ \ln(y+3) - \ln(y+4) \right]_{y=1}^{y=2}$$

$$= (\ln 5 - \ln 6) - (\ln 4 - \ln 5) = \ln 5 + \ln 5 - \ln 6 - \ln 4$$

$$= \ln \frac{5 \times 5}{6 \times 4} = \ln \frac{25}{24}$$

**例 2** 计算积分 $\int_0^1 \int_0^1 \dfrac{y\mathrm{d}x\mathrm{d}y}{(1+x^2+y^2)^{\frac{3}{2}}}$.

**解** 改写积分式

$$\int_0^1 \int_0^1 \frac{y\mathrm{d}x\mathrm{d}y}{(1+x^2+y^2)^{\frac{3}{2}}} = \int_0^1 \mathrm{d}x \int_0^1 \frac{y\mathrm{d}y}{(1+x^2+y^2)^{\frac{3}{2}}}$$

先做对 $y$ 的积分,把 $x$ 看成常量,即 $x = $ 常数,得

$$\int_0^1 \frac{y\mathrm{d}y}{(1+x^2+y^2)^{\frac{3}{2}}} = \frac{1}{2} \int_0^1 \frac{\mathrm{d}(y^2+x^2+1)}{(y^2+x^2+1)^{\frac{3}{2}}} = \frac{1}{2} \left[ -2 \, (y^2+x^2+1)^{-\frac{1}{2}} \right]_{y=0}^{y=1}$$

$$= \left( - \frac{1}{\sqrt{y^2+x^2+1}} \right) \Big|_{y=0}^{y=1} = \frac{1}{\sqrt{x^2+1}} - \frac{1}{\sqrt{x^2+2}}$$

因此

$$\int_0^1 \int_0^1 \frac{y\mathrm{d}x\mathrm{d}y}{(1+x^2+y^2)^{\frac{3}{2}}} = \int_0^1 \left( \frac{1}{\sqrt{x^2+1}} - \frac{1}{\sqrt{x^2+2}} \right) \mathrm{d}x$$

$$= \int_0^1 \frac{\mathrm{d}x}{\sqrt{x^2+1}} - \int_0^1 \frac{\mathrm{d}x}{\sqrt{x^2+2}}$$

等式右端的两个积分分别为

$$\int_0^1 \frac{\mathrm{d}x}{\sqrt{x^2+1}} = \left[ \ln(x + \sqrt{x^2+1}) \right]_0^1 = \ln(1+\sqrt{2})$$

$$\int_0^1 \frac{\mathrm{d}x}{\sqrt{x^2+2}} = \left[ \ln(x + \sqrt{x^2+2}) \right]_0^1 = \ln(1+\sqrt{3}) - \ln\sqrt{2}$$

最后得到

$$\int_0^1 \int_0^1 \frac{y\mathrm{d}x\mathrm{d}y}{(1+x^2+y^2)^{\frac{3}{2}}} = \int_0^1 \frac{\mathrm{d}x}{\sqrt{x^2+1}} - \int_0^1 \frac{\mathrm{d}x}{\sqrt{x^2+2}}$$

$$= \ln(1+\sqrt{2}) - \left[ \ln(1+\sqrt{3}) - \ln\sqrt{2} \right]$$

$$= \ln(1+\sqrt{2}) + \ln\sqrt{2} - \ln(1+\sqrt{3})$$

$$= \ln \frac{(1+\sqrt{2})\sqrt{2}}{1+\sqrt{3}} = \ln \frac{2+\sqrt{2}}{1+\sqrt{3}}$$

## 4.1.2　二重积分上、下限的确定——穿线法

在计算二重积分时,有时题目并没有给出明显的积分上、下限,而只是给出一个积分区域,这时就要自己去寻找二重积分的积分限.

寻找二重积分的积分限是计算二重积分最困难的部分,下面我们用实例来讲解寻找积分限的方法和步骤.

**例 3**　计算积分 $\iint\limits_{D} f(x,y)\mathrm{d}x\mathrm{d}y$.

**解**　$D$ 是曲线 $x^2 + y^2 = 1$ 和直线 $x + y = 1$ 之间的区域.先对 $y$ 积分,再对 $x$ 积分,采取如下步骤:

(1) 根据题意,画出积分区域的草图,并标明该积分区域 $D$ 的边界曲线,如图 4.1 所示:

$$x^2 + y^2 = 1 \quad \text{和} \quad x + y = 1$$

(2) 确定 $y$ 的积分限:画一条垂直于 $x$ 轴的直线 $L$ 通过积分区域 $D$,在 $y$ 增加的方向,标示 $L$ 直线进入 $D$ 区域和离开 $D$ 区域时的 $y$ 值(图 4.2),这些 $y$ 值通常是 $x$ 的函数,这里进入 $D$ 区域时的 $y$ 值是 $y = 1 - x$,离开 $D$ 区域时的 $y$ 值为 $y = \sqrt{1 - x^2}$,它们分别是对 $y$ 积分的下限和上限.

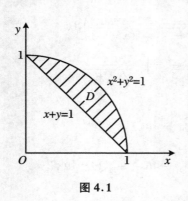

图 4.1

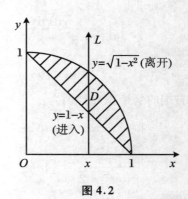

图 4.2

(3) 确定 $x$ 的积分限:选择所有通过 $D$ 区域的竖线($L$ 直线)的 $x$ 的范围,从而确定 $x$ 的积分限(图 4.3).在这里:下限为 $x = 0$;上限为 $x = 1$.

于是该积分为

$$\iint\limits_{D} f(x,y)\mathrm{d}x\mathrm{d}y = \int_{x=0}^{x=1} \mathrm{d}x \int_{y=1-x}^{y=\sqrt{1-x^2}} f(x,y)\mathrm{d}y \tag{4.5}$$

如果采用相反的积分次序,即先对 $x$ 积分,再对 $y$ 积分,那么可按如图 4.4 所示的方法,先画一条垂直 $y$ 轴的直线 $l$ 通过积分区域 $D$,标示进入区域 $D$ 及离开 $D$ 时的 $x$ 值,这里是 $x = 1 - y$ 及 $x = \sqrt{1 - y^2}$,这就是 $x$ 的积分限.然后定出 $y$ 的积分

限：$y=0$ 和 $y=1$. 因此该积分为

$$\iint\limits_{D} f(x,y)\mathrm{d}x\mathrm{d}y = \int_{y=0}^{y=1}\mathrm{d}y\int_{x=1-y}^{x=\sqrt{1-y^2}} f(x,y)\mathrm{d}x \tag{4.6}$$

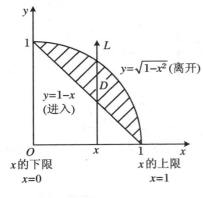

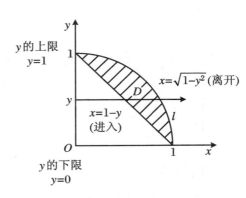

图 4.3　　　　　　　　　　　　　　　　　图 4.4

　　根据傅比尼定理，积分次序的改变并不影响积分值. 这就是说式（4.5）和式（4.6）是相等的.

　　下面用另一个例子来验证它.

　　**例 4**　求积分 $\int_0^2\mathrm{d}x\int_{x^2}^{2x}(4x+2)\mathrm{d}y$，积分区域由不等式给出：$x^2\leqslant y\leqslant 2x, 0\leqslant x\leqslant 2$. 写出相反次序的积分式，并计算它们的积分值. 积分区域是由 $y=x^2$ 和 $y=2x$ 包围的，并在 $x=0$ 和 $x=2$ 之间（图4.5）.

　　**解**　为了找到相反次序的积分式的积分限，可以作一条水平方向并垂直 $y$ 轴的直线 $l$，从左到右穿过积分区域 $D$，它在 $x=\dfrac{y}{2}$ 处进入，在 $x=\sqrt{y}$ 处离开（图4.6）. 包括所有这些在积分区域内的 $l$ 线段，在 $y$ 方向，积分则从 $y=0$ 到 $y=4$. 于是相反次序的积分为

$$\int_0^4\mathrm{d}y\int_{\frac{y}{2}}^{\sqrt{y}}(4x+2)\mathrm{d}x$$

毫无疑问，这两个次序相反的积分值是相等的，验证如下：

$$\int_0^2\mathrm{d}x\int_{x^2}^{2x}(4x+2)\mathrm{d}y = \int_0^2(4xy+2y)\Big|_{y=x^2}^{y=2x}\mathrm{d}x$$

$$= \int_0^2(-4x^3+6x^2+4x)\mathrm{d}x$$

$$= (-x^4+2x^3+2x^2)\Big|_0^2 = 8$$

$$\int_0^4\mathrm{d}y\int_{\frac{y}{2}}^{\sqrt{y}}(4x+2)\mathrm{d}x = \int_0^4(2x^2+2x)\Big|_{x=\frac{y}{2}}^{x=\sqrt{y}}\mathrm{d}y$$

$$= \int_0^4 \left( -\frac{y^2}{2} + y + 2\sqrt{y} \right) \mathrm{d}y$$

$$= \left( -\frac{y^3}{6} + \frac{y^2}{2} + \frac{4}{3} y^{\frac{3}{2}} \right) \Big|_{y=0}^{y=4} = 8$$

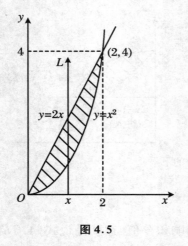

图 4.5

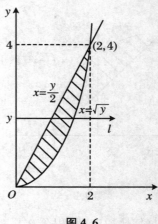

图 4.6

对二重积分来说,确定积分限是一个很重要的工作,另外还有积分次序问题,即先对 $x$ 积分,还是先对 $y$ 积分,大多数情况是无关紧要的,两种积分次序都行.但也有例外,如:

**例 5** 求积分 $\iint\limits_D \mathrm{e}^{\frac{x}{y}} \mathrm{d}x\mathrm{d}y$,其中 $D$ 是由抛物线 $y^2 = x$,直线 $x = 0$,$y = 2$ 围成的区域.

**解** 按照前面讲过的步骤,第一步画出积分区域草图(图 4.7);第二步,确定 $y$ 的积分限,画一条垂直 $x$ 轴,并通过积分区域 $D$ 的直线 $L$,标示进入区域 $D$ 和离开区域 $D$ 时的 $y$ 值,它们分别为 $y = \sqrt{x}$ 和 $y = 2$;第三步,确定 $x$ 的积分限,包含所有通过 $D$ 区域的竖线($L$ 线)的 $x$ 的界限:下限 $x = 0$,上限 $x = 4$.于是该积分为

$$\iint\limits_D \mathrm{e}^{\frac{x}{y}} \mathrm{d}x\mathrm{d}y = \int_0^4 \mathrm{d}x \int_{\sqrt{x}}^2 \mathrm{e}^{\frac{x}{y}} \mathrm{d}y \tag{4.7}$$

这是先 $y$ 后 $x$ 的积分次序.但因为 $\int \mathrm{e}^{\frac{x}{y}} \mathrm{d}y$ 不能积出来,所以要改变积分次序,即先对 $x$ 积分,再对 $y$ 积分.这时可画一条垂直 $y$ 轴的水平方向的直线 $l$,从左到右穿过区域 $D$,它在 $x = 0$ 处进入 $D$,在 $x = y^2$ 处离开(图 4.8).包括所有这些在积分区域 $D$ 中的 $l$ 线段,从 $y = 0$ 到 $y = 2$.于是积分变为

$$\iint\limits_D \mathrm{e}^{\frac{x}{y}} \mathrm{d}x\mathrm{d}y = \int_0^2 \mathrm{d}y \int_0^{y^2} \mathrm{e}^{\frac{x}{y}} \mathrm{d}x \tag{4.8}$$

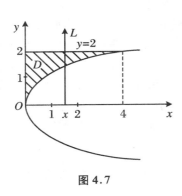

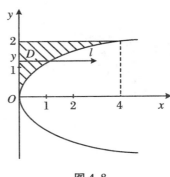

图 4.7　　　　　　　　　　　　　　图 4.8

这个积分是可以计算的. 以前曾说过,在二重积分计算中,当对 $x$ 积分时,可把 $y$ 当作常数,反之亦然. 因此

$$\iint\limits_{D} \mathrm{e}^{\frac{x}{y}} \mathrm{d}x\mathrm{d}y = \int_0^2 \mathrm{d}y \int_0^{y^2} \mathrm{e}^{\frac{x}{y}} \mathrm{d}x = \int_0^2 \mathrm{d}y \cdot y\int_0^{y^2} \mathrm{e}^{\frac{x}{y}} \mathrm{d}\left(\frac{x}{y}\right)$$

这里应当注意的是,当积分变量从 $x$ 变成 $\dfrac{x}{y}$ 时,积分限也要跟着变化.

令 $u = \dfrac{x}{y}$,当 $x = 0$ 时,$u = 0$;当 $x = y^2$ 时,$u = y$,则

$$\int_0^{y^2} \mathrm{e}^{\frac{x}{y}} \mathrm{d}x = y\int_0^y \mathrm{e}^u \mathrm{d}u = y(\mathrm{e}^u)\,|_0^y = (\mathrm{e}^y - 1)y$$

所以

$$\begin{aligned}
\iint\limits_{D} \mathrm{e}^{\frac{x}{y}} \mathrm{d}x\mathrm{d}y &= \int_0^2 \mathrm{d}y \int_0^{y^2} \mathrm{e}^{\frac{x}{y}} \mathrm{d}x = \int_0^2 y(\mathrm{e}^y - 1)\mathrm{d}y \\
&= \int_0^2 y\mathrm{e}^y \mathrm{d}y - \int_0^2 y\mathrm{d}y = \int_0^2 y\mathrm{d}\mathrm{e}^y - \int_0^2 y\mathrm{d}y \\
&= (y\mathrm{e}^y)\,|_0^2 - \int_0^2 \mathrm{e}^y \mathrm{d}y - \int_0^2 y\mathrm{d}y = 2\mathrm{e}^2 - \mathrm{e}^2 + 1 - 2 \\
&= \mathrm{e}^2 - 1
\end{aligned}$$

在二重积分中,凡是遇到 $\int \mathrm{e}^{\frac{y}{x}} \mathrm{d}x$,$\int \mathrm{e}^{x^2} \mathrm{d}x$,$\int \mathrm{e}^{-x^2} \mathrm{d}x$,$\int \sin^2 x\mathrm{d}x$,$\int \cos^2 x\mathrm{d}x$, $\int \dfrac{\mathrm{d}x}{\ln x}$,$\int \dfrac{\sin x}{x}\mathrm{d}x$ 等这样一些不能或不易得到初等函数表达式的积分时,可把它们放到后面去做积分,如上例.

下面的例子也是要考虑积分次序的:

**例 6**　计算积分 $\displaystyle\iint\limits_{D} \sqrt{y^2 - xy} \cdot \mathrm{d}x\mathrm{d}y$,其中 $D$ 是由直线 $y = x$,$x = 0$,和 $y = 1$ 所围成的区域.

**解**　我们注意到被积函数是无理式,根号下有两项,两项中都含有变量 $y$,而

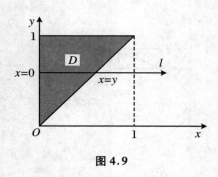

**图 4.9**

变量 $x$ 只存在其中的一项中. 这样, 自然会想到先对 $x$ 积分是方便的, 因为此时可把 $y$ 当作常数来对待. 所以应该选择先 $x$ 后 $y$ 的积分步骤.

首先画出积分区域草图(图 4.9), 再画一条垂直 $y$ 轴的水平方向的直线 $l$, 并标示 $l$ 线进入和离开区域 $D$ 时的 $x$ 值分别为 $x = 0$ 和 $x = y$, 这就是 $x$ 方向的积分限; 而 $y$ 方向的积分限是: $y = 0$ 和 $y = 1$. 于是该积分为

$$\iint\limits_{D} \sqrt{y^2 - xy} \cdot \mathrm{d}x\mathrm{d}y = \int_0^1 \mathrm{d}y \int_0^y (y^2 - yx)^{\frac{1}{2}} \mathrm{d}x$$

$$= \int_0^1 \mathrm{d}y \left(-\frac{1}{y}\right) \int_0^y (y^2 - yx)^{\frac{1}{2}} \mathrm{d}(y^2 - yx)$$

$$= \int_0^1 \left[-\frac{1}{y} \cdot \frac{2}{3}(y^2 - yx)^{\frac{3}{2}}\right]_{x=0}^{x=y} \mathrm{d}y$$

$$= \frac{2}{3}\int_0^1 y^2 \mathrm{d}y = \frac{2}{3}\left(\frac{y^3}{3}\right)\Big|_0^1 = \frac{2}{9}$$

### 4.1.3　几个典型的积分次序及积分限变换的例子

(1) $$\int_0^a \mathrm{d}x \int_0^{\frac{b}{a}x} f(x, y)\mathrm{d}y = \int_0^b \mathrm{d}y \int_{\frac{a}{b}y}^a f(x, y)\mathrm{d}x$$

积分区域: $y = \dfrac{b}{a}x$, $x = a$, 及 $y = 0$ 所包围的区域, 如图 4.10 所示.

(2) $$\int_0^R \mathrm{d}x \int_0^{\sqrt{R^2-x^2}} f(x, y)\mathrm{d}y = \int_0^R \mathrm{d}y \int_0^{\sqrt{R^2-y^2}} f(x, y)\mathrm{d}x$$

积分区域: $x^2 + y^2 = R^2$, 及 $x = 0$, $y = 0$ 所包围的区域, 如图 4.11 所示.

(3) $$\int_0^{2p} \mathrm{d}x \int_0^{\frac{q}{p}\sqrt{2px-x^2}} f(x, y)\mathrm{d}y = \int_0^q \mathrm{d}y \int_{p\left[1-\sqrt{1-\left(\frac{y}{q}\right)^2}\right]}^{p\left[1+\sqrt{1-\left(\frac{y}{q}\right)^2}\right]} f(x, y)\mathrm{d}x$$

积分区域: $\dfrac{(x-p)^2}{p^2} + \dfrac{y^2}{q^2} = 1$ 和 $y = 0$ 所包围的区域, 如图 4.12 所示.

(4) $$\int_0^R \mathrm{d}x \int_{\sqrt{R^2-x^2}}^{2R+x} f(x, y)\mathrm{d}y = \int_0^R \mathrm{d}y \int_{\sqrt{R^2-y^2}}^R f(x, y)\mathrm{d}x + \int_R^{2R} \mathrm{d}y \int_0^R f(x, y)\mathrm{d}x$$

$$+ \int_{2R}^{3R} \mathrm{d}y \int_{y-2R}^R f(x, y)\mathrm{d}x$$

积分区域: 由 $x = 0$, $x^2 + y^2 = R^2$, $x = R$ 及 $y = 2R + x$ 包围的区域, 如图 4.13 所示.

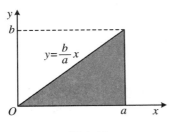

图 4.10

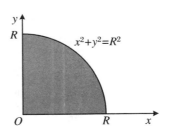

图 4.11

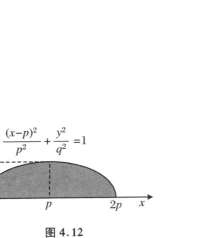

图 4.12

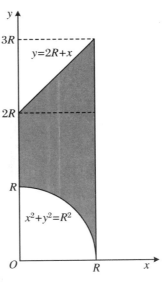

图 4.13

**例 7** 计算积分 $\iint\limits_D xy\mathrm{d}x\mathrm{d}y$,积分区域 $D$ 由曲线 $x^2 = 4y$ 和 $y^2 = 4x$ 围成.

**解** 首先画出积分区域草图(图 4.14),并在图上画一条垂直 $x$ 轴并穿过 $D$ 的直线 $L$.标定进入和离开区域 $D$ 的 $y$ 值:$y = \dfrac{x^2}{4}$,$y = 2\sqrt{x}$,这就是 $y$ 的积分限.同时根据草图可确定 $x$ 的积分限:$x = 0$ 和 $x = 4$.于是积分为

$$\iint\limits_D xy\mathrm{d}x\mathrm{d}y = \int_0^4 \mathrm{d}x \int_{\frac{x^2}{4}}^{2\sqrt{x}} xy\mathrm{d}y$$

$$= \int_0^4 x\left(\frac{y^2}{2}\right)\Big|_{\frac{x^2}{4}}^{2\sqrt{x}}\mathrm{d}x = \int_0^4 \left(2x^2 - \frac{x^5}{32}\right)\mathrm{d}x$$

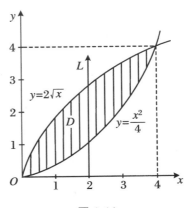

图 4.14

$$= \left( \frac{2x^3}{3} - \frac{x^6}{192} \right) \Big|_0^4 = \frac{128}{3} - \frac{64}{3} = \frac{64}{3}$$

**例 8**　计算积分 $\iint\limits_R xy \mathrm{d}x\mathrm{d}y$,积分区域 $R$ 由曲线 $y = x^2, y^2 = 4x, x = y^2$ 及 $x^2 = 4y$ 围成.

**解**　首先画出由四条曲线 $y = x^2, y^2 = 4x, x = y^2$ 及 $x^2 = 4y$ 围成的积分区域 $R$(图 4.15).找到它们的交点 $A, B, C, D$,这四个交点构成 $ABCD$ 曲边四边形.把这个曲边四边形分成三个子区 $R_1, R_2, R_3$.以垂直 $x$ 轴并穿过 $R$ 的直线 $L$ 经过

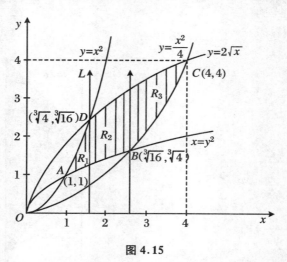

**图 4.15**

$D, B$ 两点处作为划分点,它们的 $x$ 坐标分别为 $x = \sqrt[3]{4}$ 和 $x = \sqrt[3]{16}$.因为 $A$ 点的坐标为 $(1, 1)$,$C$ 点的坐标为 $(4, 4)$,所以从 $x$ 方向看,三个积分子区域的积分区间分别是 $R_1$:从 $x = 1$ 到 $x = \sqrt[3]{4}$;$R_2$:从 $x = \sqrt[3]{4}$ 到 $x = \sqrt[3]{16}$;$R_3$:从 $x = \sqrt[3]{16}$ 到 $x = 4$.相应的从 $y$ 方向则看到,在子区域 $R_1$:直线 $L$ 从 $y = \sqrt{x}$ 进入,到 $y = x^2$ 离开;子区域 $R_2$:直线 $L$ 从 $y = \sqrt{x}$ 进入,到 $y = 2\sqrt{x}$ 离开;子区域 $R_3$:直线 $L$ 从 $y = \frac{x^2}{4}$ 进入,到 $y = 2\sqrt{x}$ 离开,这就是 $y$ 方向的积分限.因此可写出积分

$$\iint\limits_R xy \mathrm{d}x\mathrm{d}y = \int_1^{\sqrt[3]{4}} x\mathrm{d}x \int_{\sqrt{x}}^{x^2} y\mathrm{d}y + \int_{\sqrt[3]{4}}^{\sqrt[3]{16}} x\mathrm{d}x \int_{\sqrt{x}}^{2\sqrt{x}} y\mathrm{d}y + \int_{\sqrt[3]{16}}^4 x\mathrm{d}x \int_{\frac{x^2}{4}}^{2\sqrt{x}} y\mathrm{d}y$$

$$= \int_1^{\sqrt[3]{4}} x\left(\frac{y^2}{2}\right) \Big|_{\sqrt{x}}^{x^2} \mathrm{d}x + \int_{\sqrt[3]{4}}^{\sqrt[3]{16}} x\left(\frac{y^2}{2}\right) \Big|_{\sqrt{x}}^{2\sqrt{x}} \mathrm{d}x + \int_{\sqrt[3]{16}}^4 x\left(\frac{y^2}{2}\right) \Big|_{\frac{x^2}{4}}^{2\sqrt{x}} \mathrm{d}x$$

$$= \int_1^{\sqrt[3]{4}} x\left(\frac{x^4}{4} - \frac{x}{2}\right)\mathrm{d}x + \int_{\sqrt[3]{4}}^{\sqrt[3]{16}} x\left(\frac{4x}{2} - \frac{x}{2}\right)\mathrm{d}x + \int_{\sqrt[3]{16}}^4 x\left(\frac{4x}{2} - \frac{x^4}{32}\right)\mathrm{d}x$$

$$= \frac{1}{2}\int_1^{\sqrt[3]{4}} (x^5 - x^2)\mathrm{d}x + \frac{1}{2}\int_{\sqrt[3]{4}}^{\sqrt[3]{16}} 3x^2\mathrm{d}x + \frac{1}{2}\int_{\sqrt[3]{16}}^4 \left(4x^2 - \frac{x^5}{16}\right)\mathrm{d}x$$

$$= \frac{1}{2}\left(\frac{x^6}{6} - \frac{x^3}{3}\right)\Big|_1^{\sqrt[3]{4}} + \frac{1}{2}\left(3 \cdot \frac{x^3}{3}\right)\Big|_{\sqrt[3]{4}}^{\sqrt[3]{16}} + \frac{1}{2}\left(4 \cdot \frac{x^3}{3} - \frac{1}{16} \cdot \frac{x^6}{6}\right)\Big|_{\sqrt[3]{16}}^4$$

$$= \frac{1}{2}\left\{\left[\frac{(\sqrt[3]{4})^6}{6} - \frac{(\sqrt[3]{4})^3}{3}\right] - \left(\frac{1}{6} - \frac{1}{3}\right) + (\sqrt[3]{16})^3 - (\sqrt[3]{4})^3\right.$$

$$\left. + \left(\frac{4}{3} \cdot 4^3 - \frac{1}{96} \cdot 4^6\right) - \left[\frac{4}{3} \cdot (\sqrt[3]{16})^3 - \frac{1}{96}(\sqrt[3]{16})^6\right]\right\}$$

$$= \frac{1}{2}\left[\left(\frac{16}{6} - \frac{4}{3}\right) + \frac{1}{6} + (16 - 4) + \left(\frac{256}{3} - \frac{4096}{96}\right) - \left(\frac{64}{3} - \frac{256}{96}\right)\right]$$

$$= \frac{1}{2}\left(\frac{8}{6} + \frac{1}{6} + 12 + \frac{128}{3} - \frac{56}{3}\right) = \frac{1}{2}\left(\frac{9}{6} + \frac{72}{6} + \frac{144}{6}\right)$$

$$= \frac{1}{2} \cdot \frac{225}{6} = \frac{1}{2} \cdot \frac{75}{2} = \frac{75}{4}$$

这种按部就班的计算方法虽然看起来比较复杂,但其思路清晰、图像鲜明.该题也可用坐标变换的办法来计算(见 4.3 节重积分的坐标变换).

**例 9** 计算积分 $\iint\limits_D (x^2 + 2y^2)\mathrm{d}x\mathrm{d}y$,积分区域 $D$ 是由两个圆周 $x^2 + y^2 = 2ax$ 与 $x^2 + y^2 = 4ax(a > 0)$ 之间的部分.

**解** 画出积分区域 $D$ 的草图(图 4.16).因为区域的边界是圆,用极坐标会更方便些.令 $O$ 点为极坐标的极点,极轴与 $x$ 轴重合.从 $O$ 点作一条极径 $r$ 穿过小圆的 $A$ 点和大圆的 $B$ 点,令 $r$ 与极轴的交角为 $\theta$,小圆和大圆的直径分是 $2a$ 和 $4a$.那么 $A$ 点和 $B$ 点的极径分别为 $r = 2a\cos\theta$ 和 $r = 4a\cos\theta$,这就是 $r$ 方向的积分的下、上限.另外,极径扫过整个积分区域 $D$ 时,极角 $\theta$ 的变化范围为 $-\frac{\pi}{2}$ 到 $\frac{\pi}{2}$,这就是 $\theta$ 的积分限.因为该积分区域对 $x$ 轴(也是极轴)是对称的,所以只要对 $x$ 轴以上部分从 0 到 $\frac{\pi}{2}$ 积分,并乘以 2 就行了.

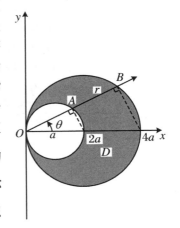

**图 4.16**

极坐标与直角坐标的关系是

$$\begin{cases} x = r\cos\theta \\ y = r\sin\theta \end{cases} \tag{4.9}$$

在极坐标中,微分元变为

$$\mathrm{d}x\mathrm{d}y = r\mathrm{d}r\mathrm{d}\theta \tag{4.10}$$

于是该积分为

$$\iint\limits_D (x + 2y^2)\mathrm{d}x\mathrm{d}y = \iint\limits_D (r\cos\theta + 2r^2\sin^2\theta)r\mathrm{d}r\mathrm{d}\theta$$

$$= 2\int_0^{\frac{\pi}{2}} \mathrm{d}\theta \int_{2a\cos\theta}^{4a\cos\theta} (r^2\cos\theta + 2r^3\sin^2\theta)\mathrm{d}r$$

$$= 2\int_0^{\frac{\pi}{2}} \left(\frac{r^3}{3}\cos\theta + 2\cdot\frac{r^4}{4}\sin^2\theta\right)\Big|_{2a\cos\theta}^{4a\cos\theta} \mathrm{d}\theta$$

$$= 2\int_0^{\frac{\pi}{2}} \Big[\left(\frac{1}{3}\cdot 64a^3\cos^4\theta + \frac{1}{2}256a^4\cos^4\theta\sin^2\theta\right)$$

$$- \left(\frac{1}{3}\cdot 8a^3\cos^4\theta + \frac{1}{2}\cdot 16a^4\cos^4\theta\sin^2\theta\right)\Big]\mathrm{d}\theta$$

$$= 2\left(\frac{56a^3}{3}\int_0^{\frac{\pi}{2}}\cos^4\theta\,\mathrm{d}\theta + 120a^4\int_0^{\frac{\pi}{2}}\cos^4\theta\sin^2\theta\,\mathrm{d}\theta\right)$$

$$= 2\left(\frac{56a^3}{3}\int_0^{\frac{\pi}{2}}\cos^4\theta\,\mathrm{d}\theta + 120a^4\int_0^{\frac{\pi}{2}}\cos^4\theta\,\mathrm{d}\theta - 120a^4\int_0^{\frac{\pi}{2}}\cos^6\theta\,\mathrm{d}\theta\right)$$

$$= 2\left(\frac{56a^3}{3}\cdot\frac{3!!}{4!!}\cdot\frac{\pi}{2} + 120a^4\cdot\frac{3!!}{4!!}\cdot\frac{\pi}{2} - 120a^4\cdot\frac{5!!}{6!!}\cdot\frac{\pi}{2}\right)$$

$$= 2\left(\frac{7a^3\pi}{2} + \frac{45a^4\pi}{2} - \frac{75a^4\pi}{4}\right) = 7a^3\pi + \frac{15}{2}a^4\pi = \pi a^3\left(7 + \frac{15a}{2}\right)$$

**例 10** 计算积分 $\iint\limits_D y\mathrm{d}x\mathrm{d}y$,其中 $D$ 是两个圆 $x^2 + y^2 = 2ax$ 和 $x^2 + y^2 = 2ay(a > 0)$ 的共同部分.

**解** 画出两个圆的草图(图 4.17).积分区域是两圆的交点 $O$ 和 $P$ 之间的部分,两圆的圆心分别在 $x$ 轴和 $y$ 轴上.使用极坐标,$O$ 点为极点,极坐标轴与 $x$ 轴重合.因为两圆的半径均为 $a$,所以两圆交点的连线 $\overline{OP} = \sqrt{2}a$,$\overline{OP}$ 与极坐标轴的交角 $\theta = \frac{\pi}{4}$.连线 $\overline{OP}$ 把积分区域 $D$ 分成两个相等的部分:$D_1\left[0,\frac{\pi}{4}\right]$ 和 $D_2\left[\frac{\pi}{4},\frac{\pi}{2}\right]$.

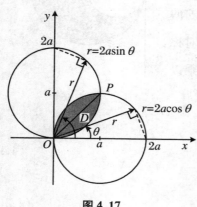

**图 4.17**

在 $D_1$ 上:当极径 $\vec{r}$ 进入积分区域时,$r = 0$;离开积分区域时,$r = 2a\sin\theta$.这就是 $r$ 在 $D_1$ 积分区域中的积分限.计及所有穿过 $D_1$ 的 $r$ 线,得到 $\theta = 0$ 和 $\theta = \frac{\pi}{4}$ 为 $\theta$ 角的下限和上限.

在 $D_2$ 上:当极径 $\vec{r}$ 进入积分区域时,$r = 0$;离开积分区域时 $r = 2a\cos\theta$.这就是 $r$ 在 $D_2$ 积分区域中的积分限.计及所有穿过 $D_2$ 的 $r$ 线,得到 $\theta = \frac{\pi}{4}$ 和 $\theta = \frac{\pi}{2}$ 为 $\theta$ 角的下限和上限.在极坐标中,$y = r\sin\theta$,微分元为 $r\mathrm{d}r\mathrm{d}\theta$,

因此该积分为

$$\iint\limits_{D} y \mathrm{d}x\mathrm{d}y = \iint\limits_{D_1} y\mathrm{d}x\mathrm{d}y + \iint\limits_{D_2} y\mathrm{d}x\mathrm{d}y$$

$$= \int_0^{\frac{\pi}{4}} \mathrm{d}\theta \int_0^{2a\sin\theta} r\sin\theta \cdot r\mathrm{d}r + \int_{\frac{\pi}{4}}^{\frac{\pi}{2}} \mathrm{d}\theta \int_0^{2a\cos\theta} r\sin\theta \cdot r\mathrm{d}r$$

$$= \int_0^{\frac{\pi}{4}} \sin\theta\mathrm{d}\theta \int_0^{2a\sin\theta} r^2\mathrm{d}r + \int_{\frac{\pi}{4}}^{\frac{\pi}{2}} \sin\theta\mathrm{d}\theta \int_0^{2a\cos\theta} r^2\mathrm{d}r$$

$$= \int_0^{\frac{\pi}{4}} \sin\theta \left(\frac{r^3}{3}\right)\Big|_0^{2a\sin\theta} \mathrm{d}\theta + \int_{\frac{\pi}{4}}^{\frac{\pi}{2}} \sin\theta \left(\frac{r^3}{3}\right)\Big|_0^{2a\cos\theta} \mathrm{d}\theta$$

$$= \frac{8a^3}{3} \int_0^{\frac{\pi}{4}} \sin^4\theta\mathrm{d}\theta + \frac{8a^3}{3} \int_{\frac{\pi}{4}}^{\frac{\pi}{2}} \sin\theta\cos^3\theta\mathrm{d}\theta$$

在该式右端的第一个积分中,令 $\theta = \dfrac{\varphi}{2}$,则 $\mathrm{d}\theta = \dfrac{\mathrm{d}\varphi}{2}$. 当 $\theta = 0$ 时,$\varphi = 0$;当 $\theta = \dfrac{\pi}{4}$ 时,

$\varphi = \dfrac{\pi}{2}$,因此

$$\int_0^{\frac{\pi}{4}} \sin^4\theta\mathrm{d}\theta = \int_0^{\frac{\pi}{2}} \sin^4\left(\frac{\varphi}{2}\right) \cdot \frac{1}{2}\mathrm{d}\varphi = \frac{1}{2}\int_0^{\frac{\pi}{2}} \left(\sqrt{\frac{1-\cos\varphi}{2}}\right)^4 \mathrm{d}\varphi$$

$$= \frac{1}{8}\int_0^{\frac{\pi}{2}} (1 - 2\cos\varphi + \cos^2\varphi)\mathrm{d}\varphi$$

$$= \frac{1}{8}\left(\frac{\pi}{2} - 2 + \frac{\pi}{4}\right) = \frac{1}{4}\left(\frac{3\pi}{8} - 1\right)$$

该式右端的第二个积分为

$$\int_{\frac{\pi}{4}}^{\frac{\pi}{2}} \cos^3\theta\sin\theta\mathrm{d}\theta = -\int_{\frac{\pi}{4}}^{\frac{\pi}{2}} \cos^3\theta\mathrm{d}\cos\theta = -\left(\frac{\cos^4\theta}{4}\right)\Big|_{\frac{\pi}{4}}^{\frac{\pi}{2}}$$

$$= \frac{\cos^4\left(\frac{\pi}{4}\right)}{4} = \frac{\left(\frac{1}{\sqrt{2}}\right)^4}{4} = \frac{1}{16}$$

于是得到

$$\iint\limits_{D} y\mathrm{d}x\mathrm{d}y = \frac{8a^3}{3}\left[\frac{1}{4}\left(\frac{3\pi}{8} - 1\right) + \frac{1}{16}\right]$$

$$= \frac{8a^3}{3}\left(\frac{3\pi}{32} - \frac{1}{4} + \frac{1}{16}\right) = \frac{8a^3}{3}\left(\frac{3\pi}{32} - \frac{3}{16}\right)$$

$$= \frac{a^3}{2}\left(\frac{\pi}{2} - 1\right)$$

在极坐标的情况下,一般只要用从极点出发的极径 $\vec{r}$ 作为积分区域的穿透线就可以了. 从极径的进入和离开积分域,可定出极径方向的积分下限与上限;用极径在积分区的转动范围来确定极角 $\theta$ 的积分上、下限. 当然也可以用垂直于极轴的圆弧线穿过积分区域来确定极角 $\theta$ 的积分上、下限.

## 4.1.4　两个一元函数乘积的积分

从傅比尼定理还可引出下面的**定理**:两个函数乘积的积分等于两个函数各自积分的乘积.

如果 $f(x,y)=g(x)h(y)$,此处 $(x,y)\in R=[a,b]\times[c,d]$,则

$$\iint\limits_R f(x,y)\mathrm{d}A = \int_a^b g(x)\mathrm{d}x\int_c^d h(y)\mathrm{d}y \tag{4.11}$$

**证**　根椐傅比尼定理,有

$$\iint\limits_R f(x,y)\mathrm{d}A = \int_c^d\int_a^b f(x,y)\mathrm{d}x\mathrm{d}y$$

$$= \int_c^d\left[\int_a^b g(x)h(y)\mathrm{d}x\right]\mathrm{d}y$$

$$= \int_c^d\left[h(y)\int_a^b g(x)\mathrm{d}x\right]\mathrm{d}y \quad (\text{把 } h(y) \text{ 当作常数})$$

$$= \int_a^b g(x)\mathrm{d}x\int_c^d h(y)\mathrm{d}y \quad \left(\text{把}\int_a^b g(x)\mathrm{d}x \text{ 作为常数}\right)$$

**例 11**　计算积分 $\iint\limits_R x\cos y\mathrm{d}A$,此处 $R=\left\{(x,y)\mid 1\leqslant x\leqslant 2,0\leqslant y\leqslant\dfrac{\pi}{6}\right\}$.

**解**

$$\iint\limits_R x\cos y\mathrm{d}A = \int_0^{\frac{\pi}{6}}\int_1^2 x\cos y\mathrm{d}x\mathrm{d}y$$

$$= \int_1^2 x\mathrm{d}x\int_0^{\frac{\pi}{6}}\cos y\mathrm{d}y$$

$$= \left(\frac{x^2}{2}\right)\Big|_1^2(\sin y)\Big|_0^{\frac{\pi}{6}} = \frac{3}{2}\cdot\frac{1}{2} = \frac{3}{4}$$

**例 12**　计算积分 $\int_0^{\ln 3}\int_0^{\ln 2}\mathrm{e}^{x+y}\mathrm{d}x\mathrm{d}y$.

**解**

$$\int_0^{\ln 3}\int_0^{\ln 2}\mathrm{e}^{x+y}\mathrm{d}x\mathrm{d}y = \int_0^{\ln 3}\mathrm{e}^y\mathrm{d}y\int_0^{\ln 2}\mathrm{e}^x\mathrm{d}x$$

$$= (\mathrm{e}^y)\Big|_0^{\ln 3}\cdot(\mathrm{e}^x)\Big|_0^{\ln 2}$$

$$= (\mathrm{e}^{\ln 3}-1)(\mathrm{e}^{\ln 2}-1) = (3-1)(2-1) = 2$$

**例 13**　计算积分 $\int_0^{\frac{\pi}{4}}\int_0^{\ln 2}\mathrm{e}^x\sin y\mathrm{d}x\mathrm{d}y$.

**解**

$$\int_0^{\frac{\pi}{4}}\int_0^{\ln 2}\mathrm{e}^x\sin y\mathrm{d}x\mathrm{d}y = \int_0^{\frac{\pi}{4}}\sin y\mathrm{d}y\int_0^{\ln 2}\mathrm{e}^x\mathrm{d}x$$

$$= (-\cos y)\,|_0^{\frac{\pi}{4}} \cdot (e^x)\,|_0^{\ln 2} = \left(1 - \frac{\sqrt{2}}{2}\right)(e^{\ln 2} - 1)$$

$$= \frac{2 - \sqrt{2}}{2}$$

# 4.2　三　重　积　分

## 4.2.1　三重积分的定义

假设有一个立体 $V$,已知在它的某点 $P(x,y,z)$ 处,其质量的密度分布为

$$\rho = \rho(P) = \rho(x,y,z)$$

那么该物体的总质量 $M$ 等于

$$M = \iiint\limits_{(V)} \rho(x,y,z)\mathrm{d}v$$

这个积分被称为三重积分. 式中的 $\mathrm{d}v$ 为体积元,$\mathrm{d}v = \mathrm{d}x\mathrm{d}y\mathrm{d}z$.

如果抽去它的物理内容和几何解释,则三重积分可定义为:在某一空间区域 $V$ 中,给定一个函数 $f(x,y,z)$,任意选取一点 $P(x,y,z)$,并将这点的函数值 $f(x,y,z)$ 乘上该点上的体积元 $\mathrm{d}v$ 并做积分,就得到三重积分了. 因此上式可写成

$$I = \iiint\limits_{(V)} f(x,y,z)\mathrm{d}v = \iiint\limits_{(V)} f(x,y,z)\mathrm{d}x\mathrm{d}y\mathrm{d}z \qquad (4.12)$$

式(4.12)就是一般意义上的三重积分. 其中体积元 $\mathrm{d}v = \mathrm{d}x\mathrm{d}y\mathrm{d}z$,式中的被积函数 $f(x,y,z)$,可以是质量的分布、电荷的分布或代表其他意义的分布函数. 如果 $f(x,y,z) = 1$,则积分的结果是该立体的体积.

## 4.2.2　三重积分的傅比尼定理[6]

如果 $f$ 在整个矩形箱 $V = \{(x,y,z) \mid a \leqslant x \leqslant b, c \leqslant y \leqslant d, e \leqslant z \leqslant f\}$ 中是可积的,那么式(4.12)可写成如下 6 种不同次序的逐次积分:

$$\iiint\limits_{(V)} f(x,y,z)\mathrm{d}x\mathrm{d}y\mathrm{d}z = \int_e^f \int_c^d \int_a^b f(x,y,z)\mathrm{d}x\mathrm{d}y\mathrm{d}z$$

$$= \int_a^b \int_e^f \int_c^d f(x,y,z)\mathrm{d}y\mathrm{d}z\mathrm{d}x$$

$$= \int_c^d \int_a^b \int_e^f f(x,y,z)\mathrm{d}z\mathrm{d}x\mathrm{d}y$$

$$= \int_e^f \int_a^b \int_c^d f(x,y,z) \mathrm{d}y \mathrm{d}x \mathrm{d}z$$

$$= \int_c^d \int_e^f \int_a^b f(x,y,z) \mathrm{d}x \mathrm{d}z \mathrm{d}y$$

$$= \int_a^b \int_c^d \int_e^f f(x,y,z) \mathrm{d}z \mathrm{d}y \mathrm{d}x \qquad (4.13)$$

这就是三重积分的**傅比尼定理**.

其中任何一个积分式都可以写成这样的形式:

$$\iiint\limits_{(V)} f(x,y,z) \mathrm{d}x \mathrm{d}y \mathrm{d}z = \int_a^b \mathrm{d}x \int_c^d \mathrm{d}y \int_e^f f(x,y,z) \mathrm{d}z \qquad (4.14)$$

或

$$\iiint\limits_{(V)} f(x,y,z) \mathrm{d}x \mathrm{d}y \mathrm{d}z = \int_a^b \left\{ \int_c^d \left[ \int_e^f f(x,y,z) \mathrm{d}z \right] \mathrm{d}y \right\} \mathrm{d}x \qquad (4.15)$$

积分应从内到外逐次完成.

不论积分次序如何变换,但有一点必须记住:积分号与相应的微分号的搭配不能改变,例如在式(4.13)或式(4.14)或式(4.15)中,积分号 $\int_a^b$ 是与微分号 $\mathrm{d}x$ 相对应的,积分号 $\int_c^d$ 是与微分号 $\mathrm{d}y$ 相对应的,以及积分号 $\int_e^f$ 是与微分号 $\mathrm{d}z$ 相对应的.这种对应关系不能因次序改变而变化.它们是固定搭配,具有伴随性质,跟着走.

### 4.2.3 三重积分的算例

1. 直角坐标.

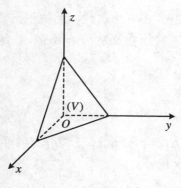

**图 4.18**

**例 14**  计算积分 $I = \iiint\limits_{(V)} \dfrac{\mathrm{d}x \mathrm{d}y \mathrm{d}z}{(1+x+y+z)^3}$,它是一个由平面 $x=0, y=0, z=0$,及 $x+y+z=1$ 所围成的四面体($V$)(图 4.18).

**解**  该立体在 $xOy$ 平面上的投影为直线 $x=0, y=0$ 及 $x+y=1$ 所围成的三角形. $x$ 变化的界限是 0 和 1,而当 $x$ 固定在 0 和 1 之间时,$y$ 则由 0 变到 $1-x$.如果 $x,y$ 都固定,则点可以沿垂线自平面 $z=0$ 移动到 $x+y+z=1$.因此 $z$ 的变动范围为从 0 到 $1-x-y$.

由式(4.14),得到

$$I = \iiint\limits_{(V)} \frac{\mathrm{d}x \mathrm{d}y \mathrm{d}z}{(1+x+y+z)^3} = \int_0^1 \mathrm{d}x \int_0^{1-x} \mathrm{d}y \int_0^{1-x-y} \frac{\mathrm{d}z}{(1+x+y+z)^3}$$

积分从内层开始,逐次向外(或者说从右向左).先对 $z$ 做积分(可把 $x,y$ 当作常

数),得

$$\int_0^{1-x-y} \frac{\mathrm{d}z}{(1+x+y+z)^3} = \int_0^{1-x-y} \frac{\mathrm{d}(z+y+x+1)}{(z+y+x+1)^3}$$

$$= \left[ \frac{1}{-3+1}(z+y+x+1)^{-2} \right]_{z=0}^{z=1-x-y}$$

$$= -\frac{1}{2}\left[ \frac{1}{2^2} - \frac{1}{(y+x+1)^2} \right] = \frac{1}{2}\left[ \frac{1}{(y+x+1)^2} - \frac{1}{4} \right]$$

再对 $y$ 做积分(把 $x$ 当作常数),得

$$\int_0^{1-x} \frac{1}{2}\left[ \frac{1}{(y+x+1)^2} - \frac{1}{4} \right]\mathrm{d}y = \frac{1}{2}\left[ \int_0^{1-x} \frac{\mathrm{d}(y+x+1)}{(y+x+1)^2} - \int_0^{1-x} \frac{1}{4}\mathrm{d}y \right]$$

$$= \frac{1}{2}\left[ \left( \frac{1}{-2+1} \cdot \frac{1}{y+x+1} \right)\Big|_{y=0}^{y=1-x} - \left( \frac{y}{4} \right)\Big|_{y=0}^{y=1-x} \right]$$

$$= \frac{1}{2}\left( \frac{1}{x+1} - \frac{1}{2} - \frac{1-x}{4} \right) = \frac{1}{2}\left( \frac{1}{x+1} - \frac{3}{4} + \frac{x}{4} \right)$$

最后求对 $x$ 的积分,得

$$I = \iiint_{(V)} \frac{\mathrm{d}x\mathrm{d}y\mathrm{d}z}{(1+x+y+z)^3} = \int_0^1 \frac{1}{2}\left( \frac{1}{x+1} - \frac{3}{4} + \frac{x}{4} \right)\mathrm{d}x$$

$$= \frac{1}{2}\left( \int_0^1 \frac{\mathrm{d}x}{1+x} - \int_0^1 \frac{3}{4}\mathrm{d}x + \int_0^1 \frac{x}{4}\mathrm{d}x \right)$$

$$= \frac{1}{2}\left[ \ln(1+x) - \frac{3}{4}x + \frac{1}{8}x^2 \right]_0^1$$

$$= \frac{1}{2}\left( \ln 2 - \frac{3}{4} + \frac{1}{8} \right) = \frac{1}{2}\left( \ln 2 - \frac{5}{8} \right)$$

**例 15** 计算积分 $J = \iiint\limits_{(V)} z\mathrm{d}x\mathrm{d}y\mathrm{d}z$,其中 $(V)$ 是椭球体 $\dfrac{x^2}{a^2} + \dfrac{y^2}{b^2} + \dfrac{z^2}{c^2} = 1$ 的上半部分.

**解** 该立体在 $xOy$ 平面上的投影是椭圆 $\dfrac{x^2}{a^2} + \dfrac{y^2}{b^2} = 1$,故 $x$ 的变化范围在 $-a$ 到 $a$ 之间;当 $x$ 固定时,变量 $y$ 自 $-\dfrac{b}{a}\sqrt{a^2-x^2}$ 变化到 $+\dfrac{b}{a}\sqrt{a^2-x^2}$;当 $x,y$ 固定时,$z$ 的变化范围从 $0$ 到 $c\sqrt{1 - \dfrac{x^2}{a^2} - \dfrac{y^2}{b^2}}$.

运用式(4.14),得到

$$J = \iiint_{(V)} z\mathrm{d}x\mathrm{d}y\mathrm{d}z = \int_{-a}^{a}\mathrm{d}x \int_{-\frac{b}{a}\sqrt{a^2-x^2}}^{+\frac{b}{a}\sqrt{a^2-x^2}}\mathrm{d}y \int_0^{c\sqrt{1-\frac{x^2}{a^2}-\frac{y^2}{b^2}}} z\mathrm{d}z$$

$$= \int_{-a}^{a}\mathrm{d}x \int_{-\frac{b}{a}\sqrt{a^2-x^2}}^{+\frac{b}{a}\sqrt{a^2-x^2}}\mathrm{d}y \left( \frac{1}{2}z^2 \right)\Big|_0^{c\sqrt{1-\frac{x^2}{a^2}-\frac{y^2}{b^2}}}$$

$$= \frac{c^2}{2}\int_{-a}^{a}\mathrm{d}x \int_{-\frac{b}{a}\sqrt{a^2-x^2}}^{+\frac{b}{a}\sqrt{a^2-x^2}} \left( 1 - \frac{x^2}{a^2} - \frac{y^2}{b^2} \right)\mathrm{d}y$$

$$= 2c^2 \int_0^a \mathrm{d}x \int_0^{+\frac{b}{a}\sqrt{a^2-x^2}} \left(1 - \frac{x^2}{a^2} - \frac{y^2}{b^2}\right)\mathrm{d}y$$

$$= 2c^2 \int_0^a \mathrm{d}x \left(y - \frac{x^2}{a^2}y - \frac{1}{3b^2}y^3\right)\Bigg|_0^{y=\frac{b}{a}\sqrt{a^2-x^2}}$$

$$= 2c^2 \int_0^a \frac{2b}{3a^3}(a^2 - x^2)^{\frac{3}{2}}\mathrm{d}x = \frac{4bc^2}{3a^3}\int_0^a \sqrt{(a^2-x^2)^3} \cdot \mathrm{d}x$$

$$= \frac{4bc^2}{3a^3} \cdot \frac{1}{4}\left[x\sqrt{(a^2-x^2)^3} + \frac{3a^2 x}{2}\sqrt{a^2-x^2} + \frac{3a^4}{2}\arcsin\frac{x}{a}\right]_0^a$$

$$= \frac{bc^2}{3a^3} \cdot \frac{3a^4}{2} \cdot \frac{\pi}{2} = \frac{\pi}{4}abc^2$$

**例 16**　计算积分 $\int_0^1 \int_0^{1-x} \int_0^{2-x} xyz\,\mathrm{d}z\mathrm{d}y\mathrm{d}z$.

**解**　遵循积分从内层到外层的原则,并记住对某一积分变量积分时,把其他变量看成常数,因此

$$\int_0^1 \int_0^{1-x} \int_0^{2-x} xyz\,\mathrm{d}z\mathrm{d}y\mathrm{d}z$$

$$= \int_0^1 \left[\int_0^{1-x} \left(\int_0^{2-x} xyz\,\mathrm{d}z\right)\mathrm{d}y\right]\mathrm{d}x$$

$$= \int_0^1 \left[\int_0^{1-x} \left(xy \cdot \frac{1}{2}z^2\right)\Bigg|_{z=0}^{z=2-x}\mathrm{d}y\right]\mathrm{d}x = \frac{1}{2}\int_0^1 \left[\int_0^{1-x} xy(2-x)^2\mathrm{d}y\right]\mathrm{d}x$$

$$= \frac{1}{2}\int_0^1 \left[x(2-x)^2 \cdot \frac{1}{2}y^2\right]_{y=0}^{y=1-x}\mathrm{d}x = \frac{1}{4}\int_0^1 x(1-x)^2(2-x)^2\mathrm{d}x$$

$$= \frac{1}{4}\int_0^1 (4x - 12x^2 + 13x^3 - 6x^4 + x^5)\mathrm{d}x$$

$$= \frac{1}{4}\left(4 \cdot \frac{x^2}{2} - 12 \cdot \frac{x^3}{3} + 13 \cdot \frac{x^3}{4} - 6 \cdot \frac{x^5}{5} + \frac{x^6}{6}\right)\Bigg|_0^1$$

$$= \frac{1}{4}\left(2 - 4 + \frac{13}{4} - \frac{6}{5} + \frac{1}{6}\right) = \frac{1}{4} \cdot \frac{13}{60} = \frac{13}{240}$$

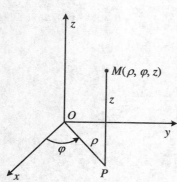

图 4.19

**2. 柱坐标.**

空间中的常用坐标除了直角坐标外,还有柱坐标和球坐标.柱坐标是这样确定的:在空间直角坐标 $(x, y, z)$ 中,用平面极坐标 $(\rho, \varphi)$ 来代替 $(x, y)$,保留 $z$,从而用 $(\rho, \varphi, z)$ 作为空间点 $M$ 的坐标.在全空间中,$\rho, \varphi, z$ 的变化范围是

$$0 \leqslant \rho < \infty, \quad 0 \leqslant \varphi \leqslant 2\pi, \quad -\infty < z < +\infty$$

它与直角坐标的关系是(图 4.19)

$$\begin{cases} x = \rho\cos\varphi \\ y = \rho\sin\varphi \\ z = z \end{cases} \quad (4.16)$$

直角坐标系与柱坐标系中的积分公式的变换关系为

$$\iiint_{\Omega} f(x,y,z)\mathrm{d}x\mathrm{d}y\mathrm{d}z = \iiint_{\Omega} f(\rho\cos\varphi, \rho\sin\varphi, z)\rho\mathrm{d}\rho\mathrm{d}\varphi\mathrm{d}z$$

$$= \iiint_{\Omega} F(\rho,\varphi,z)\rho\mathrm{d}\rho\mathrm{d}\varphi\mathrm{d}z$$

其中

$$F(\rho,\varphi,z) = f(\rho\cos\varphi, \rho\sin\varphi, z)$$

**例 17** 计算积分 $\iiint_{\Omega} z\sqrt{x^2+y^2}\mathrm{d}x\mathrm{d}y\mathrm{d}z$，积分范围为 $0 \leqslant z \leqslant c, 0 \leqslant \varphi \leqslant \dfrac{\pi}{2}$，$0 \leqslant \rho \leqslant 2\cos\varphi$.

**解** 采用柱坐标计算该积分，微分元为 $\mathrm{d}\rho \cdot \rho\mathrm{d}\varphi \cdot \mathrm{d}z = \rho\mathrm{d}\rho\mathrm{d}\varphi\mathrm{d}z$（图 4.20），其中

$$\rho = \sqrt{x^2+y^2}$$

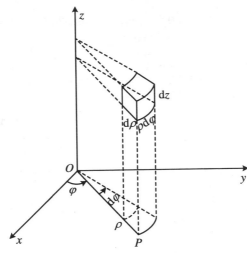

**图 4.20**

在这个柱体上的积分为

$$V = \iiint_{\Omega} z\sqrt{x^2+y^2}\mathrm{d}x\mathrm{d}y\mathrm{d}z = \iiint_{\Omega} z\rho \cdot \rho\mathrm{d}\rho\mathrm{d}\varphi\mathrm{d}z$$

$$= \iiint_{\Omega} z\rho^2\mathrm{d}\rho\mathrm{d}\varphi\mathrm{d}z = \int_0^{\frac{\pi}{2}}\mathrm{d}\varphi\int_0^{2\cos\varphi}\rho^2\mathrm{d}\rho\int_0^c z\mathrm{d}z$$

$$= \frac{c^2}{2}\int_0^{\frac{\pi}{2}}\mathrm{d}\varphi\int_0^{2\cos\varphi}\rho^2\mathrm{d}\rho = \frac{c^2}{2}\int_0^{\frac{\pi}{2}}\mathrm{d}\varphi\left(\frac{1}{3}\rho^3\right)\bigg|_0^{2\cos\varphi}$$

$$= \frac{8c^2}{6}\int_0^{\frac{\pi}{2}}\cos^3\varphi\mathrm{d}\varphi = \frac{4c^2}{3}\left(\sin\varphi - \frac{1}{3}\sin^3\varphi\right)\bigg|_0^{\frac{\pi}{2}}$$

$$= \frac{4c^2}{3} \cdot \frac{2}{3} = \frac{8c^2}{9}$$

### 3. 球坐标.

在球坐标中,空间一点 $M$ 用 $(r, \theta, \varphi)$ 来表示(图 4.21). $(r, \theta, \varphi)$ 为 $M$ 点的球坐标,或称空间极坐标,记作 $M(r, \theta, \varphi)$. 在全空间中它的变化范围是

$$0 \leqslant r < \infty$$
$$0 \leqslant \theta \leqslant \pi$$
$$0 \leqslant \varphi \leqslant 2\pi$$

球坐标与直角坐标的关系为

$$\begin{cases} x = r\sin\theta\cos\varphi \\ y = r\sin\theta\sin\varphi \\ z = r\cos\theta \end{cases} \tag{4.17}$$

例如在求椭球体的体积时,在空间 $M$ 点取一小体积元 $ABCDA'B'C'D'$ (图 4.22),其中

$$OA = r, \quad AB = r\mathrm{d}\theta, \quad AD = r\sin\theta\mathrm{d}\varphi, \quad AA' = \mathrm{d}r$$

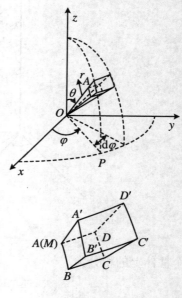

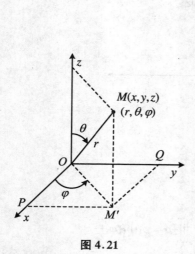

图 4.21　　　　　　　　　　图 4.22

该体积元 $ABCDA'B'C'D'$ 的体积为

$$\mathrm{d}r \cdot r\mathrm{d}\theta \cdot r\sin\theta\mathrm{d}\varphi = r^2\sin\theta\mathrm{d}r\mathrm{d}\theta\mathrm{d}\varphi$$

因此在这个椭球体上的积分是

$$V = \iiint\limits_{\Omega} f(x, y, z)\mathrm{d}x\mathrm{d}y\mathrm{d}z$$

$$= \iiint\limits_{\Omega} f(r\sin\theta\cos\varphi, r\sin\theta\sin\varphi, r\cos\varphi) r^2\sin\theta \mathrm{d}r\mathrm{d}\theta\mathrm{d}\varphi$$

$$= \iiint\limits_{\Omega} F(r,\theta,\varphi) r^2\sin\theta \mathrm{d}r\mathrm{d}\theta\mathrm{d}\varphi$$

其中 $F(r,\theta,\varphi) = f(r\sin\theta\cos\varphi, r\sin\theta\sin\varphi, r\cos\theta)$.

**例 18**　计算一个半径为 $a$ 的球体的体积.

**解**　以球体的中心 $O$ 为坐标原点,积分的范围是

$$r\text{:从 } 0 \text{ 到 } a; \quad \theta\text{:从 } 0 \text{ 到 } \pi; \quad \varphi\text{:从 } 0 \text{ 到 } 2\pi$$

该球体的体积为 $[F(r,\theta,\varphi)=1]$

$$V = \iiint\limits_{\Omega} F(r,\theta,\varphi) r^2\sin\theta \mathrm{d}r\mathrm{d}\theta\mathrm{d}\varphi$$

$$= \int_0^a \int_0^{2\pi} \int_0^\pi r^2\sin\theta \mathrm{d}\theta\mathrm{d}\varphi\mathrm{d}r = \int_0^{2\pi}\mathrm{d}\varphi \int_0^\pi \sin\theta\mathrm{d}\theta \int_0^a r^2\mathrm{d}r$$

$$= \int_0^{2\pi}\mathrm{d}\varphi \int_0^\pi \sin\theta\mathrm{d}\theta \left(\frac{r^3}{3}\right)\Big|_0^a = \frac{a^3}{3}\int_0^{2\pi}\mathrm{d}\varphi \int_0^\pi \sin\theta\mathrm{d}\theta$$

$$= \frac{a^3}{3}\int_0^{2\pi} (-\cos\theta)\,|_0^\pi \mathrm{d}\varphi = \frac{2a^3}{3}\int_0^{2\pi}\mathrm{d}\varphi$$

$$= \frac{4}{3}\pi a^3$$

**例 19**　计算积分 $\int_0^{2\pi}\int_0^1\int_0^2 zr^2\sin\theta \mathrm{d}z\mathrm{d}r\mathrm{d}\theta$.

**解**　把积分式写成分套结构形式,再从内到外地计算:

$$\int_0^{\frac{\pi}{2}}\int_0^1\int_0^2 zr^2\sin\theta \mathrm{d}z\mathrm{d}r\mathrm{d}\theta = \int_0^{\frac{\pi}{2}}\left[\int_0^1\left(\int_0^2 r^2\sin\theta \cdot z\mathrm{d}z\right)\mathrm{d}r\right]\mathrm{d}\theta$$

$$= \int_0^{\frac{\pi}{2}}\left[\int_0^1 r^2\sin\theta \left(\frac{z^2}{2}\right)\Big|_{z=0}^{z=2}\mathrm{d}r\right]\mathrm{d}\theta = 2\int_0^{\frac{\pi}{2}}\left(\int_0^1 r^2\sin\theta\mathrm{d}r\right)\mathrm{d}\theta$$

$$= 2\int_0^{\frac{\pi}{2}}\sin\theta \left(\frac{r^3}{3}\right)\Big|_{r=0}^{r=1}\mathrm{d}\theta = \frac{2}{3}\int_0^{\frac{\pi}{2}}\sin\theta\mathrm{d}\theta$$

$$= -\frac{2}{3}(\cos\theta)\,|_0^{\frac{\pi}{2}} = \frac{2}{3}$$

**例 20**　计算由抛物面和 $z=0$ 平面包围的体积 $\iiint\limits_{(R)} f(r,\varphi,z)\mathrm{d}v$(图 4.23). 在区域 $(R)$ 中,$f(r,\varphi,z)=1$,抛物面的方程为 $r^2=9-z$,或 $z=9-r^2$.

**解**　积分首先相对于 $z$,从 $z=0$ 到 $z=9-r^2$;相应的 $r$ 则从 $r=3$ 到 $r=0$;最后对 $\varphi$ 积分,积分区间是 $\varphi=0$ 到 $\varphi=2\pi$(这里使用的坐标是横坐标). 因此

$$\iiint\limits_{(R)}\mathrm{d}v = \int_0^{2\pi}\int_0^3\int_0^{9-r^2} (r\mathrm{d}z\mathrm{d}r\mathrm{d}\varphi) = \int_0^{2\pi}\left[\int_0^3\left(\int_0^{9-r^2}\mathrm{d}z\right)r\mathrm{d}r\right]\mathrm{d}\varphi$$

$$= \int_0^{2\pi}\left[\int_0^3 (9-r^2)r\mathrm{d}r\right]\mathrm{d}\varphi = \int_0^{2\pi}\left[\int_0^3 (9r-r^3)\mathrm{d}r\right]\mathrm{d}\varphi$$

$$= \int_0^{2\pi} \left( \frac{9}{2} r^2 - \frac{1}{4} r^4 \right) \Big|_0^{r=3} \mathrm{d}\varphi = \int_0^{2\pi} \left( \frac{81}{2} - \frac{81}{4} \right) \mathrm{d}\varphi$$

$$= \int_0^{2\pi} \frac{81}{4} \mathrm{d}\varphi = \frac{81}{2} \pi$$

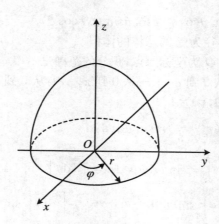

图 4.23

# 4.3 重积分的坐标变换

## 4.3.1 二重积分的坐标变换

可以把二重积分 $\iint f(x,y)\mathrm{d}x\mathrm{d}y$ 看成是平面网格上的面积 $\mathrm{d}x\mathrm{d}y$ 乘上该网格中一点 $(x,y)$ 的函数值 $f(x,y)$ 的总和的极限. $\mathrm{d}x\mathrm{d}y$ 为笛卡儿坐标的面积元.

假设另有一个曲线坐标 $(u,v)$ (图 4.24) 与直角坐标 $(x,y)$ 有以下的变换关系:

$$\varphi(x,y) = u, \quad \psi(x,y) = v \tag{4.18}$$

并由方程 (4.18) 解出 $x$ 与 $y$,就得到直角坐标 $(x,y)$ 通过曲线坐标 $(u,v)$ 的表达式

$$\begin{cases} x = \varphi_1(u,v) \\ y = \psi_1(u,v) \end{cases} \tag{4.19}$$

由函数关系 (4.19) 建立起 $(x,y)$ 坐标与 $(u,z)$ 坐标的一一对应关系.

现在来确定曲线坐标 $(u,v)$ 的面积元 $\mathrm{d}\sigma$. 考虑两对邻近的坐标曲线:

$$\varphi(x,y) = u, \quad \varphi(x,y) = u + \Delta u$$

$$\psi(x,y) = v, \quad \psi(x,y) = v + \Delta v$$

计算这两组曲线所夹的四边形 $ABCD$ 的面积(图 4.24).

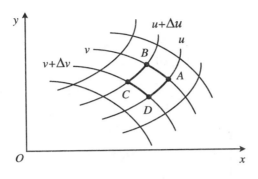

**图 4.24**

当忽略高阶无穷小时,$A,B,C,D$ 各点的坐标为

$$A:\begin{cases} x_1 = \varphi_1(u,v) \\ y_1 = \psi_1(u,v) \end{cases}$$

$$B:\begin{cases} x_2 = \varphi_1(u+\Delta u,v) = \varphi_1(u,v) + \dfrac{\partial \varphi_1(u,v)}{\partial u}\Delta u \\ y_2 = \psi_1(u+\Delta u,v) = \psi_1(u,v) + \dfrac{\partial \psi_1(u,v)}{\partial u}\Delta u \end{cases}$$

$$C:\begin{cases} x_3 = \varphi_1(u+\Delta u,v+\Delta v) = \varphi_1(u,v) + \dfrac{\partial \varphi_1(u,v)}{\partial u}\Delta u + \dfrac{\partial \varphi_1(u,v)}{\partial v}\Delta v \\ y_3 = \psi_1(u+\Delta u,v+\Delta v) = \psi_1(u,v) + \dfrac{\partial \psi_1(u,v)}{\partial u}\Delta u + \dfrac{\partial \psi_1(u,v)}{\partial v}\Delta v \end{cases}$$

$$D:\begin{cases} x_4 = \varphi_1(u,v+\Delta v) = \varphi_1(u,v) + \dfrac{\partial \varphi_1(u,v)}{\partial v}\Delta v \\ y_4 = \psi_1(u,v+\Delta v) = \psi_1(u,v) + \dfrac{\partial \psi_1(u,v)}{\partial v}\Delta v \end{cases}$$

从上面各式可得到

$$\begin{cases} x_2 - x_1 = x_3 - x_4 \\ y_2 - y_1 = y_3 - y_4 \end{cases}$$

这说明 $ABCD$ 是一个平行四边形.平行四边形 $ABCD$ 的面积为 $\triangle ABC$ 面积的 2 倍.所以只要求出 $\triangle ABC$ 的面积(图 4.25),就知道平行四边形 $ABCD$ 的面积 $d\sigma$ 了.

按照解析几何的方法,$\triangle ABC$ 的面积为

$$dS = \left| \frac{1}{2}\overline{CA} \cdot \overline{CB} \cdot \sin\theta \right| = \left| \frac{1}{2}d_1 d_2 \sin\theta \right| = \left| \frac{1}{2}d_1 d_2 \sin(\alpha_2 - \alpha_1) \right|$$

$$= \frac{1}{2}d_1 d_2(\sin\alpha_2\cos\alpha_1 - \cos\alpha_2\sin\alpha_1)$$

$$= \frac{1}{2}(d_1 \cos \alpha_1 \cdot d_2 \sin \alpha_2 - d_2 \cos \alpha_2 \cdot d_1 \sin \alpha_1)$$

从图 4.25 可看出

$$\begin{cases} d_1 \cos \alpha_1 = x_1 - x_3 \\ d_1 \sin \alpha_1 = y_1 - y_3 \\ d_2 \cos \alpha_2 = x_2 - x_3 \\ d_2 \sin \alpha_2 = y_2 - y_3 \end{cases}$$

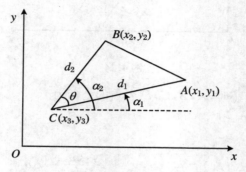

**图 4.25**

把它们代入 $\mathrm{d}S$ 的公式中,则有

$$\mathrm{d}S = \frac{1}{2}\big[(x_1 - x_3)(y_2 - y_3) - (x_2 - x_3)(y_1 - y_3)\big]$$

把 $A(x_1, y_1), B(x_2, y_2), C(x_3, y_3)$ 各点用相应的 $(u, v)$ 坐标表示,则有

$$x_1 - x_3 = -\frac{\partial \varphi_1(u, v)}{\partial u} \cdot \Delta u - \frac{\partial \varphi_1(u, v)}{\partial v} \cdot \Delta v$$

$$y_2 - y_3 = -\frac{\partial \psi_1(u, v)}{\partial v} \cdot \Delta v$$

$$x_2 - x_3 = -\frac{\partial \varphi_1(u, v)}{\partial v} \cdot \Delta v$$

$$y_1 - y_3 = -\frac{\partial \psi_1(u, v)}{\partial u} \cdot \Delta u - \frac{\partial \psi_1(u, v)}{\partial v} \cdot \Delta v$$

因此,平行四边形 $ABCD$ 的面积为

$$\mathrm{d}\sigma = 2\mathrm{d}S$$

$$= \Big[-\frac{\partial \varphi_1(u, v)}{\partial u}\mathrm{d}u - \frac{\partial \varphi_1(u, v)}{\partial v}\mathrm{d}v\Big]\Big[-\frac{\partial \psi_1(u, v)}{\partial v}\mathrm{d}v\Big]$$

$$\quad - \Big[-\frac{\partial \varphi_1(u, v)}{\partial v}\mathrm{d}v\Big]\Big[-\frac{\partial \psi_1(u, v)}{\partial u}\mathrm{d}u - \frac{\partial \psi_1(u, v)}{\partial v}\mathrm{d}v\Big]$$

$$= \frac{\partial \varphi_1(u, v)}{\partial u}\mathrm{d}u \cdot \frac{\partial \psi_1(u, v)}{\partial v}\mathrm{d}v - \frac{\partial \varphi_1(u, v)}{\partial v}\mathrm{d}v \cdot \frac{\partial \psi_1(u, v)}{\partial u}\mathrm{d}u$$

$$= \Big[\frac{\partial \varphi_1(u, v)}{\partial u} \cdot \frac{\partial \psi_1(u, v)}{\partial v} - \frac{\partial \varphi_1(u, v)}{\partial v} \cdot \frac{\partial \psi_1(u, v)}{\partial u}\Big]\mathrm{d}u\mathrm{d}v$$

把方括弧内的式子用行列式书写,则有

$$D = \begin{vmatrix} \dfrac{\partial \varphi_1(u,v)}{\partial u} & \dfrac{\partial \psi_1(u,v)}{\partial u} \\ \dfrac{\partial \varphi_1(u,v)}{\partial v} & \dfrac{\partial \psi_1(u,v)}{\partial v} \end{vmatrix} \tag{4.20}$$

因此有

$$\mathrm{d}\sigma = |D| \mathrm{d}u\mathrm{d}v \tag{4.21}$$

于是二重积分的换元公式为

$$\iint\limits_{(\sigma)} f(x,y)\mathrm{d}x\mathrm{d}y = \iint\limits_{(\sigma)} F(u,v)\mathrm{d}\sigma = \iint\limits_{(\sigma)} F(u,v)|D|\mathrm{d}u\mathrm{d}v \tag{4.22}$$

此处 $F(u,v)$ 是 $(u,v)$ 的函数,由 $f(x,y)$ 变换而来. 式中 $D$ 通常称为坐标变换的雅可比行列式.

我们知道直角坐标 $(x,y)$ 与极坐标 $(r,\theta)$ 的关系是

$$\begin{cases} x = r\cos\theta \\ y = r\sin\theta \end{cases}$$

仿照前面从直角坐标 $(x,y)$ 变换到曲线坐标 $(u,v)$ 的变换公式,令

$$\begin{cases} x = \varphi(r,\theta) = r\cos\theta \\ y = \psi(r,\theta) = r\sin\theta \end{cases}$$

于是就有

$$\frac{\partial \varphi(r,\theta)}{\partial r} = \cos\theta, \qquad \frac{\partial \varphi(r,\theta)}{\partial \theta} = -r\sin\theta$$

$$\frac{\partial \psi(r,\theta)}{\partial r} = \sin\theta, \qquad \frac{\partial \psi(r,\theta)}{\partial \theta} = r\cos\theta$$

因此从 $(x,y)$ 坐标到 $(r,\theta)$ 坐标变换的雅可比行列式为

$$D = \begin{vmatrix} \dfrac{\partial \varphi(r,\theta)}{\partial r} & \dfrac{\partial \psi(r,\theta)}{\partial r} \\ \dfrac{\partial \varphi(r,\theta)}{\partial \theta} & \dfrac{\partial \psi(r,\theta)}{\partial \theta} \end{vmatrix} = \begin{vmatrix} \cos\theta & \sin\theta \\ -r\sin\theta & r\cos\theta \end{vmatrix} = r$$

这就是说极坐标中的面积元是

$$\mathrm{d}\sigma = |D|\mathrm{d}r\mathrm{d}\theta = r\mathrm{d}r\mathrm{d}\theta$$

因此这个二重积分的变换公式为

$$\iint\limits_{(\sigma)} f(x,y)\mathrm{d}x\mathrm{d}y = \iint\limits_{(\sigma)} F(r,\theta)|D|\mathrm{d}r\mathrm{d}\theta = \iint\limits_{(\sigma)} F(r,\theta)r\mathrm{d}r\mathrm{d}\theta \tag{4.23}$$

**例 21** 计算积分 $\iint\limits_{(\sigma)} (x^2 + y^2)\mathrm{d}x\mathrm{d}y$,积分区域由 $x^2 + y^2 = a^2$ 给定.

**解** 把直角坐标变成极坐标,已知从 $(x,y)$ 坐标到 $(r,\theta)$ 坐标的变换行列式值为 $D = r$,极坐标中的面积元是 $\mathrm{d}\sigma = |D|\mathrm{d}r\mathrm{d}\theta = r\mathrm{d}r\mathrm{d}\theta$,所以

$$\iint\limits_{(\sigma)} (x^2 + y^2)\mathrm{d}x\mathrm{d}y = \iint\limits_{(\sigma)} r^2 \cdot r\mathrm{d}r\mathrm{d}\theta$$

$$= \int_0^{2\pi} \mathrm{d}\theta \int_0^a r^3 \mathrm{d}r = \int_0^{2\pi} \frac{a^4}{4} \mathrm{d}\theta$$

$$= \frac{\pi a^4}{2}$$

**例 22**　计算积分 $\iint\limits_{(D)} xy \mathrm{d}x\mathrm{d}y$，积分区域 $D$ 由曲线 $y = x^2, y^2 = 4x, x = y^2$ 及 $x^2 = 4y$ 围成.

**解**　该题用坐标变换的办法来计算. 积分区域 $D$ 的边界曲线方程可写成

$$\frac{x^2}{y} = 1, \quad \frac{x^2}{y} = 4 \quad \text{和} \quad \frac{y^2}{x} = 1, \quad \frac{y^2}{x} = 4$$

令 $u = \dfrac{x^2}{y}, v = \dfrac{y^2}{x}$，则被积函数 $xy = uv$，并有 $x^3 = u^2 v$ 和 $y^3 = uv^2$，因此

$$\begin{cases} x = u^{\frac{2}{3}} v^{\frac{1}{3}} = \varphi(u, v) \\ y = u^{\frac{1}{3}} v^{\frac{2}{3}} = \psi(u, v) \end{cases}$$

这样就有

$$\frac{\partial \varphi(u, v)}{\partial u} = \frac{2}{3} u^{-\frac{1}{3}} v^{\frac{1}{3}}, \quad \frac{\partial \varphi(u, v)}{\partial v} = \frac{1}{3} u^{\frac{2}{3}} v^{-\frac{2}{3}}$$

$$\frac{\partial \psi(u, v)}{\partial u} = \frac{1}{3} u^{-\frac{2}{3}} v^{\frac{2}{3}}, \quad \frac{\partial \psi(u, v)}{\partial v} = \frac{2}{3} u^{\frac{1}{3}} v^{-\frac{1}{3}}$$

于是坐标变换的雅可比行列式为

$$D = \begin{vmatrix} \dfrac{\partial \varphi(u, v)}{\partial u} & \dfrac{\partial \psi(u, v)}{\partial u} \\ \dfrac{\partial \varphi(u, v)}{\partial v} & \dfrac{\partial \psi(u, v)}{\partial v} \end{vmatrix} = \begin{vmatrix} \dfrac{2}{3} u^{-\frac{1}{3}} v^{\frac{1}{3}} & \dfrac{1}{3} u^{-\frac{2}{3}} v^{\frac{2}{3}} \\ \dfrac{1}{3} u^{\frac{2}{3}} v^{-\frac{2}{3}} & \dfrac{2}{3} u^{\frac{1}{3}} v^{-\frac{1}{3}} \end{vmatrix} = \frac{4}{9} - \frac{1}{9} = \frac{1}{3}$$

坐标变换后的积分限，$u$:从 1 到 4；$v$:也是从 1 到 4. 因此该积分变成

$$\iint\limits_{(D)} xy \mathrm{d}x\mathrm{d}y = \iint\limits_{(R)} uv \mid D \mid \mathrm{d}u\mathrm{d}v = \iint\limits_{(R)} uv \cdot \frac{1}{3} \cdot \mathrm{d}u\mathrm{d}v$$

$$= \frac{1}{3} \int_1^4 u \mathrm{d}u \int_1^4 v \mathrm{d}v = \frac{1}{3} \int_1^4 \left( \frac{v^2}{2} \right) \Big|_1^4 \mathrm{d}u$$

$$= \frac{1}{3} \int_1^4 \left( \frac{16}{2} - \frac{1}{2} \right) u \mathrm{d}u = \frac{15}{6} \left( \frac{u^2}{2} \right) \Big|_1^4 = \frac{5}{2} \cdot \frac{15}{2} = \frac{75}{4}$$

与穿线法的积分结果是相同的(见例 8).

## 4.3.2　三重积分的坐标变换

若连续可微的函数

$$\begin{cases} x = x(u, v, w) \\ y = y(u, v, w) \\ z = z(u, v, w) \end{cases} \tag{4.24}$$

把 $(x,y,z)$ 的空间三维有界区域 $V$ 中的点,单值地映射到 $(u,v,w)$ 空间闭区域 $V'$ 中. 若它的雅可比行列式不等于零,即

$$J = \frac{\partial(x,y,z)}{\partial(u,v,w)} = \begin{vmatrix} \dfrac{\partial x}{\partial u} & \dfrac{\partial y}{\partial u} & \dfrac{\partial z}{\partial u} \\[2mm] \dfrac{\partial x}{\partial v} & \dfrac{\partial y}{\partial v} & \dfrac{\partial z}{\partial v} \\[2mm] \dfrac{\partial x}{\partial w} & \dfrac{\partial y}{\partial w} & \dfrac{\partial z}{\partial w} \end{vmatrix} \neq 0 \tag{4.25}$$

则有

$$\iiint\limits_V f(x,y,z)\mathrm{d}x\mathrm{d}y\mathrm{d}z = \iiint\limits_{V'} f[x(u,v,w),y(u,v,w),z(u,v,w)]\,|\,J\,|\,\mathrm{d}u\mathrm{d}v\mathrm{d}w \tag{4.26}$$

其中 $\mathrm{d}V = |\,J\,|\,\mathrm{d}u\mathrm{d}v\mathrm{d}w$ 为曲面坐标下的体积元.

1. 球坐标.

在空间坐标中,用得最多的除直角坐标外,就是球坐标了. 它与直角坐标的关系是(图 4.26)

$$\begin{cases} x = \rho\sin\theta\cos\varphi \\ y = \rho\sin\theta\sin\varphi \\ z = \rho\cos\theta \end{cases} \tag{4.27}$$

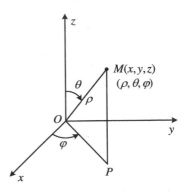

图 4.26

其中 $\rho \geqslant 0, 0 \leqslant \theta \leqslant \pi, 0 \leqslant \varphi \leqslant 2\pi.$ $\rho$ 为 $M(x,y,z)$ 点的矢径长度;$\theta$ 是 $\rho$ 与 $z$ 轴的夹角;$\varphi$ 是 $OM$ 在 $xOy$ 平面上的投影 $OP$ 与 $x$ 轴的夹角. 对式(4.27)取偏微商得到

$$\frac{\partial x}{\partial \rho} = \sin\theta\cos\varphi, \quad \frac{\partial y}{\partial \rho} = \sin\theta\sin\varphi, \quad \frac{\partial z}{\partial \rho} = \cos\theta$$

$$\frac{\partial x}{\partial \theta} = \rho\cos\theta\cos\varphi, \quad \frac{\partial y}{\partial \theta} = \rho\cos\theta\sin\varphi, \quad \frac{\partial z}{\partial \theta} = -\rho\sin\theta$$

$$\frac{\partial x}{\partial \varphi} = -\rho\sin\theta\sin\varphi, \quad \frac{\partial y}{\partial \varphi} = \rho\sin\theta\cos\varphi, \quad \frac{\partial z}{\partial \varphi} = 0$$

因此可以得到从直角坐标到球坐标变换的雅可比行列式

$$J = \frac{\partial(x,y,z)}{\partial(\rho,\theta,\varphi)} = \begin{vmatrix} \sin\theta\cos\varphi & \sin\theta\sin\varphi & \cos\theta \\ \rho\cos\theta\cos\varphi & \rho\cos\theta\sin\varphi & -\rho\sin\theta \\ -\rho\sin\theta\sin\varphi & \rho\sin\theta\cos\varphi & 0 \end{vmatrix} = \rho^2\sin\theta \tag{4.28}$$

球坐标下的积分元为

$$\mathrm{d}V = |\,J\,|\,\mathrm{d}\rho\mathrm{d}\theta\mathrm{d}\varphi = \rho^2\sin\theta \cdot \mathrm{d}\rho\mathrm{d}\theta\mathrm{d}\varphi$$

球坐标下的积分变换公式为

$$\iiint_V f(x,y,z)\mathrm{d}V = \iiint_{V'} F(\rho,\theta,\varphi)\rho^2 \sin\theta\mathrm{d}\rho\mathrm{d}\theta\mathrm{d}\varphi \tag{4.29}$$

其中

$$F(\rho,\theta,\varphi) = f(\rho\sin\theta\cos\varphi,\rho\sin\theta\sin\varphi,\rho\cos\theta)$$

**例 23**　计算积分 $\iiint_V (x^2 + y^2 + z^2)\mathrm{d}x\mathrm{d}y\mathrm{d}z$，其中 $(V)$ 是锥体 $x^2 + y^2 \leqslant z^2$ 及球体 $x^2 + y^2 + z^2 \leqslant R^2$ 的公共部分 $(z \geqslant 0)$（图 4.27）.

**解**　使用球坐标

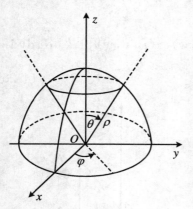

$$\begin{cases} x = \rho\sin\theta\cos\varphi \\ y = \rho\sin\theta\sin\varphi \\ z = \rho\cos\theta \end{cases}$$

根据题意有

$$x^2 + y^2 = \rho^2\sin^2\theta\cos^2\varphi + \rho^2\sin^2\theta\sin^2\varphi$$
$$= \rho^2\sin^2\theta$$

及

$$z^2 = \rho^2\cos^2\theta, \quad x^2 + y^2 \leqslant z^2$$

即有

$$\rho^2\sin^2\theta \leqslant \rho^2\cos^2\theta$$

或

$$\sin^2\theta \leqslant \cos^2\theta$$

**图 4.27**

进而有 $\sin\theta \leqslant \cos\theta$，因此 $\theta \leqslant \dfrac{\pi}{4}$. 又

$$x^2 + y^2 + z^2 = \rho^2\sin^2\theta\cos^2\varphi + \rho^2\sin^2\theta\sin^2\varphi + \rho^2\cos^2\theta = \rho^2 \leqslant R^2$$

即 $\rho \leqslant R$（$\rho,R$ 皆为正值），因此，积分的区间是

$$0 \leqslant \rho \leqslant R, \quad 0 \leqslant \theta \leqslant \frac{\pi}{4}, \quad 0 \leqslant \varphi \leqslant 2\pi$$

被积函数

$$f(x,y,z) = x^2 + y^2 + z^2 = F(\rho,\theta,\varphi) = \rho^2$$

按照球坐标的变换公式 (4.17)，得

$$\iiint_{(V)} f(x,y,z)\mathrm{d}V = \iiint_{(V')} F(\rho,\theta,\varphi)\,|J|\,\mathrm{d}\rho\mathrm{d}\theta\mathrm{d}\varphi$$

把 $F(\rho,\theta,\varphi) = \rho^2$ 和雅可比行列式 $|J| = \rho^2\sin\theta$ 代入，则有

$$\iiint_{(V)} (x^2 + y^2 + z^2)\mathrm{d}x\mathrm{d}y\mathrm{d}z$$

$$= \iiint_{(V')} \rho^2 \cdot \rho^2\sin\theta \cdot \mathrm{d}\rho\mathrm{d}\theta\mathrm{d}\varphi$$

$$= \int_0^{2\pi}\mathrm{d}\varphi\int_0^{\frac{\pi}{4}}\mathrm{d}\theta\int_0^R \rho^4\sin\theta\mathrm{d}\rho = \int_0^{2\pi}\mathrm{d}\varphi\int_0^{\frac{\pi}{4}}\mathrm{d}\theta\cdot\sin\theta\left(\frac{1}{5}\rho^5\right)\bigg|_0^R$$

$$= \frac{1}{5}R^5\int_0^{2\pi}\mathrm{d}\varphi\int_0^{\frac{\pi}{4}}\sin\theta\mathrm{d}\theta = \frac{1}{5}R^5\int_0^{2\pi}\mathrm{d}\varphi(-\cos\theta)\Big|_0^{\frac{\pi}{4}}$$

$$= \frac{1}{5}R^5\int_0^{2\pi}\Big(1-\frac{\sqrt{2}}{2}\Big)\mathrm{d}\varphi = \frac{1}{5}\cdot\frac{2-\sqrt{2}}{2}R^5\cdot 2\pi = \frac{2-\sqrt{2}}{5}\pi R^5$$

**2. 柱坐标.**

在空间坐标中,也常用柱坐标(如图 4.28 所示).它与直角坐标之间的关系为($M$ 点的坐标)

$$\begin{cases} x = r\cos\varphi \\ y = r\sin\varphi \\ z = z \end{cases} \qquad (4.30)$$

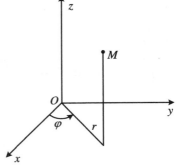

图 4.28

因为直角坐标各变量对柱坐标各变量的偏微商为

$$\frac{\partial x}{\partial r} = \cos\varphi, \qquad \frac{\partial y}{\partial r} = \sin\varphi, \qquad \frac{\partial z}{\partial r} = 0$$

$$\frac{\partial x}{\partial\varphi} = -r\sin\varphi, \qquad \frac{\partial y}{\partial\varphi} = r\cos\varphi, \qquad \frac{\partial z}{\partial\varphi} = 0$$

$$\frac{\partial x}{\partial z} = 0, \qquad \frac{\partial y}{\partial z} = 0, \qquad \frac{\partial z}{\partial z} = 1$$

所以变换的雅可比行列式是

$$D = \frac{\partial(x,y,z)}{\partial(r,\varphi,z)} = \begin{vmatrix} \cos\varphi & \sin\varphi & 0 \\ -r\sin\varphi & r\cos\varphi & 0 \\ 0 & 0 & 1 \end{vmatrix} = r\begin{vmatrix} \cos\varphi & \sin\varphi \\ -\sin\varphi & \cos\varphi \end{vmatrix} = r$$

积分的体积元是

$$\mathrm{d}V = |D|\,\mathrm{d}r\mathrm{d}\varphi\mathrm{d}z = r\mathrm{d}r\mathrm{d}\varphi\mathrm{d}z$$

因此,在柱坐标中的积分变换公式为

$$\iiint\limits_{(V)} f(x,y,z)\mathrm{d}x\mathrm{d}y\mathrm{d}z = \iiint\limits_{(V)} F(r,\varphi,z)\,|D|\,\mathrm{d}r\mathrm{d}\varphi\mathrm{d}z$$

$$= \iiint\limits_{(V)} F(r,\varphi,z)r\mathrm{d}r\mathrm{d}\varphi\mathrm{d}z \qquad (4.31)$$

其中

$$F(r,\varphi,z) = f(r\cos\varphi, r\sin\varphi, z)$$

**例 24**　计算积分 $\iiint\limits_{(V)}(x^2+y^2)\mathrm{d}x\mathrm{d}y\mathrm{d}z$,此处 $(V)$ 是由曲面 $x^2+y^2=2z$ 及平面 $z=2$ 所包围的区域.

**解**　把直角坐标系的变量转换到柱坐标系,得

$$\begin{cases} x = r\cos\varphi \\ y = r\sin\varphi \\ z = z \end{cases}$$

在柱坐标系中,方程 $x^2+y^2=2z$ 的左边为 $x^2+y^2=r^2\cos^2\varphi+r^2\sin^2\varphi=r^2$,右边

为 $2z$，所以有 $r^2 = 2z$，或 $z = \dfrac{r^2}{2}$．又根据题设，$z \leqslant 2$，因此，可确定积分区域 $V$：

$$0 \leqslant r \leqslant 2, \quad 0 \leqslant \varphi \leqslant 2\pi, \quad \frac{r^2}{2} \leqslant z \leqslant 2$$

坐标变换的雅可比行列式是

$$D = \frac{\partial(x, y, z)}{\partial(r, \varphi, z)} = r$$

积分的体积元为

$$\mathrm{d}V = |D|\,\mathrm{d}r\mathrm{d}\varphi\mathrm{d}z = r\mathrm{d}r\mathrm{d}\varphi\mathrm{d}z$$

因此积分为

$$\iiint\limits_{(V)} (x^2 + y^2)\mathrm{d}x\mathrm{d}y\mathrm{d}z = \iiint\limits_{(V)} r^2 \cdot r\mathrm{d}r\mathrm{d}\varphi\mathrm{d}z$$

$$= \int_0^{2\pi}\mathrm{d}\varphi\int_0^2 r^3\mathrm{d}r\int_{\frac{r^2}{2}}^2 \mathrm{d}z = \int_0^{2\pi}\mathrm{d}\varphi\int_0^2 r^3\mathrm{d}r(z)\ |_{\frac{r^2}{2}}^2$$

$$= \int_0^{2\pi}\mathrm{d}\varphi\int_0^2 r^3\left(2 - \frac{r^2}{2}\right)\mathrm{d}r = \int_0^{2\pi}\mathrm{d}\varphi\int_0^2\left(2r^3 - \frac{r^5}{2}\right)\mathrm{d}r$$

$$= \int_0^{2\pi}\left(\frac{2}{4}r^4 - \frac{1}{12}r^6\right)\Big|_0^2\mathrm{d}\varphi = \int_0^{2\pi}\left(8 - \frac{16}{3}\right)\mathrm{d}\varphi$$

$$= \frac{8}{3} \cdot 2\pi = \frac{16}{3}\pi$$

### 4.3.3　$n$ 重积分的坐标变换

记 $\vec{x} = (x_1, x_2, x_3, \cdots, x_n)$，设 $f(\vec{x}) = f(x_1, x_2, x_3, \cdots, x_n)$ 在一个 $n$ 维空间的闭区域 $(P_n)$ 上是连续函数，那么它的 $n$ 重积分是

$$I = \overbrace{\int \cdots \int}^{n}_{(P_n)} f(x_1, x_2, x_3, \cdots, x_n)\,\mathrm{d}x_1\mathrm{d}x_2\mathrm{d}x_3\cdots\mathrm{d}x_n \tag{4.32}$$

若有另一个 $(Q_n)$ 空间，它的坐标为 $(\xi_1, \xi_2, \xi_3, \cdots, \xi_n)$，假定它与 $(P_n)$ 有下面的关系

$$\begin{cases} x_1 = x_1(\xi_1, \xi_2, \xi_3, \cdots, \xi_n) \\ x_2 = x_2(\xi_1, \xi_2, \xi_3, \cdots, \xi_n) \\ \cdots \\ x_n = x_n(\xi_1, \xi_2, \xi_3, \cdots, \xi_n) \end{cases}$$

则它们之间的坐标变换的雅可比行列式为

$$J = \frac{\partial(x_1, x_2, \cdots, x_n)}{\partial(\xi_1, \xi_2, \cdots, \xi_n)} = \begin{vmatrix} \dfrac{\partial x_1}{\partial \xi_1} & \dfrac{\partial x_2}{\partial \xi_1} & \cdots & \dfrac{\partial x_n}{\partial \xi_1} \\ \dfrac{\partial x_1}{\partial \xi_2} & \dfrac{\partial x_2}{\partial \xi_2} & \cdots & \dfrac{\partial x_n}{\partial \xi_2} \\ \cdots & \cdots & \cdots & \cdots \\ \dfrac{\partial x_1}{\partial \xi_n} & \dfrac{\partial x_2}{\partial \xi_n} & \cdots & \dfrac{\partial x_n}{\partial \xi_n} \end{vmatrix} \qquad (4.33)$$

因此多重积分的换元公式就有如下的形式:

$$\overbrace{\int \cdots \int}^{n}_{(P_n)} f(x_1, x_2, \cdots, x_n)\,\mathrm{d}x_1 \mathrm{d}x_2 \cdots \mathrm{d}x_n = \overbrace{\int \cdots \int}^{n}_{(Q_n)} f(\xi_1, \xi_2, \cdots, \xi_n)\,|J|\,\mathrm{d}\xi_1 \mathrm{d}\xi_2 \cdots \mathrm{d}\xi_n$$

$$(4.34)$$

它与二重积分及三重积分的公式相似.

**例 25** 求 $n$ 维球体 $x_1^2 + x_2^2 + x_3^2 + \cdots + x_n^2 \leqslant R^2$ 的容积 $V_n$.

**解** 该球体以原点为球心,以 $R$ 为半径.这个问题是要计算积分

$$V_n = \overbrace{\int \cdots \int}^{n}_{x_1^2 + x_2^2 + \cdots + x_n^2 \leqslant R^2} \mathrm{d}x_1 \mathrm{d}x_2 \cdots \mathrm{d}x_n$$

令

$$x_1 = R\xi_1, \quad x_2 = R\xi_2, \quad x_n = R\xi_n$$

若作具有相似系数 $k$ 的相似变换,则任何次($n$)方体的容积乘上 $k^n$ 倍,相当于半径乘了 $k$ 倍.由此推知,只取决于 $R$ 的函数 $V_n$ 应具有下面的形状:

$$V_n = C_n R^n$$

其中 $C_n$ 是一个常数,它随 $n$ 变化.它表示当 $R=1$ 时的 $n$ 维球体的体积.因此有

$$V_n = C_n R^n = \overbrace{\int \cdots \int}^{n}_{(R\xi_1)^2 + (R\xi_2)^2 \cdots (R\xi_n)^2 \leqslant R^2} \mathrm{d}\xi_1 \mathrm{d}\xi_2 \cdots \mathrm{d}\xi_n$$

$$= \overbrace{\int \cdots \int}^{n}_{\xi_1^2 + \xi_2^2 \cdots \xi_n^2 \leqslant 1} R^n\,\mathrm{d}\xi_1 \mathrm{d}\xi_2 \cdots \mathrm{d}\xi_n$$

于是得到

$$C_n = \overbrace{\int \cdots \int}^{n}_{\xi_1^2 + \xi_2^2 \cdots \xi_n^2 \leqslant 1} \mathrm{d}\xi_1 \mathrm{d}\xi_2 \cdots \mathrm{d}\xi_n$$

$$= \int_{-1}^{1} \mathrm{d}\xi_n \overbrace{\int \cdots \int}^{n-1}_{\xi_1^2 + \xi_2^2 \cdots \xi_{n-1}^2 \leqslant 1 - \xi_n^2} \mathrm{d}\xi_1 \mathrm{d}\xi_2 \cdots \mathrm{d}\xi_{n-1}$$

$$= 2\int_{0}^{1} \mathrm{d}\xi_n \overbrace{\int \cdots \int}^{n-1}_{\xi_1^2 + \xi_2^2 \cdots \xi_{n-1}^2 \leqslant 1 - \xi_n^2} \mathrm{d}\xi_1 \mathrm{d}\xi_2 \cdots \mathrm{d}\xi_{n-1}$$

右端的积分表示半径为 $\sqrt{1-\xi_n{}^2}$ 的 $n-1$ 维球体的体积. 该体积等于 $C_{n-1}(1-\xi_n{}^2)^{\frac{n-1}{2}}$, 由此可以得到一个递推公式

$$C_n = 2\int_0^1 C_{n-1}(1-\xi_n{}^2)^{\frac{n-1}{2}}\mathrm{d}\xi_n$$

令

$$R\xi_n = R\cos\theta$$

则

$$(1-\xi_n{}^2)^{\frac{n-1}{2}} = (1-\cos^2\theta)^{\frac{n-1}{2}} = (\sin^2\theta)^{\frac{n-1}{2}} = \sin^{n-1}\theta$$

因为 $\xi_n = \cos\theta$, 所以当 $\xi_n = 0$ 时, $\theta = \dfrac{\pi}{2}$; 而当 $\xi_n = 1$ 时, $\theta = 0$; 及 $\mathrm{d}\xi_n = -\sin\theta\mathrm{d}\theta$.

于是得到

$$C_n = 2C_{n-1}\int_{\frac{\pi}{2}}^0 \sin^{n-1}\theta\cdot(-\sin\theta)\mathrm{d}\theta = 2C_{n-1}\int_0^{\frac{\pi}{2}}\sin^n\theta\mathrm{d}\theta$$

在 2.4 节中已知[公式(2.20)]

$$\int_0^{\frac{\pi}{2}}\sin^n\theta\mathrm{d}\theta = \frac{\sqrt{\pi}\,\Gamma\left(\dfrac{n+1}{2}\right)}{2\Gamma\left(\dfrac{n+2}{2}\right)}$$

由此得到递推公式

$$C_n = 2C_{n-1}\frac{\sqrt{\pi}\,\Gamma\left(\dfrac{n+1}{2}\right)}{2\Gamma\left(\dfrac{n+2}{2}\right)} = C_{n-1}\sqrt{\pi}\,\frac{\Gamma\left(\dfrac{n+1}{2}\right)}{\Gamma\left(\dfrac{n+2}{2}\right)} \tag{4.35}$$

按照 $C_n$ 递推公式(4.35), 有下列公式:

$$C_n = C_{n-1}\sqrt{\pi}\,\frac{\Gamma\left(\dfrac{n+1}{2}\right)}{\Gamma\left(\dfrac{n+2}{2}\right)}$$

$$C_{n-1} = C_{n-2}\sqrt{\pi}\,\frac{\Gamma\left(\dfrac{n-1+1}{2}\right)}{\Gamma\left(\dfrac{n-1+2}{2}\right)} = C_{n-2}\sqrt{\pi}\,\frac{\Gamma\left(\dfrac{n}{2}\right)}{\Gamma\left(\dfrac{n+1}{2}\right)}$$

$$C_{n-2} = C_{n-3}\sqrt{\pi}\,\frac{\Gamma\left(\dfrac{n-2+1}{2}\right)}{\Gamma\left(\dfrac{n-2+2}{2}\right)} = C_{n-3}\sqrt{\pi}\,\frac{\Gamma\left(\dfrac{n-1}{2}\right)}{\Gamma\left(\dfrac{n}{2}\right)}$$

...

$$C_{n-(n-2)} = C_2 = C_1\sqrt{\pi}\,\frac{\Gamma\left(\dfrac{2+1}{2}\right)}{\Gamma\left(\dfrac{2+2}{2}\right)} = C_1\sqrt{\pi}\,\frac{\Gamma\left(\dfrac{3}{2}\right)}{\Gamma(2)} = C_1\sqrt{\pi}\,\frac{\dfrac{1}{2}\Gamma\left(\dfrac{1}{2}\right)}{\Gamma(2)}$$

因为 $\Gamma\left(\dfrac{1}{2}\right) = \sqrt{\pi}$, $\Gamma(2) = 1$, 所以

$$C_2 = \frac{\pi}{2}C_1$$

$$C_1 = C_0\sqrt{\pi}\,\frac{\Gamma\left(\dfrac{1+1}{2}\right)}{\Gamma\left(\dfrac{1+2}{2}\right)} = C_0\sqrt{\pi}\,\frac{\Gamma(1)}{\Gamma\left(\dfrac{3}{2}\right)} = C_0\sqrt{\pi}\,\frac{1}{\dfrac{1}{2}\sqrt{\pi}} = 2C_0$$

令 $C_0 = 1$, 则有

$$C_1 = 2$$
$$C_2 = \pi$$

$$C_3 = C_2\sqrt{\pi}\,\frac{\Gamma\left(\dfrac{3+1}{2}\right)}{\Gamma\left(\dfrac{3+2}{2}\right)} = C_2\sqrt{\pi}\,\frac{\Gamma(2)}{\Gamma\left(\dfrac{5}{2}\right)} = C_2\sqrt{\pi}\,\frac{1}{\dfrac{3}{2}\cdot\dfrac{\sqrt{\pi}}{2}} = \frac{4}{3}\pi$$

逐次地把后面的公式代入前面的公式, 就会得到

$$C_n = (\sqrt{\pi})^n \cdot \frac{\Gamma\left(\dfrac{n+1}{2}\right)}{\Gamma\left(\dfrac{n+2}{2}\right)} \cdot \frac{\Gamma\left(\dfrac{n}{2}\right)}{\Gamma\left(\dfrac{n+1}{2}\right)} \cdot \frac{\Gamma\left(\dfrac{n-1}{2}\right)}{\Gamma\left(\dfrac{n}{2}\right)} \cdots \frac{\Gamma\left(\dfrac{3+1}{2}\right)}{\Gamma\left(\dfrac{3+2}{2}\right)} \cdot \frac{\Gamma\left(\dfrac{2+1}{2}\right)}{\Gamma\left(\dfrac{2+2}{2}\right)} \cdot \frac{\Gamma(1)}{\Gamma\left(\dfrac{3}{2}\right)}$$

$$= (\sqrt{\pi})^n\,\frac{\Gamma(1)}{\Gamma\left(\dfrac{n+2}{2}\right)} = \frac{(\sqrt{\pi})^n}{\Gamma\left(\dfrac{n}{2}+1\right)}$$

因此, $n$ 维球体的体积为

$$V_n = C_n R^n = \frac{\pi^{\frac{n}{2}}}{\Gamma\left(\dfrac{n}{2}+1\right)}R^n \tag{4.36}$$

当 $n$ 为偶数时, 令 $n = 2m$, 则

$$V_{2m} = \frac{\pi^m}{\Gamma(m+1)}R^{2m} = \frac{\pi^m}{m!}R^{2m} \tag{4.37}$$

当 $n$ 为奇数时, 令 $n = 2m+1$, 则

$$V_{2m+1} = \frac{\pi^{\frac{2m+1}{2}}}{\Gamma\left(\dfrac{2m+1}{2}+1\right)}R^{2m+1} = \frac{(\sqrt{\pi})^{2m+1}}{\Gamma\left(m+1+\dfrac{1}{2}\right)}R^{2m+1}$$

使用公式

$$(2n-1)!! = \frac{2^n\Gamma\left(n+\dfrac{1}{2}\right)}{\sqrt{\pi}}$$

或

$$\Gamma\left(n + \frac{1}{2}\right) = \frac{(2n-1)!!\sqrt{\pi}}{2^n}$$

若用 $m+1$ 替代式中的 $n$,那么就有

$$\Gamma\left(m + 1 + \frac{1}{2}\right) = \frac{(2m+1)!!\sqrt{\pi}}{2^{m+1}}$$

于是得到

$$V_{2m+1} = \frac{2^{m+1}(\sqrt{\pi})^{2m+1}}{(2m+1)!!\sqrt{\pi}}R^{2m+1} = \frac{2^{m+1}(\sqrt{\pi})^{2m}}{(2m+1)!!}R^{2m+1} = \frac{2(2\pi)^m}{(2m+1)!!}R^{2m+1}$$

$$(4.38)$$

按照 $V_{2m} = \dfrac{\pi^m}{m!}R^{2m}$ 和 $V_{2m+1} = \dfrac{2(2\pi)^m}{(2m+1)!!}R^{2m+1}$,可得到

$$V_1 = 2R \qquad \text{(一条长为 } 2R \text{ 的直线)}$$

$$V_2 = \pi R^2 \qquad \text{(半径为 } R \text{ 的平面圆)}$$

$$V_3 = \frac{4}{3}\pi R^3 \qquad \text{(半径为 } R \text{ 的球体)}$$

$$V_4 = \frac{1}{2}\pi^2 R^4$$

$$V_5 = \frac{8}{15}\pi^2 R^5$$

$$\cdots$$

# 第 5 章 曲线积分和曲面积分

## 5.1 曲 线 积 分

### 5.1.1 第一型曲线积分

1. 第一型曲线积分的定义.

假设空间有一条曲线$(l)$,它具有确定的方向.设 $A$ 是这条曲线的起点,$B$ 是终点(图 5.1).弧长由起点 $A$ 算起.假定在这条曲线上定义了一个连续函数 $f(M)$,于是对于曲线$(l)$的每一点 $M,f(M)$ 都有确定的数值.

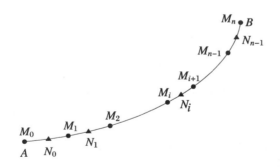

**图 5.1**

由点 $M_0,M_1,M_2,\cdots,M_{n-1},M_n$,把$(l)$分成 $n$ 段,其中 $M_0$ 与 $A$ 重合,$M_n$ 与 $B$ 重合.在任何一段曲线 $M_iM_{i+1}(i=1,2,3,\cdots)$上,任取一点 $N_i$,作和

$$\sum_{i=1}^{n} f(N_i)\Delta s_i$$

其中 $\Delta s_i$ 是曲线上弧$\overset{\frown}{M_iM_{i+1}}$的长度.当分割的数目 $n$ 无限增加,而 $\Delta s_i$ 无限变小时,这个和的极限,被称为函数 $f(M)$ 沿曲线$(l)$的积分,并记作

$$\int_{(l)} f(M)\mathrm{d}s = \lim_{\lambda \to 0} \sum_{i=0}^{n-1} f(N_i)\Delta s_i \tag{5.1}$$

其中 $\lambda = \max\{\Delta s_i, i\}$.

如果曲线上的 $M$ 点的位置,可由弧长 $s = \overparen{AM}$ 完全确定,那么函数 $f(M)$ 就是自变量 $s$ 的函数,即 $f(M) = f(s)$,而且积分就是通常的定积分

$$\int_{(l)} f(M)\mathrm{d}s = \int_0^l f(s)\mathrm{d}s \tag{5.2}$$

其中积分上限 $l$ 就是曲线 $(l)$ 的弧长.

以上所定义的曲线积分称为第一型曲线积分.曲线 $(l)$ 是可以封闭的,就是说 $B$ 可以与 $A$ 重合.

如果 $f(s)$ 是线质量密度函数,则积分结果就是线型物质的质量;若 $f(s) = 1$,则积分结果就是该曲线的长度.

当曲线用直角坐标表示时,有

$$\mathrm{d}s = \sqrt{(\mathrm{d}x)^2 + (\mathrm{d}y)^2 + (\mathrm{d}z)^2} = \sqrt{1 + y'^2 + z'^2}\,\mathrm{d}x$$

线积分的公式为

$$\int_{(l)} f(M)\mathrm{d}s = \int_{(l)} f(x, y, z)\sqrt{1 + y'^2 + z'^2}\,\mathrm{d}x \tag{5.3}$$

若曲线用参变量 $t$ 表达出来,则

$$x = \varphi(t), \quad y = \psi(t), \quad z = \omega(t)$$

那么线积分公式是

$$\int_{(l)} f(M)\mathrm{d}s = \int_{(l)} f(\varphi(t), \psi(t), \omega(t))\sqrt{\varphi'^2(t) + \psi'^2(t) + \omega'^2(t)}\,\mathrm{d}t \tag{5.4}$$

如果变量从 $t = t_A$ 变到 $t = t_B$,相应于曲线从 $A$ 到 $B$,那么式(5.4)可写成

$$\int_{(l)} f(M)\mathrm{d}s = \int_{t_A}^{t_B} f[\varphi(t), \psi(t), \omega(t)]\sqrt{\varphi'^2(t) + \psi'^2(t) + \omega'^2(t)}\,\mathrm{d}t \tag{5.5}$$

2. 算例.

**例 1**　用曲线积分求曲线质量:若有一条曲线是由 $y = \ln x$ 表示的,假定这条曲线上每点的质量密度是 $f(x, y, z) = x^2$,求这条曲线从 $x = 0$ 到 $x = 3$ 的质量.

**解**　因为这是一条平面曲线,所以由式(5.3),得

$$\int_{(l)} f(x, y, z)\mathrm{d}s = \int_0^3 x^2\sqrt{1 + y'^2}\,\mathrm{d}x$$

$$= \int_0^3 x^2\sqrt{1 + \frac{1}{x^2}}\,\mathrm{d}x = \int_0^3 x\sqrt{1 + x^2}\,\mathrm{d}x$$

$$= \frac{1}{3}\left[(1 + x^2)^{\frac{3}{2}}\right]_0^3 = \frac{1}{3}(10^{\frac{3}{2}} - 1) = 10.207592\cdots$$

**例 2**　用曲线积分求曲线长度:有空间曲线 $\overparen{AB}$,其方程是:$x = 3t$,$y = 3t^2$,$z = 2t^3$,$A(x, y, z)$ 点的坐标为 $(3, 3, 2)$,$B(x, y, z)$ 点的坐标是 $(6, 12, 16)$,求曲线

$\widehat{AB}$ 的长度.

**解**　在式(5.5)中,令 $f(x,y,z)=1$,则 $\widehat{AB}$ 的长度为

$$s = \int_A^B \mathrm{d}s$$

其中

$$\mathrm{d}s = \sqrt{(\mathrm{d}x)^2 + (\mathrm{d}y)^2 + (\mathrm{d}z)^2}$$

这里

$$\mathrm{d}x = 3\mathrm{d}t, \quad \mathrm{d}y = 6t\mathrm{d}t, \quad \mathrm{d}z = 6t^2\mathrm{d}t$$

因此

$$\mathrm{d}s = \sqrt{9 + 36t^2 + 36t^4} \cdot \mathrm{d}t$$

当用变量 $t$ 表示时,$A(t)=1, B(t)=2$,于是曲线 $\widehat{AB}$ 的长度为

$$s = \int_1^2 \sqrt{9 + 36t^2 + 36t^4} \cdot \mathrm{d}t = 3\int_1^2 \sqrt{1 + 4t^2 + 4t^4} \cdot \mathrm{d}t = 3\int_1^2 (2t^2 + 1)\mathrm{d}t$$

$$= 3\left(\frac{2t^3}{3} + t\right)\Big|_1^2 = 3\left[\left(\frac{16}{3} + 2\right) - \left(\frac{2}{3} + 1\right)\right] = 3\left(\frac{22}{3} - \frac{5}{3}\right) = 17$$

**例 3**　求曲线积分 $\int_{(l)} (y^2 + z)\mathrm{d}s$,设曲线 $(l)$ 是球面 $x^2 + y^2 + z^2 = a^2$ 与平面 $x + y + z = a$ 的交线,其中 $a > 0$.

**解**　根据定积分的分项积分法,可把积分式写成

$$\int_{(l)} (y^2 + z)\mathrm{d}s = \int_{(l)} y^2\mathrm{d}s + \int_{(l)} z\mathrm{d}s$$

由于该曲线关于 $x,y,z$ 轮换对称,等式右边的两个积分分别为

$$\int_{(l)} y^2\mathrm{d}s = \int_{(l)} z^2\mathrm{d}s = \int_{(l)} x^2\mathrm{d}s = \frac{1}{3}\int_{(l)} (x^2 + y^2 + z^2)\mathrm{d}s = \frac{1}{3}\int_{(l)} a^2\mathrm{d}s = \frac{a^2 l}{3}$$

及

$$\int_{(l)} z\mathrm{d}s = \int_{(l)} x\mathrm{d}s = \int_{(l)} y\mathrm{d}s = \frac{1}{3}\int_{(l)} (x + y + z)\mathrm{d}s = \frac{1}{3}\int_{(l)} a\mathrm{d}s = \frac{al}{3}$$

其中 $l$ 为曲线 $(l)$ 的长度.因此有

$$\int_{(l)} (y^2 + z)\mathrm{d}s = \int_{(l)} y^2\mathrm{d}s + \int_{(l)} z\mathrm{d}s = \frac{a^2 l}{3} + \frac{al}{3} = \frac{a}{3}(a + 1)l$$

现在要求曲线 $(l)$ 的长度 $l$:因为 $l$ 是球面与平面的交线,显然它是一个圆,这个圆在平面 $x + y + z = a$ 上,它的圆心到球心的距离 $d = \frac{|0+0+0-a|}{\sqrt{1^2 + 1^2 + 1^2}} = \frac{a}{\sqrt{3}}$,故圆周半径为

$$r = \sqrt{a^2 - \left(\frac{a}{\sqrt{3}}\right)^2} = \sqrt{\frac{2}{3}}a$$

因此圆周的周长(即 $l$ 的长度)为 $l = 2\pi r = 2\pi\sqrt{\frac{2}{3}}a$,于是得到

$$\int_{(l)} (y^2 + z)\mathrm{d}s = \frac{a}{3}(a+1)l = \frac{1}{3}a(a+1) \cdot 2\pi\sqrt{\frac{2}{3}}a = \frac{2\pi\sqrt{6}}{9}a^2(a+1)$$

### 5.1.2 第二型曲线积分

虽然在第一型曲线积分定义之初就说空间曲线$(l)$是有确定方向的,但在前面求曲线积分时(第一型曲线积分),并未提到过曲线的方向.在以下的讨论中,要着重指明曲线的方向,这就是要探讨的第二型曲线积分.

引用空间坐标,设曲线$(l)$上的任一点$P$的位置是由坐标$(x,y,z)$确定的,设$P(x,y,z)$是沿这条曲线的一个连续函数.把曲线$(l)$上的点$N_i$的坐标记作$(\xi_i,\eta_i,\zeta_i)$,并用$\Delta x_i$记线段$\overparen{M_iM_{i+1}}$在$Ox$轴上的投影.$\Delta x_i$可以是正的,也可以是负的,甚至可以为零.作$\Delta x_i$与$P(N_i) = P(\xi_i,\eta_i,\zeta_i)$的乘积之和,即

$$\sum_{i=0}^{n-1} P(\xi_i,\eta_i,\zeta_i)\Delta x_i$$

令$\lambda = \max\{\overparen{N_{i-1}N_i}\text{弧长}\}$,当$\lambda \to 0$时,这个和的极限也被称为$P(x,y,z)$沿曲线$(l)$的积分,并记为

$$\int_{(l)} P(x,y,z)\mathrm{d}x = \lim_{\lambda \to 0}\sum_{i=0}^{n-1} P(\xi_i,\eta_i,\zeta_i)\Delta x_i$$

设$Q(x,y,z)$和$R(x,y,z)$也是曲线$(l)$上定义的连续函数,那么同样会有下面两个积分:

$$\int_{(l)} Q(x,y,z)\mathrm{d}y = \lim_{\lambda \to 0}\sum_{i=0}^{n-1} Q(\xi_i,\eta_i,\zeta_i)\Delta y_i$$

$$\int_{(l)} R(x,y,z)\mathrm{d}z = \lim_{\lambda \to 0}\sum_{i=0}^{n-1} R(\xi_i,\eta_i,\zeta_i)\Delta z_i$$

把这三个积分相加,就得到一般形状的积分,记为

$$\int_{(l)} P(x,y,z)\mathrm{d}x + Q(x,y,z)\mathrm{d}y + R(x,y,z)\mathrm{d}z$$

$$= \lim_{\lambda \to 0}\sum_{i=0}^{n-1}\left[P(\xi_i,\eta_i,\zeta_i)\Delta x_i + Q(\xi_i,\eta_i,\zeta_i)\Delta y_i + R(\xi_i,\eta_i,\zeta_i)\Delta z_i\right]$$

$$(5.6)$$

式中$\Delta x_i,\Delta y_i,\Delta z_i$分别为线段$\overparen{M_iM_{i+1}}$在$Ox,Oy,Oz$轴上的投影.

为建立积分式(5.6)与(5.1)之间的联系,假定曲线$(l)$上的点$M$是曲线弧长$s = \overparen{AM}$的函数.我们可以求出曲线上任一点的方向余弦:

$$\frac{\mathrm{d}x}{\mathrm{d}s} = \cos(\vec{t},\vec{x}), \quad \frac{\mathrm{d}y}{\mathrm{d}s} = \cos(\vec{t},\vec{y}), \quad \frac{\mathrm{d}z}{\mathrm{d}s} = \cos(\vec{t},\vec{z}) \quad (5.7)$$

其中$\vec{t}$表示曲线$(l)$上任意一点$M$的切线方向,也就是曲线的方向.我们用记号

$(\vec{a},\vec{b})$ 来表示 $\vec{a},\vec{b}$ 两个方向的夹角,用 $\cos(\vec{a},\vec{b})$ 表示 $\vec{a},\vec{b}$ 的夹角的方向余弦.用 $\vec{x},\vec{y},\vec{z}$ 表示相应坐标轴上的正方向,略去高阶无穷小,有

$$\Delta x_i = \cos(\vec{t}_i,\vec{x})\Delta s_i, \quad \Delta y_i = \cos(\vec{t}_i,\vec{y})\Delta s_i, \quad \Delta z_i = \cos(\vec{t}_i,\vec{z})\Delta s_i$$

式中的 $\vec{t}_i$ 是 $N_i$ 点的切线方向.因此

$$\int_{(l)} P\mathrm{d}x + Q\mathrm{d}y + R\mathrm{d}z = \int_{(l)} P\cos(\vec{t},\vec{x})\mathrm{d}s + Q\cos(\vec{t},\vec{y})\mathrm{d}s + R\cos(\vec{t},\vec{z})\mathrm{d}s$$

$$= \int_{(l)} \left[ P\cos(\vec{t},\vec{x}) + Q\cos(\vec{t},\vec{y}) + R\cos(\vec{t},\vec{z}) \right]\mathrm{d}s \tag{5.8}$$

其中 $P,Q,R$ 可看成是沿曲线 $(l)$ 的弧长 $s$ 的函数.

设曲线 $(l)$ 的参变量方程是

$$x = \varphi(\tau), \quad y = \psi(\tau), \quad z = \omega(\tau) \tag{5.9}$$

当参变量 $\tau$ 从 $\alpha$ 变化到 $\beta$ 时,过点 $(x,y,z)$ 画出由 $A$ 到 $B$ 的曲线.设点 $M_i$ 对应于参变量 $\tau = \tau_i$,那么

$$\Delta x_i = \frac{\varphi(\tau_i) - \varphi(\tau_{i-1})}{\Delta \tau_i} = \frac{\Delta\varphi(\tau_i)}{\Delta\tau_i}\Delta\tau_i$$

取极限(当 $\Delta\tau_i \to 0$ 时),则有

$$\mathrm{d}x_i = \varphi'(\tau_i)\mathrm{d}\tau_i$$

同样有

$$\mathrm{d}y_i = \psi'(\tau_i)\mathrm{d}\tau_i$$

$$\mathrm{d}z_i = \omega'(\tau_i)\mathrm{d}\tau_i$$

这样,积分式(5.6)就可化为普通的积分公式了:

$$\int_{(l)} P\mathrm{d}x + Q\mathrm{d}y + R\mathrm{d}z = \int_\alpha^\beta P\varphi'(\tau)\mathrm{d}\tau + Q\psi'(\tau)\mathrm{d}\tau + R\omega'(\tau)\mathrm{d}\tau$$

$$= \int_\alpha^\beta \left[ P\varphi'(\tau) + Q\psi'(\tau) + R\omega'(\tau) \right]\mathrm{d}\tau \tag{5.10}$$

式中的 $P,Q,R$ 应当按照式(5.9)通过变量 $\tau$ 表达.

第二型曲线积分具以下性质:

(1) 如果曲线 $(l)$ 是由各部分 $(l_1),(l_2),\cdots,(l_n)$ 组成的,则有

$$\int_{(l)} P\mathrm{d}x + Q\mathrm{d}y + R\mathrm{d}z = \int_{(l_1)} P\mathrm{d}x + Q\mathrm{d}y + R\mathrm{d}z + \int_{(l_2)} P\mathrm{d}x + Q\mathrm{d}y + R\mathrm{d}z + \cdots$$

$$+ \int_{(l_n)} P\mathrm{d}x + Q\mathrm{d}y + R\mathrm{d}z \tag{5.11}$$

(2) 曲线积分的数值不仅由积分表达式与积分路线来确定,还与曲线 $(l)$ 的方向有关,当改变积分路线的方向时,曲线积分也变号.

### 5.1.3 曲线积分的应用

1. 用曲线积分求力场做的功.

现在来应用曲线积分计算力学中的功:假设有一个力 $F$ 作用在 $P$ 点处,把一个质量为 $m$ 的物体推移了 $l$ 的位移,则该力所做的功为

$$W = |F| \cdot |l| \cdot \cos(F, l)$$

这里 $|F|$ 是力的大小,$|l|$ 是位移的长度,$\cos(F, l)$ 是力与位移的夹角的余弦. 当 $(F, l) = 0$ 时,即力与运动方向相同时,功就等于力的大小与位移的乘积.

当某个物体在力 $F$ 的作用下走了一条 $(l)$ 曲线,而且 $F$ 是曲线 $(l)$ 上的点 $M$ 的函数时,则必须分别考虑曲线上每个点的力之大小及运动方向. 我们把运动曲线 $(l)$ 分成小的若干部分,考虑这些部分中的一段 $\overparen{M_i M_{i+1}}$. 因为是一段很短的曲线,可以近似地把它看成直线,并用弦 $\overline{M_i M_{i+1}}$ 代替弧 $\overparen{M_i M_{i+1}}$. 这样就可以把力在这一小段位移上所做的功写成

$$\Delta W_i \approx |F_i| \cdot |\overline{M_i M_{i+1}}| \cdot \cos(\vec{F_i}, \overrightarrow{M_i M_{i+1}})$$

其中 $|F_i|$ 表示在 $M_i$ 点的力矢量 $\vec{F}$ 的长度,$|\overline{M_i M_{i+1}}|$ 表示线段 $\overline{M_i M_{i+1}}$ 的长度,而 $(\vec{F_i}, \overrightarrow{M_i M_{i+1}})$ 则是力与路径之间方向的夹角. 利用解析几何中关于两个方向的夹角的公式,可把上式写成

$$\Delta W_i \approx |F_i| \cdot |\overline{M_i M_{i+1}}| \cdot \big[\cos(F_i, x)\cos(M_i M_{i+1}, x)$$
$$+ \cos(F_i, y) \cdot \cos(M_i M_{i+1}, y) + \cos(F_i, z)\cos(M_i M_{i+1}, z)\big]$$

我们用 $P, Q, R$ 分别表示力 $\vec{F}$ 在 $x, y, z$ 三个坐标上的投影,则有

$$\Delta W_i \approx P_i \Delta x_i + Q_i \Delta y_i + R_i \Delta z_i$$

式中的 $\Delta W_i$ 是力 $\vec{F}$ 在点 $M_i$ 处移动 $|\overline{M_i M_{i+1}}|$ 所做的功. 此处

$$P_i = |F_i|\cos(F_i, x), \quad \Delta x_i = |\overline{M_i M_{i+1}}|\cos(M_i M_{i+1}, x)$$
$$Q_i = |F_i|\cos(F_i, y), \quad \Delta y_i = |\overline{M_i M_{i+1}}|\cos(M_i M_{i+1}, y)$$
$$R_i = |F_i|\cos(F_i, z), \quad \Delta z_i = |\overline{M_i M_{i+1}}|\cos(M_i M_{i+1}, z)$$

把力 $\vec{F}$ 在沿曲线 $(l)$ 各部分所做的功加起来,并取极限,就得到全部功的表达式

$$W = \int_{(l)} P\mathrm{d}x + Q\mathrm{d}y + R\mathrm{d}z$$

**例 4** 求一个质量为 $m$ 的质点 $M$,在重力的作用下,由位置 $M_1(a_1, b_1, c_1)$ 沿任何曲线 $(l)$ 移动到 $M_2(a_2, b_2, c_2)$ 时重力做的功.

**解** 因为重力(地心引力)的方向是垂直向下的,它平行于 $z$ 轴,而与 $z$ 方向向反,所以

$$(\vec{F_i}, x) = (\vec{F_i}, y) = \frac{\pi}{2}, (\vec{F_i}, z) = \pi$$

这表明 $\vec{F}$ 在 $x,y,z$ 三个坐标上的投影分别为

$$P = Q = 0,\quad R = |F|\cos\pi = -mg$$

其中 $g$ 为重力加速度. 于是重力对质点 $M$ 做的功为

$$W = \int_{(l)} P\mathrm{d}x + Q\mathrm{d}y + R\mathrm{d}z = \int_{M_1}^{M_2} R\mathrm{d}z = \int_{c_1}^{c_2}(-mg)\mathrm{d}z$$

$$= \int_{c_2}^{c_1} mg\mathrm{d}z = (c_1 - c_2)mg$$

由此可见,这个功只依赖于起始位置与最终位置,而与路径无关.

**例 5**　一个质量为 1 的质点,受到一个质量为 $m$ 的不动中心的引力作用,由位置 $M_1$ 移动到 $M_2$,试求引力所做的功.

**解**　根据万有引力公式,该质点受到的引力为

$$|\vec{f}| = k\frac{m_1 m_2}{r^2}$$

这里 $f$ 为引力, $m_1$ 为不动中心物体的质量 $m_1 = m$, $m_2$ 为质点的质量 $m_2 = 1$, $r$ 为质点到引力中心的距离, $k$ 是引力常数. 所以引力公式又可写成

$$|\vec{f}| = -\frac{k \cdot m}{r^2}\frac{\vec{r}}{|r|}$$

式中的负号表示引力的方向与矢径 $\vec{r}$ 的方向相反,即矢径 $\vec{r}$ 是从引力中心指向质点的,而引力却是从质点指向引力中心的(因为引力中心是不动的).

把这个力 $\vec{f}$ 投影到 $x,y,z$ 坐标轴上时,有

$$P = -\frac{km}{r^2} \cdot \frac{x}{r},\quad Q = -\frac{km}{r^2} \cdot \frac{y}{r},\quad R = -\frac{km}{r^2} \cdot \frac{z}{r}$$

因此可求出引力做的功为

$$W = \int_{(l)} P\mathrm{d}x + Q\mathrm{d}y + R\mathrm{d}z = -km\int_{(l)} \frac{x}{r^3}\mathrm{d}x + \frac{y}{r^3}\mathrm{d}y + \frac{z}{r^3}\mathrm{d}z$$

$$= -km\int_{(l)} \frac{x\mathrm{d}x + y\mathrm{d}y + z\mathrm{d}z}{r^3} = -km\int_{(l)} \frac{r\mathrm{d}r}{r^3}$$

$$= -km\int_{(l)} \frac{\mathrm{d}r}{r^2} = km\int_{(l)} \mathrm{d}\left(\frac{1}{r}\right)$$

若用 $r_1$ 与 $r_2$ 分别记 $M_1$ 和 $M_2$ 到引力中心的距离,那么从 $r_1$ 到 $r_2$ 引力做的功可表示为

$$W = km\int_{r_1}^{r_2} \mathrm{d}\left(\frac{1}{r}\right) = km\left(\frac{1}{r_2} - \frac{1}{r_1}\right)$$

该式也说明引力所做的功,只取决于作用力的起点与终点,而与路径无关.

2. 用曲线积分求面积.

这里要讨论的是平面曲线所包围的面积. 考虑 $xOy$ 平面上的一条封闭曲线 $(l)$ 所包围的区域 $(\sigma)$ 的面积 $\sigma$. 假设平行于 $Oy$ 轴的直线与曲线 $(l)$ 的交点不多于

两个(图 5.2).用 $y_1$ 记平行 $Oy$ 轴的进入区域($\sigma$)的点的纵坐标,$y_2$ 记它穿出区域($\sigma$)的点的纵坐标.用 $a$ 和 $b$ 表示曲线($l$)的两个极端点的横坐标,也就是说($\sigma$)在 $x = a$ 与 $x = b$ 之间.根据定积分的定义,界于曲线($l_1$),$Ox$ 轴及在 $x = a$ 与 $x = b$ 之间的面积为

$$\sigma_1 = \int_a^b y_1 \mathrm{d}x$$

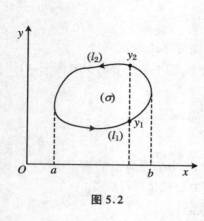

图 5.2

而由曲线($l_2$),$Ox$ 轴及在 $x = a$ 与 $x = b$ 所包围的面积则为

$$\sigma_2 = \int_a^b y_2 \mathrm{d}x$$

很明显,($\sigma$)区域的面积,或称曲线($l$)所包围的面积为上述两个面积之差,即

$$\sigma = \sigma_2 - \sigma_1 = \int_a^b y_2 \mathrm{d}x - \int_a^b y_1 \mathrm{d}x$$

$$= \int_a^b (y_2 - y_1) \mathrm{d}x \tag{5.12}$$

从图 5.2 可知,积分 $\int_a^b y_2 \mathrm{d}x$ 恰恰可写成曲线($l_2$)的线积分 $\int_{(l_2)} y \mathrm{d}x$,但两者符号相反,因为后者的积分是从 $x = b$ 到 $x = a$ 的.同样 $\int_a^b y_1 \mathrm{d}x$ 也可写成曲线($l_1$)的线积分 $\int_{(l_1)} y \mathrm{d}x$,路径由 $x = a$ 到 $x = b$,两者符号相同.因此就有

$$\sigma = \int_a^b y_2 \mathrm{d}x - \int_a^b y_1 \mathrm{d}x = -\int_{(l_2)} y \mathrm{d}x - \int_{(l_1)} y \mathrm{d}x = -\left( \int_{(l_2)} y \mathrm{d}x + \int_{(l_1)} y \mathrm{d}x \right) = -\int_{(l)} y \mathrm{d}x$$

$$\tag{5.13}$$

这里,曲线($l$)取逆时针方向.

同样,可求得

$$\sigma = \int_{(l)} x \mathrm{d}y \tag{5.14}$$

因为式(5.13)或(5.14)都是表示($\sigma$)区域的面积,它们是相等的,所以把它们相加,再除 2,就得到

$$\sigma = \frac{1}{2} \int_{(l)} x \mathrm{d}y - y \mathrm{d}x \tag{5.15}$$

在推导式(5.13)时,假设了平行于 $Oy$ 轴的直线与曲线($l$)的交点不多于 2 个,这个假设对于更普遍的情形,如图 5.3 所示,式(5.13)也是正确的.重复上面的讨论,仍然可得到

$$\sigma = -\left( \int_{(l_1)} y\mathrm{d}x + \int_{(l_2)} y\mathrm{d}x \right)$$

因为在线段 $CD$ 和 $BA$ 上，$x$ 是常数，$\mathrm{d}x = 0$，所以沿这两个线段的积分 $\int y\mathrm{d}x$ 等于零.在上式中加上两个等于零的积分，并带上负号，就得到式(5.13)了.它可以写成这样

$$\sigma = -\left( \int_{(l_1)} y\mathrm{d}x + \int_{(CD)} y\mathrm{d}x + \int_{(l_2)} y\mathrm{d}x + \int_{(BA)} y\mathrm{d}x \right) = -\left( \int_{(l_1)} y\mathrm{d}x + \int_{(l_2)} y\mathrm{d}x \right)$$

对于更具普遍形状的边界线的区域(图 5.4)，引平行于 $Oy$ 轴的直线，把区域($\sigma$)分成几个有限的部分，对每个部分使用式(5.13)，再把这些公式加起来，在左边就得到全部区域($\sigma$)的面积，而等式右边就是沿边界线($l$)的积分.如前所述，其中沿平行于 $Oy$ 轴的直线的积分为零，因为 $\mathrm{d}x = 0$.如在图 5.4 中，沿 $BF$ 的积分与沿 $FD$ 和 $DB$ 的积分，方向相反，互相抵消.最后我们得到普遍形状的边界线的区域的面积仍可应用式(5.13)，(5.14)，(5.15)．

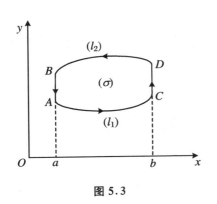

图 5.3

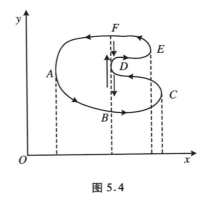

图 5.4

**例 6**　求椭圆的面积.

**解**　令 $x = a\cos\theta$，$y = b\sin\theta\,(0 \leqslant \theta \leqslant 2\pi)$，则 $\mathrm{d}x = -a\sin\theta\mathrm{d}\theta$，$\mathrm{d}y = b\cos\theta\mathrm{d}\theta$．

应用式(5.15)，得到

$$\sigma = \frac{1}{2}\int_{(l)} x\mathrm{d}y - y\mathrm{d}x = \frac{1}{2}\int_0^{2\pi} a\cos\theta \cdot b\cos\theta\mathrm{d}\theta - b\sin\theta \cdot (-a\sin\theta\mathrm{d}\theta)$$

$$= \frac{1}{2}\int_0^{2\pi}(ab\cos^2\theta + ab\sin^2\theta)\mathrm{d}\theta = \frac{1}{2}ab\int_0^{2\pi}\mathrm{d}\theta = \pi ab$$

在求面积的积分中，当做曲线积分时，要沿曲线的逆时针方向进行.

**例 7**　求心脏线包围的面积.

**解**　心脏线是圆外旋轮线中的一种特殊曲线，滚动的圆和不动的圆的半径相等，即 $a = b$．它的参数方程为

$$\begin{cases} x = a(2\cos\theta - \cos 2\theta) \\ y = a(2\sin\theta - \sin 2\theta) \end{cases} \quad (0 \leqslant \theta \leqslant 2\pi) \tag{5.16}$$

由该方程可得

$$\mathrm{d}x = -2a(\sin\theta - \sin 2\theta)\mathrm{d}\theta, \quad \mathrm{d}y = 2a(\cos\theta - \cos 2\theta)\mathrm{d}\theta$$

应用式(5.15),得到心脏线包围的区域的面积为

$$\sigma = \frac{1}{2}\int_{(l)} x\mathrm{d}y - y\mathrm{d}x$$

$$= \frac{1}{2}\int_{(l)}\big[a(2\cos\theta - \cos 2\theta)\cdot 2a(\cos\theta - \cos 2\theta)\mathrm{d}\theta$$

$$- a(2\sin\theta - \sin 2\theta)\cdot(-2a)(\sin\theta - \sin 2\theta)\mathrm{d}\theta\big]$$

$$= a^2\int_0^{2\pi}(2\cos^2\theta + 2\sin^2\theta - 3\cos\theta\cos 2\theta - 3\sin\theta\sin 2\theta + \cos^2 2\theta + \sin^2 2\theta)\mathrm{d}\theta$$

$$= a^2\int_0^{2\pi}3\mathrm{d}\theta - a^2\int_0^{2\pi}3(\cos\theta\cos 2\theta + \sin\theta\sin 2\theta)\mathrm{d}\theta$$

$$= 6\pi a^2 - 3a^2\int_0^{2\pi}\cos\theta\mathrm{d}\theta = 6\pi a^2 - 3a^2(\sin\theta)\Big|_0^{2\pi} = 6\pi a^2$$

这个问题在 3.1 节中已经计算过,结果与此相同,只是方法不同罢了,可谓殊途同归.这里用曲线积分法,也许更简便些.

# 5.2　格林(Green)公式

格林公式是建立沿封闭曲线的线积分与面积分之间的关系的一个重要公式.现推演如下:

设$(\sigma)$是 $xOy$ 平面上封闭曲线$(l)$围成的闭区域.函数 $P(x,y)$ 和 $Q(x,y)$ 在$(\sigma)$上连续,并存在偏导数.假定平行于 $y$ 轴的直线与曲线$(l)$的交点不多于 2 个(图 5.3),那么可以得到

$$\iint_{(\sigma)}\frac{\partial P(x,y)}{\partial y}\mathrm{d}\sigma = \iint_{(\sigma)}\frac{\partial P(x,y)}{\partial y}\mathrm{d}x\mathrm{d}y = \int_a^b\mathrm{d}x\int_{y_1}^{y_2}\frac{\partial P(x,y)}{\partial y}\mathrm{d}y$$

$$= \int_a^b\big[P(x,y_2) - P(x,y_1)\big]\mathrm{d}x = \int_a^b P(x,y_2)\mathrm{d}x - \int_a^b P(x,y_1)\mathrm{d}x$$

式中 $\mathrm{d}\sigma$ 为 $(\sigma)$ 平面上的面积元,$\mathrm{d}\sigma = \mathrm{d}x\mathrm{d}y$. 右端的积分 $\int_a^b P(x,y_1)\mathrm{d}x$ 和 $\int_a^b P(x,y_2)\mathrm{d}x$ 恰好是从 $x = a$ 到 $x = b$ 沿界线$(l)$中的$(l_1)$和$(l_2)$(图 5.3)的线积分 $\int_{(l)} P(x,y)\mathrm{d}x$.

因为按规定,线积分是沿逆时针方向的,所以右端第一个积分应是负号,即

$$\int_a^b P(x,y_2)\mathrm{d}x = -\int_b^a P(x,y_2)\mathrm{d}x = -\int_{(l_2)} P(x,y)\mathrm{d}x$$

并且有

$$\int_a^b P(x,y_1)\mathrm{d}x = \int_{(l_1)} P(x,y)\mathrm{d}x$$

因此

$$\iint_{(\sigma)} \frac{\partial P(x,y)}{\partial y}\mathrm{d}\sigma = -\int_{(l_1)} P(x,y)\mathrm{d}x - \int_{(l_2)} P(x,y)\mathrm{d}x = -\int_{(l)} P(x,y)\mathrm{d}x$$

或

$$\iint_{(\sigma)} \frac{\partial P}{\partial y}\mathrm{d}\sigma = -\int_{(l)} P(x,y)\mathrm{d}x \tag{5.17}$$

用同样的方法,可以得到

$$\iint_{(\sigma)} \frac{\partial Q(x,y)}{\partial x}\mathrm{d}\sigma = \iint_{(\sigma)} \frac{\partial Q(x,y)}{\partial x}\mathrm{d}x\mathrm{d}y = \int_\alpha^\beta \mathrm{d}y \int_{x_1}^{x_2} \frac{\partial Q(x,y)}{\partial x}\mathrm{d}x$$

$$= \int_\alpha^\beta [Q(x_2,y) - Q(x_1,y)]\mathrm{d}y$$

$$= \int_\alpha^\beta Q(x_2,y)\mathrm{d}y - \int_\alpha^\beta Q(x_1,y)\mathrm{d}y$$

最后的式子就是曲线$(l)$的线积分,所以有

$$\iint_{(\sigma)} \frac{\partial Q}{\partial x}\mathrm{d}\sigma = \int_{(l)} Q\mathrm{d}y \tag{5.18}$$

由方程(5.18)减去方程(5.17),得

$$\iint_{(\sigma)} \left(\frac{\partial Q}{\partial x} - \frac{\partial P}{\partial y}\right)\mathrm{d}\sigma = \int_{(l)} P\mathrm{d}x + Q\mathrm{d}y \tag{5.19}$$

这就是**格林公式**,左端为面积分,右端是线积分.

当区域$(\sigma)$界于几条曲线之间时(图 5.5),格林公式仍然适用.不过公式右端的线积分要对所有的边界曲线求积分.当坐标轴如图 5.5所示的取向时,沿外边界线的积分应取逆时针方向,而在里面的边界线应取顺时针方向.就是说沿所有的边界线求积分时,区域$(\sigma)$总是保持在前进方向的左边.

当线积分在闭合曲线上循环一周时,可用环积分符号$\oint$,于是式(5.19)可写成

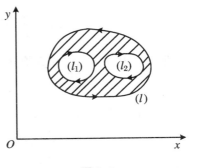

图 5.5

$$\iint\limits_{(\sigma)}\left(\frac{\partial Q}{\partial x}-\frac{\partial P}{\partial y}\right)\mathrm{d}\sigma = \oint\limits_{(l)} P\mathrm{d}x + Q\mathrm{d}y \tag{5.20}$$

这就是闭合曲线上的格林公式.

对于图 5.5 的情况,因为在曲线($l$)内,还有($l_1$)和($l_2$),所以用格林公式时,可写成

$$\iint\limits_{(\sigma)}\left(\frac{\partial Q}{\partial x}-\frac{\partial P}{\partial y}\right)\mathrm{d}\sigma = \oint\limits_{(l)} P\mathrm{d}x + Q\mathrm{d}y + \oint\limits_{(l_1)} P\mathrm{d}x + Q\mathrm{d}y + \oint\limits_{(l_2)} P\mathrm{d}x + Q\mathrm{d}y$$

$$\tag{5.21}$$

其中曲线($l_1$)和($l_2$)的积分方向与曲线($l$)上的积分方向相反.($l$)上为逆时针方向,而($l_1$)和($l_2$)上是顺时针方向.这在几何上可理解为在面积($\sigma$)中挖去了($\sigma_1$)和($\sigma_2$)两个洞.

**例 8**　用格林公式计算圆的面积.

**解**　圆的参数方程为

$$x = a\cos t, \quad y = a\sin t \quad (0 \leqslant t \leqslant 2\pi)$$

因此有

$$\mathrm{d}x = -a\sin t\,\mathrm{d}t, \quad \mathrm{d}y = a\cos t\,\mathrm{d}t$$

在格林公式中

$$\iint\limits_{(\sigma)}\left(\frac{\partial Q}{\partial x}-\frac{\partial P}{\partial y}\right)\mathrm{d}\sigma = \oint\limits_{(l)} P\mathrm{d}x + Q\mathrm{d}y$$

令 $P = -y, Q = 0$,则该圆的面积为

$$A = \iint\limits_{(\sigma)}\left(\frac{\partial Q}{\partial x}-\frac{\partial P}{\partial y}\right)\mathrm{d}\sigma = -\oint\limits_{(l)} y\mathrm{d}x = -\int_0^{2\pi} a\sin t \cdot (-a\sin t)\mathrm{d}t = a^2\int_0^{2\pi} \sin^2 t\,\mathrm{d}t$$

$$= 2a^2\int_0^{\pi} \sin^2 t\,\mathrm{d}t = 2a^2 \cdot \frac{\pi}{2} = \pi a^2$$

或令 $P = 0, Q = x$,则

$$A = \oint\limits_{(l)} x\mathrm{d}y = 2a^2\int_0^{\pi} \cos^2 t\,\mathrm{d}t = \pi a^2$$

**例 9**　用格林公式计算积分 $\int\limits_{(l)} xy^2\mathrm{d}y - x^2 y\mathrm{d}x$,其中($l$)为圆周曲线:$x^2 + y^2 = a^2$.

**解**　在格林公式中

$$\iint\limits_{(\sigma)}\left(\frac{\partial Q}{\partial x}-\frac{\partial P}{\partial y}\right)\mathrm{d}\sigma = \oint\limits_{(l)} P\mathrm{d}x + Q\mathrm{d}y$$

令 $P = -x^2 y, Q = xy^2$,则

$$\frac{\partial Q}{\partial x} = y^2, \quad \frac{\partial P}{\partial y} = -x^2$$

因此

$$\int_{(l)} xy^2 \mathrm{d}y - x^2 y \mathrm{d}x = \iint_{(\sigma)} (y^2 + x^2) \mathrm{d}x \mathrm{d}y = \iint_{(\sigma)} a^2 \mathrm{d}x \mathrm{d}y$$

$$= a^2 \iint_{(\sigma)} \mathrm{d}x \mathrm{d}y = a^2 \cdot \pi a^2 = \pi a^4$$

**例 10**　用格林公式计算积分 $\int_{(l)} (x + y) \mathrm{d}x - (x - y) \mathrm{d}y$, 其中 $(l)$ 为椭圆 $\dfrac{x^2}{a^2} + \dfrac{y^2}{b^2} = 1$.

**解**　令 $P = x + y, Q = -(x - y) = y - x$, 则

$$\frac{\partial Q}{\partial x} = -1, \quad \frac{\partial P}{\partial y} = 1$$

$$\int_{(l)} (x + y) \mathrm{d}x - (x - y) \mathrm{d}y = \iint_{(\sigma)} \left( \frac{\partial Q}{\partial x} - \frac{\partial P}{\partial y} \right) \mathrm{d}x \mathrm{d}y = \iint_{(\sigma)} (-1 - 1) \mathrm{d}x \mathrm{d}y$$

$$= -2 \iint_{(\sigma)} \mathrm{d}x \mathrm{d}y = -2 \cdot \pi ab$$

**例 11**　用格林公式计算星形线围成的区域的面积.

**解**　星形线的参数方程是

$$\begin{cases} x = b\cos^3 t \\ y = b\sin^3 t \end{cases} \quad (0 \leqslant t \leqslant 2\pi)$$

在格林公式中

$$\iint_{(\sigma)} \left( \frac{\partial Q}{\partial x} - \frac{\partial P}{\partial y} \right) \mathrm{d}\sigma = \oint_{(l)} P\mathrm{d}x + Q\mathrm{d}y$$

令 $P = -y = -b\sin^3 t, Q = 0$, 则

$$\mathrm{d}x = -3b \cos^2 t \cdot \sin t \cdot \mathrm{d}t$$

于是得到星形的面积为

$$A = \iint_{(\sigma)} \left( \frac{\partial Q}{\partial x} - \frac{\partial P}{\partial y} \right) \mathrm{d}\sigma = \int_{(l)} P\mathrm{d}x = \int_{(l)} -b\sin^3 t \cdot (-3b\cos^2 t \cdot \sin t \cdot \mathrm{d}t)$$

$$= 3b^2 \int_0^{2\pi} \sin^4 t \cdot \cos^2 t \cdot \mathrm{d}t = 3b^2 \cdot 4 \int_0^{\frac{\pi}{2}} \sin^4 t \cdot \cos^2 t \cdot \mathrm{d}t$$

$$= 12b^2 \frac{3!!}{6!!} \cdot \frac{\pi}{2} = \frac{3}{8} \pi b^2$$

**例 12**　用格林公式计算笛卡儿叶形线围成的面积(图 5.6).

**解**　笛卡儿叶形线的方程是

$$x^3 + y^3 = 3axy$$

其中

$$\begin{cases} x = \dfrac{3at}{1 + t^3} \\ y = \dfrac{3at^2}{1 + t^3} \end{cases} \quad (t = \tan\theta)$$

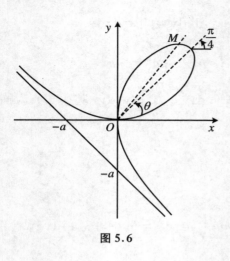

图 5.6

（$\theta$ 是叶形线上任一点和原点的连线与 $x$ 轴的夹角.）

在格林公式中令 $P = -y = -xt$，$Q = 0$，那么叶形线的面积为

$$A = -\oint_{(l)} y \mathrm{d}x = -\oint_{(l)} xt \mathrm{d}x = -\frac{1}{2} \oint_{(l)} t \mathrm{d}x^2$$

$$= -\frac{1}{2} \Big[ (tx^2) \Big|_{x=0}^{x=0} - \int_0^{t=\tan\theta} x^2 \mathrm{d}t \Big]$$

$$= \frac{1}{2} \int_0^{t=\tan\theta} x^2 \mathrm{d}t \quad \text{（用分部积分法）}$$

由于沿叶形线回转一周时，自变量从 $x = 0$ 到 $x = 0$，因此对 $x$ 的积分为零.但分部积分后，积分变成对 $t$ 积分.因为叶形线围成的区域相对于角度为 $\frac{\pi}{4}$ 的这条线对称，而且有 $\tan\frac{\pi}{4} = 1$，所以积分可从 $\tan 0 = 0$ 到 $\tan\frac{\pi}{4} = 1$，并乘以 2.于是得到

$$A = 2 \cdot \frac{1}{2} \int_0^1 x^2 \mathrm{d}t = \int_0^1 \Big( \frac{3at}{1+t^3} \Big)^2 \mathrm{d}t$$

$$= 9a^2 \int_0^1 \frac{t^2}{(1+t^3)^2} \mathrm{d}t = 9a^2 \int_0^1 \frac{\mathrm{d}t^3}{3(1+t^3)^2} = 3a^2 \int_0^1 \frac{\mathrm{d}(1+t^3)}{(1+t^3)^2}$$

$$= 3a^2 \Big( -\frac{1}{1+t^3} \Big) \Big|_0^1 = 3a^2 \cdot \frac{1}{2} = \frac{3}{2} a^2$$

# 5.3 曲面积分

## 5.3.1 第一型曲面积分

第一型曲面积分类似于第一型曲线积分.假设有一个曲面 $(\Sigma)$，把 $\Sigma$ 分割成 $n$ 个小块曲面 $\Sigma_1, \Sigma_2, \cdots, \Sigma_n$（图 5.7）.当 $n$ 趋向无穷大时，各小块曲面 $\Sigma_i$ 的面积 $\Delta S_i$ 中最大的趋向于零，同时它们中最大的直径也趋于零.在 $\Sigma_i$ 上任取一点 $M_i$，设 $f(M)$ 为 $\Sigma$ 曲面的函数，定义

$$S = \iint_{(\Sigma)} f(M) \mathrm{d}S = \lim_{\lambda \to 0} \sum_{i=1}^{\infty} f(M_i) \Delta S_i \tag{5.22}$$

其中 $\lambda$ 是 $\Delta S_i$ 的最大直径.称式 (5.22) 为第一型曲面积分.

假设曲面 $\Sigma$ 的方程是

$$z = f(x,y) \tag{5.23}$$

令

$$p = \frac{\partial f}{\partial x}, \quad q = \frac{\partial f}{\partial y} \tag{5.24}$$

若曲面 $\Sigma$ 在 $(x,y)$ 平面上的投影是区域 $(\sigma)$，曲面 $\Sigma$ 上的小块曲面 $\Delta S$ 的投影为 $\Delta\sigma$（图 5.8）. 那么在 $\Delta\sigma$ 中取一点 $(x,y)$，则 $\Sigma$ 上有一点 $[x,y,f(x,y)]$ 相对应，在这点的切面的方程是

$$\frac{\partial f}{\partial x}(X-x) + \frac{\partial f}{\partial y}(Y-y) = Z-z \tag{5.25}$$

或

$$p(X-x) + q(Y-y) = Z-z \tag{5.26}$$

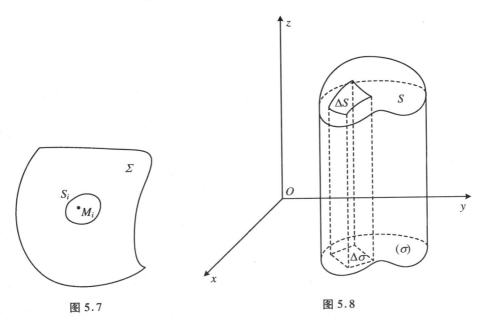

图 5.7　　　　　　　　　　　　　图 5.8

现在来推导式 (5.25)，假设有一个空间曲面，由方程

$$F(x,y,z) = 0 \tag{5.27}$$

给定，要求它的切面方程.

设 $M(x,y,z)$ 是曲面上的一个点，$L$ 是这个曲面上过 $M$ 点的一条曲线. 因为曲线 $L$ 在这个曲面上，它当然满足方程 (5.27). 取方程 (5.27) 左边的微分，得到

$$F_x{}'(x,y,z)\mathrm{d}x + F_y{}'(x,y,z)\mathrm{d}y + F_z{}'(x,y,z)\mathrm{d}z = 0 \tag{5.28}$$

我们知道，$\mathrm{d}x,\mathrm{d}y,\mathrm{d}z$ 与 $M$ 点的曲线 $L$ 的切线的方向余弦成比例. 但过 $M$ 点的曲线 $L$ 的切线垂直于某一条确定的直线，而不依赖于曲线 $L$，这条确定的直线就是法线，它的方向余弦与 $F_x{}'(x,y,z)$，$F_y{}'(x,y,z)$，$F_z{}'(x,y,z)$ 成比例. 如此，

可以看出,曲面(5.27)上经过 $M$ 点的任何曲线的切线,都在同一个平面上:
$$A(X - x) + B(Y - y) + C(Z - z) = 0 \tag{5.29}$$
这个平面称为这个曲面在 $M$ 点的切平面.

从解析几何学知道,平面方程(5.29)中,系数 $A, B, C$ 与这个平面的法线方向的余弦成比例.在这种情况下,就是与 $F_x{}'(x, y, z)$, $F_y{}'(x, y, z)$, $F_z{}'(x, y, z)$ 成比例.于是可把切面方程写成
$$F_x{}'(x, y, z)(X - x) + F_y{}'(x, y, z)(Y - y) + F_z{}'(x, y, z)(Z - z) = 0 \tag{5.30}$$
其中 $X, Y, Z$ 是变动坐标(在切平面上),$x, y, z$ 是切点 $M$ 的坐标.

若所给的曲面方程为显示式
$$z = f(x, y)$$
则
$$F(x, y, z) = f(x, y) - z = 0$$
于是得到
$$F_x{}'(x, y, z) = f_x{}'(x, y), \quad F_y{}'(x, y, z) = f_y{}'(x, y), \quad F_z{}'(x, y, z) = -1$$
习惯上用 $p, q$ 分别记偏微商 $f_x{}'(x, y)$ 和 $f_y{}'(x, y)$,因此,得到该平面的切面方程(5.30)为
$$p(X - x) + q(Y - y) - (Z - z) = 0 \tag{5.31}$$
以及切平面的法线方程
$$\frac{X - x}{p} = \frac{Y - y}{q} = \frac{Z - z}{-1} \tag{5.32}$$
在一个一般的平面(也包括切平面)方程
$$Ax + By + Cz + D = 0 \tag{5.33}$$
中,用一个法式化因子
$$M = \pm \frac{1}{\sqrt{A^2 + B^2 + C^2}} \tag{5.34}$$
乘以式(5.33)[其中法式化因子的符号应与式(5.33)中 $D$ 的符号相反,当 $D = 0$ 时,因子的符号可以任意选择],得到
$$MAx + MBy + MCz + MD = 0 \tag{5.35}$$
它应该与该平面的法式方程
$$x\cos\alpha + y\cos\beta + z\cos\gamma - R = 0 \tag{5.36}$$
重合.因而得到
$$MA = \cos\alpha, \quad MB = \cos\beta, \quad MC = \cos\gamma, \quad MD = -R$$
把 $M$ 的值代入,便得到
$$\cos\alpha = \pm \frac{A}{\sqrt{A^2 + B^2 + C^2}}$$

$$\cos \beta = \pm \frac{B}{\sqrt{A^2 + B^2 + C^2}}$$

$$\cos \gamma = \pm \frac{C}{\sqrt{A^2 + B^2 + C^2}}$$

$$R = \mp \frac{D}{\sqrt{A^2 + B^2 + C^2}} \qquad (5.37)$$

此处 $\alpha, \beta, \gamma$ 分别是切平面的法线与 $x, y, z$ 坐标轴的夹角,其中 $\gamma$ 在数值上等于切平面与 $(x, y)$ 平面的夹角,当用 $\delta$ 表示切平面与 $(x, y)$ 平面的夹角时,则有

$$|\cos \delta| = |\cos \gamma|$$

在切平面方程(5.31)中,$A = p, B = q, C = -1$,它的法式化因子是

$$M = \pm \frac{1}{\sqrt{p^2 + q^2 + 1}}$$

所以切平面与 $(x, y)$ 平面的夹角的余弦为

$$\cos \delta = -\cos \gamma = \mp \frac{1}{\sqrt{1 + p^2 + q^2}}$$

这样,就知道曲面 $\Sigma$ 上的小块曲面 $\Delta S$ 的在 $(x, y)$ 平面上的投影

$$\Delta \sigma = \Delta S \cos \delta = \Delta S \cdot \frac{1}{\sqrt{1 + p^2 + q^2}}$$

或

$$\Delta S = \Delta \sigma \sqrt{1 + p^2 + q^2}$$

因此得到该曲面的面积为

$$S = \iint\limits_{(\sigma)} \sqrt{1 + p^2 + q^2} \cdot \mathrm{d}\sigma = \iint\limits_{(\sigma)} \sqrt{1 + p^2 + q^2} \cdot \mathrm{d}x\mathrm{d}y \qquad (5.38)$$

积分号下的 $\sqrt{1 + p^2 + q^2} \cdot \mathrm{d}\sigma$ 是曲面 $\Sigma$ 的面积元素,即

$$\mathrm{d}S = \sqrt{1 + p^2 + q^2} \cdot \mathrm{d}\sigma = \sqrt{1 + p^2 + q^2} \cdot \mathrm{d}x\mathrm{d}y \qquad (5.39)$$

**例 13**　用式(5.38)计算球面的面积.

**解**　我们知道球面的方程是

$$x^2 + y^2 + z^2 = R^2$$

其中 $R$ 是球的半径.

从球面方程可解得

$$z = \pm \sqrt{R^2 - x^2 - y^2}$$

因此有

$$p = \frac{\partial z}{\partial x} = -\frac{x}{\sqrt{R^2 - x^2 - y^2}} = -\frac{x}{z}, \quad p^2 = \frac{x^2}{z^2}$$

$$q = \frac{\partial z}{\partial y} = -\frac{y}{\sqrt{R^2 - x^2 - y^2}} = -\frac{y}{z}, \quad q^2 = \frac{y^2}{z^2}$$

把它们代入式(5.38),得

$$S = \iint\limits_{(\sigma)} \sqrt{1 + p^2 + q^2} \cdot \mathrm{d}x\mathrm{d}y = \iint\limits_{(S)} \sqrt{1 + \frac{x^2}{z^2} + \frac{y^2}{z^2}} \cdot \mathrm{d}x\mathrm{d}y$$

$$= \iint\limits_{(S)} \frac{R}{z}\mathrm{d}x\mathrm{d}y = \iint\limits_{(S)} \frac{R}{\sqrt{R^2 - x^2 - y^2}}\mathrm{d}x\mathrm{d}y$$

把球体的中心 $O$ 作为坐标原点. 球体在 $xOy$ 平面上有方程 $x^2 + y^2 = R^2 (z = 0)$, 因此对 $x$ 来说, 它的积分范围在 $-R$ 到 $R$. 当 $x$ 固定时, $y = \pm\sqrt{R^2 - x^2}$, 所以 $y$ 的积分范围是 $-\sqrt{R^2 - x^2}$ 到 $+\sqrt{R^2 - x^2}$. 为了方便, 积分式中的 $z = \sqrt{R^2 - x^2 - y^2}$ 只取正号, 表示积分是在 $xOy$ 平面以上进行的, 因此积分的结果只是球面积的 $\frac{1}{2}$. 鉴于以上的分析, 有

$$S_{\frac{1}{2}} = \int_{-R}^{R}\mathrm{d}x\int_{-\sqrt{R^2-x^2}}^{+\sqrt{R^2-x^2}} \frac{R}{\sqrt{R^2 - x^2 - y^2}}\mathrm{d}y \quad (\text{在对 } y \text{ 积分时, 可把 } x \text{ 看成常数})$$

$$= 4R\int_{0}^{R}\mathrm{d}x\int_{0}^{\sqrt{R^2-x^2}} \frac{\mathrm{d}\dfrac{y}{\sqrt{R^2-x^2}}}{\sqrt{1 - \left(\dfrac{y}{\sqrt{R^2-x^2}}\right)^2}}$$

$$= 4R\int_{0}^{R}\mathrm{d}x \left.\left(\arcsin\frac{y}{\sqrt{R^2-x^2}}\right)\right|_{y=0}^{\sqrt{R^2-x^2}}$$

$$= 4R\int_{0}^{R}\frac{\pi}{2}\mathrm{d}x = 2\pi R^2$$

于是得到球面的面积为

$$S = 2S_{\frac{1}{2}} = 4\pi R^2$$

现在来推导用参变量表达的曲面积分公式. 前面已经有计算曲面面积的公式

$$S = \iint\limits_{(\sigma)} \sqrt{1 + p^2 + q^2} \cdot \mathrm{d}x\mathrm{d}y$$

其中 $p = \dfrac{\partial z}{\partial x}$, $q = \dfrac{\partial z}{\partial y}$. 设 $x = \varphi(u, v)$, $y = \psi(u, v)$, $z = \omega(u, v)$, 那么

$$p = \frac{\partial z}{\partial x} = \frac{\partial z}{\partial u} \cdot \frac{\partial u}{\partial x} + \frac{\partial z}{\partial v} \cdot \frac{\partial v}{\partial x}$$

$$q = \frac{\partial z}{\partial y} = \frac{\partial z}{\partial u} \cdot \frac{\partial u}{\partial y} + \frac{\partial z}{\partial v} \cdot \frac{\partial v}{\partial y}$$

于是积分的面积元素为

$$\sqrt{1 + p^2 + q^2} \cdot \mathrm{d}x\mathrm{d}y = \sqrt{1 + \left(\frac{\partial z}{\partial u} \cdot \frac{\partial u}{\partial x} + \frac{\partial z}{\partial v} \cdot \frac{\partial v}{\partial x}\right)^2 + \left(\frac{\partial z}{\partial u} \cdot \frac{\partial u}{\partial y} + \frac{\partial z}{\partial v} \cdot \frac{\partial v}{\partial y}\right)^2}$$

$$\times \left|\frac{\partial(x, y)}{\partial(u, v)}\right|\mathrm{d}u\mathrm{d}v$$

因为

$$\frac{\partial(x,y)}{\partial(u,v)} = \frac{\partial x}{\partial u} \cdot \frac{\partial y}{\partial v} - \frac{\partial y}{\partial u} \cdot \frac{\partial x}{\partial v}$$

所以

$$\left[1 + \left(\frac{\partial z}{\partial u} \cdot \frac{\partial u}{\partial x} + \frac{\partial z}{\partial v} \cdot \frac{\partial v}{\partial x}\right)^2 + \left(\frac{\partial z}{\partial u} \cdot \frac{\partial u}{\partial y} + \frac{\partial z}{\partial v} \cdot \frac{\partial v}{\partial y}\right)^2\right] \times \left(\frac{\partial x}{\partial u} \cdot \frac{\partial y}{\partial v} - \frac{\partial y}{\partial u} \cdot \frac{\partial x}{\partial v}\right)^2$$

$$= \left(\frac{\partial x}{\partial u} \cdot \frac{\partial y}{\partial v} - \frac{\partial y}{\partial u} \cdot \frac{\partial x}{\partial v}\right)^2 + \left(\frac{\partial z}{\partial u} \cdot \frac{\partial y}{\partial v} - \frac{\partial y}{\partial u} \cdot \frac{\partial z}{\partial v}\right)^2 + \left(\frac{\partial z}{\partial u} \cdot \frac{\partial x}{\partial v} - \frac{\partial x}{\partial u} \cdot \frac{\partial z}{\partial v}\right)^2$$

$$= \left(\frac{\partial x}{\partial u}\right)^2 \left(\frac{\partial y}{\partial v}\right)^2 + \left(\frac{\partial y}{\partial u}\right)^2 \left(\frac{\partial x}{\partial v}\right)^2 - 2\frac{\partial x}{\partial u} \cdot \frac{\partial y}{\partial v} \cdot \frac{\partial y}{\partial u} \cdot \frac{\partial x}{\partial v}$$

$$+ \left(\frac{\partial z}{\partial u}\right)^2 \left(\frac{\partial y}{\partial v}\right)^2 + \left(\frac{\partial y}{\partial u}\right)^2 \left(\frac{\partial z}{\partial v}\right)^2 - 2\frac{\partial z}{\partial u} \cdot \frac{\partial y}{\partial v} \cdot \frac{\partial y}{\partial u} \cdot \frac{\partial z}{\partial v}$$

$$+ \left(\frac{\partial z}{\partial u}\right)^2 \left(\frac{\partial x}{\partial v}\right)^2 + \left(\frac{\partial x}{\partial u}\right)^2 \left(\frac{\partial z}{\partial v}\right)^2 - 2\frac{\partial z}{\partial u} \cdot \frac{\partial x}{\partial v} \cdot \frac{\partial x}{\partial u} \cdot \frac{\partial z}{\partial v}$$

$$= \left[\left(\frac{\partial x}{\partial u}\right)^2 + \left(\frac{\partial y}{\partial u}\right)^2 + \left(\frac{\partial z}{\partial u}\right)^2\right] \cdot \left[\left(\frac{\partial x}{\partial v}\right)^2 + \left(\frac{\partial y}{\partial v}\right)^2 + \left(\frac{\partial z}{\partial v}\right)^2\right]$$

$$- \left(\frac{\partial x}{\partial u} \cdot \frac{\partial x}{\partial v} + \frac{\partial y}{\partial u} \cdot \frac{\partial y}{\partial v} + \frac{\partial z}{\partial u} \cdot \frac{\partial z}{\partial v}\right)^2$$

令

$$E = \left(\frac{\partial x}{\partial u}\right)^2 + \left(\frac{\partial y}{\partial u}\right)^2 + \left(\frac{\partial z}{\partial u}\right)^2$$

$$G = \left(\frac{\partial x}{\partial v}\right)^2 + \left(\frac{\partial y}{\partial v}\right)^2 + \left(\frac{\partial z}{\partial v}\right)^2$$

$$F = \frac{\partial x}{\partial u} \cdot \frac{\partial x}{\partial v} + \frac{\partial y}{\partial u} \cdot \frac{\partial y}{\partial v} + \frac{\partial z}{\partial u} \cdot \frac{\partial z}{\partial v}$$

因此得到

$$S = \iint\limits_{(\Sigma)} \sqrt{1 + p^2 + q^2} \cdot \mathrm{d}x\mathrm{d}y = \iint\limits_{(\Sigma)} \sqrt{EG - F^2} \cdot \mathrm{d}u\mathrm{d}v \qquad (5.40)$$

仍以计算球面的面积为例说明式(5.40)的用法.

球面方程是 $x^2 + y^2 + z^2 = a^2$,其中 $a$ 是球体的半径,把坐标原点放在球心,设 $x = \varphi(u,v), y = \psi(u,v), z = \omega(u,v)$,应用球坐标,则有

$$x = \varphi(u,v) = r\sin u\cos v$$

$$y = \psi(u,v) = r\sin u\sin v$$

$$z = \omega(u,v) = r\cos u$$

这里,$u$ 是 $r$ 与 $z$ 轴的夹角,$v$ 是 $r$ 在 $xOy$ 坐标平面上的投影与 $x$ 轴的夹角.在球面上,$r = a, 0 \leqslant u \leqslant \pi, 0 \leqslant v \leqslant 2\pi$.

先求出 $E, G, F$,再代入式(5.40),得

$$E = \left(\frac{\partial x}{\partial u}\right)^2 + \left(\frac{\partial y}{\partial u}\right)^2 + \left(\frac{\partial z}{\partial u}\right)^2$$

$$= r^2\cos^2 u\cos^2 v + r^2\cos^2 u\sin^2 v + r^2\sin^2 u = r^2 = a^2$$

$$G = \left(\frac{\partial x}{\partial v}\right)^2 + \left(\frac{\partial y}{\partial v}\right)^2 + \left(\frac{\partial z}{\partial v}\right)^2$$

$$= r^2\sin^2 u\sin^2 v + r^2\sin^2 u\cos^2 v + 0 = r^2\sin^2 u = a^2\sin^2 u$$

$$F = \frac{\partial x}{\partial u}\cdot\frac{\partial x}{\partial v} + \frac{\partial y}{\partial u}\cdot\frac{\partial y}{\partial v} + \frac{\partial z}{\partial u}\cdot\frac{\partial z}{\partial v}$$

$$= r\cos u\cos v\cdot r\sin u(-\sin v) + r\cos u\sin v\cdot r\sin u\cos v + 0 = 0$$

因此球面的面积是

$$S = \iint\limits_{(\Sigma)}\sqrt{EG - F^2}\cdot \mathrm{d}u\mathrm{d}v = \iint\limits_{(\Sigma)}\sqrt{a^2\cdot a^2\sin^2 u - 0}\cdot \mathrm{d}u\mathrm{d}v$$

$$= a^2\int_0^{2\pi}\mathrm{d}v\int_0^\pi \sin u\mathrm{d}u = a^2\int_0^{2\pi}\mathrm{d}v\left[-\cos u\right]_0^\pi = a^2\int_0^{2\pi}2\mathrm{d}v = 4\pi a^2$$

下面再举一个使用式(5.40)求曲面积分的例子.

**例 14** 计算曲面积分 $I = \iint\limits_{(S)}\sqrt{\dfrac{x^2}{a^4} + \dfrac{y^2}{b^4} + \dfrac{z^2}{c^4}}\cdot \mathrm{d}S$,其中$(S)$ 表示椭球面$\dfrac{x^2}{a^2} + \dfrac{y^2}{b^2} + \dfrac{z^2}{c^2} = 1(a > b > c > 0)$.

**解** 采用球坐标,椭球面的表达式为

$$x = a\sin u\cos v$$
$$y = b\sin u\sin v$$
$$z = c\cos u$$

因此有

$$E = \left(\frac{\partial x}{\partial u}\right)^2 + \left(\frac{\partial y}{\partial u}\right)^2 + \left(\frac{\partial z}{\partial u}\right)^2 = a^2\cos^2 u\cos^2 v + b^2\cos^2 u\sin^2 v + c^2\sin^2 u$$

$$G = \left(\frac{\partial x}{\partial v}\right)^2 + \left(\frac{\partial y}{\partial v}\right)^2 + \left(\frac{\partial z}{\partial v}\right)^2 = a^2\sin^2 u\sin^2 v + b^2\sin^2 u\cos^2 v$$

$$F = \frac{\partial x}{\partial u}\cdot\frac{\partial x}{\partial v} + \frac{\partial y}{\partial u}\cdot\frac{\partial y}{\partial v} + \frac{\partial z}{\partial u}\cdot\frac{\partial z}{\partial v}$$

$$= a\cos u\cos v\cdot a\sin u(-\sin v) + b\cos u\sin v\cdot b\sin u\cos v + 0$$

$$= (b^2 - a^2)\cos u\sin u\cos v\sin v$$

于是得到

$$EG - F^2 = (a^2\cos^2 u\cos^2 v + b^2\cos^2 u\sin^2 v + c^2\sin^2 u)(a^2\sin^2 u\sin^2 v$$
$$+ b^2\sin^2 u\cos^2 v) - \left[(b^2 - a^2)\cos u\sin u\cos v\sin v\right]^2$$

$$= a^2 b^2\cos^2 u\sin^2 u + (b^2 c^2\sin^4 u\cos^2 v + c^2 a^2\sin^4 u)^2\sin^2 v$$

$$= (a^2 b^2\cos^2 u + b^2 c^2\sin^2 u\cos^2 v + c^2 a^2\sin^2 u\sin^2 v)\sin^2 u$$

因此求得曲面的面积元素为

$$\mathrm{d}S = \sqrt{EG - F^2}\cdot \mathrm{d}u\mathrm{d}v$$

$$= \sqrt{a^2 b^2\cos^2 u + b^2 c^2\sin^2 u\cos^2 v + c^2 a^2\sin^2 u\sin^2 v}\cdot \sin u\cdot \mathrm{d}u\mathrm{d}v$$

$$= abc \sqrt{\frac{\cos^2 u}{c^2} + \frac{\sin^2 u \cos^2 v}{a^2} + \frac{\sin^2 u \sin^2 v}{b^2}} \cdot \sin u \cdot \mathrm{d}u \mathrm{d}v$$

注意根号里的函数

$$\sqrt{\frac{\sin^2 u \cos^2 v}{a^2} + \frac{\sin^2 u \sin^2 v}{b^2} + \frac{\cos^2 u}{c^2}}$$

$$= \sqrt{\frac{a^2 \sin^2 u \cos^2 v}{a^4} + \frac{b^2 \sin^2 u \sin^2 v}{b^4} + \frac{c^2 \cos^2 u}{c^4}}$$

即

$$\sqrt{\frac{\sin^2 u \cos^2 v}{a^2} + \frac{\sin^2 u \sin^2 v}{b^2} + \frac{\cos^2 u}{c^2}} = \sqrt{\frac{x^2}{a^4} + \frac{y^2}{b^4} + \frac{z^2}{c^4}}$$

这就是说有等式

$$\sqrt{\frac{x^2}{a^4} + \frac{y^2}{b^4} + \frac{z^2}{c^4}} \cdot \sqrt{\frac{\sin^2 u \cos^2 v}{a^2} + \frac{\sin^2 u \sin^2 v}{b^2} + \frac{\cos^2 u}{c^2}}$$

$$= \frac{\sin^2 u \cos^2 v}{a^2} + \frac{\sin^2 u \sin^2 v}{b^2} + \frac{\cos^2 u}{c^2}$$

因此该面积分为

$$I = \iint\limits_{(S)} \sqrt{\frac{x^2}{a^4} + \frac{y^2}{b^4} + \frac{z^2}{c^4}} \cdot \mathrm{d}S$$

$$= \iint\limits_{(S)} abc \left( \frac{\sin^2 u \cos^2 v}{a^2} + \frac{\sin^2 u \sin^2 v}{b^2} + \frac{\cos^2 u}{c^2} \right) \sin u \mathrm{d}u \mathrm{d}v$$

由于椭球面的对称性,计算时只要计算第一象限,然后乘以 8,即

$$I = 8abc \int_0^{\frac{\pi}{2}} \int_0^{\frac{\pi}{2}} \left( \frac{\sin^2 u \cos^2 v}{a^2} + \frac{\sin^2 u \sin^2 v}{b^2} + \frac{\cos^2 u}{c^2} \right) \sin u \mathrm{d}u \mathrm{d}v$$

$$= 8abc \int_0^{\frac{\pi}{2}} \mathrm{d}v \int_0^{\frac{\pi}{2}} \left( \frac{\cos^2 v}{a^2} \cdot \sin^3 u + \frac{\sin^2 v}{b^2} \cdot \sin^3 u + \frac{\cos^2 u}{c^2} \sin u \right) \mathrm{d}u$$

$$= 8abc \int_0^{\frac{\pi}{2}} \mathrm{d}v \left[ \frac{\cos^2 v}{a^2} \int_0^{\frac{\pi}{2}} \sin^3 u \mathrm{d}u + \frac{\sin^2 v}{b^2} \int_0^{\frac{\pi}{2}} \sin^3 u \mathrm{d}u + \frac{1}{c^2} \int_0^{\frac{\pi}{2}} \cos^2 u \mathrm{d}(-\cos u) \right]$$

$$= 8abc \int_0^{\frac{\pi}{2}} \left( \frac{\cos^2 v}{a^2} \cdot \frac{2}{3} + \frac{\sin^2 v}{b^2} \cdot \frac{2}{3} + \frac{1}{c^2} \cdot \frac{1}{3} \right) \mathrm{d}v$$

$$= 8abc \left( \frac{2}{3a^2} \int_0^{\frac{\pi}{2}} \cos^2 v \mathrm{d}v + \frac{2}{3b^2} \int_0^{\frac{\pi}{2}} \sin^2 v \mathrm{d}v + \frac{1}{3c^2} \int_0^{\frac{\pi}{2}} \mathrm{d}v \right)$$

$$= 8abc \left( \frac{2}{3a^2} \cdot \frac{\pi}{4} + \frac{2}{3b^2} \cdot \frac{\pi}{4} + \frac{1}{3c^2} \cdot \frac{\pi}{2} \right)$$

$$= \frac{4}{3} abc\pi \left( \frac{1}{a^2} + \frac{1}{b^2} + \frac{1}{c^2} \right)$$

### 5.3.2　第二型曲面积分

如同在第二型曲线积分中,认为曲线是有方向的一样,在第二型曲面积分中,认为曲面也是有方向的.曲面单元 $\mathrm{d}\vec{S}$ 是一个向量,它的长度等于 $\mathrm{d}S$ 的面积,而它的方向与这个面积单元所确定的法线方向相同.在封闭曲面的情况下,限定取向外的法线方向作为曲面的正方向.

如果一个空间曲面 $\Sigma$,可以分出它有两个侧面,则称其为双侧曲面.对于空间的双侧曲面,它有两个侧面,把其中的一个记为 $A$,另一个记作 $B$(图 5.9).在曲面 $\Sigma$ 上任何一点 $M(x,y,z)$ 作它的法线 $\vec{n}$,如果法线是从 $A$ 指向 $B$ 的,则规定它为正方向,那么从 $B$ 指向 $A$ 的法线方向就是负方向了.

假设点 $M$ 处有函数 $f(M)=f(x,y,z)$,若点 $M$ 处的法线与 $x,y,z$ 坐标轴构成的角度分别为 $\alpha,\beta,\gamma$,在 $M$ 点处的面积元素为 $\mathrm{d}S$,那么 $\mathrm{d}S$ 在三个坐标平面 $yOz,xOz,xOy$ 上的投影(图 5.10)分别为

$$\mathrm{d}S\cdot\cos\alpha=\pm\,\mathrm{d}y\mathrm{d}z,\quad \mathrm{d}S\cdot\cos\beta=\pm\,\mathrm{d}z\mathrm{d}x,\quad \mathrm{d}S\cdot\cos\gamma=\pm\,\mathrm{d}x\mathrm{d}y$$

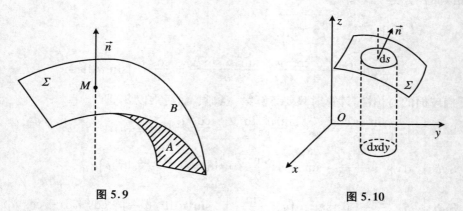

图 5.9　　　　　　　　　　　　　　　图 5.10

式中的符号是由 $M$ 点上的法线的方向决定的.于是可以定义

$$\iint\limits_{(\Sigma)}f(M)\mathrm{d}y\mathrm{d}z=\iint\limits_{(\Sigma)}f(x,y,z)\mathrm{d}y\mathrm{d}z=\iint\limits_{(\Sigma)}f(x,y,z)\cos\alpha\mathrm{d}S$$

$$\iint\limits_{(\Sigma)}f(M)\mathrm{d}z\mathrm{d}x=\iint\limits_{(\Sigma)}f(x,y,z)\mathrm{d}z\mathrm{d}x=\iint\limits_{(\Sigma)}f(x,y,z)\cos\beta\mathrm{d}S \qquad (5.41)$$

$$\iint\limits_{(\Sigma)}f(M)\mathrm{d}x\mathrm{d}y=\iint\limits_{(\Sigma)}f(x,y,z)\mathrm{d}x\mathrm{d}y=\iint\limits_{(\Sigma)}f(x,y,z)\cos\gamma\mathrm{d}S$$

这就是曲面函数 $f(x,y,z)$ 关于 $yOz$ 平面、$xOy$ 平面及 $xOy$ 平面上的第二型曲面积分.

第二型曲面积分是曲面在坐标平面上的投影的积分,与直角坐标的选取有关.

第二型曲面积分是有方向性的,当认定曲面的法线方向是从 $A$ 侧面指向 $B$ 侧

面时,那么 $\overrightarrow{AB}$ 就是正方向,$\overrightarrow{BA}$ 就是负方向了.因此

$$\iint\limits_{\Sigma_{\overrightarrow{AB}}} f(M)\mathrm{d}x\mathrm{d}y = - \iint\limits_{\Sigma_{\overrightarrow{BA}}} f(M)\mathrm{d}x\mathrm{d}y \tag{5.42}$$

同样对于 $\mathrm{d}y\mathrm{d}z,\mathrm{d}z\mathrm{d}x$ 的积分也有相应的公式.

若 $P,Q,R$ 是定义在曲面 $\Sigma$ 上的连续函数,把上面三个第二种曲面积分[式(5.41)]结合在一起,则有

$$\iint\limits_{(\Sigma)} P\mathrm{d}y\mathrm{d}z + Q\mathrm{d}z\mathrm{d}x + R\mathrm{d}x\mathrm{d}y = \iint\limits_{(\Sigma)} (P\cos\alpha + Q\cos\beta + R\cos\gamma)\mathrm{d}S \tag{5.43}$$

注意,这里的曲面($\Sigma$)是有方向的.

**例 15**　计算积分 $\iint\limits_{(S)} (x+y+z)\mathrm{d}S$,$S$ 为立方体 $0 \leqslant x \leqslant 1, 0 \leqslant y \leqslant 1, 0 \leqslant z \leqslant 1$ 的表面.这里被积函数是 $f(x,y,z) = x+y+z$.求在第一象限的立方体的表面积.该立方体由平面 $x=1,y=1,z=1$ 限定(图 5.11).

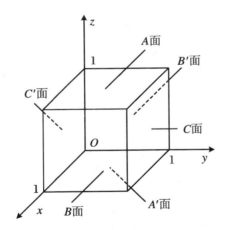

**图 5.11**

**解**　我们要对立方体的六个面中的每一个面进行积分,即

$$\iint\limits_{(S)} (x+y+z)\mathrm{d}S = \iint\limits_{A} (x+y+z)\mathrm{d}S + \iint\limits_{B} (x+y+z)\mathrm{d}S + \iint\limits_{C} (x+y+z)\mathrm{d}S$$
$$+ \iint\limits_{A'} (x+y+z)\mathrm{d}S + \iint\limits_{B'} (x+y+z)\mathrm{d}S + \iint\limits_{C'} (x+y+z)\mathrm{d}S$$

在 $A$ 面上,$z=1,0 \leqslant x \leqslant 1, 0 \leqslant y \leqslant 1$,它投影到 $xOy$ 平面上的面积元是 $\mathrm{d}\sigma_{xy} = \mathrm{d}x\mathrm{d}y$,因此在 $A$ 面上的积分为

$$\iint\limits_{A} (x+y+1)\mathrm{d}S = \iint\limits_{A} (x+y+1)\mathrm{d}x\mathrm{d}y = \int_0^1 \mathrm{d}x \int_0^1 (1+x+y)\mathrm{d}y$$

$$= \int_0^1 \mathrm{d}x \left( y + xy + \frac{y^2}{2} \right) \Big|_0^{y=1} = \int_0^1 \left( \frac{3}{2} + x \right) \mathrm{d}x$$

$$= \left( \frac{3}{2}x + \frac{1}{2}x^2 \right) \Big|_0^1 = 2$$

在 $A'$ 平面上,$z = 0, 0 \leqslant x \leqslant 1, 0 \leqslant y \leqslant 1, \mathrm{d}\sigma_{xy} = \mathrm{d}x\mathrm{d}y$,所以

$$\iint\limits_{A'} (x + y) \mathrm{d}s = \int_0^1 \mathrm{d}x \int_0^1 (x + y) \mathrm{d}y = \int_0^1 \mathrm{d}x \left( xy + \frac{1}{2}y^2 \right) \Big|_0^{y=1}$$

$$= \int_0^1 \left( x + \frac{1}{2} \right) \mathrm{d}x = \left( \frac{x^2}{2} + \frac{x}{2} \right) \Big|_0^1 = 1$$

由于对称性,$B$ 和 $C$ 面的积分值也都是 2,而 $B'$ 和 $C'$ 的积分值也是 1.于是得到

$$\iint\limits_{(S)} (x + y + z) \mathrm{d}S = 2 \times 3 + 1 \times 3 = 9$$

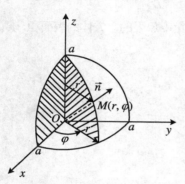

图 5.12

**例 16** 求曲面积分 $\iint\limits_S x\mathrm{d}y\mathrm{d}z + y\mathrm{d}z\mathrm{d}x + z\mathrm{d}x\mathrm{d}y$,式中的 $S$ 为球体 $x^2 + y^2 + z^2 = a^2$ 的外表面.

**解** 因为球体具有对称性(图 5.12),所以只要计算积分 $\iint\limits_S z\mathrm{d}x\mathrm{d}y$ 就行了.另外两个积分具有相同值.

上半部球面有

$$z = \sqrt{a^2 - x^2 - y^2}$$

下半部球面有

$$z = -\sqrt{a^2 - x^2 - y^2}$$

因此有

$$\iint\limits_S z\mathrm{d}x\mathrm{d}y = \iint\limits_{S_\perp} \sqrt{a^2 - x^2 - y^2} \cdot \mathrm{d}x\mathrm{d}y - \iint\limits_{S_\top} \left( -\sqrt{a^2 - x^2 - y^2} \right) \cdot \mathrm{d}x\mathrm{d}y$$

$$= 2 \iint\limits_{S_\perp} \sqrt{a^2 - x^2 - y^2} \cdot \mathrm{d}x\mathrm{d}y$$

式中的 $\iint\limits_{S_\top}$ 取负值是因为曲面元素的法线 $\vec{n}$ 与 $\iint\limits_{S_\perp}$ 的方向相反.

采用柱坐标时:$x = r\cos\varphi, y = r\sin\varphi, z = z$,并有 $x^2 + y^2 = r^2\cos^2\varphi + r^2\sin^2\varphi = r^2$.面积元素为 $r\mathrm{d}r\mathrm{d}\varphi$,积分区域是:$r(0, a), \varphi(0, 2\pi)$.所以有

$$\iint\limits_S z\mathrm{d}x\mathrm{d}y = 2 \iint\limits_{S_\perp} \sqrt{a^2 - (x^2 + y^2)} \cdot \mathrm{d}x\mathrm{d}y = 2 \iint\limits_{S_\perp} \sqrt{a^2 - r^2} \cdot r\mathrm{d}r\mathrm{d}\varphi$$

$$= 2 \int_0^{2\pi} \mathrm{d}\varphi \int_0^a \sqrt{a^2 - r^2} \cdot r\mathrm{d}r$$

$$= 2\int_0^{2\pi} \mathrm{d}\varphi \int_0^a \left(a^2 - r^2\right)^{\frac{1}{2}} \cdot \frac{1}{2}\mathrm{d}\left[-\left(a^2 - r^2\right)\right]$$

$$= \int_0^{2\pi} \mathrm{d}\varphi \left[-\frac{2}{3}\left(a^2 - r^2\right)^{\frac{3}{2}}\right]_0^a = \int_0^{2\pi} \frac{2}{3}a^3 \mathrm{d}\varphi = \frac{4}{3}\pi a^3$$

同理可得

$$\iint\limits_{S} x\mathrm{d}y\mathrm{d}z = \iint\limits_{S} y\mathrm{d}z\mathrm{d}x = \frac{4}{3}\pi a^3$$

最后,把它们相加,得到

$$\iint\limits_{S} x\mathrm{d}y\mathrm{d}z + y\mathrm{d}z\mathrm{d}x + z\mathrm{d}x\mathrm{d}y = 3 \times \frac{4}{3}\pi a^3 = 4\pi a^3$$

# 5.4　斯托克斯(Stokes)公式

　　设有一个非封闭的双侧曲面(S),具有边界线(l)(图 5.13).曲面(S)在 xOy 平面上的投影为$\sigma_{xOy}$,(l)在 xOy 平面上的投影为(λ).设界线(l)的方向为逆时针方向,(λ)的方向与(l)相同.(S)的法线 $\vec{n}$ 的方向这样取:使它与 Oz 轴的夹角为锐角.于是 $\cos(n,z) > 0$.假定平行 z 轴的直线与(S)只有一个交点,曲面(S)的方程为

$$z = f(x,y)$$

记

$$\frac{\partial f}{\partial x} = p, \quad \frac{\partial f}{\partial y} = q \qquad (5.44)$$

　　我们知道曲面(S)上的点 $M(x,y,z)$处的法线的方向余弦与 $p,q,(-1)$成正比,也就是说,这些方向余弦可用下式表达:

$$\begin{cases} \cos(n,x) = \pm \dfrac{p}{\sqrt{1 + p^2 + q^2}} \\[2mm] \cos(n,y) = \pm \dfrac{q}{\sqrt{1 + p^2 + q^2}} \\[2mm] \cos(n,z) = \mp \dfrac{1}{\sqrt{1 + p^2 + q^2}} \end{cases} \qquad (5.45)$$

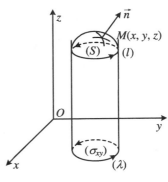

图 5.13

从式(5.45)可推得

$$\begin{cases} p\cos(n,z) = -\dfrac{p}{\sqrt{1+p^2+q^2}} = -\cos(n,x) \\[3mm] q\cos(n,z) = -\dfrac{q}{\sqrt{1+p^2+q^2}} = -\cos(n,y) \end{cases} \tag{5.46}$$

从式(5.39)$\mathrm{d}S = \sqrt{1+p^2+q^2}\,\mathrm{d}\sigma$ 得到 $\mathrm{d}\sigma = \dfrac{\mathrm{d}S}{\sqrt{1+p^2+q^2}}$,因此有

$$\mathrm{d}\sigma_{xy} = \cos(n,z)\mathrm{d}S \tag{5.47}$$

此处 $\mathrm{d}S$ 是曲面的微分元素,取正值,$\mathrm{d}\sigma_{xOy}$ 是 $\mathrm{d}S$ 在 $xOy$ 平面上的投影,与 $\cos(n,z)$ 同号.

假定 $P(x,y,z)$ 是曲面$(S)$上所定义的连续函数,并有一阶偏微商,考虑积分

$$\int_{(l)} P(x,y,z)\mathrm{d}x$$

曲线$(l)$在曲面$(S)$上,利用曲面方程 $z = f(x,y)$,在积分号下,用 $f(x,y)$ 代替 $z$. 这时被积函数为 $P[x,y,f(x,y)]$,就只含有 $x$ 与 $y$ 了.并且曲线$(\lambda)$上变点的坐标$(x,y)$也就是曲线$(l)$上对应点的这两个坐标.所以沿曲线$(l)$的积分可用沿曲线$(\lambda)$的积分来替换:

$$\int_{(l)} P(x,y,z)\mathrm{d}x = \int_{(\lambda)} P[x,y,f(x,y)]\mathrm{d}x \tag{5.48}$$

公式右端的积分可用格林公式(5.19)替换,在给定的情况下,$P = P[x,y,f(x,y)]$,$Q = 0$.在计算偏微商$\dfrac{\partial P}{\partial y}$时,需要求 $P$ 直接对 $y$ 的导数,及通过第三变量 $z$ 对 $y$ 求的导数.在这里,$z$ 已经用$f(x,y)$替代了,所以有

$$\frac{\partial P(x,y,f(x,y))}{\partial y} = \left[\frac{\partial P(x,y,z)}{\partial y} + \frac{\partial P(x,y,z)}{\partial z}\cdot\frac{\partial f(x,y)}{\partial y}\right]_{z=f(x,y)}$$

于是得到

$$\int_{(l)} P(x,y,z)\mathrm{d}x = \int_{(\lambda)} P[x,y,f(x,y)]\mathrm{d}x$$

$$= -\iint_{(\sigma_{xOy})} \left[\frac{\partial P(x,y,z)}{\partial y} + \frac{\partial P(x,y,z)}{\partial z}\cdot\frac{\partial f(x,y)}{\partial y}\right]_{z=f(x,y)} \mathrm{d}\sigma_{xOy}$$

根据式(5.47),$\mathrm{d}\sigma_{xOy}$ 可用 $\mathrm{d}S$ 表达,所以有

$$\int_{(l)} P(x,y,z)\mathrm{d}x = -\iint_{(S)} \left[\frac{\partial P(x,y,z)}{\partial y} + \frac{\partial P(x,y,z)}{\partial z}\cdot\frac{\partial f(x,y)}{\partial y}\right]\cos(n,z)\mathrm{d}S$$

$$= -\iint_{(S)} \left[\frac{\partial P(x,y,z)}{\partial y}\cdot\cos(n,z) + \frac{\partial P(x,y,z)}{\partial z}\cdot q\cdot\cos(n,z)\right]\mathrm{d}S$$

从式(5.46)中知:$q\cos(n,z) = -\cos(n,y)$,代入上式,得到

$$\int_{(l)} P\mathrm{d}x = \iint_{(S)} \left[\frac{\partial P}{\partial z}\cdot\cos(n,y) - \frac{\partial P}{\partial y}\cdot\cos(n,z)\right]\mathrm{d}S$$

若 $Q(x,y,z)$ 和 $R(x,y,z)$ 也是定义在 $(S)$ 上的另外两个函数,则按坐标 $x,y,z$ 的循环排列,可得到另外两个类似的积分公式:

$$\int_{(l)} Q\mathrm{d}y = \iint_{(S)} \left[\frac{\partial Q}{\partial x} \cdot \cos(n,z) - \frac{\partial Q}{\partial z} \cdot \cos(n,x)\right]\mathrm{d}S$$

$$\int_{(l)} R\mathrm{d}z = \iint_{(S)} \left[\frac{\partial R}{\partial y} \cdot \cos(n,x) - \frac{\partial R}{\partial x} \cdot \cos(n,y)\right]\mathrm{d}S$$

把上面三个公式加起来,就得到**斯托克斯公式**:

$$\int_{(l)} P\mathrm{d}x + Q\mathrm{d}y + R\mathrm{d}z = \iint_{(S)} \left[\left(\frac{\partial R}{\partial y} - \frac{\partial Q}{\partial z}\right)\cos(n,x) + \left(\frac{\partial P}{\partial z} - \frac{\partial R}{\partial x}\right)\cos(n,y)\right.$$
$$\left. + \left(\frac{\partial Q}{\partial x} - \frac{\partial P}{\partial y}\right)\cos(n,z)\right]\mathrm{d}S \tag{5.49}$$

式(5.49)也可用行列式表示成

$$\oint_{(l)} P\mathrm{d}x + Q\mathrm{d}y + R\mathrm{d}z = \iint_{(S)} \begin{vmatrix} \cos\alpha & \cos\beta & \cos\gamma \\ \dfrac{\partial}{\partial x} & \dfrac{\partial}{\partial y} & \dfrac{\partial}{\partial z} \\ P & Q & R \end{vmatrix} \mathrm{d}S \tag{5.50}$$

其中

$$\cos\alpha = \cos(n,x), \quad \cos\beta = \cos(n,y), \quad \cos\gamma = \cos(n,z)$$

或

$$\oint_{(l)} P\mathrm{d}x + Q\mathrm{d}y + R\mathrm{d}z = \iint_{(S)} \begin{vmatrix} \mathrm{d}y\mathrm{d}z & \mathrm{d}z\mathrm{d}x & \mathrm{d}x\mathrm{d}y \\ \dfrac{\partial}{\partial x} & \dfrac{\partial}{\partial y} & \dfrac{\partial}{\partial z} \\ P & Q & R \end{vmatrix} \tag{5.51}$$

式(5.49)说明了沿曲面的界线的曲线积分与沿这个曲面的曲面积分之间的关系.

格林公式是当 $(S)$ 为平面时的斯托克斯公式的特殊情况.这时,$(l)$ 是平面 $xOy$ 上的封闭曲线,$\mathrm{d}z = 0$,$n$ 与 $Oz$ 的方向相同,因此 $\cos(n,x) = \cos(n,y) = 0$,$\cos(n,z) = 1$.把这些条件用到式(5.49)上,就得到格林公式(5.19)了.

**例 17**　用斯托克斯公式计算积分 $\oint_{(l)} y^2\mathrm{d}x + z^2\mathrm{d}y + x^2\mathrm{d}z$,其中 $(l)$ 为球面 $x^2 + y^2 + z^2 = a^2$ 与平面 $x + y + z = a$ 的交线.

**解**　在斯托克斯公式中

$$\oint_{(l)} P\mathrm{d}x + Q\mathrm{d}y + R\mathrm{d}z = \iint_{(S)} \left[\left(\frac{\partial R}{\partial y} - \frac{\partial Q}{\partial z}\right)\cos\alpha + \left(\frac{\partial P}{\partial z} - \frac{\partial R}{\partial x}\right)\cos\beta\right.$$
$$\left. + \left(\frac{\partial Q}{\partial x} - \frac{\partial P}{\partial y}\right)\cos\gamma\right]\mathrm{d}S$$

令 $P = y^2$,$Q = z^2$,$R = x^2$,那么

$$\frac{\partial P}{\partial y} = 2y, \quad \frac{\partial P}{\partial z} = 0, \quad \frac{\partial Q}{\partial z} = 2z, \quad \frac{\partial Q}{\partial x} = 0, \quad \frac{\partial R}{\partial x} = 2x, \quad \frac{\partial R}{\partial y} = 0$$

$$\cos\alpha = \cos\beta = \cos\gamma = \frac{1}{\sqrt{3}}$$

因此

$$\oint_{(l)} y^2\mathrm{d}x + z^2\mathrm{d}y + x^2\mathrm{d}z = \iint_{(S)}\left(-2z\cdot\frac{1}{\sqrt{3}} - 2x\cdot\frac{1}{\sqrt{3}} - 2y\cdot\frac{1}{\sqrt{3}}\right)\mathrm{d}S$$

$$= -\frac{2}{\sqrt{3}}\iint_{(S)}(x+y+z)\mathrm{d}S = -\frac{2}{\sqrt{3}}\iint_{(S)}a\,\mathrm{d}S = -\frac{2a}{\sqrt{3}}\iint_{(S)}\mathrm{d}S$$

因为球面与平面的交线是一个圆周,它在平面 $x+y+z=a$ 上,它的半径是 $R = \sqrt{\frac{2}{3}}a$,面积为 $\iint_{(S)}\mathrm{d}S = S = \frac{2}{3}\pi a^2$,因此得到

$$\oint_{(l)} y^2\mathrm{d}x + z^2\mathrm{d}y + x^2\mathrm{d}z = -\frac{2a}{\sqrt{3}}\iint_{(S)}\mathrm{d}S = -\frac{2a}{\sqrt{3}}\cdot\frac{2}{3}\pi a^2 = -\frac{4\sqrt{3}}{9}\pi a^3$$

**例18** 求积分 $\oint_C (y-z)\mathrm{d}x + (z-x)\mathrm{d}y + (x-y)\mathrm{d}z$,式中的 $C$ 为椭圆 $x^2 + y^2 = a^2, \frac{x}{a} + \frac{z}{h} = 1 (x>0, h>0)$.若从 $Ox$ 轴正向看去,该椭圆是逆时针方向的.

**解** 如图 5.14 所示,平面 $\frac{x}{a} + \frac{z}{h} = 1$ 上被椭圆包围的区域记为 $S$,$S$ 的法线与 $Oz$ 轴的夹角为锐角.按照斯托克斯公式(5.49)

$$\int_{(l)} P\mathrm{d}x + Q\mathrm{d}y + R\mathrm{d}z = \iint_{(S)}\left[\left(\frac{\partial R}{\partial y} - \frac{\partial Q}{\partial z}\right)\cos(n,x) + \left(\frac{\partial P}{\partial z} - \frac{\partial R}{\partial x}\right)\cos(n,y)\right.$$

$$\left. + \left(\frac{\partial Q}{\partial x} - \frac{\partial P}{\partial y}\right)\cos(n,z)\right]\mathrm{d}S$$

令

$$P = y - z, \quad Q = z - x, \quad R = x - y$$

于是有

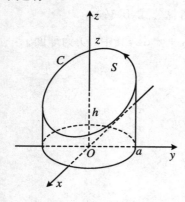

图 5.14

$$\frac{\partial R}{\partial y} = -1, \quad \frac{\partial R}{\partial x} = 1, \quad \frac{\partial Q}{\partial x} = -1$$

$$\frac{\partial Q}{\partial z} = 1, \quad \frac{\partial P}{\partial z} = -1, \quad \frac{\partial P}{\partial y} = 1$$

由于椭圆 $S$ 在平面 $\frac{x}{a} + \frac{z}{h} = 1$ 上,它不包含 $y$ 这个量,因此 $S$ 的法线一定垂直 $Oy$ 轴,于是就有

$$\cos(n,x) = \frac{a}{\sqrt{a^2+h^2}}, \quad \cos(n,y) = 0$$

$$\cos(n,z) = \frac{h}{\sqrt{a^2+h^2}}$$

把它们代入斯托克斯公式,则有

$$\oint_C (y - z)\mathrm{d}x + (z - x)\mathrm{d}y + (x - y)\mathrm{d}z$$

$$= \iint_{(S)} \left[ (-1 - 1)\frac{a}{\sqrt{a^2 + h^2}} + 0 + (-1 - 1)\frac{h}{\sqrt{a^2 + h^2}} \right]\mathrm{d}S$$

$$= -2\frac{a + h}{\sqrt{a^2 + h^2}}\iint_{(S)}\mathrm{d}S$$

由平面方程 $\dfrac{x}{a} + \dfrac{z}{h} = 1$ 知,当 $x = a$ 时,$z = 0$;而当 $x = 0$ 时,$z = h$. 所以椭圆 $C$ 的

长半轴为 $\sqrt{a^2 + h^2}$,短半轴为 $a$,因此

$$\iint_{(S)}\mathrm{d}S = S = \pi a \sqrt{a^2 + h^2}$$

最后得到积分结果是

$$\oint_C (y - z)\mathrm{d}x + (z - x)\mathrm{d}y + (x - y)\mathrm{d}z = -2\frac{a + h}{\sqrt{a^2 + h^2}} \cdot \pi a \sqrt{a^2 + h^2}$$

$$= -2\pi a(a + h)$$

## 5.5 高斯(Gauss)公式

高斯公式建立起沿容积($V$)的三重积分与沿曲面($S$)的曲面积分之间的关系,其中曲面($S$)是容积($V$)的外侧界面.

假设函数 $P(x, y, z)$,$Q(x, y, z)$,$R(x, y, z)$ 在($V$)上有一阶连续偏导数,则有

$$\iiint_{(V)} \left(\frac{\partial P}{\partial x} + \frac{\partial Q}{\partial y} + \frac{\partial R}{\partial z}\right)\mathrm{d}x\mathrm{d}y\mathrm{d}z = \iint_{(S)} P\mathrm{d}y\mathrm{d}z + Q\mathrm{d}z\mathrm{d}x + R\mathrm{d}x\mathrm{d}y \quad (5.52)$$

或

$$\iiint_{(V)} \left(\frac{\partial P}{\partial x} + \frac{\partial Q}{\partial y} + \frac{\partial R}{\partial z}\right)\mathrm{d}V = \iint_{(S)} \left[P\cos(n, X) + Q\cos(n, Y) + R\cos(n, Z)\right]\mathrm{d}S$$

$$(5.53)$$

这就是**高斯公式**. 兹证明如下:

如图 5.15 所示,有一个被封闭曲面($S$)包围的容积($V$),($V$)在 $xOy$ 平面上的垂直投影为有界闭区域 $\sigma_{xOy}$,设过 $\sigma_{xOy}$ 内的任一点作平行于 $z$ 轴的直线,与($S$)的交点都不多于两个. 我们规定容积($V$)向外的法线($n$)的方向为正,并且在曲面的上半部(Ⅱ),法线的方向与 $z$ 轴成锐角,在下部(Ⅰ),法线方向与 $z$ 轴成钝角. 所以

$\cos(n,z)$ 在（Ⅰ）部是负值. 显然有

$$\begin{cases} \mathrm{d}\sigma_{xOy} = \cos(n,z)\mathrm{d}S & （Ⅱ）\\ \mathrm{d}\sigma_{xOy} = -\cos(n,z)\mathrm{d}S & （Ⅰ）\end{cases} \tag{5.54}$$

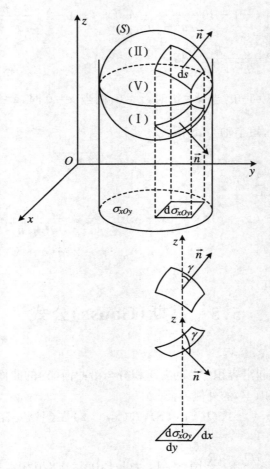

**图 5.15**

其中 $\mathrm{d}\sigma_{xOy}$ 是曲面的面积元 $\mathrm{d}S$ 在 $\sigma_{xOy}$ 平面上的投影. 利用三重积分公式, 得

$$\iiint\limits_{(V)} f(x,y,z)\mathrm{d}V = \iint\limits_{(\sigma_{xOy})} \mathrm{d}\sigma_{xOy} \int_{z_1}^{z_2} f(x,y,z)\mathrm{d}z \tag{5.55}$$

考虑函数 $\dfrac{\partial R(x,y,z)}{\partial z}$ 在 $(V)$ 上的三重积分, 则有

$$\iiint\limits_{(V)} \frac{\partial R(x,y,z)}{\partial z}\mathrm{d}V = \iint\limits_{(\sigma_{xOy})} \mathrm{d}\sigma_{xOy} \int_{z_1}^{z_2} \frac{\partial R(x,y,z)}{\partial z}\mathrm{d}z$$

因为导数的积分等于原函数在上、下限的数值之差, 故有

$$\iiint\limits_{(V)} \frac{\partial R(x,y,z)}{\partial z} \mathrm{d}V = \iint\limits_{(\sigma_{xOy})} \left[ R(x,y,z_2) - R(x,y,z_1) \right] \mathrm{d}\sigma_{xOy}$$

或

$$\iiint\limits_{(V)} \frac{\partial R(x,y,z)}{\partial z} \mathrm{d}V = \iint\limits_{(\sigma_{xOy})} R(x,y,z_2) \mathrm{d}\sigma_{xOy} - \iint\limits_{(\sigma_{xOy})} R(x,y,z_1) \mathrm{d}\sigma_{xOy} \quad (5.56)$$

用 $\mathrm{d}S$ 来替换 $\mathrm{d}\sigma_{xOy}$,把沿 $\sigma_{xOy}$ 的积分化成沿($S$)的积分.在式(5.56)右端的第一个积分中,含有曲面($S$)的部分(Ⅱ)的变动坐标是 $z_2$,利用式(5.54)中的第一个,就得到沿曲面(Ⅱ)的积分;在第二个积分中含有 $z_1$,利用式(5.54)中的第二个,就可得到沿曲面(Ⅰ)的积分.于是就有

$$\iiint\limits_{(V)} \frac{\partial R(x,y,z)}{\partial z} \mathrm{d}V = \iint\limits_{(Ⅱ)} R(x,y,z)\cos(n,z)\mathrm{d}S + \iint\limits_{(Ⅰ)} R(x,y,z)\cos(n,z)\mathrm{d}S$$

$$(5.57)$$

这时 $z$ 的附标可以不写了,因为积分号底下的符号已指明是沿哪一部分曲面积分的了.式(5.57)右边沿曲面(Ⅱ)与(Ⅰ)的积分之和就是沿整个曲面积分.因此有

$$\iiint\limits_{(V)} \frac{\partial R(x,y,z)}{\partial z} \mathrm{d}V = \iint\limits_{(S)} R(x,y,z)\cos(n,z)\mathrm{d}S \quad (5.58\text{-}1)$$

在更普遍的情形中,还有平行于 $z$ 轴的柱形侧面(Ⅲ),但因它[侧面(Ⅲ)]的法线与 $z$ 轴垂直,$\cos(n,z) = \cos\frac{\pi}{2} = 0$,所以柱形侧面(Ⅲ)的积分不会出现在公式中.因此,无论有无柱形侧面(Ⅲ),式(5.57)和式(5.58-1)都是正确的.

　　用同样的方法,取($V$)在 $yOz$ 平面上的垂直投影 $\sigma_{yOz}$,则有 $\mathrm{d}\sigma_{yOz} = \cos(n,x)\mathrm{d}S$,考虑 $\frac{\partial P(x,y,z)}{\partial x}$ 在($V$)上的三重积分,以及 $P(x,y,z)$ 沿曲面($S$)的积分,可得到

$$\iiint\limits_{(V)} \frac{\partial P(x,y,z)}{\partial x} \mathrm{d}V = \iint\limits_{(S)} P(x,y,z)\cos(n,x)\mathrm{d}S \quad (5.58\text{-}2)$$

　　类似地,取($V$)在 $xOz$ 平面上的垂直投影 $\sigma_{zOx}$,则有 $\mathrm{d}\sigma_{zOx} = \cos(n,y)\mathrm{d}S$,考虑 $\frac{\partial Q(x,y,z)}{\partial y}$ 在($V$)上的三重积分,以及 $Q(x,y,z)$ 沿曲面($S$)的积分,会得到

$$\iiint\limits_{(V)} \frac{\partial Q(x,y,z)}{\partial y} \mathrm{d}V = \iint\limits_{(S)} Q(x,y,z)\cos(n,y)\mathrm{d}S \quad (5.58\text{-}3)$$

把式(5.58-1)、(5.58-2)、(5.58-3)相加,就得到高斯公式:

$$\iiint\limits_{(V)} \left( \frac{\partial P}{\partial x} + \frac{\partial Q}{\partial y} + \frac{\partial R}{\partial z} \right) \mathrm{d}V = \iint\limits_{(S)} \left[ P\cos(n,x) + Q\cos(n,y) + R\cos(n,z) \right] \mathrm{d}S$$

$$(5.59)$$

式中的 $P,Q,R$ 都是变量 $x,y,z$ 的函数,它们都是确定在容积($V$)上的函数,假设它们的一阶偏导数都是连续的.

　　**例 19**　计算积分 $\iint\limits_{(S)} x^2\mathrm{d}y\mathrm{d}z + y^2\mathrm{d}z\mathrm{d}x + z^2\mathrm{d}x\mathrm{d}y$.式中的($S$)是立方体 $0 < x$

$< a,0 < y < a,0 < z < a$ 的边界的外表面.

**解** 应用高斯公式(5.52)

$$\iiint\limits_{(V)}\left(\frac{\partial P}{\partial x} + \frac{\partial Q}{\partial y} + \frac{\partial R}{\partial z}\right)\mathrm{d}x\mathrm{d}y\mathrm{d}z = \iint\limits_{(S)} P\mathrm{d}y\mathrm{d}z + Q\mathrm{d}z\mathrm{d}x + R\mathrm{d}x\mathrm{d}y \quad (5.60)$$

式中的 $P = x^2, Q = y^2, R = z^2$；相应地，有 $\dfrac{\partial P}{\partial x} = 2x, \dfrac{\partial Q}{\partial y} = 2y, \dfrac{\partial R}{\partial z} = 2z$. 因此有

$$\iint\limits_{(S)} x^2\mathrm{d}y\mathrm{d}z + y^2\mathrm{d}z\mathrm{d}x + z^2\mathrm{d}x\mathrm{d}y$$

$$= \iiint\limits_{(V)}(2x + 2y + 2z)\mathrm{d}x\mathrm{d}y\mathrm{d}z$$

$$= 2\int_0^a \mathrm{d}x \int_0^a \mathrm{d}y \int_0^a (x + y + z)\mathrm{d}z = 2\int_0^a \mathrm{d}x \int_0^a \left(ax + ay + \frac{1}{2}a^2\right)\mathrm{d}y$$

$$= 2\int_0^a \left(a^2 x + \frac{1}{2}a^3 + \frac{1}{2}a^3\right)\mathrm{d}x = 2\left(\frac{1}{2}a^4 + \frac{1}{2}a^4 + \frac{1}{2}a^4\right)$$

$$= 3a^4$$

（温馨提示：在多变量函数的逐次积分中，当对一个变量积分时，可把其他变量看成常数.）

**例 20** 计算积分 $\iint\limits_{(S)} x\mathrm{d}y\mathrm{d}z + y\mathrm{d}z\mathrm{d}x + z\mathrm{d}x\mathrm{d}y, (S)$ 是球面 $x^2 + y^2 + z^2 = a^2$ 的外侧.

**解** 在高斯公式(5.52)

$$\iint\limits_{(S)} P\mathrm{d}y\mathrm{d}z + Q\mathrm{d}z\mathrm{d}x + R\mathrm{d}x\mathrm{d}y = \iiint\limits_{(V)}\left(\frac{\partial P}{\partial x} + \frac{\partial Q}{\partial y} + \frac{\partial R}{\partial z}\right)\mathrm{d}x\mathrm{d}y\mathrm{d}z$$

中，令 $P = x, Q = y, R = z$，则

$$\frac{\partial P}{\partial x} = \frac{\partial x}{\partial x} = 1, \quad \frac{\partial Q}{\partial y} = \frac{\partial y}{\partial y} = 1, \quad \frac{\partial R}{\partial z} = \frac{\partial z}{\partial z} = 1$$

因此

$$\iint\limits_{(S)} x\mathrm{d}y\mathrm{d}z + y\mathrm{d}z\mathrm{d}x + z\mathrm{d}x\mathrm{d}y = \iiint\limits_{(V)}(1 + 1 + 1)\mathrm{d}x\mathrm{d}y\mathrm{d}z = 3\iiint\limits_{(V)}\mathrm{d}V$$

$$= 3V = 3 \cdot \frac{4}{3}\pi a^3 = 4\pi a^3$$

# 5.6　高斯公式和斯托克斯公式在场论中的应用

## 5.6.1　高斯公式在场论中的应用

我们考虑一个向量场 $\vec{A}(M)$,在给定的这个场的空间的每个点,向量 $\vec{A}(M)$ 都有确定的数值和方向.例如当流体在一个管中流动时,在每个给定的时刻,都有一个速度 $\vec{v}$ 的向量场,设$(L)$是一条向量曲线,在它的每个点,它的切线方向就是向量 $\vec{A}$ 的方向[图 5.16(a)].

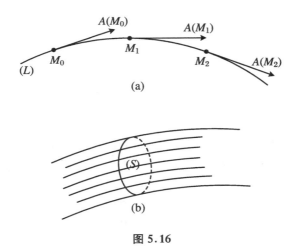

图 5.16

若作出通过某个曲面$(S)$上的所有点的向量曲线,那么它们全体组成一个向量管[图 5.16(b)].

在某一个向量场 $\vec{A}$ 中,取一块容积$(V)$,设$(S)$是这个容积的界面,而$(n)$是$(S)$的法线.对这个容积来讲,该法线是由里向外的.把 $A_x$,$A_y$,$A_z$ 记作向量 $\vec{A}$ 在 $x$,$y$,$z$ 坐标轴上的分量,并令 $A_x = P$,$A_y = Q$,$A_z = R$.当应用高斯公式(5.53)时,有

$$\iiint\limits_{(V)} \left( \frac{\partial A_x}{\partial x} + \frac{\partial A_y}{\partial y} + \frac{\partial A_z}{\partial z} \right) dV = \iint\limits_{(S)} \left[ A_x \cos(n,x) + A_y \cos(n,y) + A_z \cos(n,z) \right] dS$$

或

$$\iiint\limits_{(V)} \left( \frac{\partial A_x}{\partial x} + \frac{\partial A_y}{\partial y} + \frac{\partial A_z}{\partial z} \right) dV = \iint\limits_{(S)} A_n dS \qquad (5.61)$$

这个式子的右边的曲面积分通常称为这个场通过这个曲面的流量.

式中的 $A_n = A_x\cos(n,x) + A_y\cos(n,y) + A_z\cos(n,z)$. $A_n$ 是向量 $\vec{A}$ 在法线 $(n)$ 上的投影,它也是 $\vec{A}$ 的各个分量在法线上的投影之和.

式(5.61)左边的容积积分中的被积函数叫作这个向量场的发散量,记作

$$\mathrm{div}\vec{A} = \frac{\partial A_x}{\partial x} + \frac{\partial A_y}{\partial y} + \frac{\partial A_z}{\partial z} \tag{5.62}$$

因此式(5.61)可写成

$$\iiint\limits_{(V)} \mathrm{div}\vec{A}\,\mathrm{d}V = \iint\limits_{(S)} A_n\,\mathrm{d}S \tag{5.63}$$

这个公式说明发散量的容积积分等于这个场通过这个容积的界面的流量.

从式(5.63)可推演出发散量的强度的定义:作一个围绕点 $M$ 的一个很小的容积 $V_1$,设 $S_1$ 是这个容积的界面,取容积 $V_1$ 内任一点 $M_1$,利用中值定理,式(5.63)就变成

$$\mathrm{div}\vec{A}\,|_{M_1} \cdot V_1 = \iint\limits_{(S_1)} A_n\,\mathrm{d}S$$

因此得到 $V_1$ 内的发散量的平均强度

$$\mathrm{div}\vec{A}\,|_{M_1} = \frac{\iint\limits_{(S_1)} A_n\,\mathrm{d}S}{V_1}$$

式中,$\mathrm{div}\vec{A}$ 取了容积 $V_1$ 中的某个点 $M_1$ 的值,而 $V_1$ 是这个容积的大小.当容积 $V_1$ 无限缩小到一点 $M$ 时,$M_1$ 就趋向点 $M$.由上式取极限,就得到点 $M$ 的发散量的大小

$$\mathrm{div}\vec{A} = \lim_{(M_1)\to M} \frac{\iint\limits_{(S_1)} A_n\,\mathrm{d}S}{V_1} \tag{5.64}$$

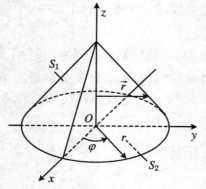

图 5.17

该式说明,一个场在点 $M$ 的发散量是这个场通过围绕点 $M$ 的很小的封闭曲面的流量与界于这个曲面的容积之比的极限.在物理学中把发散量称为散度.

**例 21** 求向径 $\vec{r}$ 穿过曲面 $z = 1 - \sqrt{x^2 + y^2}(0 \leqslant z \leqslant 1)$ 的流量.

**解** 设 $S$ 为给定的圆锥曲面,$D$ 为圆锥的底面(即 $xOy$ 平面,$x^2 + y^2 \leqslant 1$)(图 5.17).

采用柱坐标,它与直角坐标的关系是

$$x = r\cos\varphi, \quad y = r\sin\varphi, \quad z = z$$

因此有

$$z = 1 - \sqrt{x^2 + y^2} = 1 - r$$

应用式(5.63)

$$\iint\limits_{(S)} A_n \mathrm{d}S = \iiint\limits_{(V)} \mathrm{div}\vec{A}\,\mathrm{d}V$$

在柱坐标中,散度的公式是

$$\mathrm{div}\vec{A} = \frac{\partial A_z}{\partial z} + \frac{1}{r}\frac{\partial}{\partial r}(rA_r) + \frac{1}{r}\frac{\partial A_\varphi}{\partial \varphi}$$

在图 5.17 的情况下, $A_\varphi$ 对 $\varphi$ 来说是一个常数,所以 $\dfrac{\partial A_\varphi}{\partial \varphi} = 0$,因此

$$\mathrm{div}\vec{A} = \frac{\partial A_z}{\partial z} + \frac{\partial A_r}{\partial r} + \frac{A_r}{r} = \frac{\partial z}{\partial z} + \frac{\partial r}{\partial r} + \frac{r}{r}$$
$$= 1 + 1 + 1 = 3$$

又因为 $\mathrm{d}V = r\mathrm{d}\varphi \cdot \mathrm{d}r \cdot \mathrm{d}z$,并用向量 $\vec{r}$ 代替 $\vec{A}$,则有

$$\iint\limits_{(S)} r_n \mathrm{d}S = \iint\limits_{(S_1)} r_n \mathrm{d}S + \iint\limits_{(S_2)} r_n \mathrm{d}S$$

其中 $(S_1)$ 代表圆锥面, $(S_2)$ 为圆锥底面.

　　由于在圆锥底面 $(S_2)$ 上, $\vec{r} \perp \vec{n}$,因此有 $\cos(n,x) = \cos(n,y) = 0$,以及 $r_z = 0$,于是 $A_n = r_n = r_x\cos(n,x) + r_y\cos(n,y) + r_z\cos(n,z) = 0$,以及 $\iint\limits_{(S_2)} r_n \mathrm{d}S = 0$.最后得到

$$\iint\limits_{(S)} r_n \mathrm{d}S = \iint\limits_{(S_1)} r_n \mathrm{d}S = \iiint\limits_{(V)} \mathrm{div}\vec{r}\,\mathrm{d}V = \iiint\limits_{(V)} 3 \cdot r\mathrm{d}\varphi \cdot \mathrm{d}r \cdot \mathrm{d}z$$
$$= 3\int_0^{2\pi}\mathrm{d}\varphi \int_0^1 r\mathrm{d}r \int_0^{1-r}\mathrm{d}z = 3\int_0^{2\pi}\mathrm{d}\varphi \int_0^1 (r - r^2)\mathrm{d}r$$
$$= 3\int_0^{2\pi} \left(\frac{r^2}{2} - \frac{r^3}{3}\right)\Big|_0^1 \mathrm{d}\varphi = 3\int_0^{2\pi}\frac{1}{6}\mathrm{d}\varphi = \pi$$

这就是说,向量 $\vec{r}$ 穿过曲面 $z = 1 - \sqrt{x^2 + y^2}$ ($0 \leqslant z \leqslant 1$)的流量为 $\pi$.

## 5.6.2　斯托克斯公式在场论中的应用

　　设有一个向量场 $\vec{A}$,它在 $x,y,z$ 轴上的分量为 $A_x,A_y,A_z$.若令 $P = A_x$, $Q = A_y, R = A_z$,则斯托克斯公式为

$$\int\limits_{(l)} A_x\mathrm{d}x + A_y\mathrm{d}y + A_z\mathrm{d}z = \iint\limits_{(S)} \left[\left(\frac{\partial A_z}{\partial y} - \frac{\partial A_y}{\partial z}\right)\cos(n,x) + \left(\frac{\partial A_x}{\partial z} - \frac{\partial A_z}{\partial x}\right)\cos(n,y)\right.$$
$$\left. + \left(\frac{\partial A_y}{\partial x} - \frac{\partial A_x}{\partial y}\right)\cos(n,z)\right]\mathrm{d}S \tag{5.65}$$

在公式的左端,设 $\mathrm{d}l$ 是曲线 $(l)$ 的微分元,它的方向是曲线的切线方向.它在坐标

轴上的分量为 $dx, dy, dz$. 因此曲线积分号下的表达式代表数量积,记作 $\vec{A} \cdot d\vec{l}$,

或 $A_l dl$, $A_l$ 是 $\vec{A}$ 在曲线 $(l)$ 的切线上的投影. 在公式右端的重积分号下的被积函数是一个新的向量场,把它称为向量 $\vec{A}$ 的旋转量,记作 $\mathrm{rot}\vec{A}$,它的分量是

$$
\begin{cases}
\mathrm{rot}_x\vec{A} = \dfrac{\partial A_z}{\partial y} - \dfrac{\partial A_y}{\partial z} \\[2mm]
\mathrm{rot}_y\vec{A} = \dfrac{\partial A_x}{\partial z} - \dfrac{\partial A_z}{\partial x} \\[2mm]
\mathrm{rot}_z\vec{A} = \dfrac{\partial A_y}{\partial x} - \dfrac{\partial A_x}{\partial y}
\end{cases}
\tag{5.66}
$$

于是式(5.65)可改写成

$$
\int_{(l)} A_l dl = \iint_{(S)} [\mathrm{rot}_x\vec{A}\cos(n,x) + \mathrm{rot}_y\vec{A}\cos(n,y) + \mathrm{rot}_z\vec{A}\cos(n,z)] dS
$$

或

$$
\int_{(l)} A_l dl = \iint_{(S)} \mathrm{rot}_n\vec{A} \cdot dS
\tag{5.67}
$$

其中 $\mathrm{rot}_n\vec{A}$ 是 $\mathrm{rot}\vec{A}$ 在曲面法线 $n$ 上的分量.

式(5.67)左边的曲线积分通常叫作向量 $\vec{A}$ 沿曲线 $(l)$ 的循环量. 因此,这里的斯托克斯公式(5.67)可表述如下:一个场沿某曲面的界线的循环量,等于该场的旋转量的法线分量沿这个曲面的积分,也就是等于旋转量通过该曲面的流量.

从式(5.67)可以导出向量场的旋转量(旋度)的定义:设 $(m)$ 是通过点 $M$ 某个方向的向量,$(\sigma)$ 是通过 $M$ 点而垂直于的 $(m)$ 的一块小平面,应用式(5.67)于这块小平面,再利用中值定理,得到

$$
\int_{(\lambda)} A_l dl = \mathrm{rot}_m\vec{A}_{M_1} \cdot \sigma
$$

也就是

$$
\mathrm{rot}_m\vec{A}_{M_1} = \dfrac{\displaystyle\int_{(\lambda)} A_l dl}{\sigma}
$$

其中 $(\lambda)$ 是 $(\sigma)$ 的界线,而 $M_1$ 是该面积上的某一个点. 当这块小面积 $(\sigma)$ 无限缩小趋于一个点 $M$ 时取极限,就得到在点 $M$ 的旋转量在任意给定的方向 $(m)$ 上的分量值:

$$
\mathrm{rot}_m\vec{A} = \lim_{(\sigma)\to M} \dfrac{\displaystyle\int_{(\lambda)} A_l dl}{\sigma}
\tag{5.68}
$$

旋转量强度在物理学中称为旋度.

**例 22**　有一个圆柱体以角速度 $\omega$ 旋转,求圆柱上任一点速度 $\vec{v}$ 的旋转量强度(旋度).

**解**　设圆柱体以 $z$ 轴为旋转轴,因此角速度矢量 $\vec{\omega}$ 与 $z$ 轴一致.旋转方向与矢量 $\vec{\omega}$ 组成右螺旋系统(图 5.18).这样圆柱体上任一点 $M(x,y,z)$ 的线速度 $\vec{v}$ 的数值就等于

$$v = r\omega = \omega\sqrt{x^2 + y^2}$$

写成矢量形式为

$$\vec{v} = \vec{\omega} \times \vec{r}$$

该矢量在 $x,y,z$ 轴上的分量是

$$v_x = (\vec{\omega} \times \vec{r})_x = \omega_y \cdot r_z - \omega_z \cdot r_y = -\omega_z \cdot y = -\omega y$$

$$v_y = (\vec{\omega} \times \vec{r})_y = \omega_z \cdot r_x - \omega_x \cdot r_z = \omega_z \cdot x = \omega x$$

$$v_z = (\vec{\omega} \times \vec{r})_z = \omega_x \cdot r_y - \omega_y \cdot r_x = 0$$

因为 $\omega$ 与 $z$ 同轴,所以

$$\omega_z = \omega,\quad \omega_x = \omega_y = 0$$

由于 $\omega = \dfrac{v}{\sqrt{x^2 + y^2}}$,因此有

$$v_x = -\omega y = -\frac{vy}{\sqrt{x^2 + y^2}}$$

$$v_y = \omega x = \frac{vx}{\sqrt{x^2 + y^2}}$$

矢量 $\vec{v}$ 的旋转量 $\mathrm{rot}\,\vec{v}$ 的各个分量是

$$\mathrm{rot}_x\vec{v} = \frac{\partial v_z}{\partial y} - \frac{\partial v_y}{\partial z} = 0$$

$$\mathrm{rot}_y\vec{v} = \frac{\partial v_x}{\partial z} - \frac{\partial v_z}{\partial x} = 0$$

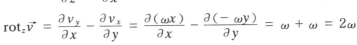

图 5.18

$$\mathrm{rot}_z\vec{v} = \frac{\partial v_y}{\partial x} - \frac{\partial v_x}{\partial y} = \frac{\partial(\omega x)}{\partial x} - \frac{\partial(-\omega y)}{\partial y} = \omega + \omega = 2\omega$$

因此,当记 $\vec{k}$ 为 $z$ 轴正方向上的单位矢量时,最后得到矢量 $\vec{v}$ 旋转量强度为

$$\mathrm{rot}\,\vec{v} = 2\omega\vec{k} \tag{5.69}$$

式(5.69)说明任一刚体内各点线速度的旋转量强度(旋度)具有同样的值,并等于该物体旋转角速度的两倍.

# 第 6 章  傅里叶积分和积分变换

## 6.1  傅里叶(Fourier)积分

### 6.1.1  傅里叶级数

1. 三角函数系及其正交性.

欧拉公式

$$\begin{cases} e^{i\theta} = \cos\theta + i\sin\theta \\ e^{-i\theta} = \cos\theta - i\sin\theta \end{cases}$$

或把它写成

$$\begin{cases} e^{ikx} = \cos kx + i\sin kx \\ e^{-ikx} = \cos kx - i\sin kx \end{cases}$$

因此有

$$\cos kx = \frac{e^{ikx} + e^{-ikx}}{2}$$

$$\sin kx = \frac{e^{ikx} - e^{-ikx}}{2i}$$

上面几个公式是表示指数函数与三角函数之间的关系的. 当一个函数能展开成指数函数时, 也能把它展开成三角函数的形式.

我们知道, $1, \sin x, \cos x, \sin kx, \cos kx (k$ 是正整数) 是以 $2\pi$ 为周期的函数. 一个以 $2\pi$ 为周期的函数的线性组合, 仍旧以 $2\pi$ 为周期, 如三角函数多项式

$$\frac{1}{2}a_0 + \sum_{k=1}^{n}(a_k\cos kx + b_k\sin kx) \quad (k = 1,2,3,\cdots,n)$$

当 $n \to \infty$ 时, 得三角级数

$$f(x) = \frac{1}{2}a_0 + \sum_{k=1}^{\infty}(a_k\cos kx + b_k\sin kx) \quad (k = 1,2,3,\cdots) \quad (6.1)$$

$\sin x, \sin 2x, \cdots, \sin nx$ 和 $1, \cos x, \cos 2x, \cdots, \cos nx$ 是两两正交的, 它们组成一个

正交系.

不难得到
$$\int_{-\pi}^{\pi} \cos kx\,\mathrm{d}x = 0, \quad \int_{-\pi}^{\pi} \sin kx\,\mathrm{d}x = 0 \quad (k = 1,2,3,\cdots)$$

因为
$$\int_{-\pi}^{\pi} \cos kx\,\mathrm{d}x = \frac{\sin kx}{k}\bigg|_{x=-\pi}^{x=\pi} = 0, \quad \int_{-\pi}^{\pi} \sin kx\,\mathrm{d}x = -\frac{\cos kx}{k}\bigg|_{x=-\pi}^{x=\pi} = 0$$

利用三角公式
$$\sin kx \cdot \cos lx = \frac{1}{2}\big[\sin(k+l)x + \sin(k-l)x\big]$$
$$\sin kx \cdot \sin lx = \frac{1}{2}\big[\cos(k-l)x - \cos(k+l)x\big]$$
$$\cos kx \cdot \cos lx = \frac{1}{2}\big[\cos(k+l)x + \cos(k-l)x\big]$$

其中 $l = 1,2,3,\cdots; k = 1,2,3,\cdots$.

同样可以得到
$$\int_{-\pi}^{\pi} \cos kx \sin lx\,\mathrm{d}x = 0 \quad (k \neq l)$$
$$\int_{-\pi}^{\pi} \cos kx \cos lx\,\mathrm{d}x = 0 \quad (k \neq l) \tag{6.2}$$
$$\int_{-\pi}^{\pi} \sin kx \sin lx\,\mathrm{d}x = 0 \quad (k \neq l)$$

另一方面
$$\cos^2 kx = \frac{1 + \cos 2kx}{2}, \quad \sin^2 kx = \frac{1 - \cos 2kx}{2}$$

所以在式(6.2)中,当 $k = l$ 时,有
$$\int_{-\pi}^{\pi} \cos^2 kx\,\mathrm{d}x = \pi, \quad \int_{-\pi}^{\pi} \sin^2 kx\,\mathrm{d}x = \pi \tag{6.3}$$

由此得到一个三角函数系
$$\frac{1}{\sqrt{2\pi}}, \quad \frac{1}{\sqrt{\pi}}\cos kx, \quad \frac{1}{\sqrt{\pi}}\sin kx \quad (k = 1,2,3,\cdots)$$

它们组成一个正交系.其中任何两个函数相乘之积,从 0 到 $2\pi$(或 $-\pi$ 到 $\pi$)之间的积分为 0,每个函数自己的平方的积分为 1.前者称正交系,后者称就范正交系.

2. 傅里叶级数及其收敛性.

设 $f(x)$ 在区间 $[-l, l]$ 上可积,令
$$a_0 = \frac{1}{l}\int_{-l}^{l} f(x)\,\mathrm{d}x, \quad a_n = \frac{1}{l}\int_{-l}^{l} f(x)\cos\frac{n\pi x}{l}\,\mathrm{d}x$$
$$b_n = \frac{1}{l}\int_{-l}^{l} f(x)\sin\frac{n\pi x}{l}\,\mathrm{d}x \quad (n\ \text{为正整数})$$

则称级数

$$\frac{a_0}{2} + \sum_{n=1}^{\infty} \left( a_n \cos \frac{n\pi x}{l} + b_n \sin \frac{n\pi x}{l} \right) \tag{6.4}$$

为 $f(x)$ 在 $[-l, l]$ 上的傅里叶级数.

当 $f(x)$ 在区间 $[-l, l]$ 上可微,且 $f(-l) = f(l)$ 时,其傅里叶级数在 $[-l, l]$ 上一致收敛到 $f(x)$. 当 $f(x)$ 在 $[-l, l]$ 上逐段光滑时,其傅里叶级数在 $f(x)$ 的连续点处收敛到 $f(x)$,在 $f(x)$ 的间断点处收敛到 $f(x)$ 在该点的左右极限的平均值.

函数系 $\{e^{in\omega x}, n = 0, \pm 1, \pm 2, \cdots\}$ $\left( \omega = \frac{\pi}{l}, l > 0 \right)$ 是周期为 $2l$ 的三角函数系的复数形式,它也是正交函数系,并且 $\int_{-l}^{l} e^{in\omega x} \overline{e^{in\omega x}} dx = 2l$.

因此,函数系 $\left\{ \frac{1}{\sqrt{2l}} e^{in\omega x}, n = 0, \pm 1, \pm 2, \cdots \right\}$ $\left( \omega = \frac{\pi}{l}, l > 0 \right)$ 是周期为 $2l$ 的就范正交系的复数形式.

当 $f(x)$ 在 $[-l, l]$ 上可积时,令 $F_n = \frac{1}{2l} \int_{-l}^{l} f(t) e^{-in\omega t} dt$ $\left( \omega = \frac{\pi}{l} \right)$,则级数 $\sum_{n=-\infty}^{+\infty} F_n e^{in\omega x}$ 为 $f(x)$ 的傅里叶级数的复数形式.

当 $f(x)$ 在 $[-l, l]$ 上可微,且 $f(-l) = f(l)$ 时,傅里叶级数 $\sum_{n=-\infty}^{\infty} F_n e^{in\omega x}$ 在 $[-l, l]$ 上一致收敛到 $f(x)$;当 $f(x)$ 在 $[-l, l]$ 上逐段光滑时,$\sum_{n=-\infty}^{\infty} F_n e^{in\omega x}$ 在 $f(x)$ 的连续点处收敛到 $f(x)$,在 $f(x)$ 的间断点处收敛到 $f(x)$ 在该点的左右极限的平均值.

### 6.1.2　傅里叶积分公式

把傅里叶级数(6.4)的离散数无限次求和化为连续的无限次求和就是傅里叶积分.

假设 $f(x)$ 在区域 $[-l, l]$ 上可展开成傅里叶级数

$$f(x) = \sum_{n=-\infty}^{\infty} F_n e^{in\omega x}, \quad \omega = \frac{\pi}{l} \tag{6.5}$$

其中

$$F_n = \frac{1}{2l} \int_{-l}^{l} f(t) e^{-in\omega t} dt$$

令 $\alpha_n = n\omega = \frac{n\pi}{l} (n = 0, \pm 1, \pm 2, \cdots)$,且

$$\Delta \alpha = \omega = \frac{\pi}{l} = \alpha_n - \alpha_{n-1}$$

那么

$$f(x) = \sum_{n=-\infty}^{\infty} \frac{1}{2l} \int_{-l}^{l} f(t) e^{-in\omega t} e^{in\omega x} dt$$

$$= \sum_{n=-\infty}^{\infty} \frac{1}{2l} \int_{-l}^{l} f(t) e^{-in\omega(t-x)} dt$$

$$= \sum_{n=-\infty}^{\infty} \frac{1}{2\pi} \left[ \int_{-l}^{l} f(t) e^{-i\alpha(t-x)} dt \right] \Delta\alpha$$

$$= \frac{1}{2\pi} \sum_{n=-\infty}^{\infty} \left[ \int_{-l}^{l} f(t) e^{-i\alpha(t-x)} dt \right] \Delta\alpha$$

当 $l \to \infty$, $\Delta\alpha \to 0$ 时,可把 $\Delta\alpha$ 看成定积分的无穷小区间,因此上式右端的求和公式,可以写成积分形式

$$f(x) = \frac{1}{2\pi} \int_{-\infty}^{\infty} d\alpha \int_{-\infty}^{\infty} f(t) e^{-i\alpha(t-x)} dt \tag{6.6}$$

这就是傅里叶积分的指数形式.

由于 $e^{-i\alpha(t-x)} = \cos \alpha(t-x) - i\sin \alpha(t-x)$,因此式(6.6)可化成三角函数的积分形式:

$$f(x) = \frac{1}{2\pi} \int_{-\infty}^{\infty} d\alpha \int_{-\infty}^{\infty} f(t) [\cos \alpha(t-x) - i\sin \alpha(t-x)] dt$$

$$= \frac{1}{2\pi} \int_{-\infty}^{\infty} d\alpha \int_{-\infty}^{\infty} f(t) \cos \alpha(t-x) dt - \frac{i}{2\pi} \int_{-\infty}^{\infty} d\alpha \int_{-\infty}^{\infty} f(t) \sin \alpha(t-x) dt \tag{6.7}$$

在上式右端第二个积分中,变量 $\alpha$ 出现在正弦函数号下,所以被积函数是 $\alpha$ 的奇函数,因此在区间 $(-\infty, \infty)$ 上对 $\alpha$ 求积时,结果为 0.右端第一个积分中被积函数是 $\alpha$ 的偶函数,在区间 $(-\infty, \infty)$ 上的积分,可用区间 $(0, \infty)$ 代替,再乘以 2.因此式(6.7)变成

$$f(x) = \frac{1}{2\pi} \int_{-\infty}^{\infty} d\alpha \int_{-\infty}^{\infty} f(t) \cos \alpha(t-x) dt$$

$$= \frac{1}{\pi} \int_{0}^{\infty} d\alpha \int_{-\infty}^{\infty} f(t) \cos \alpha(t-x) dt \tag{6.8}$$

这就是傅里叶积分公式的实形式.

使式(6.8)的积分收敛的条件是 $f(x)$ 在区间 $(-\infty, \infty)$ 上绝对可积,逐段光滑,且 $f(x)$ 在 $x$ 处连续.

# 6.2 傅里叶变换及其性质

## 6.2.1 傅里叶变换

把傅里叶积分式(6.8)写成如下形式:

$$f(x) = \frac{1}{2\pi}\int_{-\infty}^{\infty}\mathrm{d}\alpha\int_{-\infty}^{\infty}f(t)\cos\alpha(t-x)\mathrm{d}t$$

$$= \frac{1}{2\pi}\int_{-\infty}^{\infty}\mathrm{d}\alpha\int_{-\infty}^{\infty}f(t)\mathrm{e}^{\mathrm{i}\alpha(t-x)}\mathrm{d}t$$

$$= \frac{1}{\sqrt{2\pi}}\int_{-\infty}^{\infty}\left[\frac{1}{\sqrt{2\pi}}\int_{-\infty}^{\infty}f(t)\mathrm{e}^{\mathrm{i}\alpha t}\mathrm{d}t\right]\mathrm{e}^{-\mathrm{i}\alpha x}\mathrm{d}\alpha$$

令

$$F(\alpha) = \frac{1}{\sqrt{2\pi}}\int_{-\infty}^{\infty}f(t)\mathrm{e}^{\mathrm{i}\alpha t}\mathrm{d}t \tag{6.9}$$

则

$$f(x) = \frac{1}{\sqrt{2\pi}}\int_{-\infty}^{\infty}F(\alpha)\mathrm{e}^{-\mathrm{i}\alpha x}\mathrm{d}\alpha \tag{6.10}$$

我们称式(6.9)中的 $F(\alpha)$ 是 $f(t)$ 的傅里叶变换,其中 $\mathrm{e}^{\mathrm{i}\alpha t}$ 为变换核. 在式(6.10)中 $f(x)$ 是 $F(\alpha)$ 的逆变换,或写成 $F^{-1}[F(\alpha)]$.

我们把式(6.9)、(6.10)用大家惯用的符号来写,并取对称形式,则有

$$F(\omega) = \frac{1}{\sqrt{2\pi}}\int_{-\infty}^{\infty}f(t)\mathrm{e}^{\mathrm{i}\omega t}\mathrm{d}t \tag{6.11}$$

$$f(t) = \frac{1}{\sqrt{2\pi}}\int_{-\infty}^{\infty}F(\omega)\mathrm{e}^{-\mathrm{i}\omega t}\mathrm{d}\omega \tag{6.12}$$

式(6.11)和(6.12)分别称为傅里叶正变换和傅里叶逆变换. $F(\omega)$ 被称为 $f(t)$ 的象函数,而 $f(t)$ 则是 $F(\omega)$ 的象原函数.

## 6.2.2 傅里叶变换的性质

1. 线性变换.

$$F[af_1(t) + bf_2(t)] = aF[f_1(t)] + bF[f_2(t)]$$

2. 相似特性.

$$F[f(at)] = \frac{1}{a}F\left(\frac{\omega}{a}\right) \quad (a > 0)$$

3. 时延特性.

$$F[f(t - t_0)] = e^{i\omega t_0} F[f(t)]$$

4. 频移特性.

$$F[f(t)e^{i\omega_0 t}] = F(\omega + \omega_0)$$

5. 微分关系一.

$$F[f'(t)] = -i\omega F[f(t)]$$

当 $f(\pm\infty) = f'(\pm\infty) = f''(\pm\infty) = \cdots = f^{(n-1)}(\pm\infty) = 0$ 时

$$F[f^{(n)}(t)] = (-i\omega)^n F[f(t)]$$

6. 微分关系二.

$$F[itf(t)] = \frac{d}{d\omega} F(\omega)$$

7. 卷积的傅里叶变换.

$$F[f_1(t) * f_2(t)] = F[f_1(t)] \cdot F[f_2(t)]$$

其逆变换为

$$F^-[F_1(\omega) \cdot F_2(\omega)] = f_1(t) * f_2(t) = \int_{-\infty}^{\infty} f_1(x - t) f_2(t) dt$$

8. 积分性质.

$$F\left[\int_{-\infty}^{t} f(t) dt\right] = -\frac{1}{i\omega} F[f(t)]$$

9. 乘积定理.

设 $F_1(\alpha) = \dfrac{1}{\sqrt{2\pi}} \displaystyle\int_{-\infty}^{\infty} f_1(t) e^{i\alpha t} dt$, $F_2(\alpha) = \dfrac{1}{\sqrt{2\pi}} \displaystyle\int_{-\infty}^{\infty} f_2(t) e^{i\alpha t} dt$, $f_1(t)$, $f_2(t)$

都在 $(-\infty, \infty)$ 上可积, 且平方可积, 则有

$$\int_{-\infty}^{\infty} f_1(t) f_2(t) dt = \int_{-\infty}^{\infty} \overline{F_1(\alpha)} F_2(\alpha) d\alpha = \int_{-\infty}^{\infty} F_1(\alpha) \overline{F_2(\alpha)} d\alpha$$

10. 完备性公式.

设 $f(t)$ 在 $(-\infty, \infty)$ 上可积, 且平方可积, 则有

$$\int_{-\infty}^{\infty} |f(t)|^2 dt = \int_{-\infty}^{\infty} |F(\alpha)|^2 d\alpha$$

## 6.2.3　傅里叶余弦变换和正弦变换

把傅里叶积分式(6.8)写成下面的形式:

$$\begin{aligned}
f(x) &= \frac{1}{\pi} \int_0^{\infty} d\alpha \int_{-\infty}^{\infty} f(t) \cos\alpha(t - x) dt \\
&= \frac{1}{\pi} \int_0^{\infty} d\alpha \int_{-\infty}^{\infty} f(t) (\cos\alpha x \cos\alpha t + \sin\alpha x \sin\alpha t) dt \\
&= \frac{1}{\pi} \int_0^{\infty} \cos\alpha x \, d\alpha \int_{-\infty}^{\infty} f(t) \cos\alpha t \, dt + \frac{1}{\pi} \int_0^{\infty} \sin\alpha x \, d\alpha \int_{-\infty}^{\infty} f(t) \sin\alpha t \, dt
\end{aligned}$$

如果 $f(t)$ 是偶函数,则有

$$\int_{-\infty}^{\infty} f(t)\cos \alpha t\,\mathrm{d}t = 2\int_0^{\infty} f(t)\cos \alpha t\,\mathrm{d}t$$

$$\int_{-\infty}^{\infty} f(t)\sin \alpha t\,\mathrm{d}t = 0$$

那么,就得到只含有余弦的公式

$$f(x) = \frac{2}{\pi}\int_0^{\infty} \cos \alpha x\,\mathrm{d}\alpha \int_0^{\infty} f(t)\cos \alpha t\,\mathrm{d}t \qquad (6.13)$$

同样,在 $f(t)$ 为奇函数的情况下,得到只含有正弦的公式

$$f(x) = \frac{2}{\pi}\int_0^{\infty} \sin \alpha x\,\mathrm{d}\alpha \int_0^{\infty} f(t)\sin \alpha t\,\mathrm{d}t \qquad (6.14)$$

把式(6.13)写成

$$f(x) = \sqrt{\frac{2}{\pi}}\int_0^{\infty} \cos \alpha x\,\mathrm{d}\alpha \cdot \sqrt{\frac{2}{\pi}}\int_0^{\infty} f(t)\cos \alpha t\,\mathrm{d}t$$

令

$$F_c(\alpha) = \sqrt{\frac{2}{\pi}}\int_0^{\infty} f(t)\cos \alpha t\,\mathrm{d}t \qquad (6.15)$$

则

$$f(x) = \sqrt{\frac{2}{\pi}}\int_0^{\infty} F_c(\alpha)\cos \alpha x\,\mathrm{d}\alpha \qquad (6.16)$$

式(6.15)和(6.16)分别称为傅里叶余弦的正变换和逆变换.

同样,从式(6.14)也能得到

$$F_s(\alpha) = \sqrt{\frac{2}{\pi}}\int_0^{\infty} f(t)\sin \alpha t\,\mathrm{d}t \qquad (6.17)$$

$$f(x) = \sqrt{\frac{2}{\pi}}\int_0^{\infty} F_s(\alpha)\sin \alpha x\,\mathrm{d}\alpha \qquad (6.18)$$

式(6.17)和(6.18)分别称为傅里叶正弦的正变换和逆变换.

习惯上把傅里叶余弦变换和傅里叶正弦变换写成如下的对称形式:

傅里叶余弦变换对是

$$F_c(\xi) = \sqrt{\frac{2}{\pi}}\int_0^{\infty} f(x)\cos \xi x\,\mathrm{d}x \quad \text{(正变换)} \qquad (6.19)$$

$$f(x) = \sqrt{\frac{2}{\pi}}\int_0^{\infty} F_c(\xi)\cos \xi x\,\mathrm{d}\xi \quad \text{(逆变换)} \qquad (6.20)$$

傅里叶正弦变换对是

$$F_s(\xi) = \sqrt{\frac{2}{\pi}}\int_0^{\infty} f(x)\sin \xi x\,\mathrm{d}x \quad \text{(正变换)} \qquad (6.21)$$

$$f(x) = \sqrt{\frac{2}{\pi}}\int_0^{\infty} F_s(\xi)\sin \xi x\,\mathrm{d}\xi \quad \text{(逆变换)} \qquad (6.22)$$

## 6.2.4 傅里叶变换及傅里叶余弦变换和正弦变换算例

**例 1** 设函数 $f(x) = \mathrm{e}^{-ax}$ ($a > 0, x \geqslant 0$),求它的傅里叶余弦变换和正弦变换.

**解** 把 $f(x) = \mathrm{e}^{-ax}$ 分别代入式(6.19)和式(6.21),则得

$$F_c(\xi) = \sqrt{\frac{2}{\pi}} \int_0^\infty \mathrm{e}^{-ax} \cos \xi x \, \mathrm{d}x = \sqrt{\frac{2}{\pi}} \cdot \frac{a}{a^2 + \xi^2}$$

$$F_s(\xi) = \sqrt{\frac{2}{\pi}} \int_0^\infty \mathrm{e}^{-ax} \sin \xi x \, \mathrm{d}x = \sqrt{\frac{2}{\pi}} \cdot \frac{\xi}{a^2 + \xi^2}$$

其中

$$\int_0^\infty \mathrm{e}^{-ax} \cos \xi x \, \mathrm{d}x = \frac{a}{a^2 + \xi^2}, \quad \int_0^\infty \mathrm{e}^{-ax} \sin \xi x \, \mathrm{d}x = \frac{\xi}{a^2 + \xi^2}$$

(请参看第 2 章 2.4 节中的第 6 个例子.)

由于 $f(x)$ 满足收敛条件,因此可得到

$$\sqrt{\frac{2}{\pi}} \int_0^\infty \sqrt{\frac{2}{\pi}} \frac{a}{a^2 + \xi^2} \cos \xi x \, \mathrm{d}\xi = \mathrm{e}^{-ax} \quad (a > 0, x \geqslant 0)$$

及

$$\sqrt{\frac{2}{\pi}} \int_0^\infty \sqrt{\frac{2}{\pi}} \frac{\xi}{a^2 + \xi^2} \sin \xi x \, \mathrm{d}x = \mathrm{e}^{-ax} \quad (a > 0, x \geqslant 0)$$

或

$$\int_0^\infty \frac{\cos \xi x}{a^2 + \xi^2} \mathrm{d}x = \frac{\pi}{2a} \mathrm{e}^{-ax} \quad (a > 0, x \geqslant 0) \tag{6.23}$$

以及

$$\int_0^\infty \frac{\xi \sin \xi x}{a^2 + \xi^2} \mathrm{d}x = \frac{\pi}{2} \mathrm{e}^{-ax} \quad (a > 0, x \geqslant 0) \tag{6.24}$$

式(6.23)、(6.24)两式就是拉普拉斯积分.

**例 2** 证明函数 $f(x) = \mathrm{e}^{-\frac{1}{2}x^2}$ 的傅里叶余弦变换与这函数本身相同.

**证** 使用现有公式 $\int_0^\infty \mathrm{e}^{-px^2} \cos bx \, \mathrm{d}x = \frac{1}{2} \sqrt{\frac{\pi}{p}} \exp\left(-\frac{b^2}{4p}\right)$(见《常用积分表》第 139 页)能够得到 $f(x) = \mathrm{e}^{-\frac{1}{2}x^2}$ 的余弦变换为

$$F_c(\xi) = \sqrt{\frac{2}{\pi}} \int_0^\infty \mathrm{e}^{-\frac{1}{2}x^2} \cos \xi x \, \mathrm{d}x = \sqrt{\frac{2}{\pi}} \cdot \frac{1}{2} \sqrt{\frac{2\pi}{1}} \cdot \mathrm{e}^{-\frac{2\xi^2}{4}} = \mathrm{e}^{-\frac{1}{2}\xi^2}$$

**例 3** 证明函数 $f(x) = x^{-\frac{1}{2}}$ 的傅里叶正弦变换象函数与这函数本身相同.

**证** 应用式(6.21),有

$$F_s(\xi) = \sqrt{\frac{2}{\pi}} \int_0^\infty x^{-\frac{1}{2}} \sin \xi x \, \mathrm{d}x$$

在右端的积分中运用公式

$$\int_0^\infty x^{p-1}\sin ax\,\mathrm{d}x = \frac{\Gamma(p)}{a^p}\cdot\sin\frac{p\pi}{2}\quad(\text{见《常用积分表》第 131 页})$$

其中 $p-1=-\dfrac{1}{2}$,$p=\dfrac{1}{2}$,$a=\xi$,因此有

$$F_s(\xi) = \sqrt{\frac{2}{\pi}}\int_0^\infty x^{-\frac{1}{2}}\sin\xi x\,\mathrm{d}x = \sqrt{\frac{2}{\pi}}\cdot\frac{\Gamma\left(\frac{1}{2}\right)}{\xi^{\frac{1}{2}}}\cdot\sin\frac{\frac{1}{2}\pi}{2}$$

$$= \sqrt{\frac{2}{\pi}}\cdot\frac{\sqrt{\pi}}{\sqrt{\xi}}\cdot\sin\frac{\pi}{4} = \sqrt{\frac{2}{\pi}}\cdot\frac{\sqrt{\pi}}{\sqrt{\xi}}\cdot\frac{1}{\sqrt{2}} = \frac{1}{\sqrt{\xi}} = \xi^{-\frac{1}{2}}$$

**例 4** 求函数 $f(x) = xe^{-\frac{1}{2}x^2}$ 的傅里叶正弦变换.

**解** 应用式(6.21),有

$$F_s(\xi) = \sqrt{\frac{2}{\pi}}\int_0^\infty xe^{-\frac{1}{2}x^2}\sin\xi x\,\mathrm{d}x$$

利用公式 $\displaystyle\int_0^\infty xe^{-p^2x^2}\sin ax\,\mathrm{d}x = \frac{a\sqrt{\pi}}{4p^3}\exp\left(-\frac{a^2}{4p^2}\right)$(见 I. S. Gradshteyn & I. M. Ryzhik,《Table of Integrals, Series, and Products》第 497 页.)

令 $p^2=\dfrac{1}{2}$,$p=\dfrac{1}{\sqrt{2}}$,$a=\xi$,则

$$\int_0^\infty xe^{-\frac{1}{2}x^2}\sin\xi x\,\mathrm{d}x = \frac{\xi\sqrt{\pi}}{4\left(\frac{1}{\sqrt{2}}\right)^3}\exp\left(-\frac{\xi^2}{4\left(\frac{1}{\sqrt{2}}\right)^2}\right) = \frac{\xi\sqrt{\pi}}{\sqrt{2}}e^{-\frac{1}{2}\xi^2}$$

代入得到

$$F_s(\xi) = \sqrt{\frac{2}{\pi}}\int_0^\infty xe^{-\frac{1}{2}x^2}\sin\xi x\,\mathrm{d}x = \sqrt{\frac{2}{\pi}}\cdot\frac{\xi\sqrt{\pi}}{\sqrt{2}}\cdot e^{-\frac{1}{2}\xi^2} = \xi e^{-\frac{1}{2}\xi^2}$$

**例 5** 求函数 $f(t) = \begin{cases} 2te^{-at} & (t>0) \\ 0 & (t<0) \end{cases}(a>0)$ 的傅里叶变换.

**解**

$$F(\omega) = \frac{1}{\sqrt{2\pi}}\int_{-\infty}^\infty f(t)e^{\mathrm{i}\omega t}\,\mathrm{d}t$$

$$= \frac{2}{\sqrt{2\pi}}\int_0^\infty te^{-(a-\mathrm{i}\omega)t}\,\mathrm{d}t = \sqrt{\frac{2}{\pi}}\cdot\frac{\Gamma(1+1)}{(a-\mathrm{i}\omega)^{1+1}}$$

这里使用了公式 $\displaystyle\int_0^\infty x^n e^{-ax}\,\mathrm{d}x = \frac{\Gamma(n+1)}{a^{n+1}}(a>0,n>-1)$(见《常用积分表》第 147 页.)

$$F(\omega) = \sqrt{\frac{2}{\pi}}\cdot\frac{1}{a^2-\omega^2-2\mathrm{i}a\omega} = \sqrt{\frac{2}{\pi}}\cdot\frac{(a^2-\omega^2)+2\mathrm{i}a\omega}{(a^2-\omega^2)^2+4a^2\omega^2}$$

$$= \sqrt{\frac{2}{\pi}}\cdot\frac{(a^2-\omega^2)+2\mathrm{i}a\omega}{(a^2+\omega^2)^2} = \sqrt{\frac{2}{\pi}}\cdot\frac{(a^2-\omega^2)}{(a^2+\omega^2)^2}+\sqrt{\frac{2}{\pi}}\cdot\frac{2\mathrm{i}a\omega}{(a^2+\omega^2)^2}$$

函数 $f(t)$ 的变换结果分为实部和虚部. 实部是由偶函数 $f_1(t) = |t| e^{-a|t|}$ 变来的, 虚部由奇函数 $f_2(t) = te^{-a|t|}$ 变换而来, 所以 $f(t) = f_1(t) + f_2(t)$, 即

$$\sqrt{\frac{2}{\pi}} \cdot \frac{(a^2 - \omega^2)}{(a^2 + \omega^2)^2} \quad 对应偶函数 \quad f_1(t) = |t| e^{-a|t|}$$

$$\sqrt{\frac{2}{\pi}} \cdot \frac{2ia\omega}{(a^2 + \omega^2)^2} \quad 对应奇函数 \quad f_2(t) = te^{-a|t|}$$

**例 6**　求函数 $\delta(t)$ 的傅里叶变换.

**解**　$\delta(t)$ 函数在物理学和电子学中常用来表示点源和脉冲信号. 它并非是普通意义上的函数, 因为它没有通常意义下的函数值. 它只有在积分号下通过积分运算后才能得到数值. 如图 6.1 所示, $\delta(t)$ 函数为函数 $\delta_h(t)$ 的极限 ($h \to 0^+$ 时),
$\delta(t) = \lim\limits_{h \to 0} \delta_h(t)$.

$$\delta_h(t) = \begin{cases} 0 & (t < 0) \\ \dfrac{1}{h} & (0 < t < h) \\ 0 & (t > h) \end{cases}$$

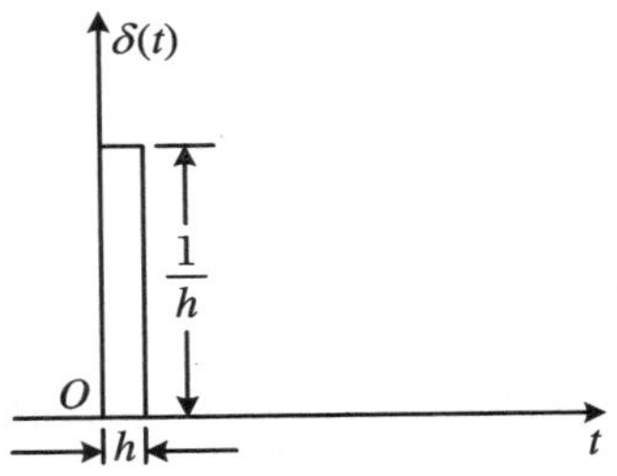

当 $t$ 在 $(0, h)$ 间, $h \to 0$ 时, $\delta(t)$ 函数的积分值是

$$\lim_{h \to 0} \int_0^h \frac{1}{h} dt = 1$$

图 6.1

当积分限扩展到 $(-\infty, \infty)$ 时, 有

$$\int_{-\infty}^{\infty} \delta(t) dt = \int_{-\infty}^{0} \delta(t) dt + \int_0^h \delta(t) dt + \int_h^{\infty} \delta(t) dt$$

$$= 0 + \lim_{h \to 0} \int_0^h \frac{1}{h} dt + 0 = 1$$

所以 $\delta(t)$ 函数的无穷限积分值仍为 1, 即

$$\int_{-\infty}^{\infty} \delta(t) dt = 1$$

$\delta(t)$ 函数的运算性质: 对于任何一个在 $t = 0$ 处连续的函数 $f(t)$ 有

$$\int_{-\infty}^{\infty} \delta(t) f(t) dt = f(0) \tag{6.25}$$

因为

$$\int_{-\infty}^{\infty} \delta(t) f(t) dt = \lim_{h \to 0} \int_0^h \frac{1}{h} \cdot f(t) dt$$

$$= \lim_{h \to 0} \left[ \frac{1}{h} \cdot f(\theta h) \cdot h \right] = f(0) \quad (|\theta| < 1)$$

该式最后一个等号前运用了中值定理.

应用式 (6.25), 可得 $\delta(t)$ 函数的傅里叶变换为

$$F(\omega) = \frac{1}{\sqrt{2\pi}} \int_{-\infty}^{\infty} \delta(t) e^{i\omega t} dt = \frac{1}{\sqrt{2\pi}} \cdot f(0) = \frac{1}{\sqrt{2\pi}} \cdot e^0 = \frac{1}{\sqrt{2\pi}}$$

### 6.2.5　傅里叶变换的应用

1. 解常微分方程.

**例 7**　求解方程: $y' + 2y = e^{-x}(x > 0)$.

**解**　设 $F[y(x)] = Y(\omega)$. 对方程两边作傅里叶变换, 得

左边:　$F\left[\dfrac{\mathrm{d}y(x)}{\mathrm{d}x} + 2y(x)\right] = -\mathrm{i}\omega F[y(x)] + 2F[y(x)]$

$$= -\mathrm{i}\omega Y(\omega) + 2Y(\omega) = (2 - \mathrm{i}\omega)Y(\omega)$$

右边:　$F[e^{-x}] = \dfrac{1}{\sqrt{2\pi}} \cdot \dfrac{1}{1 - \mathrm{i}\omega}$

因此有

$$(2 - \mathrm{i}\omega)Y(\omega) = \frac{1}{\sqrt{2\pi}} \cdot \frac{1}{1 - \mathrm{i}\omega}$$

$$Y(\omega) = \frac{1}{\sqrt{2\pi}} \cdot \frac{1}{(1 - \mathrm{i}\omega)(2 - \mathrm{i}\omega)} = \frac{1}{\sqrt{2\pi}}\left(\frac{1}{1 - \mathrm{i}\omega} - \frac{1}{2 - \mathrm{i}\omega}\right)$$

取它的逆变换, 就得到该微分方程的解

$$y(x) = F^{-}[Y(\omega)] = F^{-}\left(\frac{1}{\sqrt{2\pi}} \cdot \frac{1}{1 - \mathrm{i}\omega} - \frac{1}{\sqrt{2\pi}} \cdot \frac{1}{2 - \mathrm{i}\omega}\right)$$

$$= e^{-x} - e^{-2x}$$

2. 解偏微分方程.

**例 8**　求一维的热传导方程的解, 该方程是

$$\frac{\partial u(t, x)}{\partial t} = a^2 \frac{\partial^2 u(t, x)}{\partial x^2} \quad (t > 0, -\infty < x < \infty), \quad u\big|_{t=0} = \varphi(x)$$

$$\lim_{x \to \pm \infty} u(t, x) = \lim_{x \to \pm \infty} u'(t, x) = 0$$

**解**　设该方程的解是 $u(t, x)$, 对方程中的 $x$ 作傅里叶变换, 记 $F[u(t, x)] = U(t, \omega)$, $F[\varphi(x)] = \Phi(\omega)$, 则 $U(t, \omega)\big|_{t=0} = \Phi(\omega)$, 于是

$$U(t, \omega) = F[u(t, x)] = \frac{1}{\sqrt{2\pi}} \int_{-\infty}^{\infty} u(t, \xi) e^{\mathrm{i}\omega\xi} \mathrm{d}\xi$$

$$F[u_{xx}''(t, x)] = \frac{1}{\sqrt{2\pi}} \int_{-\infty}^{\infty} u''(t, \xi) e^{\mathrm{i}\omega\xi} \mathrm{d}\xi = (-\mathrm{i}\omega)^2 F[u(t, x)] = -\omega^2 U(t, \omega)$$

$$F[\varphi(x)] = \Phi(\omega)$$

$$F\left(\frac{\partial u}{\partial t}\right) = \frac{\mathrm{d}}{\mathrm{d}t} U(t, \omega)$$

因此, 定解问题变成解常微分方程

$$\frac{\mathrm{d}U(t, \omega)}{\mathrm{d}t} = -a^2 \omega^2 U(t, \omega)$$

此方程的通解为

$$U(t,\omega) = C\mathrm{e}^{-a^2\omega^2 t}$$

其中 $C$ 为积分常数,使用初始条件

$$U(t,\omega)\big|_{t=0} = C = \Phi(\omega)$$

得到

$$U(t,\omega) = \Phi(\omega)\mathrm{e}^{-a^2\omega^2 t}$$

取它的傅里叶逆变换,就得到该方程的解

$$u(t,x) = F^-\left[\Phi(\omega)\mathrm{e}^{-a^2\omega^2 t}\right]$$
$$= F^-\left[\Phi(\omega)\right] * F^-\left[\mathrm{e}^{-a^2\omega^2 t}\right]$$

其中

$$F^-\left[\Phi(\omega)\right] = \varphi(x)$$
$$F^-\left[\mathrm{e}^{-a^2\omega^2 t}\right] = \frac{1}{\sqrt{2\pi}}\int_{-\infty}^{\infty}\mathrm{e}^{-a^2\omega^2 t}\mathrm{e}^{-\mathrm{i}\omega x}\mathrm{d}\omega$$
$$= \frac{1}{\sqrt{2\pi}}\int_{-\infty}^{\infty}\mathrm{e}^{-a^2\omega^2 t}\cos x\omega\,\mathrm{d}\omega$$
$$= \frac{1}{\sqrt{2\pi}}\sqrt{\frac{\pi}{a^2 t}}\mathrm{e}^{\frac{x^2}{4a^2 t}} = \frac{1}{a\sqrt{2t}}\mathrm{e}^{\frac{x^2}{4a^2 t}}$$

此处使用了积分公式

$$\int_0^{\infty}\mathrm{e}^{-px^2}\cos bx\,\mathrm{d}x = \frac{1}{2}\sqrt{\frac{\pi}{p}}\mathrm{e}^{-\frac{b^2}{4p}}\quad(p>0)$$

因此,得到该方程的解为

$$u(t,x) = \varphi(x)\frac{1}{a\sqrt{2t}}\mathrm{e}^{-\frac{x^2}{4a^2 t}}$$
$$= \frac{1}{\sqrt{2\pi}}\int_{-\infty}^{\infty}\varphi(\xi)\frac{1}{a\sqrt{2t}}\mathrm{e}^{-\frac{(x-\xi)^2}{4a^2 t}}\,\mathrm{d}\xi$$
$$= \frac{1}{2a\sqrt{\pi t}}\int_{-\infty}^{\infty}\varphi(\xi)\mathrm{e}^{-\frac{(x-\xi)^2}{4a^2 t}}\,\mathrm{d}\xi$$

3. 解积分方程.

**例 9**　有积分方程 $\displaystyle\int_{-\infty}^{\infty}\frac{y(t)\mathrm{d}t}{(x-t)^2+a^2} = \frac{1}{x^2+b^2}$,求解 $y(x)$.

**解**　该方程的左边是函数 $y(x)$ 与 $\dfrac{1}{x^2+a^2}$ 的卷积,记作 $y(x)*\dfrac{1}{x^2+a^2}$,即

$$\int_{-\infty}^{\infty}\frac{y(t)\mathrm{d}t}{(x-t)^2+a^2} = y(x)*\frac{1}{x^2+a^2}$$

设 $F[y(x)] = Y(\omega)$,对方程两边作傅里叶变换,得

左边：$F\left[y(x) * \dfrac{1}{x^2 + a^2}\right] = F[y(x)] \cdot F\left(\dfrac{1}{x^2 + a^2}\right) = Y(\omega) \cdot \sqrt{\dfrac{\pi}{2}} \cdot \dfrac{1}{a\mathrm{e}^{a\omega}}$

右边：$F\left(\dfrac{1}{x^2 + b^2}\right) = \sqrt{\dfrac{\pi}{2}} \cdot \dfrac{1}{b\mathrm{e}^{b\omega}}$

此处我们已用了公式

$$F\left(\frac{1}{t^2 + a^2}\right) = \sqrt{\frac{\pi}{2}} \frac{1}{a\mathrm{e}^{a\omega}}$$

因此

$$Y(\omega)\sqrt{\frac{\pi}{2}} \cdot \frac{1}{a\mathrm{e}^{a\omega}} = \sqrt{\frac{\pi}{2}} \cdot \frac{1}{b\mathrm{e}^{b\omega}}$$

$$Y(\omega) = \frac{a\mathrm{e}^{a\omega}}{b\mathrm{e}^{b\omega}} = \frac{a}{b} \cdot \frac{1}{\mathrm{e}^{(b-a)\omega}} = \sqrt{\frac{2}{\pi}} \frac{a(b-a)}{b} \cdot \sqrt{\frac{\pi}{2}} \frac{1}{(b-a)\mathrm{e}^{(b-a)\omega}}$$

取它的傅里叶逆变换,得到该积分方程的解

$$y(x) = F^{-}[Y(\omega)] = \sqrt{\frac{2}{\pi}} \frac{a(b-a)}{b} \cdot F^{-}\left[\sqrt{\frac{\pi}{2}} \frac{1}{(b-a)\mathrm{e}^{(b-a)\omega}}\right]$$

$$= \sqrt{\frac{2}{\pi}} \cdot \frac{a(b-a)}{b[x^2 + (b-a)^2]}$$

# 6.3  拉普拉斯(Laplace)变换

## 6.3.1  拉普拉斯变换

设 $f(x)$ 在 $0 \leqslant x < \infty$ 上连续,且有正常数 $A, \sigma$ 使 $|f(x)| \leqslant A\mathrm{e}^{\sigma t}$,则有积分

$$F(p) = \int_0^\infty f(x)\mathrm{e}^{-px}\mathrm{d}x \tag{6.26}$$

$F(p)$ 在右半平面的 $\mathrm{Re}\, p > \sigma$ 上是 $p$ 的解析函数,并称 $F(p)$ 是 $f(x)$ 的拉普拉斯变换. $\mathrm{e}^{-px}$ 为拉普拉斯变换核, $f(x)$ 称为原函数,而 $F(p)$ 为像函数.式(6.26)也可写成 $F(p) = L[f(x)]$. $\sigma$ 的下确界 $\sigma_0$ 称为 $F(p)$ 的收敛指标.

拉普拉斯变换的反演公式是

$$f(x) = \frac{1}{2\pi\mathrm{i}} \int_{\sigma-\mathrm{i}\infty}^{\sigma+\mathrm{i}\infty} F(p)\mathrm{e}^{px}\mathrm{d}p \tag{6.27}$$

这就是拉普拉斯逆变换.它的积分路径是任一直线 $\mathrm{Re}\, p = \sigma > \sigma_0$, $\sigma_0$ 是 $F(p)$ 的收敛指标.

## 6.3.2　拉普拉斯变换的性质

1. 拉普拉斯变换是线性变换.

$$L[af(x) + bg(x)] = aL[f(x)] + bL[g(x)] \quad (a, b \text{ 是常数})$$

拉普拉斯逆变换也是线性的：

$$L^-[\alpha F(p) + \beta G(p)] = \alpha L^- F(p) + \beta L^- G(p)$$
$$= \alpha f(x) + \beta g(x) \quad (\alpha, \beta \text{ 是常数})$$

2. 拉普拉斯变换的相似性.

若 $L[f(x)] = F(p), a$ 为正实数，则

$$L[f(ax)] = \frac{1}{a} F\left(\frac{p}{a}\right)$$

3. 导数的拉普拉斯变换可变为乘以 $p$：

$$L[f'(x)] = pL[f(x)] - f(0)$$

对高阶导数的拉普拉斯变换公式为

$$L[f^{(n)}(x)] = p^n L[f(x)] - p^{n-1} f(0) - p^{n-2} f'(0) - \cdots$$
$$- p f^{(n-2)}(0) - f^{(n-1)}(0)$$

4. 积分的拉普拉斯变换可变成除以 $p$：

$$L\left[\int_0^x f(\tau) \mathrm{d}\tau\right] = \frac{L[f(\tau)]}{p} = \frac{F(p)}{p}$$

5. 象函数的微分法：

$$F'(p) = L[-xf(x)]$$

更一般地，有

$$F^{(n)}(p) = L[(-x)^n f(x)]$$

6. 象函数的积分法：

$$\int_p^\infty F(p) \mathrm{d}p = L\left[\frac{f(x)}{x}\right]$$

7. 拉普拉斯变换延迟性质：

当 $f(x)$ 平移 $x_0$ 时，有

$$L[f(x - x_0)] = \mathrm{e}^{-px_0} F(p)$$

8. 拉普拉斯变换的位移性质：

设 $L[f(x)] = F(p)$，则对任一个复常数 $\lambda$，有

$$L[\mathrm{e}^{\lambda x} f(x)] = F(p - \lambda)$$

9. 两函数的卷积可变为它们的变换的乘积：

$$L\left[\int_0^t f(\tau) g(t - \tau) \mathrm{d}\tau\right] = L[f] \cdot L[g]$$

### 6.3.3  单项式的拉普拉斯变换算例

**例 10**  求 $f(x) = 1$ 的拉普拉斯变换.

**解**  $F(p) = L[1] = \int_0^\infty f(x) e^{-px} dx = \int_0^\infty 1 \cdot e^{-px} dx = \left( -\frac{e^{-px}}{p} \right) \Big|_0^\infty = \frac{1}{p}$.

**例 11**  求 $f(x) = e^{ax}$ 的拉普拉斯变换.

**解**  $F(p) = L[e^{ax}] = \int_0^\infty e^{ax} \cdot e^{-px} dx = \int_0^\infty e^{-(p-a)x} dx = \left[ -\frac{e^{-(p-a)x}}{p-a} \right]_0^\infty$

$\qquad = \frac{1}{p-a}$.

**例 12**  求 $f(x) = xe^{-ax}$ 的拉普拉斯变换.

**解**  $F(p) = L[xe^{-ax}] = \int_0^\infty xe^{-ax} \cdot e^{-px} dx = \int_0^\infty xe^{-(p+a)x} dx = \frac{1}{(p+a)^2}$.

**例 13**  求 $f(x) = x^n$ 的拉普拉斯变换.

**解**  公式

$$L[f^{(n)}(x)] = p^n L[f(x)] - p^{n-1} f(0) - p^{n-2} f'(0) - \cdots$$
$$- pf^{(n-2)}(0) - f^{(n-1)}(0)$$

因为

$$f(0) = f'(0) = f''(0) = \cdots = f^{(n-1)}(0) = 0$$

又因

$$f^{(n)}(x) = (x^n)^{(n)} = n!$$

所以

$$L[f^{(n)}(x)] = L[(x^n)^{(n)}] = p^n L[x^n] = L[n!]$$

因此

$$L[x^n] = \frac{1}{p^n} L[n!] = \frac{1}{p^n} \cdot n! L[1] = \frac{1}{p^n} \cdot \frac{n!}{p} = \frac{n!}{p^{n+1}}$$

**例 14**  求 $f(x) = \sin ax, f(x) = \cos ax$ 的拉普拉斯变换.

**解**

$$F(p) = L[\sin ax] = \int_0^\infty \sin ax \cdot e^{-px} dx = \frac{a}{p^2 + a^2}$$

$$F(p) = L[\cos ax] = \int_0^\infty \cos ax \cdot e^{-px} dx = \frac{p}{p^2 + a^2}$$

上面两式的拉普拉斯变换仔细推导如下：

把 $\sin ax = \frac{1}{2i}(e^{iax} - e^{-iax})$ 代入拉普拉斯变换式 (6.26) 中, 有

$$F(p) = L[\sin ax] = \int_0^\infty \frac{1}{2i}(e^{iax} - e^{-iax}) \cdot e^{-px} dx$$

$$= \frac{1}{2i} \int_0^\infty \left[ e^{-(p-ia)x} - e^{-(p+ia)x} \right] dx$$

$$= \frac{1}{2i} \left( \frac{1}{p-ia} - \frac{1}{p+ia} \right)$$

$$= \frac{1}{2i} \cdot \frac{2ia}{p^2 + a^2} = \frac{a}{p^2 + a^2}$$

用同样的方法,把 $\cos ax = \frac{1}{2}(e^{iax} + e^{-iax})$ 代入拉普拉斯变换式(6.26)中,有

$$F(p) = L[\cos ax] = \frac{p}{p^2 + a^2}$$

**例 15**　求 $f(x) = \sinh ax, f(x) = \cosh ax$ 的拉普拉斯变换.

**解**　把 $\sinh ax = \frac{1}{2}(e^{ax} - e^{-ax})$ 代入拉普拉斯变换式(6.26)中,有

$$F(p) = L[\sinh ax] = \int_0^\infty \frac{1}{2}(e^{ax} - e^{-ax}) \cdot e^{-px} dx$$

$$= \frac{1}{2} \left[ \int_0^\infty e^{-(p-a)x} dx - \int_0^\infty e^{-(p+a)x} dx \right]$$

$$= \frac{1}{2} \left( \frac{1}{p-a} - \frac{1}{p+a} \right) = \frac{a}{p^2 - a^2}$$

用同样的方法,把 $\cosh ax = \frac{1}{2}(e^{ax} + e^{-ax})$ 代入拉普拉斯变换式(6.26)中,有

$$F(p) = L[\cosh ax] = \frac{p}{p^2 - a^2}$$

**例 16**　求 $f(x) = e^{-bx}\sin ax$ 和 $f(x) = e^{-bx}\cos ax$ 的拉普拉斯变换.

**解**　把 $e^{-bx}\sin ax = \frac{1}{2i}e^{-bx}(e^{iax} - e^{-iax})$ 代入拉普拉斯变换式(6.26)中,有

$$F(p) = L[e^{-bx}\sin ax] = \int_0^\infty e^{-bx}\sin ax \cdot e^{-px} dx$$

$$= \frac{1}{2i} \int_0^\infty e^{-bx}(e^{iax} - e^{-iax})e^{-px} dx$$

$$= \frac{1}{2i} \left[ \int_0^\infty e^{-(p+b-ia)x} dx - \int_0^\infty e^{-(p+b+ia)x} dx \right]$$

$$= \frac{1}{2i} \left( \frac{1}{p+b-ia} - \frac{1}{p+b+ia} \right)$$

$$= \frac{1}{2i} \cdot \frac{2ia}{(p+b)^2 + a^2} = \frac{a}{(p+b)^2 + a^2}$$

用同样的方法,把 $e^{-bx}\cos ax = \frac{1}{2}e^{-bx}(e^{iax} + e^{-iax})$ 代入拉普拉斯变换式(6.26)中,有

$$F(p) = L[e^{-bx}\cos ax] = \frac{p+b}{(p+b)^2 + a^2}$$

**例 17** 求 $f(x) = e^{-bx}\sinh ax$ 和 $f(x) = e^{-bx}\cosh ax$ 的拉普拉斯变换.

**解** 把 $f(x) = e^{-bx}\sinh ax = e^{-bx}\dfrac{e^{ax} - e^{-ax}}{2}$ 代入拉普拉斯变换式(6.26)中,有

$$
\begin{aligned}
F(p) &= L[e^{-bx}\sinh ax] = \int_0^\infty e^{-bx}\sinh ax \cdot e^{-px}\,dx \\
&= \frac{1}{2}\int_0^\infty e^{-bx}(e^{ax} - e^{-ax})e^{-px}\,dx \\
&= \frac{1}{2}\left[\int_0^\infty e^{-(p+b-a)x}\,dx + \int_0^\infty e^{-(p+b+a)x}\,dx\right] \\
&= \frac{1}{2}\left(\frac{1}{p+b-a} - \frac{1}{p+b+a}\right) \\
&= \frac{1}{2}\cdot\frac{2a}{(p+b)^2 - a^2} = \frac{a}{(p+b)^2 - a^2}
\end{aligned}
$$

用同样的方法,把 $e^{-bx}\cosh ax = \dfrac{1}{2}e^{-bx}(e^{ax} + e^{-ax})$ 代入拉普拉斯变换式(6.26)中,有

$$
F(p) = L[e^{-bx}\cosh ax] = \frac{p+b}{(p+b)^2 - a^2}
$$

**例 18** 利用拉普拉斯变换的位移性质求下列函数的拉普拉斯变换:$e^{\lambda x}x^n$,$e^{\lambda x}\sin \omega x$,$e^{\lambda x}\cos \omega x$.

**解** 根据本章例 13、例 14 的结果,由位移性质得到

$$
L[e^{\lambda x}x^n] = \frac{n!}{(p - \lambda)^{n+1}}
$$

$$
L[e^{\lambda x}\sin \omega x] = \frac{\omega}{(p - \lambda)^2 + \omega^2}
$$

$$
L[e^{\lambda x}\cos \omega x] = \frac{p - \lambda}{(p - \lambda)^2 + \omega^2}
$$

## 6.3.4 拉普拉斯逆变换

前面已经讲了由函数 $f(x)$(原函数)求 $F(p)$(象函数)的方法,这就是拉普拉斯正变换.实际上也有相反的问题,即由象函数 $F(p)$ 求原函数 $f(x)$,即拉普拉斯逆变换.

求拉普拉斯逆变换的主要方法有:留数法、部分分式法和查表法,当然也还有别的方法.

1. 留数法.

用拉普拉斯逆变换公式 $f(x) = \dfrac{1}{2\pi i}\int_{\sigma - i\infty}^{\sigma + i\infty} F(p)e^{px}\,dp$ 做积分.但这是一个复变函数的积分,一般可用复变函数中的留数法求解(留数定理将在第 7 章中讲解).

2. 部分分式法.

当给定的象函数是有理函数时,可将该函数分解成几个简单的部分分式的代数和,再由拉普拉斯变换的性质求出每个分式的原函数.这些原函数的代数和就是所给函数的原函数了.

例如求 $F(p) = \dfrac{1}{p^2(p+1)}$ 的逆变换.

用部分分式法把 $F(p)$ 分解成几个单项分式

$$F(p) = \frac{1}{p^2(p+1)} = -\frac{1}{p} + \frac{1}{p^2} + \frac{1}{p+1}$$

再进行拉普拉斯逆变换,于是有

$$f(x) = L^-[F(p)] = L^-\left[-\frac{1}{p}\right] + L^-\left[\frac{1}{p^2}\right] + L^-\left[\frac{1}{p+1}\right] = -1 + x + e^{-x}$$

3. 查表法.

很多数学手册都有拉普拉斯变换表,列出了拉普拉斯变换对:原函数 $f(x)$ 和相应的象函数 $F(p)$.既可以从中找到从 $f(x)$ 到 $F(p)$ 的拉普拉斯正变换,也可以查得从 $F(p)$ 到 $f(x)$ 的拉普拉斯逆变换.对于单项式或简单的函数,也许可以直接得到结果;但对于较复杂的函数,如有理式或无理式,恐怕要经过适当的变形后才能从表中查到拉普拉斯逆变换了.

## 6.3.5　拉普拉斯变换的应用

1. 解微分方程.

**例 19**　求微分方程 $\dfrac{dy}{dx} + 2y = e^{-x}$ 的解,初始条件是 $y\mid_{x=0} = 0$.

**解**　设 $L[y(x)] = Y(p)$,对方程两边作拉普拉斯变换,得

左边:　$L[y'+2y] = L[y'(x)] + 2L[y(x)]$
$$= pY(p) - y(0) + 2Y(p) = (p+2)Y(p)$$

右边:　$L[e^{-x}] = \dfrac{1}{p+1}$

因此得到

$$(p+2)Y(p) = \frac{1}{p+1}$$

及

$$Y(p) = \frac{1}{(p+1)(p+2)} = \frac{1}{p+1} - \frac{1}{p+2}$$

作上式的拉普拉斯逆变换,得

$$L^-[Y(p)] = L^-\left[\frac{1}{p+1}\right] - L^-\left[\frac{1}{L+2}\right] = e^{-x} - e^{-2x}$$

这就得到该微分方程初值问题的解为

$$y(x) = L^- [Y(p)] = \mathrm{e}^{-x} - \mathrm{e}^{-2x}$$

**例 20**　求微分方程 $y'' + 4y = 0$ 满足初始条件 $y(0) = -2, y'(0) = 4$ 的解.

**解**　设 $L[y(x)] = Y(p)$.

对方程两边作拉普拉斯变换,并加入初始条件,则

$$左边:　L[y'' + 4y] = L[y''(x)] + 4L[y(x)]$$

其中

$$\begin{aligned} L[y''(x)] &= p^2 L[y(x)] - py(0) - y'(0) \\ &= p^2 Y(p) + 2p - 4 \end{aligned}$$

$$4L[y(x)] = 4Y(p)$$

因此

$$\begin{aligned} L[y'' + 4y] &= p^2 Y(p) + 2p - 4 + 4Y(p) \\ &= (p^2 + 4)Y(p) + 2p - 4 \end{aligned}$$

右边 $= 0$. 于是有

$$Y(p) = \frac{4 - 2p}{p^2 + 4} = 2\frac{2}{p^2 + 2^2} - 2\frac{p}{p^2 + 2^2}$$

作拉普拉斯逆变换,得到该方程的解

$$y(x) = L^- [Y(p)] = 2L^- \left[\frac{2}{p^2 + 2^2}\right] - 2L^- \left[\frac{p}{p^2 + 2^2}\right] = 2\sin 2x - 2\cos 2x$$

**例 21**　求微分方程 $y'' - 4y' + 4y = \mathrm{e}^x$ 的解,初始条件是: $y(0) = y'(0) = 0$.

**解**　设 $L[y(x)] = Y(p)$,对方程两边作拉普拉斯变换,得

$$\begin{aligned} 左边:　L[y'' - 4y' + 4y] &= L[y''(x)] - 4L[y'(x)] + 4L[y(x)] \\ &= p^2 Y(p) - 4pY(p) + 4Y(p) \\ &= (p^2 - 4p + 4)Y(p) = (p - 2)^2 Y(p) \end{aligned}$$

$$右边:　L[\mathrm{e}^x] = \frac{1}{p - 1}$$

因此有

$$(p - 2)^2 Y(p) = \frac{1}{p - 1}$$

$$Y(p) = \frac{1}{(p - 1)(p - 2)^2} = \frac{1}{p - 1} - \frac{1}{p - 2} + \frac{1}{(p - 2)^2}$$

作拉普拉斯逆变换,就得到方程的解

$$\begin{aligned} y(x) = L^- Y(p) &= L^- \left[\frac{1}{p - 1}\right] - L^- \left[\frac{1}{p - 2}\right] + L^- \left[\frac{1}{(p - 2)^2}\right] \\ &= \mathrm{e}^x - \mathrm{e}^{2x} + x\mathrm{e}^{2x} \end{aligned}$$

**例 22**　求高阶微分方程的解: $y^{(4)} + 2y''' - 2y' - y = \delta(x)(x > 0)$,其中 $\delta(x)$ 为狄拉克函数,初始条件: $y(0) = y'(0) = y''(0) = y'''(0) = y^{(4)}(0) = 0$.

**解**　设 $L[y(x)] = Y(p)$,对方程两边作拉普拉斯变换,得

左边： $L[y^{(4)} + 2y''' - 2y' - y]$

$\qquad = p^4 L[y(x)] + 2p^3 L[y(x)] - 2p L[y(x)] - L[y(x)]$

$\qquad = (p^4 + 2p^3 - 2p - 1) Y(p)$

右边： $L[\delta(x)] = 1$

因此

$$(p^4 + 2p^3 - 2p - 1) Y(p) = 1$$

于是有

$$Y(p) = \frac{1}{p^4 + 2p^3 - 2p - 1} = \frac{1}{(p-1)(p+1)^3}$$

$$= \frac{1}{8} \cdot \frac{1}{(p-1)} - \frac{1}{8} \cdot \frac{1}{(p+1)} - \frac{1}{4} \cdot \frac{1}{(p+1)^2} - \frac{1}{2} \cdot \frac{1}{(p+1)^3}$$

作它的拉普拉斯逆变换,得

$$L^-[Y(p)] = \frac{1}{8}e^x - \frac{1}{8}e^{-x} - \frac{1}{4}xe^{-x} - \frac{1}{4}x^2 e^{-x}$$

这样就得到该微分方程的解为

$$y(x) = L^-[Y(p)] = \frac{1}{8}e^x - \frac{1}{8}(2x^2 + 2x + 1)e^{-x}$$

2. 解微分积分方程.

**例 23** 求解以下微分积分方程定解问题:在电工电子学中,常会遇到 RLC 电路,根据克希霍夫定理,可推导出该电路的微分积分方程

$$\mathscr{L}\frac{\mathrm{d}i(t)}{\mathrm{d}t} + Ri(t) + \frac{1}{C}\int_0^t i(t)\mathrm{d}t = E$$

方程中的 $\mathscr{L}, R, C$ 分别是电感、电阻、和电容,$E$ 为电源,$i(t)$ 是随时间 $t$ 变化的电流.初始条件为 $i(0) = i'(0) = 0$.

**解** 设 $L[i(t)] = I(p)$,对方程两边作拉普拉斯变换,得

左边： $L\left[\mathscr{L}i'(t) + Ri(t) + \frac{1}{C}\int_0^t i(t)\mathrm{d}t\right] = \mathscr{L}pI(p) + RI(p) + \frac{1}{C} \cdot \frac{1}{p}I(p)$

$$\qquad = \left(p\mathscr{L} + R + \frac{1}{pC}\right)I(p)$$

右边： $L[E] = EL[1] = \dfrac{E}{p}$

因此

$$\left(p\mathscr{L} + R + \frac{1}{pC}\right)I(p) = \frac{E}{p}$$

及

$$I(p) = \frac{E}{p\left(p\mathscr{L} + R + \dfrac{1}{pC}\right)} = \frac{E}{\mathscr{L}\left(p^2 + \dfrac{pR}{\mathscr{L}} + \dfrac{1}{\mathscr{L}C}\right)}$$

$$= \frac{E}{\mathscr{L}} \cdot \frac{1}{\left(p + \frac{R}{2\mathscr{L}}\right)^2 + \left(\frac{1}{\mathscr{L}C} - \frac{R^2}{4\mathscr{L}^2}\right)}$$

当 $\frac{1}{\mathscr{L}C} > \frac{R^2}{4\mathscr{L}}$ 时，令 $\frac{1}{\mathscr{L}C} - \frac{R^2}{4\mathscr{L}} = \omega^2$，$\frac{R}{2\mathscr{L}} = b$，则

$$I(p) = \frac{E}{\mathscr{L}} \cdot \frac{1}{(p + b)^2 + \omega^2} = \frac{E}{\omega\mathscr{L}} \cdot \frac{\omega}{(p + b)^2 + \omega^2}$$

取它的拉普拉斯逆变换，就得到该方程的解

$$i(t) = L^- [I(p)] = \frac{E}{\omega L} \mathrm{e}^{-bt} \sin \omega t$$

其中

$$b = \frac{R}{2\mathscr{L}}, \quad \omega = \sqrt{\frac{1}{\mathscr{L}C} - \frac{R^2}{4\mathscr{L}}}, \quad \frac{1}{\mathscr{L}C} > \frac{R^2}{4\mathscr{L}}$$

这表明，该电路的电流是随时间 $t$，以角频率 $\omega$，作衰减正弦型振荡的.

当 $\frac{1}{\mathscr{L}C} < \frac{R^2}{4\mathscr{L}}$ 时，令 $\frac{R^2}{4\mathscr{L}} - \frac{1}{\mathscr{L}C} = \beta^2$，则

$$I(p) = \frac{E}{\mathscr{L}} \cdot \frac{1}{\left(p + \frac{R}{2\mathscr{L}}\right)^2 - \left(\frac{R^2}{4\mathscr{L}^2} - \frac{1}{\mathscr{L}C}\right)} = \frac{E}{\beta\mathscr{L}} \cdot \frac{\beta}{(p + b)^2 - \beta^2}$$

作拉普拉斯逆变换，就得到该方程的另一个解为

$$i(t) = L^- [I(p)] = \frac{E}{\beta\mathscr{L}} \mathrm{e}^{-bt} \sinh \beta t \quad (\beta = \sqrt{\frac{R^2}{4\mathscr{L}} - \frac{1}{\mathscr{L}C}})$$

这时表明该电路的电流不再是振荡的了，它随时间 $t$，或增长，或衰减，要看电路参数.

# 第7章　复变函数的积分

## 7.1　复变函数的概念

### 7.1.1　复数和复平面

一个复数总是可以表示为一个实数和一个纯虚数之和

$$z = x + \mathrm{i}y \tag{7.1}$$

其中 $x$ 和 $y$ 分别称为复数 $z$ 的实部和虚部,分别记作 $\mathrm{Re}z$ 和 $\mathrm{Im}z$.如果把 $x,y$ 看成是平面上的直角坐标,那么就叫 $x$ 为实轴,$y$ 为虚轴.这样,一个复数就和该平面上的一个点相对应.这个平面叫复平面.

如果从坐标原点($O$)到平面上某点 $z$ 引一矢量 $\vec{r}$(如图 7.1),若它的长度为 $r$,与 $x$ 轴的夹角为 $\theta$,那么就有

$$x = r\cos\theta$$
$$y = r\sin\theta$$

因此复数 $z$ 可表示为

$$\begin{aligned} z = x + \mathrm{i}y &= r\cos\theta + \mathrm{i}r\sin\theta \\ &= r(\cos\theta + \mathrm{i}\sin\theta) \end{aligned} \tag{7.2}$$

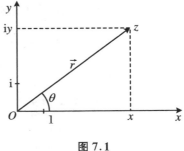

图 7.1

这就是复数的三角表示法.其中 $r = \sqrt{x^2 + y^2}$,$r$ 就是复数 $z$ 的模,$|z| = r$;$\theta$ 为 $z$ 的一个辐角.因为当 $\theta$ 是 $z$ 的辐角时,对于任意整数 $n$,$\theta + 2n\pi$ 也是 $z$ 的辐角.我们常称在 $(-\pi, \pi]$ 内的辐角为复数辐角的一个主值,用 $\mathrm{arg}z$ 表示.

如果用欧拉公式 $\mathrm{e}^{\mathrm{i}\theta} = \cos\theta + \mathrm{i}\sin\theta$ 中的指数代替三角函数,那么就有第三种复数的表示法:指数表示法

$$z = r\mathrm{e}^{\mathrm{i}\theta} \tag{7.3}$$

一个复数的共轭复数 $z^*$ 为

$$z^* = x - \mathrm{i}y = r(\cos\theta - \mathrm{i}\sin\theta) = r\mathrm{e}^{-\mathrm{i}\theta} \tag{7.4}$$

## 7.1.2  复数的四则运算

设有复数 $z_1 = x_1 + \mathrm{i}y_1$，和 $z_2 = x_2 + \mathrm{i}y_2$，则有

加法： $z_1 + z_2 = (x_1 + x_2) + \mathrm{i}(y_1 + y_2)$

减法： $z_1 - z_2 = (x_1 - x_2) + \mathrm{i}(y_1 - y_2)$

乘法： $z_1 z_2 = (x_1 x_2 - y_1 y_2) + \mathrm{i}(x_1 y_2 + x_2 y_1)$

若用三角函数或指数函数表示，则有

$$z_1 z_2 = r_1 r_2 \left[ \cos(\theta_1 + \theta_2) + \mathrm{i}\sin(\theta_1 + \theta_2) \right]$$

或

$$z_1 z_2 = r_1 r_2 \mathrm{e}^{\mathrm{i}(\theta_1 + \theta_2)}$$

除法： $\dfrac{z_1}{z_2} = \dfrac{x_1 x_2 + y_1 y_2}{x_2^2 + y_2^2} + \mathrm{i}\dfrac{x_2 y_1 - x_1 y_2}{x_2^2 + y_2^2}$

当用三角函数或指数函数表示，则有

$$\frac{z_1}{z_2} = \frac{r_1}{r_2} \left[ \cos(\theta_1 - \theta_2) + \mathrm{i}\sin(\theta_1 - \theta_2) \right]$$

或

$$\frac{z_1}{z_2} = \frac{r_1}{r_2} \mathrm{e}^{\mathrm{i}(\theta_1 - \theta_2)}$$

复数的乘方和开方为

乘方： $z^n = r^n (\cos\theta + \mathrm{i}\sin\theta)^n = r^n(\cos nx + \mathrm{i}\sin nx)$    （棣莫弗公式）

开方： $\sqrt[n]{z} = \sqrt[n]{r}\left(\cos\dfrac{\theta}{n} + \mathrm{i}\sin\dfrac{\theta}{n}\right)$，   或 $\sqrt[n]{z} = \sqrt[n]{r} \cdot \mathrm{e}^{\frac{\mathrm{i}\theta}{n}}$

由于 $\theta + 2n\pi$（$n$ 是整数）也是 $z$ 的辐角，故 $\sqrt[n]{z}$ 实际上是 $n$ 值函数，分别是 $\sqrt[n]{r} \cdot \mathrm{e}^{\frac{\mathrm{i}\theta}{n}}, \sqrt[n]{r} \cdot \mathrm{e}^{\frac{\mathrm{i}(\theta + 2\pi)}{n}}, \sqrt[n]{r} \cdot \mathrm{e}^{\frac{\mathrm{i}(\theta + 4\pi)}{n}}, \cdots, \sqrt[n]{r} \cdot \mathrm{e}^{\frac{\mathrm{i}(\theta + 2n\pi - 2\pi)}{n}}$.

## 7.1.3  复变函数

当复变数 $z$ 在复平面中的某个区域 $G$ 上变动时，若复变数 $w$ 由复变数 $z$ 的值而定，就称 $w$ 为区域 $G$ 上的 $z$ 的函数，记作

$$w = f(z) \tag{7.5}$$

其中 $z$ 为复自变量.

复变函数可以是多项式、有理函数、无理函数、超越函数等各种形式.

区域与边界：满足一定条件的特殊点集称为区域，这些条件是：①由全体内点组成的开集；②具有连通性，即点集中的任何两点都可以用一条折线连接起来，折线上的的点全都属于这个点集.边界点的全体称为区域的边界，边界的方向是这样

规定的:如果沿着边界向前走,区域始终在左方,则称这个方向为边界的正向(图 7.2).

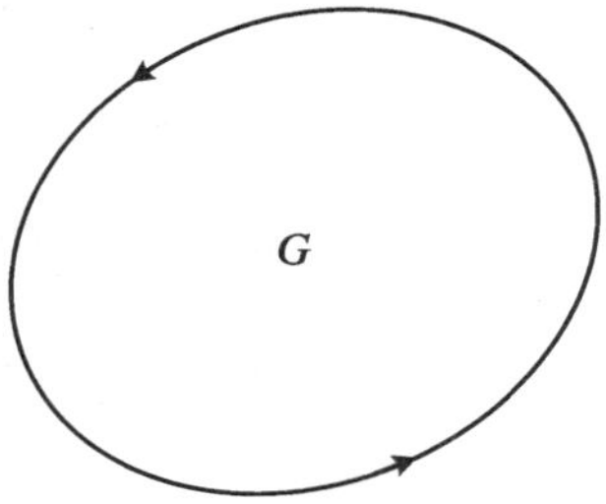

## 7.2　复变函数的微商(导数)

设 $w = f(z)$ 是在区域 $G$ 中定义的单值函数,即对于 $G$ 中的每一个 $z$ 值,都有而且只有一个 $w$ 值与之对应.如果在 $G$ 内某点 $z$,极限

$$\lim_{\Delta z \to 0} \frac{f(z + \Delta z) - f(z)}{\Delta z}$$

图 7.2

存在,并具有确定值,则称这个极限为 $f(z)$ 在 $z$ 点的微商(或导数)

$$f'(z) = \lim_{\Delta z \to 0} \frac{f(z + \Delta z) - f(z)}{\Delta z}$$



$$f'(z) = \frac{\mathrm{d}f(z)}{\mathrm{d}z} \tag{7.6}$$

复变函数的微商定义类似于实变函数,因而在实变函数中关于微商的一些规则和方法也可应用于复变函数,例如:

$$\frac{\mathrm{d}}{\mathrm{d}z}(u \pm v) = \frac{\mathrm{d}u}{\mathrm{d}z} \pm \frac{\mathrm{d}v}{\mathrm{d}z}$$

$$\frac{\mathrm{d}}{\mathrm{d}z}(uv) = u\frac{\mathrm{d}v}{\mathrm{d}z} + v\frac{\mathrm{d}u}{\mathrm{d}z}$$

$$\frac{\mathrm{d}}{\mathrm{d}z}\left(\frac{u}{v}\right) = \frac{v\frac{\mathrm{d}u}{\mathrm{d}z} - u\frac{\mathrm{d}v}{\mathrm{d}z}}{v^2}$$

$$\frac{\mathrm{d}}{\mathrm{d}z}z^n = nz^{n-1}$$

$$\frac{\mathrm{d}}{\mathrm{d}z}\mathrm{e}^z = \mathrm{e}^z$$

$$\frac{\mathrm{d}}{\mathrm{d}z}\sin z = \cos z$$

$$\frac{\mathrm{d}}{\mathrm{d}z}\cos z = -\sin z$$

$$\frac{\mathrm{d}}{\mathrm{d}z}\ln z = \frac{1}{z}$$

复变函数微商的定义,虽然在形式上和实变函数微商定义类似,但实质上却有很大不同.实变数 $\Delta x$ 只能在实轴上趋于零,而复变数 $\Delta z$ 却可以在复平面上以任意方式趋于零.

设 $f(z) = u(x, y) + \mathrm{i}v(x, y)$,先令 $\Delta z$ 沿着平行于实轴的方向趋于零,即

$\Delta y = 0, \Delta z = \Delta x \rightarrow 0$,于是有

$$\lim_{\Delta z \to 0} \frac{f(z + \Delta z) - f(z)}{\Delta z}$$

$$= \lim_{\Delta x \to 0} \frac{u(x + \Delta x, y) + iv(x + \Delta x, y) - u(x, y) - iv(x, y)}{\Delta x}$$

$$= \lim_{\Delta x \to 0} \left[ \frac{u(x + \Delta x, y) - u(x, y)}{\Delta x} + i \frac{v(x + \Delta x, y) - v(x, y)}{\Delta x} \right]$$

即

$$f'(z) = \frac{\partial u}{\partial x} + i \frac{\partial v}{\partial x} \tag{I}$$

再令 $\Delta z$ 沿着平行于虚轴的方向趋于零,即 $\Delta x = 0, \Delta z = i\Delta y \rightarrow 0$,于是有

$$\lim_{\Delta z \to 0} \frac{f(z + \Delta z) - f(z)}{\Delta z}$$

$$= \lim_{\Delta y \to 0} \frac{u(x, y + \Delta y) + iv(x, y + \Delta y) - u(x, y) - iv(x, y)}{i\Delta y}$$

$$= \lim_{\Delta y \to 0} \left[ \frac{v(x, y + \Delta y) - v(x, y)}{\Delta y} - i \frac{u(x, y + \Delta y) - u(x, y)}{\Delta y} \right]$$

即

$$f'(z) = \frac{\partial v}{\partial y} - i \frac{\partial u}{\partial y} \tag{II}$$

若复变函数 $f(z)$ 在定义域中是解析函数,又是单值函数,那么式(I)与式(II)的微商表达式应该相等,即

$$\frac{\partial u}{\partial x} + i \frac{\partial v}{\partial x} = \frac{\partial v}{\partial y} - i \frac{\partial u}{\partial y} \tag{7.7}$$

令这个等式的实部和虚部分别相等,就得到

$$\begin{cases} \dfrac{\partial u}{\partial x} = \dfrac{\partial v}{\partial y} \\ \dfrac{\partial u}{\partial y} = -\dfrac{\partial v}{\partial x} \end{cases} \tag{7.8}$$

式(7.8)称为柯西-黎曼方程.式(7.8)也是复变函数在区域 $G$ 中解析的充分必要条件.

# 7.3  复变函数的积分

## 7.3.1  曲线积分

设 $C$ 是复数平面上的一条曲线,从 $A$ 到 $B$.复变函数 $f(z)$ 在曲线 $C$ 上有定义

(图 7.3). 把曲线 $C$ 分成 $n$ 段, 依次有 $n-1$ 个分点:

$$A = z_0, z_1, z_2, \cdots, z_n = B$$

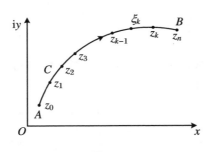

**图 7.3**

在任意一小段 $\overline{z_{k-1}z_k}$ 上取任意一点 $\xi_k$, 作和数

$$\sum_{k=1}^{n} f(\xi_k)(z_k - z_{k-1}) = \sum_{k=1}^{n} f(\xi_k) \Delta z_k \tag{7.9}$$

其中 $\Delta z_k = z_k - z_{k-1}$, 当 $n$ 无限增大, 使 $\Delta z_k$ 无限缩小并趋向零时, 这个和的极限称为函数 $f(z)$ 沿着曲线 $C$ 从 $A$ 到 $B$ 的积分, 写作

$$\int_C f(z)\mathrm{d}z = \lim_{n \to \infty} \sum_{k=1}^{n} f(\xi_k) \Delta z_k \tag{7.10}$$

将 $z$ 的实部和虚部分别记作 $x, y$, 则 $f(z)$ 的实部和虚部可分别记为 $u(x,y)$ 与 $v(x,y)$. 此时

$$f(z) = u(x,y) + iv(x,y), \quad \mathrm{d}z = \mathrm{d}x + i\mathrm{d}y$$

有

$$\int_C f(z)\mathrm{d}z = \int_C [u(x,y) + iv(x,y)](\mathrm{d}x + i\mathrm{d}y)$$

$$= \int_C [u(x,y)\mathrm{d}x - v(x,y)\mathrm{d}y] + i\int_C [v(x,y)\mathrm{d}x + u(x,y)\mathrm{d}y]$$

或写成

$$\int_C f(z)\mathrm{d}z = \int_C u\mathrm{d}x - v\mathrm{d}y + i\int_C v\mathrm{d}x + u\mathrm{d}y \tag{7.11}$$

该式表明复变函数的线积分可用两个实变函数的积分表达出来.

复变函数的路线积分是有方向性的, 如前所述, 已经认定曲线 $C$ 是从 $A$ 到 $B$ 的, 即 $A \to B$ 是正向. 如果积分要从 $B$ 到 $A$ 呢, 那就是相反的路线积分了. 把反方向的路线记作 $C^-$, 因此有

$$\int_{C^-} f(z)\mathrm{d}z = -\int_C f(z)\mathrm{d}z \tag{7.12}$$

如果所研究的曲线不是整条光滑的曲线, 而是分段光滑的曲线, 那么可以分段积分再相加, 有

$$\oint_C f(z)\mathrm{d}z = \int_{C_1} f(z)\mathrm{d}z + \int_{C_2} f(z)\mathrm{d}z + \cdots + \int_{C_n} f(z)\mathrm{d}z \qquad (7.13)$$

## 7.3.2　柯西积分定理

如果 $f(z)$ 在单连通区域 $G$ 中是一个解析函数,则在该区域中沿任何一条封闭曲线 $C$ 的积分都为 0,即

$$\oint_C f(z)\mathrm{d}z = 0 \qquad (7.14)$$

这就是柯西积分定理.符号 $\oint$ 表示积分路线是一条封闭曲线.

式(7.14)证明如下:

在封闭曲线的情况下,式(7.11)可写成

$$\oint_C f(z)\mathrm{d}z = \oint_C u\mathrm{d}x - v\mathrm{d}y + \mathrm{i}\oint_C v\mathrm{d}x + u\mathrm{d}y \qquad (7.15)$$

设 $\dfrac{\partial u}{\partial x}, \dfrac{\partial v}{\partial x}, \dfrac{\partial u}{\partial y}, \dfrac{\partial v}{\partial y}$ 都是连续的,那么式(7.15)右边的两个积分可使用格林公式[式(5.19)]

$$\oint_C P\mathrm{d}x + Q\mathrm{d}y = \iint_S \left(\frac{\partial Q}{\partial x} - \frac{\partial P}{\partial y}\right)\mathrm{d}x\mathrm{d}y$$

令 $P = u$,$Q = v$,则有

$$\oint_C u\mathrm{d}x + v\mathrm{d}y = \iint_S \left(\frac{\partial v}{\partial x} - \frac{\partial u}{\partial y}\right)\mathrm{d}x\mathrm{d}y$$

用这个式子把式(7.15)的线积分化成围道 $C$ 所包围的面积 $S$ 上的二重积分,得

$$\oint_C f(z)\mathrm{d}z = -\iint_S \left(\frac{\partial v}{\partial x} + \frac{\partial u}{\partial y}\right)\mathrm{d}x\mathrm{d}y + \mathrm{i}\iint_S \left(\frac{\partial u}{\partial x} - \frac{\partial v}{\partial y}\right)\mathrm{d}x\mathrm{d}y \qquad (7.16)$$

根据柯西-黎曼方程

$$\begin{cases} \dfrac{\partial u}{\partial x} = \dfrac{\partial v}{\partial y} \\[2mm] \dfrac{\partial u}{\partial y} = -\dfrac{\partial v}{\partial x} \end{cases}$$

式(7.16)右端的两个二重积分都为零.于是证明了式(7.14).

若在封闭曲线 $C$ 所围的区域中,$f(z)$ 为解析函数,但在这个区域中有一个奇点 $\alpha$,这样的点称为孤立奇点.在这种情况下,可以在孤立奇点的周围很小的区域内作一条封闭曲线 $C_1$ 把它围起来,并把它挖去.这样就得到一个有孔的封闭区.若在两条边界线之间引一条割线(图7.4),那么在曲线 $C$ 和 $C_1$ 之间的环形区域形成一个连通区域.它同样适用柯西积分定理,即

$$\int f(z)\mathrm{d}z = 0$$

或

$$\int_{AB} f(z)\mathrm{d}z + \oint_{C_1^-} f(z)\mathrm{d}z + \int_{BA} f(z)\mathrm{d}z + \oint_C f(z)\mathrm{d}z = 0$$

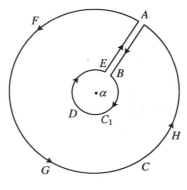

**图 7.4**

其中 $\overline{AB}$ 和 $\overline{BA}$ 上的线积分,因为方向相反,所以两者之和为 0,因此有

$$\oint_{C_1^-} f(z)\mathrm{d}z + \oint_C f(z)\mathrm{d}z = 0 \tag{7.17}$$

我们已经规定逆时针方向为正方向,那么顺时针向就是负方向了.上式中的曲线 $C_1$ 上的积分是顺时针向的,所以写成 $C_1^-$,它与逆时针向的积分有如下关系:

$$\oint_{C_1^-} f(z)\mathrm{d}z = - \oint_{C_1} f(z)\mathrm{d}z \tag{7.18}$$

因此式 (7.17) 可写成

$$\oint_C f(z)\mathrm{d}z = \oint_{C_1} f(z)\mathrm{d}z \tag{7.19}$$

这说明沿外边界线逆时针向积分等于沿内边界线逆时针向积分.

式 (7.19) 可以推广到 $f(z)$ 具有有限个孤立奇点的情况:

$$\oint_C f(z)\mathrm{d}z = \oint_{C_1} f(z)\mathrm{d}z + \oint_{C_2} f(z)\mathrm{d}z + \cdots = \sum_{i=1}^n \oint_{C_i} f(z)\mathrm{d}z \tag{7.20}$$

式 (7.20) 中的所有积分路线都是逆时针的.式 (7.19) 和式 (7.20) 都是从柯西积分定理推演而来的.

### 7.3.3 复变函数的不定积分

根据柯西定理,在单连通区域 $G$ 内解析的函数 $f(z)$ 沿区域内任一分段光滑曲线的积分值只与起点和终点有关.因此如果固定起点 $z_0$,而让终点 $z$ 变化,那么不定积分

$$\int_{z_0}^{z} f(\xi)\mathrm{d}\xi = F(z) - F(z_0) \tag{7.21}$$

是 $G$ 内的一个单值函数. 把 $F(z)$ 看成是 $f(z)$ 的原函数, $F(z_0)$ 为积分常数. 如同在实变函数中那样, 会有

$$F'(z) = f(z)$$

而且还可以证明

$$\int_{z_1}^{z_2} f(\xi)\mathrm{d}\xi = F(z_2) - F(z_1) \tag{7.22}$$

就是说线积分值等于原函数的改变量.

原函数一般为多值函数. 特殊情况下, 也可能是单值函数. 考虑积分

$$\oint_C (z - a)^n \mathrm{d}z$$

其中 $C$ 是一条封闭曲线, $n$ 是整数. 当 $n \geqslant 0$ 时, 原函数 $\dfrac{1}{n+1}(z-a)^{n+1}$ 为全平面上的单值解析函数, 单值函数沿封闭曲线走一圈所得的改变为零, 所以积分为 $0$; 当 $n \leqslant -2$ 时, 原函数 $\dfrac{1}{n+1}(z-a)^{n+1}$ 是除去 $a$ 点外的封闭平面上的单值函数, 所以积分也为 $0$; 如果 $n = -1$, 原函数 $\ln(z-a)$ 为多值函数, 取主值

$$\ln(z - a) = \ln|z - a| + \mathrm{i}\arg(z - a) \quad (-\pi \leqslant \arg z \leqslant \pi)$$

如果 $C$ 包围 $a$ 点, 则因为绕 $a$ 点转一圈, $z - a$ 的模不变, 而辐角 $\arg(z - a)$ 的改变量为 $2\pi$, 所以积分等于 $2\pi\mathrm{i}$, 即

$$\oint_C \frac{\mathrm{d}z}{z - a} = 2\pi\mathrm{i} \tag{7.23}$$

或者可以这样来证明式(7.23): 在封闭曲线 $C$ 内, 以 $a$ 点为圆心画一个半径为 $r$ 的小圆 $C_1$, 则在 $C_1$ 上有 $z - a = r\mathrm{e}^{\mathrm{i}\theta}$, 其中 $r$ 为围绕 $a$ 点的小圆的半径(图7.5), 并且 $\mathrm{d}z = r\mathrm{e}^{\mathrm{i}\theta} \cdot \mathrm{i}\mathrm{d}\theta$, 于是

$$\oint_{C_1} \frac{\mathrm{d}z}{z - a} = \oint_{C_1} \frac{\mathrm{i}r\mathrm{e}^{\mathrm{i}\theta}\mathrm{d}\theta}{r\mathrm{e}^{\mathrm{i}\theta}} = \mathrm{i}\int_0^{2\pi} \mathrm{d}\theta = 2\pi\mathrm{i} \tag{7.24}$$

因此有

$$\frac{1}{2\pi\mathrm{i}}\oint_C \frac{\mathrm{d}z}{z - a} = \begin{cases} 0 & (C \text{ 不包围 } a) \\ 1 & (C \text{ 包围 } a) \end{cases}$$

并有

$$\frac{1}{2\pi\mathrm{i}}\oint_C (z - a)^n \mathrm{d}z = 0 \quad (n \neq -1)$$

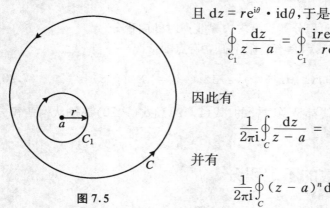

图 7.5

## 7.3.4　柯西积分公式

假设 $f(z)$ 是封闭的单连通区域 $G$ 上的解析
函数,$C$ 为 $G$ 的边界线,$a$ 是区域 $G$ 内的一个点,则有

$$f(a) = \frac{1}{2\pi i} \oint_C \frac{f(z)}{z - a} dz \qquad (7.25)$$

这就是**柯西积分公式**.该式表明解析函数 $f(z)$ 沿边界的积分值就是它在内点
$a$ 的函数值 $f(a)$.积分是沿 $C$ 的正方向进行的,$a$ 是 $C$ 内的任何一个点.现证
明如下:

$a$ 是区域 $G$ 内的任意一点,考虑函数

$$\varphi(z) = \frac{f(z) - f(a)}{z - a} \qquad (7.26)$$

这个函数 $\varphi(z)$ 在闭区间 $G$ 上除 $z = a$ 外的一切点都是解析的.以点 $a$ 为中心,以
一个任意小的数 $r$ 为半径画一个完全在区域 $G$ 内的小圆 $C_1$(图 7.6).于是 $\varphi(z)$ 在
闭合曲线 $C$ 与 $C_1$ 之间的每一点,以及 $C$ 与 $C_1$ 上的每一点都是解析的.因此,按照
柯西定理[式(7.19)],有

$$\oint_C \varphi(z) dz = \oint_{C_1} \varphi(z) dz \qquad (7.27)$$

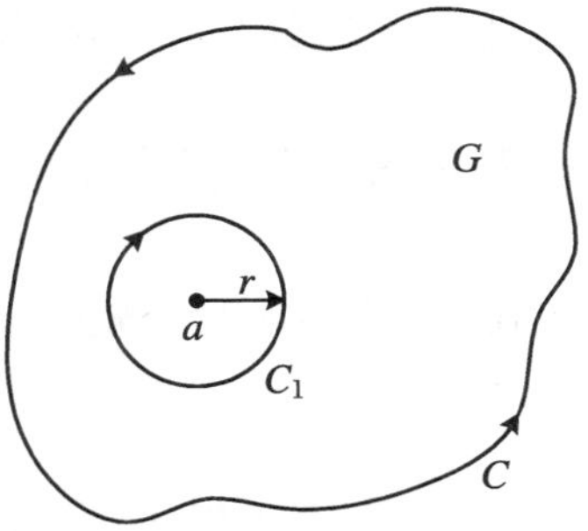

式(7.27)表明 $\oint_{C_1} \varphi(z) dz$ 的值并不依赖辅助圆 $C_1$

的半径 $r$,而恒等于常数值 $\oint_C \varphi(z) dz$.

从式(7.26)注意到,当 $z$ 趋向 $a$ 时,$\varphi(z)$ 趋向
一个确定的有限值,即

$$\lim_{z \to a} \varphi(z) = \lim_{z \to a} \frac{f(z) - f(a)}{z - a} = f'(z)$$

图 7.6

如果取 $f'(z)$ 作为 $\varphi(z)$ 在点 $z = a$ 的值,则 $\varphi(z)$ 在闭区域 $G$ 上处处连续.则
必然存在一个常数 $M$,对 $G$ 区域上任一点 $z$,都有 $|\varphi(z)| < M$,当围绕 $a$ 点对
$\varphi(z)$ 积分一周时,就有

$$\left| \oint_{C_1} \varphi(z) dz \right| < M \cdot 2\pi r$$

因为 $r$ 在这里可以取得随意小,以至于趋向零时,那么

$$\oint_{C_1} \varphi(z) dz = 0$$

根据式(7.27),于是有

$$\oint_C \varphi(z)\mathrm{d}z = 0 \tag{7.28}$$

把式(7.26)代入式(7.28),得到

$$\oint_C \frac{f(z) - f(a)}{z - a}\mathrm{d}z = 0$$

或

$$\oint_C \frac{f(z)}{z - a}\mathrm{d}z = \oint_C \frac{f(a)}{z - a}\mathrm{d}z = f(a)\oint_C \frac{\mathrm{d}z}{z - a} \tag{7.29}$$

因为[式(7.23)]

$$\oint_C \frac{\mathrm{d}z}{z - a} = 2\pi i$$

所以式(7.29)可写成

$$\oint_C \frac{f(z)}{z - a}\mathrm{d}z = 2\pi i f(a) \tag{7.30}$$

或

$$f(a) = \frac{1}{2\pi i}\oint_C \frac{f(z)}{z - a}\mathrm{d}z$$

这就是我们要证明的柯西积分公式[式(7.25)].

## 7.3.5　解析函数的高阶微商

在推导柯西积分公式时,点 $a$ 是任意选取的,因此可以把柯西积分公式改写成

$$f(z) = \frac{1}{2\pi i}\oint_C \frac{f(\xi)}{\xi - z}\mathrm{d}\xi \tag{7.31}$$

其中 $z$ 是区域 $G$ 的内点,$\xi$ 为边界 $C$ 上的变点,因此 $\xi - z \neq 0$. 所以式(7.31)中的被积函数是连续函数,可以在积分号下对 $z$ 求导,得到一阶微商

$$f'(z) = \frac{1!}{2\pi i}\oint_C \frac{f(\xi)}{(\xi - z)^2}\mathrm{d}\xi \tag{7.32}$$

同理,式(7.32)又可以在积分号下对 $z$ 求导,得到二阶微商

$$f''(z) = \frac{2!}{2\pi i}\oint_C \frac{f(\xi)}{(\xi - z)^3}\mathrm{d}\xi \tag{7.33}$$

如此类推,可以求得 $f(z)$ 任意阶($n$)的微商

$$f^{(n)}(z) = \frac{n!}{2\pi i}\oint_C \frac{f(\xi)}{(\xi - z)^{(n+1)}}\mathrm{d}\xi \tag{7.34}$$

从式(7.32)到式(7.34),说明一个复变函数在一个闭区域上,只要有一阶微商,则它的任何阶微商都存在,并且都是该区域的解析函数.式(7.34)也叫柯西积分公式.注意:这里对被积函数求微商时,只对 $z$ 变量求微商,可把变量 $\xi$ 看成常数.

如果复变函数 $f(z)$ 是在封闭区域 $G$ 上的解析函数,那么就要除去该区域内的有限个孤立奇点.挖去这些奇点处的小邻域变成复连通区,柯西积分公式就可以推广到这样的复连通区.不过这时沿边界 $C$ 的积分应该理解为沿所有边界的正方向的积分.

### 7.3.6　无界区域的柯西积分公式

设 $f(z)$ 在闭合曲线 $C$ 外是解析函数.以 $z = 0$ 点为圆心,以很大的半径 $R$ 作圆周 $C_R$,并能把 $C$ 包含在内,然后在 $C$ 与 $C_R$ 之间的环域上应用柯西积分公式

$$f(z) = \frac{1}{2\pi i} \oint_{C_R} \frac{f(\xi)}{\xi - z} dz + \frac{1}{2\pi i} \oint_C \frac{f(\xi)}{\xi - z} dz \tag{7.35}$$

上式右端的第一个积分是逆时针的,而第二个积分是顺时针的.对第一个积分作估计,得

$$\oint_{C_R} \frac{f(\xi)}{\xi - z} dz \leqslant \frac{\max|f(\xi)|}{R - |z|} 2\pi R = \max|f(\xi)| \cdot \frac{2\pi}{1 - \frac{|z|}{R}}$$

其中 $\max|f(\xi)|$ 是指圆 $C_R$ 上的 $f(\xi)$ 的最大值.

如果 $\lim\limits_{z \to \infty} f(z) = 0$,则 $\max|f(\xi)| \to 0$,所以

$$\lim_{R \to \infty} \oint_{C_R} \frac{f(\xi)}{\xi - z} dz = 0$$

只要 $\lim\limits_{z \to \infty} f(z) = 0$,柯西积分公式就可以推广到无界区域

$$f(z) = \frac{1}{2\pi i} \oint_C \frac{f(\xi)}{\xi - z} dz \tag{7.36}$$

# 7.4　复变函数的无穷级数展开——泰勒级数与罗朗级数

### 7.4.1　泰勒(Taylor)级数

假设 $f(z)$ 在圆 $|z - b| = R$ 的内部是解析函数,那么在圆 $|z - b| = R$ 的内部, $f(z)$ 可展开成一致收敛的幂级数,即所谓泰勒级数

$$f(z) = \sum_{n=0}^{\infty} a_n (z - b)^n \tag{7.37}$$

其中

$$a_n = \frac{1}{2\pi i} \oint_C \frac{f(\xi)}{(\xi - z)^{(n+1)}} \mathrm{d}\xi = \frac{f^{(n)}(b)}{n!} \tag{7.38}$$

在 $|z - b| = R$ 的圆内,以 $b$ 为圆心,以 $R_1 (< R)$ 为半径作一圆 $C_{R_1}$,并使 $z$ 点在 $C_{R_1}$ 圆内(图 7.7).这样,$z$ 就是圆内的定点,而 $\xi$ 为圆 $C_{R_1}$ 上的动点.应用柯西积分公式,有

$$f(z) = \frac{1}{2\pi i} \oint_{C_{R_1}} \frac{f(\xi)}{\xi - z} \mathrm{d}\xi \tag{7.39}$$

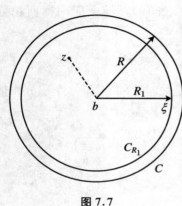

图 7.7

在 $C_{R_1}$ 圆上有 $|\xi - b| = R_1$,因为 $z$ 在 $C_{R_1}$ 圆内,所以 $|z - b| < R_1$.应用递减几何级数求和公式,可把 $\dfrac{1}{\xi - z}$ 展开:

因为

$$\frac{1}{\xi - z} = \frac{1}{\xi - b} \cdot \frac{\xi - b}{\xi - z}$$

$$= \frac{1}{\xi - b} \cdot \frac{\xi - b}{(\xi - b) - (z - b)}$$

$$= \frac{1}{\xi - b} \cdot \frac{1}{1 - \dfrac{z - b}{\xi - b}}$$

等式右端的右乘分式用二项式展开,则有

$$\frac{1}{\xi - z} = \frac{1}{\xi - b} \cdot \left[ 1 + \frac{z - b}{\xi - b} + \left( \frac{z - b}{\xi - b} \right)^2 + \cdots + \left( \frac{z - b}{\xi - b} \right)^n + \cdots \right]$$

$$= \sum_{n=0}^{\infty} \frac{(z - b)^n}{(\xi - b)^{n+1}} \tag{7.40}$$

因为 $|\xi - b| > |z - b|$,即 $\left| \dfrac{z - b}{\xi - b} \right| < 1$,所以该级数是收敛的.

把式(7.40)代入式(7.39),并逐项积分,就有

$$f(z) = \sum_{n=0}^{\infty} (z - b)^n \cdot \frac{1}{2\pi i} \oint_{C_{R_1}} \frac{f(\xi)}{(\xi - b)^{n+1}} \mathrm{d}\xi \tag{7.41}$$

或

$$f(z) = \sum_{n=0}^{\infty} a_n (z - b)^n \tag{7.42}$$

式中的 $a_n$ 为

$$a_n = \frac{1}{2\pi i} \oint_C \frac{f(\xi)}{(\xi - b)^{(n+1)}} \mathrm{d}\xi = \frac{f^{(n)}(b)}{n!} \quad [\text{见式}(7.34)] \tag{7.43}$$

于是式(7.42)可写成

$$f(z) = \sum_{n=0}^{\infty} \frac{f^{(n)}(b)}{n!}(z-b)^n \qquad (7.44)$$

这就是复变函数 $f(z)$ 的泰勒级数展开式.

## 7.4.2　罗朗(Laurent)级数

假设 $C_R$ 和 $C_r$ 是以 $b$ 为圆心的两个同心圆周, $R$ 和 $r$ 分别是这两个同心圆的半径(图 7.8). 若 $f(z)$ 是以 $C_R$ 和 $C_r$ 为边界的圆环上的一个解析函数, 那么可按照 $z-b$ 的正幂和负幂造一个级数, 使得在圆环内的每一个点 $z$ 上, 这个级数都收敛于函数 $f(z)$.

在 $C_R$ 和 $C_r$ 之间的圆环内再选两个半径分别为 $R_1$ 和 $r_1$ 的圆, 使得 $r < r_1 < \rho < R_1 < R$, 其中 $\rho$ 是 $z$ 点到圆心 $b$ 的距离, 并令 $C_{R_1}$ 和 $C_{r_1}$ 分别代表这两个圆的圆周(虚线).

根据假设, 函数 $f(z)$ 在 $C_{R_1}$ 和 $C_{r_1}$ 之间, 以及在 $C_{R_1}$ 和 $C_{r_1}$ 圆上都是解析的. 因此可用柯西积分公式, 有

$$f(z) = \frac{1}{2\pi i}\oint_{C_{R_1}}\frac{f(\xi)}{\xi-z}d\xi - \frac{1}{2\pi i}\oint_{C_{r_1}}\frac{f(\xi)}{\xi-z}d\xi$$

$$(7.45)$$

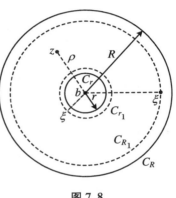

图 7.8

在 $C_{R_1}$ 和 $C_{r_1}$ 的积分路线都是按正向进行的.

和前面泰勒级数的情况一样, 把式(7.40)代入式(7.45)右边的第一项, 则有

$$\frac{1}{2\pi i}\oint_{C_{R_1}}\frac{f(\xi)}{\xi-z}d\xi = \sum_{n=0}^{\infty}\frac{1}{2\pi i}\oint_{C_{R_1}}\frac{(z-b)^n}{(\xi-b)^{n+1}}f(\xi)d\xi \qquad （Ⅰ）$$

但在式(7.45)的第二个积分中, 动点 $\xi$ 在圆周 $C_{r_1}$ 上, 因此

$$\xi - z < 0, \quad |\xi - b| < |z - b|, \quad \left|\frac{\xi-b}{z-b}\right| < 1$$

于是

$$\frac{1}{\xi-z} = \frac{1}{z-b}\cdot\frac{z-b}{\xi-z} = \frac{1}{z-b}\cdot\frac{z-b}{(\xi-b)-(z-b)} = \frac{1}{z-b}\cdot\frac{1}{\frac{\xi-b}{z-b}-1}$$

$$= -\frac{1}{z-b}\cdot\frac{1}{1-\frac{\xi-b}{z-b}} = -\frac{1}{z-b}\left[1 + \frac{\xi-b}{z-b} + \left(\frac{\xi-b}{z-b}\right)^2 + \cdots + \left(\frac{\xi-b}{z-b}\right)^m\right]$$

或

$$\frac{1}{\xi-z} = -\sum_{m=0}^{\infty}\frac{(\xi-b)^m}{(z-b)^{m+1}}$$

把它代入式(7.45)的第二个积分中,于是

$$\frac{1}{2\pi i}\oint_{C_{r_1}}\frac{f(\xi)}{\xi-z}d\xi = -\sum_{m=0}^{\infty}\frac{1}{2\pi i}\oint_{C_{r_1}}\frac{(\xi-b)^m}{(z-b)^{m+1}}f(\xi)d\xi \qquad （Ⅱ）$$

把式(Ⅰ)和式(Ⅱ)代入式(7.45),得到

$$f(z) = \sum_{l=0}^{\infty}\frac{1}{2\pi i}\oint_{C_{R_1}}\frac{(z-b)^l}{(\xi-b)^{l+1}}f(\xi)d\xi + \sum_{m=0}^{\infty}\frac{1}{2\pi i}\oint_{C_{r_1}}\frac{(\xi-b)^m}{(z-b)^{m+1}}f(\xi)d\xi$$

$$(7.46)$$

令

$$a_l = \frac{1}{2\pi i}\oint_{C_{R_1}}\frac{f(\xi)}{(\xi-b)^{l+1}}d\xi \qquad （Ⅲ）$$

$$c_m = \frac{1}{2\pi i}\oint_{C_{r_1}}f(\xi)(\xi-b)^{m-1}d\xi \qquad （Ⅳ）$$

于是式(7.46)可写成

$$f(z) = \sum_{l=0}^{\infty}a_l(z-b)^l + \sum_{m=1}^{\infty}c_m(z-b)^{-m} \qquad (7.47)$$

如果把式(Ⅳ)改写成

$$c_m = \frac{1}{2\pi i}\oint_{C_{r_1}}f(\xi)(\xi-b)^{m-1}d\xi = \frac{1}{2\pi i}\oint_{C_{r_1}}\frac{f(\xi)}{(\xi-b)^{-m+1}}d\xi$$

$$= c_{-m} \quad (m=1,2,3,\cdots)$$

这样,就可把(Ⅲ)、(Ⅳ)两式合并写成统一的公式:

$$a_n = \frac{1}{2\pi i}\oint_{\Gamma}\frac{f(\xi)}{(\xi-b)^{n+1}}d\xi \quad (n=\cdots,-3,-2,-1,0,1,2,3,\cdots)$$

其中积分闭路 $\Gamma$ 圆环中,以 $b$ 为圆心的任意一个圆周.式(7.47)可改写成

$$f(z) = \sum_{l=0}^{\infty}a_l(z-b)^l + \sum_{m=1}^{\infty}c_m(z-b)^{-m}$$

$$= \sum_{l=0}^{\infty}a_l(z-b)^l + \sum_{m=-1}^{-\infty}c_{-m}(z-b)^m$$

或者写成统一格式

$$f(z) = \sum_{n=-\infty}^{\infty}a_n(z-b)^n \quad (n=\cdots,-3,-2,-1,0,1,2,3,\cdots) \qquad (7.48)$$

这就是罗朗级数.

# 7.5　留数定理及其在积分上的应用

## 7.5.1　留数定理

设 $C$ 为一分段光滑的简单闭合曲线,函数 $f(z)$ 在 $C$ 内除孤立奇点 $b$ 以外是解析函数.在以 $b$ 为圆心内半径为任意小外圆周为 $\varGamma$ 的圆环中作罗朗展开,有

$$f(z) = \sum_{n=-\infty}^{\infty} a_n (z-b)^n \tag{7.49}$$

$f(z)$ 在曲线 $C$ 上也是解析的,因此可沿 $C$ 对 $f(z)$ 进行逐项积分

$$\oint_C f(z)\mathrm{d}z = \oint_\varGamma f(z)\mathrm{d}z = \sum_{n=-\infty}^{\infty} a_n \oint_\varGamma (z-b)^n \mathrm{d}z$$

经果发现这个积分除 $n = -1$ 这一项外全为零,所以

$$\oint_\varGamma f(z)\mathrm{d}z = a_{-1} \oint_\varGamma \frac{\mathrm{d}z}{z-b} = 2\pi \mathrm{i} a_{-1}$$

$a_{-1}$ 被称为 $f(z)$ 在孤立奇点 $b$ 处的留数,记作 $\mathrm{Res} f(b)$,即

$$\oint_C f(z)\mathrm{d}z = 2\pi \mathrm{i} \cdot \mathrm{Res} f(b) \tag{7.50}$$

因此,留数应被表示为

$$\mathrm{Res} f(b) = \frac{1}{2\pi \mathrm{i}} \oint_C f(z)\mathrm{d}z \tag{7.51}$$

或者称 $\dfrac{1}{2\pi \mathrm{i}} \oint_C f(z)\mathrm{d}z$ 为 $f(z)$ 在点 $b$ 的留数.

假设 $f(z)$ 在 $C$ 内的闭区域中,除有限个奇点 $b_1, b_2, b_3, \cdots, b_n$ 外,都是解析的.那么可以以 $b_1, b_2, b_3, \cdots, b_n$ 为圆心,分别作小圆,每个小圆只含一个奇点.根据复连通区域的柯西定理,有

$$\oint_C f(z)\mathrm{d}z = \oint_{C_1} f(z)\mathrm{d}z + \oint_{C_2} f(z)\mathrm{d}z + \cdots + \oint_{C_n} f(z)\mathrm{d}z \tag{7.52}$$

把式(7.50)代入式(7.52)的右边,得

$$\oint_C f(z)\mathrm{d}z = 2\pi \mathrm{i} \cdot \mathrm{Res} f(b_1) + 2\pi \mathrm{i} \cdot \mathrm{Res} f(b_2) + \cdots + 2\pi \mathrm{i} \cdot \mathrm{Res} f(b_n) \tag{7.53}$$

这就是留数定理.

对于无穷远点,留数定理也成立,不过在 $C$ 上的曲线积分方向相反,即顺时针

方向,使得积分区域始终在前进方向的左侧.这就有

$$\oint_{C^-} f(z)\mathrm{d}z = 2\pi\mathrm{i}(-a_{-1}) = 2\pi\mathrm{i} \cdot \mathrm{Res}f(\infty)$$

或者写成

$$\mathrm{Res}f(\infty) = \frac{1}{2\pi\mathrm{i}}\oint_{C^-} f(z)\mathrm{d}z = -\frac{1}{2\pi\mathrm{i}}\oint_C f(z)\mathrm{d}z \tag{7.54}$$

## 7.5.2　留数的计算方法

留数就是函数 $f(z)$ 的罗朗展开式中负一次幂的系数 $a_{-1}$.对于极点,有下面较直接的方法,而不需作罗朗展开.

设 $b$ 是 $f(z)$ 的单极点,则在 $b$ 点的邻域中有

$$f(z) = \frac{a_{-1}}{z - b} + a_0 + a_1(z - b) + a_2(z - b)^2 + \cdots \quad (a_{-1} \neq 0)$$

两边乘 $(z - b)$,得

$$(z - b)f(z) = a_{-1} + a_0(z - b) + a_1(z - b)^2 + a_2(z - b)^3 + \cdots$$

在该式的右边,用 $z = b$ 代入,则右边除 $a_{-1}$ 外的所有项皆为零,因此

$$\mathrm{Res}f(b) = a_{-1} = \lim_{z \to b}(z - b)f(z) \tag{7.55}$$

这就是求函数在单极点的留数的基本公式.

如果 $f(z)$ 可表示为 $\dfrac{\varphi(z)}{\psi(z)}$,只要 $\varphi(z)$ 和 $\psi(z)$ 在点 $b$ 上都是解析的,而且 $\varphi(b) \neq 0$;$\psi(b) = 0$,但 $\psi'(b) \neq 0$.那么,根据式(7.55),函数 $f(z)$ 在 $b$ 点的留数可以用下面的方法计算:

$$\mathrm{Res}f(b) = a_{-1} = \lim_{z \to b}(z - b)f(z) = \lim_{z \to b}\frac{\varphi(z)}{\dfrac{\psi(z)}{z - b}} = \lim_{z \to b}\frac{\varphi(z)}{\dfrac{\psi(z) - \psi(b)}{z - b}}$$

因为根据假设 $\psi(b) = 0$,所以 $\psi(z) - \psi(b) = \psi(z)$.另一方面,由于

$$\lim_{z \to b}\varphi(z) = \varphi(b), \quad \lim_{z \to b}\frac{\psi(z) - \psi(b)}{z - b} = \psi'(b) \neq 0$$

因此得到

$$\mathrm{Res}f(b) = \frac{\varphi(b)}{\psi'(b)} \tag{7.56}$$

式(7.55)可以推广到任意的 $n$ 级极点的情况.在这种情况下罗朗展开式是

$$f(z) = a_0 + a_1(z - b) + \cdots + \frac{a_{-1}}{z - b} + \frac{a_{-2}}{(z - b)^2} + \cdots + \frac{a_{-n}}{(z - b)^n} \tag{7.57}$$

用 $(z - b)^n$ 乘展开式的两边时,得到

$$(z - b)^n f(z) = a_{-n} + a_{-n+1}(z - b) + \cdots + a_{-1}(z - b)^{n-1}$$

$$+ a_0 (z - b)^n + a_1 (z - b)^{n+1} + \cdots \tag{7.58}$$

把式(7.58)的两边对 $z$ 求微商 $n - 1$ 次,令 $z \to b$,则有

$$\lim_{z \to b} \frac{\mathrm{d}^{(n-1)} \left[ (z - b)^n f(z) \right]}{\mathrm{d} z^{(n-1)}} = (n - 1)! \, a_{-1}$$

于是求得

$$\mathrm{Res} f(b) = a_{-1} = \frac{1}{(n - 1)!} \lim_{z \to b} \frac{\mathrm{d}^{(n-1)} \left[ (z - b)^n f(z) \right]}{\mathrm{d} z^{(n-1)}} \tag{7.59}$$

这就是 $f(z)$ 的 $n$ 级极点 $b$ 的留数公式.

**例 1**　求 $f(z) = \dfrac{1}{\sin z}$ 的一阶极点处的留数.

**解**　因为一阶极点是 $z = n\pi (n$ 为整数),根据单极点的留数公式(7.55),有

$$\mathrm{Res} f(n\pi) = \lim_{z \to n\pi} (z - n\pi) \cdot \frac{1}{\sin z} = \frac{z - n\pi}{\sin z} \bigg|_{z \to n\pi} = (-1)^n$$

或使用式(7.56),令 $\varphi(z) = 1, \psi(z) = \sin z$,于是有

$$\mathrm{Res} f(n\pi) = \frac{\varphi(z)}{\psi'(z)} = \frac{1}{(\sin z)'} \bigg|_{z \to n\pi} = \frac{1}{\cos z} \bigg|_{z \to n\pi} = (-1)^n$$

**例 2**　求 $f(z) = \cot z$ 在 $z = n\pi (n = 0, \pm 1, \pm 2, \cdots)$ 处的留数.

**解**　因为 $\cot z = \dfrac{\cos z}{\sin z}$,令 $\varphi(z) = \cos z, \psi(z) = \sin z$,代入式(7.56),得到

$$\mathrm{Res} f(n\pi) = \frac{\varphi(z)}{\psi'(z)} = \frac{\cos z}{(\sin z)'} \bigg|_{z \to n\pi} = \frac{\cos z}{\cos z} \bigg|_{z \to n\pi} = 1$$

**例 3**　求 $f(z) = \dfrac{z + 2\mathrm{i}}{z^5 + 4z^3}$ 各极点处的留数.

**解**　因为 $\dfrac{z + 2\mathrm{i}}{z^5 + 4z^3} = \dfrac{z + 2\mathrm{i}}{z^3 (z^2 + 4)} = \dfrac{z + 2\mathrm{i}}{z^3 (z - 2\mathrm{i})(z + 2\mathrm{i})} = \dfrac{1}{z^3 (z - 2\mathrm{i})}$,说明 $z = $

$2\mathrm{i}$ 是极点,所以该极点的留数是

$$\mathrm{Res} f(2\mathrm{i}) = \left[ (z - 2\mathrm{i}) f(z) \right]_{z \to 2\mathrm{i}} = (z - 2\mathrm{i}) \frac{1}{z^3 (z - 2\mathrm{i})} \bigg|_{z \to 2\mathrm{i}}$$

$$= \frac{1}{z^3} \bigg|_{z \to 2\mathrm{i}} = -\frac{1}{8\mathrm{i}} = \frac{\mathrm{i}}{8}$$

另外还有 $z = 0$ 是 $f(z)$ 的三级极点,按照式(7.59),该有点在 $z = 0$ 处的留数为

$$\mathrm{Res} f(0) = \frac{1}{(3 - 1)!} \lim_{z \to 0} \frac{\mathrm{d}^{(3-1)}}{\mathrm{d} z^{(3-1)}} \left[ \frac{(z - 0)^3}{z^3 (z - 2\mathrm{i})} \right] = \frac{1}{2} \cdot \lim_{z \to 0} \frac{\mathrm{d}^2}{\mathrm{d} z^2} \left( \frac{1}{z - 2\mathrm{i}} \right)$$

$$= \frac{1}{2} \cdot \frac{2}{(z - 2\mathrm{i})^3} \bigg|_{z \to 0} = \frac{1}{(-2\mathrm{i})^3} = -\frac{\mathrm{i}}{8\mathrm{i}^4} = -\frac{\mathrm{i}}{8}$$

## 7.5.3　留数定理在定积分计算中的应用

留数定理的重要应用之一是计算某些实变函数的定积分.其原理是把要计算

的定积分与复变函数沿闭合路径的积分联系起来,用留数定理计算后者,从而获得前者实变函数定积分的结果.

1. 无穷积分 $\int_{-\infty}^{\infty} f(x)\mathrm{d}x$ 的计算.

如果 $(-\infty,\infty)$ 上的实函数可以解析开拓到上半平面(允许有有限个极点),则 $R$ 充分大时,实轴区间 $[-R,R]$ 和上半圆周曲线 $C_R$ 构成一个围道 $C: -R \to R \to (C_R) \to -R$,记它的所围的区域为 $B$(图7.9),根据留数定理[式(7.53)],有

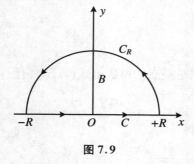

图 7.9

$$\oint_C f(z)\mathrm{d}z = 2\pi\mathrm{i}\sum\mathrm{Res}f(z) \qquad (7.60)$$

因为

$$\oint_C f(z)\mathrm{d}z = \int_{-R}^{R} f(x)\mathrm{d}x + \int_{C_R} f(z)\mathrm{d}z$$

$$(7.61)$$

式(7.61)右端第一项,当 $R \to +\infty$ 时,就是所要求的积分,如果能把第二项算出来,那么问题就解决了.

如果 $f(z)$ 满足

$$\lim_{\substack{z \to +\infty \\ \mathrm{Re}z \geqslant 0}} z^2 f(z) = a$$

那么,$R$ 充分大时

$$\left| \int_{C_R} f(z)\mathrm{d}z \right| = \left| \int_{C_R} z^2 f(z) \cdot \frac{1}{z^2}\mathrm{d}z \right| \leqslant \int_{C_R} |z^2 f(z)| \cdot \frac{1}{R^2}\mathrm{d}l$$

$$\leqslant \int_{C_R} (|a|+1) \cdot \frac{1}{R^2}\mathrm{d}l = \frac{|a|+1}{R^2} \cdot 2\pi R \to 0 \quad (R \to +\infty)$$

令 $R \to +\infty$,由式(7.60)与(7.61)得

$$\int_{-\infty}^{\infty} f(x)\mathrm{d}x = 2\pi\mathrm{i}\sum\mathrm{Res}f(z) \qquad (7.62)$$

其中 $\sum$ 是对 $f(z)$ 在上半平面上所有的极点的留数求和.

一种常用的情况是,$f(x)$ 是有理函数,$f(x) = \dfrac{P(x)}{Q(x)}$,其中 $Q(x)$ 在实轴上无零点,且多项式 $Q(x)$ 至少比多项式 $P(x)$ 高两次时,式(7.62)成立.

**例4** 计算积分 $\int_{-\infty}^{\infty} \dfrac{\mathrm{d}x}{1+x^2}$.

**解** 首先把被积函数 $f(x) = \dfrac{1}{1+x^2}$ 的解析延拓到复平面闭区域 $(B)$(图7.9),这样就有一个与之对应的复变函数 $f(z) = \dfrac{1}{1+z^2}$.这个函数除了在点 $z=\mathrm{i}$ 有一个单极点 $\mathrm{i}$ 外,在上半平面到处都是解析的.因此可以先求 $z=\mathrm{i}$ 点的留数.最简单的

方法是用式(7.56)：

$$\mathrm{Res}f(b) = \left.\frac{\varphi(z)}{\psi'(z)}\right|_{z \to b} = \left.\frac{1}{(1+z^2)'}\right|_{z \to b} = \left.\frac{1}{2z}\right|_{z \to i} = \frac{1}{2i}$$

因为 $f(x)$ 在无穷远处还有一个二级零点,满足条件 $\lim\limits_{R \to +\infty} \int_{C_R} f(z)\mathrm{d}z = 0$,再使用式 (7.62),得到

$$\int_{-\infty}^{\infty} \frac{\mathrm{d}x}{1+x^2} = 2\pi i \cdot \frac{1}{2i} = \pi$$

**例 5**　计算积分 $\int_{-\infty}^{\infty} \frac{\mathrm{d}x}{(1+x^2)^{n+1}}(n \geqslant 1)$.

**解**　如同上题的做法,把被积的实变函数 $f(x) = \frac{1}{(1+x^2)^{n+1}}$ 延拓到复平面

上,得到对应的复变函数 $f(z) = \frac{1}{(1+z^2)^{n+1}}$.可以看到,在复平面的上半平面上有

一个 $(n+1)$ 级的极点 $z = i$.依照求留数的公式(7.59),有

$$\begin{aligned}
\mathrm{Res}f(i) &= \frac{1}{[(n+1)-1]!} \lim_{z \to i} \frac{\mathrm{d}^{[(n+1)-1]}\left[(z-i)^{n+1} f(z)\right]}{\mathrm{d}z^{[(n+1)-1]}} \\
&= \frac{1}{n!} \lim_{z \to i} \frac{\mathrm{d}^n}{\mathrm{d}z^n}\left[(z-i)^{n+1} \cdot \frac{1}{(1+z^2)^{n+1}}\right] \\
&= \frac{1}{n!} \lim_{z \to i} \frac{\mathrm{d}^n}{\mathrm{d}z^n}\left[\frac{(z-i)^{n+1}}{(z-i)^{n+1}(z+i)^{n+1}}\right] \\
&= \frac{1}{n!} \lim_{z \to i} \frac{\mathrm{d}^n}{\mathrm{d}z^n}(z+i)^{-(n+1)} \\
&= \lim_{z \to i} \frac{(-1)^n(n+1)(n+2)\cdots(2n)}{n!} \cdot \frac{1}{(z+i)^{2n+1}} \\
&= \frac{(i^2)^n n!(n+1)(n+2)\cdots(2n)}{(n!)^2} \cdot \frac{1}{(2i)^{2n+1}} \\
&= \frac{i^{2n} \cdot (2n)!}{(n!)^2 \cdot 2^{2n} \cdot i^{2n} \cdot 2i} = \frac{(2n)!}{(n!)^2 \cdot 2^{2n} \cdot 2i}
\end{aligned}$$

最后,根据式(7.62),得到

$$\int_{-\infty}^{\infty} \frac{\mathrm{d}x}{(1+x^2)^{n+1}} = 2\pi i \cdot \mathrm{Res}f(i) = 2\pi i \cdot \frac{(2n)!}{(n!)^2 \cdot 2^{2n} \cdot 2i} = \frac{(2n)!}{2^{2n}(n!)^2}\pi \tag{7.63}$$

应用式(7.63),可算出 $n$ 为任意正整数时的积分,如

$$\int_{-\infty}^{\infty} \frac{\mathrm{d}x}{(1+x^2)^2} = \frac{\pi}{2} \quad (n=1)$$

$$\int_{-\infty}^{\infty} \frac{\mathrm{d}x}{(1+x^2)^3} = \frac{3\pi}{8} \quad (n=2)$$

$$\int_{-\infty}^{\infty} \frac{\mathrm{d}x}{(1+x^2)^4} = \frac{5\pi}{16} \quad (n=3)$$

...

2. 计算积分 $\int_0^{2\pi} R(\cos\theta, \sin\theta)\,\mathrm{d}\theta$.

这里设 $R(\cos\theta, \sin\theta)$ 是关于 $\cos\theta, \sin\theta$ 的有理函数,在 $[0, 2\pi]$ 上连续.

令 $z = \mathrm{e}^{\mathrm{i}\theta}$,则

$$\cos\theta = \frac{z + z^{-1}}{2}, \quad \sin\theta = \frac{z - z^{-1}}{2\mathrm{i}}, \quad \mathrm{d}\theta = \frac{\mathrm{d}z}{\mathrm{i}z}$$

于是

$$\int_0^{2\pi} R(\cos\theta, \sin\theta)\,\mathrm{d}\theta = \int_C R\left(\frac{z + z^{-1}}{2}, \frac{z - z^{-1}}{2\mathrm{i}}\right)\frac{\mathrm{d}z}{\mathrm{i}z}$$

该式的右端积分中的被积函数是 $z$ 的有理函数,记作

$$F(z) = \frac{1}{\mathrm{i}z}R\left(\frac{z + z^{-1}}{2}, \frac{z - z^{-1}}{2\mathrm{i}}\right)$$

若 $z_1, z_2, \cdots, z_n$ 是该函数在 $C$ 内的全部极点,则有

$$\int_0^{2\pi} R(\cos\theta, \sin\theta)\,\mathrm{d}\theta = 2\pi\mathrm{i}\sum_C \mathrm{Res}F(z)$$

**例 6** 计算积分 $I = \int_0^{\pi} \dfrac{\mathrm{d}\theta}{a + b\cos\theta}(a > b \geqslant 0)$.

**解** 因为正弦、余弦函数是以 $2\pi$ 为周期的周期函数,所以先把积分限从 $\pi$ 扩展到 $2\pi$.这样,积分变为

$$I = \int_0^{\pi} \frac{\mathrm{d}\theta}{a + b\cos\theta} = \frac{1}{2}\int_0^{2\pi} \frac{\mathrm{d}\theta}{a + b\cos\theta}$$

令 $z = \mathrm{e}^{\mathrm{i}\theta}$,则在复平面上 $z$ 与 $0 \leqslant \theta \leqslant 2\pi$ 相对应的是一个以原点为圆心的单位圆 $C$,这样就可在复平面上对 $z$ 沿围道 $C$ 进行积分. 把自变量从 $\theta$ 变到 $z$,则有

$$\cos\theta = \frac{\mathrm{e}^{\mathrm{i}\theta} + \mathrm{e}^{-\mathrm{i}\theta}}{2} = \frac{1}{2}\left(z + \frac{1}{z}\right), \quad \mathrm{d}z = \mathrm{i}\mathrm{e}^{\mathrm{i}\theta}\mathrm{d}\theta, \quad \mathrm{d}\theta = \frac{\mathrm{d}z}{\mathrm{i}z}$$

于是

$$I = \frac{1}{2}\int_0^{2\pi} \frac{\mathrm{d}\theta}{a + b\cos\theta} = \frac{1}{2}\oint_C \frac{\mathrm{d}z}{\mathrm{i}z\left[a + b \cdot \frac{1}{2}\left(z + \frac{1}{z}\right)\right]}$$

$$= \frac{1}{\mathrm{i}}\oint_C \frac{\mathrm{d}z}{bz^2 + 2az + b} = \frac{1}{\mathrm{i}b}\oint_C \frac{\mathrm{d}z}{z^2 + \frac{2a}{b}z + 1}$$

对公式右端的积分中的被积函数的分母进行因式分解,得到

$$z^2 + \frac{2a}{b}z + 1 = (z - z_1)(z - z_2)$$

$$= \left(z - \frac{-a + \sqrt{a^2 - b^2}}{b}\right)\left(z - \frac{-a - \sqrt{a^2 - b^2}}{b}\right)$$

代入积分式中,有

$$I = \frac{1}{ib} \oint_C \frac{\mathrm{d}z}{\left(z - \dfrac{-a + \sqrt{a^2 - b^2}}{b}\right)\left(z + \dfrac{a + \sqrt{a^2 - b^2}}{b}\right)}$$

容易看出，$z_1 = \dfrac{-a + \sqrt{a^2 - b^2}}{b}$ 是个一级极点，它的留数是

$$\operatorname{Res}f(z_1) = \lim_{z \to z_1}(z - z_1)f(z) = \lim_{z \to z_1}\left(z - \frac{\sqrt{a^2 - b^2} - a}{b}\right)\frac{1}{z^2 + \dfrac{2a}{b}z + 1}$$

$$= \lim_{z \to z_1}\frac{1}{z + \dfrac{a + \sqrt{a^2 - b^2}}{b}} = \frac{1}{\dfrac{-a + \sqrt{a^2 - b^2}}{b} + \dfrac{a + \sqrt{a^2 - b^2}}{b}}$$

$$= \frac{b}{2\sqrt{a^2 - b^2}}$$

最后得到

$$I = \frac{1}{ib} \cdot 2\pi i \cdot \frac{b}{2\sqrt{a^2 - b^2}} = \frac{\pi}{\sqrt{a^2 - b^2}}$$

3. 计算积分 $\displaystyle\int_0^\infty F(x)\cos mx\,\mathrm{d}x, \int_0^\infty G(x)\sin mx\,\mathrm{d}x$.

要解这两个无穷积分，$F(z), G(z)$ 应当满足下面两个条件：第一，在上半平面及实轴上，除了上半平面的极点外，它们是解析函数；第二，在 $\operatorname{Im}z \geqslant 0$ 的范围内，当 $z \to \infty$ 时，$F(z), G(z)$ 一致地趋向零.

为了计算上述两个积分，先介绍一个重要的定理——若尔当(Jordan)辅助定理，也称若尔当引理.

**若尔当引理**：设 $m$ 为正数，$C_R$ 是以原点为中心，$R$ 为半径，位于上半平面的半圆周(图 7.10). 当 $\displaystyle\lim_{R \to +\infty}\max_{z \in C_R}|f(z)| = 0$ 时，就有

$$\lim_{z \to \infty}\int_{C_R} F(z)\mathrm{e}^{imz}\,\mathrm{d}z = 0 \tag{7.64}$$

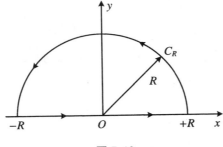

**图 7.10**

兹证明如下：

在 $C_R$ 上，$z = \mathrm{Re}^{i\theta}$（图 7.10），因而有

$$\left| \int_{C_R} F(z)\mathrm{e}^{imz}\mathrm{d}z \right| = \left| \int_{C_R} F(z)\mathrm{e}^{imx-my}\mathrm{d}z \right|$$

$$= \left| \int_0^\pi F(\mathrm{Re}^{i\theta})\mathrm{e}^{imR\cos\theta-mR\sin\theta}R\mathrm{i}\mathrm{e}^{i\theta}\mathrm{d}\theta \right|$$

$$= \left| \int_0^\pi F(R\mathrm{e}^{i\theta})R\mathrm{e}^{-mR\sin\theta} \cdot (\mathrm{i} \cdot \mathrm{e}^{i\theta} \cdot \mathrm{e}^{imR\cos\theta})\mathrm{d}\theta \right|$$

由于 $\mathrm{i}, \mathrm{e}^{i\theta}, \mathrm{e}^{imR\cos\theta}$ 各自的模分别都等于 1. 所以有

$$\left| \int_{C_R} F(z)\mathrm{e}^{imz}\mathrm{d}z \right| \leqslant \int_0^\pi |F(R\mathrm{e}^{i\theta})|\mathrm{e}^{-mR\sin\theta}R\mathrm{d}\theta \leqslant \max_{z \in C_R}|F(z)| \int_0^\pi \mathrm{e}^{-mR\sin\theta}R\mathrm{d}\theta$$

由假设 $\lim\limits_{R \to +\infty} \max\limits_{z \in C_R}\{|F(z)| = 0$；因此只要证明：当 $R \to +\infty$ 时，积分 $\int_0^\pi \mathrm{e}^{-mR\sin\theta}R\mathrm{d}\theta$ 是有界的就可以了.

首先，把积分变成

$$\int_0^\pi \mathrm{e}^{-mR\sin\theta}R\mathrm{d}\theta = 2\int_0^{\frac{\pi}{2}} \mathrm{e}^{-mR\sin\theta}R\mathrm{d}\theta$$

进一步，把等式右端的积分分成两段 $[0,\alpha]$ 和 $\left[\alpha,\dfrac{\pi}{2}\right]$，其中 $0 < \alpha < \dfrac{\pi}{2}$，于是

$$2\int_0^{\frac{\pi}{2}} \mathrm{e}^{-mR\sin\theta}R\mathrm{d}\theta = 2\int_0^\alpha \mathrm{e}^{-mR\sin\theta}R\mathrm{d}\theta + 2\int_\alpha^{\frac{\pi}{2}} \mathrm{e}^{-mR\sin\theta}R\mathrm{d}\theta$$

$$< 2\int_0^\alpha \mathrm{e}^{-mR\sin\theta}R\frac{\cos\theta}{\cos\alpha}\mathrm{d}\theta + 2\int_\alpha^{\frac{\pi}{2}} \mathrm{e}^{-mR\sin\alpha}R\mathrm{d}\theta$$

$$= \frac{2}{m\cos\alpha}\int_0^\alpha -\mathrm{e}^{-mR\sin\theta}\mathrm{d}(-mR\sin\theta) + 2\mathrm{e}^{-mR\sin\alpha}R\int_\alpha^{\frac{\pi}{2}}\mathrm{d}\theta$$

$$= \frac{2}{m\cos\alpha}(-\mathrm{e}^{-mR\sin\theta})\Big|_{\theta=0}^{\theta=\alpha} + 2\mathrm{e}^{-mR\sin\alpha}R\left(\frac{\pi}{2} - \alpha\right)$$

因此有

$$\int_0^\pi \mathrm{e}^{-mR\sin\theta}R\mathrm{d}\theta < \frac{2}{m\cos\alpha}(1 - \mathrm{e}^{-mR\sin\alpha}) + 2\mathrm{e}^{-mR\sin\alpha}R\left(\frac{\pi}{2} - \alpha\right)$$

当 $R \to +\infty$ 时，不等式右端的第二项为零；而第一项则趋于一个有限值 $\dfrac{2}{m\cos\alpha}\left(0 < \alpha < \dfrac{\pi}{2}\right)$. 这就证明了 $R \to +\infty$ 时，积分 $\int_0^\pi \mathrm{e}^{-mR\sin\theta}R\mathrm{d}\theta$ 是有界的. 因此若尔当引理的结论，即式(7.64)

$$\lim_{z \to \infty} \int_{C_R} F(z)\mathrm{e}^{imz}\mathrm{d}z = 0$$

成立，当 $m$ 是负数时，若尔当引理应该是

$$\lim_{z \to \infty} \int_{C_{R'}} F(z)\mathrm{e}^{imz}\mathrm{d}z = 0$$

其中 $C_R'$ 是下半平面的半圆.

当 $F(z)$, $G(z)$ 满足无穷积分的两个条件时,对于积分 $\int_{-\infty}^{\infty} F(x)\mathrm{e}^{imx}\mathrm{d}x$ 与

$\int_{-\infty}^{\infty} G(x)\mathrm{e}^{imx}\mathrm{d}x$ 可应用若尔当引理,及留数定理得

$$\int_{-\infty}^{\infty} F(x)\mathrm{e}^{imx}\mathrm{d}x = 2\pi\mathrm{i} \cdot \sum \mathrm{Res}[F(z)\mathrm{e}^{imz}] \quad \text{(上半平面各极点的留数和)}$$

$$(7.65)$$

$$\int_{-\infty}^{\infty} G(x)\mathrm{e}^{imx}\mathrm{d}x = 2\pi\mathrm{i} \cdot \sum \mathrm{Res}[G(z)\mathrm{e}^{imz}] \quad \text{(上半平面各极点留数和)}$$

$$(7.66)$$

因此,当 $m > 0$ 时,有

$$\int_{-\infty}^{\infty} F(x)\cos mx\mathrm{d}x = \mathrm{Re}\left\{2\pi\mathrm{i} \cdot \sum \mathrm{Res}[F(z)\mathrm{e}^{imz}]\right\} \quad \text{(上半平面各极点留数和)}$$

$$\int_{-\infty}^{\infty} G(x)\sin mx\mathrm{d}x = \mathrm{Im}\left\{2\pi\mathrm{i} \cdot \sum \mathrm{Res}[G(z)\mathrm{e}^{imz}]\right\} \quad \text{(上半平面各极点留数和)}$$

当 $F(x)$ 是偶函数,$G(x)$ 是奇函数时,有

$$\int_0^{\infty} F(x)\cos mx\mathrm{d}x$$

$$= \frac{1}{2}\int_{-\infty}^{\infty} F(x)\cos mx\mathrm{d}x = \mathrm{Re}\left\{\pi\mathrm{i}\sum \mathrm{Res}[F(z)\mathrm{e}^{imz}]\right\} \quad \text{(上半平面各极点留数和)}$$

$$(7.67)$$

$$\int_0^{\infty} G(x)\sin mx\mathrm{d}x$$

$$= \frac{1}{2}\int_{-\infty}^{\infty} G(x)\sin mx\mathrm{d}x = \mathrm{Im}\left\{\pi\mathrm{i}\sum \mathrm{Res}[G(z)\mathrm{e}^{imz}]\right\} \quad \text{(上半平面各极点留数和)}$$

$$(7.68)$$

**例 7** 计算积分 $I = \int_0^{\infty} \dfrac{\cos ax}{x^2 + b^2}\mathrm{d}x (a \geqslant 0, \mathrm{Re}\, b > 0)$.

**解** 按照用留数定理求定积分的一般方法,首先要把被积函数拓展到复平面中,即把被积函数 $F(x) = \dfrac{\cos ax}{x^2 + b^2}$ 变成 $F(z) = \dfrac{\cos az}{z^2 + b^2}$,它有两个极点 $z = \pm\mathrm{i}b$,其中 $+\mathrm{i}b$ 在上半平面,它的留数是

$$\mathrm{Res}F(\mathrm{i}b) = \lim_{z \to \mathrm{i}b}(z - \mathrm{i}b)F(z) = \lim_{z \to \mathrm{i}b}(z - \mathrm{i}b)\frac{\mathrm{e}^{\mathrm{i}az}}{(z - \mathrm{i}b)(z + \mathrm{i}b)}$$

$$= \lim_{z \to \mathrm{i}b}\frac{\mathrm{e}^{\mathrm{i}az}}{z + \mathrm{i}b} = \frac{\mathrm{e}^{-ab}}{2\mathrm{i}b}$$

所以应用式(7.67),得到

$$I = \mathrm{Re}\left\{\pi\mathrm{i}\sum \mathrm{Res}F(\mathrm{i}b)\right\} = \mathrm{Re}\left\{\pi\mathrm{i} \cdot \frac{\mathrm{e}^{-ab}}{2\mathrm{i}b}\right\} = \frac{\pi}{2b}\mathrm{e}^{-ab}$$

**例 8**　计算积分 $J = \int_0^\infty \dfrac{x\sin ax}{x^2 + b^2}\mathrm{d}x\,(a > 0, \mathrm{Re}\,b > 0)$.

**解**　把被积函数拓展到复平面时,得到复变函数 $G(z) = \dfrac{z}{z^2 + b^2}\mathrm{e}^{iaz}$,它有两个单极点 $z = \pm ib$,其中 $+ib$ 在上半平面,它的留数为

$$\mathrm{Res}\,G(ib) = \lim_{z \to ib}(z - ib)G(z) = \lim_{z \to ib}(z - ib)\frac{z}{(z + ib)(z - ib)}\mathrm{e}^{iaz}$$

$$= \frac{ib}{2ib}\mathrm{e}^{-ab} = \frac{1}{2}\mathrm{e}^{-ab}$$

根据式(7.68),得到

$$J = \mathrm{Im}\{\pi i\mathrm{Res}\,G(ib)\} = \pi \cdot \frac{1}{2}\mathrm{e}^{-ab} = \frac{\pi}{2}\mathrm{e}^{-ab}$$

**例 9**　计算积分 $I_1 = \int_0^\infty \dfrac{\cos ax}{(x^2 + b^2)^2}\mathrm{d}x\,(a > 0, \mathrm{Re}\,b > 0)$.

**解**　被积函数 $F(z) = \dfrac{1}{(z^2 + b^2)^2}\mathrm{e}^{iaz}$ 有两个二级极点,$z = \pm ib$,其中 $+ib$ 在上半平面,按照计算留数的式(7.59),会有

$$\mathrm{Res}\,F(z) = \frac{1}{(2-1)!}\lim_{z \to ib}\frac{\mathrm{d}^{2-1}\big[(z - ib)^2 F(z)\big]}{\mathrm{d}z^{2-1}}$$

$$= \lim_{z \to ib}\frac{\mathrm{d}}{\mathrm{d}z}\left[\frac{(z - ib)^2}{(z - ib)^2(z + ib)^2}\cdot \mathrm{e}^{iaz}\right] = \lim_{z \to ib}\frac{\mathrm{d}}{\mathrm{d}z}\left[\frac{1}{(z + ib)^2}\mathrm{e}^{iaz}\right]$$

$$= \left[\frac{ia}{(z + ib)^2}\mathrm{e}^{iaz} - \frac{2}{(z + ib)^3}\mathrm{e}^{iaz}\right]_{z=ib} = \left[\frac{ia}{(2ib)^2} - \frac{2}{(2ib)^3}\right]\mathrm{e}^{-ab}$$

$$= -\frac{(ab + 1)i}{4b^3}\cdot \mathrm{e}^{-ab}$$

根据式(7.67),得到该积分

$$I_1 = \pi i \cdot \mathrm{Res}\,F(z) = \pi i \cdot \left[-\frac{(ab + 1)i}{4b^3}\right]\cdot \mathrm{e}^{-ab} = \frac{\pi}{4b^3}(ab + 1)\mathrm{e}^{-ab}$$

**例 10**　计算积分 $J_1 = \int_0^\infty \dfrac{x\sin ax}{(x^2 + b^2)^2}\mathrm{d}x\,(a > 0, b > 0)$.

**解**　被积函数 $G(z) = \dfrac{z}{(z^2 + b^2)^2}\mathrm{e}^{iaz}$ 有两个二级极点:$z = \pm ib$,其中 $+ib$ 在上半平面,它的留数是

$$\mathrm{Res}\,G(ib) = \frac{1}{1!}\cdot \lim_{z \to ib}\frac{\mathrm{d}}{\mathrm{d}z}\big[(z - ib)^2 G(z)\big]$$

$$= \lim_{z \to ib}\frac{\mathrm{d}}{\mathrm{d}z}\left[\frac{(z - ib)^2 \cdot z\mathrm{e}^{iaz}}{(z - ib)^2(z + ib)^2}\right] = \lim_{z \to ib}\frac{\mathrm{d}}{\mathrm{d}z}\left[\frac{z\mathrm{e}^{iaz}}{(z + ib)^2}\right]$$

$$= \lim_{z \to ib}\left[\frac{\mathrm{e}^{iaz}}{(z + ib)^2} + \frac{iaz \cdot \mathrm{e}^{iaz}}{(z + ib)^2} - \frac{2z \cdot \mathrm{e}^{iaz}}{(z + ib)^3}\right]$$

$$= \left[\frac{1}{(2ib)^2} + \frac{-ab}{(2ib)^2} - \frac{2ib}{(2ib)^3}\right]\mathrm{e}^{-ab}$$

$$= \left(-\frac{1}{4b^2} + \frac{a}{4b} + \frac{1}{4b^2}\right)e^{-ab} = \frac{a}{4b}e^{-ab}$$

根据式(7.68),得到

$$J_1 = \int_0^\infty \frac{x\sin ax}{(x^2+b^2)^2}\mathrm{d}x = \pi \cdot \mathrm{Res}G(\mathrm{i}b) = \frac{\pi a}{4b}e^{-ab}$$

4. 多值函数的积分计算 $\displaystyle\int_0^\infty x^{a-1}Q(x)\mathrm{d}x$.

其中 $Q(x)$ 是有理函数,$a$ 为非整实数.当 $z\to 0$,或 $z\to\infty$ 时,$z^a Q(z)\to 0$.

考虑围道积分 $\displaystyle\oint_C z^{a-1}Q(z)\mathrm{d}z$,其中 $C$ 是图 7.11 中的围道.从正实轴上 $x=\varepsilon(\varepsilon>0)$ 处出发,沿实轴正向行进到 $x=R$,再沿 $C_R$ 走一圈,回到实轴 $R$ 点,接着从 $R$ 点沿实轴反方向到 $x=\varepsilon$,最后沿半径为 $\varepsilon$ 的小圆 $C_\varepsilon$ 绕 $z=0$ 点一周后回到出发点.

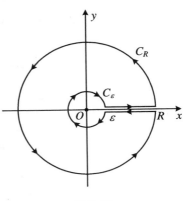

图 7.11

若沿一闭合线路绕原点走一周,那么 $z$ 从割线 $\varepsilon-R$ 的上岸移到割线的下岸,辐角增加了 $2\pi$,即割线上岸 $\arg z=0$,割线下岸 $\arg z=2\pi$.被积函数 $z^{a-1}Q(z)$ 在围道上的积分是

$$\oint_C z^{a-1}Q(z)\mathrm{d}z$$

$$= \int_\varepsilon^R x^{a-1}Q(x)\mathrm{d}x + \int_{C_R} z^{a-1}Q(z)\mathrm{d}z + \int_R^\varepsilon (x e^{2\pi\mathrm{i}})^{a-1}Q(x)\mathrm{d}x + \int_{C_\varepsilon} z^{a-1}Q(z)\mathrm{d}z$$

$$= (1-e^{2\pi\mathrm{i}a})\int_\varepsilon^R x^{a-1}Q(x)\mathrm{d}x + \int_{C_R} z^{a-1}Q(z)\mathrm{d}z + \int_{C_\varepsilon} z^{a-1}Q(z)\mathrm{d}z$$

上式右端的第二、第三两个积分趋向于零,因为

$$\left|\int_{C_R} z^{a-1}Q(z)\mathrm{d}z\right| = \left|\int_{C_R} z^a Q(z)\frac{\mathrm{d}z}{z}\right| \leqslant \max_{C_R}|z^a Q(z)|\frac{2\pi R}{R} = \max_{C_R}2\pi|z^a Q(z)|$$

在题设中已经给出,当 $z\to\infty$(即 $R\to\infty$)时,$z^a Q(z)\to 0$,即 $\displaystyle\int_{C_R} z^a Q(z)\mathrm{d}z\to 0$.

同样,因为

$$\left|\int_{C_\varepsilon} z^{a-1}Q(z)\mathrm{d}z\right| = \left|\int_{C_\varepsilon} z^a Q(z)\frac{\mathrm{d}z}{z}\right| \leqslant \max_{C_\varepsilon}|z^a Q(z)|\frac{2\pi\varepsilon}{\varepsilon} = \max_{C_\varepsilon}2\pi|z^a Q(z)|$$

也是在题设中给出,当 $z\to 0$(即 $\varepsilon\to 0$)时,$z^a Q(z)\to 0$,即 $\displaystyle\int_{C_\varepsilon} z^a Q(z)\mathrm{d}z\to 0$.因此

有

$$\int_C z^{a-1} Q(z) \mathrm{d}z = (1 - \mathrm{e}^{2\pi \mathrm{i}a}) \int_\varepsilon^R x^{a-1} Q(x) \mathrm{d}x$$

$$= 2\pi \mathrm{i} \sum \mathrm{Res}[z^{a-1} Q(z)] \quad (0 < \arg z < 2\pi)$$

令 $\varepsilon \to 0, R \to \infty$,于是得到

$$\int_0^\infty x^{a-1} Q(x) \mathrm{d}x = \frac{2\pi \mathrm{i}}{1 - \mathrm{e}^{2\pi \mathrm{i}a}} \sum \mathrm{Res}[z^{a-1} Q(z)]$$

式中的 $1 - \mathrm{e}^{2\pi \mathrm{i}a}$ 可化成三角函数形式:

$$1 - \mathrm{e}^{2\pi \mathrm{i}a} = \mathrm{e}^{\mathrm{i}\pi a}(\mathrm{e}^{-\mathrm{i}\pi a} - \mathrm{e}^{\mathrm{i}\pi a}) = \mathrm{e}^{\mathrm{i}\pi a}(-2\mathrm{i}\sin a\pi) = (\mathrm{e}^{\mathrm{i}\pi})^a(-2\mathrm{i}\sin a\pi)$$

$$= (-1)^a(-2\mathrm{i}\sin a\pi) = (-1)^{a-1}(2\mathrm{i}\sin a\pi)$$

最后,得到

$$\int_0^\infty x^{a-1} Q(x) \mathrm{d}x = \frac{2\pi \mathrm{i}}{(-1)^{a-1}(2\mathrm{i}\sin a\pi)} \sum \mathrm{Res}[z^{a-1} Q(z)]$$

$$= \frac{\pi}{\sin a\pi} \sum \mathrm{Res}\left[\frac{z^{a-1}}{(-1)^{a-1}} Q(z)\right]$$

$$= \frac{\pi}{\sin a\pi} \sum \mathrm{Res}[(-z)^{a-1} Q(z)] \quad [-\pi < \arg(-z) < \pi]$$

$$(7.69)$$

**例 11** 计算积分 $\displaystyle\int_0^\infty \frac{x^{p-1}}{a + x} \mathrm{d}x (a > 0, 0 < \mathrm{Re}\, p < 1)$.

**解** 对于函数 $z^{p-1} \cdot \dfrac{1}{a+z}$,当 $z \to 0$ 和 $z \to \infty$ 时,都趋向于 0,所以可使用式 (7.69). $z^{p-1} \cdot \dfrac{1}{a+z}$ 只有一个极点 $z = -a$,它的留数为

$$\mathrm{Res}[(-z)^{a-1} Q(z)] = \lim_{z \to -a} (z + a) \frac{(-z)^{p-1}}{a + z} = a^{p-1}$$

因此积分的结果为

$$\int_0^\infty \frac{x^{p-1}}{a + x} \mathrm{d}x = \frac{\pi}{\sin p\pi} \cdot a^{p-1} = \frac{\pi a^{p-1}}{\sin p\pi}$$

当 $a = 1$ 时,有

$$\int_0^\infty \frac{x^{p-1}}{1 + x} \mathrm{d}x = \frac{\pi}{\sin p\pi}$$

**例 12** 计算积分 $\displaystyle\int_0^\infty \frac{x^{p-1}}{a - x} \mathrm{d}x (a > 0, 0 < p < 1, a$ 为实数$)$.

**解** 因为函数 $z^{p-1} \cdot \dfrac{1}{a-z}$ 在正实轴上有一个单极点 $z = +a$,在围道积分中应该绕过它(图 7.12),所以积分路径是在正实轴 $x$ 上从 $x = \varepsilon$ 出发,向右行进,绕过极点 $z = +a$,沿 $l_1$ 继续向右到 $x = R$,再沿 $C_R$ 转一圈,然后沿实轴 $x$ 的反向,经 $l_2$ 回到 $x = \varepsilon$ 点.

由于在围道内部没有奇点,因此闭合的围道积分应为零,即

$$\int_C \frac{z^{p-1}}{a-z}\mathrm{d}z = \int_\varepsilon^{a-\delta} \frac{x^{p-1}}{a-x}\mathrm{d}x + \int_{l_1} \frac{z^{p-1}}{a-z}\mathrm{d}z + \int_{a+\delta}^R \frac{x^{p-1}}{a-x}\mathrm{d}x + \int_{C_R} \frac{z^{p-1}}{a-z}\mathrm{d}z$$

$$+ \int_R^{a+\delta} \frac{x^{p-1}}{a-x}\mathrm{d}x + \int_{l_2} \frac{z^{p-1}}{a-z}\mathrm{d}z + \int_{a-\delta}^\varepsilon \frac{x^{p-1}}{a-x}\mathrm{d}x + \int_{C_\varepsilon} \frac{z^{p-1}}{a-z}\mathrm{d}z = 0$$

$$(7.70)$$

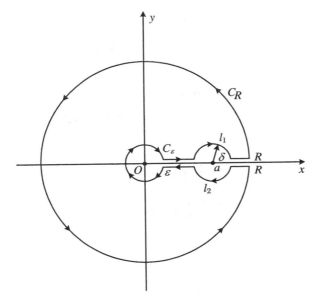

**图 7.12**

我们已经证明了其中的两个积分皆为零:

$$\int_{C_R} \frac{z^{p-1}}{a-z}\mathrm{d}z = \int_{C_\varepsilon} \frac{z^{p-1}}{a-z}\mathrm{d}z = 0 \qquad (7.71)$$

其中在实轴 $x$ 上的割线上岸的积分(辐角 $\arg z = 0$)

$$\int_\varepsilon^{a-\delta} \frac{x^{p-1}}{a-x}\mathrm{d}x + \int_{a+\delta}^R \frac{x^{p-1}}{a-x}\mathrm{d}x \to \int_0^\infty \frac{x^{p-1}}{a-x}\mathrm{d}x \quad (\text{当 } \varepsilon \to 0, \delta \to 0, R \to \infty \text{ 时})$$

是要求的积分.

而在实轴 $x$ 上的割线下岸的积分(辐角 $\arg z = 2\pi$)

$$\int_R^{a+\delta} \frac{z^{p-1}}{a-z}\mathrm{d}z + \int_{a-\delta}^\varepsilon \frac{z^{p-1}}{a-z}\mathrm{d}z$$

$$\to -\,\mathrm{e}^{\mathrm{i}2\pi p}\int_0^\infty \frac{x^{p-1}}{a-x}\mathrm{d}x \quad (\text{当 } \varepsilon \to 0, \delta \to 0, R \to \infty \text{ 时})$$

割线上、下岸的积分之和为

$$\int_0^\infty \frac{x^{p-1}}{a-x}\mathrm{d}x - \mathrm{e}^{\mathrm{i}2\pi p}\int_0^\infty \frac{x^{p-1}}{a-x}\mathrm{d}x = (1 - \mathrm{e}^{2\mathrm{i}\pi p})\int_0^\infty \frac{x^{p-1}}{a-x}\mathrm{d}x \qquad (7.72)$$

为了求得在绕极点 $z = a$ 上半圆弧 $l_1$ 和下半圆弧 $l_2$ 上的积分,要援引下面的引

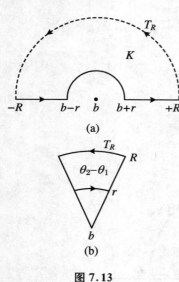

理:若 $f(z)$ 有单极点 $z = b$,$T_R$ 是如图 7.13(a)
所示圆弧,则有

$$z = b + r\mathrm{e}^{\mathrm{i}\theta} \quad (\theta_1 \leqslant \theta \leqslant \theta_2)$$

那么就有[图 7.13(b)]

$$\lim_{r \to 0^+} \int_{T_R} f(z)\mathrm{d}z = \mathrm{i}(\theta_2 - \theta_1)\mathrm{Res}[f(b)]$$

因此,对图 7.13 所示的半圆周 $K$,有公式

$$\lim_{r \to 0^+} \int_K f(z)\mathrm{d}z = -\mathrm{i}\pi\mathrm{Res}[f(b)]$$

(此引理本书不作证明,有兴趣者可看其他参
考书.)

图 7.13

应用上面的引理,得到

$$\int_{l_1} \frac{z^{p-1}}{a - z}\mathrm{d}z = -\mathrm{i}\pi\mathrm{Res}[f(a)]$$

其中极点 $z = a$ 处的留数为

$$\mathrm{Res}f(a) = \lim_{z \to a}(z - a)\frac{z^{p-1}}{a - z} = -a^{p-1}$$

于是

$$\int_{l_1} \frac{z^{p-1}}{a - z}\mathrm{d}z = -\mathrm{i}\pi\mathrm{Res}[f(a)] = \mathrm{i}\pi a^{p-1}$$

而在下半圆周上,辐角已转了 $2\pi$,所以积分应为

$$\int_{l_2} \frac{z^{p-1}}{a - z}\mathrm{d}z = \mathrm{i}\pi a^{p-1}\mathrm{e}^{2\mathrm{i}\pi p}$$

上述两个积分之和

$$\int_{l_1} \frac{z^{p-1}}{a - z}\mathrm{d}z + \int_{l_2} \frac{z^{p-1}}{a - z}\mathrm{d}z = \mathrm{i}\pi a^{p-1}(1 + \mathrm{e}^{2\mathrm{i}\pi p}) \tag{7.73}$$

把式(7.71)、(7.12)及(7.73)代入式(7.70)中,有

$$(1 - \mathrm{e}^{2\mathrm{i}\pi p})\int_0^\infty \frac{x^{p-1}}{a - x}\mathrm{d}x + \mathrm{i}\pi a^{p-1}(1 + \mathrm{e}^{2\mathrm{i}\pi p}) = 0$$

于是得到

$$\int_0^\infty \frac{x^{p-1}}{a - x}\mathrm{d}x = -\frac{\mathrm{i}\pi a^{p-1}(1 + \mathrm{e}^{2\mathrm{i}\pi p})}{(1 - \mathrm{e}^{2\mathrm{i}\pi p})}$$

在该式右端的分式中,分母分子同时乘上 $\mathrm{e}^{-\mathrm{i}\pi p}$,最后得到

$$\int_0^\infty \frac{x^{p-1}}{a - x}\mathrm{d}x = -\frac{\mathrm{i}\pi a^{p-1}(\mathrm{e}^{-\mathrm{i}\pi p} + \mathrm{e}^{\mathrm{i}\pi p})}{(\mathrm{e}^{-\mathrm{i}\pi p} - \mathrm{e}^{\mathrm{i}\pi p})} = \frac{-\mathrm{i}\pi a^{p-1} \cdot 2\cos p\pi}{-2\mathrm{i}\sin p\pi} = \pi a^{p-1}\cot p\pi$$

当 $a = 1$ 时,有

$$\int_0^\infty \frac{x^{p-1}}{1-x} \mathrm{d}x = \pi \cot p\pi$$

5. 求证：$\displaystyle\int_0^\infty \frac{\cos x - \mathrm{e}^{-x}}{x} \mathrm{d}x = 0$.

**证明**　令 $f(z) = \dfrac{\mathrm{e}^{\mathrm{i}z} - \mathrm{e}^{-z}}{z}$，它在全平面解析（$z = 0$ 为可去奇点）. 取图 7.14 的

积分回路，由留数定理有

$$\int_0^R \frac{\mathrm{e}^{\mathrm{i}x} - \mathrm{e}^{-x}}{x} \mathrm{d}x + \int_{C_R} f(z)\mathrm{d}z + \int_R^0 \frac{\mathrm{e}^{-y} - \mathrm{e}^{-\mathrm{i}y}}{y} \mathrm{d}y = 0$$

或

$$\int_0^R \frac{\mathrm{e}^{\mathrm{i}x} - \mathrm{e}^{-x}}{x} \mathrm{d}x + \int_{C_R} f(z)\mathrm{d}z + \int_0^R \frac{\mathrm{e}^{-\mathrm{i}y} - \mathrm{e}^{-y}}{y} \mathrm{d}y = 0$$

或

$$\int_0^R \frac{\mathrm{e}^{\mathrm{i}x} + \mathrm{e}^{-\mathrm{i}x} - 2\mathrm{e}^{-x}}{x} \mathrm{d}x + \int_{C_R} f(z)\mathrm{d}z = 0$$

即

$$2\int_0^R \frac{\cos x - \mathrm{e}^{-x}}{x} \mathrm{d}x + \int_{C_R} \frac{\mathrm{e}^{\mathrm{i}z} - \mathrm{e}^{-z}}{z} \mathrm{d}z = 0$$

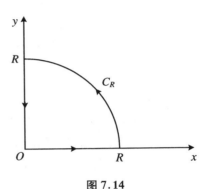

图 7.14

由若尔当引理知

$$\lim_{R \to +\infty} \int_{C_R} \frac{\mathrm{e}^{\mathrm{i}z}}{z} \mathrm{d}z = 0$$

若令 $\eta = \mathrm{i}z$，则 $\displaystyle\int_{C_R} \frac{\mathrm{e}^{-z}}{z} \mathrm{d}z = \int_{C_R} \frac{\mathrm{e}^{\mathrm{i}\eta}}{\eta} \mathrm{d}\eta$，

当 $R \to +\infty$ 时，$\displaystyle\lim_{R \to +\infty} \int_{C_R} \frac{\mathrm{e}^{\mathrm{i}\eta}}{\eta} \mathrm{d}\eta = 0$，即

$$\int_{C_R} \frac{\mathrm{e}^{\mathrm{i}z} - \mathrm{e}^{-z}}{z} \mathrm{d}z = 0$$

因此，当 $R \to +\infty$ 时，得到

$$\int_0^{+\infty} \frac{\cos x - \mathrm{e}^{-x}}{x} \mathrm{d}x = 0$$

6. 几个著名的积分计算.

(1) 狄利克雷（Dirichlet）积分 $I = \displaystyle\int_0^\infty \frac{\sin x}{x} \mathrm{d}x$.

把积分改写成

$$I = \int_0^\infty \frac{\sin x}{x} \mathrm{d}x = \int_0^\infty \frac{\mathrm{e}^{\mathrm{i}x} - \mathrm{e}^{-\mathrm{i}x}}{2\mathrm{i}} \cdot \frac{\mathrm{d}x}{x} = \lim_{\varepsilon \to 0^+} \left( \frac{1}{2\mathrm{i}}\int_\varepsilon^\infty \frac{\mathrm{e}^{\mathrm{i}x}}{x} \mathrm{d}x - \frac{1}{2\mathrm{i}}\int_\varepsilon^\infty \frac{\mathrm{e}^{-\mathrm{i}x}}{x} \mathrm{d}x \right)$$

在该式的右边第二个积分中，若令 $x = -t$，则 $\mathrm{d}x = -\mathrm{d}t$，当 $x = \infty$ 时，$t = -\infty$，那么该积分就成为

$$I = \lim_{\varepsilon \to 0^+} \left( \frac{1}{2\mathrm{i}} \int_\varepsilon^\infty \frac{\mathrm{e}^{\mathrm{i}x}}{x} \mathrm{d}x - \frac{1}{2\mathrm{i}} \int_\varepsilon^{-\infty} \frac{\mathrm{e}^{\mathrm{i}t}}{t} \mathrm{d}t \right) = \left( \frac{1}{2\mathrm{i}} \int_\varepsilon^\infty \frac{\mathrm{e}^{\mathrm{i}x}}{x} \mathrm{d}x + \frac{1}{2\mathrm{i}} \int_{-\infty}^0 \frac{\mathrm{e}^{\mathrm{i}t}}{t} \mathrm{d}t \right)$$

$$= \lim_{\varepsilon \to 0} \frac{1}{2\mathrm{i}} \left( \int_{-\infty}^{-\varepsilon} \frac{\mathrm{e}^{\mathrm{i}x}}{x} \mathrm{d}x + \int_\varepsilon^\infty \frac{\mathrm{e}^{\mathrm{i}x}}{x} \mathrm{d}x \right)$$

把被积函数 $\dfrac{\mathrm{e}^{\mathrm{i}x}}{x}$ 延拓到复平面时,被积函数变成 $\dfrac{\mathrm{e}^{\mathrm{i}z}}{z}$,它有一个单极点 $z = 0$,出现在实轴上.在做围道时要绕过这个极点,如图 7.15 所示,在实轴 $x$ 的下方绕过零点.

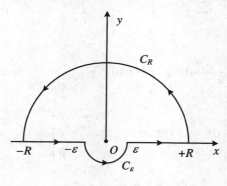

**图 7.15**

积分路径是从 $-R$ 出发,行进到 $-\varepsilon$,沿 $C_\varepsilon$ 到达 $\varepsilon$,在从 $\varepsilon$ 到 $R$,最后沿着 $C_R$ 半圆弧回到 $-R$.在这条封闭围道内有一个极点 $z = 0$,按照留数定理有

$$\int_{-R}^{-\varepsilon} \frac{\mathrm{e}^{\mathrm{i}x}}{x} \mathrm{d}x + \int_{C_\varepsilon} \frac{\mathrm{e}^{\mathrm{i}z}}{z} \mathrm{d}z + \int_\varepsilon^R \frac{\mathrm{e}^{\mathrm{i}x}}{x} \mathrm{d}x + \int_{C_R} \frac{\mathrm{e}^{\mathrm{i}z}}{z} \mathrm{d}z = 2\pi\mathrm{i} \operatorname{Res} f(0) \qquad (7.74)$$

其中留数是

$$\operatorname{Res} f(0) = \lim_{z \to 0} (z - 0) \frac{\mathrm{e}^{\mathrm{i}z}}{z} = \lim_{z \to 0} \mathrm{e}^{\mathrm{i}z} = 1$$

在前面已证明过半圆弧 $C_R$ 上的积分是

$$\int_{C_R} \frac{\mathrm{e}^{\mathrm{i}z}}{z} \mathrm{d}z = 0 \qquad\qquad (\text{I})$$

在半圆弧 $C_\varepsilon$ 上的积分,由于从 $-\varepsilon$ 到 $\varepsilon$,恰好是辐角 $\theta$ 从 $\pi$ 到 $2\pi$,所以积分为

$$\int_{C_\varepsilon} \frac{\mathrm{e}^{\mathrm{i}z}}{z} \mathrm{d}z = \mathrm{i} \int_\pi^{2\pi} \mathrm{e}^{-\varepsilon(\sin\theta - \mathrm{i}\cos\theta)} \mathrm{d}\theta$$

其中 $\varepsilon$ 是 $z = 0$ 处的半圆的半径,当 $\varepsilon \to 0$ 时,$\mathrm{e}^{-\varepsilon(\sin\theta - \mathrm{i}\cos\theta)} \to 1$,因此

$$\int_{C_\varepsilon} \frac{\mathrm{e}^{\mathrm{i}z}}{z} \mathrm{d}z = \lim_{\varepsilon \to 0} \mathrm{i} \int_\pi^{2\pi} \mathrm{e}^{-\varepsilon(\sin\theta - \mathrm{i}\cos\theta)} \mathrm{d}\theta = \mathrm{i}(2\pi - \pi) = \mathrm{i}\pi \qquad (\text{II})$$

式(7.74)中的第一、第三两个积分,当 $\varepsilon \to 0$,$R \to \infty$ 时,有

$$\lim_{\substack{\varepsilon \to 0 \\ R \to \infty}} \left( \int_{-R}^{-\varepsilon} \frac{\mathrm{e}^{\mathrm{i}x}}{x} \mathrm{d}x + \int_\varepsilon^R \frac{\mathrm{e}^{\mathrm{i}x}}{x} \mathrm{d}x \right) = \int_{-\infty}^0 \frac{\mathrm{e}^{\mathrm{i}x}}{x} \mathrm{d}x + \int_0^\infty \frac{\mathrm{e}^{\mathrm{i}x}}{x} \mathrm{d}x = 2\mathrm{i} \int_0^\infty \frac{\sin x}{x} \mathrm{d}x \qquad (\text{III})$$

把(I)、(II)、(III)诸式代入式(7.74),得到

$$2i\int_0^\infty \frac{\sin x}{x}dx + i\pi = 2\pi i \quad 或 \quad 2i\int_0^\infty \frac{\sin x}{x}dx = \pi i$$

最后得到

$$\int_0^\infty \frac{\sin x}{x}dx = \frac{\pi}{2}$$

（2）菲涅尔（Fresnel）积分 $I_1 = \int_0^\infty \sin x^2 dx$, $I_2 = \int_0^\infty \cos x^2 dx$.

因为 $e^{ix^2} = \cos x^2 + i\sin x^2$，两边同时进行积分，就有

$$\int_0^\infty e^{ix^2}dx = \int_0^\infty \cos x^2 dx + i\int_0^\infty \sin x^2 dx = I_2 + iI_1$$

考虑围道积分 $\oint_C e^{iz^2}dz$，积分路线选用图 7.16 所示的走法，从 $O$ 点出发，行进到 $R$ 处，经圆弧 $C_R$，再折回到出发点 $O$. 由于围道内没有奇点，所以按照留数定理有

$$\oint_C e^{iz^2}dz = 0$$

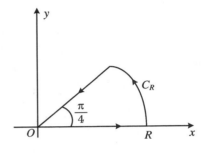

图 7.16

也就是说

$$\int_0^R e^{ix^2}dx + \int_{C_R} e^{iz^2}dz + \int_R^0 e^{iz^2}dz = 0$$

$$(7.75)$$

式（7.75）中的第一个积分，当 $R \to \infty$ 时有

$$\lim_{R\to\infty}\int_0^R e^{ix^2}dx = \int_0^\infty e^{ix^2}dx = \int_0^\infty (\cos x^2 + i\sin x^2)dx = I_2 + iI_1 \quad （Ⅰ）$$

式（7.75）中的第三个积分是沿辐角 $\frac{\pi}{4}$ 线上的积分，有 $z = Re^{i\theta} = Re^{i\frac{\pi}{4}}$，$dz = e^{i\frac{\pi}{4}}dR$，以及

$$z^2 = R^2 e^{i\frac{\pi}{2}} = R^2\left(\cos\frac{\pi}{2} + i\sin\frac{\pi}{2}\right) = iR^2$$

当 $R \to \infty$ 时，有

$$\lim_{R\to\infty}\int_R^0 e^{iz^2}dz = -\int_0^\infty e^{i\cdot iR^2}\cdot e^{i\frac{\pi}{4}}dR = -e^{i\frac{\pi}{4}}\int_0^\infty e^{-R^2}dR$$

该式右端的积分是欧拉-泊松积分，在第 2 章中已经做过了，它是

$$\int_0^\infty e^{-R^2}dR = \frac{\sqrt{\pi}}{2}$$

因此

$$\int_R^0 e^{iz^2}dz \to -e^{i\frac{\pi}{4}}\cdot\frac{\sqrt{\pi}}{2} = -\left(\cos\frac{\pi}{4} + i\sin\frac{\pi}{4}\right)\frac{\sqrt{\pi}}{2}$$

$$= - \left( \frac{1}{\sqrt{2}} + i \frac{1}{\sqrt{2}} \right) \frac{\sqrt{\pi}}{2} = - \frac{\sqrt{\pi}}{2\sqrt{2}} (1 + i) \qquad （Ⅱ）$$

对于第二个积分 $\int_{C_R} e^{iz^2} dz$，它是圆弧 $C_R$ 上的积分，因为 $z = Re^{i\theta}, 0 \leqslant \theta \leqslant \frac{\pi}{4}$，所以

$$|e^{iz^2}| = e^{-R^2 \sin 2\theta} \leqslant e^{-\frac{4}{\pi}R^2\theta} \quad \left( 0 \leqslant \theta \leqslant \frac{\pi}{4} \right)$$

当 $R \to \infty$ 时，有

$$\left| \int_{C_R} e^{iz^2} dz \right| \leqslant \lim_{R \to \infty} \int_0^{\frac{\pi}{4}} e^{-\frac{4}{\pi}R^2\theta} R d\theta = \lim_{R \to \infty} \frac{\pi}{4R} (1 - e^{-R^2}) \to 0 \qquad （Ⅲ）$$

把上面的（Ⅰ）、（Ⅱ）、（Ⅲ）三个式子代入式（7.75）中，便得

$$\int_0^\infty (\cos x^2 + i\sin x^2) dx - \frac{\sqrt{\pi}}{2\sqrt{2}} (1 + i) = 0$$

即

$$\int_0^\infty \cos x^2 dx + i\int_0^\infty \sin x^2 dx = \sqrt{\frac{\pi}{8}} + i\sqrt{\frac{\pi}{8}}$$

令公式两边的实部和虚部分别相等，得到

$$\int_0^\infty \cos x^2 dx = \sqrt{\frac{\pi}{8}}, \quad \int_0^\infty \sin x^2 dx = \sqrt{\frac{\pi}{8}}$$

（3）泊松（Poisson）积分 $\int_0^\infty e^{-ax^2} \cos bx dx (a > 0)$.

因为在半径为 $R$ 的半圆 $C_R$ 上，无论在上半平面还是下半平面，$e^{-az^2}$ 都不一致趋于零. 当 $z$ 沿实轴 $z = x$ 移动至 $\infty$ 时，$e^{-az^2} \to 0$，而当 $z$ 沿虚轴 $z = iy$ 趋向 $\infty$ 时，$e^{-az^2} = e^{ay^2} \to \infty$. 因此，积分围道不能选半圆或圆形路径，而可选取围道如图 7.17 所示的矩形路线.

首先把要求的积分作如下的变换：

$$\int_0^\infty e^{-ax^2} \cos bx dx = \int_0^\infty e^{-ax^2} \frac{e^{ibx} + e^{-ibx}}{2} dx$$

$$= \frac{1}{2} \int_0^\infty e^{-ax^2} e^{ibx} dx + \frac{1}{2} \int_0^\infty e^{-ax^2} e^{-ibx} dx \qquad （Ⅰ）$$

把积分 $\int_0^\infty e^{-ax^2} e^{ibx} dx$ 变成 $-\infty$ 到 0 之间的积分，即令 $x \to -x$，于是有

$$\int_0^\infty e^{-ax^2} e^{ibx} dx = \int_0^{-\infty} e^{-a(-x)^2} e^{-ibx} d(-x)$$

$$= - \int_0^{-\infty} e^{-ax^2} e^{-ibx} dx = \int_{-\infty}^0 e^{-ax^2} e^{-ibx} dx$$

把它代入式（Ⅰ），得

$$\int_0^\infty e^{-ax^2} \cos bx dx = \frac{1}{2} \int_{-\infty}^0 e^{-ax^2} e^{-ibx} dx + \frac{1}{2} \int_0^\infty e^{-ax^2} e^{-ibx} dx = \frac{1}{2} \int_{-\infty}^\infty e^{-ax^2} e^{-ibx} dx$$

$$= \frac{1}{2} e^{-\frac{b^2}{4a}} \int_{-\infty}^{\infty} e^{-a\left(x+\frac{ib}{2a}\right)^2} dx = \frac{1}{2} e^{-\frac{b^2}{4a}} \int_{C} e^{-az^2} dz$$

其中 $z = x + \dfrac{ib}{2a}$.

　　按照柯西定理,在图 7.17 的围道内,被积函数是解析的,所以它沿围道的积分应为 0.

$$\oint_C e^{-az^2} dz = \int_{-R}^{R} e^{-ax^2} dx + \int_{l_1} e^{-az^2} dz + \int_{l_2} e^{-az^2} dz + \int_{l_3} e^{-az^2} dz = 0 \qquad (\text{II})$$

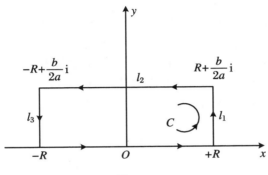

**图 7.17**

在 $l_1$ 上,$z = R + iy, 0 \leqslant y \leqslant \dfrac{b}{2a}$,所以有

$$\left| \int_{l_1} e^{-az^2} dz \right| \leqslant \int_{0}^{\frac{b}{2a}} \left| e^{-a(R+iy)^2} \right| dy \leqslant e^{-aR^2} \int_{0}^{\frac{b}{2a}} e^{ay^2} dy$$

$$\leqslant e^{-aR^2} e^{a\left(\frac{b}{2a}\right)^2} \frac{b}{2a} \to 0 \quad (\text{当 } R \to \infty)$$

同理,在 $l_3$ 上,也有

$$\int_{l_3} e^{-az^2} dz \to 0$$

在围道的 $l_2$ 部分,因为 $z = x + \dfrac{ib}{2a}, -R \leqslant x \leqslant R$,因此有

$$\int_{l_2} e^{-az^2} dz = \int_{R}^{-R} e^{-a\left(x+\frac{ib}{2a}\right)^2} dx = -\int_{-R}^{R} e^{-a\left(x^2+\frac{ibx}{a}-\frac{b^2}{4a^2}\right)} dx$$

$$= -e^{\frac{b^2}{4a}} \int_{-R}^{R} e^{-ax^2} e^{-ibx} dx = -e^{\frac{b^2}{4a}} \int_{-R}^{R} e^{-ax^2} \cos bx \, dx$$

把 $\displaystyle\int_{l_1}, \int_{l_2}, \int_{l_3}$ 都代入式(II),那么当 $R \to \infty$ 时,就有

$$\int_{-\infty}^{\infty} e^{-ax^2} dx - e^{\frac{b^2}{4a}} \int_{-\infty}^{\infty} e^{-ax^2} \cos bx \, dx = 0$$

其中第一个积分为欧拉-泊松积分,已知

$$\int_{-\infty}^{\infty} e^{-ax^2} dx = 2\int_{0}^{\infty} e^{-ax^2} dx = \sqrt{\frac{\pi}{a}}$$

因此

$$\int_{-\infty}^{\infty} e^{-ax^2} \cos bx \, dx = \sqrt{\frac{\pi}{a}} \cdot e^{-\frac{b^2}{4a}}$$

最后得到

$$\int_{0}^{\infty} e^{-ax^2} \cos bx \, dx = \frac{1}{2}\int_{-\infty}^{\infty} e^{-ax^2} \cos bx \, dx = \frac{1}{2}\sqrt{\frac{\pi}{a}} \cdot e^{-\frac{b^2}{4a}}$$

(4) 狄拉克(Dirac)函数(δ-函数)和赫维赛德(Heaviside)函数 H($t$).

δ-函数是一个特殊的广义函数,是英国物理学家狄拉克(P. A. M. Dirac)在陈述量子力学中某些数量关系时引入的一个函数.物理学中一切点量和瞬时量,如点质量、点电荷、点偶极子、瞬时打击力、瞬时源等用它来描述,不仅方便,物理含义清楚,而且可当作普通函数来运算,如微分、积分等.

δ-函数是这样一种函数

$$\delta(x) = \begin{cases} 0 & (x \neq 0) \\ \infty & (x = 0) \end{cases} \tag{7.76}$$

如图 7.18 所示.

它的积分值为 1,即

$$\int_{-\infty}^{\infty} \delta(x) dx = 1 \tag{7.77}$$

如果把 δ-函数看成一种分布函数(如图 7.19 所示),例如考虑

$$P_\sigma(x) = \frac{1}{\sqrt{2\pi\sigma}} e^{-\frac{x^2}{2\sigma}}$$

当 $x = 0, \sigma \to 0$ 时,$\lim\limits_{\sigma \to 0} P_\sigma(0) = \infty$,所以它的极限分布具有 δ-函数的性质:

$$\lim\limits_{\sigma \to 0} \frac{1}{\sqrt{2\pi\sigma}} e^{-\frac{x^2}{2\sigma}} = \delta(x)$$

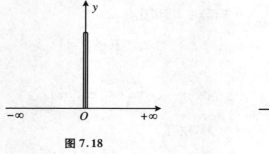

图 7.18

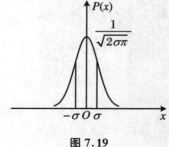

图 7.19

考虑积分 $\displaystyle\int_{-\infty}^{\infty} \frac{1}{\sqrt{2\pi}\sigma} e^{-\frac{x^2}{2\sigma}} dx$，令 $\dfrac{x}{\sqrt{2\sigma}} = u$，则 $dx = \sqrt{2\sigma}\,du$，那么

$$\int_{-\infty}^{\infty} \frac{1}{\sqrt{2\pi}\sigma} e^{-\frac{x^2}{2\sigma}} dx = \int_{-\infty}^{\infty} \frac{1}{\sqrt{2\pi}\sigma} e^{-u^2} \sqrt{2\sigma}\,du = 2\int_{0}^{\infty} \frac{1}{\sqrt{\pi}} e^{-u^2} du$$

$$= \frac{2}{\sqrt{\pi}}\int_{0}^{\infty} e^{-u^2} du = \frac{2}{\sqrt{\pi}} \cdot \frac{\sqrt{\pi}}{2} = 1$$

其中 $\displaystyle\int_{0}^{\infty} e^{-u^2} du$ 是在前面已经推导过的欧拉-泊松积分，它等于 $\dfrac{\sqrt{\pi}}{2}$.

也就是说，式(7.77)是可以理解的.

$\delta$-函数也是赫维赛德函数 $H(t)$ 的微商. 因为

$$H(t) = \begin{cases} 0 & (t < 0) \\ 1 & (t > 0) \end{cases} \tag{7.78}$$

赫维赛德函数又称阶跃函数，如图 7.20 所示. 当 $t < 0$ 时，它等于 0；当 $t = 0$ 时，突然跃升至 1；当 $t > 0$ 时，数值保持 1 不变. 可以看出，它的微商为

$$H'(t) = \frac{dH(t)}{dt} = \begin{cases} 0 & (t \neq 0) \\ \infty & (t = 0) \end{cases} \tag{7.79}$$

它与 $\delta$-函数式(7.76)相似.

现在来讨论 $H(t)$ 函数，并证明它可用下面的路积分表示：

$$H(t) = \frac{1}{2\pi i}\int \frac{e^{itz}}{z} dz \tag{7.80}$$

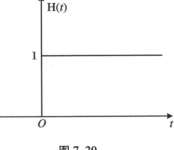

图 7.20

这里，$t$ 是被积函数中的参变量. 积分路线是全部实轴，但在原点 $z = 0$ 处，要绕道经过以 $O$ 为中心，以 $\varepsilon$ 为半径，且位于下半平面中的半圆周 $C_\varepsilon$. 在实轴的上半平面做一个以 $O$ 为圆心，$R$ 为半径的半圆周 $C_R$（图 7.21）.

当 $t > 0$ 时，在实轴与半圆周 $C_R$ 及 $C_\varepsilon$ 构成的围道内，原点 $z = 0$ 是唯一的极点. 因此，它的留数等于 1. 当 $R \to \infty$ 时，有

$$\frac{1}{2\pi i}\int \frac{e^{itz}}{z} dz = 1 \tag{7.81}$$

当 $t < 0$ 时，在实轴上，从 $-R$ 到 $+R$ 在原点附近要和前面一样绕道，但它却和位于下半平面的以原点为中心，$R$ 为半径的半圆周 $C_R{}'$ 构成围道（图 7.22）. 在这个围道内，$\dfrac{1}{z}$ 没有奇点，故其留数为 0. 当 $R \to \infty$ 时，有

$$\frac{1}{2\pi i}\int \frac{e^{itz}}{z} dz = 0 \tag{7.82}$$

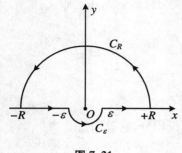

**图 7.21**

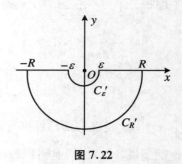

**图 7.22**

把式(7.81)和式(7.82)合在一起,就得到

$$\frac{1}{2\pi i}\int_{\,} \frac{e^{itz}}{z}dz = \begin{cases} 0 & (t<0) \\ 1 & (t>0) \end{cases}$$

也即证明了式(7.78):

$$H(t) = \begin{cases} 0 & (t<0) \\ 1 & (t>0) \end{cases}$$

(5) $\Gamma(z)$ 函数的路积分

$\Gamma(z)$ 函数可用一个路积分来表示.若 $z$ 位于虚轴的右边,则

$$\Gamma(z) = \int_0^\infty e^{-t}t^{z-1}dt \quad (\text{Re}z > 0) \tag{7.83}$$

把被积函数

$$e^{-t}t^{z-1} = e^{-t}e^{(z-1)\ln t} = e^{-t+(z-1)\ln t} \tag{7.84}$$

看成是复变数 $t$ 的函数.这个函数以 $t=0$ 为支点.

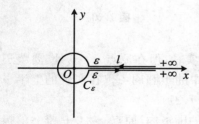

**图 7.23**

在 $t$ 平面上沿正实轴作割线.积分线路是从 $+\infty$ 来,向左行进,绕过原点 $O$,然后向右回到 $+\infty$ 去(图7.23).它的路积分为

$$\int_l e^{-t}t^{z-1}dt \tag{7.85}$$

积分路线 $l$ 分为三个部分:割线上岸的线段($+\infty$,$\varepsilon$),以 $t=0$ 为中心,以 $\varepsilon$ 为半径的圆周 $C_\varepsilon$ 和割线下岸的线段($\varepsilon$,$+\infty$).在割线上岸,被积函数(7.84)中的 $\ln t$ 取实数值,当 $l$ 从上岸绕到下岸时,$\ln t$ 得到改变量是 $2\pi i$,因此下岸的被积函数是

$$e^{(z-1)2\pi i}e^{-t+(z-1)\ln t} \tag{7.86}$$

其中 $\ln t$ 仍取实数值.这样式(7.85)就可表述为

$$\int_l e^{-t}t^{z-1}dt = \int_\infty^\varepsilon e^{-t}t^{z-1}dt + \int_{C_\varepsilon} e^{-t}t^{z-1}dt + \int_\varepsilon^\infty e^{(z-1)2\pi i}e^{-t+(z-1)\ln t}dt$$

$$= - \int_{\varepsilon}^{\infty} \mathrm{e}^{-t} t^{z-1} \mathrm{d}t + \int_{C_{\varepsilon}} \mathrm{e}^{-t} t^{z-1} \mathrm{d}t + \mathrm{e}^{(z-1)2\pi\mathrm{i}} \int_{\varepsilon}^{\infty} \mathrm{e}^{-t} t^{z-1} \mathrm{d}t \qquad (7.87)$$

可以证明,当 $\varepsilon \to 0$ 时,$C_{\varepsilon}$ 上的积分为 $0$. 因为在 $C_{\varepsilon}$ 圆周上,$|\mathrm{e}^{-t}|$ 是有界的,而且与 $z$ 无关. 对 $t^{z-1}$ 可作如下估算:

$$|t^{z-1}| = \mathrm{e}^{(x-1)\ln|t| - y\mathrm{arg}t} = \varepsilon^{x-1} \mathrm{e}^{-y\mathrm{arg}t} \quad （当取 \ t = \varepsilon \ 时）$$

当 $\varepsilon \to 0$ 时,$\lim\limits_{\varepsilon \to 0^{+}} \int_{C_{\varepsilon}} |t|^{x-1} \mathrm{d}t = 0$,因此

$$\int_{C_{\varepsilon}} \mathrm{e}^{-t} t^{z-1} \mathrm{d}t = 0$$

于是式(7.87)变为

$$\int_{l} \mathrm{e}^{-t} t^{z-1} \mathrm{d}t = \big[ \mathrm{e}^{(z-1)2\pi\mathrm{i}} - 1 \big] \int_{\varepsilon}^{\infty} \mathrm{e}^{-t} t^{z-1} \mathrm{d}t$$

当 $\varepsilon \to 0$ 时,有

$$\int_{l} \mathrm{e}^{-t} t^{z-1} \mathrm{d}t = (\mathrm{e}^{2\mathrm{i}\pi z} - 1) \int_{0}^{\infty} \mathrm{e}^{-t} t^{z-1} \mathrm{d}t = (\mathrm{e}^{2\mathrm{i}\pi z} - 1)\Gamma(z) \qquad (7.88)$$

或写成

$$\Gamma(z) = \frac{1}{\mathrm{e}^{2\mathrm{i}\pi z} - 1} \int_{l} \mathrm{e}^{-t} t^{z-1} \mathrm{d}t \qquad (7.89)$$

这就是 $\Gamma$ 函数的路积分表示式.

虽然 $\Gamma$ 函数的路积分公式(7.88)是假设 $z$ 位于虚轴的右边推导出来的,但可以把它解析延拓到整个 $z$ 平面.

当 $z$ 取正整数或负整数时,式(7.89)的分母 $\mathrm{e}^{2\mathrm{i}\pi z} - 1 = 0$,其中 $z = 0$ 和负整数都是 $\Gamma(z)$ 的极点. 若 $z$ 等于正整数时,则被积函数(7.84)在全部 $t$ 平面上都是 $t$ 的解析函数,由柯西定理知,沿 $l$ 曲线的积分等于零,也就是说当 $z$ 为正整数时,式(7.89)右端的分子、分母同时为零,与正整数的 $z$ 不是 $\Gamma(z)$ 的极点不矛盾.

在式(7.88)中,用 $1-z$ 代替 $z$,则有

$$\int_{l} \mathrm{e}^{-t} t^{-z} \mathrm{d}t = (\mathrm{e}^{-2\mathrm{i}\pi z} - 1)\Gamma(1-z) \qquad (7.90)$$

令 $t = \mathrm{e}^{\pi\mathrm{i}} \tau = -\tau$,则

$$\int_{l} \mathrm{e}^{-t} t^{-z} \mathrm{d}t = - \int_{l'} \mathrm{e}^{\tau} (\mathrm{e}^{\pi\mathrm{i}} \tau)^{-z} \mathrm{d}\tau$$

$$= - \mathrm{e}^{-z\pi\mathrm{i}} \int_{l'} \mathrm{e}^{\tau} \tau^{-z} \mathrm{d}\tau \qquad (7.91)$$

它的积分线路如图 7.24 所示. $\tau$ 平面是由 $t$ 平面绕原点旋转 $-\pi$ 角度得到的. $t$ 平面上沿正实轴的割线变成 $\tau$ 平面上沿负实轴的割线,并且上岸变成下岸,下岸变成上岸. 在 $\tau$ 平面上割线的下岸应该有 $\mathrm{arg}(\mathrm{e}^{\pi\mathrm{i}} \tau) = 0$,即 $\mathrm{arg}\tau = -\pi$.

将式(7.91)代入式(7.90),得

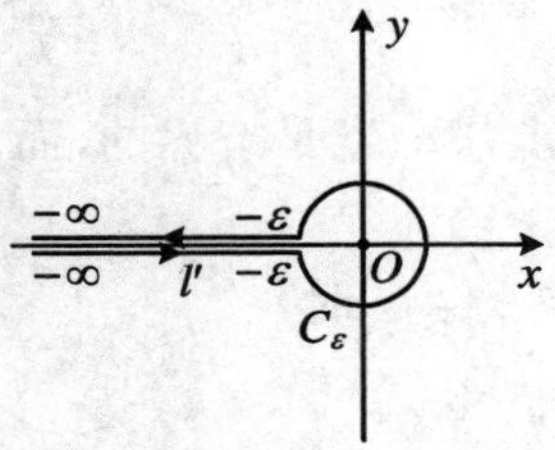

图 7.24

$$-\mathrm{e}^{-\mathrm{i}\pi z}\int_{l'}\mathrm{e}^{\tau}\tau^{-z}\mathrm{d}\tau = (\mathrm{e}^{-2\mathrm{i}\pi z}-1)\Gamma(1-z)$$

因此有

$$\begin{aligned}\int_{l'}\mathrm{e}^{\tau}\tau^{-z}\mathrm{d}\tau &= -\frac{(\mathrm{e}^{-2\mathrm{i}\pi z}-1)}{\mathrm{e}^{-\mathrm{i}\pi z}}\Gamma(1-z)\\ &= (\mathrm{e}^{\mathrm{i}\pi z}-\mathrm{e}^{-\mathrm{i}\pi z})\Gamma(1-z)\\ &= 2\mathrm{i}\sin\pi z\,\Gamma(1-z)\end{aligned}\tag{7.92}$$

根据式(2.11)：$\Gamma(z)\Gamma(1-z)=\dfrac{\pi}{\sin\pi z}$，可得 $\sin\pi z\Gamma(1-z)=\dfrac{\pi}{\Gamma(z)}$，把它代入式(7.92)，得到

$$\frac{1}{\Gamma(z)} = \frac{1}{2\pi\mathrm{i}}\int_{l'}\mathrm{e}^{\tau}\tau^{-z}\mathrm{d}\tau \tag{7.93}$$

这就是 $\Gamma(z)^{-1}$ 的路积分公式表达式.

# 第 8 章　特殊函数的积分法

## 8.1　特殊函数的积分法

### 8.1.1　特殊函数

在解数学物理方程中的偏微分方程时,用分离变量法得到了常微分方程.这些常微分方程(多为二阶常微分方程)常常是一些特殊方程,如贝塞尔方程、勒让德方程、超几何方程、马蒂厄方程,等等.解这些特殊方程,引出了一系列特殊函数,如贝塞尔函数、勒让德函数,等等.

特殊函数虽然有别于初等函数,但它的积分方法却并没有特殊之处,在初等函数中应用的一些积分方法,如分项积分法、分部积分法、换元积分法等都适用于特殊函数的积分.不过在特殊函数的积分中,各特殊函数之间的变换与替代关系的复杂性却是非同寻常的.如果特殊函数之间的变换与替代关系弄得很清楚,那么对特殊函数的积分就不会有太大困难了.

特殊函数的种类繁多,本章不可能将所有的特殊函数之积分法统统讲述,只能把几个最常用的特殊函数的积分方法以举例的形式叙述出来.本章将用尽可能详细的推导和演绎过程把方法和技巧传递给读者.

贝塞尔函数是特殊函数中应用最广泛的一种函数,遍及物理学、力学及工程技术科学等各个领域,所以本章将着力讲授.勒让德函数也应用很广,也会在本章中着墨,至于其他特殊函数那只能蜻蜓点水了.

### 8.1.2　积分中常用的一些公式

1. $\Gamma$ 函数.

$$\Gamma(z) = \int_0^\infty e^{-t} t^{z-1} dt \tag{8.1}$$

$$\Gamma(z+1) = z\Gamma(z) \tag{8.2}$$

$$\Gamma(n+1) = n! \quad (n = 0,1,2,\cdots) \tag{8.3}$$

$$\Gamma(1) = 0! = \int_0^\infty \mathrm{e}^{-t}\mathrm{d}t = 1$$

$$\Gamma\left(\frac{1}{2}\right) = \sqrt{\pi}$$

$$\Gamma(2z) = \frac{2^{2z-1}}{\sqrt{\pi}}\Gamma(z)\Gamma\left(z + \frac{1}{2}\right) \tag{8.4}$$

$$\Gamma(z)\Gamma(1-z) = \frac{\pi}{\sin z\pi} \tag{8.5}$$

$$\Gamma(1+z)\Gamma(1-z) = \frac{z\pi}{\sin z\pi} \tag{8.6}$$

$$\Gamma\left(\frac{1}{2}+z\right)\Gamma\left(\frac{1}{2}-z\right) = \frac{\pi}{\cos z\pi} \tag{8.7}$$

$$\Gamma\left(n+\frac{1}{2}\right) = \frac{(2n-1)!!}{2^n}\sqrt{\pi} = \frac{(2n)!}{2^{2n}n!}\sqrt{\pi} \quad (n = 0,1,2,\cdots) \tag{8.8}$$

2. 双阶乘.

$$(2n)!! = 2^n \cdot n!$$

$$(2n-1)!! = \frac{(2n)!}{2^n \cdot n!}$$

$$(2n+1)!! = \frac{(2n+1)!}{2^n \cdot n!}$$

$$定义: \quad (-1)!! = 0!! = 1$$

3. B 函数.

$$\mathrm{B}(p,q) = \int_0^1 x^{p-1}(1-x)^{q-1}\mathrm{d}x \tag{8.9}$$

$$\mathrm{B}(p,q) = \frac{\Gamma(p)\Gamma(q)}{\Gamma(p+q)} \tag{8.10}$$

$$\int_0^{\frac{\pi}{2}} (\cos\theta)^p(\sin\theta)^q\mathrm{d}\theta = \frac{\Gamma\left(\dfrac{p+1}{2}\right) + \Gamma\left(\dfrac{q+1}{2}\right)}{2\Gamma\left(\dfrac{p+q}{2}+1\right)} = \frac{1}{2}\mathrm{B}\left(\frac{p+1}{2}, \frac{q+1}{2}\right) \tag{8.11}$$

4. 超几何函数.

$$_2F_1(\alpha,\beta;\gamma;z) = \sum_{n=0}^\infty \frac{(\alpha)_n(\beta)_n}{n!(\gamma)_n}z^n \tag{8.12}$$

超几何函数的符号 $_2F_1$ 的左、右脚标常被省去,写成 F,这时应理解为 $F = {_2F_1}$. 但括弧中的逗号、分号可表明字符 $\alpha,\beta,\gamma,z$ 各自的位置及次序.

    其中

$$(\lambda)_n = \lambda(\lambda+1)(\lambda+2)\cdots(\lambda+n-1)$$

$$= \frac{\Gamma(\lambda+n)}{\Gamma(\lambda)} \tag{8.13}$$

$$(\lambda)_0 = 1$$

$$F(\alpha,\beta;\gamma;z) = F(\beta,\alpha;\gamma;z)$$

$$F(\alpha,\beta;\gamma;0) = 1$$

$$F(\alpha,\beta;\gamma;1) = \frac{\Gamma(\gamma)\Gamma(\gamma-\alpha-\beta)}{\Gamma(\gamma-\alpha)\Gamma(\gamma-\beta)} \tag{8.14}$$

$$F(\alpha,\beta;\gamma;z) = (1-z)^{-\alpha}F\left(\alpha,\gamma-\beta;\gamma;\frac{z}{z-1}\right) \tag{8.15}$$

5. 几个可以用初等函数表达的超几何函数.

$$F(-\alpha,\beta;\beta;-z) = (1+z)^{\alpha} \tag{8.16}$$

$$F\left(\frac{1}{2},\frac{1}{2};\frac{3}{2};z^2\right) = \frac{\arcsin z}{z} \tag{8.17}$$

$$F\left(\frac{1}{2},1;\frac{3}{2};-z^2\right) = \frac{\arctan z}{z} \tag{8.18}$$

$$F(1,1;2;\mp z) = \ln(1+z) \tag{8.19}$$

$$F\left(\alpha,\alpha+\frac{1}{2};\frac{1}{2};z\right) = \frac{1}{2}\left[(1+\sqrt{z})^{-2\alpha} + (1-\sqrt{z})^{-2\alpha}\right] \tag{8.20}$$

$$F\left(\alpha-\frac{1}{2},\alpha;2\alpha;z\right) = \left(\frac{1+\sqrt{1-z}}{2}\right)^{1-2\alpha} \tag{8.21}$$

$$F\left(\alpha,\alpha+\frac{1}{2};2\alpha;z\right) = (1-z)^{-\frac{1}{2}}\left(\frac{1+\sqrt{1-z}}{2}\right)^{1-2\alpha} \tag{8.22}$$

$$F(2\alpha,\alpha+1;\alpha;z) = (1+z)(1-z)^{-2\alpha-1} \tag{8.23}$$

6. 贝塞尔函数.

第一类贝塞尔函数：

$$J_{\pm\nu}(z) = \sum_{k=0}^{\infty}(-1)^k \frac{1}{k!\,\Gamma(\pm\nu+k+1)}\left(\frac{z}{2}\right)^{2k\pm\nu} \tag{8.24}$$

$$J_n(z) = \frac{1}{\pi}\int_0^{\pi}\cos(n\theta - z\sin\theta)\mathrm{d}\theta$$

$$= \frac{(-\mathrm{i})^n}{\pi}\int_0^{\pi}\mathrm{e}^{\mathrm{i}z\cos\theta}\cos n\theta\,\mathrm{d}\theta \tag{8.25}$$

第二类贝塞尔函数（诺伊曼函数）：

$$N_\nu(z) = \frac{J_\nu(z)\cos\nu\pi - J_{-\nu}(z)}{\sin\nu\pi} \tag{8.26}$$

第三类贝塞尔函数（汉克尔函数）：

$$H_\nu^{(1)}(z) = J_\nu(z) + \mathrm{i}N_\nu(z) = \frac{\mathrm{i}}{\sin\nu\pi}[J_\nu(z)\mathrm{e}^{-\mathrm{i}\nu\pi} - J_{-\nu}(z)] \tag{8.27}$$

$$H_\nu^{(2)}(z) = J_\nu(z) - \mathrm{i}N_\nu(z) = \frac{-\mathrm{i}}{\sin\nu\pi}[J_\nu(z)\mathrm{e}^{-\mathrm{i}\nu\pi} - J_{-\nu}(z)] \tag{8.28}$$

第一类虚自变数贝塞尔函数：

$$I_{\pm\nu}(z) = \sum_{k=0}^{\infty} \frac{1}{k!\,\Gamma(\pm\nu + k + 1)} \left(\frac{z}{2}\right)^{2k\pm\nu} \quad (\mid z \mid < \infty,\ \mid \arg z \mid < \pi)$$

$$(8.29)$$

$$I_{\nu}(z) = \begin{cases} e^{-i\frac{\nu\pi}{2}} J_{\nu}(z e^{i\frac{\pi}{2}}) & \left(-\pi < \arg z \leqslant \frac{\pi}{2}\right) \\ e^{i\frac{3\nu\pi}{2}} J_{\nu}(z e^{-i\frac{3\pi}{2}}) & \left(\frac{\pi}{2} < \arg z < \pi\right) \end{cases}$$

$$(8.30)$$

第二类虚自变数贝塞尔函数：

$$K_{\nu}(z) = \frac{\pi}{2\sin\nu\pi}\left[I_{-\nu}(z) - I_{\nu}(z)\right]$$

$$(8.31)$$

或

$$K_{\nu}(z) = \frac{i\pi}{2} e^{i\frac{\nu\pi}{2}} H_{\nu}^{(1)}(z e^{i\frac{\pi}{2}}) = -\frac{i\pi}{2} e^{-i\frac{\nu\pi}{2}} H_{\nu}^{(2)}(z e^{-i\frac{\pi}{2}})$$

$$(8.32)$$

7. 勒让德函数.

第一类勒让德函数：

$$\begin{aligned} P_n(x) &= \sum_{k=0}^{\left[\frac{n}{2}\right]} (-1)^k \frac{(2n-2k)!}{2^n k!\,(n-k)!\,(n-2k)!} x^{n-2k} \\ &= \frac{(2n)!}{2^n (n!)^2} x^n F\left(-\frac{n}{2}, \frac{1-n}{2}; \frac{1}{2}-n; x^{-2}\right) \end{aligned}$$

$$(8.33)$$

其中 $\left[\dfrac{n}{2}\right] = \dfrac{n}{2}$（$n$ 为偶数），$\left[\dfrac{n}{2}\right] = \dfrac{n-1}{2}$（$n$ 为奇数）.

$$P_n(x) = \frac{1}{2^n n!} \frac{d^n}{dx^n}(x^2 - 1)^n \quad \text{（罗德里格斯公式）}$$

$$(8.34)$$

第一类勒让德函数的递推公式：

$$(n+1)P_{n+1}(x) - (2n+1)xP_n(x) + nP_{n-1}(x) = 0$$

$$P_{n+1}' - P_{n-1}'(x) = (2n+1)P_n(x)$$

$$(8.35)$$

第二类勒让德函数：

$$Q_n(x) = \frac{2^n (n!)^2}{(2n+1)!} x^{-n-1} F\left(\frac{n+1}{2}, \frac{n+2}{2}; n+\frac{3}{2}; x^{-2}\right)$$

$$(8.36)$$

第一类连带勒让德函数［费瑞尔（Ferrer）定义］：

$$P_l^m(x) = (1-x^2)^{\frac{m}{2}} \frac{d^m}{dx^m} P_l(x) \quad (l \geqslant m \geqslant 0,\ -1 \leqslant x \leqslant 1)$$

$$(8.37)$$

第二类连带勒让德函数［费瑞尔定义］：

$$Q_l^m(x) = (1-x^2)^{\frac{m}{2}} \frac{d^m}{dx^m} Q_l(x)$$

$$(8.38)$$

# 8.2　含有贝塞尔函数的积分

## 8.2.1　含有第一类贝塞尔函数的积分

**例 1**　计算积分 $\int_0^\infty \mathrm{e}^{-ax} \mathrm{J}_0(bx) \mathrm{d}x$.

**解**　零阶贝塞尔函数 $\mathrm{J}_0(bx)$ 的级数表示为

$$\mathrm{J}_0(bx) = \sum_{k=0}^\infty (-1)^k \frac{1}{k!\,\Gamma(k+1)} \left(\frac{bx}{2}\right)^{2k} = \sum_{k=0}^\infty (-1)^k \frac{1}{(k!)^2} \left(\frac{bx}{2}\right)^{2k}$$

把它代入积分式中,并交换求和号与积分号的次序,得

$$\begin{aligned}
\int_0^\infty \mathrm{e}^{-ax} \mathrm{J}_0(bx) \mathrm{d}x &= \int_0^\infty \mathrm{e}^{-ax} \sum_{k=0}^\infty (-1)^k \frac{1}{(k!)^2} \left(\frac{bx}{2}\right)^{2k} \mathrm{d}x \\
&= \sum_{k=0}^\infty (-1)^k \frac{1}{(k!)^2} \left(\frac{b}{2}\right)^{2k} \int_0^\infty \mathrm{e}^{-ax} x^{2k} \mathrm{d}x \\
&= \sum_{k=0}^\infty (-1)^k \frac{1}{(k!)^2} \left(\frac{b}{2}\right)^{2k} \frac{(2k)!}{a^{2k+1}} \\
&= \frac{1}{a} \sum_{k=0}^\infty (-1)^k \frac{(2k)!}{2^{2k}(k!)^2} \left(\frac{b}{a}\right)^{2k} \\
&= \frac{1}{a} \sum_{k=0}^\infty (-1)^k \frac{(2k-1)!!}{(2k)!!} \left(\frac{b}{a}\right)^{2k} \quad \left[\left(\frac{b}{a}\right) < 1\right] \\
&= \frac{1}{a} \left[1 - \frac{1}{2}\left(\frac{b}{a}\right)^2 + \frac{3!!}{4!!}\left(\frac{b}{a}\right)^4 - \cdots \right. \\
&\qquad \left. + (-1)^k \frac{(2k-1)!!}{(2k)!!}\left(\frac{b}{a}\right)^{2k} + \cdots\right] \\
&= \frac{1}{a} \frac{1}{\left[1 + \left(\frac{b}{a}\right)^2\right]^{\frac{1}{2}}} = \frac{1}{a} \frac{a}{\sqrt{a^2+b^2}} = \frac{1}{\sqrt{a^2+b^2}}
\end{aligned}$$

（注意,其间已定义:$(-1)!! = 0!! = 1$.）

积分结果为

$$\int_0^\infty \mathrm{e}^{-ax} \mathrm{J}_0(bx) \mathrm{d}x = \frac{1}{\sqrt{a^2+b^2}} \tag{8.39}$$

**例 2**　汉克尔(Hankel)积分公式的证明.

汉克尔积分公式

$$\int_0^\infty \mathrm{e}^{-at} \mathrm{J}_\nu(bt) t^{\mu-1} \mathrm{d}t = \frac{\Gamma(\mu+\nu)}{a^{\mu+\nu}\Gamma(\nu+1)} \left(\frac{b}{2}\right)^\nu \mathrm{F}\left(\frac{\mu+\nu}{2}, \frac{\mu+\nu+1}{2}; \nu+1; -\frac{b^2}{a^2}\right)$$

$(\mathrm{Re}\, a > 0,\ |a| > |b|)$

**证明** 把 $\mathrm{J}_\nu(bt) = \sum\limits_{k=0}^\infty (-1)^k \dfrac{1}{k!} \dfrac{1}{\Gamma(\nu+k+1)} \left(\dfrac{bt}{2}\right)^{2k+\nu}$ 代入积分

$\int_0^\infty \mathrm{e}^{-at} \mathrm{J}_\nu(bt) t^{\mu-1}\mathrm{d}t$ 中，交换求和号与积分号的次序，得

$$\int_0^\infty \mathrm{e}^{-at} \mathrm{J}_\nu(bt) t^{\mu-1}\mathrm{d}t = \int_0^\infty \mathrm{e}^{-at} \sum_{k=0}^\infty (-1)^k \frac{1}{k!} \frac{1}{\Gamma(\nu+k+1)} \left(\frac{bt}{2}\right)^{2k+\nu} t^{\mu-1} \mathrm{d}t$$

$$= \sum_{k=0}^\infty (-1)^k \frac{1}{k!} \frac{1}{\Gamma(\nu+k+1)} \left(\frac{b}{2}\right)^{2k+\nu} \int_0^\infty \mathrm{e}^{-at} t^{2k+\nu+\mu-1} \mathrm{d}t$$

$$= \sum_{k=0}^\infty (-1)^k \frac{1}{k!} \frac{1}{\Gamma(\nu+k+1)} \left(\frac{b}{2}\right)^{2k+\nu} \frac{\Gamma(2k+\nu+\mu)}{a^{2k+\nu+\mu}}$$

$$= \frac{1}{a^{\nu+\mu}} \left(\frac{b}{2}\right)^\nu \sum_{k=0}^\infty (-1)^k \frac{1}{2^{2k}k!} \frac{\Gamma(2k+\nu+\mu)}{\Gamma(\nu+k+1)} \left(\frac{b}{a}\right)^{2k}$$

其中，右式中的 $\Gamma(2k+\nu+\mu)$ 可用式(8.4)推演，得到

$$\Gamma(2k+\nu+\mu) = \frac{2^{2k+\nu+\mu-1}}{\sqrt{\pi}} \Gamma\left(\frac{\nu+\mu}{2}+k\right) \Gamma\left(\frac{\nu+\mu+1}{2}+k\right)$$

$$= \frac{2^{2k+\nu+\mu-1}}{\sqrt{\pi}} \Gamma\left(\frac{\nu+\mu}{2}\right) \cdot \left(\frac{\nu+\mu}{2}\right)_k \cdot \Gamma\left(\frac{\nu+\mu+1}{2}\right) \cdot \left(\frac{\nu+\mu+1}{2}\right)_k$$

$$= 2^{2k} \Gamma(\nu+\mu) \cdot \left(\frac{\nu+\mu}{2}\right)_k \left(\frac{\nu+\mu+1}{2}\right)_k$$

及

$$\Gamma(\nu+1+k) = \Gamma(\nu+1) \cdot (\nu+1)_k$$

将它们代入，于是得到

$$\int_0^\infty \mathrm{e}^{-at} \mathrm{J}_\nu(bt) t^{\mu-1}\mathrm{d}t$$

$$= \frac{1}{a^{\nu+\mu}} \left(\frac{b}{2}\right)^\nu \sum_{k=0}^\infty (-1)^k \frac{1}{2^{2k}k!} \frac{2^{2k}\Gamma(\nu+\mu) \cdot \left(\frac{\nu+\mu}{2}\right)_k \left(\frac{\nu+\mu+1}{2}\right)_k}{\Gamma(\nu+1) \cdot (\nu+1)_k} \left(\frac{b}{a}\right)^{2k}$$

$$= \frac{1}{a^{\nu+\mu}} \left(\frac{b}{2}\right)^\nu \frac{\Gamma(\nu+\mu)}{\Gamma(\nu+1)} \sum_{k=0}^\infty (-1)^k \frac{1}{k!} \frac{\left(\frac{\nu+\mu}{2}\right)_k \left(\frac{\nu+\mu+1}{2}\right)_k}{(\nu+1)_k} \left(\frac{b}{a}\right)^{2k}$$

$$= \frac{1}{a^{\nu+\mu}} \frac{\Gamma(\nu+\mu)}{\Gamma(\nu+1)} \left(\frac{b}{2}\right)^\nu \sum_{k=0}^\infty \frac{1}{k!} \frac{\left(\frac{\nu+\mu}{2}\right)_k \left(\frac{\nu+\mu+1}{2}\right)_k}{(\nu+1)_k} \left(-\frac{b^2}{a^2}\right)^k$$

右端的求和符号下的式子用超几何函数符号表示，则有

$$\int_0^\infty \mathrm{e}^{-at} \mathrm{J}_\nu(bt) t^{\mu-1}\mathrm{d}t = \frac{\Gamma(\nu+\mu)}{a^{\nu+\mu}\Gamma(\nu+1)} \left(\frac{b}{2}\right)^\nu \mathrm{F}\left(\frac{\nu+\mu}{2}, \frac{\nu+\mu+1}{2}; \nu+1; -\frac{b^2}{a^2}\right)$$

$$(8.40)$$

这就是汉克尔积分公式,右式中的 $F(\alpha,\beta;\lambda;z)$ 为超几何函数.

利用超几何函数的变换公式(8.15):

$$F(\alpha,\beta;\lambda;z) = (1-z)^{-\alpha}F\left(\alpha,\gamma-\beta;\gamma;\frac{z}{z-1}\right)$$

有

$$F\left(\frac{\nu+\mu}{2},\frac{\nu+\mu+1}{2};\nu+1;-\frac{b^2}{a^2}\right) = \left(1+\frac{b^2}{a^2}\right)^{-\frac{\nu+\mu}{2}}$$
$$\cdot F\left(\frac{\nu+\mu}{2},\frac{\nu-\mu+1}{2};\nu+1;\frac{b^2}{a^2+b^2}\right)$$

那么,汉克尔积分又可写成

$$\int_0^\infty e^{-at}J_\nu(bt)t^{\mu-1}dt = (a^2+b^2)^{-\frac{\nu+\mu}{2}}\left(\frac{b}{2}\right)^\nu\frac{\Gamma(\nu+\mu)}{\Gamma(\nu+1)}$$
$$\cdot F\left(\frac{\nu+\mu}{2},\frac{\nu-\mu+1}{2};\nu+1;\frac{b^2}{a^2+b^2}\right) \quad (8.41)$$

**例 3** 计算积分 $\displaystyle\int_0^\infty e^{-at}J_\nu(bt)dt$.

**解** 在汉克尔公式

$$\int_0^\infty e^{-at}J_\nu(bt)t^{\mu-1}dt = \frac{\Gamma(\nu+\mu)}{a^{\nu+\mu}\Gamma(\nu+1)}\left(\frac{b}{2}\right)^\nu F\left(\frac{\nu+\mu}{2},\frac{\nu+\mu+1}{2};\nu+1;-\frac{b^2}{a^2}\right)$$

中,令 $\mu=1$,则

$$\int_0^\infty e^{-at}J_\nu(bt)dt = \frac{\Gamma(\nu+1)}{a^{\nu+1}\Gamma(\nu+1)}\left(\frac{b}{2}\right)^\nu F\left(\frac{\nu+1}{2},\frac{\nu+2}{2};\nu+1;-\frac{b^2}{a^2}\right)$$
$$= \frac{1}{a^{\nu+1}}\left(\frac{b}{2}\right)^\nu F\left(\frac{\nu+1}{2},\frac{\nu+1}{2}+\frac{1}{2};\nu+1;-\frac{b^2}{a^2}\right)$$

利用式(8.22):$F\left(\alpha,\alpha+\frac{1}{2};2\alpha;z\right) = (1-z)^{-\frac{1}{2}}\left(\frac{1+\sqrt{1-z}}{2}\right)^{1-2\alpha}$,有

$$F\left(\frac{\nu+1}{2},\frac{\nu+1}{2}+\frac{1}{2};\nu+1;-\frac{b^2}{a^2}\right) = \left(1+\frac{b^2}{a^2}\right)^{-\frac{1}{2}}\left[\frac{1+\sqrt{1+\frac{b^2}{a^2}}}{2}\right]^{1-(\nu+1)}$$
$$= \frac{a}{\sqrt{a^2+b^2}}\left(\frac{2a}{a+\sqrt{a^2+b^2}}\right)^\nu$$

因此

$$\int_0^\infty e^{-at}J_\nu(bt)dt = \frac{1}{a^{\nu+1}}\left(\frac{b}{2}\right)^\nu\cdot\frac{a}{\sqrt{a^2+b^2}}\left(\frac{2a}{a+\sqrt{a^2+b^2}}\right)^\nu$$
$$= \frac{b^\nu}{\sqrt{a^2+b^2}}\frac{1}{(a+\sqrt{a^2+b^2})^\nu}$$
$$= \frac{(\sqrt{a^2+b^2}-a)^\nu}{b^\nu\sqrt{a^2+b^2}}$$

或

$$\int_0^\infty e^{-at} J_\nu(bt) dt = \frac{b^{-\nu}\left(\sqrt{a^2+b^2}-a\right)^\nu}{\sqrt{a^2+b^2}} \quad \left[\mathrm{Re}(a+\mathrm{i}b)\geqslant 0\right] \quad (8.42)$$

当 $\nu = 0$ 时,有

$$\int_0^\infty e^{-at} J_0(bt) dt = \frac{1}{\sqrt{a^2+b^2}}$$

当 $a = 0$ 时,有

$$\int_0^\infty J_\nu(bt) dt = \frac{1}{b}$$

$$\int_0^\infty J_0(bt) dt = \frac{1}{b}$$

当 $b = 1$ 时,有

$$\int_0^\infty J_\nu(t) dt = \int_0^\infty J_0(t) dt = 1$$

上面例 3 的积分结果是用汉克尔积分公式推演得到的,这是一种简便的方法. 但任何一个积分,都不会只有一种方法. 下面我们要用留数定理来做例 3 的积分.

把贝塞尔函数 $J_\nu(bt)$ 用它的积分形式来表达[式(8.25),式中 $\nu = n$],则

$$J_n(bt) = \frac{(-\mathrm{i})^n}{\pi}\int_0^\pi e^{\mathrm{i}bt\cos\theta}\cos n\theta \,d\theta$$

把它代入例 3 的积分式中,得

$$\begin{aligned}
\int_0^\infty e^{-at} J_\nu(bt) dt &= \frac{(-\mathrm{i})^n}{\pi}\int_0^\infty e^{-at} dt \int_0^\pi e^{\mathrm{i}bt\cos\theta}\cos n\theta \,d\theta \quad (\nu = n)\\
&= \frac{(-\mathrm{i})^n}{\pi}\int_0^\pi \cos n\theta \,d\theta \int_0^\infty e^{-at} e^{\mathrm{i}bt\cos\theta} dt\\
&= \frac{(-\mathrm{i})^n}{\pi}\int_0^\pi \cos n\theta \,d\theta \int_0^\infty e^{-(a-\mathrm{i}b\cos\theta)t} dt\\
&= \frac{(-\mathrm{i})^n}{\pi}\int_0^\pi \cos n\theta \,d\theta \frac{1}{-(a-\mathrm{i}b\cos\theta)}\left[e^{-(a-\mathrm{i}b\cos\theta)t}\right]_{t=0}^{t=\infty}\\
&= \frac{(-\mathrm{i})^n}{\pi}\int_0^\pi \frac{\cos n\theta}{a-\mathrm{i}b\cos\theta} d\theta
\end{aligned}$$

用留数定理计算等式右边的积分,有

$$\int_0^\pi \frac{\cos n\theta}{a-\mathrm{i}b\cos\theta} d\theta = \frac{1}{2}\int_0^{2\pi} \frac{\cos n\theta}{a-\mathrm{i}b\cos\theta} d\theta$$

按照留数定理求积分的一般方法,先要把被积函数拓展到复平面中,令 $z = e^{\mathrm{i}\theta}$,则在复平面上,与 $0 \leqslant \theta \leqslant 2\pi$ 相对应的是一个以原点为圆心的单位圆 $C$. 这样我们就可以在复平面上沿围道 $C$ 对 $z$ 进行积分.

把自变量从 $\theta$ 变到 $z$,则有

$$\cos\theta = \frac{e^{\mathrm{i}\theta}+e^{-\mathrm{i}\theta}}{2} = \frac{1}{2}\left(z+\frac{1}{z}\right)$$

及

$$\mathrm{d}z = \mathrm{i}\mathrm{e}^{\mathrm{i}\theta}\mathrm{d}\theta, \quad \mathrm{d}\theta = \frac{\mathrm{d}z}{\mathrm{i}\mathrm{e}^{\mathrm{i}\theta}} = \frac{\mathrm{d}z}{\mathrm{i}z}$$

在复平面上有

$$\cos n\theta = \frac{\mathrm{e}^{in\theta} + \mathrm{e}^{-in\theta}}{2}, \quad \mathrm{i}\sin n\theta = \frac{\mathrm{e}^{in\theta} - \mathrm{e}^{-in\theta}}{2}$$

$$\cos n\theta + \mathrm{i}\sin n\theta = z^n$$

于是

$$\int_0^\pi \frac{\cos n\theta}{a - \mathrm{i}b\cos\theta}\mathrm{d}\theta = \frac{1}{2}\int_0^{2\pi} \frac{\cos n\theta}{a - \mathrm{i}b\cos\theta}\mathrm{d}\theta = \frac{1}{2}\oint_C \frac{z^n\mathrm{d}z}{\left[a - \frac{\mathrm{i}b}{2}\left(z + \frac{1}{z}\right)\right]\mathrm{i}z}$$

$$= \oint_C \frac{z^n\mathrm{d}z}{2\mathrm{i}az + bz^2 + b} = \frac{1}{b}\oint_C \frac{z^n\mathrm{d}z}{z^2 + 2\frac{\mathrm{i}a}{b} + 1}$$

$$= \frac{1}{b}\oint_C \frac{z^n\mathrm{d}z}{\left(z - \mathrm{i}\frac{\sqrt{a^2 + b^2} - a}{b}\right)\left(z + \mathrm{i}\frac{\sqrt{a^2 + b^2} + a}{b}\right)}$$

其中

$$z_1 = \mathrm{i}\frac{\sqrt{a^2 + b^2} - a}{b}, \quad z_2 = -\mathrm{i}\frac{\sqrt{a^2 + b^2} + a}{b}$$

容易看出,$z_1 = \mathrm{i}\dfrac{\sqrt{a^2 + b^2} - a}{b}$ 是单位圆内唯一的一个极点,它的留数是

$$\mathrm{Res}f(z_1) = \left(z \underset{z \to z_1}{-} z_1\right)\frac{z^n}{z^2 + 2\frac{\mathrm{i}a}{b} + 1} = \left(z \underset{z \to z_1}{-} z_1\right)\frac{z^n}{(z - z_1)(z + z_2)}$$

$$= \frac{\left(\mathrm{i}\dfrac{\sqrt{a^2 + b^2} - a}{b}\right)^n}{\mathrm{i}\dfrac{\sqrt{a^2 + b^2} - a}{b} + \mathrm{i}\dfrac{\sqrt{a^2 + b^2} + a}{b}} = \frac{\mathrm{i}^n\left(\dfrac{\sqrt{a^2 + b^2} - a}{b}\right)^n}{2\mathrm{i}\dfrac{\sqrt{a^2 + b^2}}{b}}$$

$$= \frac{b\mathrm{i}^n}{2\mathrm{i}\sqrt{a^2 + b^2}}\left(\frac{\sqrt{a^2 + b^2} - a}{b}\right)^n$$

根据柯西定理,得到

$$\int_0^\pi \frac{\cos n\theta}{a - \mathrm{i}b\cos\theta}\mathrm{d}\theta = \frac{1}{b}\cdot 2\pi\mathrm{i}\cdot\frac{b\mathrm{i}^n}{2\mathrm{i}\sqrt{a^2 + b^2}}\left(\frac{\sqrt{a^2 + b^2} - a}{b}\right)^n$$

$$= \frac{\pi\mathrm{i}^n}{\sqrt{a^2 + b^2}}\left(\frac{\sqrt{a^2 + b^2} - a}{b}\right)^n$$

最后的积分结果是

$$\int_0^\infty \mathrm{e}^{-at}\mathrm{J}_\nu(bt)\mathrm{d}t = \frac{(-\mathrm{i})^n}{\pi}\cdot\frac{\pi\mathrm{i}^n}{\sqrt{a^2 + b^2}}\left(\frac{\sqrt{a^2 + b^2} - a}{b}\right)^n \quad (n = \nu)$$

$$= \frac{b^{-\nu} \left( \sqrt{a^2 + b^2} - a \right)^{\nu}}{\sqrt{a^2 + b^2}}$$

## 8.2.2　含有第二类贝塞尔函数(诺伊曼函数)的积分

**例4**　计算积分 $\int_0^{\infty} \mathrm{e}^{-at} \mathrm{N}_{\nu}(bt) t^{\mu-1} \mathrm{d}t$.

**解**　把 $\mathrm{N}_{\nu}(bt) = \cot \nu\pi \mathrm{J}_{\nu}(bt) - \csc \nu\pi \mathrm{J}_{-\nu}(bt)$［式(8.26)］代入积分式中,有

$$\int_0^{\infty} \mathrm{e}^{-at} \mathrm{N}_{\nu}(bt) t^{\mu-1} \mathrm{d}t$$

$$= \int_0^{\infty} \mathrm{e}^{-at} \left[ \cot \nu\pi \mathrm{J}_{\nu}(bt) - \csc \nu\pi \mathrm{J}_{-\nu}(bt) \right] \cdot t^{\mu-1} \mathrm{d}t$$

$$= \cot \nu\pi \int_0^{\infty} \mathrm{e}^{-at} \mathrm{J}_{\nu}(bt) t^{\mu-1} \mathrm{d}t - \csc \nu\pi \int_0^{\infty} \mathrm{e}^{-at} \mathrm{J}_{-\nu}(bt) t^{\mu-1} \mathrm{d}t \quad\text{(A)}$$

该式右边第一个积分,已经在前面求得［式(8.41)］:

$$\int_0^{\infty} \mathrm{e}^{-at} \mathrm{J}_{\nu}(bt) t^{\mu-1} \mathrm{d}t = \frac{1}{\sqrt{(a^2 + b^2)^{\nu+\mu}}} \left( \frac{b}{2} \right)^{\nu} \frac{\Gamma(\nu + \mu)}{\Gamma(\nu + 1)}$$

$$\cdot \mathrm{F} \left( \frac{\nu + \mu}{2}, \frac{\nu - \mu + 1}{2}; \nu + 1; \frac{b^2}{a^2 + b^2} \right) \quad\text{(B)}$$

下面求右边的第二个积分:

$$\int_0^{\infty} \mathrm{e}^{-at} \mathrm{J}_{-\nu}(bt) t^{\mu-1} \mathrm{d}t$$

$$= \int_0^{\infty} \mathrm{e}^{-at} \sum_{k=0}^{\infty} (-1)^k \frac{1}{k! \Gamma(k - \nu + 1)} \left( \frac{bt}{2} \right)^{2k-\nu} t^{\mu-1} \mathrm{d}t$$

$$= \sum_{k=0}^{\infty} (-1)^k \frac{1}{k! \Gamma(k + 1 - \nu)} \left( \frac{b}{2} \right)^{2k-\nu} \int_0^{\infty} \mathrm{e}^{-at} t^{2k+\mu-\nu-1} \mathrm{d}t$$

$$= \sum_{k=0}^{\infty} (-1)^k \frac{1}{k! \Gamma(k + 1 - \nu)} \left( \frac{b}{2} \right)^{2k-\nu} \frac{\Gamma(2k + \mu - \nu)}{a^{2k+\mu-\nu}}$$

$$= \frac{1}{a^{\mu-\nu}} \left( \frac{b}{2} \right)^{-\nu} \sum_{k=0}^{\infty} (-1)^k \frac{1}{k!} \frac{\Gamma(2k + \mu - \nu)}{2^{2k} \Gamma(k + 1 - \nu)} \left( \frac{b}{a} \right)^{2k}$$

$$= \frac{1}{a^{\mu-\nu}} \left( \frac{b}{2} \right)^{-\nu} \sum_{k=0}^{\infty} (-1)^k \frac{1}{k!} \frac{\frac{2^{2k+\mu-\nu-1}}{\sqrt{\pi}} \Gamma\left( k + \frac{\mu - \nu}{2} \right) \Gamma\left( k + \frac{\mu - \nu + 1}{2} \right)}{2^{2k} \Gamma(k + 1 - \nu)} \left( \frac{b}{a} \right)^{2k}$$

$$= \frac{1}{a^{\mu-\nu}} \left( \frac{b}{2} \right)^{-\nu} \sum_{k=0}^{\infty} \frac{(-1)^k}{k!} \frac{2^{\mu-\nu-1}}{\sqrt{\pi}} \frac{\Gamma\left( \frac{\mu - \nu}{2} \right) \left( \frac{\mu - \nu}{2} \right)_k \Gamma\left( \frac{\mu - \nu + 1}{2} \right) \left( \frac{\mu - \nu + 1}{2} \right)_k}{\Gamma(1 - \nu) (1 - \nu)_k} \left( \frac{b^2}{a^2} \right)^k$$

$$= \frac{1}{a^{\mu-\nu}} \left( \frac{b}{2} \right)^{-\nu} \sum_{k=0}^{\infty} \frac{(-1)^k}{k!} \frac{2^{\mu-\nu-1}}{\sqrt{\pi}} \frac{\frac{\sqrt{\pi}}{2^{\mu-\nu-1}} \Gamma(\mu - \nu) \cdot \left( \frac{\mu - \nu}{2} \right)_k \left( \frac{\mu - \nu + 1}{2} \right)_k}{\Gamma(1 - \nu) (1 - \nu)_k} \left( \frac{b^2}{a^2} \right)^k$$

$$= \frac{1}{a^{\mu-\nu}} \left(\frac{b}{2}\right)^{-\nu} \frac{\Gamma(\mu-\nu)}{\Gamma(1-\nu)} \sum_{k=0}^{\infty} \frac{1}{k!} \frac{\left(\frac{\mu-\nu}{2}\right)_k \left(\frac{\mu-\nu+1}{2}\right)_k}{(1-\nu)_k} \left(-\frac{b^2}{a^2}\right)^k$$

$$= \frac{1}{a^{\mu-\nu}} \left(\frac{b}{2}\right)^{-\nu} \frac{\Gamma(\mu-\nu)}{\Gamma(1-\nu)} F\left(\frac{\mu-\nu}{2}, \frac{\mu-\nu+1}{2}; 1-\nu; -\frac{b^2}{a^2}\right)$$

利用式 (8.15):$F(\alpha, \beta; \gamma; z) = (1-z)^{-\alpha} F\left(\alpha, \gamma-\beta; \gamma; \frac{z}{z-1}\right)$,得到

$$\int_0^{\infty} e^{-at} J_{-\nu}(bt) t^{\mu-1} dt$$

$$= \frac{1}{a^{\mu-\nu}} \left(\frac{b}{2}\right)^{-\nu} \frac{\Gamma(\mu-\nu)}{\Gamma(1-\nu)} \left(1+\frac{b^2}{a^2}\right)^{-\frac{\mu-\nu}{2}} F\left(\frac{\mu-\nu}{2}, \frac{1-\mu-\nu}{2}; 1-\nu; \frac{b^2}{a^2+b^2}\right)$$

$$= \frac{1}{\sqrt{(a^2+b^2)^{\mu-\nu}}} \left(\frac{b}{2}\right)^{-\nu} \frac{\Gamma(\mu-\nu)}{\Gamma(1-\nu)} F\left(\frac{\mu-\nu}{2}, \frac{1-\mu-\nu}{2}; 1-\nu; \frac{b^2}{a^2+b^2}\right) \quad (C)$$

[式 (C) 相当于将式 (B) 中的 $\nu$ 换成 $-\nu$.]

将式 (B) 和式 (C) 代入式 (A),最后得到

$$\int_0^{\infty} e^{-at} N_{\nu}(bt) t^{\mu-1} dt$$

$$= \frac{\cot \nu\pi}{\sqrt{(a^2+b^2)^{\mu+\nu}}} \left(\frac{b}{2}\right)^{\nu} \frac{\Gamma(\mu+\nu)}{\Gamma(1+\nu)} F\left(\frac{\mu+\nu}{2}, \frac{\nu-\mu+1}{2}; 1+\nu; \frac{b^2}{a^2+b^2}\right)$$

$$- \frac{\csc \nu\pi}{\sqrt{(a^2+b^2)^{\mu-\nu}}} \left(\frac{b}{2}\right)^{-\nu} \frac{\Gamma(\mu-\nu)}{\Gamma(1-\nu)} F\left(\frac{\mu-\nu}{2}, \frac{1-\nu-\mu}{2}; 1-\nu; \frac{b^2}{a^2+b^2}\right)$$

$$(8.43)$$

**例 5** 计算积分 $\int_0^{\infty} e^{-at} N_{\nu}(bt) dt$.

**解** 在式 (8.43) 中,令 $\mu=1$,得到

$$\int_0^{\infty} e^{-at} N_{\nu}(bt) dt$$

$$= \frac{\cot \nu\pi}{\sqrt{(a^2+b^2)^{1+\nu}}} \left(\frac{b}{2}\right)^{\nu} \frac{\Gamma(1+\nu)}{\Gamma(1+\nu)} F\left(\frac{\nu+1}{2}, \frac{\nu}{2}; 1+\nu; \frac{b^2}{a^2+b^2}\right)$$

$$- \frac{\csc \nu\pi}{\sqrt{(a^2+b^2)^{1-\nu}}} \left(\frac{b}{2}\right)^{-\nu} \frac{\Gamma(1-\nu)}{\Gamma(1-\nu)} F\left(\frac{1-\nu}{2}, -\frac{\nu}{2}; 1-\nu; \frac{b^2}{a^2+b^2}\right)$$

使用式 (8.21),上式右边两个超几何函数可化为

$$F\left(\frac{\nu+1}{2}, \frac{\nu}{2}; 1+\nu; \frac{b^2}{a^2+b^2}\right) = \left[\frac{\sqrt{a^2+b^2}+a}{2\sqrt{a^2+b^2}}\right]^{-\nu}$$

$$F\left(\frac{1-\nu}{2}, -\frac{\nu}{2}; 1-\nu; \frac{b^2}{a^2+b^2}\right) = \left[\frac{\sqrt{a^2+b^2}+a}{2\sqrt{a^2+b^2}}\right]^{\nu}$$

把它们代入后,得到

$$\int_0^{\infty} e^{-at} N_{\nu}(bt) dt = \frac{\cot \nu\pi}{\sqrt{(a^2+b^2)^{\nu+1}}} \left(\frac{b}{2}\right)^{\nu} \left[\frac{\sqrt{a^2+b^2}+a}{2\sqrt{a^2+b^2}}\right]^{-\nu}$$

$$- \frac{\csc \nu \pi}{\sqrt{(a^2 + b^2)^{1-\nu}}} \left( \frac{b}{2} \right)^{-\nu} \left[ \frac{\sqrt{a^2 + b^2} + a}{2 \sqrt{a^2 + b^2}} \right]^{\nu}$$

经整理后,最后得到

$$\int_0^\infty \mathrm{e}^{-at} \mathrm{N}_\nu(bt)\mathrm{d}t = \frac{\csc \nu \pi}{\sqrt{(a^2 + b^2)}} \Big[ b^\nu \left( \sqrt{a^2 + b^2} + a \right)^{-\nu}$$

$$\cdot \cos \nu \pi - b^{-\nu} \left( \sqrt{a^2 + b^2} + a \right)^\nu \Big] \tag{8.44}$$

当 $a = 0$ 时,有

$$\int_0^\infty \mathrm{N}_\nu(bt)\mathrm{d}t = -\frac{1}{b}\tan\frac{\nu\pi}{2}$$

### 8.2.3　含虚自变量的贝塞尔函数的积分

**例 6**　求积分 $\displaystyle\int_0^\infty \mathrm{e}^{-ax} \mathrm{I}_\nu(bx) x^{\mu-1}\mathrm{d}x$.

**解**　把 $\mathrm{I}_\nu(bx) = \displaystyle\sum_{k=0}^\infty \frac{1}{k!} \frac{1}{\Gamma(k+\nu+1)} \left( \frac{bx}{2} \right)^{2k+\nu}$ [式(8.29)]代入积分式中,得

$$\int_0^\infty \mathrm{e}^{-ax} \mathrm{I}_\nu(bx) x^{\mu-1}\mathrm{d}x$$

$$= \int_0^\infty \mathrm{e}^{-ax} \sum_{k=0}^\infty \frac{1}{k!} \frac{1}{\Gamma(k+\nu+1)} \left( \frac{bx}{2} \right)^{2k+\nu} x^{\mu-1}\mathrm{d}x$$

$$= \sum_{k=0}^\infty \frac{1}{k!} \frac{1}{\Gamma(k+\nu+1)} \left( \frac{b}{2} \right)^{2k+\nu} \int_0^\infty \mathrm{e}^{-ax} x^{2k+\nu+\mu-1}\mathrm{d}x$$

$$= \sum_{k=0}^\infty \frac{1}{k!} \frac{1}{\Gamma(k+\nu+1)} \left( \frac{b}{2} \right)^{2k+\nu} \frac{\Gamma(2k+\nu+\mu)}{a^{2k+\nu+\mu}}$$

$$= \frac{1}{a^{\nu+\mu}} \left( \frac{b}{2} \right)^\nu \sum_{k=0}^\infty \frac{1}{k!} \frac{1}{2^{2k}} \frac{\Gamma(2k+\nu+\mu)}{\Gamma(k+\nu+1)} \left( \frac{b}{a} \right)^{2k}$$

$$= \frac{1}{a^{\nu+\mu}} \left( \frac{b}{2} \right)^\nu \sum_{k=0}^\infty \frac{1}{k!} \frac{1}{2^{2k}} \frac{2^{2k+\nu+\mu-1}}{\sqrt{\pi}} \frac{\Gamma\left( k+\dfrac{\nu+\mu}{2} \right)\Gamma\left( k+\dfrac{\nu+\mu+1}{2} \right)}{\Gamma(k+\nu+1)} \left( \frac{b}{a} \right)^{2k}$$

$$= \frac{1}{a^{\nu+\mu}} \left( \frac{b}{2} \right)^\nu \sum_{k=0}^\infty \frac{1}{k!} \frac{1}{2^{2k}} \frac{2^{2k+\nu+\mu-1}}{\sqrt{\pi}} \frac{\dfrac{\sqrt{\pi}}{2^{\nu+\mu-1}}\Gamma(\nu+\mu)\left( \dfrac{\nu+\mu}{2} \right)_k \left( \dfrac{\nu+\mu+1}{2} \right)_k}{\Gamma(\nu+1)(\nu+1)_k} \left( \frac{b}{a} \right)^{2k}$$

$$= \frac{1}{a^{\nu+\mu}} \left( \frac{b}{2} \right)^\nu \frac{\Gamma(\nu+\mu)}{\Gamma(\nu+1)} \sum_{k=0}^\infty \frac{1}{k!} \frac{\left( \dfrac{\nu+\mu}{2} \right)_k \left( \dfrac{\nu+\mu+1}{2} \right)_k}{(\nu+1)_k} \left( \frac{b^2}{a^2} \right)^k$$

$$= \frac{1}{a^{\nu+\mu}} \left( \frac{b}{2} \right)^\nu \frac{\Gamma(\nu+\mu)}{\Gamma(\nu+1)} \mathrm{F}\left( \frac{\nu+\mu}{2}, \frac{\nu+\mu+1}{2}; \nu+1; \frac{b^2}{a^2} \right) \tag{8.45}$$

这就是该积分的结果. 当已知常数 $\nu, \mu, a, b$ 的值时, 就可算出具体数值了.

当 $\mu = 1$ 时, 有

$$\int_0^\infty \mathrm{e}^{-ax} \mathrm{I}_\nu(bx) \mathrm{d}x = \frac{1}{a^{\nu+1}} \left(\frac{b}{2}\right)^\nu \mathrm{F}\left(\frac{\nu+1}{2}, \frac{\nu+2}{2}; \nu+1; \frac{b^2}{a^2}\right)$$

根据式(8.22), 该式右端的超几何函数可用初等函数表达, 则

$$\mathrm{F}\left(\frac{\nu+1}{2}, \frac{\nu+2}{2}; \nu+1; \frac{b^2}{a^2}\right) = \left(1 - \frac{b^2}{a^2}\right)^{-\frac{1}{2}} \left[\frac{1 + \sqrt{1 - \dfrac{b^2}{a^2}}}{2}\right]^{1-(\nu+1)}$$

$$= \frac{a}{\sqrt{a^2 - b^2}} \left(\frac{2a}{a + \sqrt{a^2 - b^2}}\right)^\nu$$

因此得到

$$\int_0^\infty \mathrm{e}^{-ax} \mathrm{I}_\nu(bx) \mathrm{d}x = \frac{1}{a^{\nu+1}} \left(\frac{b}{2}\right)^\nu \frac{a}{\sqrt{a^2 - b^2}} \left(\frac{2a}{a + \sqrt{a^2 - b^2}}\right)^\nu$$

$$= \frac{b^\nu}{\sqrt{a^2 - b^2} \left(a + \sqrt{a^2 - b^2}\right)^\nu}$$

$$= \frac{b^{-\nu} \left(a - \sqrt{a^2 - b^2}\right)^\nu}{\sqrt{a^2 - b^2}} \quad (\mathrm{Re}\, a > |\mathrm{Re}\, b|) \quad (8.46)$$

当 $\nu = 0$ 时, 有

$$\int_0^\infty \mathrm{e}^{-ax} \mathrm{I}_0(bx) \mathrm{d}x = \frac{1}{\sqrt{a^2 - b^2}}$$

接着, 当 $a = 0$ 时, 有

$$\int_0^\infty \mathrm{I}_0(bx) \mathrm{d}x = \frac{1}{\mathrm{i}b}$$

**例 7**　求积分 $\displaystyle\int_0^\infty \mathrm{e}^{-ax} \mathrm{K}_\nu(bx) x^{\mu-1} \mathrm{d}x$.

**解**　把 $\mathrm{K}_\nu(bx) = \dfrac{\pi}{2} \dfrac{\mathrm{I}_{-\nu}(bx) - \mathrm{I}_\nu(bx)}{\sin \nu\pi}$ [式(8.31)]代入积分式中, 有

$$\int_0^\infty \mathrm{e}^{-ax} \mathrm{K}_\nu(bx) x^{\mu-1} \mathrm{d}x = \int_0^\infty \mathrm{e}^{-ax} \frac{\pi}{2} \frac{\mathrm{I}_{-\nu}(bx) - \mathrm{I}_\nu(bx)}{\sin \nu\pi} x^{\mu-1} \mathrm{d}x$$

再把

$$\mathrm{I}_\nu(bx) = \sum_{k=0}^\infty \frac{1}{k!\, \Gamma(k+\nu+1)} \left(\frac{bx}{2}\right)^{2k+\nu}$$

$$\mathrm{I}_{-\nu}(bx) = \sum_{k=0}^\infty \frac{1}{k!\, \Gamma(k-\nu+1)} \left(\frac{bx}{2}\right)^{2k-\nu}$$

代入, 得

$$\int_0^\infty \mathrm{e}^{-ax} \mathrm{K}_\nu(bx) x^{\mu-1} \mathrm{d}x$$

$$= \frac{\pi}{2\sin \nu\pi}\left[\int_0^\infty \mathrm{e}^{-ax} \sum_{k=0}^\infty \frac{1}{k!\, \Gamma(k-\nu+1)} \left(\frac{b}{2}\right)^{2k-\nu} x^{2k-\nu+\mu-1} \mathrm{d}x\right.$$

$$-\int_0^\infty \mathrm{e}^{-ax} \sum_{k=0}^\infty \frac{1}{k!\,\Gamma(k+\nu+1)} \left(\frac{b}{2}\right)^{2k+\nu} x^{2k+\nu+\mu-1}\mathrm{d}x\Big]$$

$$= \frac{\pi}{2\sin\nu\pi}\Big[\sum_{k=0}^\infty \frac{1}{k!\,\Gamma(k-\nu+1)} \left(\frac{b}{2}\right)^{2k-\nu} \int_0^\infty \mathrm{e}^{-ax} x^{2k-\nu+\mu-1}\mathrm{d}x$$

$$-\sum_{k=0}^\infty \frac{1}{k!\,\Gamma(k+\nu+1)} \left(\frac{b}{2}\right)^{2k+\nu} \int_0^\infty \mathrm{e}^{-ax} x^{2k+\nu+\mu-1}\mathrm{d}x\Big]$$

$$= \frac{\pi}{2\sin\nu\pi}\Big[\sum_{k=0}^\infty \frac{1}{k!\,\Gamma(k-\nu+1)} \left(\frac{b}{2}\right)^{2k-\nu} \frac{\Gamma(2k-\nu+\mu)}{a^{2k-\nu+\mu}}$$

$$-\sum_{k=0}^\infty \frac{1}{k!\,\Gamma(k+\nu+1)} \left(\frac{b}{2}\right)^{2k+\nu} \frac{\Gamma(2k+\nu+\mu)}{a^{2k+\nu+\mu}}\Big]$$

$$= \frac{\pi}{2\sin\nu\pi}\Big[\frac{1}{a^{\mu-\nu}} \left(\frac{b}{2}\right)^{-\nu} \sum_{k=0}^\infty \frac{1}{k!}\frac{1}{2^{2k}} \frac{\Gamma(2k-\nu+\mu)}{\Gamma(k-\nu+1)} \left(\frac{b}{a}\right)^{2k}$$

$$-\frac{1}{a^{\mu+\nu}} \left(\frac{b}{2}\right)^{\nu} \sum_{k=0}^\infty \frac{1}{k!}\frac{1}{2^{2k}} \frac{\Gamma(2k+\nu+\mu)}{\Gamma(k+\nu+1)} \left(\frac{b}{a}\right)^{2k}\Big]$$

$$= \frac{\pi}{2\sin\nu\pi}\Big[\frac{1}{a^{\mu-\nu}} \left(\frac{b}{2}\right)^{-\nu} \frac{\Gamma(\mu-\nu)}{\Gamma(1-\nu)} \sum_{k=0}^\infty \frac{1}{k!} \frac{\left(\frac{\mu-\nu}{2}\right)_k \left(\frac{\mu-\nu+1}{2}\right)_k}{(1-\nu)_k} \left(\frac{b^2}{a^2}\right)^k$$

$$-\frac{1}{a^{\mu+\nu}} \left(\frac{b}{2}\right)^{\nu} \frac{\Gamma(\mu+\nu)}{\Gamma(\nu+1)} \sum_{k=0}^\infty \frac{1}{k!} \frac{\left(\frac{\mu+\nu}{2}\right)_k \left(\frac{\mu+\nu+1}{2}\right)_k}{(\nu+1)_k} \left(\frac{b^2}{a^2}\right)^k\Big]$$

因此

$$\int_0^\infty \mathrm{e}^{-ax} \mathrm{K}_\nu(bx) x^{\mu-1}\mathrm{d}x$$

$$= \frac{\pi}{2\sin\nu\pi}\Big[\frac{1}{a^{\mu-\nu}} \left(\frac{b}{2}\right)^{-\nu} \frac{\Gamma(\mu-\nu)}{\Gamma(1-\nu)} \mathrm{F}\Big(\frac{\mu-\nu}{2},\frac{\mu-\nu+1}{2};1-\nu;\frac{b^2}{a^2}\Big)$$

$$-\frac{1}{a^{\mu+\nu}} \left(\frac{b}{2}\right)^{\nu} \frac{\Gamma(\mu+\nu)}{\Gamma(\nu+1)} \mathrm{F}\Big(\frac{\mu+\nu}{2},\frac{\mu+\nu+1}{2};\nu+1;\frac{b^2}{a^2}\Big)\Big]$$

$$(8.47)$$

经过超几何函数的变换,还可把积分结果表示为

$$\int_0^\infty \mathrm{e}^{-ax} \mathrm{K}_\nu(bx) x^{\mu-1}\mathrm{d}x = \frac{\sqrt{\pi}\,(2b)^\nu}{(a+b)^{\mu+\nu}} \frac{\Gamma(\mu+\nu)\Gamma(\mu-\nu)}{\Gamma(\mu+1)}$$

$$\cdot \mathrm{F}\Big(\mu+\nu,\nu+\frac{1}{2};\mu+\frac{1}{2};\frac{a-b}{a+b}\Big) \qquad (8.48)$$

**例 8** 计算积分 $\displaystyle\int_0^\infty \mathrm{e}^{-ax} \mathrm{K}_\nu(bx)\mathrm{d}x$.

**解** 在式(8.47)中,令 $\mu=1$,则有

$$\int_0^\infty \mathrm{e}^{-ax} \mathrm{K}_\nu(bx)\mathrm{d}x = \frac{\pi}{2\sin\nu\pi}\Big[\frac{1}{a^{1-\nu}} \left(\frac{b}{2}\right)^{-\nu} \frac{\Gamma(1-\nu)}{\Gamma(1-\nu)} \mathrm{F}\Big(\frac{1-\nu}{2},\frac{1-\nu+1}{2};1-\nu;\frac{b^2}{a^2}\Big)$$

$$
-\frac{1}{a^{1+\nu}}\left(\frac{b}{2}\right)^{\nu}\frac{\Gamma(1+\nu)}{\Gamma(\nu+1)}\mathrm{F}\left(\frac{1+\nu}{2},\frac{1+\nu+1}{2};\nu+1;\frac{b^2}{a^2}\right)\Bigg]
$$

$$
=\frac{\pi}{2\sin\nu\pi}\Bigg[\frac{1}{a^{1-\nu}}\left(\frac{b}{2}\right)^{-\nu}\mathrm{F}\left(\frac{1-\nu}{2},\frac{2-\nu}{2};1-\nu;\frac{b^2}{a^2}\right)
$$

$$
-\frac{1}{a^{1+\nu}}\left(\frac{b}{2}\right)^{\nu}\mathrm{F}\left(\frac{1+\nu}{2},\frac{2+\nu}{2};\nu+1;\frac{b^2}{a^2}\right)\Bigg]
$$

应用式(8.22),有

$$
\mathrm{F}\left(\frac{1-\nu}{2},\frac{1-\nu}{2}+\frac{1}{2};1-\nu;\frac{b^2}{a^2}\right)=\frac{\left(\dfrac{1+\sqrt{1-b^2/a^2}}{2}\right)^{1-(1-\nu)}}{\sqrt{1-b^2/a^2}}=\frac{\left(a+\sqrt{a^2-b^2}\right)^{\nu}}{2^{\nu}a^{\nu-1}\sqrt{a^2-b^2}}
$$

$$
\mathrm{F}\left(\frac{1+\nu}{2},\frac{1+\nu}{2}+\frac{1}{2};1+\nu;\frac{b^2}{a^2}\right)=\frac{\left(\dfrac{1+\sqrt{1-b^2/a^2}}{2}\right)^{1-(1+\nu)}}{\sqrt{1-b^2/a^2}}=\frac{\left(a+\sqrt{a^2-b^2}\right)^{-\nu}}{2^{-\nu}a^{-\nu-1}\sqrt{a^2-b^2}}
$$

把这两式代入积分式,得到

$$
\int_0^{\infty}\mathrm{e}^{-ax}\mathrm{K}_{\nu}(bx)\mathrm{d}x=\frac{\pi}{2\sin\nu\pi}\Bigg[\frac{b^{-\nu}\left(a+\sqrt{a^2-b^2}\right)^{\nu}}{\sqrt{a^2-b^2}}-\frac{b^{\nu}\left(a+\sqrt{a^2-b^2}\right)^{-\nu}}{\sqrt{a^2-b^2}}\Bigg]
$$

改写一下,得

$$
\int_0^{\infty}\mathrm{e}^{-ax}\mathrm{K}_{\nu}(bx)\mathrm{d}x=\frac{\pi\csc\nu\pi}{2\sqrt{a^2-b^2}}\Big[b^{-\nu}\left(a+\sqrt{a^2-b^2}\right)^{\nu}-b^{\nu}\left(a+\sqrt{a^2-b^2}\right)^{-\nu}\Big]
$$

$$\tag{8.49}$$

## 8.2.4　双贝塞尔函数的积分

**例 9**　求积分 $\displaystyle\int_0^{\infty}\frac{\mathrm{J}_{\mu}(at)\mathrm{J}_{\nu}(bt)}{t^{\lambda}}\mathrm{d}t$ .

**解**　假定 $a>0,b>0,a>b$ .选择新的常数 $\alpha,\beta,\gamma$ ,并定义

$$
\begin{cases}2\alpha=\mu+\nu-\lambda+1\\2\beta=\nu-\mu-\lambda+1,\\\gamma=\nu+1\end{cases}\qquad\begin{cases}\lambda=\gamma-\alpha-\beta\\\mu=\alpha-\beta\\\nu=\gamma-1\end{cases}
$$

在积分式中加入积分参数 $\mathrm{e}^{-ct}$ ,那么

$$
\int_0^{\infty}\frac{\mathrm{J}_{\mu}(at)\mathrm{J}_{\nu}(bt)}{t^{\lambda}}\mathrm{d}t=\lim_{c\to+0}\int_0^{\infty}\mathrm{e}^{-ct}\frac{\mathrm{J}_{\mu}(at)\mathrm{J}_{\nu}(bt)}{t^{\lambda}}\mathrm{d}t
$$

从而有

$$
\int_0^{\infty}\mathrm{e}^{-ct}\frac{\mathrm{J}_{\mu}(at)\mathrm{J}_{\nu}(bt)}{t^{\lambda}}\mathrm{d}t=\int_0^{\infty}\mathrm{e}^{-ct}\frac{\mathrm{J}_{\alpha-\beta}(at)\mathrm{J}_{\gamma-1}(bt)}{t^{\gamma-\alpha-\beta}}\mathrm{d}t
$$

该式右端的 $\mathrm{J}_{\gamma-1}(bt)$ 用无穷级数表示为

$$
\mathrm{J}_{\gamma-1}(bt)=\sum_{k=0}^{\infty}(-1)^k\frac{1}{k!\Gamma(k+\gamma)}\left(\frac{bt}{2}\right)^{2k+\gamma-1}
$$

代入积分式,得

$$\int_0^\infty e^{-ct} \frac{J_\mu(at)J_\nu(bt)}{t^\lambda} dt$$

$$= \int_0^\infty e^{-ct} \frac{J_{\alpha-\beta}(at)J_{\gamma-1}(bt)}{t^{\gamma-\alpha-\beta}} dt$$

$$= \int_0^\infty e^{-ct} J_{\alpha-\beta}(at) \sum_{k=0}^\infty (-1)^k \frac{1}{k!\Gamma(k+\gamma)} \left(\frac{bt}{2}\right)^{2k+\gamma-1} t^{\alpha+\beta-\gamma} dt$$

$$= \sum_{k=0}^\infty (-1)^k \frac{1}{k!\Gamma(k+\gamma)} \left(\frac{b}{2}\right)^{2k+\gamma-1} \int_0^\infty e^{-ct} J_{\alpha-\beta}(at) t^{2k+\alpha+\beta-1} dt$$

其中右端的积分,可用汉克尔积分公式得到

$$\int_0^\infty e^{-ct} J_{\alpha-\beta}(at) t^{2k+\alpha+\beta-1} dt = \frac{\Gamma(2k+2\alpha)}{c^{2k+2\alpha}\Gamma(\alpha-\beta+1)} \left(\frac{a}{2}\right)^{\alpha-\beta}$$

$$\cdot F\left(k+\alpha, k+\alpha+\frac{1}{2}; \alpha-\beta; -\frac{a^2}{c^2}\right)$$

利用超几何变换公式(8.15),有

$$F\left(k+\alpha, k+\alpha+\frac{1}{2}; \alpha-\beta+1; -\frac{a^2}{c^2}\right)$$

$$= \left(1+\frac{a^2}{c^2}\right)^{-(\alpha+k)} F\left(k+\alpha, \frac{1}{2}-k-\beta; \alpha-\beta+1; \frac{a^2}{a^2+c^2}\right)$$

因此

$$\int_0^\infty e^{-ct} J_{\alpha-\beta}(at) t^{2k+\alpha+\beta-1} dt = \frac{\Gamma(2k+2\alpha)}{c^{2k+2\alpha}\Gamma(\alpha-\beta+1)} \left(\frac{a}{2}\right)^{\alpha-\beta} \left(\frac{c^2}{c^2+a^2}\right)^{\alpha+k}$$

$$\cdot F\left(\alpha+k, \frac{1}{2}-\beta-k; \alpha-\beta+1; \frac{a^2}{a^2+c^2}\right)$$

$$= \frac{\Gamma(2\alpha+2k)}{\Gamma(\alpha-\beta+1)} \left(\frac{a}{2}\right)^{\alpha-\beta} \frac{1}{(c^2+a^2)^{\alpha+k}}$$

$$\cdot F\left(\alpha+k, \frac{1}{2}-\beta-k; \alpha-\beta+1; \frac{a^2}{a^2+c^2}\right)$$

于是得到

$$\int_0^\infty e^{-ct} \frac{J_{\alpha-\beta}(at)J_{\gamma-1}(bt)}{t^{\gamma-\alpha-\beta}} dt$$

$$= \sum_{k=0}^\infty (-1)^k \frac{1}{k!\Gamma(k+\gamma)} \left(\frac{b}{2}\right)^{2k+\gamma-1} \left(\frac{a}{2}\right)^{\alpha-\beta} \frac{1}{(c^2+a^2)^{\alpha+k}}$$

$$\times \frac{\Gamma(2k+2\alpha)}{\Gamma(\alpha-\beta+1)} F\left(\alpha+k, \frac{1}{2}-\beta-k; \alpha-\beta+1; \frac{a^2}{a^2+c^2}\right)$$

当 $c \to 0$ 时,有

$$\lim_{c\to 0}\int_0^\infty e^{-ct} \frac{J_{\alpha-\beta}(at)J_{\gamma-1}(bt)}{t^{\gamma-\alpha-\beta}} dt$$

$$= \int_0^\infty \frac{J_{\alpha-\beta}(at)J_{\gamma-1}(bt)}{t^{\gamma-\alpha-\beta}} dt$$

$$
= \sum_{k=0}^{\infty} (-1)^k \frac{1}{k!} \frac{1}{2^{2k+\alpha-\beta+\gamma-1}} \frac{b^{2k+\gamma-1}}{a^{2k+\alpha+\beta}} \frac{\Gamma(2k+2\alpha)}{\Gamma(k+\gamma)\Gamma(\alpha-\beta+1)}
$$

$$
\times F\left(\alpha+k, \frac{1}{2}-\beta-k; \alpha-\beta+1; 1\right)
$$

利用式(8.14)：$F(\alpha,\beta;\gamma;1) = \dfrac{\Gamma(\gamma)\Gamma(\gamma-\alpha-\beta)}{\Gamma(\gamma-\alpha)\Gamma(\gamma-\beta)}$，右端的超几何函数可化为

$$
F\left(\alpha+k, \frac{1}{2}-\beta-k; \alpha-\beta+1; 1\right) = \frac{\Gamma(\alpha-\beta+1)\Gamma\left(\frac{1}{2}\right)}{\Gamma(1-\beta-k)\Gamma\left(\alpha+k+\frac{1}{2}\right)}
$$

于是得到

$$
\int_0^{\infty} \frac{J_{\alpha-\beta}(at) J_{\gamma-1}(bt)}{t^{\gamma-\alpha-\beta}} dt
$$

$$
= \sum_{k=0}^{\infty} (-1)^k \frac{1}{k!} \frac{1}{2^{2k+\alpha-\beta+\gamma-1}} \frac{b^{2k+\gamma-1}}{a^{2k+\alpha+\beta}} \frac{\Gamma(2\alpha+2k)\Gamma\left(\frac{1}{2}\right)}{\Gamma(\gamma+k)\Gamma(1-\beta-k)\Gamma\left(\alpha+k+\frac{1}{2}\right)}
$$

$$
= \sum_{k=0}^{\infty} (-1)^k \frac{1}{k!} \frac{1}{2^{2k+\alpha-\beta+\gamma-1}} \frac{b^{2k+\gamma-1}}{a^{2k+\alpha+\beta}} \frac{2^{2\alpha+2k-1}}{\sqrt{\pi}} \frac{\Gamma(\alpha+k)\Gamma\left(\alpha+k+\frac{1}{2}\right)\sqrt{\pi}}{\Gamma(\gamma+k)\Gamma(1-\beta-k)\Gamma\left(\alpha+k+\frac{1}{2}\right)}
$$

$$
= \sum_{k=0}^{\infty} (-1)^k \frac{1}{k!} \frac{1}{2^{\gamma-\alpha-\beta}} \frac{b^{\gamma-1}}{a^{\alpha+\beta}} \left(\frac{b^2}{a^2}\right)^k \frac{\Gamma(\alpha+k)}{\Gamma(\gamma+k)\Gamma(1-\beta-k)}
$$

$$
= \frac{1}{2^{\gamma-\alpha-\beta}} \frac{b^{\gamma-1}}{a^{\alpha+\beta}} \sum_{k=0}^{\infty} (-1)^k \frac{1}{k!} \frac{\Gamma(\alpha)(\alpha)_k}{\Gamma(\gamma)(\gamma)_k \Gamma(1-\beta)(1-\beta)_{-k}} \left(\frac{b^2}{a^2}\right)^k
$$

$$
= \frac{1}{2^{\gamma-\alpha-\beta}} \frac{b^{\gamma-1}}{a^{\alpha+\beta}} \frac{\Gamma(\alpha)}{\Gamma(\gamma)\Gamma(1-\beta)} \sum_{k=0}^{\infty} \frac{1}{k!} \frac{(\alpha)_k}{(\gamma)_k} \frac{(-1)^k}{(1-\beta)_{-k}} \left(\frac{b^2}{a^2}\right)^k
$$

$$
= \frac{1}{2^{\gamma-\alpha-\beta}} \frac{b^{\gamma-1}}{a^{\alpha+\beta}} \frac{\Gamma(\alpha)}{\Gamma(\gamma)\Gamma(1-\beta)} \sum_{k=0}^{\infty} \frac{1}{k!} \frac{(\alpha)_k(\beta)_k}{(\gamma)_k} \left(\frac{b^2}{a^2}\right)^k
$$

$$
= \frac{1}{2^{\gamma-\alpha-\beta}} \frac{b^{\gamma-1}}{a^{\alpha+\beta}} \frac{\Gamma(\alpha)}{\Gamma(\gamma)\Gamma(1-\beta)} F\left(\alpha,\beta;\gamma; \frac{b^2}{a^2}\right)
$$

把

$$
\begin{cases}
\alpha = \dfrac{\mu+\nu-\lambda+1}{2} \\[2mm]
\beta = \dfrac{\nu-\mu-\lambda+1}{2} \\[2mm]
\gamma = \nu+1
\end{cases}
$$

代入上式，得到

$$\int_0^\infty \frac{J_\mu(at)J_\nu(bt)}{t^\lambda}dt = \frac{b^\nu \Gamma\left(\dfrac{\mu + \nu - \lambda + 1}{2}\right)}{2^\lambda a^{\nu-\lambda+1}\Gamma(\nu+1)\Gamma\left(\dfrac{\mu-\nu+\lambda+1}{2}\right)}$$

$$\cdot F\left(\frac{\mu+\nu-\lambda+1}{2}, \frac{\nu-\mu-\lambda+1}{2}; \nu+1; \frac{b^2}{a^2}\right)$$

$$(a > b > 0) \tag{8.50}$$

当 $\lambda = 0$ 时,有

$$\int_0^\infty J_\mu(at)J_\nu(bt)dt = \frac{b^\nu \Gamma\left(\dfrac{\mu+\nu+1}{2}\right)}{a^{\nu+1}\Gamma(\nu+1)\Gamma\left(\dfrac{\mu-\nu+1}{2}\right)}$$

$$\cdot F\left(\frac{\mu+\nu+1}{2}, \frac{\nu-\mu+1}{2}; \nu+1; \frac{b^2}{a^2}\right) \tag{8.51}$$

$[a > b > 0, \mathrm{Re}(\mu+\nu) > -1,$ 当 $a < b$ 时,$\mu$ 和 $\nu$ 的位置应该颠倒过来,$a$ 和 $b$ 的位置也要对调.$]$

当 $a = b$ 时,有

$$\int_0^\infty \frac{J_\mu(at)J_\nu(at)}{t^\lambda}dt$$

$$= \frac{a^{\lambda-1}\Gamma\left(\dfrac{\mu+\nu-\lambda+1}{2}\right)}{2^\lambda \Gamma(\nu+1)\Gamma\left(\dfrac{\mu-\nu+\lambda+1}{2}\right)} \times {}_2F_1\left(\frac{\mu+\nu-\lambda+1}{2}, \frac{\nu-\mu-\lambda+1}{2}; \nu+1; 1\right)$$

$$= \frac{a^{\lambda-1}\Gamma\left(\dfrac{\mu+\nu-\lambda+1}{2}\right)}{2^\lambda \Gamma(\nu+1)\Gamma\left(\dfrac{\mu-\nu+\lambda+1}{2}\right)} \frac{\Gamma(\nu+1)\Gamma(\lambda)}{\Gamma\left(\dfrac{\nu-\mu+\lambda+1}{2}\right)\Gamma\left(\dfrac{\nu+\mu+\lambda+1}{2}\right)}$$

$$= \frac{\left(\dfrac{a}{2}\right)^{\lambda-1}\Gamma(\lambda)\Gamma\left(\dfrac{\mu+\nu-\lambda+1}{2}\right)}{2\Gamma\left(\dfrac{\mu-\nu+\lambda+1}{2}\right)\Gamma\left(\dfrac{\nu-\mu+\lambda+1}{2}\right)\Gamma\left(\dfrac{\nu+\mu+\lambda+1}{2}\right)} \tag{8.52}$$

$[\mathrm{Re}(\mu+\nu+1) > \mathrm{Re}(\lambda) > 0, a > 0), {}_2F_1 = F.]$

## 8.2.5 贝塞尔函数与幂函数组合的积分

**例 10** 计算积分 $\displaystyle\int_0^\infty x^{\mu-1}J_\nu(ax)dx$.

**解** 把贝塞尔函数的积分表达式

$$J_\nu(ax) = \frac{1}{\sqrt{\pi}\,\Gamma\left(\nu+\dfrac{1}{2}\right)}\left(\frac{ax}{2}\right)^\nu \int_0^\pi \cos(ax\cos\theta)\sin^{2\nu}\theta\,d\theta$$

代入积分式中,则

$$\int_0^\infty x^{\mu-1} J_\nu(ax) dx = \int_0^\infty x^{\mu-1} \frac{1}{\sqrt{\pi}\,\Gamma\left(\nu+\frac{1}{2}\right)} \left(\frac{ax}{2}\right)^\nu \int_0^\pi \cos(ax\cos\theta)\sin^{2\nu}\theta\,d\theta \cdot dx$$

$$= \frac{1}{\sqrt{\pi}\,\Gamma\left(\nu+\frac{1}{2}\right)} \left(\frac{a}{2}\right)^\nu \int_0^\infty x^{\nu+\mu-1}\int_0^\pi \cos(ax\cos\theta)\sin^{2\nu}\theta\,d\theta \cdot dx$$

交换积分次序,得

$$\int_0^\infty x^{\mu-1} J_\nu(ax) dx = \frac{1}{\sqrt{\pi}\,\Gamma\left(\nu+\frac{1}{2}\right)} \left(\frac{a}{2}\right)^\nu \int_0^\pi \sin^{2\nu}\theta\left[\int_0^\infty x^{\nu+\mu-1}\cos(ax\cos\theta) dx\right] d\theta$$

该式右端中括弧内的积分,可利用公式

$$\int_0^\infty x^{p-1}\cos ax\,dx = \frac{\Gamma(p)}{a^p}\cos\frac{p\pi}{2}$$

得到

$$\int_0^\infty x^{\nu+\mu-1}\cos(a\cos\theta \cdot x) dx = \frac{\Gamma(\nu+\mu)}{(a\cos\theta)^{\nu+\mu}}\cos\frac{(\nu+\mu)\pi}{2}$$

代入后,则有

$$\int_0^\infty x^{\mu-1} J_\nu(ax) dx = \frac{1}{\sqrt{\pi}\,\Gamma\left(\nu+\frac{1}{2}\right)} \left(\frac{a}{2}\right)^\nu \int_0^\pi \sin^{2\nu}\theta\,\frac{\Gamma(\nu+\mu)}{a^{\nu+\mu}(\cos\theta)^{\nu+\mu}}\cos\frac{(\nu+\mu)\pi}{2}d\theta$$

$$= \frac{\Gamma(\nu+\mu)}{2^\nu a^\mu \sqrt{\pi}\,\Gamma\left(\nu+\frac{1}{2}\right)}\cos\frac{(\nu+\mu)\pi}{2}\int_0^\pi \sin^{2\nu}\theta\,(\cos\theta)^{-(\nu+\mu)}d\theta$$

用公式:$\int_0^{\frac{\pi}{2}} \sin^{p-1}x \cdot \cos^{q-1}x \cdot dx = \frac{1}{2}\mathrm{B}\left(\frac{p}{2},\frac{q}{2}\right)$ 于右边的积分,有

$$\int_0^\pi \sin^{2\nu}\theta \cdot (\cos\theta)^{-(\nu+\mu)}d\theta = 2\int_0^{\frac{\pi}{2}} \sin^{2\nu}\theta \cdot (\cos\theta)^{-(\nu+\mu)}d\theta$$

$$= 2 \cdot \frac{1}{2}\mathrm{B}\left(\frac{2\nu+1}{2},\frac{1-\nu-\mu}{2}\right)$$

$$= \frac{\Gamma\left(\frac{2\nu+1}{2}\right)\Gamma\left(\frac{1-\nu-\mu}{2}\right)}{\Gamma\left(\frac{\nu-\mu}{2}+1\right)}$$

因此

$$\int_0^\infty x^{\mu-1} J_\nu(ax) dx = \frac{\Gamma(\nu+\mu)}{2^\nu a^\mu \sqrt{\pi}\,\Gamma\left(\nu+\frac{1}{2}\right)}\cos\frac{(\nu+\mu)\pi}{2}\,\frac{\Gamma\left(\nu+\frac{1}{2}\right)\Gamma\left(\frac{1-\nu-\mu}{2}\right)}{\Gamma\left(\frac{\nu-\mu}{2}+1\right)}$$

$$= \frac{\dfrac{2^{\nu+\mu-1}}{\sqrt{\pi}}\Gamma\left(\frac{\nu+\mu}{2}\right)\Gamma\left(\frac{\nu+\mu+1}{2}\right)\Gamma\left(\frac{1-\nu-\mu}{2}\right)}{2^\nu a^\mu \sqrt{\pi}\,\Gamma\left(\frac{\nu-\mu}{2}+1\right)}\cos\frac{(\nu+\mu)\pi}{2}$$

$$= \frac{2^{\mu-1}\Gamma\left(\dfrac{\nu+\mu}{2}\right)\Gamma\left(\dfrac{\nu+\mu+1}{2}\right)\Gamma\left(\dfrac{1-\nu-\mu}{2}\right)}{\pi a^{\mu}\Gamma\left(\dfrac{\nu-\mu}{2}+1\right)}\cos\frac{(\nu+\mu)\pi}{2}$$

使用式(8.7) $\cos\dfrac{s\pi}{2}=\dfrac{\pi}{\Gamma\left(\dfrac{1-s}{2}\right)\Gamma\left(\dfrac{1+s}{2}\right)}$, 有

$$\Gamma\left(\frac{1-(\nu+\mu)}{2}\right)\Gamma\left(\frac{1+(\nu+\mu)}{2}\right)\cos\frac{(\nu+\mu)\pi}{2}=\pi$$

因此得到

$$\int_0^\infty x^{\mu-1}J_\nu(ax)\mathrm{d}x=\frac{2^{\mu-1}\Gamma\left(\dfrac{\nu+\mu}{2}\right)}{a^\mu\Gamma\left(\dfrac{\nu-\mu}{2}+1\right)}\quad\left[\mathrm{Re}(\nu+\mu)>0,\mathrm{Re}a>0\right]$$

$$(8.53)$$

若用 $\lambda$ 代替 $\mu-1$, 则有

$$\int_0^\infty x^\lambda J_\nu(ax)\mathrm{d}x=\frac{2^\lambda\Gamma\left(\dfrac{\nu+\lambda+1}{2}\right)}{a^{\lambda+1}\Gamma\left(\dfrac{\nu-\lambda+1}{2}\right)}\qquad(8.54)$$

当 $\lambda=\mu-1=0$ 时, 有

$$\int_0^\infty J_\nu(ax)\mathrm{d}x=\frac{1}{a}$$

当 $\mu=0$ 时, 有

$$\int_0^\infty\frac{J_\nu(ax)}{x}\mathrm{d}x=\frac{1}{\nu}$$

**例 11**　求积分 $I_1=\displaystyle\int_0^\infty t^{\mu-1}H_\nu^{(1)}(at)\mathrm{d}t$.

**解**　把 $H_\nu^{(1)}(at)=\dfrac{\mathrm{i}}{\sin\nu\pi}\left[J_\nu(at)\mathrm{e}^{-\mathrm{i}\nu\pi}-J_{-\nu}(at)\right]$ 代入 $I_1$ 中, 得

$$I_1=\int_0^\infty t^{\mu-1}H_\nu^{(1)}(at)\mathrm{d}t=\int_0^\infty t^{\mu-1}\frac{\mathrm{i}}{\sin\nu\pi}\left[J_\nu(at)\mathrm{e}^{-\mathrm{i}\nu\pi}-J_{-\nu}(at)\right]\mathrm{d}t$$

$$=\frac{\mathrm{i}}{\sin\nu\pi}\left[\mathrm{e}^{-\mathrm{i}\nu\pi}\int_0^\infty t^{\mu-1}J_\nu(at)\mathrm{d}t-\int_0^\infty t^{\mu-1}J_{-\nu}(at)\mathrm{d}t\right]$$

$$=\frac{\mathrm{i}}{\sin\nu\pi}\left[\mathrm{e}^{-\mathrm{i}\nu\pi}\frac{2^{\mu-1}}{a^\mu}\frac{\Gamma\left(\dfrac{\nu+\mu}{2}\right)}{\Gamma\left(\dfrac{\nu-\mu}{2}+1\right)}-\frac{2^{\mu-1}}{a^\mu}\frac{\Gamma\left(\dfrac{\mu-\nu}{2}\right)}{\Gamma\left(1-\dfrac{\nu+\mu}{2}\right)}\right]$$

$$=\frac{2^{\mu-1}}{\mathrm{i}a^\mu\sin\nu\pi}\left[\frac{\Gamma\left(\dfrac{\mu-\nu}{2}\right)}{\Gamma\left(1-\dfrac{\nu+\mu}{2}\right)}-\mathrm{e}^{-\mathrm{i}\nu\pi}\frac{\Gamma\left(\dfrac{\nu+\mu}{2}\right)}{\Gamma\left(1-\dfrac{\mu-\nu}{2}\right)}\right]$$

利用式(8.5)：$\Gamma(z)\Gamma(1-z) = \dfrac{\pi}{\sin z\pi}$，则有

$$\Gamma\left(1 - \frac{\nu + \mu}{2}\right) = \frac{\pi}{\Gamma\left(\dfrac{\nu + \mu}{2}\right)\sin\dfrac{(\nu + \mu)\pi}{2}} \tag{A}$$

$$\Gamma\left(1 - \frac{\mu - \nu}{2}\right) = \frac{\pi}{\Gamma\left(\dfrac{\mu - \nu}{2}\right)\sin\dfrac{(\mu - \nu)\pi}{2}} \tag{B}$$

因此有

$$\begin{aligned}
I_1 &= \frac{2^{\mu-1}}{ia^\mu \sin\nu\pi}\left[\frac{\Gamma\left(\dfrac{\mu-\nu}{2}\right)\Gamma\left(\dfrac{\nu+\mu}{2}\right)\sin\dfrac{(\mu+\nu)\pi}{2}}{\pi}\right.\\
&\quad\left. - e^{-i\nu\pi}\frac{\Gamma\left(\dfrac{\nu+\mu}{2}\right)\Gamma\left(\dfrac{\mu-\nu}{2}\right)\sin\dfrac{(\mu-\nu)\pi}{2}}{\pi}\right]\\
&= \frac{2^{\mu-1}}{\pi ia^\mu}\Gamma\left(\frac{\nu+\mu}{2}\right)\Gamma\left(\frac{\mu-\nu}{2}\right)\left[\frac{\sin\dfrac{(\mu+\nu)\pi}{2}}{\sin\nu\pi} - e^{-i\nu\pi}\frac{\sin\dfrac{(\mu-\nu)\pi}{2}}{\sin\nu\pi}\right]
\end{aligned}$$

该式右边括号部分推导如下：

$$\begin{aligned}
&\frac{\sin\left(\dfrac{\mu}{2} + \dfrac{\nu}{2}\right)\pi}{\sin\nu\pi} - e^{-i\nu\pi}\frac{\sin\left(\dfrac{\mu}{2} - \dfrac{\nu}{2}\right)\pi}{\sin\nu\pi}\\
&= \frac{\sin\dfrac{\mu\pi}{2}\cos\dfrac{\nu\pi}{2} + \cos\dfrac{\mu\pi}{2}\sin\dfrac{\nu\pi}{2}}{2\sin\dfrac{\nu\pi}{2}\cos\dfrac{\nu\pi}{2}} - e^{-i\nu\pi}\frac{\sin\dfrac{\mu\pi}{2}\cos\dfrac{\nu\pi}{2} - \cos\dfrac{\mu\pi}{2}\sin\dfrac{\nu\pi}{2}}{2\sin\dfrac{\nu\pi}{2}\cos\dfrac{\nu\pi}{2}}\\
&= \frac{1}{2}\left[\frac{\sin\dfrac{\mu\pi}{2}}{\sin\dfrac{\nu\pi}{2}} + \frac{\cos\dfrac{\mu\pi}{2}}{\cos\dfrac{\nu\pi}{2}} - e^{-i\nu\pi}\left(\frac{\sin\dfrac{\mu\pi}{2}}{\sin\dfrac{\nu\pi}{2}} - \frac{\cos\dfrac{\mu\pi}{2}}{\cos\dfrac{\nu\pi}{2}}\right)\right]\\
&= \frac{1}{2}\left[(1 - e^{-i\nu\pi})\frac{\sin\dfrac{\mu\pi}{2}}{\sin\dfrac{\nu\pi}{2}} + (1 + e^{-i\nu\pi})\frac{\cos\dfrac{\mu\pi}{2}}{\cos\dfrac{\nu\pi}{2}}\right]\\
&= \frac{1}{2}\left[(1 - e^{-i\nu\pi})\frac{e^{\frac{i\mu\pi}{2}} - e^{-\frac{i\mu\pi}{2}}}{e^{\frac{i\nu\pi}{2}} - e^{-\frac{i\nu\pi}{2}}} + (1 + e^{-i\nu\pi})\frac{e^{\frac{i\mu\pi}{2}} + e^{-\frac{i\mu\pi}{2}}}{e^{\frac{i\nu\pi}{2}} + e^{-\frac{i\nu\pi}{2}}}\right]\\
&= \frac{1}{2}\left[(1 - e^{-i\nu\pi})\frac{(e^{\frac{i\mu\pi}{2}} - e^{-\frac{i\mu\pi}{2}})e^{-\frac{i\nu\pi}{2}}}{(e^{\frac{i\nu\pi}{2}} - e^{-\frac{i\nu\pi}{2}})e^{-\frac{i\nu\pi}{2}}} + (1 + e^{-i\nu\pi})\frac{(e^{\frac{i\mu\pi}{2}} + e^{-\frac{i\mu\pi}{2}})e^{-\frac{i\nu\pi}{2}}}{(e^{\frac{i\nu\pi}{2}} + e^{-\frac{i\nu\pi}{2}})e^{-\frac{i\nu\pi}{2}}}\right]\\
&= \frac{1}{2}\left[(1 - e^{-i\nu\pi})\frac{e^{\frac{i(\mu-\nu)}{2}\pi} - e^{-\frac{i(\mu-\nu)}{2}\pi}}{1 - e^{-i\nu\pi}} + (1 + e^{-i\nu\pi})\frac{e^{\frac{i(\mu-\nu)}{2}\pi} + e^{-\frac{i(\mu-\nu)}{2}\pi}}{1 + e^{-i\nu\pi}}\right]\\
&= \frac{1}{2}\left[e^{\frac{i(\mu-\nu)}{2}\pi} - e^{-\frac{i(\mu+\nu)}{2}\pi} + e^{\frac{i(\mu-\nu)}{2}\pi} + e^{-\frac{i(\mu+\nu)}{2}\pi}\right]\\
&= e^{\frac{i(\mu-\nu)}{2}\pi}
\end{aligned}$$

因此求得积分

$$I_1 = \int_0^\infty t^{\mu-1} H_\nu^{(1)}(at)\mathrm{d}t = \frac{2^{\mu-1}}{\pi i a^\mu}\Gamma\left(\frac{\nu+\mu}{2}\right)\Gamma\left(\frac{\mu-\nu}{2}\right)\mathrm{e}^{\frac{i(\mu-\nu)\pi}{2}} \tag{8.55}$$

若令 $\mu-1=\lambda$,则

$$\int_0^\infty t^\lambda H_\nu^{(1)}(at)\mathrm{d}t = \frac{2^\lambda}{\pi i a^{\lambda+1}}\Gamma\left(\frac{\lambda+\nu+1}{2}\right)\Gamma\left(\frac{\lambda-\nu+1}{2}\right)\mathrm{e}^{\frac{i(\lambda-\nu+1)\pi}{2}} \tag{8.56}$$

**例 12** 求积分 $I_2 = \int_0^\infty t^{\mu-1} H_\nu^{(2)}(at)\mathrm{d}t$.

**解** 把 $H_\nu^{(2)}(at) = -\dfrac{i}{\sin \nu\pi}\left[J_\nu(at)\mathrm{e}^{i\nu\pi} - J_{-\nu}(at)\right]$ 代入 $I_2$ 中,有

$$I_2 = \int_0^\infty t^{\mu-1} H^{(2)}(at)\mathrm{d}t$$

$$= -\int_0^\infty t^{\mu-1}\frac{i}{\sin \nu\pi}\left[J_\nu(at)\mathrm{e}^{i\nu\pi} - J_{-\nu}(at)\right]\mathrm{d}t$$

$$= -\frac{i}{\sin \nu\pi}\left[\mathrm{e}^{i\nu\pi}\int_0^\infty t^{\mu-1}J_\nu(at)\mathrm{d}t - \int_0^\infty t^{\mu-1}J_{-\nu}(at)\mathrm{d}t\right]$$

$$= -\frac{i}{\sin \nu\pi}\left[\mathrm{e}^{i\nu\pi}\frac{2^{\mu-1}\Gamma\left(\frac{\mu+\nu}{2}\right)}{a^\mu\Gamma\left(1+\frac{\nu-\mu}{2}\right)} - \frac{2^{\mu-1}\Gamma\left(\frac{\mu-\nu}{2}\right)}{a^\mu\Gamma\left(1-\frac{\mu+\nu}{2}\right)}\right]$$

$$= \frac{i2^{\mu-1}}{a^\mu\sin \nu\pi}\left[\frac{\Gamma\left(\frac{\mu-\nu}{2}\right)}{\Gamma\left(1-\frac{\mu+\nu}{2}\right)} - \mathrm{e}^{i\nu\pi}\frac{\Gamma\left(\frac{\mu+\nu}{2}\right)}{\Gamma\left(1-\frac{\mu-\nu}{2}\right)}\right]$$

$$= \frac{i2^{\mu-1}}{a^\mu\sin \nu\pi}\left[\frac{\Gamma\left(\frac{\mu-\nu}{2}\right)\Gamma\left(\frac{\mu+\nu}{2}\right)\sin\frac{(\mu+\nu)\pi}{2}}{\pi}\right.$$

$$\left. - \mathrm{e}^{i\nu\pi}\frac{\Gamma\left(\frac{\mu+\nu}{2}\right)\Gamma\left(\frac{\mu-\nu}{2}\right)\sin\frac{(\mu-\nu)\pi}{2}}{\pi}\right] \quad \text{[利用了例 11 中(A)、(B) 两式]}$$

$$= \frac{i2^{\mu-1}}{\pi a^\mu}\Gamma\left(\frac{\mu+\nu}{2}\right)\Gamma\left(\frac{\mu-\nu}{2}\right)\left[\frac{\sin\frac{(\mu+\nu)\pi}{2}}{\sin \nu\pi} - \mathrm{e}^{i\nu\pi}\frac{\sin\frac{(\mu-\nu)\pi}{2}}{\sin \nu\pi}\right]$$

该式右边的中括号中的式子可用与例 11 相同的方法与步骤推得

$$\left[\frac{\sin\frac{(\mu+\nu)\pi}{2}}{\sin \nu\pi} - \mathrm{e}^{i\nu\pi}\frac{\sin\frac{(\mu-\nu)\pi}{2}}{\sin \nu\pi}\right] = \mathrm{e}^{-\frac{i(\mu-\nu)}{2}\pi}$$

因此得到

$$I_2 = \int_0^\infty t^{\mu-1} H^{(2)}(at)\mathrm{d}t = \frac{i2^{\mu-1}}{\pi a^\mu}\Gamma\left(\frac{\mu+\nu}{2}\right)\Gamma\left(\frac{\mu-\nu}{2}\right)\mathrm{e}^{-\frac{i(\mu-\nu)\pi}{2}}$$

$$= -\frac{2^{\mu-1}}{\pi \mathrm{i} a^{\mu}} \Gamma\left(\frac{\mu+\nu}{2}\right) \Gamma\left(\frac{\mu-\nu}{2}\right) \mathrm{e}^{-\frac{\mathrm{i}(\mu-\nu)\pi}{2}} \tag{8.57}$$

令 $\mu - 1 = \lambda$，则

$$\int_0^{\infty} t^{\lambda} \mathrm{H}^{(2)}(at)\mathrm{d}t = -\frac{2^{\lambda}}{\pi \mathrm{i} a^{\lambda+1}} \Gamma\left(\frac{\lambda+\nu+1}{2}\right) \Gamma\left(\frac{\lambda-\nu+1}{2}\right) \mathrm{e}^{-\frac{\mathrm{i}(\lambda-\nu+1)\pi}{2}} \tag{8.58}$$

**例 13**　求积分 $\displaystyle\int_0^{\infty} x^{\mu-1} \mathrm{N}_{\nu}(ax)\mathrm{d}x$.

**解**　因为

$$\mathrm{N}_{\nu}(ax) = \frac{1}{2\mathrm{i}}\left[\mathrm{H}_{\nu}^{(1)}(ax) - \mathrm{H}^{(2)}(ax)\right]$$

所以

$$\int_0^{\infty} x^{\mu-1} \mathrm{N}_{\nu}(ax)\mathrm{d}x$$

$$= \int_0^{\infty} x^{\mu-1} \frac{1}{2\mathrm{i}}\left[\mathrm{H}_{\nu}^{(1)}(ax) - \mathrm{H}^{(2)}(ax)\right]\mathrm{d}x$$

$$= \frac{1}{2\mathrm{i}}\left[\int_0^{\infty} x^{\mu-1} \mathrm{H}_{\nu}^{(1)}(ax)\mathrm{d}x - \int_0^{\infty} x^{\mu-1} \mathrm{H}^{(2)}(ax)\mathrm{d}x\right]$$

$$= \frac{1}{2\mathrm{i}}\left[\frac{2^{\mu-1}}{\pi \mathrm{i} a^{\mu}} \Gamma\left(\frac{\mu+\nu}{2}\right) \Gamma\left(\frac{\mu-\nu}{2}\right) \mathrm{e}^{\frac{\mathrm{i}(\mu-\nu)\pi}{2}} + \frac{2^{\mu-1}}{\pi \mathrm{i} a^{\mu}} \Gamma\left(\frac{\mu+\nu}{2}\right) \Gamma\left(\frac{\mu-\nu}{2}\right) \mathrm{e}^{-\frac{\mathrm{i}(\mu-\nu)\pi}{2}}\right]$$

$$= -\frac{1}{2} \frac{2^{\mu-1}}{\pi a^{\mu}} \Gamma\left(\frac{\mu+\nu}{2}\right) \Gamma\left(\frac{\mu-\nu}{2}\right)\left[\mathrm{e}^{\frac{\mathrm{i}(\mu-\nu)\pi}{2}} + \mathrm{e}^{-\frac{\mathrm{i}(\mu-\nu)\pi}{2}}\right]$$

$$= -\frac{1}{2} \frac{2^{\mu-1}}{\pi a^{\mu}} \Gamma\left(\frac{\mu+\nu}{2}\right) \Gamma\left(\frac{\mu-\nu}{2}\right) \cdot 2\cos\frac{(\mu-\nu)\pi}{2}$$

$$= -\frac{2^{\mu-1}}{\pi a^{\mu}} \Gamma\left(\frac{\mu+\nu}{2}\right) \Gamma\left(\frac{\mu-\nu}{2}\right) \cdot \cos\frac{(\mu-\nu)\pi}{2}$$

利用式(8.5)：$\Gamma(z)\Gamma(1-z) = \dfrac{\pi}{\sin z\pi}$，有

$$\pi = \Gamma\left(\frac{\mu-\nu}{2}\right) \Gamma\left(1-\frac{\mu-\nu}{2}\right) \sin\frac{\mu-\nu}{2}\pi$$

因此

$$\int_0^{\infty} x^{\mu-1} \mathrm{N}_{\nu}(ax)\mathrm{d}x = -\frac{2^{\mu-1}}{a^{\mu}} \frac{\Gamma\left(\dfrac{\mu+\nu}{2}\right) \Gamma\left(\dfrac{\mu-\nu}{2}\right) \cdot \cos\dfrac{(\mu-\nu)\pi}{2}}{\Gamma\left(\dfrac{\mu-\nu}{2}\right) \Gamma\left(1-\dfrac{\mu-\nu}{2}\right) \sin\dfrac{(\mu-\nu)\pi}{2}}$$

$$= -\frac{2^{\mu-1}}{a^{\mu}} \frac{\Gamma\left(\dfrac{\mu+\nu}{2}\right) \cdot \cos\dfrac{(\mu-\nu)\pi}{2}}{\Gamma\left(1-\dfrac{\mu-\nu}{2}\right) \sin\dfrac{(\mu-\nu)\pi}{2}}$$

$$= -2^{\mu-1} a^{-\mu} \cot\frac{(\mu-\nu)\pi}{2} \frac{\Gamma\left(\dfrac{\mu+\nu}{2}\right)}{\Gamma\left(1-\dfrac{\mu-\nu}{2}\right)} \tag{8.59}$$

若令 $\mu - 1 = \lambda$,则

$$\int_0^\infty x^\lambda N_\nu(ax)\mathrm{d}x = -2^\lambda a^{-\lambda-1}\cot\frac{(\lambda-\nu+1)\pi}{2}\frac{\Gamma\left(\dfrac{\nu+\lambda+1}{2}\right)}{\Gamma\left(\dfrac{\nu-\lambda+1}{2}\right)} \tag{8.60}$$

当 $\mu = 1$ 时,有

$$\int_0^\infty N_\nu(ax)\mathrm{d}x = -\frac{1}{a}\cot\left(\frac{\pi}{2}-\frac{\nu\pi}{2}\right) = -\frac{1}{a}\tan\frac{\nu\pi}{2} \quad (\,|\,\mathrm{Re}\,\nu\,|<1,|\,a\,|>0)$$

**例 14** 求积分 $\displaystyle\int_0^\infty x^{\mu-1}K_\nu(ax)\mathrm{d}x$.

**解** 把式(8.32): $K_\nu(ax) = \dfrac{\mathrm{i}\pi}{2}\mathrm{e}^{\frac{\mathrm{i}\nu\pi}{2}}H_\nu^{(1)}(ax\mathrm{e}^{\frac{\mathrm{i}\pi}{2}})$ 代入积分式,有

$$\int_0^\infty x^{\mu-1}K_\nu(ax)\mathrm{d}x = \int_0^\infty x^{\mu-1}\frac{\mathrm{i}\pi}{2}\mathrm{e}^{\frac{\mathrm{i}\nu\pi}{2}}H_\nu^{(1)}(a\mathrm{e}^{\frac{\mathrm{i}\pi}{2}}x)\mathrm{d}x$$

$$= \frac{\mathrm{i}\pi}{2}\mathrm{e}^{\frac{\mathrm{i}\nu\pi}{2}}\int_0^\infty x^{\mu-1}H_\nu^{(1)}(a\mathrm{e}^{\frac{\mathrm{i}\pi}{2}}x)\mathrm{d}x$$

右边的积分用式(8.55),可得

$$\int_0^\infty x^{\mu-1}K_\nu(ax)\mathrm{d}x = \frac{\mathrm{i}\pi}{2}\mathrm{e}^{\frac{\mathrm{i}\nu\pi}{2}}\cdot\frac{2^{\mu-1}}{\mathrm{i}\pi(a\mathrm{e}^{\frac{\mathrm{i}\pi}{2}})^\mu}\mathrm{e}^{\frac{\mathrm{i}(\mu-\nu)\pi}{2}}\Gamma\left(\frac{\mu+\nu}{2}\right)\Gamma\left(\frac{\mu-\nu}{2}\right)$$

$$= \frac{2^{\mu-2}}{a^\mu}\frac{\mathrm{e}^{\frac{\mathrm{i}\nu\pi}{2}}\mathrm{e}^{\frac{\mathrm{i}(\mu-\nu)\pi}{2}}}{\mathrm{e}^{\frac{\mathrm{i}\mu\pi}{2}}}\Gamma\left(\frac{\mu+\nu}{2}\right)\Gamma\left(\frac{\mu-\nu}{2}\right)$$

最后得到积分结果为

$$\int_0^\infty x^{\mu-1}K_\nu(ax)\mathrm{d}x = 2^{\mu-2}a^{-\mu}\Gamma\left(\frac{\mu+\nu}{2}\right)\Gamma\left(\frac{\mu-\nu}{2}\right) \tag{8.61}$$

当 $\mu - 1 = \lambda$ 时,有

$$\int_0^\infty x^\lambda K_\nu(ax)\mathrm{d}x = 2^{\lambda-1}a^{-\lambda-1}\Gamma\left(\frac{\lambda+\nu+1}{2}\right)\Gamma\left(\frac{\lambda-\nu+1}{2}\right) \tag{8.62}$$

## 8.2.6 贝塞尔函数与三角函数组合的积分

**例 15** 求积分 $\displaystyle\int_0^\infty J_\nu(bt)\cos(ax)\mathrm{d}x,\int_0^\infty J_\nu(bt)\sin(ax)\mathrm{d}x$.

**解** 前面已得到式(8.42):

$$\int_0^\infty \mathrm{e}^{-ax}J_\nu(bx)\mathrm{d}x = \frac{1}{\sqrt{a^2+b^2}}\left(\frac{\sqrt{a^2+b^2}-a}{b}\right)^\nu$$

若在上式中用 $\mathrm{i}a$ 代替 $a$,则有

$$\int_0^\infty \mathrm{e}^{-\mathrm{i}ax}J_\nu(bx)\mathrm{d}x = \frac{1}{\sqrt{b^2-a^2}}\left(\frac{\sqrt{b^2-a^2}-\mathrm{i}a}{b}\right)^\nu \tag{I}$$

同样,若用 $-\mathrm{i}a$ 代替 $a$,又有

$$\int_0^\infty e^{iax} J_\nu(bx) dx = \frac{1}{\sqrt{b^2 - a^2}} \left( \frac{\sqrt{b^2 - a^2} + ia}{b} \right)^\nu \qquad (\text{II})$$

把式（I）和（II）加起来，得

$$\int_0^\infty (e^{iax} + e^{-iax}) J_\nu(bx) dx$$

$$= \frac{1}{\sqrt{b^2 - a^2}} \left[ \left( \frac{\sqrt{b^2 - a^2} + ia}{b} \right)^\nu + \left( \frac{\sqrt{b^2 - a^2} - ia}{b} \right)^\nu \right]$$

$$2 \int_0^\infty \frac{e^{iax} + e^{-iax}}{2} J_\nu(bx) dx$$

$$= \frac{1}{\sqrt{b^2 - a^2}} \left\{ \left[ \sqrt{1 - \left( \frac{a}{b} \right)^2} + i \frac{a}{b} \right]^\nu + \left[ \sqrt{1 - \left( \frac{a}{b} \right)^2} - i \frac{a}{b} \right]^\nu \right\}$$

令 $\dfrac{a}{b} = \sin \alpha (b > a)$，则

$$2 \int_0^\infty \cos ax J_\nu(bx) dx = \frac{1}{\sqrt{b^2 - a^2}} \left[ (\cos \alpha + i\sin \alpha)^\nu + (\cos \alpha - i\sin \alpha)^\nu \right]$$

$$= \frac{1}{\sqrt{b^2 - a^2}} (\cos \nu\alpha + i\sin \nu\alpha + \cos \nu\alpha - i\sin \nu\alpha)$$

$$= \frac{1}{\sqrt{b^2 - a^2}} \cdot 2\cos \nu\alpha$$

最后得到

$$\int_0^\infty J_\nu(bt) \cos(ax) dx = \frac{\cos \left( \nu \arcsin \dfrac{a}{b} \right)}{\sqrt{b^2 - a^2}} \quad (b > a > 0) \qquad (8.63)$$

当式（I）和（II）相减时，得到

$$\int_0^\infty (e^{iax} - e^{-iax}) J_\nu(bx) dx$$

$$= \frac{1}{\sqrt{b^2 - a^2}} \left[ \left( \frac{\sqrt{b^2 - a^2} + ia}{b} \right)^\nu - \left( \frac{\sqrt{b^2 - a^2} - ia}{b} \right)^\nu \right]$$

$$= \frac{1}{\sqrt{b^2 - a^2}} \left\{ \left[ \sqrt{1 - \left( \frac{a}{b} \right)^2} + i \frac{a}{b} \right]^\nu - \left[ \sqrt{1 - \left( \frac{a}{b} \right)^2} - i \frac{a}{b} \right]^\nu \right\}$$

仍旧设 $\dfrac{a}{b} = \sin \alpha (b > a)$，则

$$2 \int_0^\infty i\sin ax J_\nu(bx) dx = \frac{2i\sin \nu\alpha}{\sqrt{b^2 - a^2}}$$

最后得到

$$\int_0^\infty J_\nu(bx) \sin(ax) dx = \frac{\sin \nu\alpha}{\sqrt{b^2 - a^2}} = \frac{\sin \left( \nu \arcsin \dfrac{a}{b} \right)}{\sqrt{b^2 - a^2}} \qquad (8.64)$$

**例 16** 求积分 $\int_0^\infty N_\nu(bx)\cos(ax)dx, \int_0^\infty N_\nu(bx)\sin(ax)dx$.

**解** 在前面已经知道式(8.44):

$$\int_0^\infty e^{-at} N_\nu(bx)dx$$

$$= \frac{\csc \nu\pi}{\sqrt{a^2+b^2}}\Big[ b^\nu \big(\sqrt{a^2+b^2}+a\big)^{-\nu}\cos \nu\pi - b^{-\nu}\big(\sqrt{a^2+b^2}+a\big)^\nu \Big]$$

在式(8.44)中,用 i$a$ 代替 $a$,得

$$\int_0^\infty e^{-iat} N_\nu(bx)dx$$

$$= \frac{\csc \nu\pi}{\sqrt{b^2-a^2}}\Big[ \Big(\frac{\sqrt{b^2-a^2}+ia}{b}\Big)^{-\nu}\cos \nu\pi - \Big(\frac{\sqrt{b^2-a^2}+ia}{b}\Big)^\nu \Big]$$

$$= \frac{\csc \nu\pi}{\sqrt{b^2-a^2}}\Big[ \Big(\sqrt{1-\Big(\frac{a}{b}\Big)^2}+i\frac{a}{b}\Big)^{-\nu}\cos \nu\pi - \Big(\sqrt{1-\Big(\frac{a}{b}\Big)^2}+i\frac{a}{b}\Big)^\nu \Big]$$

令 $\frac{a}{b}=\sin\theta$,则

$$\int_0^\infty e^{-iat} N_\nu(bx)dx = \frac{\csc \nu\pi}{\sqrt{b^2-a^2}}\Big[ (\cos\theta+i\sin\theta)^{-\nu}\cos \nu\pi - (\cos\theta+i\sin\theta)^\nu \Big]$$

$$= \frac{\csc \nu\pi}{\sqrt{b^2-a^2}}\Big[ \frac{\cos \nu\pi}{\cos \nu\theta+i\sin \nu\theta} - (\cos \nu\theta+i\sin \nu\theta) \Big]$$

$$= \frac{\csc \nu\pi}{\sqrt{b^2-a^2}}\Big[ \cos \nu\pi(\cos \nu\theta-i\sin \nu\theta) - (\cos \nu\theta+i\sin \nu\theta) \Big]$$

$$= \frac{\csc \nu\pi}{\sqrt{b^2-a^2}}(\cos \nu\pi\cos \nu\theta - i\cos \nu\pi\sin \nu\theta - \cos \nu\theta - i\sin \nu\theta)$$

$$\tag{A}$$

若在式(8.44)中用 $-ia$ 代替 $a$,并仍设 $\frac{a}{b}=\sin\theta$,则有

$$\int_0^\infty e^{iat} N_\nu(bx)dx$$

$$= \frac{\csc \nu\pi}{\sqrt{b^2-a^2}}\Big[ \Big(\frac{\sqrt{b^2-a^2}-ia}{b}\Big)^{-\nu}\cos \nu\pi - \Big(\frac{\sqrt{b^2-a^2}-ia}{b}\Big)^\nu \Big]$$

$$= \frac{\csc \nu\pi}{\sqrt{b^2-a^2}}\Big[ \Big(\sqrt{1-\Big(\frac{a}{b}\Big)^2}-i\frac{a}{b}\Big)^{-\nu}\cos \nu\pi - \Big(\sqrt{1-\Big(\frac{a}{b}\Big)^2}-i\frac{a}{b}\Big)^\nu \Big]$$

$$= \frac{\csc \nu\pi}{\sqrt{b^2-a^2}}\Big[ (\cos\theta-i\sin\theta)^{-\nu}\cos \nu\pi - (\cos\theta-i\sin\theta)^\nu \Big]$$

$$= \frac{\csc \nu\pi}{\sqrt{b^2-a^2}}(\cos \nu\pi\cos \nu\theta + i\cos \nu\pi\sin \nu\theta - \cos \nu\theta + i\sin \nu\theta) \tag{B}$$

(B) + (A),得

$$\int_0^\infty (e^{iax} + e^{-iax}) N_\nu(bx) dx = \frac{\csc \nu\pi}{\sqrt{b^2 - a^2}} (2\cos \nu\pi \cos \nu\theta - 2\cos \nu\theta)$$

$$2\int_0^\infty \cos(ax) N_\nu(bx) dx = \frac{2\csc \nu\pi}{\sqrt{b^2 - a^2}} \left[ (\cos \nu\pi - 1)\cos \nu\theta \right]$$

因此

$$\int_0^\infty N_\nu(bx)\cos(ax) dx = \frac{1}{\sqrt{b^2 - a^2}} \frac{\cos \nu\pi - 1}{\sin \nu\pi} \cos \nu\theta$$

$$= -\frac{1}{\sqrt{b^2 - a^2}} \tan \frac{\nu\pi}{2} \cos \nu\theta$$

最后得

$$\int_0^\infty N_\nu(bx)\cos(ax) dx = -\frac{1}{\sqrt{b^2 - a^2}} \tan \frac{\nu\pi}{2} \cos\left(\nu \arcsin \frac{a}{b}\right) \quad (b > a > 0)$$

$$(8.65)$$

(B) − (A),得

$$\int_0^\infty (e^{iax} - e^{-iax}) N_\nu(bx) dx = \frac{\csc \nu\pi}{\sqrt{b^2 - a^2}} (2i\cos \nu\pi \sin \nu\theta + 2i\sin \nu\theta)$$

$$2\int_0^\infty i\sin(ax) N_\nu(bx) dx = \frac{2i\csc \nu\pi}{\sqrt{b^2 - a^2}} (\cos \nu\pi \sin \nu\theta + \sin \nu\theta)$$

$$= \frac{2i\csc \nu\pi}{\sqrt{b^2 - a^2}} \left[ (\cos \nu\pi + 1)\sin \nu\theta \right]$$

所以

$$\int_0^\infty N_\nu(bx)\sin(ax) dx = \frac{1}{\sqrt{b^2 - a^2}} \frac{\cos \nu\pi + 1}{\sin \nu\pi} \sin \nu\theta$$

$$= \frac{1}{\sqrt{b^2 - a^2}} \cot \frac{\nu\pi}{2} \sin \nu\theta$$

最后得

$$\int_0^\infty N_\nu(bx)\sin(ax) dx = \frac{1}{\sqrt{b^2 - a^2}} \cot \frac{\nu\pi}{2} \sin\left(\nu \arcsin \frac{a}{b}\right) \quad (b > a > 0)$$

**例 17** 求积分 $\int_0^\infty K_\nu(bx)\cos(ax) dx, \int_0^\infty K_\nu(bx)\sin(ax) dx$.

**解** 已经知道式(8.49)：

$$\int_0^\infty e^{-ax} K_\nu(bx) dx = \frac{\pi\csc \nu\pi}{2\sqrt{a^2 - b^2}} \left[ b^{-\nu} (a + \sqrt{a^2 - b^2})^\nu - b^\nu (a + \sqrt{a^2 - b^2})^{-\nu} \right]$$

如同前法,用 $ia$ 代替 $a$,则有

$$\int_0^\infty e^{-iax} K_\nu(bx) dx$$

$$= \frac{\pi\csc \nu\pi}{2\sqrt{-a^2 - b^2}} \left[ b^{-\nu} (ia + \sqrt{-a^2 - b^2})^\nu - b^\nu (ia + \sqrt{-a^2 - b^2})^{-\nu} \right]$$

$$= \frac{\pi \csc \nu\pi}{2\mathrm{i}\sqrt{a^2+b^2}}\big[b^{-\nu}(\mathrm{i}a+\mathrm{i}\sqrt{a^2+b^2})^{\nu}-b^{\nu}(\mathrm{i}a+\mathrm{i}\sqrt{a^2+b^2})^{-\nu}\big]$$

$$= \frac{\pi \csc \nu\pi}{2\mathrm{i}\sqrt{a^2+b^2}}\big[b^{-\nu}\mathrm{i}^{\nu}(a+\sqrt{a^2+b^2})^{\nu}-b^{\nu}\mathrm{i}^{-\nu}(a+\sqrt{a^2+b^2})^{-\nu}\big]\quad(\text{I})$$

当用 $-\mathrm{i}a$ 代替 $a$ 时，会有

$$\int_0^{\infty}\mathrm{e}^{\mathrm{i}ax}\mathrm{K}_{\nu}(bx)\mathrm{d}x$$

$$= \frac{\pi \csc \nu\pi}{2\sqrt{-a^2-b^2}}\big[b^{-\nu}(-\mathrm{i}a+\sqrt{-a^2-b^2})^{\nu}-b^{\nu}(-\mathrm{i}a+\sqrt{-a^2-b^2})^{-\nu}\big]$$

$$= \frac{\pi \csc \nu\pi}{2\mathrm{i}\sqrt{a^2+b^2}}\big[b^{-\nu}\mathrm{i}^{\nu}(\sqrt{a^2+b^2}-a)^{\nu}-b^{\nu}\mathrm{i}^{-\nu}(\sqrt{a^2+b^2}-a)^{-\nu}\big]\quad(\text{II})$$

把上述两式加起来，(II)+(I)，得

$$\int_0^{\infty}(\mathrm{e}^{\mathrm{i}ax}+\mathrm{e}^{-\mathrm{i}ax})\mathrm{K}_{\nu}(bx)\mathrm{d}x$$

$$= \frac{\pi \csc \nu\pi}{2\mathrm{i}\sqrt{a^2+b^2}}\Big[\mathrm{i}^{\nu}\frac{(\sqrt{a^2+b^2}-a)^{\nu}}{b^{\nu}}-\mathrm{i}^{-\nu}\frac{b^{\nu}}{(\sqrt{a^2+b^2}-a)^{\nu}}$$

$$\quad +\mathrm{i}^{\nu}b^{-\nu}(\sqrt{a^2+b^2}+a)^{\nu}-\mathrm{i}^{-\nu}b^{\nu}(\sqrt{a^2+b^2}+a)^{-\nu}\Big]$$

$$= \frac{\pi \csc \nu\pi}{2\mathrm{i}\sqrt{a^2+b^2}}\Big[\mathrm{i}^{\nu}\frac{b^{2\nu}}{b^{\nu}(\sqrt{a^2+b^2}+a)^{\nu}}-\mathrm{i}^{-\nu}\frac{b^{\nu}(\sqrt{a^2+b^2}+a)^{\nu}}{b^{2\nu}}$$

$$\quad +\mathrm{i}^{\nu}b^{-\nu}(\sqrt{a^2+b^2}+a)^{\nu}-\mathrm{i}^{-\nu}b^{\nu}(\sqrt{a^2+b^2}+a)^{-\nu}\Big]$$

$$\int_0^{\infty}2\cos(ax)\mathrm{K}_{\nu}(bx)\mathrm{d}x$$

$$= \frac{\pi \csc \nu\pi}{2\mathrm{i}\sqrt{a^2+b^2}}\big[\mathrm{i}^{\nu}b^{\nu}(\sqrt{a^2+b^2}+a)^{-\nu}-\mathrm{i}^{-\nu}b^{-\nu}(\sqrt{a^2+b^2}+a)^{\nu}$$

$$\quad +\mathrm{i}^{\nu}b^{-\nu}(\sqrt{a^2+b^2}+a)^{\nu}-\mathrm{i}^{-\nu}b^{\nu}(\sqrt{a^2+b^2}+a)^{-\nu}\big]$$

即

$$\int_0^{\infty}\cos(ax)\mathrm{K}_{\nu}(bx)\mathrm{d}x = \frac{\pi \csc \nu\pi}{4\mathrm{i}\sqrt{a^2+b^2}}\big\{(\mathrm{i}^{\nu}-\mathrm{i}^{-\nu})\cdot\big[b^{-\nu}(\sqrt{a^2+b^2}+a)^{\nu}$$

$$\quad +b^{\nu}(\sqrt{a^2+b^2}+a)^{-\nu}\big]\big\}$$

其中

$$\mathrm{i}^{\nu}-\mathrm{i}^{-\nu} = \mathrm{e}^{\nu\ln\mathrm{i}}-\mathrm{e}^{-\nu\ln\mathrm{i}} = \mathrm{e}^{\frac{\mathrm{i}\nu\pi}{2}}-\mathrm{e}^{-\frac{\mathrm{i}\nu\pi}{2}} = 2\mathrm{i}\sin\frac{\nu\pi}{2}$$

因此

$$\int_0^{\infty}\mathrm{K}_{\nu}(bx)\cos(ax)\mathrm{d}x = \frac{\pi}{4\mathrm{i}\sqrt{a^2+b^2}}\frac{2\mathrm{i}\sin\frac{\nu\pi}{2}}{\sin\nu\pi}\big[b^{-\nu}(\sqrt{a^2+b^2}+a)^{\nu}$$

$$+ b^{\nu} \left( \sqrt{a^2 + b^2} + a \right)^{-\nu} \Big]$$

$$= \frac{\pi}{4 \sqrt{a^2 + b^2}} \frac{1}{\cos \dfrac{\nu\pi}{2}} \Big[ b^{-\nu} \left( \sqrt{a^2 + b^2} + a \right)^{\nu}$$

$$+ b^{\nu} \left( \sqrt{a^2 + b^2} + a \right)^{-\nu} \Big]$$

或

$$\int_0^{\infty} K_{\nu}(bx) \cos(ax) \mathrm{d}x$$

$$= \frac{\pi \sec \dfrac{\nu\pi}{2}}{4 \sqrt{a^2 + b^2}} \Big[ b^{-\nu} \left( \sqrt{a^2 + b^2} + a \right)^{\nu} + b^{\nu} \left( \sqrt{a^2 + b^2} + a \right)^{-\nu} \Big]$$

$$(\mathrm{Re}\, a > 0, b > 0, |\mathrm{Re}\, \nu| < 1) \tag{8.66}$$

两式相减,(Ⅱ) - (Ⅰ),得

$$\int_0^{\infty} (\mathrm{e}^{iax} - \mathrm{e}^{-iax}) K_{\nu}(bx) \mathrm{d}x$$

$$= \frac{\pi \csc \nu\pi}{2i \sqrt{a^2 + b^2}} \Big[ i^{\nu} b^{-\nu} \left( \sqrt{a^2 + b^2} - a \right)^{\nu} - i^{-\nu} b^{\nu} \left( \sqrt{a^2 + b^2} - a \right)^{-\nu}$$

$$- i^{\nu} b^{-\nu} \left( \sqrt{a^2 + b^2} + a \right)^{\nu} + i^{-\nu} b^{\nu} \left( \sqrt{a^2 + b^2} + a \right)^{-\nu} \Big]$$

$$\int_0^{\infty} 2i \sin(ax) K_{\nu}(bx) \mathrm{d}x$$

$$= \frac{\pi \csc \nu\pi}{2i \sqrt{a^2 + b^2}} \Big\{ i^{\nu} b^{-\nu} \Big[ \left( \sqrt{a^2 + b^2} - a \right)^{\nu} - \left( \sqrt{a^2 + b^2} + a \right)^{\nu} \Big]$$

$$- i^{-\nu} b^{\nu} \Big[ \left( \sqrt{a^2 + b^2} - a \right)^{-\nu} - \left( \sqrt{a^2 + b^2} + a \right)^{-\nu} \Big] \Big\}$$

$$\int_0^{\infty} \sin(ax) K_{\nu}(bx) \mathrm{d}x$$

$$= - \frac{\pi \csc \nu\pi}{4 \sqrt{a^2 + b^2}} \Big\{ i^{\nu} b^{-\nu} \Big[ \left( \sqrt{a^2 + b^2} - a \right)^{\nu} - \left( \sqrt{a^2 + b^2} + a \right)^{\nu} \Big]$$

$$+ i^{-\nu} b^{-\nu} \Big[ \left( \sqrt{a^2 + b^2} - a \right)^{\nu} - \left( \sqrt{a^2 + b^2} + a \right)^{\nu} \Big] \Big\}$$

$$\int_0^{\infty} \sin(ax) K_{\nu}(bx) \mathrm{d}x$$

$$= \frac{\pi \csc \nu\pi}{4 \sqrt{a^2 + b^2}} (i^{\nu} + i^{-\nu}) b^{-\nu} \Big[ \left( \sqrt{a^2 + b^2} + a \right)^{\nu} - \left( \sqrt{a^2 + b^2} - a \right)^{\nu} \Big]$$

其中

$$i^{\nu} + i^{-\nu} = \mathrm{e}^{\nu \ln i} + \mathrm{e}^{-\nu \ln i} = \mathrm{e}^{\frac{i\nu\pi}{2}} + \mathrm{e}^{-\frac{i\nu\pi}{2}} = 2 \cos \frac{\nu\pi}{2}$$

因此,得到

$$\int_0^{\infty} K_{\nu}(bx) \sin(ax) \mathrm{d}x$$

$$= \frac{\pi}{4\sqrt{a^2+b^2}} \frac{2\cos\frac{\nu\pi}{2}}{2\sin\frac{\nu\pi}{2}\cos\frac{\nu\pi}{2}} b^{-\nu}\left[\left(\sqrt{a^2+b^2}+a\right)^\nu - \left(\sqrt{a^2+b^2}-a\right)^\nu\right]$$

$$= \frac{\pi}{4\sqrt{a^2+b^2}} \frac{1}{\sin\frac{\nu\pi}{2}} b^{-\nu}\left[\left(\sqrt{a^2+b^2}+a\right)^\nu - \left(\sqrt{a^2+b^2}-a\right)^\nu\right]$$

或

$$\int_0^\infty \mathrm{K}_\nu(bx)\sin(ax)\mathrm{d}x = \frac{\pi\csc\frac{\nu\pi}{2}}{4\sqrt{a^2+b^2}} b^{-\nu}\left[\left(\sqrt{a^2+b^2}+a\right)^\nu - \left(\sqrt{a^2+b^2}-a\right)^\nu\right]$$

$$(\mathrm{Re}a>0,b>0,|\mathrm{Re}\nu|<2,\nu\neq0) \tag{8.67}$$

### 8.2.7　贝塞尔函数与双曲函数组合的积分

**例 18**　计算积分 $\displaystyle\int_0^\infty \mathrm{J}_\nu(bt)\cosh(at)\mathrm{d}t$，$\displaystyle\int_0^\infty \mathrm{J}_\nu(bt)\sinh(at)\mathrm{d}t$.

**解**　前面已经求得式(8.42)：

$$\int_0^\infty \mathrm{e}^{-at}\mathrm{J}_\nu(bt)\mathrm{d}t = \frac{b^{-\nu}\left(\sqrt{a^2+b^2}-a\right)^\nu}{\sqrt{a^2+b^2}} \tag{A}$$

把 $-a$ 换成 $a$，则有

$$\int_0^\infty \mathrm{e}^{at}\mathrm{J}_\nu(bt)\mathrm{d}t = \frac{b^{-\nu}\left(\sqrt{a^2+b^2}+a\right)^\nu}{\sqrt{a^2+b^2}} \tag{B}$$

上面两式相加，(A)+(B)，得

$$\int_0^\infty (\mathrm{e}^{at}+\mathrm{e}^{-at})\mathrm{J}_\nu(bt)\mathrm{d}t = \frac{b^{-\nu}\left(\sqrt{a^2+b^2}+a\right)^\nu}{\sqrt{a^2+b^2}} + \frac{b^{-\nu}\left(\sqrt{a^2+b^2}-a\right)^\nu}{\sqrt{a^2+b^2}}$$

即

$$\int_0^\infty 2\cosh(at)\mathrm{J}_\nu(bt)\mathrm{d}t = \frac{1}{\sqrt{a^2+b^2}}\left[b^{-\nu}\left(\sqrt{a^2+b^2}+a\right)^\nu \right.$$
$$\left. + b^{-\nu}\left(\sqrt{a^2+b^2}-a\right)^\nu\right]$$

因此得到

$$\int_0^\infty \mathrm{J}_\nu(bt)\cosh(at)\mathrm{d}t = \frac{1}{2\sqrt{a^2+b^2}}\left[b^{-\nu}\left(\sqrt{a^2+b^2}+a\right)^\nu \right.$$
$$\left. + b^{-\nu}\left(\sqrt{a^2+b^2}-a\right)^\nu\right] \quad (\mathrm{Re}a>0,b>0)$$
$$\tag{8.68}$$

若上面两式相减，(B)-(A)，得

$$\int_0^\infty (\mathrm{e}^{at}-\mathrm{e}^{-at})\mathrm{J}_\nu(bt)\mathrm{d}t = \frac{b^{-\nu}\left(\sqrt{a^2+b^2}+a\right)^\nu}{\sqrt{a^2+b^2}} - \frac{b^{-\nu}\left(\sqrt{a^2+b^2}-a\right)^\nu}{\sqrt{a^2+b^2}}$$

即

$$\int_0^\infty 2\sinh(at)\mathrm{J}_\nu(bt)\mathrm{d}t = \frac{1}{\sqrt{a^2+b^2}}\Big[b^{-\nu}\big(\sqrt{a^2+b^2}+a\big)^\nu$$
$$-b^{-\nu}\big(\sqrt{a^2+b^2}-a\big)^\nu\Big]$$

因此求得

$$\int_0^\infty \mathrm{J}_\nu(bt)\sinh(at)\mathrm{d}t = \frac{1}{2\sqrt{a^2+b^2}}\Big[b^{-\nu}\big(\sqrt{a^2+b^2}+a\big)^\nu$$
$$-b^{-\nu}\big(\sqrt{a^2+b^2}-a\big)^\nu\Big]\quad(\mathrm{Re}\,a>0,b>0)$$

$$(8.69)$$

**例 19**　求积分 $\displaystyle\int_0^\infty \mathrm{K}_\nu(bx)\cosh(ax)\mathrm{d}x,\int_0^\infty \mathrm{K}_\nu(bx)\sinh(ax)\mathrm{d}x.$

**解**　因为有式(8.49):

$$\int_0^\infty \mathrm{e}^{-ax}\mathrm{K}_\nu(bx)\mathrm{d}x = \frac{\pi\csc\nu\pi}{2\sqrt{a^2-b^2}}\Big[\Big(\frac{\sqrt{a^2-b^2}+a}{b}\Big)^\nu - \Big(\frac{\sqrt{a^2-b^2}+a}{b}\Big)^{-\nu}\Big]$$

$$(\mathrm{I})$$

及

$$\int_0^\infty \mathrm{e}^{ax}\mathrm{K}_\nu(bx)\mathrm{d}x = \frac{\pi\csc\nu\pi}{2\sqrt{a^2-b^2}}\Big[\Big(\frac{\sqrt{a^2-b^2}-a}{b}\Big)^\nu - \Big(\frac{\sqrt{a^2-b^2}-a}{b}\Big)^{-\nu}\Big]$$

$$(\mathrm{II})$$

上面两式相加,(Ⅰ)+(Ⅱ),得

$$\int_0^\infty (\mathrm{e}^{ax}+\mathrm{e}^{-ax})\mathrm{K}_\nu(bx)\mathrm{d}x$$

$$= \frac{\pi\csc\nu\pi}{2\sqrt{a^2-b^2}}\Big[\Big(\frac{\sqrt{a^2-b^2}-a}{b}\Big)^\nu - \Big(\frac{\sqrt{a^2-b^2}-a}{b}\Big)^{-\nu}$$
$$+ \Big(\frac{\sqrt{a^2-b^2}+a}{b}\Big)^\nu - \Big(\frac{\sqrt{a^2-b^2}+a}{b}\Big)^{-\nu}\Big]$$

$$= \frac{\pi\csc\nu\pi}{2\sqrt{a^2-b^2}}\Big[\Big(\sqrt{\Big(\frac{a}{b}\Big)^2-1}-\frac{a}{b}\Big)^\nu - \Big(\sqrt{\Big(\frac{a}{b}\Big)^2-1}-\frac{a}{b}\Big)^{-\nu}$$
$$+ \Big(\sqrt{\Big(\frac{a}{b}\Big)^2-1}+\frac{a}{b}\Big)^\nu - \Big(\sqrt{\Big(\frac{a}{b}\Big)^2-1}+\frac{a}{b}\Big)^{-\nu}\Big]$$

令 $\dfrac{a}{b}=\sin\alpha$,则

$$\int_0^\infty 2\cosh(ax)\mathrm{K}_\nu(bx)\mathrm{d}x$$

$$= \frac{\pi\csc\nu\pi}{2\sqrt{a^2-b^2}}\Big[(\mathrm{i}\cos\alpha-\sin\alpha)^\nu - (\mathrm{i}\cos\alpha-\sin\alpha)^{-\nu}$$
$$+ (\mathrm{i}\cos\alpha+\sin\alpha)^\nu - (\mathrm{i}\cos\alpha+\sin\alpha)^{-\nu}\Big]$$

$$\int_0^\infty K_\nu(bx)\cosh(ax)\,dx$$

$$= \frac{\pi\csc\nu\pi}{4\sqrt{a^2-b^2}}\left[\left(\frac{-\cos\alpha-\mathrm{i}\sin\alpha}{\mathrm{i}}\right)^\nu - \left(\frac{\mathrm{i}}{-\cos\alpha-\mathrm{i}\sin\alpha}\right)^\nu\right.$$

$$\left.+\left(\frac{-\cos\alpha+\mathrm{i}\sin\alpha}{\mathrm{i}}\right)^\nu - \left(\frac{\mathrm{i}}{-\cos\alpha+\mathrm{i}\sin\alpha}\right)^\nu\right]$$

$$= \frac{\pi\csc\nu\pi}{4\sqrt{a^2-b^2}}\left[\frac{(-1)^\nu}{\mathrm{i}^\nu}(\cos\alpha+\mathrm{i}\sin\alpha)^\nu + \frac{(-1)^\nu}{\mathrm{i}^\nu}(\cos\alpha-\mathrm{i}\sin\alpha)^\nu\right.$$

$$\left.-\frac{\mathrm{i}^\nu}{(-1)^\nu}\frac{1}{(\cos\alpha+\mathrm{i}\sin\alpha)^\nu} - \frac{\mathrm{i}^\nu}{(-1)^\nu}\frac{1}{(\cos\alpha-\mathrm{i}\sin\alpha)^\nu}\right]$$

$$= \frac{\pi\csc\nu\pi}{4\sqrt{a^2-b^2}}\left[\frac{(-1)^\nu}{\mathrm{i}^\nu}(\cos\nu\alpha+\mathrm{i}\sin\nu\alpha) + \frac{(-1)^\nu}{\mathrm{i}^\nu}(\cos\nu\alpha-\mathrm{i}\sin\nu\alpha)\right.$$

$$\left.-\frac{\mathrm{i}^\nu}{(-1)^\nu}\frac{1}{(\cos\nu\alpha+\mathrm{i}\sin\nu\alpha)} - \frac{\mathrm{i}^\nu}{(-1)^\nu}\frac{1}{(\cos\nu\alpha-\mathrm{i}\sin\nu\alpha)}\right]$$

$$= \frac{\pi\csc\nu\pi}{4\sqrt{a^2-b^2}}\left[\mathrm{i}^\nu(\cos\nu\alpha+\mathrm{i}\sin\nu\alpha) + \mathrm{i}^\nu(\cos\nu\alpha-\mathrm{i}\sin\nu\alpha)\right.$$

$$\left.-\mathrm{i}^{-\nu}(\cos\nu\alpha-\mathrm{i}\sin\nu\alpha) - \mathrm{i}^{-\nu}(\cos\nu\alpha+\mathrm{i}\sin\nu\alpha)\right]$$

$$= \frac{\pi\csc\nu\pi}{4\sqrt{a^2-b^2}}(2\mathrm{i}^\nu\cos\nu\alpha - 2\mathrm{i}^{-\nu}\cos\nu\alpha)$$

$$= \frac{\pi\csc\nu\pi}{4\sqrt{a^2-b^2}}\left(\mathrm{i}^\nu - \frac{1}{\mathrm{i}^\nu}\right)2\cos\nu\alpha$$

$$= \frac{\pi}{4\mathrm{i}\sqrt{b^2-a^2}}\frac{1}{\sin\nu\pi}\cdot 2\mathrm{i}\sin\frac{\nu\pi}{2}\cdot 2\cos\nu\alpha$$

$$= \frac{\pi}{2\sqrt{b^2-a^2}}\frac{1}{\cos\dfrac{\nu\pi}{2}}\cdot\cos\nu\alpha$$

最后得到

$$\int_0^\infty K_\nu(bx)\cosh(ax)\,dx$$

$$= \frac{\pi\sec\dfrac{\nu\pi}{2}}{2\sqrt{b^2-a^2}}\cdot\cos\left(\nu\arcsin\frac{a}{b}\right) \quad (\mathrm{Re}\,b > |\mathrm{Re}\,a|,|\mathrm{Re}\,\nu| < 1) \quad (8.70)$$

上面两式相减，(Ⅱ)-(Ⅰ)，得

$$\int_0^\infty (\mathrm{e}^{ax} - \mathrm{e}^{-ax})K_\nu(bx)\,dx$$

$$= \frac{\pi\csc\nu\pi}{2\sqrt{a^2-b^2}}\left[\left(\frac{\sqrt{a^2-b^2}-a}{b}\right)^\nu - \left(\frac{\sqrt{a^2-b^2}-a}{b}\right)^{-\nu}\right.$$

$$\left.-\left(\frac{\sqrt{a^2-b^2}+a}{b}\right)^\nu + \left(\frac{\sqrt{a^2-b^2}+a}{b}\right)^{-\nu}\right]$$

$$= \frac{\pi\csc\nu\pi}{2\sqrt{a^2 - b^2}}\left[\left(\sqrt{\left(\frac{a}{b}\right)^2 - 1} - \frac{a}{b}\right)^\nu - \left(\sqrt{\left(\frac{a}{b}\right)^2 - 1} - \frac{a}{b}\right)^{-\nu}\right.$$

$$\left. - \left(\sqrt{\left(\frac{a}{b}\right)^2 - 1} + \frac{a}{b}\right)^\nu + \left(\sqrt{\left(\frac{a}{b}\right)^2 - 1} + \frac{a}{b}\right)^{-\nu}\right]$$

仍令 $\dfrac{a}{b} = \sin\alpha$, 则

$$\int_0^\infty K_\nu(bx)\sinh(ax)dx = \frac{\pi\csc\nu\pi}{4\sqrt{a^2 - b^2}}\left[i^\nu(\cos\alpha + i\sin\alpha)^\nu - i^\nu(\cos\alpha - i\sin\alpha)^\nu\right.$$

$$\left. + i^{-\nu}(\cos\alpha + i\sin\alpha)^{-\nu} - i^{-\nu}(\cos\alpha - i\sin\alpha)^{-\nu}\right]$$

$$= \frac{\pi\csc\nu\pi}{4\sqrt{a^2 - b^2}}\left[i^\nu(\cos\nu\alpha + i\sin\nu\alpha) - i^\nu(\cos\nu\alpha - i\sin\nu\alpha)\right.$$

$$\left. + i^{-\nu}(\cos\nu\alpha + i\sin\nu\alpha) - i^{-\nu}(\cos\nu\alpha - i\sin\nu\alpha)\right]$$

$$= \frac{\pi\csc\nu\pi}{4\sqrt{a^2 - b^2}}(2i^\nu i\sin\nu\alpha + 2i^{-\nu}i\sin\nu\alpha)$$

$$= \frac{\pi\csc\nu\pi}{4\sqrt{a^2 - b^2}}(i^\nu + i^{-\nu})2i\sin\nu\alpha$$

$$= \frac{\pi}{4i\sqrt{b^2 - a^2}}\frac{1}{\sin\nu\pi} \cdot 2\cos\frac{\nu\pi}{2} \cdot 2i\sin\nu\alpha$$

$$= \frac{\pi}{2\sqrt{b^2 - a^2}} \cdot \frac{1}{\sin\frac{\nu\pi}{2}} \cdot \sin\nu\alpha$$

最后得到

$$\int_0^\infty K_\nu(bx)\sinh(ax)dx$$

$$= \frac{\pi\csc\dfrac{\nu\pi}{2}}{2\sqrt{b^2 - a^2}}\sin\left(\nu\arcsin\frac{a}{b}\right) \quad (\text{Re}\,b > |\text{Re}\,a|, |\text{Re}\,\nu| < 2) \quad (8.71)$$

## 8.2.8 艾里(Airy)积分

**例 20** 求艾里积分.

**解** 艾里积分 $\displaystyle\int_0^\infty \cos(t^3 \pm xt)dt$ 是方程

$$\frac{d^2 u}{dx^2} \mp \frac{1}{3}xu = 0 \tag{8.72}$$

的解, 是艾里在研究关于"光在散焦线附近的强度"时出现的[26]. 人们在计算同步辐射光谱时也会遇到这个积分. 它可以用贝塞尔函数表达. 实际上艾里方程(8.72)就是一种特殊形式的贝塞尔方程.

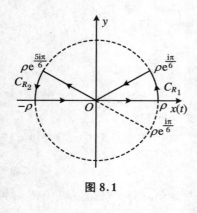

**图 8.1**

为了计算艾里积分,可以把它写成下面的形状:

$$\frac{1}{2}\int_{-\infty}^{\infty} \exp(\mathrm{i}t^3 \pm \mathrm{i}xt)\mathrm{d}t \qquad (8.73)$$

现在来考虑函数 $\exp(\mathrm{i}t^3 \pm \mathrm{i}xt)$ 在 $t$ 平面上的围道积分.作一个半径为 $\rho$ 的圆.围道从 $t = -\rho$ ($\rho > 0$)点出发,沿实轴经 $t = 0$ 到 $t = \rho$ 处,再沿以原点($t=0$)为中心,$\rho$ 为半径的圆弧行进到 $\rho\mathrm{e}^{\frac{\mathrm{i}\pi}{6}}$ 点,然后沿直线到 $t = 0$,又再沿直线到达 $\rho\mathrm{e}^{\frac{5\mathrm{i}\pi}{6}}$ 处,最后沿圆弧回到 $-\rho$(图 8.1).从图上可见两个圆弧的端点分别在 $\rho$,$\rho\mathrm{e}^{\frac{\mathrm{i}\pi}{6}}$,$\rho\mathrm{e}^{\frac{5\mathrm{i}\pi}{6}}$,$\rho\mathrm{e}^{\mathrm{i}\pi}(-\rho)$ 处.

当沿围道走一圈时,因为围道内无奇点,根据柯西定理,整个围路的积分应为零,即

$$\int_{-\rho}^{\rho} \exp(\mathrm{i}t^3 \pm \mathrm{i}xt)\mathrm{d}t + \int_{C_{R_1}} \exp(\mathrm{i}t^3 \pm \mathrm{i}xt)\mathrm{d}t + \int_{\rho\mathrm{e}^{\frac{\mathrm{i}\pi}{6}}}^{0} \exp(\mathrm{i}t^3 \pm \mathrm{i}xt)\mathrm{d}t$$

$$+ \int_{0}^{\rho\mathrm{e}^{\frac{5\mathrm{i}\pi}{6}}} \exp(\mathrm{i}t^3 \pm \mathrm{i}xt)\mathrm{d}t + \int_{C_{R_2}} \exp(\mathrm{i}t^3 \pm \mathrm{i}xt)\mathrm{d}t = 0$$

根据若尔当引理,围道内没有奇点,当 $\rho \to \infty$ 时,沿弧的积分为零,即

$$\int_{\substack{C_{R_1} \\ \rho \to +\infty}} \exp(\mathrm{i}t^3 \pm \mathrm{i}xt)\mathrm{d}t = \int_{\substack{C_{R_2} \\ \rho \to +\infty}} \exp(\mathrm{i}t^3 \pm \mathrm{i}xt)\mathrm{d}t = 0$$

因此有

$$\frac{1}{2}\int_{-\infty}^{\infty} \exp(\mathrm{i}t^3 \pm \mathrm{i}xt)\mathrm{d}t = \frac{1}{2}\int_{\substack{-\rho \\ \rho \to \infty}}^{\rho} \exp(\mathrm{i}t^3 \pm \mathrm{i}xt)\mathrm{d}t$$

$$= \frac{1}{2}\left[ -\int_{\substack{\rho\mathrm{e}^{\frac{\mathrm{i}\pi}{6}} \\ \rho \to \infty}}^{0} \exp(\mathrm{i}t^3 \pm \mathrm{i}xt)\mathrm{d}t - \int_{\substack{0 \\ \rho \to \infty}}^{\rho\mathrm{e}^{\frac{5\mathrm{i}\pi}{6}}} \exp(\mathrm{i}t^3 \pm \mathrm{i}xt)\mathrm{d}t \right]$$

$$= \frac{1}{2}\left[ \int_{\substack{0 \\ \rho \to \infty}}^{\rho\mathrm{e}^{\frac{\mathrm{i}\pi}{6}}} \exp(\mathrm{i}t^3 \pm \mathrm{i}xt)\mathrm{d}t + \int_{\substack{\rho\mathrm{e}^{\frac{5\mathrm{i}\pi}{6}} \\ \rho \to \infty}}^{0} \exp(\mathrm{i}t^3 \pm \mathrm{i}xt)\mathrm{d}t \right]$$

在等式右边第一个积分 $\int_{\substack{0 \\ \rho \to \infty}}^{\rho\mathrm{e}^{\frac{\mathrm{i}\pi}{6}}} \exp(\mathrm{i}t^3 \pm \mathrm{i}xt)\mathrm{d}t$ 中,令 $t = \mathrm{e}^{\frac{\mathrm{i}\pi}{6}}\tau$,$\mathrm{d}t = \mathrm{e}^{\frac{\mathrm{i}\pi}{6}}\mathrm{d}\tau$,那么,被积函数可写成

$$\begin{aligned}
\exp(\mathrm{i}t^3 \pm \mathrm{i}xt) &= \exp\left[ \mathrm{i}(\mathrm{e}^{\frac{\mathrm{i}\pi}{6}}\tau)^3 \pm \mathrm{i}x\mathrm{e}^{\frac{\mathrm{i}\pi}{6}}\tau \right] \\
&= \exp(\mathrm{i}\mathrm{e}^{\frac{\mathrm{i}\pi}{2}}\tau^3 \pm \mathrm{e}^{\frac{\mathrm{i}\pi}{2}}x\mathrm{e}^{\frac{\mathrm{i}\pi}{6}}\tau) \\
&= \exp(\mathrm{i}\cdot\mathrm{i}\cdot\tau^3 \pm \mathrm{e}^{\frac{\mathrm{i}\pi}{2}}\mathrm{e}^{\frac{\mathrm{i}\pi}{6}}x\tau) \\
&= \exp(-\tau^3 \pm \mathrm{e}^{\frac{2\mathrm{i}\pi}{3}}x\tau)
\end{aligned}$$

当 $t = 0$ 时,$\tau = 0$;$t = \rho\mathrm{e}^{\frac{\mathrm{i}\pi}{6}}$,$\tau = \rho$,因此第一个积分为

$$\int_0^{\rho e^{\frac{i\pi}{6}}} \exp(\underset{\rho \to \infty}{it^3} \pm ixt)\,dt = \int_0^{\rho} e^{\frac{i\pi}{6}} \exp(\underset{\rho \to \infty}{-\tau^3} \pm e^{\frac{2i\pi}{3}}x\tau)\,d\tau$$

在等式右边第二个积分 $\displaystyle\int_{\rho e^{\frac{5i\pi}{6}}}^{0} \exp(it^3 \pm ixt)\,dt$ 中,令 $t = e^{\frac{5i\pi}{6}}\tau$,$dt = e^{\frac{5i\pi}{6}}\,d\tau$,那么,

被积函数可写成

$$\begin{aligned}
\exp(it^3 \pm ixt) &= \exp\big[i\,(e^{\frac{5i\pi}{6}}\tau)^3 \pm ixe^{\frac{5i\pi}{6}}\tau\big]\\
&= \exp(ie^{\frac{5i\pi}{2}}\tau^3 \pm e^{\frac{i\pi}{2}}e^{\frac{5i\pi}{6}}x\tau)\\
&= \exp(i \cdot e^{2i\pi}e^{\frac{i\pi}{2}} \cdot \tau^3 \pm e^{\frac{4i\pi}{3}}x\tau)\\
&= \exp(-\tau^3 \pm e^{-\frac{2i\pi}{3}}x\tau)
\end{aligned}$$

当 $t=0$ 时,$\tau=0$;$t=\rho e^{\frac{5i\pi}{6}}$ 时,$\tau=\rho$,因此第二个积分为

$$\begin{aligned}
\int_{\rho e^{\frac{5i\pi}{6}}}^{0} \exp(it^3 \pm ixt)\,dt &= \int_{\rho}^{0} e^{\frac{5i\pi}{6}} \exp(\underset{\rho \to \infty}{-\tau^3} \pm e^{-\frac{2i\pi}{3}}x\tau)\,d\tau\\
&= \int_{\rho}^{0} -e^{-\frac{i\pi}{6}} \exp(\underset{\rho \to \infty}{-\tau^3} \pm e^{-\frac{2i\pi}{3}}x\tau)\,d\tau\\
&= \int_{0}^{\rho} e^{-\frac{i\pi}{6}} \exp(\underset{\rho \to \infty}{-\tau^3} \pm e^{-\frac{2i\pi}{3}}x\tau)\,d\tau
\end{aligned}$$

于是有

$$\begin{aligned}
&\frac{1}{2}\int_{-\infty}^{\infty} \exp(it^3 \pm ixt)\,dt\\
&= \frac{1}{2}\int_{-\rho}^{\rho} \exp(\underset{\rho \to \infty}{it^3} \pm ixt)\,dt\\
&= \frac{1}{2}\bigg[\int_0^{\rho} e^{\frac{i\pi}{6}} \exp(\underset{\rho \to \infty}{-\tau^3} \pm e^{\frac{2i\pi}{3}}x\tau)\,d\tau + \int_0^{\rho} e^{-\frac{i\pi}{6}} \exp(\underset{\rho \to \infty}{-\tau^3} \pm e^{-\frac{2i\pi}{3}}x\tau)\,d\tau\bigg]\\
&= \frac{1}{2}\int_0^{\infty} \big[e^{\frac{i\pi}{6}} \exp(-\tau^3 \pm e^{\frac{2i\pi}{3}}x\tau) + e^{-\frac{i\pi}{6}} \exp(-\tau^3 \pm e^{-\frac{2i\pi}{3}}x\tau)\big]\,d\tau\\
&= \mathrm{Re}\int_0^{\infty} e^{\pm\frac{i\pi}{6}} \exp(-\tau^3 \pm e^{\pm\frac{2i\pi}{3}}x\tau)\,d\tau\\
&= \mathrm{Re}\bigg[e^{\pm\frac{i\pi}{6}}\int_0^{\infty} \exp(-\tau^3 \pm e^{\pm\frac{2i\pi}{3}}x\tau)\,d\tau\bigg] \qquad\qquad (A)
\end{aligned}$$

我们知道

$$e^x = \sum_{n=0}^{\infty} \frac{x^n}{n!}, \quad e^{-x} = \sum_{n=0}^{\infty} (-1)^n \frac{x^n}{n!}$$

那么合起来就有

$$e^{\pm x} = \sum_{n=0}^{\infty} (\pm 1)^n \frac{x^n}{n!}$$

由此有

$$\exp(\pm e^{\pm\frac{2i\pi}{3}}x\tau) = \sum_{k=0}^{\infty} (\pm 1)^k \frac{1}{k!} (e^{\pm\frac{2i\pi}{3}}x\tau)^k = \sum_{k=0}^{\infty} (\pm 1)^k \frac{1}{k!} e^{\pm\frac{2}{3}ki\pi} x^k \tau^k$$

这样,式(A)右端的积分可写成

$$\int_0^\infty \exp(-\tau^3 \pm e^{\pm\frac{2i\pi}{3}}x\tau)\mathrm{d}\tau = \sum_{k=0}^\infty (\pm 1)^k \frac{1}{k!}e^{\pm\frac{2}{3}ki\pi}x^k \int_0^\infty \tau^k \exp(-\tau^3)\mathrm{d}\tau \quad (B)$$

其中

$$\int_0^\infty \tau^k \exp(-\tau^3)\mathrm{d}\tau = \frac{\Gamma\left(\dfrac{k+1}{3}\right)}{3} = \frac{1}{3}\Gamma\left(\frac{k}{3}+\frac{1}{3}\right)$$

$$\left[\text{注意:这里利用了公式}\int_0^\infty x^n \exp(-ax^p)\mathrm{d}x = \frac{\Gamma\left(\dfrac{n+1}{p}\right)}{pa^{\frac{n+1}{p}}}.\right]$$

把它代入式(B)后,有

$$\int_0^\infty \exp(-\tau^3 \pm e^{\pm\frac{2i\pi}{3}}x\tau)\mathrm{d}\tau = \sum_{k=0}^\infty (\pm 1)^k \frac{1}{k!}e^{\pm\frac{2}{3}ki\pi}x^k \cdot \frac{1}{3}\Gamma\left(\frac{k}{3}+\frac{1}{3}\right)$$

$$= \frac{1}{3}\sum_{k=0}^\infty (\pm x)^k \frac{1}{k!}e^{\pm\frac{2}{3}ki\pi}\Gamma\left(\frac{k}{3}+\frac{1}{3}\right) \quad (C)$$

再把式(C)代入式(A),因此得到

$$\int_0^\infty \cos(t^3 \pm xt)\mathrm{d}t = \mathrm{Re}\int_0^\infty e^{\pm\frac{i\pi}{6}}\exp(-\tau^3 \pm e^{\pm\frac{2i\pi}{3}}x\tau)\mathrm{d}\tau$$

$$= \mathrm{Re}\left[\frac{1}{3}\sum_{k=0}^\infty (\pm x)^k \frac{1}{k!}e^{\pm\left(\frac{2}{3}k+\frac{1}{6}\right)i\pi}\Gamma\left(\frac{k}{3}+\frac{1}{3}\right)\right]$$

$$= \frac{1}{3}\sum_{k=0}^\infty (\pm x)^k \frac{1}{k!}\cos\left[\left(\frac{2}{3}k+\frac{1}{6}\right)\pi\right] \cdot \Gamma\left(\frac{1}{3}k+\frac{1}{3}\right)$$

$$= \frac{1}{3}\sum_{k=0}^\infty (\pm x)^k \frac{1}{k!}\sin\left[\left(\frac{2}{3}k+\frac{2}{3}\right)\pi\right] \cdot \Gamma\left(\frac{1}{3}k+\frac{1}{3}\right)$$

$$= \frac{1}{3}\sum_{k=0}^\infty (\pm x)^k \frac{1}{k!}\sin\left[\frac{2}{3}(k+1)\pi\right] \cdot \Gamma\left(\frac{1}{3}k+\frac{1}{3}\right)$$

$$= \frac{1}{3}\pi\left[\sum_{k=0}^\infty \frac{\left(\pm\dfrac{x}{3}\right)^{3k}}{k!\,\Gamma\left(k+\dfrac{2}{3}\right)} \mp \frac{x}{3}\sum_{k=0}^\infty \frac{\left(\pm\dfrac{x}{3}\right)^{3k}}{k!\,\Gamma\left(k+\dfrac{4}{3}\right)}\right] \quad (8.74)$$

这里,最后的式子是 De Morgan 得到的[26].

当式(8.74)用贝塞尔函数表达时,可得到

$$\int_0^\infty \cos(t^3 + xt)\mathrm{d}t = \frac{\pi}{3}\sqrt{\frac{x}{3}}\left[\mathrm{I}_{-\frac{1}{3}}\left(\frac{2x\sqrt{x}}{3\sqrt{3}}\right) - \mathrm{I}_{\frac{1}{3}}\left(\frac{2x\sqrt{x}}{3\sqrt{3}}\right)\right]$$

$$= \frac{\sqrt{x}}{3}\mathrm{K}_{\frac{1}{3}}\left(\frac{2x\sqrt{x}}{3\sqrt{3}}\right) \quad (8.75\text{-}1)$$

$$\int_0^\infty \cos(t^3 - xt)\mathrm{d}t = \frac{\pi}{3}\sqrt{\frac{x}{3}}\left[\mathrm{J}_{-\frac{1}{3}}\left(\frac{2x\sqrt{x}}{3\sqrt{3}}\right) + \mathrm{J}_{\frac{1}{3}}\left(\frac{2x\sqrt{x}}{3\sqrt{3}}\right)\right] \quad (8.75\text{-}2)$$

(8.75-1)和(8.75-2)两式就是我们得到的用分数阶贝塞尔函数表示的艾里积分.

关于式(8.74)最后一步,我们是这样推导的:

$$\frac{1}{3}\sum_{k=0}^{\infty}(\pm x)^k\frac{1}{k!}\sin\left[\frac{2}{3}(k+1)\pi\right]\cdot\Gamma\left(\frac{1}{3}k+\frac{1}{3}\right)\quad(\diamond k=3m,3m+1,3m+2)$$

$$=\frac{1}{3}\left\{\sum_{\substack{k=3m\\m=0}}^{\infty}(\pm x)^{3m}\frac{1}{(3m)!}\sin\left[\frac{2}{3}(3m+1)\pi\right]\cdot\Gamma\left(\frac{1}{3}\cdot3m+\frac{1}{3}\right)\right.$$

$$+\sum_{\substack{k=3m+1\\m=0}}^{\infty}(\pm x)^{3m+1}\frac{1}{(3m+1)!}\sin\left[\frac{2}{3}(3m+2)\pi\right]\cdot\Gamma\left[\frac{1}{3}\cdot(3m+1)+\frac{1}{3}\right]$$

$$+\left.\sum_{\substack{k=3m+2\\m=0}}^{\infty}(\pm x)^{3m+2}\frac{1}{(3m+2)!}\sin\left[\frac{2}{3}(3m+3)\pi\right]\cdot\Gamma\left[\frac{1}{3}\cdot(3m+2)+\frac{1}{3}\right]\right\}$$

$$=\frac{1}{3}\left[\sum_{m=0}^{\infty}(\pm x)^{3m}\frac{1}{(3m)!}\sin\left(2m\pi+\frac{2}{3}\pi\right)\cdot\Gamma\left(m+\frac{1}{3}\right)\right.$$

$$+\left.\sum_{m=0}^{\infty}(\pm x)^{3m+1}\frac{1}{(3m+1)!}\sin\left(2m\pi+\frac{4}{3}\pi\right)\cdot\Gamma\left(m+\frac{2}{3}\right)+0\right]$$

(括号内第三项的 0 是因为 $\sin 2(m+1)\pi=0$)

$$=\frac{1}{3}\left[\sum_{m=0}^{\infty}(\pm x)^{3m}\frac{1}{(3m)!}\sin\left(\frac{2}{3}\pi\right)\cdot\Gamma\left(m+\frac{1}{3}\right)\right.$$

$$+\left.\sum_{m=0}^{\infty}(\pm x)^{3m+1}\frac{1}{(3m+1)!}\sin\left(\frac{4}{3}\pi\right)\cdot\Gamma\left(m+\frac{2}{3}\right)\right]$$

$$=\frac{1}{3}\left[\sum_{m=0}^{\infty}(\pm x)^{3m}\frac{1}{(3m)!}\sin\left(\frac{1}{3}\pi\right)\cdot\Gamma\left(m+\frac{1}{3}\right)\quad\left(\text{用}\sin\frac{2}{3}\pi=\sin\frac{1}{3}\pi\right)\right.$$

$$-\left.\sum_{m=0}^{\infty}(\pm x)^{3m+1}\frac{1}{(3m+1)!}\sin\left(\frac{1}{3}\pi\right)\cdot\Gamma\left(m+\frac{2}{3}\right)\right]\quad\left(\text{用}\sin\frac{4}{3}\pi=-\sin\frac{1}{3}\pi\right)$$

$$=\frac{1}{3}\left[\sum_{m=0}^{\infty}(\pm x)^{3m}\frac{1}{3^{3m}m!\left(m-\frac{1}{3}\right)!\left(m-\frac{2}{3}\right)!}\cdot\frac{\pi}{\Gamma\left(\frac{1}{3}\right)\Gamma\left(\frac{2}{3}\right)}\cdot\Gamma\left(m+\frac{1}{3}\right)\right.$$

$$-\left.\sum_{m=0}^{\infty}(\pm x)^{3m+1}\frac{1}{3^{3m+1}\left(m+\frac{1}{3}\right)!m!\left(m-\frac{1}{3}\right)!}\cdot\frac{\pi}{\Gamma\left(\frac{1}{3}\right)\Gamma\left(\frac{2}{3}\right)}\cdot\Gamma\left(m+\frac{2}{3}\right)\right]$$

$$=\frac{\pi}{3}\left[\sum_{m=0}^{\infty}\left(\pm\frac{x}{3}\right)^{3m}\frac{1}{m!}\cdot\frac{1}{\Gamma\left(m+\frac{1}{3}\right)\Gamma\left(m+\frac{2}{3}\right)}\cdot\Gamma\left(m+\frac{1}{3}\right)\right.$$

$$-\left.\left(\pm\frac{x}{3}\right)\sum_{m=0}^{\infty}\left(\pm\frac{x}{3}\right)^{3m}\frac{1}{m!}\frac{1}{\Gamma\left(m+\frac{4}{3}\right)\Gamma\left(m+\frac{2}{3}\right)}\cdot\Gamma\left(m+\frac{2}{3}\right)\right]$$

$$= \frac{\pi}{3} \left[ \sum_{m=0}^{\infty} \left( \pm \frac{x}{3} \right)^{3m} \frac{1}{m!} \cdot \frac{1}{\Gamma \left( m + \frac{2}{3} \right)} \mp \frac{x}{3} \sum_{m=0}^{\infty} \left( \pm \frac{x}{3} \right)^{3m} \frac{1}{m!} \cdot \frac{1}{\Gamma \left( m + \frac{4}{3} \right)} \right]$$

只要把 $m$ 换成 $k$ 就是式(8.73)的最后形式了,式中的 $m$ 和 $k$ 都是正整数.

# 8.3 含有勒让德函数的积分

勒让德函数是勒让德方程的解,而勒让德方程则是在球极坐标系中用分离变量法解拉普拉斯方程或其他方程时导出的.它在有心力场及点电荷的电场中有很好的应用.

**例 21** 计算积分 $\int_0^1 \mathrm{P}_n(x) \mathrm{d}x$.

**解** 方法 1:被积函数 $\mathrm{P}_n(x)$ 为勒让德多项式,可表示为[式(8.33)]

$$\mathrm{P}_n(x) = \sum_{k=0}^{\left[ \frac{n}{2} \right]} (-1)^k \frac{(2n-2k)!}{2^n k!(n-k)!(n-2k)!} x^{n-2k}$$

把它代入积分式中得

$$\int_0^1 \mathrm{P}_n(x) \mathrm{d}x = \int_0^1 \sum_{k=0}^{\left[ \frac{n}{2} \right]} (-1)^k \frac{(2n-2k)!}{2^n k!(n-k)!(n-2k)!} x^{n-2k} \mathrm{d}x$$

$$= \sum_{k=0}^{\left[ \frac{n}{2} \right]} (-1)^k \frac{(2n-2k)!}{2^n k!(n-k)!(n-2k)!} \int_0^1 x^{n-2k} \mathrm{d}x$$

$$= \sum_{k=0}^{\left[ \frac{n}{2} \right]} (-1)^k \frac{(2n-2k)!}{2^n k!(n-k)!(n-2k)!} \cdot \frac{1}{n-2k+1} \left( x^{n-2k+1} \right) \Big|_{x=0}^{x=1}$$

$$= \sum_{k=0}^{\left[ \frac{n}{2} \right]} (-1)^k \frac{(2n-2k)!}{2^n k!(n-k)!(n-2k+1)!}$$

其中 $\left[ \frac{n}{2} \right] = \frac{n}{2}$($n$ 为偶数),$\left[ \frac{n}{2} \right] = \frac{n-1}{2}$($n$ 为奇数).当 $n$ 为偶数时,积分为零;而当 $n$ 为奇数时,积分会有非零值.详情请看方法 2.

方法 2:利用勒让德函数的递推公式

$$(2n+1)\mathrm{P}_n(x) = \mathrm{P}_{n+1}{}'(x) - \mathrm{P}_{n-1}{}'(x)$$

或

$$\mathrm{P}_n(x) = \frac{1}{2n+1} \left[ \frac{\mathrm{d}}{\mathrm{d}x} \mathrm{P}_{n+1}(x) - \frac{\mathrm{d}}{\mathrm{d}x} \mathrm{P}_{n-1}(x) \right]$$

两边同时积分,得

$$\int_0^1 P_n(x)dx = \frac{1}{2n+1}\left[\int_0^1 \frac{d}{dx}P_{n+1}(x)dx - \int_0^1 \frac{d}{dx}P_{n-1}(x)dx\right]$$

$$= \frac{1}{2n+1}\left[P_{n+1}(x) - P_{n-1}(x)\right]_0^1$$

当 $n$ 为偶数时,令 $n = 2m$,则

$$\int_0^1 P_{2m}(x)dx = \frac{1}{4m+1}\left[P_{2m+1}(x) - P_{2m-1}(x)\right]_0^1 = 0$$

因为

$$P_{2m+1}(1) = P_{2m-1}(1) = 1$$
$$P_{2m+1}(0) = P_{2m-1}(0) = 0$$

当 $n$ 为奇数时,令 $n = 2m+1$,则

$$\int_0^1 P_{2m+1}(x)dx = \frac{1}{4m+3}\left[P_{2m+2}(x) - P_{2m}(x)\right]_0^1$$

虽然

$$P_{2m+2}(1) - P_{2m}(1) = 1 - 1 = 0$$

但是

$$P_{2m}(0) = (-1)^m \frac{(2m)!}{2^{2m}(m!)^2}$$

$$P_{2m+2}(0) = (-1)^{m+1} \frac{(2m+2)!}{2^{2m+2}\left[(m+1)!\right]^2}$$

以上使用了勒让德多项式的几个特殊点的值:

$$P_n(1) = 1, \quad P_{2n+1}(0) = 0, \quad P_{2n}(0) = (-1)^n \frac{(2n)!}{2^{2n}(n!)^2}$$

因此得到

$$\int_0^1 P_{2m+1}(x)dx$$

$$= \frac{1}{4m+3}\left[P_{2m}(0) - P_{2m+2}(0)\right]$$

$$= \frac{1}{4m+3}\left\{(-1)^m \frac{(2m)!}{2^{2m}(m!)^2} - (-1)^{m+1}\frac{(2m+2)!}{2^{2m+2}\left[(m+1)!\right]^2}\right\}$$

$$= \frac{1}{4m+3}\left[(-1)^m \frac{(2m)!}{2^{2m}(m!)^2} - (-1)^1 (-1)^m \frac{(2m+2)(2m+1)(2m)!}{2^2 2^{2m}(m+1)^2(m!)^2}\right]$$

$$= \frac{1}{4m+3}\left[1 + \frac{(2m+2)(2m+1)}{2^2(m+1)^2}\right](-1)^m \frac{(2m)!}{2^{2m}(m!)^2}$$

$$= \frac{1}{4m+3}\left(1 + \frac{2m+1}{2m+2}\right)(-1)^m \frac{(2m)!}{2^{2m}(m!)^2}$$

$$= \frac{1}{4m+3} \cdot \frac{4m+3}{2m+2} \cdot (-1)^m \frac{(2m)!}{2^{2m}(m!)^2}$$

$$= (-1)^m \frac{(2m)!}{2^{2m+1}(m+1)!m!}$$

$$= (-1)^m \frac{(2m-1)!!}{(2m+2)!!} \quad (n = 2m+1) \tag{8.76}$$

**例 22**　计算积分 $\int_1^\infty Q_n(x)\mathrm{d}x$.

**解**　把

$$Q_n(x) = \frac{2^n (n!)^2}{(2n+1)!} x^{-n-1} F\left(\frac{n+1}{2}, \frac{n+2}{2}; n+\frac{3}{2}; x^{-2}\right)$$

代入积分式中,得

$$\int_1^\infty Q_n(x)\mathrm{d}x = \int_1^\infty \frac{2^n (n!)^2}{(2n+1)!} x^{-n-1} F\left(\frac{n+1}{2}, \frac{n+2}{2}; n+\frac{3}{2}; x^{-2}\right)\mathrm{d}x$$

$$= \frac{2^n (n!)^2}{(2n+1)!} \int_1^\infty x^{-n-1} \sum_{k=0}^\infty \frac{\left(\frac{n+1}{2}\right)_k \left(\frac{n+2}{2}\right)_k}{k! \left(n+\frac{3}{2}\right)_k} x^{-2k} \mathrm{d}x$$

$$= \frac{2^n (n!)^2}{(2n+1)!} \sum_{k=0}^\infty \frac{\left(\frac{n+1}{2}\right)_k \left(\frac{n+2}{2}\right)_k}{k! \left(n+\frac{3}{2}\right)_k} \int_1^\infty x^{-n-2k-1} \mathrm{d}x$$

$$= \frac{2^n (n!)^2}{(2n+1)!} \sum_{k=0}^\infty \frac{\left(\frac{n+1}{2}\right)_k \left(\frac{n+2}{2}\right)_k}{k! \left(n+\frac{3}{2}\right)_k} \cdot \frac{1}{n+2k}$$

$$= \frac{2^n (n!)^2}{(2n+1)!} \cdot \frac{1}{n} \sum_{k=0}^\infty \frac{\left(\frac{n+1}{2}\right)_k}{k! \left(n+\frac{3}{2}\right)_k} \cdot \frac{\frac{n}{2}\left(\frac{n}{2}+1\right)_k}{\frac{n}{2}+k}$$

$$= \frac{2^n (n!)^2}{(2n+1)! \, n} \sum_{k=0}^\infty \frac{\left(\frac{n+1}{2}\right)_k \left(\frac{n}{2}\right)_k}{k! \left(n+\frac{3}{2}\right)_k}$$

$$= \frac{2^n (n!)^2}{(2n+1)! \, n} F\left(\frac{n+1}{2}, \frac{n}{2}; n+\frac{3}{2}; 1\right)$$

其中的超几何函数 F 为

$$F\left(\frac{n+1}{2}, \frac{n}{2}; n+\frac{3}{2}; 1\right) = \frac{\Gamma\left(n+\frac{3}{2}\right)\Gamma(1)}{\Gamma\left(\frac{n}{2}+1\right)\Gamma\left(\frac{n+3}{2}\right)}$$

$$\left[\text{应用公式 } 8.14 F(\alpha, \beta; \gamma; 1) = \frac{\Gamma(\gamma)\Gamma(\gamma-\alpha-\beta)}{\Gamma(\gamma-\alpha)\Gamma(\gamma-\beta)}.\right]$$

上式右端分母可化为

$$\Gamma\left(\frac{n}{2}+1\right)\Gamma\left(\frac{n}{2}+1+\frac{1}{2}\right) = \frac{\sqrt{\pi}\,\Gamma(n+2)}{2^{n+1}}$$

分子可化为

$$\Gamma\left(n + 1 + \frac{1}{2}\right) = \frac{\sqrt{\pi}\Gamma(2n + 2)}{2^{2n+1}\Gamma(n + 1)}$$

因此

$$F\left(\frac{n + 1}{2}, \frac{n}{2}; n + \frac{3}{2}; 1\right) = \frac{\sqrt{\pi}\Gamma(2n + 2)}{2^{2n+1}\Gamma(n + 1)} \cdot \frac{2^{n+1}}{\sqrt{\pi}\Gamma(n + 2)}$$

$$= \frac{\Gamma(2n + 2)}{2^n \Gamma(n + 1)\Gamma(n + 2)} = \frac{(2n + 1)!}{2^n n!(n + 1)!}$$

$$= \frac{(2n + 1)!}{2^n n!(n + 1)!} = \frac{(2n + 1)!}{2^n (n + 1)(n!)^2}$$

最后得到积分的结果是

$$\int_1^\infty Q_n(x)dx = \frac{2^n (n!)^2}{(2n + 1)!n} \cdot \frac{(2n + 1)!}{2^n (n + 1)(n!)^2}$$

$$= \frac{1}{n(n + 1)} \tag{8.77}$$

**例 23** 求积分 $\int_0^1 x^\lambda P_n(x)dx$.

**解** 把 $P_n(x) = \frac{1}{2^n n!}\frac{d^n}{dx^n}(x^2 - 1)^n$ [式(8.34)]代入积分式中,先看积分

$$\int_{-1}^1 x^\lambda P_n(x)dx = \int_{-1}^1 x^\lambda \frac{1}{2^n n!}\frac{d^n}{dx^n}(x^2 - 1)^n dx$$

$$= \frac{1}{2^n n!}\int_{-1}^1 x^\lambda \frac{d^n}{dx^n}(x^2 - 1)^n dx$$

该式右边的积分使用分部积分法,得

$$\int_{-1}^1 x^\lambda \frac{d^n}{dx^n}(x^2 - 1)^n dx$$

$$= \left[x^\lambda \frac{d^{n-1}}{dx^{n-1}}(x^2 - 1)^n\right]_{-1}^1 - \int_{-1}^1 \frac{d^{n-1}}{dx^{n-1}}(x^2 - 1)^n \lambda x^{\lambda-1}dx$$

$$= 0 - \lambda \int_{-1}^1 x^{\lambda-1}\frac{d^{n-1}}{dx^{n-1}}(x^2 - 1)^n dx$$

$$= -\lambda \left[x^{\lambda-1}\frac{d^{n-2}}{dx^{n-1}}(x^2 - 1)^n\right]_{-1}^1 + \lambda \int_{-1}^1 \frac{d^{n-2}}{dx^{n-2}}(x^2 - 1)^n (\lambda - 1)x^{\lambda-2}dx$$

$$= 0 + \lambda(\lambda - 1)\int_{-1}^1 x^{\lambda-2}\frac{d^{n-2}}{dx^{n-2}}(x^2 - 1)^n dx$$

$$\cdots$$

$$= (-1)^n \lambda(\lambda - 1)(\lambda - 2)\cdots(\lambda - n + 1)\int_{-1}^1 (x^\lambda)^{(n)}(x^2 - 1)^n dx$$

使用分部积分法 $n$ 次后,当 $\lambda < n$ 时,有

$$\int_{-1}^1 x^\lambda \frac{d^n}{dx^n}(x^2 - 1)^n dx = 0$$

因为

$$(x^\lambda)^{(n)} = \frac{\mathrm{d}^n}{\mathrm{d}x^n} x^\lambda = 0$$

因此

$$\int_{-1}^{1} x^\lambda P_n(x)\mathrm{d}x = 0$$

当 $\lambda = n$ 时,有

$$(x^\lambda)^{(n)} = \frac{\mathrm{d}^n}{\mathrm{d}x^n} x^\lambda = \lambda! = n!$$

因此

$$\begin{aligned}
\int_{-1}^{1} x^\lambda P_n(x)\mathrm{d}x &= \int_{-1}^{1} x^n P_n(x)\mathrm{d}x \\
&= \frac{1}{2^n n!} (-1)^n n! \int_{-1}^{1} (x^2 - 1)^n \mathrm{d}x \\
&= \frac{(-1)^n}{2^n} \int_{-1}^{1} (-1)^n (1 - x^2)^n \mathrm{d}x \\
&= \frac{(-1)^{2n}}{2^n} \int_{-1}^{1} (1 + x)^n (1 - x)^n \mathrm{d}x
\end{aligned}$$

令 $t = \dfrac{1 + x}{2}$,则

$$x = 2t - 1, \quad \mathrm{d}x = 2\mathrm{d}t, \quad 1 + x = 2t, \quad 1 - x = 2(1 - t)$$

当 $x = -1$ 时,$t = 0$;$x = 1$ 时,$t = 1$,所以有

$$\begin{aligned}
\int_{-1}^{1} x^\lambda P_n(x)\mathrm{d}x &= \frac{1}{2^n} \int_{0}^{1} (2t)^n [2(1 - t)]^n 2\mathrm{d}t \\
&= \frac{2^{2n+1}}{2^n} \int_{0}^{1} t^{n+1-1} (1 - t)^{n+1-1} \mathrm{d}t \\
&= 2^{n+1} B(n + 1, n + 1) \\
&= 2^{n+1} \frac{\Gamma(n + 1)\Gamma(n + 1)}{\Gamma(2n + 2)} \\
&= \frac{2^{n+1} (n!)^2}{(2n + 1)!} \quad (\lambda = n)
\end{aligned}$$

当整数 $\lambda > n$ 时,有

$$(x^\lambda)^{(n)} = \frac{\mathrm{d}^n}{\mathrm{d}x^n} x^\lambda = \frac{\lambda!}{(\lambda - n)!} x^{\lambda - n}$$

因此

$$\begin{aligned}
\int_{-1}^{1} x^\lambda P_n(x)\mathrm{d}x &= \frac{1}{2^n n!} \int_{-1}^{1} \frac{\lambda!}{(\lambda - n)!} x^{\lambda - n} (1 - x^2)^n \mathrm{d}x \\
&= \frac{\lambda!}{2^n n!(\lambda - n)!} \int_{-1}^{1} x^{\lambda - n} (1 - x^2)^n \mathrm{d}x
\end{aligned}$$

该式中,当 $\lambda - n$ 为奇数时,右端的被积函数为奇函数,积分为零;而当 $\lambda - n$ 为偶

数时,右端的被积函数为偶函数,积分可写成

$$\int_{-1}^{1} x^{\lambda} P_n(x) dx = 2 \cdot \frac{\lambda!}{2^n n! (\lambda - n)!} \int_0^1 x^{\lambda-n} (1 - x^2)^n dx$$

令 $x^2 = t$,则

$$x = t^{\frac{1}{2}}, \quad dx = \frac{1}{2} t^{-\frac{1}{2}} dt$$

当 $x = 0$ 时,$t = 0$;$x = 1$ 时,$t = 1$,于是得到

$$\begin{aligned}
\int_{-1}^{1} x^{\lambda} P_n(x) dx &= 2 \cdot \frac{\lambda!}{2^n n! (\lambda - n)!} \int_0^1 t^{\frac{\lambda-n}{2}} (1 - t)^n \frac{1}{2} t^{-\frac{1}{2}} dt \\
&= \frac{\lambda!}{2^n n! (\lambda - n)!} \int_0^1 t^{\frac{\lambda-n-1}{2}} (1 - t)^n dt \\
&= \frac{\lambda!}{2^n n! (\lambda - n)!} \int_0^1 t^{\frac{\lambda-n+1}{2}-1} (1 - t)^{n+1-1} dt \\
&= \frac{\lambda!}{2^n n! (\lambda - n)!} B\left(\frac{\lambda - n + 1}{2}, n + 1\right) \\
&= \frac{\lambda!}{2^n n! (\lambda - n)!} \frac{\Gamma\left(\frac{\lambda}{2} - \frac{n}{2} + \frac{1}{2}\right) \Gamma(n + 1)}{\Gamma\left(\frac{\lambda}{2} + \frac{n}{2} + \frac{3}{2}\right)} \\
&= \frac{1}{2^n} \frac{\Gamma(\lambda + 1) \Gamma\left(\frac{\lambda}{2} - \frac{n}{2} + \frac{1}{2}\right)}{\Gamma(\lambda - n + 1) \Gamma\left(\frac{\lambda}{2} + \frac{n}{2} + \frac{3}{2}\right)} \quad (\lambda > n)
\end{aligned}$$

当被积函数是偶函数的情况下,最后得到

$$\begin{aligned}
\int_0^1 x^{\lambda} P_n(x) dx &= \frac{1}{2} \int_{-1}^{1} x^{\lambda} P_n(x) dx \\
&= \frac{\Gamma(\lambda + 1) \Gamma\left(\frac{\lambda}{2} - \frac{n}{2} + \frac{1}{2}\right)}{2^{n+1} \Gamma(\lambda - n + 1) \Gamma\left(\frac{\lambda}{2} + \frac{n}{2} + \frac{3}{2}\right)} \quad (\lambda > n) \quad (8.78)
\end{aligned}$$

以及当 $\lambda = n$ 时,有

$$\begin{aligned}
\int_0^1 x^{\lambda} P_n(x) dx &= \int_0^1 x^n P_n(x) dx = \frac{1}{2} \int_{-1}^{1} x^n P_n(x) dx \\
&= \frac{\Gamma(n + 1) \Gamma\left(\frac{1}{2}\right)}{2^{n+1} \Gamma(1)} \cdot \frac{1}{\Gamma\left(n + 1 + \frac{1}{2}\right)} = \frac{n! \sqrt{\pi}}{2^{n+1} 0!} \cdot \frac{2^{2n+1} \Gamma(n + 1)}{\sqrt{\pi} \Gamma(2n + 2)} \\
&= \frac{2^n (n!)^2}{(2n + 1)!} \quad (\lambda = n)
\end{aligned}$$

与前面的结果一样.

**例 24**　求积分 $\int_0^1 x^{\sigma} (1 - x^2)^{-\frac{m}{2}} P_{\nu}^m(x) dx$.

**解**　因为

$$P_\nu^m(x) = (1 - x^2)^{\frac{m}{2}} \frac{\mathrm{d}^m}{\mathrm{d}x^m} P_\nu(x)$$

$$= (1 - x^2)^{\frac{m}{2}} \frac{\mathrm{d}^m}{\mathrm{d}x^m} \left[ \frac{1}{2^\nu \nu!} \frac{\mathrm{d}^\nu}{\mathrm{d}x^\nu} (x^2 - 1)^\nu \right]$$

$$= (1 - x^2)^{\frac{m}{2}} \frac{1}{2^\nu \nu!} \frac{\mathrm{d}^{\nu+m}}{\mathrm{d}x^{\nu+m}} (x^2 - 1)^\nu$$

所以

$$\int_0^1 x^\sigma (1 - x^2)^{-\frac{m}{2}} P_\nu^m(x) \mathrm{d}x$$

$$= \int_0^1 x^\sigma (1 - x^2)^{-\frac{m}{2}} (1 - x^2)^{\frac{m}{2}} \frac{1}{2^\nu \nu!} \frac{\mathrm{d}^{\nu+m}}{\mathrm{d}x^{\nu+m}} (x^2 - 1)^\nu \mathrm{d}x$$

$$= \frac{1}{2^\nu \nu!} \int_0^1 x^\sigma \frac{\mathrm{d}^{\nu+m}}{\mathrm{d}x^{\nu+m}} (x^2 - 1)^\nu \mathrm{d}x \tag{A}$$

当整数 $\sigma \geqslant \nu + m$ 时,有

$$\frac{\mathrm{d}^{\nu+m}}{\mathrm{d}x^{\nu+m}} x^\sigma = \frac{\sigma!}{(\sigma - \nu - m)!} x^{\sigma-\nu-m}$$

这时,对式(A)右端的积分运用分部积分法 $\nu + m$ 次后,得到

$$\int_0^1 x^\sigma (1 - x^2)^{-\frac{m}{2}} P_\nu^m(x) \mathrm{d}x$$

$$= \frac{1}{2^\nu \nu!} \int_0^1 \frac{\sigma!}{(\sigma - \nu - m)!} x^{\sigma-\nu-m} (x^2 - 1)^\nu \mathrm{d}x$$

$$= \frac{\sigma!}{2^\nu \nu! (\sigma - \nu - m)!} \int_0^1 x^{\sigma-\nu-m} (x^2 - 1)^\nu \mathrm{d}x$$

$$= (-1)^\nu \frac{\sigma!}{2^\nu \nu! (\sigma - \nu - m)!} \int_0^1 x^{\sigma-\nu-m} (1 - x^2)^\nu \mathrm{d}x$$

令 $x^2 = t$,那么 $\mathrm{d}x = \frac{1}{2} t^{-\frac{1}{2}} \mathrm{d}t$;当 $x = 0, t = 0; x = 1, t = 1$,于是就有

$$\int_0^1 x^\sigma (1 - x^2)^{-\frac{m}{2}} P_\nu^m(x) \mathrm{d}x$$

$$= (-1)^\nu \frac{\sigma!}{2^\nu \nu! (\sigma - \nu - m)!} \int_0^1 t^{\frac{\sigma-\nu-m}{2}} (1 - t)^\nu \frac{1}{2} t^{-\frac{1}{2}} \mathrm{d}t$$

$$= (-1)^\nu \frac{\sigma!}{2^{\nu+1} \nu! (\sigma - \nu - m)!} \int_0^1 t^{\frac{\sigma-\nu-m+1}{2}-1} (1 - t)^{\nu+1-1} \mathrm{d}t$$

$$= (-1)^\nu \frac{\sigma!}{2^{\nu+1} \nu! (\sigma - \nu - m)!} \mathrm{B}\left( \frac{\sigma - \nu - m + 1}{2}, \nu + 1 \right)$$

$$= (-1)^\nu \frac{\sigma!}{2^{\nu+1} \nu! (\sigma - \nu - m)!} \frac{\Gamma\left( \dfrac{\sigma - \nu - m + 1}{2} \right) \Gamma(\nu + 1)}{\Gamma\left( \dfrac{\sigma + \nu - m + 3}{2} \right)}$$

$$= (-1)^\nu \frac{\Gamma(\sigma+1)\Gamma\left(\dfrac{\sigma-\nu-m+1}{2}\right)\Gamma(\nu+1)}{2^{\nu+1}\Gamma(\nu+1)\Gamma(\sigma-\nu-m+1)\Gamma\left(\dfrac{\sigma+\nu-m+3}{2}\right)}$$

$$= (-1)^\nu \frac{\Gamma(\sigma+1)\Gamma\left(\dfrac{\sigma-\nu-m+1}{2}\right)}{2^{\nu+1}\Gamma(\sigma-\nu-m+1)\Gamma\left(\dfrac{\sigma+\nu-m+3}{2}\right)}$$

其中

$$\Gamma(\sigma-\nu-m+1) = \frac{2^{\sigma-\nu-m}}{\sqrt{\pi}}\Gamma\left(\frac{\sigma-\nu-m+1}{2}\right)\Gamma\left(\frac{\sigma-\nu-m+2}{2}\right)$$

$$\Gamma(\sigma+1) = \frac{2^\sigma}{\sqrt{\pi}}\Gamma\left(\frac{\sigma+1}{2}\right)\Gamma\left(\frac{\sigma+2}{2}\right)$$

因此得到

$$\int_0^1 x^\sigma (1-x^2)^{-\frac{m}{2}} P_\nu^m(x)\,\mathrm{d}x = \frac{(-1)^\nu 2^{m-1}\Gamma\left(\dfrac{\sigma+1}{2}\right)\Gamma\left(\dfrac{\sigma+2}{2}\right)}{\Gamma\left(\dfrac{\sigma-\nu-m+2}{2}\right)\Gamma\left(\dfrac{\sigma+\nu-m+3}{2}\right)}$$

$$(8.79)$$

**例 25**　求积分 $\displaystyle\int_{-1}^1 P_l(x)P_m(x)\,\mathrm{d}x$.

**解**　先看积分

$$\int_{-1}^1 f_k(x)P_m(x)\,\mathrm{d}x$$

其中 $f_k(x)$ 为 $k$ 次多项式,$P_m(x)$ 为 $m$ 次勒让德多项式:

$$P_m(x) = \frac{1}{2^m m!}\frac{\mathrm{d}^m}{\mathrm{d}x^m}(x^2-1)^m$$

因此

$$\int_{-1}^1 f_k(x)P_m(x)\,\mathrm{d}x = \frac{1}{2^m m!}\int_{-1}^1 f_k(x)\frac{\mathrm{d}^m}{\mathrm{d}x^m}(x^2-1)^m\,\mathrm{d}x$$

对该式右端的积分做 $k$ 次分部积分,得

$$\int_{-1}^1 f_k(x)P_m(x)\,\mathrm{d}x = \frac{(-1)^k}{2^m m!}f_k^{(k)}(x)\int_{-1}^1 \frac{\mathrm{d}^{m-k}}{\mathrm{d}x^{m-k}}(x^2-1)^m\,\mathrm{d}x$$

$$= \frac{(-1)^k}{2^m m!}f_k^{(k)}(x)\left[\frac{\mathrm{d}^{m-k-1}}{\mathrm{d}x^{m-k-1}}(x^2-1)^m\right]_{-1}^1 \quad\quad (A)$$

其中 $f_k^{(k)}(x)$ 是多项式 $f_k(x)$ 的 $k$ 次微商,是一个常数.

当 $k<m$ 时,有

$$\left[\frac{\mathrm{d}^{m-k-1}}{\mathrm{d}x^{m-k-1}}(x^2-1)^m\right]_{-1}^1 = 0$$

所以

$$\int_{-1}^{1} f_k(x) P_m(x) dx = 0 \quad (k < m)$$

若 $f_k(x)$ 是另一个勒让德多项式 $P_l(x)$，则有

$$\int_{-1}^{1} P_l(x) P_m(x) dx = 0 \quad (l \neq m) \tag{B}$$

这就是勒让德多项式之间的正交性．

当 $l = m$ 时，则式（A）为

$$\int_{-1}^{1} P_l(x) P_m(x) dx = \int_{-1}^{1} \left[ P_m(x) \right]^2 dx$$

$$= \frac{(-1)^m}{2^m m!} P_m^{(m)}(x) \int_{-1}^{1} (x^2 - 1)^m dx \tag{C}$$

其中 $P_m^{(m)}(x)$ 为 $P_m(x)$ 的 $m$ 次微商，即

$$P_m^{(m)}(x) = \frac{d^m}{dx^m} \left[ \frac{1}{2^m m!} \frac{d^m}{dx^m} (x^2 - 1)^m \right]$$

$$= \frac{1}{2^m m!} \frac{d^{2m}}{dx^{2m}} (x^2 - 1)^m$$

该式右端的 $(x^2 - 1)^m$ 用牛顿二项式公式展开，有

$$(x^2 - 1)^m = x^{2m} - m x^{2m-1} + m(m-1) x^{2m-2} - \cdots$$

因为展开式的最高次幂为 $2m$，所以对它进行 $2m$ 次微分后，得到

$$\frac{d^{2m}}{dx^{2m}} (x^2 - 1)^m = (2m)!$$

因此

$$P_m^{(m)}(x) = \frac{(2m)!}{2^m m!} \tag{D}$$

式（C）右边的积分

$$\int_{-1}^{1} (x^2 - 1)^m dx = (-1)^m \int_{-1}^{1} (1 - x^2)^m dx$$

$$= (-1)^m \int_{-1}^{1} (1 + x)^m (1 - x)^m dx$$

令 $t = \dfrac{1+x}{2}$，那么 $dx = 2dt$；当 $x = -1$ 时，$t = 0$；当 $x = 1$ 时，$t = 1$，于是

$$\int_{-1}^{1} (x^2 - 1)^m dx = (-1)^m \int_{0}^{1} (2t)^m \left[ 2(1 - t) \right]^m 2 dt$$

$$= (-1)^m 2^{2m+1} \int_{0}^{1} t^m (1 - t)^m dt$$

$$= (-1)^m 2^{2m+1} B(m + 1, m + 1)$$

$$= (-1)^m 2^{2m+1} \frac{\Gamma(m + 1) \Gamma(m + 1)}{\Gamma(2m + 2)}$$

$$= (-1)^m 2^{2m+1} \frac{(m!)^2}{(2m + 1)!} \tag{E}$$

把式(D)和式(E)代入式(C)中,则有

$$\int_{-1}^{1} [P_m(x)]^2 dx = \frac{(-1)^m}{2^m m!} \cdot \frac{(2m)!}{2^m m!} \cdot \frac{(-1)^m 2^{2m+1} (m!)^2}{(2m+1)!}$$

$$= \frac{2}{2m+1} \tag{F}$$

或

$$\int_{0}^{1} [P_m(x)]^2 dx = \frac{1}{2m+1}$$

(B)和(F)两式可合写为

$$\int_{-1}^{1} P_l(x) P_m(x) dx = \begin{cases} 0 & (l \neq m) \\ \dfrac{2}{2m+1} & (l = m) \end{cases} \tag{8.80}$$

勒让德多项式自乘的积分也可用另一方法来做 $\left\{ \int_{-1}^{1} [P_n(x)]^2 dx \right\}$:

把 $P_n(x) = \dfrac{1}{2^n n!} \dfrac{d^n}{dx^n} (x^2-1)^n$ 代入积分式中,则有

$$\int_{-1}^{1} [P_n(x)]^2 dx = \int_{-1}^{1} \frac{1}{2^n n!} \frac{d^n}{dx^n} (x^2-1)^n \cdot \frac{1}{2^n n!} \frac{d^n}{dx^n} (x^2-1)^n dx$$

$$= \frac{1}{2^{2n} (n!)^2} \int_{-1}^{1} \frac{d^n}{dx^n} (x^2-1)^n \cdot \frac{d^n}{dx^n} (x^2-1)^n dx$$

对该式右边的积分运用分部积分法 $n$ 次,得

$$\int_{-1}^{1} \frac{d^n}{dx^n} (x^2-1)^n \cdot \frac{d^n}{dx^n} (x^2-1)^n dx$$

$$= \left[ \frac{d^n}{dx^n} (x^2-1)^n \frac{d^{n-1}}{dx^{n-1}} (x^2-1)^n \right]_{-1}^{1} - \int_{-1}^{1} \frac{d^{n+1}}{dx^{n+1}} (x^2-1)^n$$

$$\cdot \frac{d^{n-1}}{dx^{n-1}} (x^2-1)^n dx$$

$$= 0 + (-1)^1 \int_{-1}^{1} \frac{d^{n+1}}{dx^{n+1}} (x^2-1)^n \frac{d^{n-1}}{dx^{n-1}} (x^2-1)^n dx$$

$$= (-1)^2 \int_{-1}^{1} \frac{d^{n+2}}{dx^{n+2}} (x^2-1)^n \frac{d^{n-2}}{dx^{n-2}} (x^2-1)^n dx$$

$$\cdots$$

$$= (-1)^n \int_{-1}^{1} \left[ \frac{d^{2n}}{dx^{2n}} (x^2-1)^n \right] (x^2-1)^n dx$$

$$= (-1)^n \int_{-1}^{1} (2n)! (x^2-1)^n dx$$

$$= (-1)^{2n} (2n)! \int_{-1}^{1} (1-x^2)^n dx$$

令 $x = \cos\theta$,则

$$(1-x^2)^n = (1-\cos^2\theta)^n = \sin^{2n}\theta; \quad dx = -\sin\theta d\theta$$

当 $x=-1$ 时，$\theta=\pi$；而当 $x=1$ 时，$\theta=0$，因此有

$$\int_{-1}^{1}(1-x^2)^n\mathrm{d}x = \int_{\pi}^{0}\sin^{2n}\theta\cdot(-\sin\theta)\mathrm{d}\theta$$

$$= -\int_{\pi}^{0}(\sin\theta)^{2n+1}\mathrm{d}\theta = \int_{0}^{\pi}(\sin\theta)^{2n+1}\mathrm{d}\theta$$

$$= 2\int_{0}^{\frac{\pi}{2}}(\sin\theta)^{2n+1}\mathrm{d}\theta = 2\frac{(2n)!!}{(2n+1)!!}$$

最后得到

$$\int_{-1}^{1}\left[\mathrm{P}_n(x)\right]^2\mathrm{d}x = \frac{1}{2^{2n}(n!)^2}\cdot(-1)^{2n}(2n)!\cdot2\frac{(2n)!!}{(2n+1)!!}$$

$$= \frac{2(2n)!}{2^{2n}(n!)^2}\cdot\frac{2^n n!\cdot2^n n!}{(2n+1)!}$$

$$= \frac{2}{(2n+1)}$$

后一种方法似乎更简便些.

**例 26**  计算积分 $\displaystyle\int_{-1}^{1}x\mathrm{P}_l(x)\mathrm{P}_m(x)\mathrm{d}x$.

**解**  利用勒让德函数的递推公式(8.35)：

$$(2m+1)x\mathrm{P}_m(x) = (m+1)\mathrm{P}_{m+1}(x) + m\mathrm{P}_{m-1}(x)$$

两边乘以 $p_l(x)$，得

$$(2m+1)x\mathrm{P}_l(x)\mathrm{P}_m(x) = (m+1)\mathrm{P}_l(x)\mathrm{P}_{m+1}(x) + m\mathrm{P}_l(x)\mathrm{P}_{m-1}(x)$$

把它写成

$$x\mathrm{P}_l(x)\mathrm{P}_m(x) = \frac{m+1}{2m+1}\mathrm{P}_l(x)\mathrm{P}_{m+1}(x) + \frac{m}{2m+1}\mathrm{P}_l(x)\mathrm{P}_{m-1}(x)$$

两边在区间 $[-1,1]$ 上同时积分，得

$$\int_{-1}^{1}x\mathrm{P}_l(x)\mathrm{P}_m(x)\mathrm{d}x$$

$$= \frac{m+1}{2m+1}\int_{-1}^{1}\mathrm{P}_l(x)\mathrm{P}_{m+1}(x)\mathrm{d}x + \frac{m}{2m+1}\int_{-1}^{1}\mathrm{P}_l(x)\mathrm{P}_{m-1}(x)\mathrm{d}x$$

$$= \frac{m+1}{2m+1}\cdot\frac{2}{2(m+1)+1}\delta_{l,m+1} + \frac{m}{2m+1}\cdot\frac{2}{2(m-1)+1}\delta_{l,m-1}$$

$$= \frac{2(m+1)}{(2m+1)(2m+3)}\delta_{l,m+1} + \frac{2m}{(2m+1)(2m-1)}\delta_{l,m-1} \tag{8.81}$$

其中

$$\delta_{l,m+1} = \begin{cases}1 & (l=m+1)\\0 & (l\neq m+1)\end{cases}, \quad \delta_{l,m-1} = \begin{cases}1 & (l=m-1)\\0 & (l\neq m-1)\end{cases}$$

**例 27**  求积分 $\displaystyle\int_{-1}^{1}\mathrm{P}_l{}^m(x)\mathrm{P}_k{}^m(x)\mathrm{d}x$.

**解**  把

$$\mathrm{P}_l{}^m(x) = (1 - x^2)^{\frac{m}{2}} \frac{\mathrm{d}^m}{\mathrm{d}x^m} \mathrm{P}_l(x), \quad \mathrm{P}_k{}^m(x) = (1 - x^2)^{\frac{m}{2}} \frac{\mathrm{d}^m}{\mathrm{d}x^m} \mathrm{P}_k(x)$$

代入积分式中,得

$$
\begin{aligned}
\int_{-1}^{1} \mathrm{P}_l{}^m(x) \mathrm{P}_k{}^m(x) \mathrm{d}x &= \int_{-1}^{1} (1 - x^2)^{\frac{m}{2}} \frac{\mathrm{d}^m}{\mathrm{d}x^m} \mathrm{P}_l(x) \cdot (1 - x^2)^{\frac{m}{2}} \frac{\mathrm{d}^m}{\mathrm{d}x^m} \mathrm{P}_k(x) \mathrm{d}x \\
&= \int_{-1}^{1} (1 - x^2)^m \frac{\mathrm{d}^m}{\mathrm{d}x^m} \mathrm{P}_l(x) \cdot \frac{\mathrm{d}^m}{\mathrm{d}x^m} \mathrm{P}_k(x) \mathrm{d}x \\
&= \int_{-1}^{1} \left[ (1 - x^2)^m \frac{\mathrm{d}^m \mathrm{P}_l(x)}{\mathrm{d}x^m} \right] \cdot \frac{\mathrm{d}^m \mathrm{P}_k(x)}{\mathrm{d}x^m} \mathrm{d}x
\end{aligned}
$$

用分部积分法得

$$
\begin{aligned}
\int_{-1}^{1} \mathrm{P}_l{}^m(x) \mathrm{P}_k{}^m(x) \mathrm{d}x &= \int_{-1}^{1} \left[ (1 - x^2)^m \frac{\mathrm{d}^m \mathrm{P}_l(x)}{\mathrm{d}x^m} \right] \cdot \frac{\mathrm{d}^m \mathrm{P}_k(x)}{\mathrm{d}x^m} \mathrm{d}x \\
&= \left[ (1 - x^2)^m \frac{\mathrm{d}^m \mathrm{P}_l(x)}{\mathrm{d}x^m} \cdot \frac{\mathrm{d}^{m-1} \mathrm{P}_k(x)}{\mathrm{d}x^{m-1}} \right]_{-1}^{1} \\
&\quad - \int_{-1}^{1} \frac{\mathrm{d}}{\mathrm{d}x} \left[ (1 - x^2)^m \frac{\mathrm{d}^m \mathrm{P}_l(x)}{\mathrm{d}x^m} \right] \cdot \frac{\mathrm{d}^{m-1} \mathrm{P}_k(x)}{\mathrm{d}x^{m-1}} \mathrm{d}x \\
&= 0 + (-1)^1 \int_{-1}^{1} \frac{\mathrm{d}}{\mathrm{d}x} \left[ (1 - x^2)^m \frac{\mathrm{d}^m \mathrm{P}_l(x)}{\mathrm{d}x^m} \right] \cdot \frac{\mathrm{d}^{m-1} \mathrm{P}_k(x)}{\mathrm{d}x^{m-1}} \mathrm{d}x \\
&= (-1)^2 \int_{-1}^{1} \frac{\mathrm{d}^2}{\mathrm{d}x^2} \left[ (1 - x^2)^m \frac{\mathrm{d}^m \mathrm{P}_l(x)}{\mathrm{d}x^m} \right] \cdot \frac{\mathrm{d}^{m-2} \mathrm{P}_k(x)}{\mathrm{d}x^{m-2}} \mathrm{d}x \\
&\quad \cdots
\end{aligned}
$$

如此继续进行下去,直到 $m$ 次后,得到

$$\int_{-1}^{1} \mathrm{P}_l{}^m(x) \mathrm{P}_k{}^m(x) \mathrm{d}x = (-1)^m \int_{-1}^{1} \frac{\mathrm{d}^m}{\mathrm{d}x^m} \left[ (1 - x^2)^m \frac{\mathrm{d}^m \mathrm{P}_l(x)}{\mathrm{d}x^m} \right] \cdot \mathrm{P}_k(x) \mathrm{d}x \quad \text{(A)}$$

其中 $\dfrac{\mathrm{d}^m}{\mathrm{d}x^m} \left[ (1 - x^2)^m \dfrac{\mathrm{d}^m \mathrm{P}_l(x)}{\mathrm{d}x^m} \right]$ 也是一个 $l$ 次多项式,当 $l \neq k$ 时,由于勒让德函数的正交性,右边的积分为 0,即

$$\int_{-1}^{1} \mathrm{P}_l{}^m(x) \mathrm{P}_k{}^m(x) \mathrm{d}x = 0 \quad \text{(B)}$$

当 $l = k$ 时($m < k$)

$$\frac{\mathrm{d}^m}{\mathrm{d}x^m} \left\{ (1 - x^2)^m \frac{\mathrm{d}^m}{\mathrm{d}x^m} \left[ \frac{1}{2^k k!} \frac{\mathrm{d}^k}{\mathrm{d}x^k} (x^2 - 1)^k \right] \right\} \text{的首项}$$

$$
\begin{aligned}
&= \frac{1}{2^k k!} \frac{\mathrm{d}^m}{\mathrm{d}x^m} \left\{ (1 - x^2)^m \left[ \frac{\mathrm{d}^{m+k}}{\mathrm{d}x^{m+k}} (x^{2k} - k x^{2k-1} + k(k-1)x^{2k-2} - \cdots) \right] \right\} \text{的首项} \\
&= \frac{1}{2^k k!} \frac{\mathrm{d}^m}{\mathrm{d}x^m} \left[ (-1)^m (x^2 - 1)^m \frac{(2k)!}{(2k - m - k)!} (x^2 - 1)^{\frac{k-m}{2}} \right] \text{的首项} \\
&= \frac{(-1)^m}{2^k k!} \frac{(2k)!}{(k - m)!} \frac{\mathrm{d}^m}{\mathrm{d}x^m} (x^2 - 1)^{\frac{k+m}{2}} \text{的首项} \\
&= \frac{(-1)^m}{2^k k!} \frac{(2k)!}{(k - m)!} \frac{\mathrm{d}^m}{\mathrm{d}x^m} \left( x^{k+m} - \frac{k+m}{2} x^{k+m-1} + \cdots \right) \text{的首项}
\end{aligned}
$$

$$= \frac{(-1)^m}{2^k k!} \frac{(2k)!}{(k-m)!} \frac{(k+m)!}{k!} x^k \tag{C}$$

由分部积分知,对低于 $k$ 次的多项式 $f(x)$,总有 $\int_{-1}^{1} f(x) P_k(x) dx = 0$. 把式(C)代入式(A)中,有

$$\int_{-1}^{1} P_l^m(x) P_k^m(x) dx = (-1)^m \int_{-1}^{1} \frac{(-1)^m (2k)!(k+m)!}{2^k (k!)^2 (k-m)!} x^k \cdot P_k(x) dx$$

$$= \frac{(-1)^{2m} (2k)!(k+m)!}{2^k (k!)^2 (k-m)!} \int_{-1}^{1} x^k P_k(x) dx$$

$$= \frac{(2k)!(k+m)!}{2^k (k!)^2 (k-m)!} \frac{2^{k+1} (k!)^2}{(2k+1)!}$$

$$= \frac{(k+m)!}{(k-m)!} \cdot \frac{2}{(2k+1)} \tag{D}$$

把(B)和(D)两式合起来,得到

$$\int_{-1}^{1} P_l^m(x) P_k^m(x) dx = \begin{cases} 0 & (l \neq k) \\ \dfrac{(k+m)!}{(k-m)!} \cdot \dfrac{2}{2k+1} & (l = k) \end{cases} \tag{8.82}$$

**例 28**　计算积分 $\int_{-1}^{1} x P_l^m(x) P_k^m(x) dx$.

**解**　利用连带勒让德函数的递推公式

$$(2l+1) x P_l^m(x) = (l+m) P_{l-1}^m(x) + (l-m+1) P_{l+1}^m(x)$$

两边乘以 $P_k^m(x)$,得

$$(2l+1) x P_l^m(x) P_k^m(x) = (l+m) P_{l-1}^m(x) P_k^m(x)$$
$$+ (l-m+1) P_{l+1}^m(x) P_k^m(x)$$

改写为

$$x P_l^m(x) P_k^m(x) = \frac{l+m}{2l+1} P_{l-1}^m(x) P_k^m(x) + \frac{l-m+1}{2l+1} P_{l+1}^m(x) P_k^m(x)$$

两边同时积分,并利用例 27 的结果,得

$$\int_{-1}^{1} x P_l^m(x) P_k^m(x) dx$$

$$= \frac{l+m}{2l+1} \int_{-1}^{1} P_{l-1}^m(x) P_k^m(x) dx + \frac{l-m+1}{2l+1} \int_{-1}^{1} P_{l+1}^m(x) P_k^m(x) dx$$

$$= \frac{l+m}{2l+1} \cdot \frac{(l-1+m)!}{(l-1-m)!} \cdot \frac{2}{2(l-1)+1} \delta_{l-1,k}$$

$$+ \frac{l-m+1}{2l+1} \frac{(l+1+m)!}{(l+1-m)!} \cdot \frac{2}{2(l+1)+1} \delta_{l+1,k}$$

$$= \frac{l+m}{2l+1} \cdot \frac{(l+m-1)!}{(l-m-1)!} \cdot \frac{2}{2l-1} \delta_{l-1,k}$$

$$+ \frac{l-m+1}{2l+1} \frac{(l+m+1)!}{(l-m+1)!} \cdot \frac{2}{2l+3} \delta_{l+1,k} \tag{8.83}$$

其中

$$\delta_{l-1,k} = \begin{cases} 1 & (l-1=k) \\ 0 & (l-1\neq k) \end{cases}, \quad \delta_{l+1,k} = \begin{cases} 1 & (l+1=k) \\ 0 & (l+1\neq k) \end{cases}$$

我们在做两个函数的乘积的积分时,曾多次应用迭次分部积分法.这里把一般的迭次分部积分法的公式写出来,以资参照.

众所周知,基本的分部积分公式是

$$\int u \, \mathrm{d}v = uv - \int v \, \mathrm{d}u$$

其中 $u$ 和 $v$ 是 $x$ 的函数.当 $u$ 或 $v$ 是以对 $x$ 的高阶微商(导数)出现时,如 $v$ 以 $v^{(n)} = \dfrac{\mathrm{d}^n v}{\mathrm{d}x^n}$ 的形式出现在积分的被积函数中,则

$$\int uv^{(n)} \mathrm{d}x = \int u \, \mathrm{d}v^{(n-1)} = uv^{(n-1)} - \int v^{(n-1)} \mathrm{d}u = uv^{(n-1)} - \int u' v^{(n-1)} \mathrm{d}x$$

类似地有

$$\int u' v^{(n-1)} \mathrm{d}x = u' v^{(n-2)} - \int u'' v^{(n-2)} \mathrm{d}x$$

$$\int u'' v^{(n-2)} \mathrm{d}x = u'' v^{(n-3)} - \int u''' v^{(n-3)} \mathrm{d}x$$

$$\cdots$$

$$\int u^{(n-1)} v' \mathrm{d}x = u^{(n-1)} v - \int u^{(n)} v \, \mathrm{d}x$$

用 $+1$ 和 $-1$ 轮流地乘这些等式,并把它们左、右两边分别加起来,消去相同的项,就得到

$$\int uv^{(n)} \mathrm{d}x = uv^{(n-1)} - u' v^{(n-2)} + u'' v^{(n-3)} - \cdots + (-1)^n \int u^{(n)} v \, \mathrm{d}x \quad (8.84)$$

在定积分的情况,则要加上积分的上、下限,如

$$\int_a^b uv^{(n)} \mathrm{d}x = \left[ uv^{(n-1)} \right]_a^b - \left[ u' v^{(n-2)} \right]_a^b + \left[ u'' v^{(n-3)} \right]_a^b - \cdots + (-1)^n \int_a^b u^{(n)} v \, \mathrm{d}x$$
$$(8.85)$$

当被积函数的因式中之一是整多项式时,使用这个公式是特别方便的.我们在前面的算例中多次使用的就是这个公式.

## 8.4 含有超几何函数的积分

**例 29** 计算积分 $\displaystyle\int_0^\infty z^{-s-1} \mathrm{F}(a,b;c;-z) \mathrm{d}z$.

**解** 使用公式(8.15):$\mathrm{F}(\alpha,\beta;\gamma;z) = (1-z)^{-a} \mathrm{F}\left(\alpha,\gamma-\beta;\gamma;\dfrac{z}{z-1}\right)$,有

$$F(a,b;c;-z) = (1+z)^{-a}F\left(a,c-b;c;\frac{z}{z+1}\right)$$

把它代入积分式中,得

$$\int_0^\infty z^{-s-1}F(a,b;c;-z)\mathrm{d}z = \int_0^\infty z^{-s-1}(1+z)^{-a}F\left(a,c-b;c;\frac{z}{z+1}\right)\mathrm{d}z$$

$$= \int_0^\infty \frac{z^{-s-1}}{(1+z)^a}\sum_{n=0}^\infty \frac{(a)_n(c-b)_n}{n!(c)_n}\left(\frac{z}{z+1}\right)^n\mathrm{d}z$$

$$= \sum_{n=0}^\infty \frac{(a)_n(c-b)_n}{n!(c)_n}\int_0^\infty \frac{z^{n-s-1}}{(1+z)^{a+n}}\mathrm{d}z$$

使用公式$\displaystyle\int_0^\infty \frac{x^m}{(a+bx)^n}\mathrm{d}x = \frac{B(m+1,n-m-1)}{a^{n-m-1}b^{m+1}}$,得到该式右端的积分为

$$\int_0^\infty \frac{z^{n-s-1}}{(1+z)^{a+n}}\mathrm{d}z = B(n-s,a+s) = \frac{\Gamma(n-s)\Gamma(a+s)}{\Gamma(a+n)}$$

因此得到

$$\int_0^\infty z^{-s-1}F(a,b;c;-z)\mathrm{d}z = \sum_{n=0}^\infty \frac{(a)_n(c-b)_n}{n!(c)_n}\cdot\frac{\Gamma(n-s)\Gamma(a+s)}{\Gamma(a+n)}$$

$$= \sum_{n=0}^\infty \frac{(a)_n(c-b)_n}{n!(c)_n}\cdot\frac{(-s)_n\Gamma(-s)\cdot\Gamma(a+s)}{(a)_n\Gamma(a)}$$

$$= \frac{\Gamma(-s)\Gamma(a+s)}{\Gamma(a)}\sum_{n=0}^\infty \frac{(-s)_n(c-b)_n}{n!(c)_n}$$

$$= \frac{\Gamma(-s)\Gamma(a+s)}{\Gamma(a)}F(-s,c-b;c;1) \quad[\text{用式}(8.14)]$$

$$= \frac{\Gamma(-s)\Gamma(a+s)}{\Gamma(a)}\cdot\frac{\Gamma(c)\Gamma(b+s)}{\Gamma(c+s)\Gamma(b)}$$

$$= \frac{\Gamma(a+s)\Gamma(b+s)\Gamma(c)\Gamma(-s)}{\Gamma(a)\Gamma(b)\Gamma(c+s)}$$

**例30**　计算积分$\displaystyle\int_0^1 x^{q-1}(1-x)^{\beta-q-1}F(\alpha,\beta;\gamma;x)\mathrm{d}x$.

**解**

$$\int_0^1 x^{q-1}(1-x)^{\beta-q-1}F(\alpha,\beta;\gamma;x)\mathrm{d}x$$

$$= \int_0^1 x^{q-1}(1-x)^{\beta-q-1}\sum_{n=0}^\infty \frac{(\alpha)_n(\beta)_n}{n!(\gamma)_n}x^n\mathrm{d}x$$

$$= \sum_{n=0}^\infty \frac{(\alpha)_n(\beta)_n}{n!(\gamma)_n}\int_0^1 x^{n+q-1}(1-x)^{\beta-q-1}\mathrm{d}x$$

$$= \sum_{n=0}^\infty \frac{(\alpha)_n(\beta)_n}{n!(\gamma)_n}B(n+q,\beta-q)$$

$$= \sum_{n=0}^\infty \frac{(\alpha)_n(\beta)_n}{n!(\gamma)_n}\cdot\frac{\Gamma(n+q)\Gamma(\beta-q)}{\Gamma(n+\beta)}$$

$$= \sum_{n=0}^{\infty} \frac{(\alpha)_n (\beta)_n}{n! (\gamma)_n} \cdot \frac{(q)_n \Gamma(q) \cdot \Gamma(\beta - q)}{(\beta)_n \Gamma(\beta)}$$

$$= \frac{\Gamma(q) \Gamma(\beta - q)}{\Gamma(\beta)} \sum_{n=0}^{\infty} \frac{(\alpha)_n (q)_n}{n! (\gamma)_n}$$

$$= \frac{\Gamma(q) \Gamma(\beta - q)}{\Gamma(\beta)} F(\alpha, q; \gamma; 1)$$

$$= \frac{\Gamma(q) \Gamma(\beta - q)}{\Gamma(\beta)} \cdot \frac{\Gamma(\gamma) \Gamma(\gamma - \alpha - q)}{\Gamma(\gamma - \alpha) \Gamma(\gamma - q)}$$

$$= \frac{\Gamma(\gamma) \Gamma(q) \Gamma(\beta - q) \Gamma(\gamma - \alpha - q)}{\Gamma(\beta) \Gamma(\gamma - \alpha) \Gamma(\gamma - q)}$$

$(\mathrm{Re} q > 0, \mathrm{Re}(\beta - q) > 0, \mathrm{Re}(\gamma - \alpha - q) > 0.)$

**例 31** 计算积分 $\displaystyle\int_0^\infty (1 - e^{-x})^{\gamma - 1} e^{-\mu x} F(\alpha, \beta; \gamma; 1 - e^{-x}) dx$.

**解** 把 $F$ 表示为求和形式代入积分式中,得到

$$\int_0^\infty (1 - e^{-x})^{\gamma - 1} e^{-\mu x} F(\alpha, \beta; \gamma; 1 - e^{-x}) dx$$

$$= \int_0^\infty (1 - e^{-x})^{\gamma - 1} e^{-\mu x} \sum_{k=0}^\infty \frac{(\alpha)_k (\beta)_k}{k! (\gamma)_k} (1 - e^{-x})^k dx$$

$$= \sum_{k=0}^\infty \frac{(\alpha)_k (\beta)_k}{k! (\gamma)_k} \int_0^\infty e^{-\mu x} (1 - e^{-x})^{k + \gamma - 1} dx$$

在右端的积分式中,令 $e^{-x} = y$ ,则 $dx = -\dfrac{dy}{y}$ ;当 $x = 0$ 时, $y = 1$ ;当 $x = \infty$ 时, $y = 0$,于是右端的积分式为

$$\int_0^\infty (e^{-x})^\mu (1 - e^{-x})^{k + \gamma - 1} dx = -\int_1^0 y^\mu (1 - y)^{k + \gamma - 1} \frac{dy}{y}$$

$$= \int_0^1 y^{\mu - 1} (1 - y)^{k + \gamma - 1} dy$$

$$= B(\mu, k + \gamma) = \frac{\Gamma(\mu) \Gamma(\gamma + k)}{\Gamma(\mu + \gamma + k)}$$

因此得到

$$\int_0^\infty (1 - e^{-x})^{\gamma - 1} e^{-\mu x} F(\alpha, \beta; \gamma; 1 - e^{-x}) dx$$

$$= \sum_{k=0}^\infty \frac{(\alpha)_k (\beta)_k}{k! (\gamma)_k} \cdot \frac{\Gamma(\mu) \Gamma(\gamma + k)}{\Gamma(\mu + \gamma + k)} = \sum_{k=0}^\infty \frac{(\alpha)_k (\beta)_k}{k! (\gamma)_k} \cdot \frac{\Gamma(\mu) (\gamma)_k \Gamma(\gamma)}{(\mu + \lambda)_k \Gamma(\mu + \gamma)}$$

$$= \frac{\Gamma(\mu) \Gamma(\gamma)}{\Gamma(\mu + \gamma)} \sum_{k=0}^\infty \frac{(\alpha)_k (\beta)_k}{k! (\mu + \gamma)_k} = \frac{\Gamma(\mu) \Gamma(\gamma)}{\Gamma(\mu + \gamma)} F(\alpha, \beta; \mu + \gamma; 1)$$

$$= \frac{\Gamma(\mu) \Gamma(\gamma)}{\Gamma(\mu + \gamma)} \cdot \frac{\Gamma(\mu + \gamma) \Gamma(\mu + \gamma - \alpha - \beta)}{\Gamma(\mu + \gamma - \alpha) \Gamma(\mu + \gamma - \beta)}$$

$$= \frac{\Gamma(\mu) \Gamma(\gamma) \Gamma(\mu + \gamma - \alpha - \beta)}{\Gamma(\mu + \gamma - \alpha) \Gamma(\mu + \gamma - \beta)}$$

# 8.5　马蒂厄函数的积分

## 8.5.1　马蒂厄方程

$$\frac{\mathrm{d}^2 y}{\mathrm{d}z^2} + (\lambda + 2q\cos 2z)y = 0 \tag{8.86}$$

的解称为马蒂厄函数. 马蒂厄函数是指那些周期为 $\pi$ 或 $2\pi$ 的解. 只有参数 $\lambda$ 和 $q$ 满足一定的关系时方程才有 $\pi$ 或 $2\pi$ 的周期解. 周期解有 4 种, 它们是全周期解 $ce_{2n}(z,q)$ 和 $se_{2n+2}(z,q)$, 半周期解 $ce_{2n+1}(z,q)$ 和 $se_{2n+1}(z,q)$. 因此马蒂厄函数分别为

$$ce_{2n}(z,q) = \sum_{r=0}^{\infty} A_{2r}^{(2n)} \cos 2rz \tag{8.87-1}$$

$$ce_{2n+1}(z,q) = \sum_{r=0}^{\infty} A_{2r+1}^{(2n+1)} \cos (2r+1)z \tag{8.87-2}$$

$$se_{2n+1}(z,q) = \sum_{r=0}^{\infty} B_{2r+1}^{(2n+1)} \sin(2r+1)z \tag{8.87-3}$$

$$se_{2n+2}(z,q) = \sum_{r=0}^{\infty} B_{2r+2}^{(2n+2)} \sin(2r+2)z \tag{8.87-4}$$

其中 $A_{2r}^{(2n)}, A_{2r+1}^{(2n+1)}, B_{2r+1}^{(2n+1)}, B_{2r+2}^{(2n+2)}$ 是 $q$ 的函数.

马蒂厄函数可被归一化为

$$\int_0^{2\pi} y^2 \mathrm{d}z = \pi \tag{8.88}$$

或

$$\frac{1}{\pi} \int_0^{2\pi} y^2 \mathrm{d}z = 1$$

这里, $y$ 代表 $ce_{2n}(z,q), se_{2n+2}(z,q), ce_{2n+1}(z,q)$ 和 $se_{2n+1}(z,q)$ 中的任何一个函数. 因此有

$$2\left[A_0^{(2n)}\right]^2 + \sum_{r=1}^{\infty} \left[A_{2r}^{(2n)}\right]^2 = \sum_{r=0}^{\infty} \left[A_{2r+1}^{(2n+1)}\right]^2 = \sum_{r=0}^{\infty} \left[B_{2r+1}^{(2n+1)}\right]^2$$

$$= \sum_{r=0}^{\infty} \left[B_{2r+2}^{(2n+2)}\right]^2 = 1 \tag{8.89}$$

马蒂厄方程的来源之一是在柱坐标中用分离变量法解亥姆霍兹(Helmholtz)方程得到的. 马蒂厄方程具有周期解时是一种振荡方程, 当 $q \to 0$, 得到

$$\frac{\mathrm{d}^2 y}{\mathrm{d}z^2} + \lambda y = 0 \tag{8.90}$$

这就是希尔(Hill)方程. 它也是一个具有周期性的振荡方程, 它在粒子加速器的粒子动力学研究中是一个很重要的方程.

当 $q \to 0$ 时, 有

$$\lim_{q \to 0} ce_0(z) = \frac{1}{\sqrt{2}}$$

$$\lim_{q \to 0} ce_n(z) = \cos nz \quad (n \neq 0)$$

$$\lim_{q \to 0} se_n(z) = \sin nz$$

## 8.5.2　马蒂厄函数积分算例

1. 由马蒂厄函数的周期性及其三角级数表达式可知, 它是正交函数, 即有

$$\int_0^{2\pi} ce_m(z,q) \, ce_p(z,q) \mathrm{d}z = 0 \quad (m \neq p)$$

$$\int_0^{2\pi} se_m(z,q) se_p(z,q) \mathrm{d}z = 0 \quad (m \neq p)$$

$$\int_0^{2\pi} ce_m(z,q) se_p(z,q) \mathrm{d}z = 0 \quad (m = 1,2,3,\cdots, p = 1,2,3,\cdots)$$

2. 马蒂厄函数自乘的积分

$$\int_0^{2\pi} \left[ ce_{2n}(z,q) \right]^2 \mathrm{d}z = \int_0^{2\pi} \left[ \sum_{r=0}^{\infty} A_{2r}{}^{(2n)} \cos 2rz \right]^2 \mathrm{d}z$$

$$= \left[ \sum_{r=0}^{\infty} A_{2r}{}^{(2n)} \right]^2 \int_0^{2\pi} \cos^2 z \, \mathrm{d}z$$

$$= \left\{ 2\left[ A_0{}^{(2n)} \right] + \sum_{r=1}^{\infty} A_{2r}{}^{(2n)} \right\} \cdot 2 \int_0^{\pi} \cos z \, \mathrm{d}z$$

$$= 1 \cdot 2 \cdot \frac{\pi}{2} = \pi$$

这里使用了公式 $\int_0^{\pi} \cos^2 x \, \mathrm{d}x = \int_0^{\pi} \sin^2 x \, \mathrm{d}x = \frac{\pi}{2}$.

$$\int_0^{2\pi} \left[ ce_{2n+1}(z,q) \right]^2 \mathrm{d}z = \int_0^{2\pi} \left[ \sum_{r=0}^{\infty} A_{2r+1}{}^{(2n+1)} \cos (2r+1)z \right]^2 \mathrm{d}z$$

$$= \Big[ \sum_{r=0}^{\infty} A_{2r+1}{}^{(2n+1)} \Big]^2 \cdot \int_0^{2\pi} \cos^2 z \, \mathrm{d}z = 1 \cdot \pi = \pi$$

同理,可得

$$\int_0^{2\pi} \big[ s e_{2n+1}(z,q) \big]^2 \mathrm{d}z = \int_0^{2\pi} \Big[ \sum_{r=0}^{\infty} B_{2r+1}{}^{(2n+1)} \sin(2r+1)z \Big]^2 \mathrm{d}z = \pi$$

$$\int_0^{2\pi} \big[ s e_{2n+2}(z,q) \big]^2 \mathrm{d}z = \int_0^{2\pi} \Big[ \sum_{r=0}^{\infty} B_{2r+2}{}^{(2n+2)} \sin(2r+2)z \Big]^2 \mathrm{d}z = \pi$$

# 参 考 书 目

[1] Edwards J. A Treatise on the Integral Calculus with Applications，Example and Problems［M］. New York：Chelsea Publishing Company，1954.

[2] 菲赫金哥尔茨 Γ M.微积分学教程[M].8 版.北京:高等教育出版社,2009.

[3] 斯米尔诺夫 B H.高等数学教程:一、二卷[M].北京:高等教育出版社,1956.

[4] 华罗庚.高等数学引论:一、二册[M].北京:高等教育出版社,2009.

[5] 龚昇,张声雷.简明微积分[M].合肥:中国科学技术大学出版社,2005.

[6] Fong Yuen，Wang Yuan. Calculus[M]. Singapore：Springer-Verlag Singapore Pte. Ltd. ,2000.

[7] Thomas G B, Finney R L, et al. Thomas' Calculus[M].10 版.北京:高等教育出版社,2004.

[8] Edwards C H, Penney D E. Calculus[M]. fifth edition. Prentice Hall Inc. ,1998.

[9] 常庚哲,史济怀.数学分析教程:上、下册[M].合肥:中国科学技术大学出版社,2012.

[10] 中国科学技术大学高等数学教研室.高等数学导论[M].合肥:中国科学技术大学出版社,2009.

[11] 王树禾,毛瑞庭.简明高等数学[M].合肥:中国科学技术大学出版社,2002.

[12] 谢盛刚,李娟,陈秋桂.微积分:上、下册[M].北京:科学出版社,2012.

[13] 朱永银,郭文秀,朱若霞.组合积分法[M].武汉:华中科技大学出版社,2002.

[14] 龚昇.微积分五讲[M].北京:科学出版社,2004.

[15] 普里瓦洛夫 H.复变函数引论[M].北京:高等教育出版社,1956.

[16] 史济怀,刘太顺.复变函数[M].合肥:中国科学技术大学出版社,2011.

[17] 严镇军.复变函数[M].合肥:中国科学技术大学出版社,2010.

[18] 王竹溪.特殊函数概论[M].北京:北京大学出版社,2000.

[19] 刘式适,刘式达.特殊函数[M].北京:气象出版社,2002.

[20] 季孝达,薛兴恒,陆英,等.数学物理方程[M].2 版.北京:科学出版社,2009.

[21] 严镇军.数学物理方程[M].合肥:中国科学技术大学出版社,1996.

[22] 郭敦仁. 数学物理方法[M]. 北京：人民教育出版社，1979.

[23] 梁昆淼. 数学物理方法[M]. 北京：人民教育出版社，1960.

[24] 吴崇试. 数学物理方法[M]. 北京：北京大学出版社，2003.

[25] 奚定平. 贝塞尔函数[M]. 北京：高等教育出版社，1998.

[26] Watson G N. A Treatise on the Theory of Bessel Functions[M]. London：Cambridge University Press，1995.

[27] Luke Y L. Integrals of Bessel Functions[M]. McGraw-Hill Book Company Inc，1962.

[28] 《实用积分表》编委会. 实用积分表[M]. 合肥：中国科学技术大学出版社，2006.

[29] Gradshteyn I S，Ryzhik I M. Table of Integrals，Series，and Products[M]. sixth edition. U. S.：Academic Press，2000.

[30] Abramowitz M，Stegun I A. Handbook of Mathematic Functions with Formulas，Graphs，and Mathematical Tables[M]. U. S.：National Bureau of Standards，1965.

[31] 《数学手册》编写组. 数学手册[M]. 北京：高等教育出版社，1979.

[32] 李文林. 数学史概论[M]. 北京：高等教育出版社，2011.

[33] 斯科特 J F. 数学史[M]. 南京：译林出版社，2012.

[34] 博耶 C B. 数学史[M]. 北京：中央编译出版社，2012.